煤矿编
李进尧 吴晓煜/著

金属矿编
卢本珊/著

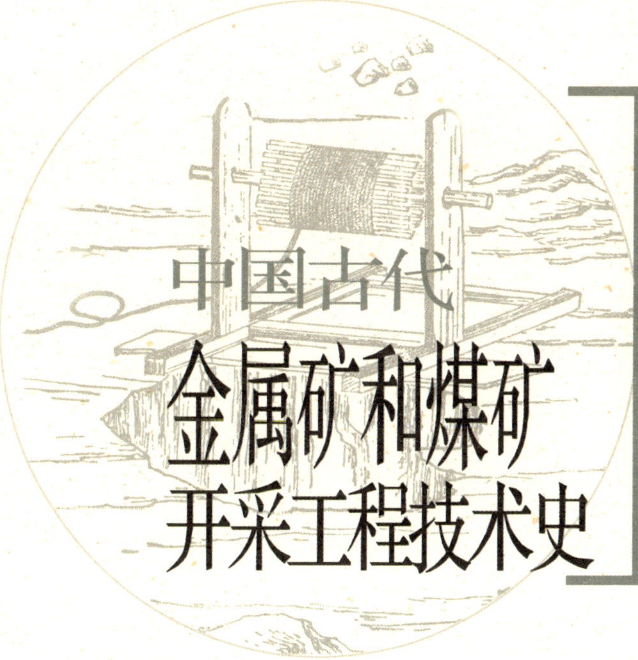

中国古代
金属矿和煤矿开采工程技术史

SHANXI EDUCATION PRESS
山西教育出版社

《中国古代工程技术史大系》编委会

彩版壹 1、江西瑞昌铜岭商周采矿遗址

彩版壹 2、江西瑞昌铜岭商代竖井支护结构

彩版贰 1、江西瑞昌铜岭商代木滑车

彩版贰 2、江西瑞昌铜岭春秋竖井支护结构

彩版叁 1、江西瑞昌铜岭战国竖井支护结构

彩版叁 2、湖北铜绿山春秋竖井和马头门

彩版肆 1、新疆奴拉赛春秋横撑支架法支护

彩版肆 2、江西瑞昌铜岭春秋望月木滑车

图版壹 1、铜绿山商代竖井

图版壹 2、铜绿山西周竖井井壁支护结构

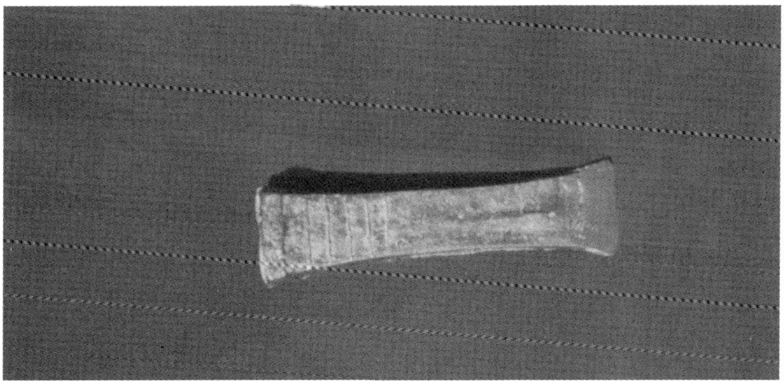

图版贰 1、铜绿山商代铜锛

图版贰 2、铜绿山商代铜斤

图版贰3、铜绿山选矿木淘盘

图版贰4、铜岭选矿溜槽

图版叁1、铜绿山春秋群井

图版叁2、铜绿山春秋竖井

图版肆1、铜绿山春秋平巷

图版肆 2、铜绿山战国井巷通道的马头门

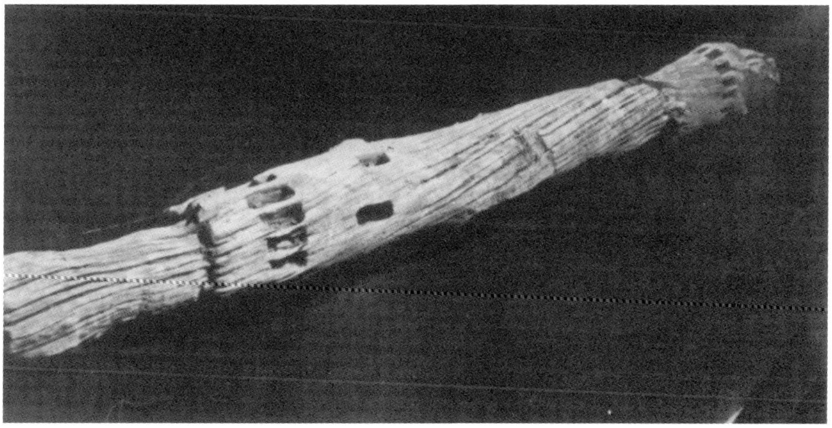

图版伍 1、铜绿山战国木绞车轴

图版伍 2、铜绿山春秋铁锛

图版伍 3、铜绿山战国竖井支护结构

图版伍 4、铜绿山战国铁斧

图版陆 1、铜绿山春秋选矿木淘盘

图版陆 2、铜绿山战国选矿木淘盘

序言

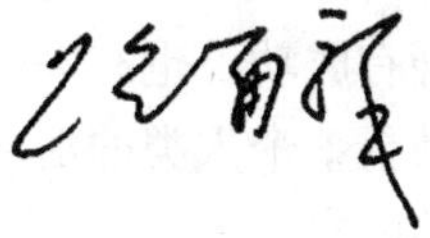

“工程技术”活动是人类最为基本的社会实践之一。现代工程技术主要表现为以科学发现来引导技术创新，并应用于生产；又围绕生产过程对技术实行集成，并以理论的形态，形成诸多独立的学科，起到联结科学与生产的桥梁作用。工程技术是在人类利用和改造自然的实践过程中逐渐产生，并发展起来的，在古代，人们只有有限，且不太系统的科学知识；科学与生产的联系也不像今天这样直接和紧密。古代工程技术，主要表现为累积了世代经验的生产手段和方法，这些手段和方法，有的经过了一定的总结和概括，有的就蕴含于生产过程之中。当然，由于目的及所采用的手段和方法的不同，古代工程技术也形成了许多门类。就中国古代工程技术而言，最为主要的有以下内容：采矿技术、冶铸技术、机械技术、建筑技术、水利技术、纺织和印染技术、造纸和印刷技术、陶瓷技术、军事技术、日用化工技术等。这些门类，也就是《中国古代工程技术史大系》所要包括的内容。

在科学技术突飞猛进的现代，来研究中国古代工程技术史，我觉得不能不思考三个问题，一是中国古代工程技术发展的特点或规律，二是中国古代工程技术实践的历史意义，三是中国古代工程技术实践的现实价值。我是学现代工程技术的，近些年因工作关系，与科学史界有较多接触，这次《中国古代工程技术史大系》编委会要我担任主编，也促使我有意识地对这些问题进行了思考，借此机会，谨将一些初步的认识梳理罗列于下，以与海内外科学史界的朋友交流、讨论。

（1）中国古代工程技术发展的主要特点

根植于中华农业文明，发展进程具有连续性、渐进性和相对独立性。

国家因素起着重大作用，具有强大组织功能的中央集权制国家机器推动产生了一系列规模宏大的工程技术实践。

独特的环境、独特的资源和独特的历史，孕育了诸多独特的发明创造。

辽阔与各具特点的地域，既孕育了丰富多样的技术成果，也导致了技术发展的地区差异

（2）中国古代工程技术实践的历史意义

与中国古代农业技术相结合，共同构成了中华农业文明体系的技术基础。

以富有特色的大量发明创造，形成了世界古代工程技术的独特体系。

以一系列独具匠心的发明，对人类文明进步和近代世界发展作出了贡献。

凝聚了中国古人对于自然以及人与自然关系的丰富而独到的认识。

（3）中国古代工程技术实践的现实价值

当前我们正面临一个全球化的时代，现代化和全球化不能以失落传统为代价，未来世界应当是一个高度发达，同时又保有多样文化传统的多彩世界，中国古代工程技术实践的成果结晶既是中华民族文化传统的有机组成部分，也是人类科学技术传统的重要组成部分。

基于“敬天悯人”的意识，中国先贤一直以“顺天而动”、“因时制宜”、“乘势利导”、“节约民力”为工程技术活动的重要原则，由于多种因素的交互作用，既有成功，也有失败，这部“悲欣交集”的历史长卷，对于今天的工程技术实践乃至整个人类的活动，仍有丰富的启迪意义。历史的经验和教训从来都是一笔宝贵的财富，后来者要善于以史为鉴、服务当今、创造未来。

以上诸点，只是粗线条的概括性认识。我相信，本书各卷的撰著者，必然都从各自的领域和角度对这些问题进行了深入的思考，并以大量的资料进行论证，从而得出自己独立的见解，为读者展现出丰富而生动的学术成果。

中国科技史研究以往存在重数理而轻技术的现象，我希望这次通过编纂《中国古代工程技术史大系》，能够集中全国各方面专家学者的力量，对中国古代工程技术实践进行系统的整理和研究，力求科学地理解中国古代工程技术发展的历史，并对以往有关中国古代工程技术史的研究进行一次总结。

前言

中国古代金属矿和煤矿开采工程技术史分为金属矿编和煤矿编，彼此相对独立、自成体系。上编由卢本珊编撰，下编由李进尧、吴晓煜编撰。

煤炭是能源的重要组成部分，直至20世纪末，中国能源构成中煤炭仍占70%左右。能源是人类生产和生活的基本要素之一。能源的开发利用对人类生产和生活有着重大影响。火的利用使人类摆脱了茹毛饮血的原始状态，柴薪的利用使人类生活得到巨大改善，煤炭的利用以及与燃煤相联系的蒸汽机的发明，使人类生产方式发生了革命性变化，石油的利用以及和燃油相联系的内燃机的发明，使人类生产方式再次发生深刻的变化，核能的利用以及伴随原子能发电技术的发明，使人类生产方式又一次发生革命性的变化。每一次新能源的开发利用，都使人类生产力水平提高到一个新高度，使人类生活水平上升到一个新起点。从某种意义上说，人类的文明进步史，又是人类不断发现和利用新能源的历史。

每一次能源开发利用的过程，既是人类生产和生活得到改善的过程，又是人类遭到自然界报复，吞食环境破坏苦果的过程，每一个享受到了能源所带来的幸福的人，都不应该忘记能源发展的历史。

人类开发利用能源，大体经历了柴薪阶段、煤炭阶段、石油天然气阶段、核能和可再生能源阶段，这几种能源的开发利用，既有历史上的开发顺序先后关系，又有当代的并列开发关系。它们各自的地位和作用是随着历史的发展变化而变化的。人类早期的漫长年代，仰仗柴薪炊爨取暖，然而森林的过度砍伐，造成部分地区沙漠化，人类不得不咽下自己由于破坏生态平衡所种下的苦果。在新石器时代晚期，中国古人开始发现和利用一种新的能源——煤炭，它的开发利用过程，同样有两面性，一方面凝聚了许多代人的聪明才智，带给人们光明、温暖和幸福，另一方面采煤事故的发生夺去了许多煤炭工人的生命，给许多家庭带来灾难和痛苦，煤炭燃烧给环境造成的污染，又给人们的生活带来威胁。本卷煤炭编的任务，就是要揭示中国古人在开发利用煤炭过程中显示的聪明才智，揭示煤炭作为重要能源对社会发展、人民生活的巨大作用，总结中国古人在开发利用煤炭过程中用血汗乃至生命换来的宝贵经验，把中国古代从事采煤业的先人们留下来的好的技术传统和创造精神，继承和发扬下去，以史为镜，促进能源产业可持续发展，更科学合理地开发利用能源。

本卷煤矿编，着重从工程技术的角度，反映中国古代煤矿开采工程技术发展的客观过程，力图阐明中国古代煤矿开采工程技术发展的社会条件和内在根据。

中国古代煤矿开采工程技术，起源于新石器时代晚期（距今约六七千年），到西汉时期已见雏形，宋元时期形成完整的体系，明清时期臻于完善，形成了以手工操作为基本特征的采煤技术传统，一直延续至今。

中国古代煤矿开采工程技术，起源之早，发展之快，应用之广，在世界上都是罕见的，其领先的优势一直保持到16世纪。17世纪末，英国工程师塞维利（**Thomas Savery**，1650？—1715）为解决英国社会对煤炭的急需，解决英国煤矿的严重积水问题，在巴本（**Denis Papia**，1647—1712）蒸汽机基础上发明了蒸汽泵（抽水机），初步解决了煤矿浅井排水问题，宣告了西方采矿技术开始超越中国。在蒸汽机革命的基础上，19世纪中叶，以蒸汽为动力的提升机、抽水机、通风机在西方采矿业中广泛应用，标志着西方采矿技术已远远走在中国前面。

历史的发展是充满辩证法的，先进可以转变为落后，优势可以转变为劣势，良好的资源条件反而可能成为阻碍技术进步的消极因素。中国古代煤矿开采工程技术长期领先却在近代开始落后了，原因之一是中国煤炭资源十分丰富，煤炭储量分布很广，用传统手工采煤方法，开采浅部煤层就可满足社会对煤炭的需求。所以，在市场经济不发达的封建经济条件下，资源优势反而成了技术进步的障碍，因为，即使不改进技术，也可以得到足够用的煤炭。历史发展告诉我们，社会需求、资源条件、技术进步三者之间存在着矛盾统一的关系，认识和把握三者的辩证统一关系，有利于技术创新，推动经济发展。

本卷煤矿编的编写原则是：以史料为基础，以技术发展为线索，综合分析，断代分章；传统技术，专章叙述；中外对比，简明扼要，供读者参考。

本卷金属矿编主要论述了我国古代金属矿开采工程技术（包括找矿、采矿、选矿）的起源、发展及主要成就，并探讨了其对我国古代文化和社会发展的影响。时间跨度为史前到19世纪中叶。

金属矿编笔者有机会在相关部门的合作支持下到中国多处矿山遗址进行考察，并采用多种研究手段，对古代地质探矿、矿山测量、矿井开拓、地下采矿方法、矿井通风、排水、照明、矿石提升运输、矿石分选等技术环节，及彼此相互联系、相互制约的关系，做了深入研究，理清了中国古代金属矿开采的历史发展过程，这一过程大体上可分为萌芽期、初步形成期、初步发展期、创新期、充实提高期、全面发展期六个阶段。

萌芽期：或叫史前期，即旧石器和新石器时代，人们选择、采集和制作石质工具的工作虽然十分原始，但其中便孕育了最初的找矿和采矿方法；在新石器时代，采石活动已分出了露天开采和地下开采两种，并开始了最为原始的金属矿开采实践。

初步形成期：夏商时期，已形成多种探矿方法，多种井巷联合开拓技术。地下井巷支护技术已有一定发展，并达到了可以控制采空区地压的要求。井巷支护已有一定规格的“预制”构件，可在井下“装配”。采掘工具已使用铜质专用器。矿山提升采用了滑车等简单的机械。

初步发展期：西周时期，露天开采规模扩大，破岩能力增强。开采坚硬矿脉采用“锤与楔”的方法。有了斧、锛、铲、镢等合范铸造的多种青铜专用采掘器。对地压的认识进一步深化，不断改进井巷支护形式，以提高对地压的控制能力。创造了多种地下采矿方法，特别是水平棚子支柱充填法。创建了比较完善的矿井防水和排水系统。水介质溜槽选矿技术趋于成熟。

创新期：春秋至战国中期，矿业管理水平明显提高，技术熟练的名工名匠不断涌现，金属找矿方法有了突破性进展。铁矿得到了开采，铁器开始使用。凿岩技术有创新，新的井巷支护技术代替了旧的技术，表现出多方面的优越性。多种采矿方法进一步完善，矿山提运机械有了新的发展。

充实提高期：秦汉至元代，金属矿开采工程技术在三个方面得到了充实提高：一是各项技术使用越来越成熟。二是一些先进技术的使用面越来越广泛。三是矿山规模不断扩大。这个时期金属矿开采大体上是持续发展的，除了魏晋南北朝和五代之外，秦汉、隋唐、宋元三个历史阶段，采矿技术都相当发达。

全面发展期：明清时期，中国古代金属采矿技术得到了全面发展，矿业生产以十几倍的数量级增加。明代中叶之后，采矿业中出现了资本主义萌芽，有关典籍记录了许多矿业方面的技术成就。

需要指出的是：从我国整个古代历史时期来看，有关采矿技术的记载还是十分缺乏，故本编撰写中对考古资料及其研究成果采用较多，文献记载则相对较少；迄今为止，发现和经科学考古发掘的矿山遗址，以种类而言，铜矿山最多，铁矿山次之，其他金属和非金属矿山极少；以时代而言，先秦为最多，汉魏以后较少。因此，本书对铜矿的采矿技术谈得较为详细，其他金属矿山未能细谈。

本卷煤矿编的编写顾问是中国工程院院士韩德馨教授，煤矿编的审稿为中国矿业大学崔云龙教授和中国古代工程技术史大系副主编何堂坤研究员，他们为书稿编撰、修改提出过许多宝贵意见，编撰者谨致深深的谢意。

作者

2001 年 8 月

目录

CONTENTS

金属矿编

卢本珊／著

第一章
史前期采矿技术

人类的历史大约已经历了400万年的时间，其中绝大多数岁月都是在旧石器时代度过的。旧石器时代约止于一万多年前，其后便是新石器时代；新石器时代在我国一些主要文化区约止于四五千年前，即与龙山文化中晚期相当的年代。这整个历史时期，习谓之史前期，往日又谓之蒙昧时期、洪荒期。在旧石器时代，人类的主要生产活动是制作石器，以为狩猎；新石器时代后，才出现了农业、纺织、制陶、矿冶、原始建筑等技术，生产活动的范围才逐渐扩展起来。金属矿开采技术，大体上是和冶金技术一起，在新石器时代产生出来的；金属冶炼技术的发明，金属工具的使用，是人类历史上具有划时代意义的重大事件；而这种冶炼技术的基础和先导，便是金属矿的开采。

从有关考古资料看，此期开采的金属矿主要是铜矿，其中有纯度较高的氧化矿、共生矿以及自然铜；主要是露天开采，开采技术自然是十分原始的。

第一节　关于采矿的技术背景

人类的任何一项生产活动，都不是孤立的，它往往都要与多项生产技术相关联，不管在现代还是遥远的古代，大都是如此的。在人类史前的生产活动中，与采矿业关系较为密切的生产技术主要是：石器开采和制作技术、水井开凿技术以及原始的建筑技术等；因采矿，就要将有用的矿物从围岩中分离出来，这三项生产技术对于矿石的识别和开采、坑道的开凿和支护，在技术上和思想上，都会产生许多有益的启示和影响。

一、旧石器时代的采石活动

人类制造和使用工具的历史大约已有400万年的时间，贾兰坡先生认为，根据目前的发现，必能在距今400万年前的上新世地层中找到最早的人类遗骸和最早的工具[1]。目前我国古人类研究中，发现的最早人工制品实物是安徽繁昌县癞痢山人字洞出土的几十件石制品和十余件骨制品，其石制品的原料主要是铁矿石，距今200—240万年[2]。这些石器、骨器，便是人类制造工具的明证；也是人类接触岩石、矿石的最早起点。

在中国的南方和北方，都发现过属于或可能属于早更新世的人类化石或石制品。这些地点的年代顺序大致如下：可归于早更新世早期的有重庆市巫山县龙骨坡、山西省芮城县西侯度和云南省元谋县上那蚌。巫山县龙骨坡约距今201—204万年；元谋县上那蚌距今170万年左右[3]。巫山县龙骨坡发现与“巫山猿人”活动有关的石制品有砸击石锤、凸刃砍砸器等[4]。在距今100万年左右，中国南方和北方广大区域范围内，存在着直立人，他们在这些地方制造石器[5]，认识并采用了13种矿物和岩石，在利用矿岩打制生产工具时，发明了多种打制石器的制作方法。距今约80—75万年之间的蓝田猿人，是用石英岩、脉石英、石英砂岩和黑色燧石打制石器。距今约50万年的北京猿人，制造石器仍以石英岩类为主，而且采用的石料质地也胜过蓝田猿人。从现有资料看，我国多处几万年乃至几十万年的旧石器时代遗址，其石制品的石料依然是以脉石英和石英岩为主；这些岩石的化学成分为二氧化硅，硬度较高，容易产生贝壳状断口，是制作石质工具最为理想的原料；这说明人们在长期的生产实践中，对部分岩石的加工和使用性能已逐渐有了一些认识。当时打制生产工具的方法主要是锤击法和砸击法[6]。

中国考古学证明，从“猿人”到“智人”到“新人”，其整个发展过程是一脉相承的，打制石器工具的制法以石锤直接打制兼以单向加工为主，并不断地改进和提高石器的制作和使用技术[7]。从单面加工的石质工具发展到复合工具，苏秉琦先生认为，“可能追溯到20万年前的北京人文化晚期”，十数万年的进步，“集中表现为石器刃部的细加工和安把到镶嵌装柄一系列复合工具的出现与发展”[8]。

距今约2万年的北京周口店山顶洞人，已从相当远的地方采回赤铁矿，粉碎后作为颜料，将装饰品涂成红色，或者撒在尸首旁边[9]。这是我国最早利用矿物作颜料的资料。

内蒙古呼和浩特市郊发现的两处旧石器制造场，仅大窑村南山一处，面积就达200万平方米，已具相当规模，是开采燧石并制作石器的早期遗存，这些石料是从原生岩层经人工开采来的燧石[10]。这是我国迄今所见最早的从原生岩采石的资料。

在旧石器时代，人们的采石技术自然还是较为低下的，此期石器加工的主要成就是：旧石器时代晚期发明了石器磨光技术和穿孔技术。人类的各种生产知识和技能，都是在漫长的岁月中一点一滴地逐渐积累起来的，这些最为原始的选择、采集和制作石器的实践，尤其是类似于大窑南山的采矿实践，对于人们后来识别矿石、开采矿石，无疑都有一定的启发和帮助。

二、新石器时代的采石活动

我国南北许多地方都发现过新石器时代的采石遗址，它们都从不同角度反映了不同时代、不同文化的石器制作技术。其中较值得注意的有：山西襄汾大崮堆山史前采石场、山西怀仁县鹅毛口采石场、广东佛山市南海区西樵山采石场等，它们反映了新石器时代黄河中游和珠江三角洲地区的采石技术。

山西襄汾大崮堆山史前采石场，其西距丁村旧石器时代遗址7公里，北距陶寺龙山文化遗址6公里。其年代上限稍早于仰韶文化，并一直延续到了龙山文化时期。遗存面积15万平方米，最大堆积厚度达4米。其岩体主要由角页岩构成，岩色黑灰，质硬而韧，摩氏硬度在6.5度以上。在丁村旧石器文化遗址中，角页岩石制品占86.3%，在其周围的各新石器时代遗址的文化堆积中，角页岩制作的石器也占主导地位[11]。由于大崮堆山周围山体和塔儿山、青阳岭、汾道沟、乔山等地，基本上是由奥陶纪灰岩构成的，质软色灰，适于烧制石灰而不宜用于制作石器，因之，大崮堆山角页岩存在的地域，成了住在附近的先民采石制器的石料来源。

经过对大崮堆山石器制造场基岩以及大块石料上留下的打击痕迹的观察分析，当时先民用了两种方法采石：

投击法。系选择基岩上保持的原生棱角部位作台面，用大石块猛力投击，从基岩棱角边沿击下石片。如此连连投击，直至台面成圆凸形，无法再击下石片为止，当此棱角废弃后，再选另一棱角部如法投击。

楔裂法。系依基岩的节理分布，先将石片薄刃顺裂隙楔入，然后砸撞作为楔子的石片，待石缝显出纹后，再沿石缝楔入第二块石片，继续砸撞，这样，随着裂隙中石片的增多，石缝越来越大，以至能再楔入木棍之类的长物，利用杠杆原理将石片撬下[12]。本编第三章及第四章将要谈到，内蒙古林西大井西周时期采矿遗址和新疆尼勒克奴拉赛春秋时期采矿遗址铜矿的开采，其"锤与楔"的凿岩方法，与新石器时代山西大崮堆山采石法是一脉相承的。

山西怀仁县鹅毛口采石场，是一处谷坡露天采石场，开采的是裸露的三叠纪凝灰岩、煌斑岩夹层。其年代较大崮堆山稍晚一些[13]。

广东南海西樵山采石场，距今约 6 000 年。其规模宏大，延续年代久远，为国内所罕见。西樵山赋存着坚硬致密的霏细岩岩层，在霏细岩谷坡上遗留有从原生岩层中开采石料形成的七个洞穴，即原始平硐。最大的洞穴纵深 37 米，其中的虎头岩洞穴口宽 4.3 米，向内逐渐收缩，基岩底板向外微倾，纵深 8.3 米，反映了比较成熟的平硐开拓技术。开采工具是鹿角、火石镐头、石锤和磨光石斧[14]。从大量考古资料看，珠江三角洲地区的新石器文化有着自身的发展序列，它是直接来源于距今一万年左右的广东地区新石器时代早期洞穴遗址文化的；西樵山采石技术亦是在本土文化中产生出来的。这再一次证明，中华民族文化之起源是多元的[15]。

尤其值得注意的是，广东西樵山采石场已从露天开采发展到了地下开采，这在采矿技术史上是具有重要历史意义的事件。

除了采石外，彩陶和玉器制作也是与采石技术密切相关的。不但陶土是一种矿物，而且彩绘陶器的彩料也是一种矿物。当时陶器的彩料只有天然矿物，如用赤铁矿作红彩颜料，用锰铁矿作黑彩颜料，用孔雀石作绿彩颜料。中华民族是崇尚玉器的民族，因其质地细腻坚韧，温润晶莹，早被原始先民视为圣洁之物，并赋予了神圣的含义，且往往被人格化。玉器在我国素有"山岳精英"之称。迄今所知，中国最早的玉器出自陕西大荔沙苑遗址，系碧玉所制[16]。我国东部的新石器文化中，也有着发达的玉器文化内涵。早在余姚河姆渡文化第四层便出土了一批玉器[17]，年代稍后，在马家浜—崧泽—良渚文化序列中，玉器品种逐渐增多，数量逐渐增大，工艺亦日趋精进。良渚文化以大量丰富多彩的玉器著称。仅余杭反山发掘的 11 座墓葬中，随葬的玉器就多达 3 200 件[18]。良渚文化玉器可分为礼仪和祭祀用器、装饰品三大类，尤以玉琮、玉璧、玉钺及砭针最令人注目，在中国传统文化中影响深远。蒋素华认为：江苏溧阳梅岭玉矿与吴地早期玉器有着密切关系[19]。在中华大地上，不仅是良渚文化，而且石峡文化、青莲岗、大汶口文化等玉器作业也是相当发达的[20]；在辽河流域的新石器时代晚期，其玉器技术亦是盛极一时，尤以红山文化为著。

总之，对采矿技术而言，新石器时代最为重要的成就，一是人们在露天开采的基础上，开始了地下采石；二是人们在漫长的大量的采石实践中，对各种石料和采石工艺，逐渐地有了更多的认识，积累了更为丰富的经验。因金属矿开采过程中的一个重要问题便是开凿围岩，故石器时代的采石实践，必然要在技术上、思想上，为人们提供许多有益的启示和帮助。

三、原始的水井开凿及其对竖井支护技术的启示

人类向地下开凿的历史始于何时，今已很难了解；它很可能与人们穴地而居，和凿地取水的活动有关。《墨子·节用》曰："因丘陵掘穴而处。"这种"掘穴"，就是一种较早的地下开拓。《吕氏春秋·勿躬篇》说："伯益作井。"此作井，自然也是一种地下开拓。据《史记·秦本纪》，伯益是虞舜时人，曾协助大禹治水。当然，伯益并非是凿井的发明者。

在现有考古资料中，年代较伯益为早的水井已见多处。如浙江余姚河姆渡遗址第二文化层下公元前 3710 ± 125 发掘出木构方形水井[21]；上海松江汤庙村和江苏吴县澄湖出有崧泽文化的数百口圆形浅井，井壁是用竹箍围撑构筑的[22]。此外，中原地区一些属于龙山文化的村落遗址，如河北邯郸涧沟[23]、河南洛阳矬李[24]、山西襄汾陶寺[25]，都发现了保存完好的水井。

中国早期水井的特点首先在于井口截面积较大。河姆渡遗址水井口径已达 2 米，北方地区早期水井口径都在 3 米以上，井深一般在 10 米以上。水井井壁均采用木构件或竹席支护，早期水井多采用圆木或半圆木在井筒下段架设呈井字形的支架，其形状正是象形文字的"井"字，古文献所称之为"井干"。《周易·井》的卦象就是"木上有水，井"。

河姆渡遗址还采用板桩法凿井，即在松软含水土层中，预先用人力在欲凿井的井筒周边打入四排木桩，组成一个方形的桩木墙，然后在桩板的保护下挖井。为了防止排桩向里倾倒，在排桩内顶套一个方木框[21]。这是一种穿过松软含水土层的特殊凿井法。余姚河姆渡第四文化层距今 6 960 ± 100 年发现的木构件结构式样多，代表了中国早期发达的木构技术。中国先秦时期的矿井支护和凿井方法，不仅在形式上同水井一样（即采用"井干"式方框支撑），而且在井干的交接处（即节点结构）乃至井筒护壁方面，都继承了水井的支护方式，可见矿井支护技术源于新石器时代的水井支护技术是无可置疑的。

四、原始建筑技术及其对平巷支护技术的启示

在旧石器时代，人类主要居住在自然洞穴中；新石器时代后，才逐渐地住到了人工构筑物中。各种建筑物的基本构件是立柱和横梁，以便承重和防止侧面的外力；这与矿山中的井巷支护，无疑是相通的。

在我国考古发掘的早期建筑物中，较值得注意的是浙江河姆渡遗址的木构架建筑，包括木材制作的梁、枋、板等。构件上保存有多种类型的榫卯、榫头，有方榫、圆榫、双层榫，卯眼有圆形和方形两种，加工比较细致。其木柱的柱脚和柱头已有榫头，平身柱与梁枋用榫卯交接，受拉杆件（联系梁）采用梢钉孔的榫卯，这些木构件已基本形成了合理的截面构造关系。此外，山东临朐西朱封、山西陶寺、湖北黄冈螺蛳山、青海乐都柳湾等，龙山文化及其与之年代相当的许多遗存也发现了这些结构的建筑[26]。

大约距今6 000年前，我国木骨泥墙的建房技术已普遍使用，这在湖北枣阳市雕龙碑原始民族聚落遗址发现“单元式”房屋[27]中，在安徽蒙城慰迟寺遗址[28]、西安半坡遗址、西藏昌都地区澜沧江畔的卡洛遗址都可看到。杨鸿勋对当时枋木及板材的加工工具和工艺进行了许多研究，认为当时的伐木工具为石斧，加工板材和枋木的工具为石楔。这种楔具加工木板的技术，直至战国时期有了铁锯之后仍然沿用[29]。

中国早期矿山的木支柱间隔支护，显然是借鉴了房屋建筑中的木构梁柱技术。在山西石楼县岔沟龙山文化遗址中，发现4 000多年前的洞穴式房屋，其顶为穹隆状，房屋中部有木柱直立支撑洞顶，柱顶加楔一条横木，使支撑柱呈T字形，其作用是使支柱撑紧并扩大支撑面[30]。而湖南麻阳战国时期的矿房中，就采用了“带帽支柱”法支护[31]。这显然不是一种巧合。

中国早期的矿山井巷支护，常用竹、草编织的席背护井筒和巷道顶棚或两帮，防止围岩下塌。席以编织技术为基础。编织技术的出现大约是旧石器时代晚期。席的出现至少不晚于新石器时代早期。目前出土的席类实物以浙江余姚河姆渡遗址为最早，距今约7 000年。由河姆渡遗址出土的苇席印痕可以看出，其编织方法是二经二纬的人字形，已是比较成熟的编织物。较之略晚的江苏吴县草鞋山遗址下层（属于距今6 000年以前的马家浜文化），则发现编织的芦苇、篾席等。特别是在该遗址中还发现了我国目前时代最早的编织物残片，经鉴定认为其纤维原料是野生的葛。织物经线密度约每厘米10根，纬线密度在罗纹部达每厘米26至28根，地部也有13至14根之多；花纹为山形斜纹和菱形斜纹，组织结构是绞纱罗纹之中嵌入绕环斜纹，还有罗纹边组织。由此可以看出，当时的纺织和编织工艺已十分高超[26]。

迄今时代最早的竹编工具出土于浙江吴兴县钱山漾遗址（开发时代距今约5 000年）。种类有篓、篮、箩、簸箕等，竹篾多经过刮光，编织方法复杂多样，有一经一纬、二经二纬、多经多纬的人字形，还有菱花形、十字形等。部分已采用梅花眼、辫子口等较为复杂的编织技巧，展示了当时竹编技术的先进工艺[26]。这些竹编种类和编织方法直到商周时期的矿山生产仍在沿用。

综上所述可以看出，中国早期矿山竖井井筒支护技术是从水井的支护方式中借鉴的；巷道支护技术，即木柱（立柱）→柱上横向梁架（顶梁）→纵向枋（顶棚），是从房屋建筑木结构方式中借鉴的。在建井和筑屋的长期实践中，以木为主的材料和构筑结构、方式，接受了实践的检验，证明有许多优越性，遂成为矿山支护技术的规范，经久不衰。其具体原因有如下三点：

一是木材容重小而强度高，这一优良的物理性能是石料无法相比的。一般针叶树比重在0.3—0.5之间，用它们顺直加工为柱、梁、枋而架立时，比较省力；而花岗岩、砂岩之类石材比重为2.1—2.65之间，砌墙垒柱都较笨重费力。

二是木材抗压强度在60—90kg/cm^{2}之间（顺木纹方向），仅次于钢材，抗拉、抗弯曲都比石材优越。它既坚韧又易加工，并可以利用榫卯连接，预制组装，极为灵活，有较强的重复性和整体性。建造一座木构筑物，无疑比石建筑快得多。

三是中国古代森林资源丰富，便于就近储备材料。

第二节 金属矿开采技术的起源

由于历史的涤荡，最早的采矿遗址今已经很难找寻；但金属矿之开采总是和冶炼紧密相连的，所以，找到了最早的金属制品，也就找到了采矿技术的源头。

从现有资料看，人类最早冶炼并对社会生产产生过重大影响的金属是铜，这种最早的铜制品是在伊朗发现的，属公元前七八千纪；但那是自然铜制品。最早的人工冶炼铜制品是在伊朗泰佩·叶海亚出土的，属公元前第四千纪早期。真正意义上的冶金技术和采矿技术，大体上也应是公元前四千纪的事。我国古代的金属矿采冶技术，大体上也发明于这一时期。

一、我国金属矿采冶技术的起源

迄今所知，中国最早的冶铜遗物属仰韶文化时期，即1971年陕西临潼姜寨出土的黄铜片和黄铜管，年代为公元前4675±135年〔32〕。年代稍后的，有1977年甘肃东乡马家窑文化遗址出土的锡青铜刀和“铜碎渣”〔33〕，年代为公元前2740年左右。1986—1988年，辽宁建平牛河梁红山文化遗址小铜环1件（红铜材质）〔34〕；山东大汶口文化骨凿曾沾有铜绿，距今约6 000年〔35〕。这些铜器和冶铜遗物，大体上都在仰韶文化范围内。这是今日所见我国早期的金属制品，也是我国古代金属矿开采业已经产生的明证；不管这些矿石是地面上捡来的，还是地下挖出的，都是先民开矿活动的最早起点。

古史传说中关于采铜用铜的记载，大体上也属这一历史时期。

“昔黄帝以其缓急作五声以政五钟。”（《管子·五行》）

“黄帝作宝鼎三，象天、地、人。”（《史记·封禅书》）

“黄帝采首阳山铜，铸鼎于荆山下。”（《史记·黄帝本纪》）

“蚩尤以金为兵。兵有五，一弓二殳三矛四戈五戟。”（《世本·作篇》）

“造冶者，蚩尤也。”（《尸子》卷下）

黄帝是中国传说中的上古帝王之一，一般认为其大体属于仰韶文化晚期至龙山文化早期；蚩尤与之同时。

金属矿采冶技术的最早发明地，到底是一个还是多个？长时期来，国内外学术界皆存不同的看法。我们是主张多元说的，不管国内还是国外，最早的冶铜地都可能有多个，而它们之间未必存在技术上的传播和相互关联。我们以为，只要具备了一些最为基本的自然条件和技术条件，而社会又有了这种需要时，任何一个地方，都是可能发明出某项技术的〔36〕。

研究地质资料，我国黄河流域及其他古冶金区域，都蕴藏着一些基本的铜矿资源；而且考古发掘的铜制品的材质，都与该地铜矿的类型相对应；仰韶原始黄铜、原始青铜的矿料，皆可在甘、陕两省，即地质学上称为秦岭褶皱系的礼县（甘）—柞水（陕）华西地槽成矿带内找到。该矿带为铅锌铜成矿带，为层控型矿床，矿石赋存于碳酸盐岩与碎屑岩组成的互层带中，由西向东长几百公里，分布在甘肃的礼县、西和县、成县、康县、徽县，陕西的凤县、太白县、眉县、周至、户县、西安、蓝田、柞水、镇安、山阳、丹凤、商县、洛南、商南。铜矿体主要产于灰岩中，次为富钙砂岩与富钙泥质岩，脉石为石英[37]。陕西华县、华阳、渭南、潼关也有铜矿，周至、凤县、太白等地的铜矿规模较大，质量好，易选[38]。据《山海经·西山经》记述，临潼以东的符禺山（渭南）、石脃山（华县）、松果山（华阴）、阳华山（华阴）、盅尾山（洛南），临潼以南的羭次山（长安）均蕴藏有铜矿[39]。甘肃境内二百多处地点蕴藏着十种有色金属矿床。甘肃东乡以北的兰州市、皋兰有铜、锌、铅矿，白银市、景泰有铜、铅、锌、银、铁矿，以南的积石山地区以德尔尼矿床最为著名，矿体呈似层状，透镜状产于超基性岩体中，主要为块状矿石，较富，除铜外，含有大量钴、锌，伴生金、银[40]。所以东乡林家马家窑文化的原始青铜刀含少量铁、银是理所当然的。甘肃永登县也有铜、锌矿。

关于红铜的矿料，张掖、酒泉之南，祁连山北麓各沟谷之砂砾层，含有大块自然铜，普遍皆长三寸，宽二寸。所见之最长者，长一尺余、宽六寸、厚三寸，皆无棱角[41]。孙淑云等认为，中国冶炼纯铜技术在公元前2000年左右的黄河中、上游地区发展。齐家文化的炼铜技术是由冶炼红铜发展到冶炼青铜的[42]。中国的多数铜矿都发现有自然铜，江西铜岭、湖北铜绿山等商周铜矿证实自然铜也是当时开采的对象之一，所以在中国早期识别和利用自然铜应该是可能的。

关于锡青铜的矿料，我国除西南部盛产锡矿外，辽和燕两地区，内蒙古等地亦产锡，辽宁建平以西的赤峰地区包括赤峰市、巴林右旗等铜矿，并产锡矿。林西大井铜矿西周时期开采鼎盛。建平以东的朝阳、喀喇沁左翼、义县、锦州、锦西、兴城等都有铜矿[38]。

这些，便是冶铜术得以产生的最为基本的物质条件。我国的一些早期铜器，实际上都是利用当地矿料冶炼加工成的。常说的中原掠夺南方铜料的事件，只是到了商周时期，青铜业大生产使中原王朝的铜料供不应求时才发生。

总之，我国古代金属矿开采技术约发明于仰韶文化时期，当时，在黄河流域等地，是具备了导致铜矿采冶术产生的各种资源条件、技术条件和社会条件的。至于它的发明是否受到过其他文化和技术的影响，尚无确实的证据。

二、长江流域也是我国史前文化的重要区域

目前，在长江流域看到的早期铜器只有2起，一起是1987年湖北天门出土的残铜片5件，属石家河文化二期，依伴出物推测，该地很可能是铸造小型铜器的手工业作坊，距今约4 400年[43]。另一起是安徽含山县大城墩遗址二期，曾出土过一把铜刀，为锡青铜材质，铸造成形，约相当于龙山文化时期[44]。显然，各地铜矿采冶技术的发明年代有早有晚，发展速度有快有慢；但南方采冶技术，却很可能是独自发明出来的，而且从多方面资料看，南方也具有独自发明冶金术的自然条件和技术能力，这也是我国古代一个十分重要的古文化区，《禹贡》“九州”中，扬州、荆州等都属于南方。

长江自四川以下的长江中下游地区，史前文化是相当发达的，从170万年前到1万年前，在该地区都发现过巨猿化石和古人类化石，旧石器时代文化遗址在湖北、湖南、江西、安徽、江苏都有发现。整个长江中下游地区旧石器时代文化遗址分布规律是，中游地区的遗址多于下游地区；下游地区的遗址，则由西向东逐渐减少[45]。目前，在长江流域发现的新石器时代的文化遗址已不下2 200多处，石器、骨器、角器、蚌器和居址、陶窑、墓葬等文化遗物众多[46]。这些文化异彩纷呈，具有多元性特点，但由于各区域文化频繁的接触和交流，又使其萌生出某种一体化的因素，在长江流域形成了一个有别于黄河文化的文化共同体，其稻作农业、蚕桑纺织业、石器制造业、制陶业、干栏式建筑和习水行舟，为人类社会向文明时代发展奠定了基础，为冶铜术的产生提供了条件。

在江汉地区，湖南澧县的彭头山遗址和湖北城背溪遗址距今8 000—8 500年前已存在，与黄河流域较早的新石器时代文化——磁山·裴李岗文化相当或稍早。这种文化遗址除彭头山、城背溪外，已发现十多处，其分布范围大体在楚文化分布中心区的西南部。出土遗迹遗物所反映的生产力水平和经济发展状况，并不比黄河流域落后，反映了江汉地区也是我国最早人类开发的平原地区[47]。

长江下游新石器时代晚期，即良渚文化时期，太湖流域的东半部地区出现了一批聚落群，每个聚落群中都有一个规模较大的中心聚落，其中有规模宏大的人工建筑，其周围有祭坛和贵族墓地，已具有早期城邦的性质[45]。

从野生的禾本科植物培育出水稻，是中国人的特殊贡献。1万年前，长江中游的先民就开始水稻人工栽培，江西万年仙人洞和吊桶环洞发现的人工栽培稻，经碳14测定，为公元前12 000年时产物[48]。新石器时代晚期，长江中下游地区以水稻为主的农业经济已进入到犁耕农业阶段。许多遗址中出土石犁、石斧、耘田器等。

江西万年仙人洞的陶器，距今1万年[48]，是迄今中国最早的陶器。江苏溧水神仙洞遗址出土的陶片时代与之相当[49]。

由此可见，商代之前，长江中下游地区的高温窑炉技术已经具备较高的水平，并不比黄河流域落后。

在“多元一体”的中华文明中，南方的长江和北方的黄河无疑是中国两大经济、文化中心，是两支最具代表性和影响力的主体。综观长江流域新石器时代社会发展状况，铜矿采冶技术在这里产生是完全可能的。

诚然，就采冶技术产生的要素铜矿资源而言，中国最为丰富的铜矿蕴藏是在长江中下游的有色金属矿带内。由于长江的地质地壳曾经发生过多次变动，所以形成长江裂谷及绵亘900多公里的多金属成矿带。一条以铜矿为主的多金属矿带，如同巨龙，头大，腰粗，尾小。西起湖北鄂州，东至上海。湖北鄂州、黄石至江西九江这一段，可算这条矿龙的头部，在这128公里长的大江南岸，散布着30多个大中型铜矿山。其中湖北境内的著名矿山有：铜绿山、铁山、丰山、赤马山、铜山口、冯家山、欧阳山、鸡冠嘴、龙角山；江西境内有：铜岭、德兴、武山、永平、东乡、银山、城门山、洋鸡山、富家坞。九江市至南京市这464公里长的地段，可算这条矿龙的腰身部分，这段散布着30个大中型矿山。在安徽铜陵市附近，就密集排列着铜官山、狮子山、琅琊山、凤凰山、铜山、月山、金口岭、贵池等8个著名铜矿山。自铜陵以东，这条矿龙腰身渐小，在江苏、浙江境内，只有霞山、九华山、谷里、铜山、观山等一批中小型矿山了。而到了上海地区，这条矿龙遽然收尾，仅有一个金山张捻铜矿。据统计，从湖北黄石至上海的长江两岸，散布着大中型铜矿山122处，另沿江湖北、江西、安徽的小型铜矿山各有200余处。长江中下游已探明的铜金属储量，占全国总储量的31.9%，位居全国四大产铜区之首。这些铜矿床中，还伴生着金、银、铁、铅、锌、锡等多种元素。

长江中下游铜矿带以其独有的优越性，吸引着我国先民开发利用。该铜矿带大都属于矽卡岩型矿床，矿石品位较高，富矿约占40%[50]。经长期风化作用，次生富集的氧化带厚达数十米至百米。皖南地区已发现的被古人开采过的铜矿藏，虽多为不具备现代工业采冶价值的小矿点和矿化点，但由于矿石品位高，距地表浅近，恰恰利于古人找矿和采冶。

我国锡矿资源丰富，工业储量居世界首位，主要分布在西南、中南地区。广西、云南、湖南、广东、江西五省的储量占全国总量的85%。我国锡矿的特点是：单一的锡矿少，共生、伴生（即锡、铜、铅、锌等）有用组分多。丰富的矿产资源，给中国青铜文化不断地提供源泉。

我们以为，随着考古学和金属史研究的进展，对长江流域早期的矿冶术的认识将会不断深化和有所修正。

三、中国铜矿采冶技术萌生的时限

冶铜是一个高温物理化学过程，制陶也是一个高温物理化学过程，从这点上看，冶铜技术的萌生与制陶技术的关系是甚为密切的，了解中国早期陶窑发展演变过程，对研究中国铜矿采冶技术萌生的时限是十分重要的。

制陶技术中的灰陶是还原性气氛获得的示踪物。从制陶史的大量研究资料看，我国灰陶的出现为新石器时代早期，但灰陶技术、窑内的还原性气氛，却是到了新石器时代晚期才被掌握得较好。

关于炼铜高温技术发生的时限，首先要弄清氧化铜矿还原为铜金属所需要的温度，迄今国内还未见模拟试验数据的报道，而国外报道的数据观点不一。罗伯特·麦丁认为一般在900 ℃左右[51]，而英国学者盖尔指出，熔炼孔雀石和蓝铜矿需要1 200 ℃的高温[52]。

中国制陶术的焙烧方法有一个从无窑到有窑的发展过程。距今约7 000多年前的裴李岗文化时期，已有了简单的横穴型陶窑[53]。但烧成温度只有920 ℃。距今6 000年前的仰韶文化半坡类型遗址中，已发展到同穴型窑和竖穴型窑。同穴型窑是横穴型窑向竖穴型窑发展的过渡形式。横穴型陶窑发展到竖穴型陶窑的变化过程，实质上是先民改革火力控制技术的过程。第一步，他们将窑室与火膛的底部，由原来的同一平面改为将火膛加深，使其低于窑室底部有利于火力向上延伸；之后，他们又将陶窑的火道由单股变为双股或多股，使火力均匀进入窑室；后来，又在火道上设置火眼而形成窑箄，避免直接接触猛火，以减少烧流的可能性。但是同穴型窑的火膛是自然抽风助燃，火焰经过火道、窑箄进入窑室一走而过，烟气则从敞开的窑室上口排出，不利于温度的提高，所以一般只能烧到1 000 ℃左右。而竖穴型窑的火膛全部进入窑室底部，更利于火力向上抽拔，使燃料得以充分燃烧，而进入窑室的温度就提高了。考古资料表明，陕西半坡窑型的烧成温度达到950 ℃—1 050 ℃。

马家窑文化中许多为竖穴型陶窑，其中甘肃武山胜利坪遗址出土的白彩橙陶的烧成温度为 1 020 ±200℃[54]。这些数据所表明的只是陶器的烧成温度而不是窑温，实际的窑温要比陶器烧成温度更高一些。由此可以推定，在中国新石器时代中晚期，已具备了炼铜术萌生的温度条件。中国铜矿采冶技术萌生的时限，也应该在这个时期。

参考文献

〔1〕贾兰坡:《小长梁遗址的年代测定说明了》,《什么中国文物报》,1994 年 6 月 12 日第三版。

〔2〕、〔3〕、〔5〕李炎贤:《中国最早旧石器时代文化的发现与研究》,《中国文物报》,1999 年 1 月 27 日第三版。

〔4〕王家德、高应勤:《长江西陵峡考古学文化遗存的发现与研究》,《考古》,1995 年第 9 期,第 820—829 页。

〔6〕《周口店新发现的北京猿人化石及文化遗物》,《古脊椎动物与古人类》,1973 年 11 卷 2 期。

〔7〕安金槐主编:《中国考古》第 1 版,上海古籍出版社,1992 年,第 52—53 页;第 72 页。

〔8〕苏秉琦:《关于重建中国史前史的思考》,《考古》,1991 年第 12 期,第 112 页。

〔9〕贾兰坡、黄慰文:《周口店发掘记》,天津科学技术出版社,1984 年,第 62 页。

〔10〕内蒙古博物馆、内蒙古文物工作队:《呼和浩特市郊旧石器时代石器制造场发掘报告》,《文物》,1977 年第 5 期,第 7—14 页。胡松涛:《略谈我国旧石器时代石器原料的选择与岩性的关系》,《考古与文物》,1992 年第 2 期,第 40— 45 页。

〔11〕、〔12〕陶富海:《山西襄汾县大崮堆山史前石器制造场材料及其再研究》,《考古》,1991 年第 1 期,第 1—7 页。

〔13〕贾兰坡、尤玉柱:《山西怀仁鹅毛口石器制造场遗址》,《考古学报》,1973 年第 2 期,第 13—26 页。

〔14〕黄慰文、李春初、王鸿寿等:《广东南海县西樵山遗址的复查》,《考古》,1979 年第 4 期,第 289—299 页;《南海西樵山考古取得新进展》,《中国文物报》,1994 年 12 月 11 日头版。

〔15〕吴曾德、叶杨:《论新石器时代珠江三角洲区域文化》,《考古学报》,1993 年第 2 期,第 164—165 页。

〔16〕安志敏、吴汝祚:《陕西朝邑大荔沙苑地区的石器时代遗存》,《考古学报》,1957 年第 3 期,第 1—12 页。

〔17〕浙江省文物管理委员会、浙江省博物馆:《河姆渡遗址第一期发掘报告》,《考古学报》,1978 年第 1 期,第 39—93 页。

〔18〕浙江省文物考古研究所反山考古队:《浙江余杭反山良渚文化墓地发掘简报》,《文物》,1988 年第 1 期,第 1—31 页。

〔19〕蒋素华:《吴地早期玉器与梅岭玉矿的关系》,《文物保护与考古科学》,2005 年第 3 期,第 50—54 页。

〔20〕广东省博物馆、曲江县文化局石峡发掘组：《广东曲江石峡墓葬发掘简报》，《文物》，1978 年第 7 期，第 1—15 页；山东省文物管理处、济南市博物馆：《大汶口——新石器时代墓葬发掘报告》，文物出版社，1974 年，第 96—102 页。
〔21〕浙江省文物管理委员会：《河姆渡遗址第一期发掘报告》，《考古学报》，1978 年第 1 期，第 49—50 页。
〔22〕南京博物馆：《太湖地区的原始文化》，《文物集刊》第 1 期，文物出版社。
〔23〕北京大学、河北省文化局邯郸考古发掘队：《1957 年邯郸发掘简报》，《考古》，1959 年第 10 期，第 531 页。
〔24〕洛阳博物馆：《洛阳矬李遗址试掘简报》，《考古》，1978 年第 1 期，第 5 页。
〔25〕高开麟、张岱海、高炜：《陶寺类型的年代与分期》，《史前研究》，1984 年第 3 期，第 22—31 页。
〔26〕李宗山：《史前家具的重要发现》，《中国文物报》，1994 年 12 月 11 日第三版。
〔27〕《我国首次在枣阳发现史前大型多间式房基》，《湖北日报》，1993 年 4 月 5 日第四版。
〔28〕《中国文物报》，1993 年 1 月 30 日。
〔29〕杨鸿勋：《石斧石楔辨》，《考古与文物》，1982 年第 1 期，第 67 页。
〔30〕中国社会科学院考古所山西工作队：《山西石楼岔沟原始文化遗存》，《考古学报》，1985 年第 2 期，第 205 页。
〔31〕湖南省博物馆、麻阳铜矿：《湖南麻阳战国时期古铜矿清理简报》，《考古》，1985 年第 2 期，第 119 页。
〔32〕半坡博物馆、陕西省考古研究所、临潼县博物馆：《姜寨——新石器时代遗址发掘报告》，文物出版社，1988 年，第 148 页。
〔33〕甘肃省文物工作队等：《甘肃东乡林家遗址发掘报告》，《考古学集刊》第 4 辑，中国社会科学出版社，1984 年。
〔34〕辽宁省文物考古研究所：《辽宁近十年来文物考古工作新发现》，《文物考古工作十年》，文物出版社，1990 年。
〔35〕山东省文物管理处等：《大汶口》，文物出版社，1974 年，第 43 页。
〔36〕华觉明：《中国古代金属技术》，大象出版社，1999 年 4 月，第 562—563 页。
〔37〕王永勤：《中国层控型铅锌矿床的分区及其主要矿化特征概述》，《中国地质》，1984 年第 3 期，第 26 页。
〔38〕阎崇年主编：《中国市县大辞典》，中共中央党校出版社，1991 年 8 月。
〔39〕夏湘蓉、李仲均、王根元：《中国古代矿业开发史》，地质出版社，1980 年，第 34 页。
〔40〕章午生：《青海省矿产资源概况》，《中国地质》，1985 年第 7 期，第 29

页。
〔41〕原出自甘肃矿业公司甘肃矿产测勘总队：《甘肃地质矿产调查报告书》，1943 年，第 74—75 页。转引自夏湘蓉等：《中国古代矿业开发史》，地质出版社，1980 年，第 244 页。
〔42〕孙淑云等：《甘肃早期铜器的发现与冶炼、制造技术的研究》，《文物》，1997 年第 7 期，第 75—84 页。
〔43〕湖北省文物考古研究所等：《湖北石家河罗家柏岭新石器时代遗址》，《考古学报》，1994 年第 2 期，第 227—228 页。
〔44〕张敬国：《含山大城墩遗址第四次发掘的主要收获》，《文物研究》，1988 年第 4 期，第 107 页。
〔45〕张之恒：《长江流域也是中国古文明的发祥地》，《长江文化论集》（第一辑），湖北教育出版社，1995 年 7 月，第 62—66 页。
〔46〕梁白泉：《不尽长江滚滚来》，《长江文化论集》（第一辑），湖北教育出版社，1995 年 7 月，第 23 页。
〔47〕杨权喜：《楚文化与古代长江流域的开发》，《长江文化论集》（第一辑），湖北教育出版社，1995 年 7 月，第 41 页。
〔48〕《江西两古遗址考古发掘获重大突破》，《中国文化报》，1996 年 3 月 13 日第二版。
〔49〕孙淼：《我国的陶器起源何时》，《文物天地》，1985 年第 1 期，第 55 页。
〔50〕王道华：《长江中下游区域铜、金、铁、硫矿床基本特征及成矿规律》，《地质专刊——矿床与矿产》第七号。
〔51〕罗伯特·麦丁，1979 年 11 月 1 日在北京科技大学报告的记录。
〔52〕华觉明：《中国古代金属技术》，大象出版社，1999 年 4 月，第 13 页。
〔53〕开封地区文物管理委员会、新郑县文物管理委员会：《河南新郑裴李岗新石器时代遗址》，《考古》，1978 年第 2 期，第 73—79 页。
〔54〕李家治：《新石器时代早期陶器的研究》，《考古》，1996 年第 5 期，第 89 页。

第二章
夏商采矿技术

夏代是我国第一个国家政权，依“夏商周断代工程”的研究，其约始于公元前2070年，终于公元前1600年。在考古文化中，夏代之始年约与河南龙山文化晚期的王城岗二段相当，其早期便相当于王城岗二段、三段；中期、晚期则相当于二里头文化的一、二期。此时，手工业已从农业中分离出来，而成为独立的生产部门。

商代的始年约为公元前1600年，终于前1046年。偃师商城、郑州商城皆为商代前期都城，安阳殷墟则为商代晚期都城。在考古文化中，二里头文化三、四期文化已进入商代纪年。商代是我国古代奴隶社会的发展期，其手工业相当发达，并形成了许多独立的生产部门。

此期矿业的发展大体可分为两个阶段：一是夏至商代早期，这是我国古代金属矿开采技术的兴起期，与之年代相当的多个古文化区都已采铜炼铜，二里头还出土过一件不成器的铅块，说明当时已采铅炼铅。但与此期年代相当的大型采矿遗址目前尚未发现。二是商代中晚期，这是我国古代采矿业的第一个繁荣期，且出现了类似于瑞昌铜岭和湖北大冶铜绿山等这样的大型采矿场。铜、锡、铅等金属矿的开采量都明显增加，在技术上较值得注意的事项是：探矿方面已采用了重砂法和工程法；地下开拓方面采用了竖井、斜井、平巷，及联合开拓法；采掘工具开始使用铜质专门器；井巷支护方面采用了不同形式的“预制”木构件，并开始形成规范的井巷支护技术；矿山提升方面采用了滑车类简单机械；矿井有效地利用了自然通风；井下设置了排水槽、水仓等排水设施。这是我国古代采矿技术的形成期。

第一节　手工业分工促进矿业发展

一、夏代的铜矿采冶

夏代的采矿遗址目前尚未看到，在考古发掘和文献记载中，仅见一些夏代及与之年代相当的冶铸遗址和冶铸遗物；遗址之中，最值得注意的是河南偃师二里头铸铜遗址和辽宁牛河梁冶铜遗址。

河南偃师二里头是夏代中晚期都城[1]。这里发现了多处铸铜遗址，最大的面积在一万平方米以上，规模惊人。先后出土和征集的冶铸遗物有牌饰、圆形铜片、铃、爵、斝、鼎等青铜礼器，戈、镞等青铜兵器，刀、锥、凿、锛、鱼钩、铜泡、条形器等青铜工具和日用器件，以及熔炉残片、铸范、熔渣等。值得注意的是，二里头遗址发现专门的铸铜作坊，而没有发现冶炼遗物和遗迹，反映出当时冶炼金属的活动是与铸造分开进行的。其采冶场所，应该是远离宫室的矿山。

辽宁凌源县与建平县交界处的牛河梁所发现的两处冶铜遗址，原认为属红山文化[2]。但是，其出土的炉壁残片的年代经北京大学考古系热释光测试为 3 000 ± 330 年—3 494 ± 340 年，属夏家店下层文化，约当夏纪年时期[3]。李延祥考察研究了牛河梁遗址的炼铜技术，证明牛河梁冶铜遗址的炼渣是炼铜渣而非熔铜渣，冶炼的产物是红铜，冶炼方法为吹管鼓风炼炉冶炼氧化矿石。牛河梁冶铜遗址虽然未见铜矿石出土，其矿石来源尚不能确定，但其周围有数个铜矿点，遗留有时代不明的旧矿坑（表 2－1）[4]。

表 2－1：牛河梁附近铜矿点一览

矿点名称	地理位置
喀左上滴答水铜矿点	凌源城东南 21 公里
建平马架子铜矿点	老官地乡境内
凌源烧锅地铜矿点	凌源城南 65 公里
凌源八家子铜矿点	凌源西南州家子附近
凌源杨杖子铜矿点	凌源城南 80 公里
凌源柏杖子铜矿点	凌源城南约 80 公里

上表各铜矿点的地质状况基本相同，赋存高品位的氧化铜矿石，脉石多含蛇纹石、透闪石、阳起石、绿泥石等含镁矿物。蛇纹石等含镁矿物多呈绿色，与孔雀石、黑铜矿、赤铜矿共生。牛河梁冶铜遗址炼铜渣含镁较多，为矿石带入，因此，李延祥认为，牛河梁的矿石来源可能来自这些附近的古矿区[4]。

除上述两处外，目前出土过矿冶遗物的地方还有一些，如山东牟平照格庄、河北唐山小官庄雹神庙、北京昌平雪山、房山琉璃河、天津蓟县张家园、内蒙宁城小榆树林子、甘肃玉门火烧沟等；据严义明判断，它们分属东夷、肃慎和西羌，为夏的四邻[5]。其产生时代大体上都处于夏纪年之内。这些遗址中有的发现熔铜炉残存，有的出土青铜器，均反映了华夏民族铸造技术的先进性，自然其中也反映了采矿技术的初步发展。

此时南方的青铜技术同样也在发展，20 世纪 90 年代时，南京博物院考古工作者对距今 3 800 年的江苏省江阴市云亭镇花山古文化遗址进行了考古发掘，发现了一块青铜，其产生时代适处于夏纪年之内；这对于此期南方铜矿采冶技术的研究是具有重要价值的[6]。

另外，河南偃师尸乡沟商城的采冶技术也是值得注意的，其虽为商代早期城址，但尸乡沟商城人民为夏遗民[7]。尸乡沟商城所出熔炉、炼炉、炼渣、陶范等，便可能是夏人曾在该地或其附近进行过铜矿采冶的反映。商族是一个由北方迁徙到中原的游牧民族，先商文化漳河遗存发现有小铜刀，可能是从中原的夏文化学来或引进的[8]。商族之所以能在没有先进冶金技术基础的历史条件下完成商代鼎盛发达青铜文化，主要是利用夏遗民和其他方国的人才和技术。商王成汤成为天下共主，才有权力支配和用武力强迫夏人。夏人在商人的军事压力下大迁徙，广泛分布于黄河、长江两大流域，在文献中和考古学上皆有踪迹可寻[9]。夏人虽然失利于中原，但其拥有的先进的青铜文化，仍为四夷土著所望尘莫及。中原地区夏代冶铸遗存，其铜料来源大部分应产于本地。灵宝县有铜矿。临汝县和登封县都产铜矿，临汝县城东北有两个单生铜矿（孔雀石），横岭根铜矿和鏊子坪铜矿均有老矿洞，尤其后者竟有11个老矿洞。登封县产孔雀石和铜铁硫化矿。可见当时的炼铜炉生产原料可能采用本地的铜矿生产红铜[10]。

文献上也有一些关于夏代用铜的记载，既然用铜，少不得先要采矿和冶铜的。《墨子·耕柱篇》曰："夏后开（启）使蜚廉折金于山川，而陶铸之于昆吾。"谓"折金"乃开采铜矿，必然要有擅长"折金"的矿工。按：昆吾，一个古老的部族，为祝融后裔。先在许昌，后迁濮阳西北，曾为夏伯，是当时的强大诸侯国，擅长制陶和冶铸，是夏朝最重要的支柱之一。商汤推翻夏朝，伐灭昆吾[11]。濮阳、辉县一带，地处太行东麓，有丰富矿藏，《山海经》早有记载，而且被现代地质勘探所发现。《尚书·禹贡》关于夏纪年时期各地区（九牧）给中原地区提供铜料的记载，参照近年来湖北、江西、安徽等地（均属古荆、扬州地望）早期矿冶遗址的发现，也应是言之有据的。当然，夏代中原的铜资源需求不会像商代那样大，故今发现的夏代的青铜器亦远不如商代那样多。

二、手工业分工促进商代矿业发展

商代前期，各行手工业内部都有了一定分工；到了商代后期，王室贵族所掌握的手工业生产，不仅规模大、种类多，分工也更细一些；见于文献记载的工匠也较多，如陶工、椎工、木工、绳工等，他们大约都是工奴，世守其业，此外也还有采冶奴。

金属矿的开采利用，促使商代青铜铸造技术突飞猛进地发展，反过来，青铜器的较好机械性能亦为采矿技术的提高创造了良好的条件。这些工具主要是用于加工坑木的木作具，如青铜凿、斧、锛、钻、锥等；这类青铜工的使用，对于减轻人们的劳动强度、提高木作效率和加强围岩支护和坑井安全，显然具有十分重要的意义。

商代的运输工具已比较发达。陆上运输已有了两轮车，水上运输主要用船。从商代南方铜矿山所处的位置以及湖边发现的古代铜锭来看，矿山都靠近水路，铜料的外运主要通过长江水路[12]。

早在夏代，河南淮阳平粮台城址已采用陶排水管道[13]。到了商代，排水系统已经发展到相当成熟阶段，郑州商城具备完整的城市排水系统[14]。这些城市排水技术与商代矿山的排水技术是吻合的，其技术上也是互相借鉴的。

以上虽然简略地列举了商代与采矿技术息息相关的金属器制作、木作和运输工具、排水等手工业技术，但不难看出，这些技术的分工和娴熟，对商代矿业这种诸技术重组性很强的手工业来说，是十分有利的。

三、商代矿业管理

这方面的资料较少，目前只能从少数记载和甲骨文的只言片语中找到一些蛛丝马迹。

《礼记·典礼下》载，商朝中央官职中有"五官"，其中"司土"下的"小丘臣”便是职掌山门森林之事；其中的“司空”，甲骨文称“司工”，则是主管建筑工程、制造车马器械、监督百工进行生产的官吏，并对手工业作坊进行管理：“王辰卜，贞惟弓令司工。”（《合集》6528）“惟弓令”即“令弓”。作坊的劳动者称为“工”。工匠的地位当为奴隶，卜辞“戌辰卜，今日雍已夕，其呼庸执工，大吉。呼庸执工，其作尤。……庸执工于雍已口尤。”（《屯南》2148）“夕”是一种祭名，“雍已夕”是夕祭雍已。这段话意谓祭雍已时令庸去捆缚“工”来当作人牲献祭。商王能支配工匠的命运，其生产品当然是专供王室之需。其作坊为王室即国家直接经营的产业，由此亦可得到证明[15]。看来，采冶业当也是在司土和司工的管理下的。

关于“工”的组织管理是相当严格的。卜辞云：“已酉卜，王其令山司我工?”（《掇一》431）意谓：“王是否命令山来管理王室的工?”工匠的组织还像王室军队一样有右、中、左的编制，故有“左工”、“右工”等称。虽然“百工”的社会地位较低，但需他们为统治者服务，故还经常受到这些统治者的关注。卜辞云：“癸未卜，有祸百工?”（《屯南》2525）卜辞中还有“丧工”（《乙》7955）的记录，一般认为它是指工奴的逃亡。这自然是工奴以逃亡对奴隶主压迫进行反抗[16]。

商王室财政来源除王室直接经营的产业外，还有贡纳制，铜器和铜料是贡品中的重要手工业品。甲骨文中曾见有“致卣”（《合集》283）一语。在相当长一个历史时期内，我国的坑与冶、采与冶，是紧密相连的，故铜器和铜料的用途和去向，对我们了解采矿业在当时社会中的作用，自有一定帮助。

商王朝长期推行穷搜极刮、竭泽而渔的经济政策，“厚赋役以实鹿台之钱，而盈巨桥之粟”[17]，盛产铜料的南土，也逃不过商王朝的搜刮。

第二节　商代探矿技术

现主要依据有关遗迹和工具来探讨此期的探矿技术。这些遗迹主要是竖井和探槽，工具主要是木制淘沙盘；它们分别见于江西铜岭和湖北铜绿山[18]。

淘沙木盘　式样各异，均为整木挖成，壁薄而浅。有的淘沙盘像勺，长 25.5 厘米，宽 12.6 厘米，高 3 厘米。把手弧形，两边沿卷起，底向上凹进 0.5 厘米。器表加工光滑，盘内加工稍粗糙，便于增加摩擦系数（图 2－1）。有的淘沙盘像斗，长 21.4 厘米，宽 11.2—8.4 厘米，一端宽，一端窄，边宽 2.8—3 厘米，净宽 9.8—7.2 厘米，净深 1.6—2.5 厘米，底厚 1.8 厘米，底部平齐，盘内底面留有斧凿痕（图 2－2）。有的淘沙盘像船，长方形，平底，两边斜收，内空，长 37.2 厘米，宽 8.8 厘米，深 3 厘米，底厚 8 厘米（图 2－3）。

探井　是用于探矿的竖井，一般比用于矿石提升的井小。铜绿山商代探矿井井口尺寸一般为 48×48 平方厘米。

铜岭发现的探槽，是露天开掘的槽坑，可用于与竖井联合开采，可边探矿边开采，如铜岭探槽 C1 与竖井 J11 之联合。具体做法是：先开凿探槽 C1，在其探挖过程中，突然发现了富矿，于是打出竖井 J11，最后进行竖井开采。槽坑长 760 厘米，

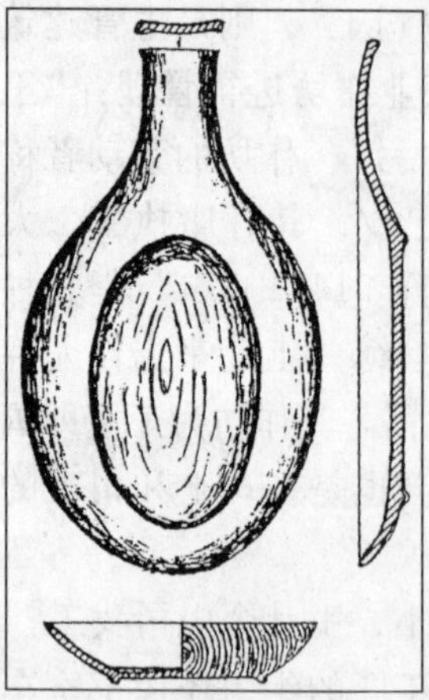

图 2－1 商代铜岭淘沙盘平剖面图 （采自《铜岭古铜矿遗址发现与研究》P30）

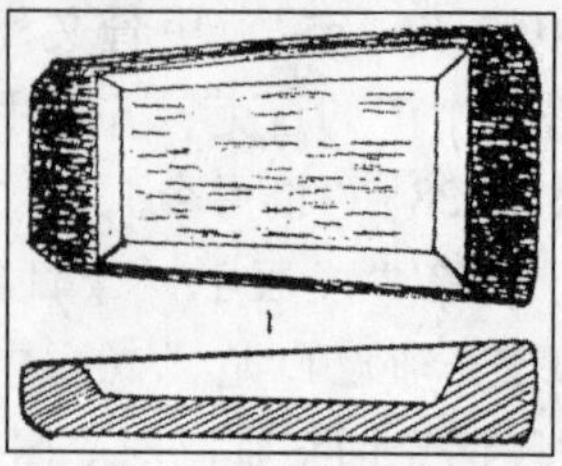

图 2－2 商代铜岭淘沙盘平剖面图 （采自《铜岭古铜矿遗址发现与研究》P30）

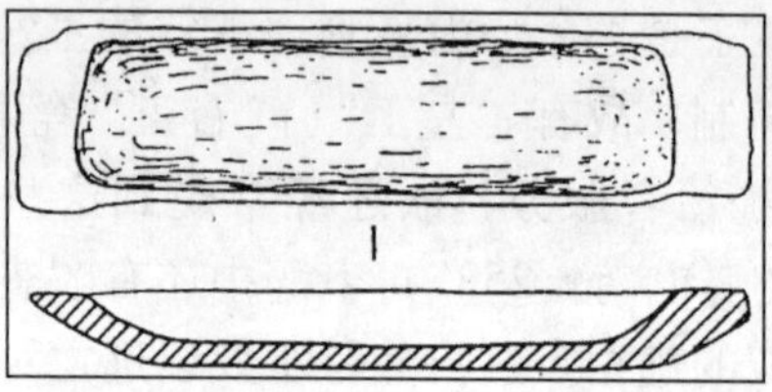

图 2－3 商代铜岭淘沙盘平剖面图

宽 140 厘米，深 56 厘米，槽坑两帮打入木桩，作为挡土墙。槽壁南北两侧用粗圆木或半圆木、扁方木桩支护，木桩下部削成三角形尖状打入土中。

可见商代探矿至少有两种方法，第一种是淘沙盘即重砂探矿法，第二种是探井和探槽，均为探矿工程法。

由于铜岭、铜绿山均赋存着大量粒状孔雀石，即古代称之“铜绿”，其绿色，是古代工匠寻找铜矿的重要指示。雨水冲刷可以把铜绿显露出来的这一现象，可能对重砂找矿法的发明有着启发作用。重砂找矿法是利用淘沙盘对软岩层取样，用水淘洗，留取碎屑矿物进行观察，根据其中矿石碎屑的成分及数量多少的变化，追踪要找的矿物来源。它对于寻找由稳定矿物（例如金、锡、铜、铁等）所组成的矿床氧化带、砂矿床等有显著的效果。

浅井探矿可揭露基岩，直接观察到矿化及地质状况。铜岭和铜绿山矿体地表都覆盖着铁帽，其地下的隐伏矿体可以通过探井圈定范围。

商代铜岭的工匠利用探槽工程揭露掩盖层，然后用浅井追踪铜矿。如 J11，探井挖至 3 米多深就见到孔雀石，这一方法的优点是可在岩层的横向和纵向勘探，使工程探矿运用自如。

第三节 商代采矿技术[19]

迄今，经过多年科学考古发掘的，最有代表性的商代铜矿遗址有 3 处，即江西瑞昌铜岭、湖北大冶铜绿山、安徽木鱼山；前者至迟始于商代中期，次者和后者皆至迟始于商代晚期。从考古资料看，商代矿山开拓方法分露采、竖井开采和井巷联合开拓。矿工们已能根据较松围岩的地质条件，利用当地丰富的林木资源，就地取材，用木框支护井巷，采用构架支护工艺，保证了采矿的顺利进行。凿岩工具则是使用小型锛、凿类铜质工具，这类工具与木柄相配套，成为采掘的复合工具。矿山提升已不是单靠人力，而是使用木制滑轮这种简单的机械装置。商代晚期的采矿炼铜技术已有较大的规模和较高的技术水准；此期出现的以井巷联合开拓法及规范化的井巷支护为特征的地下开采，标志着我国采矿技术已初步形成。

一、矿山测量技术的发轫

我国是使用原始测量工具较早的国家之一，在长期的治水过程中，我们的祖先很早就创造了自己的测量学。

测量术一般包括铅垂测量与水平测量。今见与此有关的重要实物之一，是新石器时代的纺轮，这类纺轮在许多新石器时代遗址中都有出土，它显然具备了铅垂的原理；纺轮吊在线绳的一端，线绳就成了铅垂线。此外更值得注意的是：河姆渡遗址出土一件锥形木制垂球状的遗物，用短木柱的一端削成圆锥形，高约10厘米。遗址出土的榫卯木构件，镶合一对榫卯，便可以得到一个直角框架[20]。这充分表明，当时已掌握了垂直原理的应用。

从很早的年代起，人们便具备了方位的概念，西安半坡遗址的建筑遗迹门多向南[21]，便是个很好的例证。这一方面说明人们早已注意到了风向和阳光的影响，另一方面也说明有了较早的方向测量。《尚书·尧典》中便有了关于东、南、西、北4个方位的记述。从文献记载来看，定方向最早使用的是表，而运动中的定向则以指南为主[22]。

水准测量术是原始居民认识了自然水平面后产生的。例如生活用的陶容器盛水后，口沿平面与容器里的水平面平行；石锛的一面作直刃，直刃在下，便能在木料上削出平面。

我国古代与水利测量有关的记载至迟可上推到大禹时期。《史记·夏本纪》载："禹乃遂与益、后稷奉帝命，命诸侯百姓兴人徒以傅土，行山表木，定高山大川。……左准绳，右规矩，载四时，以开九州，通九道，陂九泽，度九山。"此"准绳"和"规矩"大概就是今天所说铅垂线、规、矩，这也是我国古代文献中关于测量工具的较早记载之一。其中的"行山表木"，《尚书·益稷》作"随山刊木"。唐司马贞"索隐"："表木，谓刊木立为表记。""定高山大川"，集解引汉马融说："定其差秩。""表"、"刊"都是指测量的标杆。立了一根标杆，再辅以规矩准绳，方向、高差都可用它来决定。这不但谈到了测量工具，而且谈到了测量方法。年代稍后的文献也谈到过这类测量工具。《诗·大雅·公刘》载："既景乃冈。"是说公元前约15世纪周文王的第十二世祖先公刘曾在山冈立表测影，以定方向[23]。商代井巷分布中，有主副井之分，其主井的东、南、西、北面分布着数个副井，也证实了古人掌握了方位的测定。

目前，在考古发掘中看到的商代测量工具主要有下列两例：（1）1994年江西德安陈家墩3号、4号商代水井中出土了木垂球和木觇标墩，木垂球上圆下尖，圆平面光滑，中心有一小孔；觇标墩上圆，三足连体呈三角形，圆平面光滑，中心有0.4厘米大的洞窝。经研究和多方验证，这两种器物是挖井时的测量工具：把垂球中心孔用绳等物系住，尖向下，固定在井口圆中心部位，觇标墩置于井中，随井掘进垂球下放，但垂球头始终对准觇标墩小洞窝，以觇标墩小洞为中心画圆[24]。（2）湖北铜绿山铜矿遗址7号矿体2号点出土过1件木垂球（图2－4），整个呈桃形，长7.7厘米，上头圆，下端呈尖锥乳头状。横断面呈椭圆形，长径6厘米，短径5.4厘米。球体上部有一透孔，呈长方形，宽1厘米，高2厘米。一般认为，此当即是测量的木垂球。

矿山测量的主要内容是测定井巷等工程的位置及其有关尺寸，其中亦包括巷道定向，测定各种距离。我国最早测定距离的方法是步测[25]。商代平巷木支架的厢架间距虽然大体一致，但并不等同，这很可能与步测法有关。关于木构件长度的最初测定法，很可能是以人手的一拃为准的。据认为，人手的一拃大约是15厘米左右，也即是最早的一尺[26]。我们在测量井巷支护木构件长度时发现，不少的测量数据的尾数都是5或者0，看来，这种测量很可能是以人手一拃为准的。这种测量法虽较粗糙，但却十分方便和简单，在古代采矿中，大体上亦能满足人们的要求。

二、商代铜矿山遗址

中国铜矿资源分布的特点是既广泛而又相对集中。所谓“广泛”，即全国绝大部分省、市、自治区都有铜矿赋存；所谓“集中”，即主要矿山又集中于少数地区，依次为：长江中下游铜矿带、川滇地区铜矿区、山西中条山铜矿区、甘肃白银等铜矿区，其中，尤以长江中下游铜矿带居于首位。包括阳新在内的湖北大冶矿区为中国四大铜基地之一，辖下的铜绿山矿为国内屈指可数的大型富铜矿山之一。它的储量居全国第二，品位居全国之首。但目前经过了考古发掘的商代矿山遗迹主要是铜绿山和铜岭两处。

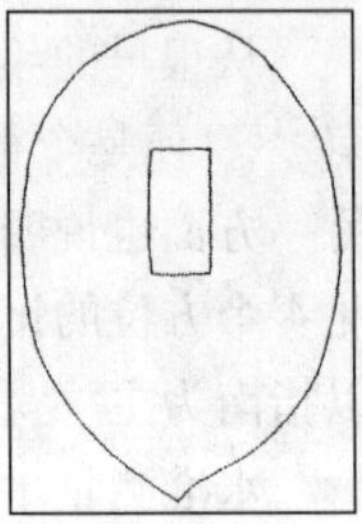

图2－4　商代铜绿山木垂球　（采自本章注［34］）

因采矿场较为繁杂，各种采场、巷道较多，为了方便起见，本编编号时，使用了一些统一的符号，即：T（探）——考古探方；J（井）——矿井；X（巷）——巷道；P（棚）——工棚；K（坑）——露天采坑；C（槽）——槽坑；W（围）——围栅。

（一）湖北大冶铜绿山铜矿遗址[27]

铜绿山矿冶遗址位于湖北大冶市矿区（图2－5），它是大冶矿区已发现的近40处矿冶遗址中内涵最丰富的，计发现古代采铜矿体10个。1973年至1985年，已发掘7个，井巷500余条，出土大量采矿工具、井巷支护构件、炼炉、铜锭等遗物。炼渣堆积达40多万吨。其至迟始采于商代晚期，考古学断代和碳14年代测定结果基本一致。

铜绿山矿区南起喻家山（28线），北止大冶湖（63线），东起熊家湾，西止柯锡太。其矿床由12个大小不等的矿体组成，分布在南北长2 100米，东西宽600米范围内，面积约1.2平方公里，其中Ⅰ、Ⅱ、Ⅲ、Ⅳ、Ⅴ、Ⅵ、Ⅶ、Ⅷ、Ⅸ、Ⅺ号10个矿体曾在商代晚期至战国时期被古人开采。[28]

铜绿山矿区的矿体多，储量大，品位高，而且大部分矿体出露或接近地表，大量的自然铜、赤铜矿、孔雀石和蓝铜矿等矿物，在矿体及围岩破碎带内形成氧化富集带，含铜平均品位在6%以上（未经古人选矿的品位），有的地方孔雀石矿脉最

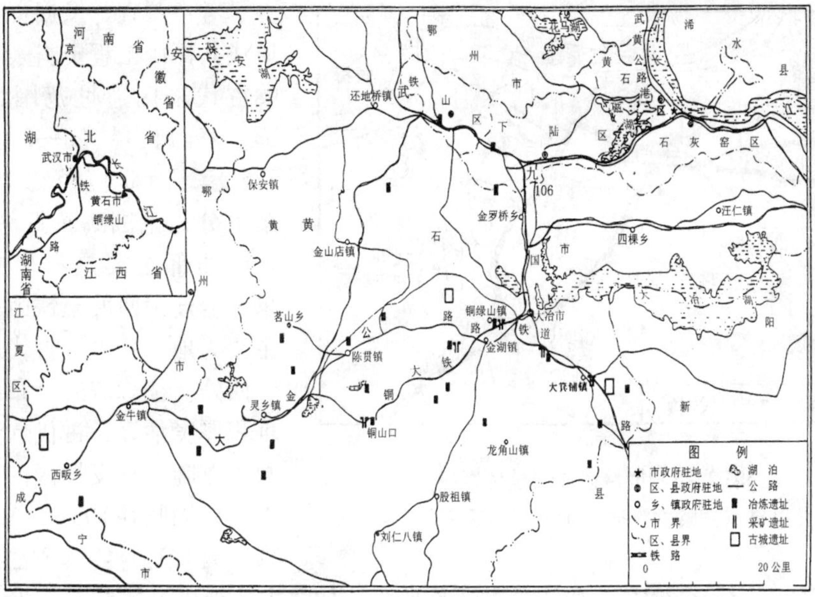

图2－5 铜绿山矿冶遗址位置图 （采自《铜绿山古矿冶遗址》P4）

厚可达10米。靠近矿体顶板、底板的破碎带和蚀变带都是古人主要的采掘区之一。这些比较松软破碎的地质构造带为古人凿岩提供了有利的条件。铜绿山铜矿石类型有三类，即铜铁矿石、铜矿石、铜硫矿石。由于古人受开采深度的限制，一般的采深都没超过矿体的氧化带，所以其矿石类型一般为前两类。铜的表生矿物以孔雀石为主，其次是自然铜、赤铜矿。值得注意的是，在古人采掘的铜矿石中，虽然氧化矿石占重要地位，但矿石不会是纯净的，有些含硫的混合矿也会被利用，这在深入研究中值得重视。

铜绿山商代矿山位于Ⅶ号矿体，矿体长约165米，宽17—65米。走向北35度东，倾向南东，倾角40度。经清理的商代竖井19口，商代平巷10余条。

（二）江西瑞昌铜岭铜矿遗址[18]

该遗址1988年开始发掘。发现有采坑、矿井、平巷、选矿槽、炼炉、工棚以及大量竹、木、石、铜质的工具和用具。出土的陶器形制和坑木的碳14年代测定数据，证实遗址至迟始于商代中期（公元前约14世纪），延续到战国早期（约公元前5世纪），为迄今所知中国最早的采铜炼铜遗址。年代如此之早，具有相当规模又保存完好的矿冶遗址是世所罕见的，从而引起学者们的重视（彩版壹，1）。

铜岭矿区向北几公里可至长江南岸的码头镇，交通便利。湖北省的大冶铜绿山、阳新丰山、港下等铜矿遗址均在铜岭遗址数十平方公里范围内（图2－6）。铜岭为铜铁共生矿床，位于现代地质勘探线的0线至12线之间，赋存于泥质灰岩与粉砂岩之间的破碎带中，全长480米。铜铁矿物经风化淋失，次生富集而成。次生铜矿分孔雀石铁质黏土、孔雀石块状褐铁矿两种类型。平均含铜品位大于10%，高者达11.73%，如果就单块孔雀石矿石而言，含铜品位可达百分之几十不等。

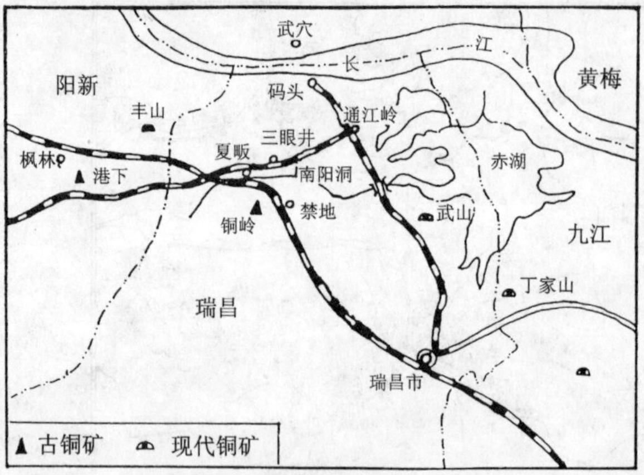

图 2－6　铜岭矿冶遗址位置图

（采自《铜岭古铜矿遗址发现与研究》P3）

考古调查、发掘资料及地质浅井探矿工程资料表明，铜岭古代采区遗址范围为椭圆形，东西长径（2—8 线）约 385 米，南北短径约 190 米，集中分布范围约 7 万平方米。铁山西部主要是古代露天开采。合连山西坡至铁山东北部主要为地下开采。古代炼铜渣有四处。按炼渣的分布面积及堆积厚度估算，古代炼渣约有数十万吨。在发掘区内，已清理出商周竖井 103 口，平巷 19 条（现代地球物理方法还测得平巷 2 条，未统计在内）。由于发掘条件所限，加之古代地下开采较深，发掘区内的深部平巷未能全部揭示。商代井巷主要分布在发掘区以北，清理出竖井 48 口，平巷 6 条。西周前期的井巷主要分布在发掘区西北。战国早期的井巷分布在发掘区东北部，是发掘区地势最高的井口，高程为 78. 36 米。

根据澳大利亚国立大学、北京大学考古系、中国科学院西安黄土与第四纪地质研究室对铜岭采矿遗址木样测定报告，可判断其采矿具体年代。从测定的数据来看，其遗址开采的最早年代为商代，如 J11，其年代，北京大学测定为距今 3 330 ± 60 年，西安测定为距今 3 310 ± 60 年；X1 的年代，西安测定为距今 3 220 ± 70 年；X12 的年代，澳大利亚测定为距今 3 120 ± 80 年[18]。

三、露天开采技术

人们常把采矿方法区分为露天开采和地下开采两种。人类最早采用的是露天开采，大约在新石器时代，及到夏代，我国金属矿开采都是以露采为主；考古发掘的商代两大采矿场，即铜岭和铜绿山，都使用了这一方法。直到近现代，露采还在使用。

地质勘探资料[29]和现场考古发掘揭示，铜岭古矿区的露采区主要分布在铁山矿体南坡，坑采区主要分布在合连山西坡和铁山北坡。从铁山南部东西长 250 米，南北宽 110 米的区域内所遗存的古露采情况看，古人的开采方法是实行分区分期露采，重点是开采矿体厚、品位高、覆盖层薄、剥采比较小的区域，其工作线基本是顺铁山矿体走向由东向西分单元开采，垂直矿体走向掘进。从图 2－7、图 2－8 的 0 线、2 线地质勘探线剖面图看，古露采坑坑底渐深。剥离的废石顺坡排至山下或已采过的废采坑内。图 2－8 为古露采坑示意图，可见露采的境界封闭圈在海拔标高 80 米，直径约 25 米左右。由于铁山南坡北高南低，所以封闭圈上部形成山坡露天矿，下部形成较浅的凹陷露天矿，深 8 米，其坑底高程为 72 米，残留有大量人工堆积的废石，即褐铁矿转石。古露天采场的工作帮坡角有缓有陡，0 勘探线为 45 度左右，2 勘探线为 25 度左右。

从铜绿山古代露天采场的分布范围来看，大都在经氧化的铜矿体露天部分，很少出现在铁帽区域。往往是早期露天开采，然后在露采坑底面或充填于露天坑的人工堆积物内开凿竖井，这说明露天开采的时间早于地下开采。铜绿山早期露采的规模较小，山北X1号矿体古露天坑，在海拔标高25米以上，封闭圈直径20余米。坑内完全是人工堆积物，约有20多万立方米，在端部留有品位4%以上的铜矿石。在堆积物中分布有36个西周晚期的竖井[30]。

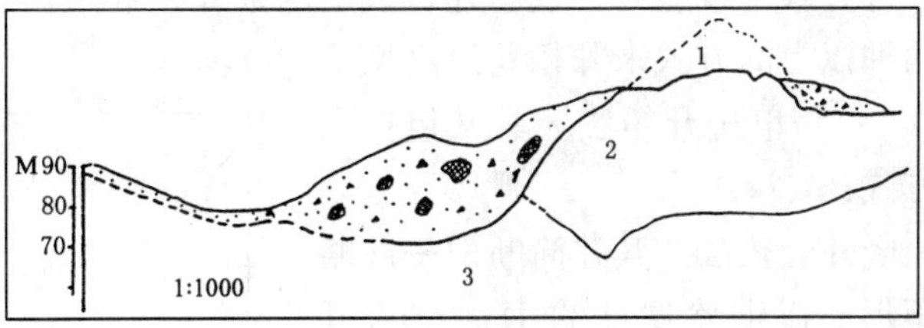

图2－7　铜岭铜矿0线地质剖面图

1. 古露采点及转石　2. 孔雀石铁质黏土　3. 灰岩

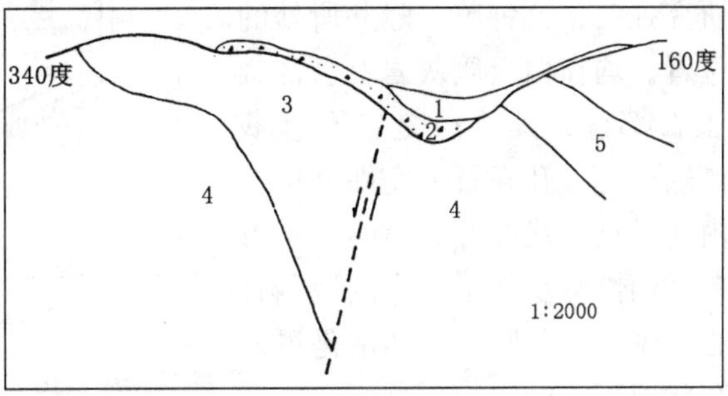

图2－8　铜岭铜矿2线地质剖面图

1. 后期堆积　2. 古露采坑及转石　3. 铜铁矿

4. 石灰石　5. 石英长石岩脉

古代露天开采的优点是铜矿资源利用充分，回采率高，贫化率低，但需剥离大量废石。为了减少剥离工作量，有效地采掘地层深部的矿石，古代矿工依据地形和矿体赋存特征，采取以地下开采为主的矿区开发方式，即开凿窿道，进行系统的山地工程开发。

四、地下开拓技术的形成

一般而言，早期铜矿开采，是由浅入深，先露采，后坑采；当矿体赋存深度较大，矿体厚度较小，剥离工作量较大，露天开采经济效益低于地下开采时，则用地下开采法。我国古代金属矿的地下开采技术始于何时，今尚难得详知；因夏及其之前的采矿遗址迄今未见，故其采矿技术的具体情况如何，是否使用了地下开采，这是不得而知的；虽在西樵山使用过地下开采技术，但那是采石。今在考古发掘中看到的采矿遗址，大体上都是商代中期之后的，其中已包含了露天采和地下采两种技术；所以我们至少可能说，我国古代金属矿的地下开采技术的发明期，应在商代中期以前。

江西铜岭和湖北铜绿山所用矿石大体上是相同的，主要都是孔雀石，呈粒状、块状散布于土状围岩中，或呈皮壳状赋存于矿体底盘的白云质灰岩或大理岩的接触面上。两地开拓方法完全相似，皆从地表向地下开掘许多通达矿体的巷道，形成提升、运输、通风、排水系统，其中有伐木、运输、木材加工、凿岩、测量、支护、回采、通风、排水、提运等作业及管理。铜岭与铜绿山两地相距近百公里，如此相同而成熟的开拓方式，表明商代南方铜矿开采技术颇具特色并达一定的水准。

考古发掘资料表明，商代的地下开拓方法有两种：（1）单一开拓法：即主要用一种方式，或竖井、或斜井、或平硐来开拓巷道。(2) 联合开拓法：即用两种或两种以上的方式来开拓巷道（图2－9）。

（一）单一开拓法。其又包括两种方式：

竖井开拓法。其井筒断面一般略呈矩形。以铜岭遗址的J11、J14井为例，两井净断面面积的大小略有差异，但多为70×90平方厘米左右，井深只几米，为单一浅井开拓。考古发掘研究证明，这种单一竖井所处的地质位置，均在白云质灰岩上盘富集的孔雀石部位，其特点是矿石埋藏浅，矿层极薄，孔雀石采完即开拓终了。由此可见，浅井并非表明开拓方式简单，而恰恰反映了古人因地制宜的匠心。说明单一竖井开拓法是视矿层赋存状况而定的。

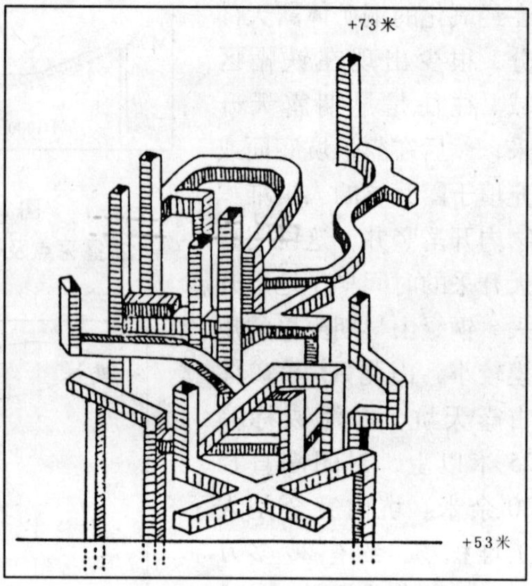

图2－9　商代铜绿山井巷开拓示意图

斜井开拓法。斜井开拓法主要用于追踪地表露头且倾斜延伸的矿层。如矿层终了或遇上坚硬的岩体，掘进便停止。商代晚期，铜绿山斜井井筒净断面呈正方形，面积小，一般为50×50平方厘米，个别斜井断面较一般斜井略大或略小，斜井倾角8度左右。

（二）联合开拓法。其又包括三种方式：

槽坑与竖井联合开拓法。这是一种边探矿边开拓的有效方法。以铜岭商代中期，编号为C1槽坑与J11竖井的开拓过程为例：先在海拔71米的山坳地表开挖半地穴式露天槽坑，长7.6米、宽1.4米、深0.56米。为了追踪富矿，继槽坑尾端向下开挖井筒。

竖井→平巷→盲竖井联合开拓法。这种开拓法与上述方法的开拓进程相反。以铜绿山为例，即先凿竖井，然后在井壁一侧开凿很短的独头平巷，在巷端底部再凿盲竖井。竖井一般深7米左右，平巷很短，仅1至2米长，有长者也不过4米，盲井深几米不等。其开拓深度，从地表至地下最深者约十几米（图2－10）。

三是竖井→斜巷→平巷联合开拓法。目前，铜岭考古揭示的这种方法规模较小，它是依地形和矿体相互关系，从山脚顺矿体至山腰分步实现这一开拓方法的。即先在地表向下开凿1.75米深的竖井，再在井底往东开挖阶梯状斜巷，长仅约1米，然后再沿阶梯向山腰开拓平巷，平巷净高1.36米，净宽0.8米，长约十余米（图2－11）。

由竖井底部开拓平巷或斜巷，形成采矿生产系统即井巷联合开拓，其优点是工程量小，运输简易。

（三）铜绿山联合开拓中的井巷组合关系举例[31]

1. 巷道X2、X3、X4与盲井J83（图2－12）。

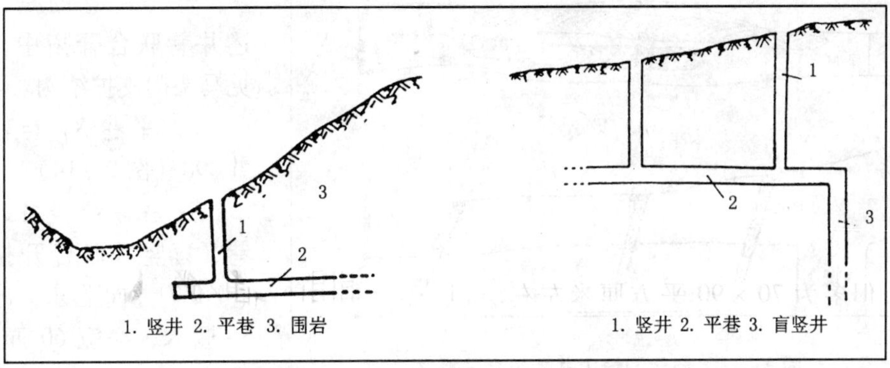

图 2－10　商代铜岭联合开拓示意图之一

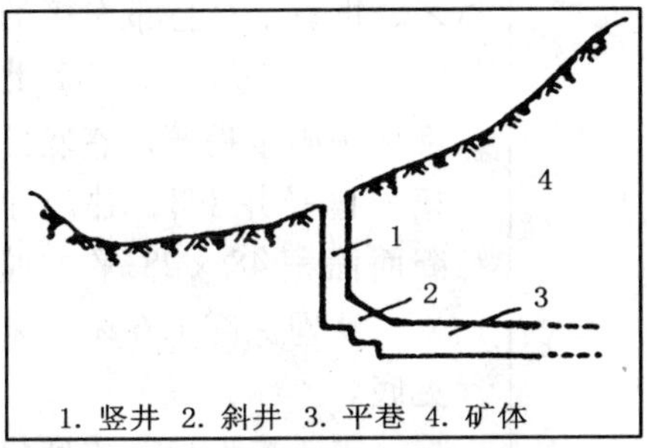

图 2－11　商代铜岭联合开拓示意图之二

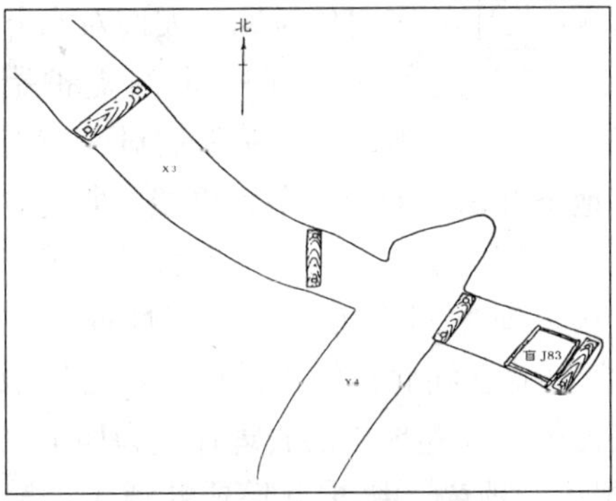

图 2－12　商代铜绿山井巷组合关系之一

这是一组由竖井、平巷、盲竖井联合开拓的井巷。古人从地表开拓到地下的平巷，必须用至少一个竖井将地表与地下连通。按原始地表高程推算，这一竖井至少深约5.5米。X2与X3为东西向水平分层巷道，即X2的上面迭有X3。因西头破坏，两巷完整长度不详，X2残长2.5米，净高68厘米，净宽50厘米。X2支护结构同X3，巷顶棚为木板纵向排列支护，但板上留有6至10厘米的围岩岩屑回填土，显然是古人有意铺垫的。X3的地栿，立柱落置在回填土上，上层平巷X3的立柱与X2的立柱对应敷设。由此分析开拓X2先于X3，按先挖后支的开拓支护程序，X2支护好后，才便于开拓及支护X3。X3残长5米，其东的巷底开拓一盲竖井，编号J83。J83东端留有50厘米宽的巷底，作为一平面，其上安置滑柱，作为运矿的转向器件。J83井口面积44×42平方厘米，仅清理了60厘米深，未见底。

X4、X3相通，北端保存完整。X4残长2.6米，支护结构及尺寸与X3相同，即巷净高76厘米，净宽46厘米。在X3与X4相交处，其顶棚的支护结构是，X3的顶板迭压在X4的顶板上面。

2. 竖井J100与平巷X11及盲竖井J84（图2－13）。

这是一组竖井、平巷、盲竖井联合开拓井巷。竖井J100已不见井筒，净断面面积为48×48平方厘米。X11顶棚高程57.90米，由此推算J100深约7米，全长3.4米，净高80厘米，净宽60厘米，走向290度，巷内出有木铲、竹篓、木瓢。巷东头有一盲井J84往地下深处开拓。J84断面面积为45×45平方厘米。

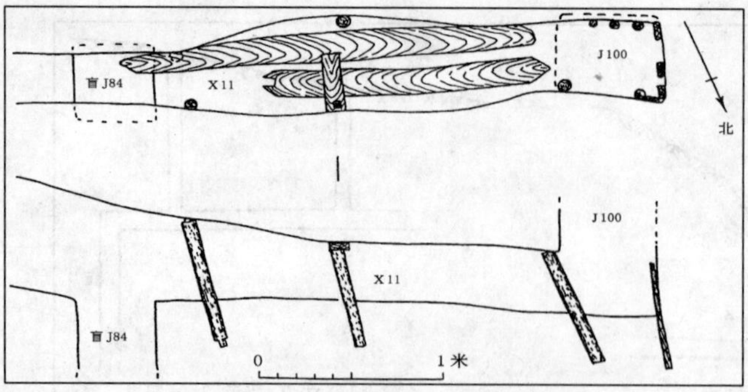

图2－13　商代铜绿山井巷组合关系之二

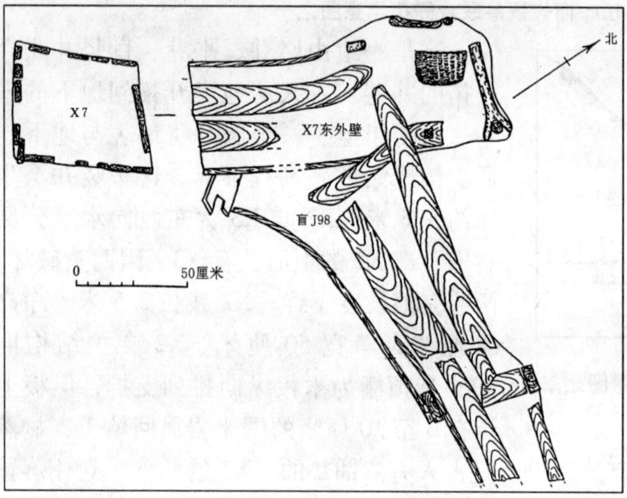

图2－14　商代铜绿山井巷组合关系之三

值得注意的是，上述井巷联合开拓中，未见马头门支护结构。

3. 平巷X7与盲竖井J98（图2－14）

这是一组竖井、平巷、盲竖井联合开拓井巷。X7走向北东，净高50厘米，净宽60厘米。其南端残损，北部残长1.7米，顶棚高程约59米，推算X7上部连接的竖井深度约6米。X7北部尽头向东拐弯，巷底开拓一盲竖井J98，井口净断面面积48×48平方厘米，清理深度1.6米，未见底。

五、趋于规范的商代井巷支护技术[19]

前面谈到，早在河姆渡文化时期，人们对水井便采取了一定的支护措施，这说明人们对井穴挖空后引起的地压变化早有了一定认识。金属矿地下开采的巷道和硐室更多，所遇到的地质情况更为复杂，人们对这一现象必有更为真切的了解。新石器时代地下采石场，由于岩体坚硬，古人只需采用自然支护法，即靠围岩本身的稳固性或石柱（矿柱）的支撑能力即可维护地压。然而像江西铜岭、湖北铜绿山的矿体地处接触破碎带或蚀变带等不良地质条件区，围岩比较松软，井巷地压的管理遂成为地下采矿能否成功的关键。为了控制地层的顶压、侧压、地鼓，维护井筒或巷道围岩稳定，防止采空区坍塌事故，古代矿师摸索出一整套行之有效的支护方法。最简单的井巷支护便是木架支护，它是沿竖井井帮或巷道道帮用木材、竹材、荆芭等构筑成支架和背板的地下结构物。由于自然条件、文化背景和操作习惯的不同，各矿山井巷支护结构亦各具地方特色；各种不同形式的井巷支护，成为反映不同地区、不同时代的矿山技术的重要标志。

（一）商代的竖井支护（彩版壹，2）

1. 同壁碗口接内撑式支护竖井，主要用于江西铜岭商代中期。

由四根圆木组合成一副框架，框架间隔支撑于井筒内。框架一般呈正方形，小部分为矩形。框架中，两根直径约8厘米的圆木为横木，另两根直径稍大的圆木两端砍削成碗口状托槽，为内撑木，卡住被撑横木，其特点是有碗口状托槽的内撑木都在同一井壁安装。现以竖井 J11. J18、J30、J72 举例说明。

J11，井筒矩形，东西长，南北短，毛断面 116×95 平方厘米，净断面 92×68 平方厘米，框架由 4 根中粗圆木组成，其中两根两端均刳成内弧状（即碗口状），凹深 1.5 厘米，两端碗口状托槽卡住另两根横木，卡口木短于被撑木，被撑木两端嵌入围岩各 16 厘米。内撑木比被撑木粗，为 8.5 厘米。框架间距约 32 厘米。已清理框架 12 副，内撑木、横木各置井壁同一方向。框架四角还保存有角柱，角柱残长 96—110 厘米，径 5 厘米，角柱与碗口结框架用藤条交叉捆扎，框架与四壁间密插细木棍，棍径 1.5—2 厘米，背棍下部约 4 厘米处削成单斜尖状，背棍间距 1.5—2 厘米，框木和背棍表面均未加工，树皮依存，框木取材考究，主要取较直树干，只需两端加工即可安装。井深 312 厘米，井底为灰岩。井底见陶斝 1 件，器底有烟炱，其三足间有火烧竹签。还有陶鬲 1 件（图 2－15、16、17）。

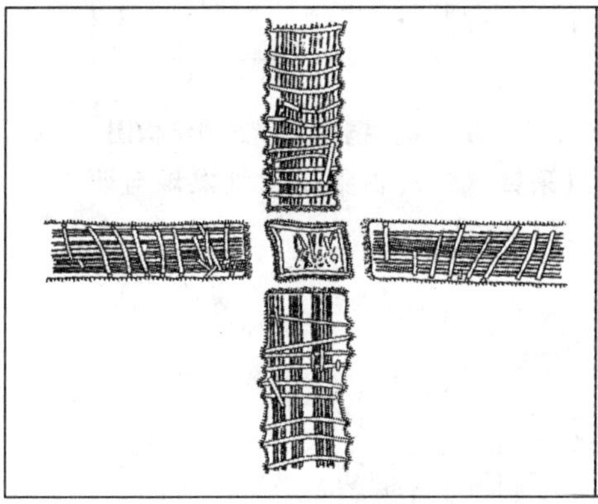

图 2－15　商代铜岭 J11 平剖面图
（采自《铜岭古铜矿遗址发现与研究》P13）

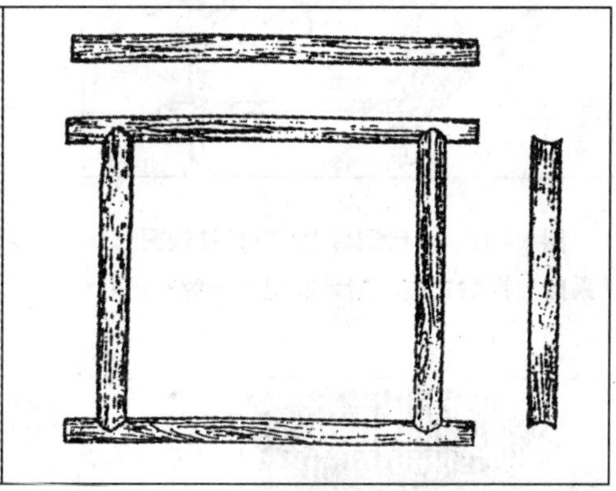

图 2－16　商代铜岭 J11 支护结构图
（采自《铜岭古铜矿遗址发现与研究》P4）

J18（图 2－18），井筒毛断面 120×120 平方厘米，净断面 94×94 平方厘米，共清理框架 5 副，间距约 30 厘米，已清理井井深 220 厘米，未及底。井筒围岩为红褐色铁质黏土夹粒状孔雀石。

J30，清理框架 13 副（图 2－19），间距 16—29 厘米，下部框架间距较大。已清理井井深 443 厘米。井内见一不规则的自然铜块，长径 5.2 厘米，短径 4.3 厘米。从井口上覆盖的褐土中夹有大量竹木、树枝叶分析，矿井原搭有遮棚。

J72，矩形井筒，净断面 126×116 平方厘米，毛断面 144×128 平方厘米。共清理 7 层框架。以棍护壁，背棍外侧夹茅草，厚 2.5 厘米。此井清理深度 324 厘米，未及底（图 2－20）。

2. 同壁碗口接加强内撑式支护竖井，主要见于江西铜岭商代晚期。

此类井框架是在同壁碗口接内撑式结构的基础上，于相对的两根碗口木之间再撑一根对开半圆木制成的碗口木，半圆木的平面朝内，使框架四方都有了支撑点，大大加强了井筒支护的牢固性。这类竖井中 J75 支护木碳 14 测定年代为距今 3 070±80 年。现以竖井 J75、J94 举例说明。

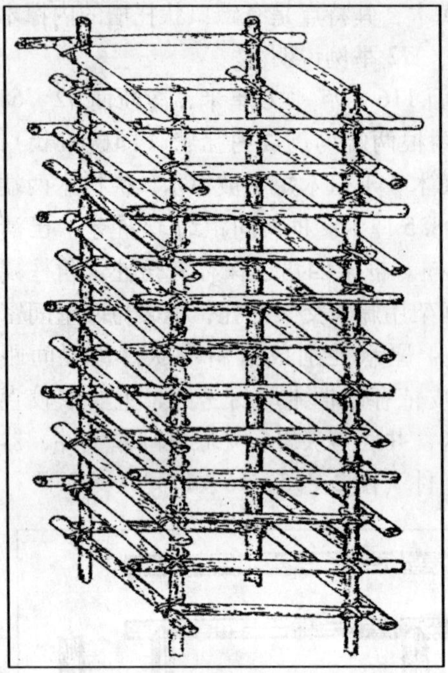

图 2－17　商代铜岭 J11 支护结构图（采自《铜岭古铜矿遗址发现与研究》P14）

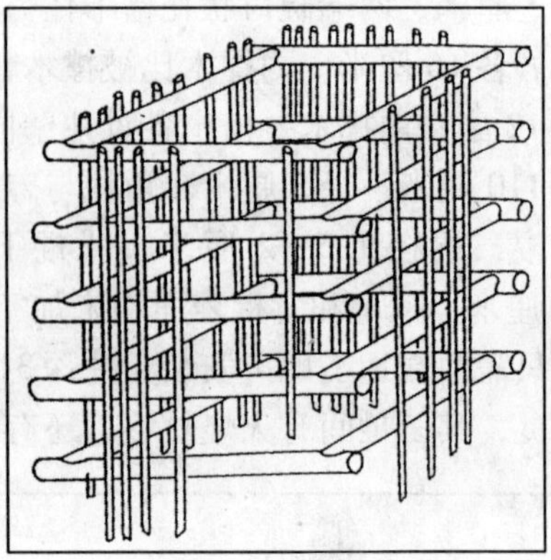

图 2－18　商代铜岭 J18 支护结构图（采自《铜岭古铜矿遗址发现与研究》P15）

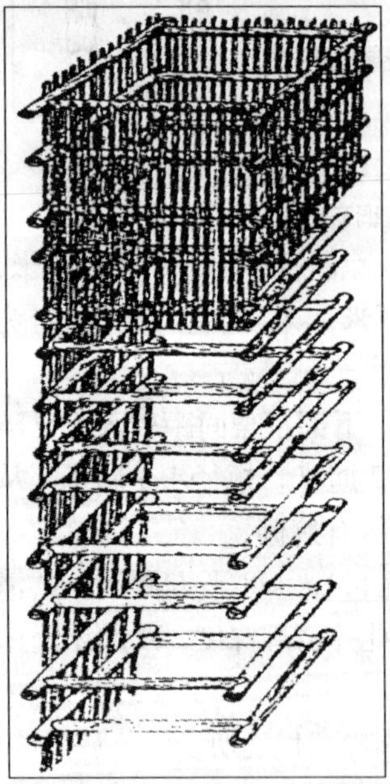

图 2－19　商代铜岭 J30 支护结构图　（采自《铜岭古铜矿遗址发现与研究》P16）

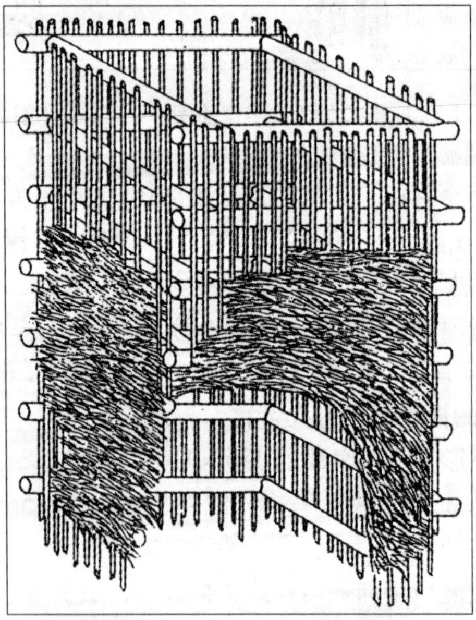

图 2－20　商代铜岭 J72 支护结构图（采自《铜岭古铜矿遗址发现与研究》P16）

J75，正方形，井筒毛断面边长 136 厘米，净断面边长 110 厘米。碗口木长 110 厘米，径 6 厘米。横木长 150 厘米，径 6 厘米。由于净断面较大，采取两种支护措施，一是框架间距缩小为 26 厘米；二是从第 2 框架始，用加强式（即在长圆木边加半圆木）支撑，形成四方支撑点。井筒的北部还另立一根小于框架木的径约 5 厘米圆木，紧靠框木，用藤条捆扎。该井清理深度 304 厘米，未及底。框架见 8 副（图 2－21）。

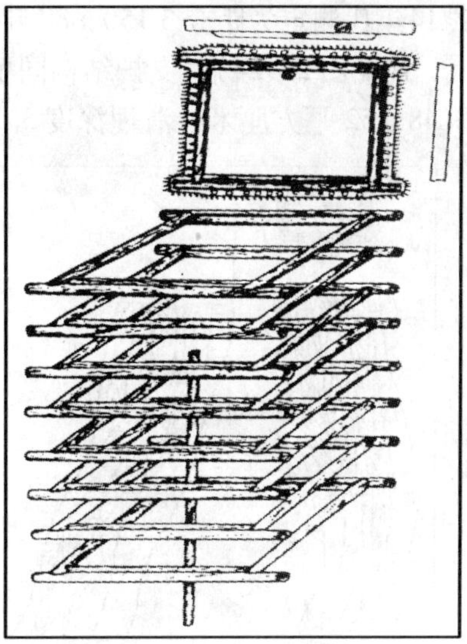

图 2－21　商代铜岭 J75 支护结构图（采自《铜岭古铜矿遗址发现与研究》P17）

J94，井筒断面矩形，南北长，东西短。毛断面 240×164 平方厘米，净断面 221×92 平方厘米。框距 26 厘米。已清理井井深 98 厘米，未及底。井筒东西两壁各有两根径 5 厘米的立木，形成两副对称木梯，为矿工上下提供便利。井筒用小棍贴壁，棍外四壁还敷有草席编织物，草编物厚度 2—3 厘米（图 2－22）。井内发现木桶、弓形木、尖状木、木撮瓢各 1 件，这些遗物系一套排水工具。

3. 平头透卯单榫内撑式支护竖井，主要用于湖北铜绿山。

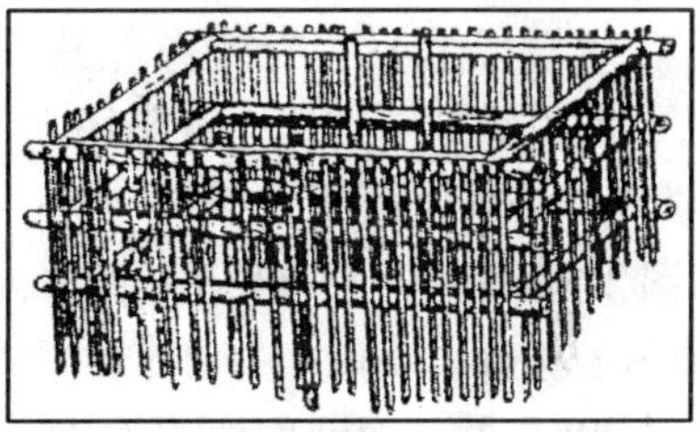

图 2－22　商代铜岭 J94 支护结构图（采自《铜岭古铜矿遗址发现与研究》P17）

由四根板木构件组合成一组方框支架，两根平头板木的两头有卯眼，另两根板木两头为榫。框架与围岩间插木板作为背柴，以护井壁（图2－23）。井口一般为正方形，极少数为矩形，净断面面积一般在 43×43 平方厘米—50×50 平方厘米之间，也有 60×68 平方厘米的。现以竖井 J3、J1、J7 举例说明。

J3，其竖井支护框架由四根板木构件组合而成。两根稍长构件的两端有榫，两根稍短构件的两头有卯眼，榫卯结合，构成方框。榫木构件全长 81 厘米、宽 12 厘米、厚 4 厘米。榫头方形，长 6.5 厘米、宽 3 厘米。卯木构件两端为平头，全长 80 厘米、宽 13 厘米、厚 2.5 厘米、卯距 60 厘米。卯眼 5×4.75 平方厘米。每组框架间隔支撑，间距 60 厘米左右。方框与围岩间插木板作背柴填塞，以利井筒内操作安全。木板为大树料加工而成，有砍迹。宽 5 厘米至 15 厘米不等，一般厚 2.5 厘米，最厚者 5 厘米。井口净断面面积为 68×60 平方厘米，清理深度 80 厘米。其

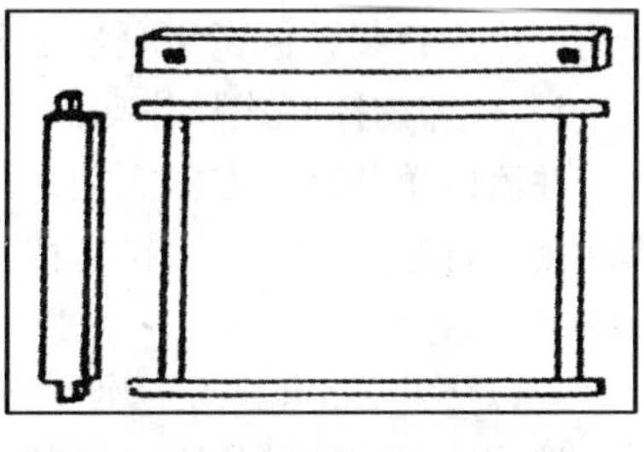

图 2－23　商代铜绿山竖井支护结构之一

碳14年代测定为距今3 150 ±80 年。

J1（图2－24），支护结构同J3。竖井毛断面面积66 ×64 平方厘米，净断面面积48 ×52 平方厘米，清理深度3. 29 米。

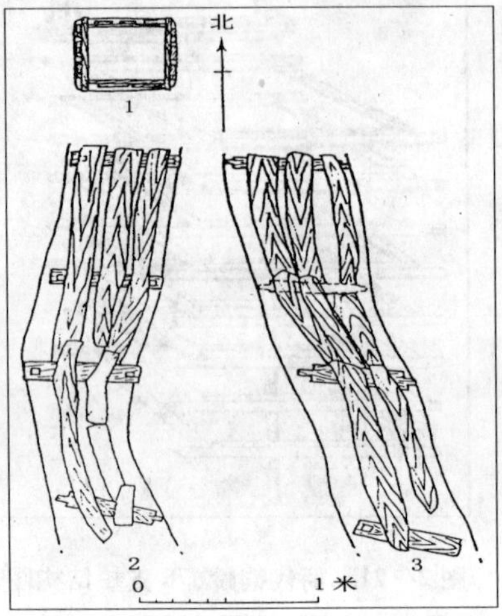

图2－24　商代铜绿山J1 支护结构图

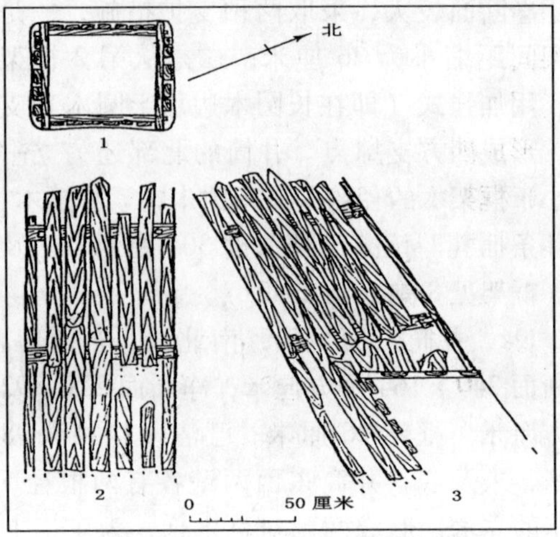

图2－25　商代铜绿山J7 支护结构图

J7（图2－25），竖井毛断面面积69 ×68 平方厘米，净断面面积54 ×54 平方厘米。竖井围岩为高岭石化火成岩。井内出有木梯3 架。

4. 平头榫卯接串联式竖井支护，主要用于湖北铜绿山。

每根板木一端为榫头，另一端为有卯眼的平头，四根组成一方框。背柴用木板插塞。井口为正方形，净断面面积一般在48 ×48 平方厘米左右（图2－26）。也见通长73 厘米、宽13 厘米、厚3 厘米的构件。现以竖井J98 举例说明。

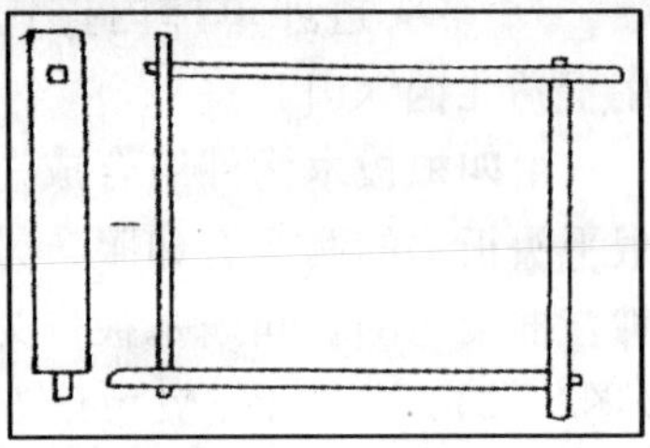

图2－26　商代铜绿山竖井支护结构之二

J98，井口净断面面积为48 ×48 平方厘米。支护方框由四根板材构件组成，即每根构件一端为榫头，另一端为平头。平头上凿有卯眼，四根构件的榫卯套接成一组方框。每根构件长约60 厘米、宽12 厘米、厚3 厘米，卯眼尺寸为4 ×4 平方厘米。方框间距1. 15 米。方框与围岩间用木板作背柴，板宽9 厘米至13 厘米不等，厚3 厘米，最长者123 厘米。

5. 柱卯内撑筒式竖井支护，仅见于湖北铜绿山。

井筒四角各有一方木立柱，柱一侧为方口卯，另一侧为槽形卯，其卯与横档的榫相接。背柴为木板，贴在横档与围岩间（图2－27）。井口为正方形，净断面60 ×60 平方厘米。

现以竖井J23（图2－28）举例说明。

该式竖井支护结构少见，其支护井筒四角各有一方木立柱，8 ×8 平方厘米见方，长1. 7 米。立柱一侧有凹形方口卯，不透眼，规格5 ×5 平方厘米，卯眼间距68 厘米。另一侧为坡形槽式卯，长34 厘米、宽3. 1 厘米、深2. 2 厘米，卯间距有24 厘米、44 厘米两种。四根榫木的榫头套在立柱卯眼内。榫木长52 厘米、宽6 厘

图 2－27　商代铜绿山竖井支护结构之三

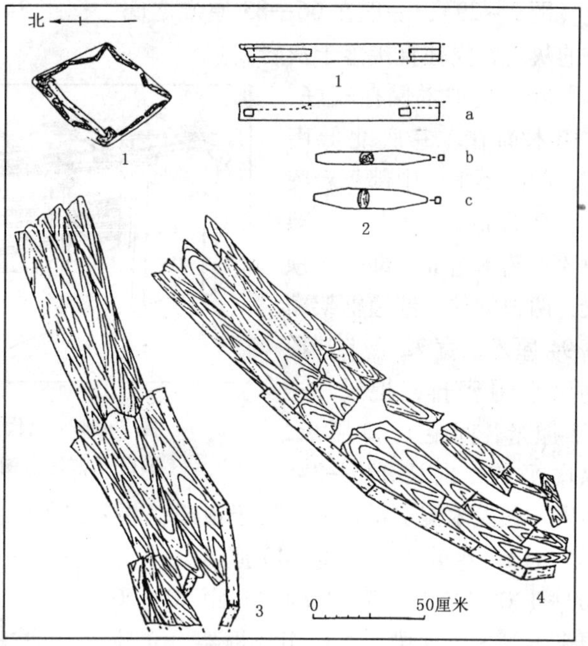

图 2－28　商代铜绿山 J23 支护结构图
1. 支护框架平面图　2. 立柱、横撑平剖图（a 立柱，b、c 横撑）　3、4. 井壁展视图

米至 9 厘米，两端呈方形，中间呈圆形。背板在榫木外，上背板的下端压在下背板上端。每壁有四块背板，最宽者 12 厘米、厚 2 厘米、长 100 厘米左右，竖井毛断面面积 66×66 平方厘米，净断面为正方形，面积 60×60 平方厘米。

（二）商代的平巷支护

商代中期，我国南方矿山的平巷支护采用木构件架成“厢”，即框架式结构。每副框架断面呈矩形，由一根顶梁、两根立柱和一根地栿、四根木构件组成。每副框架间距约 60 厘米至 80 厘米。按构件节点的构造与接合形式，又可分为碗口接框架式支护、开口贯通榫接框架式支护、圆周截肩单榫接框架式支护、叉式柱脚榫接柱头框架式支护等多种。

1. 碗口接半框架式平巷，主要用于江西铜岭商代中期。

由两根立柱和一根顶梁组成半框架，无地栿。框架间不能组成厢式。立柱柱头凿有碗口状凹槽，托住顶梁。属一种不完全支护棚子。顶棚和巷帮以小棍、中粗圆木、木板背护。现以平巷 X4、X6、X12 举例说明。

图 2－29　商代铜岭 X4 支护结构示意图
（采自《铜岭古铜矿遗址发现与研究》P18）

X4，巷道断面净空 86×72 平方厘米，矩形，框架结构简单，只用两根立柱和一根顶梁组成碗口结式框架。顶梁长 110 厘米，立柱的高度视地形高低而

定（图2－29），一般在66—85厘米之间。框距34—50厘米之间。巷底为起伏不平的灰岩，立柱直接落于灰岩。

X6，支护木保存较好，顶棚木尚在。巷底北低南高，凹凸不平，中部灰岩突出，高低差21厘米。框架由3根圆木组成，即一根顶梁，两根立柱，巷道框架净高94厘米，宽72厘米。顶棚用小棍密排，棍径2—2.5厘米，间距1—2厘米，纵向平铺，棍长136—245厘米，长短木棍交错排列，搭于顶棚，巷帮亦密排纵向木棍（图2－30）。

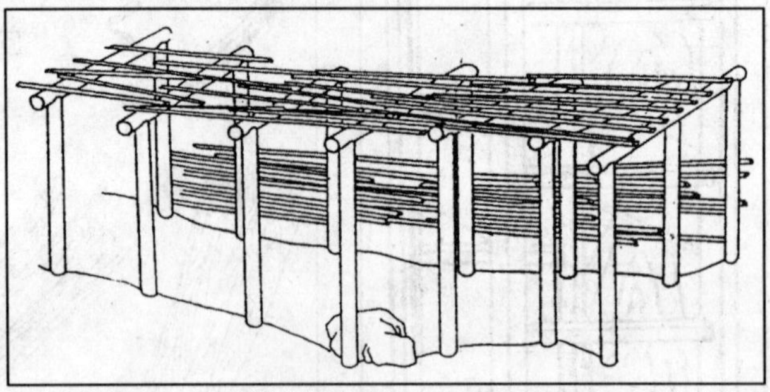

图2－30　商代铜岭X6支护结构示意图
（采自《铜岭古铜矿遗址发现与研究》P19）

X12，巷道清理长度740厘米，净宽100—130厘米，框架11副，间距40—60厘米不等，由顶梁、立柱组成框架，立柱与顶梁结合处为碗口结，立柱长短依底部灰岩起伏不平而定，高72—89厘米，巷道南低北高，无顶棚（图2－31）。

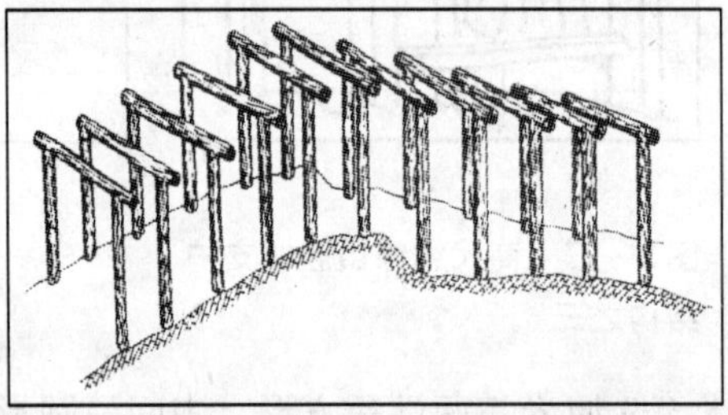

图2－31　商代铜岭X12支护结构示意图
（采自《铜岭古铜矿遗址发现与研究》P19）

2. 碗口接框架式平巷，主要用于江西铜岭商代中期至晚期。

每副立架，由4根圆木组成，即1根地栿，2根立柱，1根顶梁。立柱柱脚、柱头端均为碗口凹面，卡住顶梁和地栿。顶棚以中粗木棍稀排遮顶，巷帮无背棍。现以平巷X3举例说明。

平巷X3的巷底向东倾斜，倾角3度。框架净高74厘米，宽64厘米。立柱上端弧状，凹口与顶梁连接，4根构件直径均为8厘米。顶梁长110厘米，两端各嵌入围岩15厘米。立柱紧靠两侧围岩，框架间的巷帮无支护。顶棚用中粗圆木，封闭不严。它的西端与J24贯通，为了防止围岩塌落，在巷东端采取临时性措施，即用4根中粗木作桩对夹木板，形成挡墙。J24底部有圆木铺垫，作为进入X3的踏脚板（图2－32）。

图2－32　商代铜岭X3支护结构示意图
（采自《铜岭古铜矿遗址发现与研究》P20）

3．开口贯通榫接框架式平巷，主要用于江西铜岭商代晚期。

仅见铜岭平巷X1，巷框为间隔排架式，每副框架由4根圆木组成，即顶梁、立柱、地栿。顶梁与立柱为开口贯通式榫穿接，即立柱上部中央刳出宽2厘米、深8厘米的卯口，顶梁两端削呈梯形单榫嵌入卯口。顶梁长100厘米、径8厘米，地栿长100厘米、径8厘米。地栿两端凿有2.5厘米宽的方孔，立柱下端削出长10厘米脚榫与地栿榫卯穿接，从而组成一副长方形框架。由于围岩较松软，为了防止框架晃动，顶梁两侧采用长20厘米、宽5厘米的斧形木榫打入围岩，使框架更为稳定。巷帮支护木置于厢架与围岩间，其西端用长95—130厘米、径4—5厘米的木棍横向交叉贴壁，间隙较大，其东则用长120厘米、宽5厘米的木板交叉横栏。顶梁之上的棚木，西段以纵向小棍排列，小棍上还铺有树枝叶；东段纵向平铺木板，其一端的7—10厘米处削成尖状。巷道底部呈台阶状，阶高12—16厘米，铺有长45—67厘米、宽5.6—7.1厘米、厚2.5—3厘米木板。此巷顶棚的西端出有木锨3件，东端出有竹筐1件。巷道底部出有黑衣灰陶绳纹残鬲1件。此巷清理长度为504厘米，向东延伸未清至尽头（图2-33）。

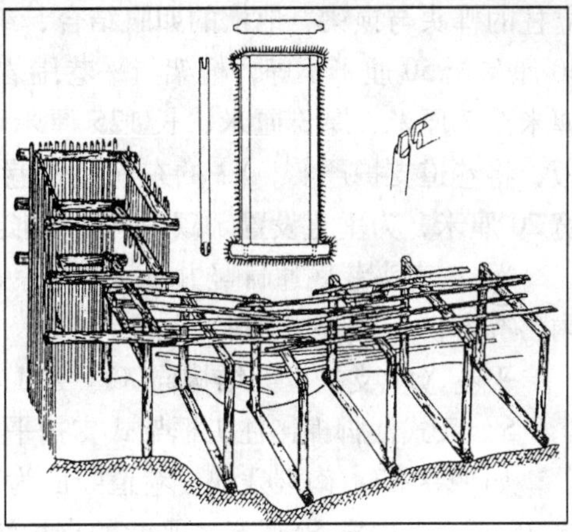

图2-33　商代铜岭X1支护结构示意图

（采自《铜岭古铜矿遗址发现与研究》P21）

4．圆周截肩单榫接框架式平巷，主要用于湖北铜绿山。

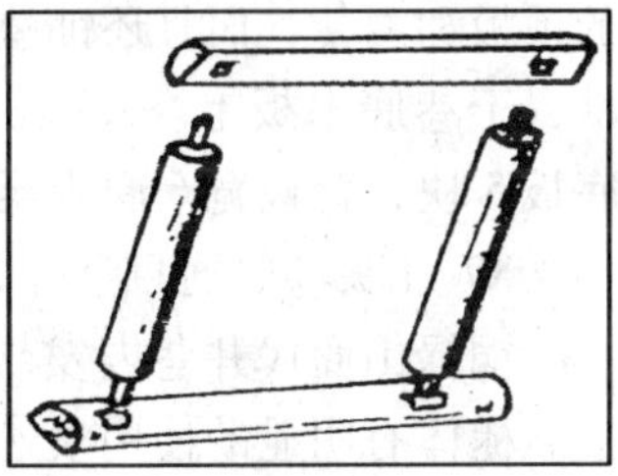

图2-34　商代铜绿山平巷支护结构图之一

圆周截肩单榫接框架式（图2-34、35）平巷支护是湖北铜绿山延用较长时期的支护形式。框架由两根立柱、一根地栿、一根顶梁共4根构件组成。立柱为圆木，柱脚、柱头为单榫。顶梁和地栿加工呈厚板材，其两端为平头并凿有卯眼，与立柱的榫头承接。支护框架间隔排列，架与围岩间采用几块宽10—15厘米、厚2—3厘米的木板作为巷帮护壁。顶棚由2—4块木板护顶。巷道净断面呈矩形。

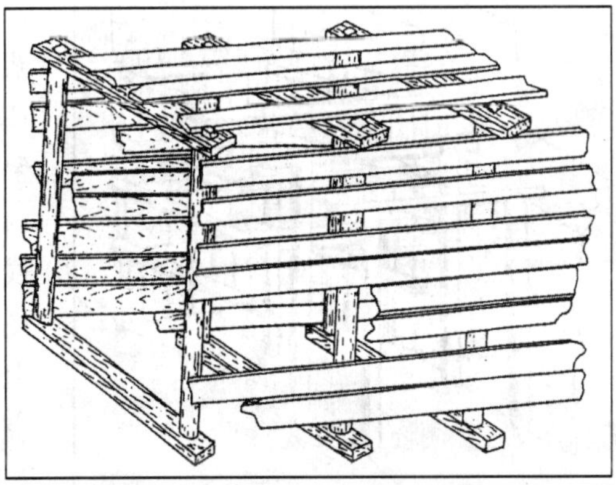

图2-35　商代铜绿山平巷支护结构图之二

如平巷X3。长2.9米，净断面面积46×76平方厘米，即净高76厘米，净宽46厘米。立柱保留有树皮，通长 80 厘米、直径 9 厘米。柱脚、柱头都有榫头，榫头长 5 厘米至 6 厘米、直径 5 厘米。顶梁、地栿都用板材制成。顶梁两端为平头，通长 59 厘米、宽 10 厘米、厚 3 厘米。顶梁、地栿的两头都凿有方形卯眼，为 7×7 平方厘米，卯眼距 50 厘米。立柱的榫头与顶梁、地栿的卯眼结合，组成框架，框架与框架间隔支撑平巷，间距 30 厘米至 50 厘米不等，框架与平巷围岩之间以一层木板填塞，以利安全。板宽 5 厘米至 7 厘米、厚 3 厘米、长 125 厘米至 150 厘米不等。顶棚及两帮各有 7 块背板，将巷道支护严实。X3 的东南头是巷道终点，也有一块木板支护，长 75 厘米、宽 20 厘米，为垂直设置。碳 14 年代测定为距今 3 185±70 年。

X3 东南头巷底通盲竖井 J83，井旁立有一转向滑柱；X3 与 X4、X2 连通，X4 内出有木铲，X2 内出有竹篓。

平巷 X11 支护框架结构同 X3。X11 内出土有木铲、竹篓、木撮瓢。

5．叉式柱脚榫接柱头框架式支护平巷，主要见于湖北铜绿山。

如平巷 X7。南端残缺。巷道断面为矩形，净断面 50×75 平方厘米，即巷道净高 75 厘米，净宽 50 厘米。平巷的支护结构在铜绿山古巷的支护中所占比例很小，即框架由四根木构件组成，立柱柱脚为树杈，柱头为榫头，叉形柱脚叉在圆木地栿上，呈鸭嘴式结构与地栿的凹槽吻合，柱头与顶梁卯眼结合。立柱通长 90 厘米，直径约 7 厘米，叉长 10 厘米，榫头长 5 厘米，地栿直径 5 厘米至 6 厘米，长约 63 厘米。方框与平巷围岩间用木板作背柴。值得注意的是，背板不仅呈纵向填塞巷道的顶板和两帮，而且还铺垫巷底，这是其他式样的平巷支护结构中所没有的，即地栿置于巷底木板上。X7 四面的背板遗存数为：顶棚 4 块，西壁 5 块，北壁 2 块，底板 5 块，背板宽 6 厘米至 15 厘米不等，厚 3 厘米、长 87 厘米左右。

X7 北头巷底通盲竖井 J98。

铜绿山商代井巷内发现一些木槌，式样相同，即一段圆木削出细柄，便于手握。槌体有明显的使用痕迹，在打击面有直径约 5 厘米大小的坑窝，可能是支护井筒框架时，打击加固框架木壁钉而留下的。标本 J34，槌体长 12 厘米、直径 6 厘米。柄残长 6 厘米、直径 2.8 厘米（图版壹，1）。

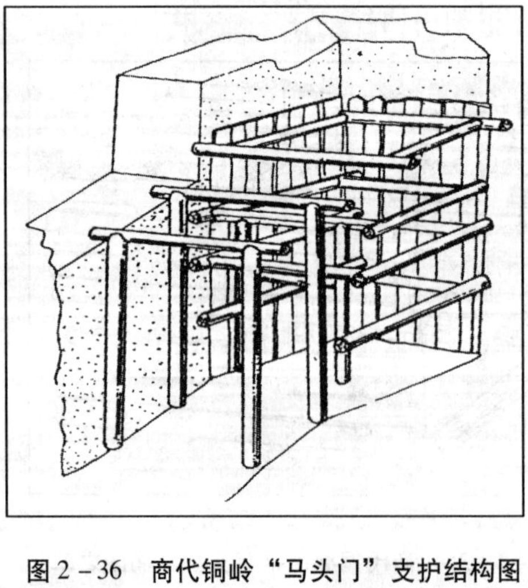

图 2－36　商代铜岭“马头门”支护结构图

6．马头门

马头门是指竖井与巷道衔接处的构架。江西铜岭商代的马头门结构见于 J12、J14、J24、J102 底部。如 J12，框架为碗口同壁内撑式，在井框的东北、西北角各竖一根径 6 厘米的柱子，立柱残高 110 厘米，在两柱间有碗口木卡住，低于原井框木，在 H 型马头门框架上，纵向铺木棍，引入巷道。马头门的空间较小，高 66 厘米，宽 61 厘米（图 2－36）。

（三）支护木树种

关于商代井巷支护木所用的树种，

经南京林学院鉴定，铜绿山有豆梨、青枫、化香、紫荆，经西北林学院鉴定，铜岭有青枫、香樟、木姜子、钓樟、枣木，背护井巷的树棍树种有油桐。详见下鉴定结果[32]。

瑞昌铜岭古采矿遗址出土坑木的木材鉴定

1. 木立柱（88瑞铜X1.1，出自第1号平巷）

圆木，椭圆形，大径22厘米，小径8厘米，26个年轮，轮宽较均匀，树皮薄，呈片状剥落，材表光滑，为散孔材。

髓心小，心、边材无区别，材质已朽，呈黄褐色至黑褐色，生长轮明显，管孔中至小，肉眼不可见，镜下明晰。

在徒手切片下观察，管孔呈圆形或卵圆形，单管孔或复管孔、管孔斜列。单穿孔呈卵圆形或椭圆形，复穿孔呈梯状，导管壁纹孔式互列，纹孔口内含或外展。轴向薄壁组织，傍管类，围管型，翼型，稀散生离管类。木射线多数2列，少数3列，偶见单列，射线组织异型Ⅲ为主，有异型II，油细胞未见。

鉴定结果：樟科，木姜子属一种，Litsea sp。

2. 木立柱（88瑞铜X2，出自第2号平巷）

圆木，椭圆形，大径8.6厘米，小径6.2厘米，36个年轮，轮宽不均匀，未见树皮，材表有浅突棱，散孔材。

髓心小，心、边材区别不明显，木材已朽，褐色，宏观构造和微观构造同88瑞铜X1.1。

鉴定结果：樟科，木姜子属一种，Litsea sp。

3. 井框架木（88瑞铜J23，出自第23号竖井）

圆木，椭圆形，大径8.2厘米，小径5.4厘米，32个年轮，轮宽不均匀。树皮薄，光滑，有少数皮孔，材表平滑，系散孔材。

髓心小，心、边材区别不明显，材质已朽，深褐色。新切面仍有樟香气味。生长轮明显，管孔中至小，肉眼略可见，大小较一致，分布均匀，散生或斜列，木射线细或极细。

在徒手切片下观察，管孔呈圆形或椭圆形，以单管孔为主，少量径列复管孔和管孔团，散生或斜列。单穿孔，偶见复穿孔，导管壁纹孔或互列，纹孔口内含。轴向薄壁组织傍管类，环管型或环管束型。木射线2—3列，亦见单列，射线组织异型Ⅲ为主，亦有异型Ⅱ，有油细胞。

鉴定结果：樟科，桢楠属一种，Phoebe sp。

4. 井框架木（88瑞铜J11）

圆木，椭圆形，大径8.6厘米，小径6厘米，35个年轮，轮宽不均匀，树皮薄，外表有纵向浅裂纹。材表有浅突棱，散孔材少，肉眼略可见，镜下明晰，大小较一致，分布均匀，木射线细至极细，扩大镜下明晰。

在徒手切片下观察，管孔少，圆形或椭圆形，单管孔或复管孔，散生或斜列，复穿孔以梯形为主，亦见单穿孔。导管壁纹孔或互列，多边形，纹孔口内含。轴向薄壁组织傍管类，量少，环管型。木射线1—3列，射线组织异型Ⅰ、Ⅱ、Ⅲ，偶见油细胞。

鉴定结果：樟科，钓樟属一种，Lindera sp。

鉴定人：赵砺（西北林学院木材工业系木材工艺教研室）

（四）商代井巷开凿施工方式

为了弄清古代井巷开凿支护、施工方式，我们在考古发掘古矿山井巷中，特别注意了井巷开拓与支护的关系以及支护工艺的实施步骤等遗迹。现根据考察情况小结如下：

1. 商代竖井开凿施工方式

为了凿井施工安全和便于及时支护，古人一般将井筒全长分成若干井段，在每个井段中，先由上向下掘进，然后由下向上支护井壁，支护完后再按同样的步骤及工艺进行下一井段作业。这种先挖后支的单行作业方式，只需一套提升设备，在当时的技术条件下，采用这种作业方式是合理的。我们在铜岭模拟了商代竖井开凿支护工艺，其步骤如下：

（1）开挖修整井筒。商代三副井框的间距之和为一井段单元深度，一般按 0.8 米至 1 米的掘进深度为一掘进井段。框与框之间的距离大约 20—30 厘米。按一井段单元挖够深度后，修整井筒断面。架框前，先要按框距，在井壁四角挖方框横木两端的壁基窝，以备横木端头卡入围岩，不至下滑。

（2）插背柴。将长略大于井段深度，下端为单斜状的树棍，紧贴四周井壁竖插。

（3）架井框。在井段内，由下至上地架设井框。先将每副井框的横木紧贴背棍，两端嵌入井角壁基窝内，然后将两根内撑木两端的碗口托槽与相对的两根横木吻合。

这种按井段步骤循环作业的方法，可以达到所需要的井筒深度。到了井底，即井窝，如果通巷道，则用马头门支护竖井与巷道的结合部。如果井筒到底终止掘进，例如铜岭 J11，则要加强井底支护的强度，即在井底四角各立一根长 1 米左右，直径 5 厘米的立柱，用藤条将立柱与井框内撑木紧紧捆扎，不致井框滑动。

商代，铜绿山与铜岭的竖井施工方法及步骤相同，其差别在于，铜绿山以 1.4 米左右为一段单元掘进和支护，井框之间的距离比铜岭大，一般为 70 厘米左右。

在铜绿山 2 号点东部的强风化花岗闪长斑岩内，含有颗状孔雀石，为富矿地段，但矿岩特别疏松，岩体属不稳定岩性。考古发现，这些地方的井或槽坑的挖掘施工方法采用了插板法与落井法相结合，例如，铜绿山 J23，即先打入一排插板，深约 80 厘米，在插板掩护下，开挖矿井，到一井段单元深度后，装配好支架，形成一完整的木构井筒。铜岭 C1 也是如此。

2. 商代平巷开凿施工方式

铜岭和铜绿山商代平巷凿岩施工一般同竖井相同，也采用先挖后支法。将巷道全长分成若干个巷段。在每一个巷段中，进路式向前掘进，然后架厢，支护完后再掘下一段巷段。

（1）开挖修整巷道。一般以 1.1 米左右为一厢长度作为一掘进巷段，采空后，修整巷道断面。

（2）架设框架。将预制好的木构件装配成厢架，贴顶梁两侧打入木楔，使框架竖立稳定。

（3）插背柴。厢架与围岩间的空隙用木棍或板填塞。

先挖后支法用于较稳固且有黏性的围岩，如铜岭的含颗状孔雀石铁质黏土层，或铜绿山含孔雀石大理岩风化黏土层，或矽卡岩破碎带。这些岩性开挖后不会立即坍塌变形。如果遇到极软、极不稳定的围岩，古人则采用先梁后柱法。例如，铜岭X3，即先在软岩的垂直断面挖顶梁槽，放顶梁。用同样的方法放地栿，然后将立柱斜落地栿，用力撑正立柱。顶棚和两帮打入插板，在插板的掩护下，掘进一定深度，再用同样的方法支护。

综上所述，我国商代矿山井巷支护技术主要有如下表现：

一是支护木已有选材标准。古人采用南方本地的豆梨、青枫、化香、紫荆、黄杞、香樟等阔叶材，是一些品质较高的木材。其受弯、顺纹受压及承压一般为160 kg/cm^2，容许力比阔叶材中的柳木、桦木、针叶材中的松木、杉木大1.2—2倍。在用材上，古人还选择了无木节、扭纹缺陷的木材，保证了木材的强度。

二是从支护木构件的形状和尺寸看，已有统一的规格标准，避免了构件大小参差不一而导致的施工困难，便于统一制作统一组装。这种设计和施工基于一种“预制”构件和“装配”式的支护工艺。预制工场不受井巷内作业空间的限制，可以投入更多的人力。这种工艺在定型化的框、架前提下，计算框架的数量就完全足以表达井、巷的深度或长度，大大地提高了井巷支护工效。

三是井巷支护的方框采用杆件组成，杆件间的榫卯节点或碗口节点的接触面，当被井巷围岩变形所产生挤压时，使节点牢固结合。古代工匠设计的这些节点结构是比较合理的。

当然，碗口接与榫卯接节点结构也有各自的优缺点。碗口接触面积大，抗压强度也大，可增加结构的挤压承载力，能适应较大型井筒支护，杆件结构也简单，易加工省时。但是，如果节点上受到拉力时，节点会被拉开；榫卯杆件，是有一定弹性的节点，在受到巨大外力作用时，构件可以彼此错动而又不会彻底破坏，可防止节点脱开。从出土的榫卯构件支架看，虽然承受了围岩变形产生的垂直压力和剪切力，但是至今保存完好，说明榫卯尺寸的大小设计是合理的。但榫卯件加工比碗口接构件复杂，费工费时。另外，其压应力、支承应力、剪应力都比碗口结构小，所以这种结构的竖井井口都在1米见方以下。

四是常规杆材的长细比控制值为120—200，而商代巷道立柱、顶梁的长细比，都在常规控制值内，只有15—20。商代井巷支护工匠已明晰作柱或作梁负荷能力的差异，对不同构架采用不同大小的柱径，并未为了过高地强调安全系数，将木构件做得尺寸过大而浪费木材。另外，井巷断面设计合理，其高与宽近于1:1，形成了较好的厢内空间。

考古资料证明，商代矿山井巷支护工艺既符合维护采空区地压的功能要求，又注意到安装、施工等方面的便利，反映出古人对木材的受力状态有着较深的认识。显然，这是古代采矿匠师经历了长期实践，反复分析和比较，最后选择和确认的一种用于松软围岩的，经济合理的井巷支护形式。

六、采掘装载提运技术[18]

考古发掘资料表明，我国商代矿山井巷作业的主要工序有：破碎矿岩、井筒和巷道支护、人力装载、运输提升等。当然，在露采时，有关作业程序和工具就更简单一些。

（一）采掘工具

我国商代，以青铜生产工具为代表的生产力水平，使当时手工业、农业生产呈现出一系列相应的特点，采矿业也不例外。采掘工具是衡量采矿技术水平和生产规模的标尺之一。

关于商代青铜农具，詹开逊等统计了我国有明确出土地点的青铜农具[33]，主要在商王朝中心区域的河南及河北、陕西、山西、山东及甘肃、湖北、安徽、江西、云南等地。江西新干大洋洲商代大墓出土的480多件青铜器中，有犁、耒、耜、铲、镰、铚、镬等农具二十多件，还有其他青铜工具。

从长江中下游商代矿山中所发现的、专用于采掘作业的青铜工具的器形，证明是由农具中演变而来的。青铜采掘工具的应用，使矿山井巷的采掘深度有了新的突破。

江西铜岭商代采掘工具共出土6件，有铜锛、铜凿及与之相配套的木柄。铜绿山商代采掘工具共出土5件，有铜斤、铜锛等。还有一些商代的采掘青铜工具属采集品，出土地点不明确。

铜锛，均完整。体显薄，刃部较宽，锋利，既可用于采掘，也可用来加工木材（图版贰，1）。今见铜锛计有5种式样：（1）长方銎，其上部有两道宽凸带状，双刃，刃部宽弧，至今锋利。整器合范铸成。器高9.4厘米，銎口长4厘米，宽3厘米，壁厚0.4厘米，中腰宽2.7厘米，刃宽4.2厘米。（2）梯形銎，中上部有两道细宽凸带状，双面刃，刃宽弧，合范铸成。器高10.5厘米，銎宽4.2—4.6厘米，中腰宽3.2厘米，刃宽4.6厘米。（3）束腰不明显者。器高10.2厘米，銎宽4.1厘米，中腰宽3.2厘米，刃宽3.8厘米。（4）一种为长方形圆直角直銎，弧形刃，刃稍外移。一例銎下两面各有一道箍饰，长9.4厘米，刃宽4厘米，銎口3.8×2.6平方厘米，另一例銎下两面有五道箍饰，长10厘米，刃宽4.4厘米，銎口3.6×2.3平方厘米。（5）刃稍宽于銎，器表有凸线十字形符号。前三者主要见于铜岭，后二者主要见于铜绿山。

铜凿，长条形，椭圆銎，凿身截面为方形，刃部偏尾端，单斜面刃。器高18厘米，銎径2.4—2.6厘米，刃长0.8厘米，宽1.2厘米，刃部锋利。

铜斤，出土于铜绿山（图版贰，2），为椭圆銎直体圆刃式。形体似钺，椭圆直銎，銎下有道突棱，体两面拱起。圆刃，刃部宽于銎部。长9.4厘米，刃宽6.2厘米，銎口4.2×2.4平方厘米，重150克。树丫加工呈钩状木柄纳入銎中，木柄经碳14年代测定为3 140±80年。

早期的矿山，毕竟是粗重的手工业，采掘工具还没有完全废除石器。湖北铜绿山和安徽南陵矿山中都发现石锤。铜绿山标本X17石锤，出土于平巷西南头的残木桶旁。石锤为花岗闪长斑岩，椭圆形球体，长径14厘米，短径10厘米。锤中间有一圈凹槽，深约1厘米，宽约1厘米。

（二）装载工具

江西铜岭和湖北铜绿山商代装载工具有用于铲矿的木锨、木铲、木撮瓢和盛矿的竹筐。研究表明，这些工具的种类在中国古代矿山中一直都在应用，只是器形有些变化。

木锨，器体两侧内卷，中截面为内弧状，刃部经使用后多为舌状。有的锨身较短，长45厘米，柄长30厘米，斜肩宽6.2厘米，刃宽4厘米，柄入锨面处为凹弧状。有的锨柄长，锨身略向内弧凹。器长122厘米，锨身长27厘米，坎肩宽16厘米。有的锨柄短，锨面宽而弧深，全长31厘米，柄长12厘米，坎肩宽14厘米。刃部上翘。有的锨板圆刃，刃部微翘，平肩。锨板长15厘米、宽16厘米、厚0.5厘米—2.5厘米。通长125厘米，柄长110厘米，直径3厘米。

木铲，有的铲柄长，铲身单斜面。全长68.8厘米。铲身长16厘米，背厚1.8厘米，中宽7.2厘米。有的铲身两侧平直，刃部有圆角。全长122厘米，柄长100厘米，坎肩宽13厘米。此类长铲既可铲土，也可用作在选矿槽内搅动水中的矿石，使泥和矿石分离。有的铲肩斜，长46厘米，柄长30厘米。有的铲短柄，斜肩，长20.8厘米。有的铲口部微翘，通长36厘米，铲板长14厘米、宽7.2厘米至7.6厘米、厚0.6厘米至1.6厘米。柄长22厘米。

木撮瓢，短柄，瓢面为斗状。由于其身较短，适宜在工作面较窄的井巷撮土或排水。已见三种式样：（1）柄短、撮身则视呈舌状、撮面弧凹状者。小者全长21.2厘米，柄长6.5厘米，弧深0.6厘米。大者器长34厘米，柄长16.2厘米，撮面宽12厘米。（2）瓢撮面较宽，弧凹较深，且撮面前沿翘起者。器长29.6厘米，柄长12厘米，撮身宽18厘米。（3）瓢体呈长方体者，体长24厘米、柄长12厘米。其特点是木柄呈环形。

竹筐，提梁把手，筐体圆角方形。筐身高24厘米，麻花状把手提梁至筐口高18厘米，筐底边长21厘米，口径32厘米。筐口边篾条咬合锁边。提梁粗径1.2厘米。筐底由经纬篾条十字相交，形成网格状。底篾宽1.2厘米。青皮细篾条纬线绕圈编成筐围。

竹篓，一般的竹篓形制近似，圆壁、小平底，中以篾贯一提梁，底部经篾编成“米”字形，呈辐射状散至口沿，以纬篾逐圈编织。经篾宽0.6厘米至0.7厘米，纬篾宽0.1厘米至0.2厘米。篓直径24—30厘米，高18—30厘米。

（三）提运工具[34]

商代铜岭和铜绿山的提运工具略有不同，铜岭主要有木滑车和弓形木两种，铜绿山则有转向滑柱、扶梯、木构等。

铜岭木滑车（彩版贰，1）。用大树干加工而成。横长32厘米，轴径25厘米，轮轴径5.5厘米轴心位于滑轮横向中央，轮中部低平，低于整个轴面0.6厘米。轮面宽12厘米。轴面两外侧间隔5个对称梯形凸块，上宽5.4厘米，下宽7.2厘米，凸节既可做扳手，又可约束绳索在低平槽内，凸节中间有两对称孔眼，孔眼斗状，上大下小，贯通轴部。长方形孔眼上部长为3.6—2.7厘米，下部长为1.8—1.5厘米。其中有一孔眼近底部在靠外轮面向内折0.9厘米。从现象分析，孔眼应有专门功能。轮轴的两端和轴心十分光滑，尤其是靠轴头1厘米处摩擦迹明显。轮面低平槽内的绳索活动处也有擦痕（图2－37）。

图2－37　商代铜岭木滑车

（采自《铜岭古铜矿遗址发现与研究》P26）

铜岭遗址出土的滑车上都没有装柄，所以都是滑车，即现代所称的滑轮。定滑轮仅改变用力方向，使人便于操作。动滑轮可省力一半，但对滑轮体的稳定性要求较高，使用时，轴不能上下摆动过大。铜岭的滑车都较宽，适合于作定滑轮。

该滑车的构造很有特点（图2－38），它的轴孔中间部位直径大，直径较小的两端形成了滑动轴承。这种结构减少了轴承与轴的摩擦面及摩擦阻力，与现代滑动轴承的设计原则一致。尤其值得一书的是，滑车两端各有一个径向与轴承相通的侧孔，孔径仅2.5厘米。我们认为，这两个孔不适合于装手柄，很可能是用来加注润滑剂（油脂）的，以减少摩擦阻力，延长轴与轴承的使用寿命。从轴承摩擦得油光的痕迹来看，该滑车使用了润滑剂。据《诗经》记载，春秋早期用动物油作润滑剂。中国人开始使用润滑剂的时间可能要比《诗经》的记载早得多，这点可从铜岭出土的商代滑车得到印证。综上所述，商代滑车已具有灵便、完备的特点，其滑动轴承的设计已达到高水平。

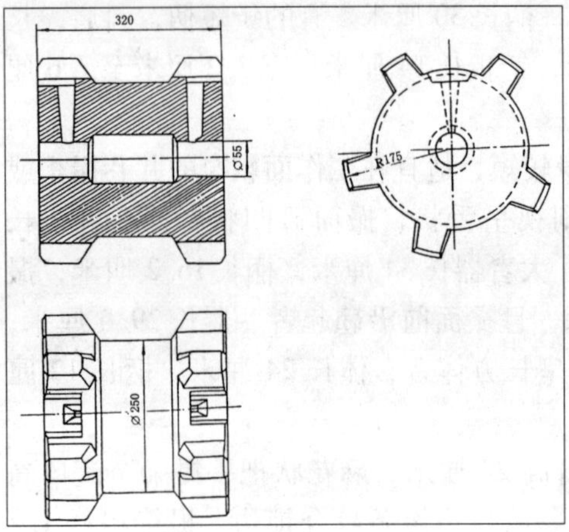

图2－38　商代铜岭木滑车

关于滑车的使用方式，根据遗迹分析，可以断定如下几点：

（1）据滑车所在地层分析，滑车架在竖井井口上部，即地表上方。

（2）据商代竖井井口遗迹分析，滑车主要用于深井中的主提升井，它比仅凭臂力在浅井井口直接提拉重物便利。

（3）据主井井口的一些残存木件分析，井口上架有工棚，滑车应架在棚内，位置较高，人可以站在井口之上拉动绕在滑车上的一根长绳。据出土的平衡石分析，绳索的一端系筐，另一端系平衡石。井口之上的工作台架站一或两人，利用臂力及体重将矿石提升出井口，井口边有人接应（图2－39）。也可利用滑车将井巷支护木放到井下，这样，运送安全，效率高。

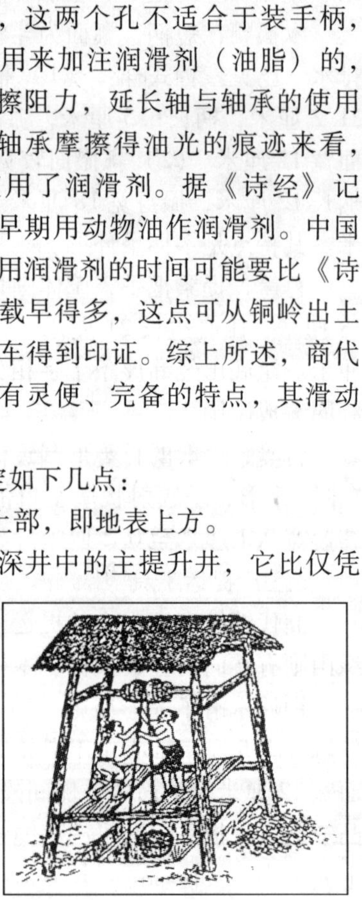

图2－39　商代铜岭木滑车示意图

铜岭弓形木。长方木加工而成。长 42 厘米，宽 4 厘米，中厚 1 厘米，边厚 4 厘米。中央砍削成八字形，上宽 7.5 厘米，下宽 15 厘米，中空高 3.5 厘米。两边缘从侧面对称砍削，砍削面末端宽仅 1 厘米。此件与木桶同出，当时用此作平衡杆，用绳索把杆和桶连接，然后用长绳或带木钩的绳索提升（图 2－40）。

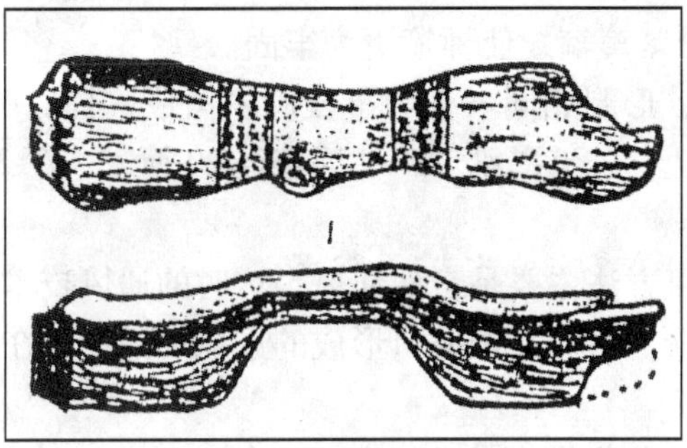

图 2－40　商代铜岭弓形木

（采自《铜岭古铜矿遗址发现与研究》P25）

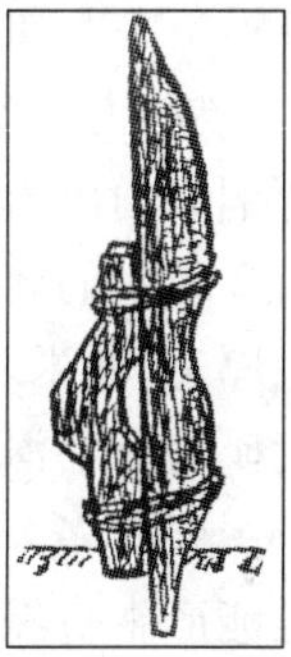

图 2－41　商代
铜绿山转向滑柱

铜绿山转向滑柱（图 2－41），出土于 X3 与连通的盲井 J83 交接处，即 J83 井口东边。滑柱由一立柱与一绳卡木组成。柱长 52.3 厘米、粗 5 厘米。两面砍削为平面，两端尖状。下端插固于巷底围岩。立柱近中间有一凹槽，约 6 厘米宽、深 1.2 厘米，被摩擦光滑。绳卡木呈弓形，由 1.7 厘米厚的木板加工而成，全长 19 厘米、最宽处 6.4 厘米，凹口深 2.9 厘米、宽 5.9 厘米。卡木凹口对应滑柱凹槽，用篾捆在一起，组成一孔，以控制绳索在孔内滑动。滑柱的作用与定滑轮相同，仅改变用力方向，便于操作。不同的是，它适用在平巷安装和操作。

铜绿山扶梯，多件，形制近似，出土于竖井井壁旁。梯窄，一般内宽仅 15 厘米至 18 厘米。梯柱细，直径仅 3 厘米。由此推断不是脚蹬式木梯，因为人在井筒内上下可利用间隔井框踏脚，所以，该梯的作用，可能是工匠在井筒内上下运作时，便于攀扶。竖井 J7 内出土两架扶梯，分别靠北、南两井壁。梯柱由细圆木加工而成，直径 3 厘米，梯柱凿有长方形透卯眼，尺寸为 2×0.8 平方厘米，卯眼下加工呈一坎。梯横档一般为直径 3 厘米，长 22 厘米的细圆木，其两端砍削成楔状榫，套在梯柱卯眼内。梯内宽 18 厘米，见遗存三档，间距为 12 厘米。另见残梯一节，其横档间距 28 厘米，可见，扶梯横档间距没有严格的要求。

铜绿山木钩。利用自然树杈砍削而成，柄上削出绳槽。通长 19 厘米。钩长 4 厘米、直径 2 厘米至 2.4 厘米。

七、排水、通风、照明技术

前面提到，早在新石器时代晚期，地面排水已具备相当成熟的技术，采用了沟渠和陶质管道。这对商代矿山排水无疑提供了许多宝贵的经验。商代矿山地下排水主要采用提升法，先将井下水汇集于水仓，然后将水吊至地面排走。

商代矿山的排水工具有木水槽和木桶。前者固定于巷道，使汇集的水经水槽流入水仓。后者主要用于在井巷低洼处，将盛积水吊至地面。

木水槽，标本甲的槽头宽 29 厘米，板厚 4.8 厘米；槽尾宽 23.4 厘米，厚 2.3

厘米。槽头弧深3.1厘米。使用时每节木槽的两端上下叠压，小端压于大端，形成叠落的流水差。有的一节槽长234厘米，槽内面有斧砍痕。

木桶，常与木瓢、弓形木同出。木桶为整木挖凿而成。其中一个桶高38厘米、口径16厘米。桶壁较底部薄，壁厚1.6厘米，底厚3.3厘米，直筒状，内底留有凿痕，口沿下3.5厘米处有对称孔，桶身上、中、下分别有三组单篾条箍，箍宽1.3厘米。为了使箍圈牢固，用竹楔楔紧篾箍，使桶箍更为牢固。

湖北铜绿山出土的商代木桶多件，形制相同。桶为整段圆木凿成，桶底圆形，在距口沿2厘米的地方，挖出对称方孔，未见提梁。一件桶直径20厘米，深32厘米，桶底厚10厘米。

商代矿山井巷深度不大，矿井通风方法主要是自然通风，这时的通风技术还比较简单，主要靠多个井口来增加进风量。不同高低井口形成的进风和回风，在有些季节还是能产生自然风压的。

关于商代矿山照明问题。铜绿山井巷中发现一些半剖细竹竿，一端有火烧痕。据竹片的数量统计，应该是一束束竹火把用于井下照明。火把可以移动，也可以插入巷壁照明掌子面，便于局部作业。在遗址中还发现了竹筒式火把，筒口有火烧的痕迹，另一处发现油脂，可能是竹筒式火把的燃料。江西铜岭提升用的滑车采用过润滑剂，当时史料记载用油脂，可见油脂也是当时井下照明的燃料之一。迄今，商代还未发现有灯具，从甲骨文和古文献中研究得知，当时照明用的是一种“烛”，用于执持的火把较小，称之为“烛”。

八、铜矿山的设计布局

以江西铜岭、湖北铜绿山商代铜矿山来看，其设计布局有如下特点：

1. 矿山采矿、选矿、冶炼兼顾，都在同一矿区进行。矿山均离长江不远，交通比较方便，矿冶产品主要靠长江水路外运。

2. 矿山地表的生产区和工匠的临时生活区联系紧密。

铜岭发现商代工棚3处，均为窝棚，由草席、竹席等构筑。长、宽均不超过3米。棚内遗存有陶罐、陶鬲足、木铲等。

江西铜岭商代矿山地表布局由露天采坑，地下开采的提升井、竖井井口，探矿探槽，工匠窝棚等组成。露采主要分布在合连山南面，地下开采主要分布在合连山西坡，窝棚分布在井群周边。

3. 根据遗迹分析，选矿场处于井群以西，其地势低于井群地势，利用水选和排放尾砂。冶炼场院处于山沟西面的小丘上，这里有大量古炼渣堆积。

第四节 商代铜料来源及方国矿山技术

一、关于商代铜料的来源

关于商代乃至西周铜料的来源，学术界一直都较为关注，自20世纪八九十年代后，人们的看法便趋一致，即普遍认为当时中原王朝所用铜料除黄河流域自产部分外，大部分是通过进贡获取或军事掠夺而从南方获得的。商王朝对被征服的方国、部落，承认其固有的管理和所有之权，但附属于商并承担臣服的义务。《兮甲盘》铭曰：“淮夷旧我帛畮（贿）人，毋敢不出其帛，其资，其进人，其贮，毋敢不即师、即市，敢不用令，则即刑扑伐。”明确记载了南淮夷是纳贡人，有向朝廷贡赋，“进人（奴隶）”的义务，如果不听命令，就进行军事讨伐。中原王朝对南淮夷赤裸裸的掠夺和剥削可见一斑了。

关于商王朝对南方掠夺铜资源的事实，卜辞中还有：“丁亥卜，亘，贞乎取吕。”[35]辞中的“吕”，唐兰先生释为铜饼。“取吕”即获取铜料。殷墟卜辞中有“已未〔卜〕。贞立事于南，右〔比我〕，中比舆，左比曾”[36]。曾与舆为方国，商王武丁之所以君监“南土”的治事，是要保证南方输往北方铜路的畅通。

20世纪60年代以来，在湖北盘龙城商代遗址中出土了一批青铜工具，武器、礼器，数量达300多件。从贵族墓中，还发现有坩埚、铜斧、铜凿等采矿铸铜工具，这在中原商墓中属少见。所以许多学者论证盘龙城是商王朝掠夺江南矿产为目的的侵略中心[37]。

此外，长江中上游也产铜。1995年，中国社会科学院考古研究所在四川巫山巫溪县调查、钻探，发现大昌盆地商周遗址群，发掘出铜镞、铜鱼钩、石范。在蓝家寨河床中出土商代铜樽。在鲤鱼村出土铜锭。据考察两县至少有三处小型铜矿，其中巫溪花台乡铜矿距出土铜锭点仅4公里，出土铜镞的琵琶洲商周遗址附近也有铜矿[38]。这些铜料是否曾向商中原王朝进贡，也是值得研究的。

有关商代采矿，殷墟卜辞：“壬午卜，斫氏疾启，获。”陈邦怀释：“谓斫地速启则有所获也，此卜辞乃记开矿之事。”甲骨文《殷契粹编》（22）片：“已巳，王acme坚囲 ”，杨遇夫《卜辞求义》释，坚囲 即掘矿。同书（1223）片：“甲子，贞，于下尸刖圣 。△子，贞，于△方圣囲 ”，均系卜问于某地某方采矿之吉凶，其中或有江淮夷方[39]。

除南方外，北方铜料自然也要为中原王朝所用。武丁几次征伐土方和𢀛方，每次征发兵力三千至五千人。“𢀛方”即采矿工匠居多的方国。关于𢀛方的地望，郭沫若认为在今山西、陕西北部直到内蒙古河套以北的游牧部落[40]，唐兰认为“𢀛”，“当即邛，筰之邛”，即四川西昌一带[41]。西昌有铜矿，考古发现有汉代矿冶遗址。内蒙古林西大井有3 000年前的铜矿遗址。1994年，考古工作者又在内蒙古西部的巴盟乌拉特后旗发现一处大型古铜矿遗址，名为霍各乞古铜矿遗址，其时代有待证实。“霍各乞”为蒙古语，汉语意为铜绿、铜绿山。古矿山采矿方法也分有露天开采和地下开采两种，1号矿体东段赋存孔雀石，其范围东西长1公里，分布有古采场多处。在1号矿体西北还发现古代碎矿和冶炼的遗存。从初步出土的石臼和炼炉看均为古代早期的矿冶遗物，这里商周时期称谓鬼方，鬼方产铜、锌、铅[42]。

上述矿山遗址表明，中国商代铜料的生产区，应该在长江中下游地区和内蒙古西南地区。

近年来，中国学者利用古代金属制品的铅同位素比值模式与现代矿山的铅同位素比值模式进行对照，从而找出原矿产地的线索。

关于殷墟妇好墓青铜器，金正耀检测了12个试样，其中有6件的同位素比值与湖北铜绿山所出古代炼渣、铜锭、矿石等相近[43]。彭子成等检测了殷墟商代青铜器试样5个，铅同位素结果是，部分矿料来源于河南本地，部分青铜器的铅同位素比值和湖北铜绿山的古炼渣、矿石、铜锭的比值相接近[44]。再次显示殷墟青铜器铸造所用金属原料很有可能部分来自铜绿山。

关于江西樟树吴城商代遗址的青铜器，彭子成等检测结果是，其矿料来源主要来自江西瑞昌铜岭商代矿山[44]。

关于皖南矿冶遗址所出矿料的铅同位素比值和河南部分重叠也暗示其向中原地区转送铜料的可能性[44]。

三星堆商代青铜器的同位素数据，其铜器多为高含铅量青铜类型。彭子成认为："对于三星堆商代样品异常矿料来源，有可能取自本区。地质资料表明，四川西昌、彭县、天全、荥径、越西、宝鼎，云南的永胜，易门和东川都产铜。云南永善金沙、新平县志厂、巧家县蒋家坡，四川甘洛岩岱铅锌矿有较高放射性成因铅。"[44]金正耀等在对商代铜器的铅同位素研究后发现：大量商代青铜器中含有一种地质上十分罕见的高放射成因铅，这些青铜器在中原地区是从偃师商城时期到殷墟三期[45]。这一研究结果，反映出长江和黄河流域的各个商代遗址，其出土器物中都有占相当大比例的含这种特殊铅合金成分或杂质的青铜器，从而确证中国这两大流域之间，存在着与青铜物料流通相关的政治、经济和文化上的紧密交流[46]。

二、商代方国的矿山技术

近年来，商朝的"南土"即长江中下游地区发现一批大型商代铜矿山，再联系到这一带大量的商代遗址，还出土商代青铜器群，不少学者都在探讨中原王朝与南土铜矿山的关系。有些学者注重于研究陶器、青铜器这些考古学文化，以此认为南方的这些铜矿山，也是以商文化为主，却忽视了各族或方国自身矿冶技术的特色和发展轨迹。

即使说商王朝对南土铜矿山时有控制的话，也不能说矿山生产所采用的技术是商人带来的。从几十年矿冶考古类型学资料的积累来看，各大矿山代表了各自族属文化的特点，都有自身一套承上启下的发展轨迹，其论据已在本章第三节中阐述。这里仅就井巷支护技术作一南方与北方的比较。

殷墟武官村大墓木椁全由木材以井木方式垒成。河北藁城台西村商代遗址发现的水井支护也与殷墟相同[47]，由木材以井木方式垒成，即商代前期的水井J2和殷墟早期的水井J1一样，都是在井底支护木质井盘。J2井底内外有两层井盘，内盘"井"字形，由两层圆木两两相互叠压而成，井盘所用圆木除两端削平外，没有更多加工。井木方式支护水井和方框支护矿井的作用相同，都是为了防止井筒围岩坍塌。奇怪的是，中原的这种木构件结构和密集垛盘方法都没有在湖北铜绿山和江西铜岭等商代矿井中出现，只是到了战国晚期，特别是西汉时期，才在迄今所见的遗存中统一使用，即"企口接方框密集支架"，也称"垛盘式"支护。由此可见，南方商代采矿支护技术不是商人引进的，各地有一条自成体系的发展轨迹。

考古发现四川成都十二桥的商代建筑，其木构件形式和接合方法[48]与湖北铜绿山商代矿井有许多相似之处。例如：建筑材料有圆木、方木、木板及圆竹、竹篾、茅草等。圆木多未加工，有的还附着树皮；方木经加工较整齐。构件接合方法有榫卯连接和竹篾绑扎，建筑采用了打桩法。由此看来，长江文化一脉相承。

我们认为，产生上述现象的原因，是因为矿区远离王朝的统治中心，铜矿仅是被争夺的原材料，王朝重视的是在某地某矿山如何掠夺铜料，而采冶作业技术改造主要是各族属或方国的事，其水平的高低主要受土著文化影响。

参考文献

〔1〕有关偃师二里头遗址的报道，参见《考古》1961 年第 2 期、第 4 期，1965 年第 5 期，1974 年第 4 期，1975 年第 6 期，1976 年第 4 期，1986 年第 4 期，1991 年第 12 期。
〔2〕辽宁省文物考古研究所：《辽宁近十年来文物考古新发现》，《文物考古工作十年》（1979—1989 年），文物出版社，1990 年，第 61 页。
〔3〕李延祥等：《牛河梁冶铜炉壁残片研究》，《北京科技大学学报》第 24 卷增刊，2002 年 4 月，《中国冶金史论文集（三・A）》，第 53—57 页。
〔4〕同〔3〕
〔5〕严文明：《论中国的铜石并用时代》，《史前研究》，1984 年第 1 期，第 43 页。
〔6〕孙参：《光明日报》，1999 年 4 月 16 日第二版。
〔7〕《“中国商文化国际讨论会”述要》，《考古》，1995 年第 9 期，第 855 页。
〔8〕朱彦民：《从考古资料谈商族的发展》，《中国文物报》，1997 年 12 月 28 日第三版。
〔9〕杜金鹏：《夏商文化断代新探》，《中原文物》，1993 年第 1 期，第 12—18 页。
〔10〕李京华：《中原古代冶金技术研究》，中州古籍出版社，1994 年 6 月，第 16—20 页。
〔11〕金正耀：《晚商中原青铜的矿料来源研究》第 4—14 页，研究生毕业论文。
〔12〕卢本珊、华觉明：《铜绿山春秋炼铜竖炉的复原研究》，《文物》，1981 年第 8 期，第 43 页。
〔13〕河南省文物研究所等：《河南淮阳平粮台龙山文化城址试掘简报》，《文物》，1983 年第 3 期，第 29 页。
〔14〕曾晓敏等：《郑州商城考古又有重大收获》，《中国文物报》，1995 年 7 月 30 日头版。
〔15〕杜勇：《论先秦时期官贾的社会身份》，《中国经济史研究》，1992 年第 3 期，第 136—142 页。
〔16〕陈振中：《青铜生产工具与中国奴隶制的特点》，《中国史研究》，1988 年第 2 期，第 14 页。
〔17〕《史记・殷本纪》。
〔18〕本节江西铜岭考古资料引自卢本珊、刘诗中：《铜岭商周铜矿开采技术初步研究》，《文物》，1993 年第 7 期，第 33—38 页。江西省文物考古研究所等主编：《铜岭古铜矿遗址发现与研究》，江西科学技术出版社，1997 年 12 月。湖北铜绿山考古资料引自《铜绿山古矿冶遗址》，文物

出版社，1999 年 12 月。
〔19〕同〔18〕。另见卢本珊：《中国商周采矿技术》，《中国科技史国际学术讨论会论文集》，科学出版社，1992 年，第 139—144 页。
〔20〕浙江省文物管理委员会：《河姆渡遗址第一期发掘报告》，《考古学报》，1978 年第 1 期，第 47 页。
〔21〕西安半坡博物馆编：《西安半坡》，文物出版社，1963 年，第 10—13 页、第 20—23 页。
〔22〕《周易·说卦》。
〔23〕曹婉如：《中国古代地图绘制的理论和方法初探》，《自然科学史研究》，第 2 卷第 3 期（1983 年），第 246 页。
〔24〕于少先等：《陈家墩遗址出土一批商代木器》，《中国文物报》，1994 年 3 月 27 日。
〔25〕王嘉荫：《中国地质史料》，科学出版社，1963 年，第 250 页。
〔26〕汪宁生：《从原始计量到度量衡制度的形成》。
〔27〕黄石市博物馆：《铜绿山古矿冶遗址》第一章第二节（卢本珊执笔），文物出版社，1999 年 12 月。
〔28〕同〔18〕。另见卢本珊：《中国商周采矿技术》，《中国科技史国际学术讨论会论文集》，科学出版社，1992 年，第 139—144 页。
〔29〕赣西北队 502 分队：《江西省瑞昌县铜岭铜铁矿区地质普查评价工作总结报告》，1968 年 8 月。
〔30〕杨永光等：《铜绿山古铜矿开采方法研究》，《有色金属》，1980 年第 4 期，第 87 页。
〔31〕黄石市博物馆：《铜绿山古矿冶遗址》第二章第三节（卢本珊执笔），文物出版社，1999 年 12 月。
〔32〕江西省文物考古研究所等主编：《铜岭古铜矿遗址发现与研究》，江西科学技术出版社，1997 年 12 月，第 91—92 页。
〔33〕詹开逊、刘林：《谈新干商墓出土的青铜农具》，《文物》，1993 年第 7 期，第 27—32 页。
〔34〕卢本珊、张柏春、刘诗中：《铜岭商周矿用桔槔与滑车及其使用方式》，《中国科技史料》第 17 卷第 2 期（1996 年），第 73—80 页。
〔35〕卜辞［合集］6567。
〔36〕卜辞［合集］5504。
〔37〕陈贤一、李桃元、付宋平：《盘龙城与武汉地区商文明》，《武汉文博》，1994 年第 2 期，第 21 页。
〔38〕中国社会科学院考古研究所：《巫山巫溪三峡工程淹没区地下文物保护规划前期工作获重大成果》，重庆巴文化研究会、重庆市博物馆编：《巴文化研究通讯》，总第 2、3 期合刊，第 14—15 页。
〔39〕唐嘉弘：《江西青铜文化三题》，《南方文物》，1994 年第 2 期。
〔40〕郭沫若主编：《中国史稿》第一册，人民出版社，1976 年，第 163 页。

〔41〕唐兰:《天壤阁甲骨文存考释》，辅仁大学丛书，第54页。
〔42〕《内蒙古巴盟乌拉特后旗发现霍各乞古铜矿遗址》，《中国文物报》，1994年7月31日头版。
〔43〕金正耀:《晚商中原青铜的矿料来源研究》，《科技史论集》，中国科技大学出版社，1987年，第365—386页。
〔44〕彭子成、孙卫生、黄允研、张青、刘诗中、卢本珊:《赣鄂皖诸地古代矿料去向的初步研究》，《考古》，1997年第7期，第53—61页。
〔45〕金正耀等:《广汉三星堆遗物坑青铜器的铅同位素比值研究》，《文物》，1995年第2期，第84页。
〔46〕金正耀:《二里头青铜器的自然科学研究与夏文明探索》，《文物》，2000年第1期，第56—63页。
〔47〕《河北藁城台西村商代遗址发掘简报》，《文物》，1979年第6期，第36页。
〔48〕四川省文管会等:《成都十二桥商代建筑遗址第一期发掘简报》，《文物》，1987年第12期。

第三章
西周采矿技术

公元前1046年，周灭商，定都镐京（今西安）；公元前771年，犬戎入侵，攻破镐京，周幽王被杀；次年，周平王在申（今南阳北）即位，后迁都至洛邑（今洛阳）。因镐京在西，洛邑在东，后人便将建都于这两个地方的周代分别称之为西周和东周。灭商以前，周人实际上已进入了青铜时代；西周时期，在政治、经济上都采取了许多重大的措施，使我国古代奴隶社会的经济基础和上层建筑两方面都逐渐完善起来。

此期较值得注意的事项是：（1）露采、坑采规模都明显扩大；北方也出现了一些类如林西这样规模较大的采冶场。如前所云，商代中晚期的大型采矿场，如铜岭和铜绿山，都是位于南方的。（2）在开采铜矿的同时，北方一些地方开始采铁，这是具有划时代意义的重大事件。（3）青铜采掘工具的数量和品种都有了增加，习见有斧、锛、铲、镢等多种；地下采矿方法增多，如创造了水平棚子支柱充填法并已相当完善，支护能力亦更强，主井断面已达259×178平方厘米；不仅能采掘较为松散的矿体，而且能开采较为坚硬的矿脉。排水和堵水措施进一步增强，出现了专用于地下排水的巷道和暗槽；滑车、桔槔等机械已较广泛地用到了矿山提运中；采用了生产率较高的地面溜槽选矿法，使我国古代采矿技术得到初步发展。

第一节　关于西周的主要产铜地区

从铜器铭文、文献记载和考古资料看，西周铜矿采冶地主要在我国南方，但北方也出现了一些规模较大的采冶场。

西周晚期的铜器铭文较多，其中常有关于周王室南征的记述，留下了一些铜矿采冶的史料。如厉王时的禹鼎、翏生盨，宣王时的兮甲盘、驹父盨盖、师寰盘等铭文，都存有周王室向四方征收贡纳，或采取武力征伐，以获得“吉金”（铜）的史料。

《遇伯簋》铭曰：“遇白（伯）从王伐反楚，孚（俘）金。用乍（作）宗室宝尊。”此铭反映的是西周昭王时，社会经济进入鼎盛阶段；因楚国反叛，贡品遂绝；遇伯随昭王伐楚，将铜作为最重要的战利品。

《翏生盨》（厉王时器）：“王征南淮夷…… 生从，执讯折（斩）首，俘戎器，俘金。”

《仲爯父鼎》（厉王时器）铭曰："……伐南淮夷，俘金，用作宝鼎，其万年子子孙孙永宝用。"

《师寰簋》（宣王时器）铭曰："……休既又工（有功），折首执讯，无谋徒驭，欧俘士、女、羊、牛、俘吉金。"

这几段铭文大体上都反映了周王朝向南方掠取铜料的情况。

《常武》还记载宣王不但命召穆公即召伯虎平淮夷，而且还率师亲征。其后的《曾伯霥簠铭》更言"克狄淮夷……金道锡行"，即征服淮夷，使人贡金锡的道路畅通。

这是铜器铭文记述周王朝向南方掠取铜料的情况，在一定程度上反映了南方铜矿开采业的发展。

《诗·鲁颂·泮水》谓："元龟象齿，大赂南金。"此诗是歌颂鲁僖公（前659—前627年，有的文献又作"釐公"）修泮宫克淮夷的。可见直到春秋时期，江南的铜和其他珍品还源源不断地向中原输送。

《山海经·中次八经》记：荆山，"其阳多赤金"。《国语·楚语下》记王孙圉说：楚国"有薮曰云连徒洲，金、木、竹、箭之所生也"。金即铜。王孙圉这话虽是在春秋末期说的，但云连徒洲产铜年代的上限必定早于此。

再从考古资料看，西周时期，南方的铜岭和铜绿山仍在大规模开采，并新增了安徽铜陵木鱼山等地。李学勤研究了江西余干出土的西周初期有"应监作、宝隮彝"铭文的青铜甗 和陕西扶风沟出土的西周时期有"艾监"铭文的铜饰件，认为"应"在江西北部，"艾"即今江西修水县西，"监"为周王室临时派遣，以加强对这一地带的控制[1]。有趣的是，"应"和"艾"监的所在地都在江西瑞昌周围。瑞昌铜岭铜矿的井巷支护工艺正好印证了不同政权控制下不同工艺的现象，铜岭商代、西周末期及至春秋时期，都是采用碗口接点结构木支护井巷技术，仅只是在西周初中期出现榫卯接点结构木支护井巷技术（J20井架碳14测定为2 830 ± 60年），我们认为，铜岭木支护技术是以本土的碗口接点结构为特色，榫卯接点结构是外来的，是周王室直接引进的。

彭子成等检测陕西宝鸡西周㢭国墓地所出剑、戈、簋、斧、铙、铲等青铜器和锡鼎等24个金属样品，所得数据表明有13件与铜绿山、盘龙城的矿铅铜相近，有4个与秦岭多金属矿的潼关、蓝田、旬阳、柞水的矿石铅相近（其中3件与铜绿山、盘龙城区重叠），另外10件则落在以上两区域之外[2]。由此可见，共属周室的鄂国铜料用于铸造㢭国的铜器，只有周王室才有权力予以调节。

西周时期，除南方产铜外，"戎狄"之地的内蒙古赤峰市林西县大井也是重要的铜基地，1974年，这里发现了西周时期大规模的采铜炼铜遗址。

内蒙古赤峰林西为东胡地。1985年在赤峰宁城小黑石沟墓葬出土的一批青铜礼器，年代不晚于西周中后期。有一件"许季姜簋"属许国某一兄弟的专用礼器，项春松认为，是周厉王时期，中原许国作为友好往来送给东胡民族的礼品[3]。"许季姜簋"的出土告诉了我们这样的信息，许国立国期间，正是东胡民族强盛之时。林西大井的铜料可能也进贡到中原周王室，像宝鸡㢭国用湖北铜绿山的铜料一样，许国用外来铜料铸造青铜器，其中的某些作为方国友好往来的礼品。

《周礼·地官司徒》："丱人，中士二人，下士四人，府二人，史二人，胥四人，徒四十人。"徒为采矿最下阶层的苦役开凿者。书中除记载丱人的组织机构外，还谈到丱人的职责："掌金玉锡石之地，而为之厉禁以守之。若以时取之，则物其地图而授之，巡其禁令。"丱人作为管理矿藏的政府官员，开设"厉禁"管理。丱人的任务是勘察各种金属矿石分布情况，当探明其地确有矿石时，由丱人派人看守，并绘制矿山分布图。据《管子·地数》："有动封山者，罪死而不赦；有犯令者，左足入，左足断；右足入，右足断。"《韩非子·右储说上》说，楚国的封山"厉禁"，"采金之禁，得而辄辜于市，甚众，壅离其水也"。虽然《管子》是战国时期的著作，是说当时矿山管理严刑峻法，禁止民间对某时期某一种金属矿的私自开采，但也多少反映了东周前的一些情况。至今，江西铜岭商周铜矿山脚下的村庄仍沿用"禁地"之名。

下面对西周时期几个较大的采冶遗址作一简单介绍。其中多属南方，但也有北方的；有的是商代旧矿，有的则是周时新开采的。

（一）湖北西周采矿遗址

1. 铜绿山西周采矿遗址[4]。铜绿山古矿始采于商代晚期，西周采矿遗址位于Ⅶ号矿体和 XI 号矿体内（图 3－1）。

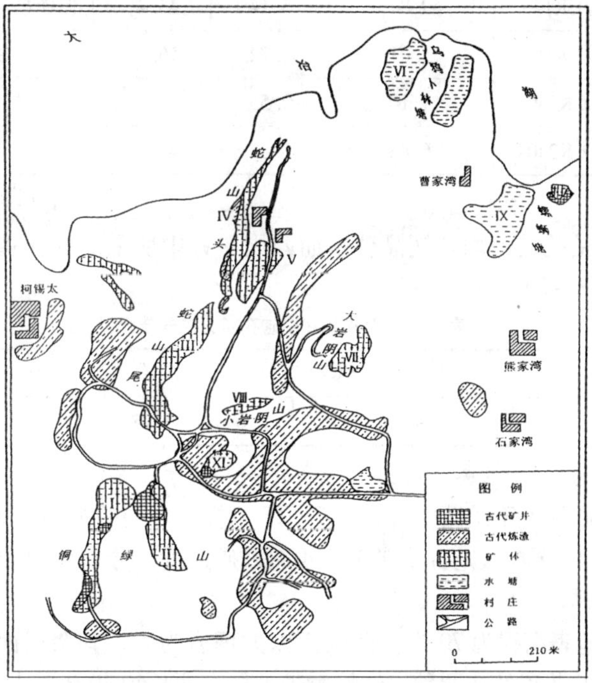

图 3－1　铜绿山古矿冶遗址分布范围图

（采自《铜绿山古矿冶遗址》P13）

XI 号矿体经地质勘探，古采区范围南北宽 80 米，东西长 106 米，呈不规则形，面积约 5 600 平方米。春秋早期后该矿体停采，迁到铜绿山的西南坡，即Ⅰ、Ⅱ号矿体开采。XI 号矿体西周矿井井口的海拔高程为 55 米，可见当时开采深度至少有 60 米。从地质现场剖面看，该地西北部为大理岩，东南部为灰色花岗闪长斑岩，倾角约 60 度，均为坚固岩层。两者中间为接触带，宽几十米不等。内有铁矿化带和孔雀石带。

古代井巷避开了坚固岩层，都在氧化程度高、矿富、裂隙非常发育的破碎带中或泥土状接触带中开采。该西周采矿遗址，共发掘清理竖（盲）井58个，平巷10条，马头门结构2个，大草棚遗迹1处，小草棚遗迹数处，木砍渣堆积4处，灰烬堆积2处，出土一批铜、木、竹、骨制生产工具。遗址上部地层中出土了一些西周陶器。

1985年，笔者在XI号矿体4与2勘探线之间，42—45米高程剖面的局部地段考察，见西周井巷分布长约60米，采掘的废石堆积坑，有的厚达10米。可见其开采规模之巨大。从第4、4/6勘探线剖面图中，我们能全面了解到XI号矿体当时露天采场和地下采场的分布和规模。

XI号矿体西周采矿区内的现代地质钻探工程分段平均铜矿石品位如表3－1。

表3－1　铜绿山XI号矿体西周矿区铜矿石品位分析

工程编号	组样长度（米）	平均品位（%）		矿石品级
		Cu	Tfe	
CK4602	38.01	1.35	42.65	铜铁矿石
CK4604	6.06	2.62		铜矿石
CK149	49.84	4.14	43.47	铜铁矿石
CK154	75.01	1.72	56.00	铜铁矿石
CK2403	1.10	9.55		富铜矿石
CK2404	6.88	5.37	43.62	铜铁矿石

上述数据为钻孔段平均含铜品位。而西周矿井中所采的硅孔雀石成分分析，含铜量相当高（表3－2）。

表3－2　西周矿井中硅孔雀石成分分析

Cu	Fe_3O_4	Fe	SiO_2	CaO	Al_2O_3	MgO	S
40.40	0.60	2.99	20.00	0.64	4.41	0.37	0.53

化学分析：大冶有色金属公司中心化验室检验

铜绿山Ⅶ号矿体位于矿区中段，即7—15勘探线之间的东部，地名称铜锣山。山顶的海拔高程为91.9米。先后发现3处西周采矿遗址，分别编为1号点、2号点、3号点（图3－2）。

1号点原始地表高程为70米。西南面以大理岩为界，其余三面都为强风化花岗闪长斑岩。古代井巷正处在两种岩体接触带上，东西长约40米、南北宽约20米。

2号点位于1号点以南约70米处。原始地表高程为70米。平面投影呈一不规则椭圆形，东西长约40米、南北宽约25米，发掘面积达1 000平方米。

3号点紧邻2号点东南，原始地表高程68米。总长45米，平面投影呈鞋底形，南北最宽处西段为25米、东段为13米。

2. 大冶罗家山铜矿遗址[5]。罗家山西北距铜绿山矿约4公里。1973年在山腰发现2个古矿洞，洞口堆积着氧化铜矿石。洞内出土有木锹、木槌、陶器。1978年，在主矿体东南部发现地下采场，距地表以下36米，分布长10余米。井巷木支护框架

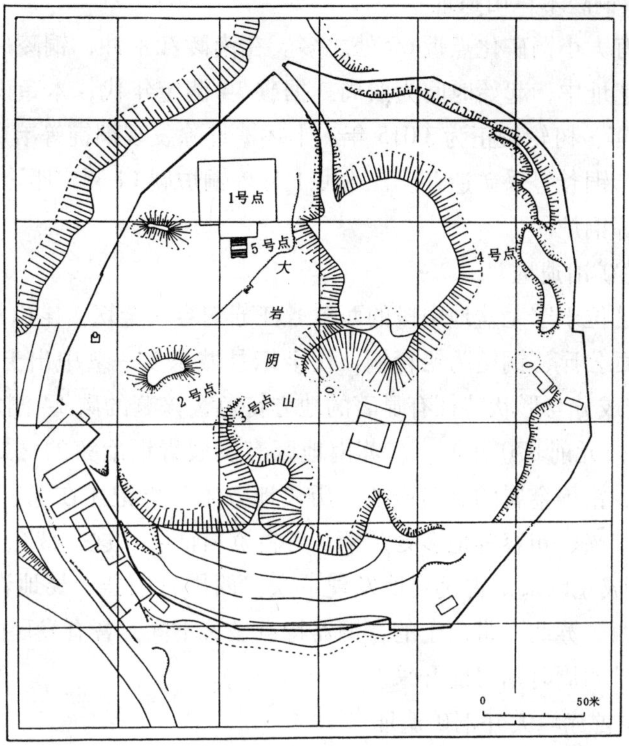

图3-2 Ⅶ号矿体采矿遗址发掘点分布图　　（采自《铜绿山古矿冶遗址》P58）

立柱高约1米，直径10厘米。井巷内出土有木锹、拖箩、竹火签、竹篓等。主矿体北面发现矿房法开采，矿房能容十余人。

3. 阳新丰山铜矿遗址[6]。阳新县位于鄂东南长江中游南岸，东南与江西瑞昌交界，西北与大冶为邻，境内低山起伏，东面濒临长江。从湖北大冶铜绿山至江西瑞昌铜岭直线距离70公里的长轴周围，包括大冶金湖、大箕铺，阳新白沙、潘桥、富池，瑞昌黄金、夏畈等乡，分布着许多西周时期的遗址，均发现有炼铜炉渣。丰山矿田位于阳新县境内，是我国重要的矽卡岩型铜矿田之一，共有大小铜矿体数十个，其中1号矿体规模最大，含矿也最富，而且埋藏较浅，很适于古人开采。铜矿物主要是黄铜矿和斑铜矿。1973年至1978年，矿山生产时，发现大量铜矿采冶遗存，其中西周遗存十分丰富。井巷深度一般距地表40米左右。采用木材支护，方框支架接点结构与江西铜岭一样，为碗口接，有的平巷框架上小下大，呈梯形。平巷两帮或用木板支护、或用藤条编的笆支护。顶棚多用圆木。

4. 阳新港下铜矿遗址[7]。港下遗址北面与丰山铜矿隔山相背，1985年，在距地表十多米的深处发现古矿井，考古发掘的总面积约170平方米，清理出西周晚期的平巷4条，竖井3口。

（二）江西铜岭西周采矿遗址[8]

江西瑞昌铜岭古矿场始采于商代中期，西周采矿遗址共清理竖井15口，平巷10条，出土了一批采掘、铲装、提升工具和选矿设备。

（三）安徽铜陵木鱼山遗址[9]

铜陵地区有大小铜矿化点近60处之多。在南陵江木冲，铜陵凤凰山、木鱼山发现的古铜矿遗址中，起始时间为西周。据碳14测定年代，木鱼山遗址的最早年代为2 882 ±55年，树轮校正为3 015年。上述遗址除发现铜锭等冶炼遗存外，还发现井巷支护木、铜斧等采矿遗存。江木冲1号炼铜炉碳14测定距今2 725 ±115年，为西周晚期的炼铜炉。

（四）宁芜矿冶遗址

江苏铜矿区位于宁芜盆地中段的西翼。江苏句容、金坛、昆山等处发现西周时期的青铜块数百公斤，铜锭为铅青铜，仅金坛县城东乡一墓中出土青铜块230块，重70公斤，其成分与形状特征有显著的地方特色，该墓的碳14测定年代，距今2 820 ±105年（公元前870年）[10]。苏南地区有发展青铜冶铸的良好自然条件，自古以来就是铜、铅等金属的著名产地。历代地方志一再记述在江宁、苏州、吴县、溧阳、高淳、宜兴、句容等地多处产铜。考古资料证明，这一带有采铜炼铜的古矿山[10]。新中国成立以来，古代吴地发现了众多西周青铜器，吴地青铜器与邻近地区的浙江、江西、苏北一带出土的青铜器特点显著不同，各有发展的轨道。我们推断，江苏的铜矿西周时期可能开采。

（五）内蒙古赤峰大井铜矿遗址[11]

内蒙古赤峰是“红山文化”、“夏家店文化”的发源地，东胡、契丹等古代北方游牧民族在这里诞生。大井铜矿遗址于1974年发现，遗址位于林西县大井村。铜矿类型属裂隙充填式，矿脉走向北西，共有矿脉百余条。矿石主要类型为含锡石、毒砂的黄铁矿——黄铜矿，占全矿区总储量的95%以上。古矿区面积约2.5平方公里，地表可见古采坑47条，足见当时采矿规模之宏大。据碳14年代测定，属夏家店上层文化，约当西周中期至春秋早期。近年来在大井周围的内蒙古、辽宁、河北出土了与大井铜矿同期的多件铜器和炼铜遗物，反映了大井在中国北部青铜文化中所起的作用。

（六）中条山矿冶遗址[12]

中条山铜矿地处晋南豫北，矿田位于垣曲，但周围的闻喜、夏县、运城都有富矿。距中条山不远的洛阳北部等地发现过西周铸铜遗址，中条山附近还出土不少与商代早期以前炼铜技术有关的遗迹遗物，如夏县东下冯遗址出土的几件铜器及斧范。由此推断中条山铜矿可能较早被开发利用。

第二节　西周采矿技术的发展

一、露天开采技术

关于西周时期的找矿探矿技术设施，根据矿山遗址发现的遗存，仍然是一些木制淘沙盘、探矿竖井、探槽。其找矿方法基本上与商代相当，即淘砂盘重砂找矿法、浅井法及探槽法，但使用得更加广泛和娴熟。

西周时期的露天开采技术已有较大的发展。主要表现是：迄今发现的商代铜矿山，都是在比较松软的矿体内开采氧化铜矿；西周时期，内蒙古林西县大井矿山[11]已是在坚硬的矿体中较大规模地开采铜、锡、砷共生硫化矿石。大井古铜矿中的47条古采坑，经地质队清理过的古采坑情况见表3-3。

表3-3 主要古采坑长、宽、深度

古采坑编号	长（米）	宽（米）	深（米）	古采坑编号	长（米）	宽（米）	深（米）
1	59	1—11		8	12	2—5	
2	75	4—10		9	90	3—5	
3	22	5		10	53	2—4	
4	130	2—10	7.5—17	11	140	1—5	
5	85	2—5		12	75	2—3	
6	53	2—5		13	82	1—25	—20
7	27	3		14	195	1—4	

大井的岩石破碎方法依然是“锤击楔入”法，即用钎楔入矿岩的节理或裂隙中，用锤来锤打钎、劈裂矿石，然后直接锤击开采工作面（又称掌子面）。古矿坑内出土的采掘工具有1 060余件，种类较多，主要是石锤和石钎，系用花岗岩和玄武岩的砾石粗打而成。石锤腰部都有一个磨出的凹形槽，以便捆上棍棒，当作把柄。石锤有大、中、小三种。大型石锤长达30厘米，重7.5公斤，主要与石钎配套使用。小型石锤长不到10厘米，重不足1公斤，使用方便。石钎有斧形钎、片状钎、凿形钎三种式样。斧形钎呈锲形刃，钎长30厘米。凿形钎体窄刃尖，呈四棱或多棱状。虽然生产工具简陋，技术较为原始，然而工匠已经有了娴熟的技艺，掌握了一套追踪富矿的方法，并根据矿岩的物理机械性质，采用“锤与楔”的方法，把坚硬的矿石开采出来。

大井的露天开拓方式采用了凹陷露天矿，露采沿矿脉走向采凿。露采封闭圈最长者达500余米，最宽者达25米。开采深度一般为7—8米，最深者达20米。由于矿脉急陡，为了减少剥离量，采用了陡坡开拓，以至边坡非常陡峭，最终边坡角为70度—90度。如此陡峭的边坡至今仍存，证明先民们已能分辨围岩的稳定性程度。

在采矿生产工艺方面，大井古矿山采用掘沟与坑采结合，即在露天采场底部进行平硐开拓，这样，既采掘了底部的富矿，又省去了另开废石堑沟工作量的程序。

排土场选择在靠近露天采场附近的废矿坑或露天采矿场两边，在不妨碍矿山生产和边坡稳定前提下，充分利用了废地分散堆置，缩短了运输距离。排土采用填充法或人造山排土法。

林西大井地处长城以北的偏远地区，当时开采硫化铜矿已达相当规模。对它周围的内蒙古、辽宁、河北接壤地带的社会发展起到了重要作用。

二、井巷开拓与支护技术的演进

西周地下开拓方式与商代晚期并无太大变化，南方矿区的地下开采系统（见图2－9）亦大致为：地表或露天采场底→竖井或斜井→平巷→盲竖井或斜井→平巷（或组成采场）。竖井挖到一定深度，如果没有发现理想的铜矿脉时就到此为止，竖井随之废弃。如果挖到品位高的含铜矿层，便向旁侧开拓平巷。这些与平巷连接的竖井，底部都有“马头门”结构。平巷有的接近水平，有的则有一定倾斜度。这种情况既与矿脉的走向有关，也跟排水有关。无论是平巷或斜巷往往在它的一侧或两侧还分出若干条横巷。在平巷的底部，常常发现有向下挖掘的井筒，即盲井。铜绿山Ⅶ考古发掘点地下采区的一条不足10米长的平巷中就有三口盲井。盲井是为了向深部采掘矿石，但其中个别盲井专作地下水的汇集储水仓。

铜绿山Ⅶ发掘点是西周时期工匠的重点开采区之一，当时是作为一个采区同时开发的。考古钻探和地质雷达探测表明，地下采区的平面范围呈蝌蚪形和鞋底形，总长85米，一般宽22.5米至26米，与矿体走向垂直分布。从海拔70米的铜锣山西北坡距地下的最大开拓深度达36米，开拓土方约3万立方米。Ⅶ发掘点仅清理了一部分，清理出竖井101口，平巷、斜巷36条，可见井巷布局相当密集。

迄今，从西周时期各矿山的地下采区单元范围面积看，要数铜岭合连山单元采区的面积最大，约2 000平方米。但是井巷分布密度比铜绿山小，单个井筒的深度，有的超过了铜绿山，深达10余米。总之，西周时期的开拓系统已初具规模，但是仍处于井多巷少，井巷还不是很深远，断面还比较狭小的状况。人在巷道中工作只能爬行或蹲坐，因而劳动效率较低，井巷服务时间较短。

在井巷支护方面，西周时期各矿山都有很大的发展，形式不断改进。铜岭型从商代的“同壁碗口接内撑式”支护发展到西周的“透卯榫接支护”、“交替碗口接内撑式”、“碗口接互撑式”支护。铜绿山型从早期的“平头透卯单榫内撑式”，发展到西周的“尖头透卯单榫内撑式”，再到“剑状榫卯串联套接式”。

江西铜岭西周时期还出现采矿主井，如大型日字形竖井，这种竖井采取双层框架紧贴支撑围岩。由于框架工艺的改进，上下运输主井的设立，使西周晚期的采矿技术较商代更为先进。

（一）西周的竖井支护[13]

1. 尖头透卯榫接内撑式支护竖井，主要用于湖北铜绿山西周时期、江西铜岭西周早中期。

这类支护形式，以支护背材为区别，铜绿山又分两种，西周早中期的竖井背材采用木棍垂直插塞，井口为正方形，净断面42×42平方厘米至50×50平方厘米之间；西周晚期的竖井背材采用木板垂直插塞，井口为正方形，净断面尺寸比早期大一些，为55×55平方厘米至57×57平方厘米。现以竖井ⅦJ11、XIJ19、XIJ22举例说明：

ⅦJ11，原始井口被破坏。清理深度300厘米，清理出2组完整的支护框架（图3－3）。榫木构件通长59厘米、宽9厘米、厚4厘米，榫头长6厘米、断面直径3厘米。有卯构件两端尖状，通长72厘米、宽12厘米、厚4厘米，卯距42厘米，卯孔4×4平方厘米。框架与围岩间用圆木棍作背材，每壁5根，每根长60—90厘米、直径5厘米，有的背棍与井壁间还用2厘米宽的竹篾片垂直排列用以加固井壁。框架间距84厘米。竖井毛断面面积66×66平方厘米，净断面面积42×42平方厘米。井底与平巷连通，出土有木铲、竹篓、木槌。根据遗物分析，该井为采掘提升用井。

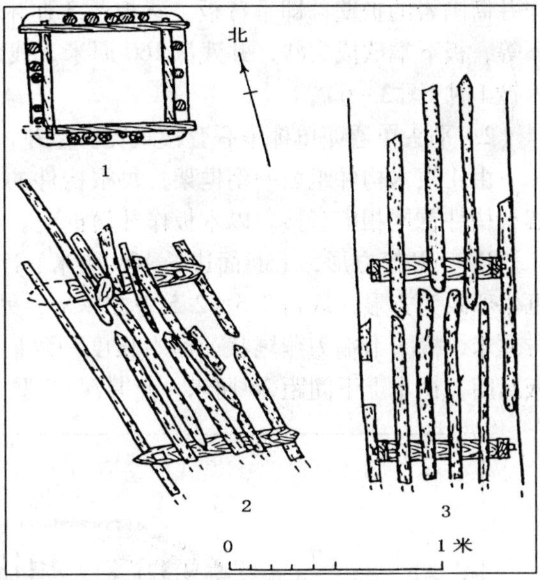

图3-3　西周铜绿山ⅧJ11竖井支护结构图

XIJ19　井口净断面60×50平方厘米。支护框架结构见图3-4。

XIJ22　从井口向下仅清理深度420厘米，共清理9组支护框架（图3-5）。

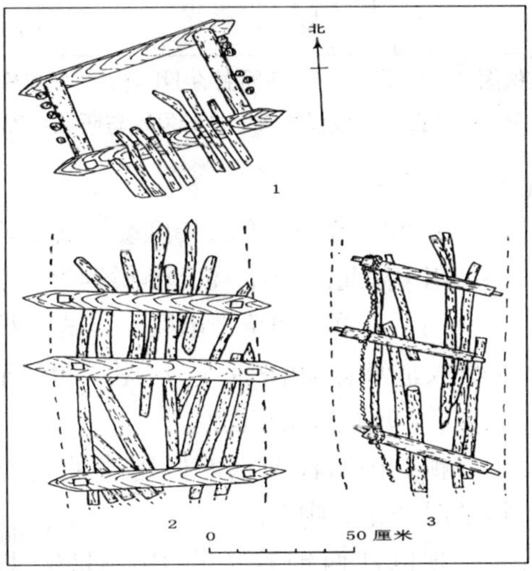

图3-4　西周铜绿山XIJ19竖井支护结构图
（采自《铜绿山古矿冶遗址》P36）

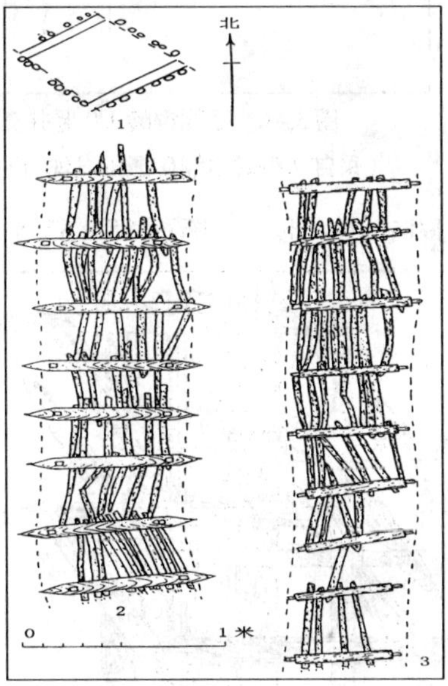

图3-5　西周铜绿山XIJ22竖井支护结构图
（采自《铜绿山古矿冶遗址》P37）

江西铜岭的该式样竖井仅见J20，碳14测定年代距今2 830±60年。井框由4根木构件组成，即两根卯眼木和两根榫头木。卯木为半圆木，两头凿有方孔，榫木加工呈半圆木，两端为榫头。井口净断面为方形，尺寸98×98平方厘米。以木板作井筒围岩的护壁，即呈背板，背板厚3厘米、宽14—15厘米、长70—110厘米不等，板下端砍成尖状，井残深160厘米，残余框架3副，底部见灰岩，井底出土木锹1件(图3-6)。

2. 平头单透卯单榫串联套接式支护竖井，主要见于江西铜岭西周早中期。

由4根木构件组成一副框架，每根构件的一端为榫头，另一端凿有方形卯眼，四根构件首尾相串套接。以木板作井筒护壁。现以竖井J13、J91举例说明。

J13，井筒方形，毛断面边长106厘米、净断面边长80厘米。四根框木平齐，框木卯眼为方形，规格2.5×2.5平方厘米，另一端削出榫头，榫头尺寸长6×5平方厘米，榫头卡端为燕尾状。框木长度一致，长114厘米。四壁用14—16厘米宽板封闭，框木上下间距26厘米。此井深65厘米处出有竹盘1件。

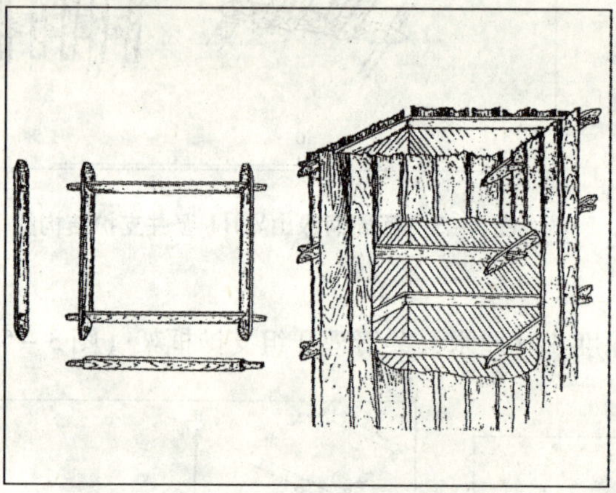

图3-6 西周铜岭J20竖井支护结构图
（采自《铜岭古铜矿遗址发现与研究》P37）

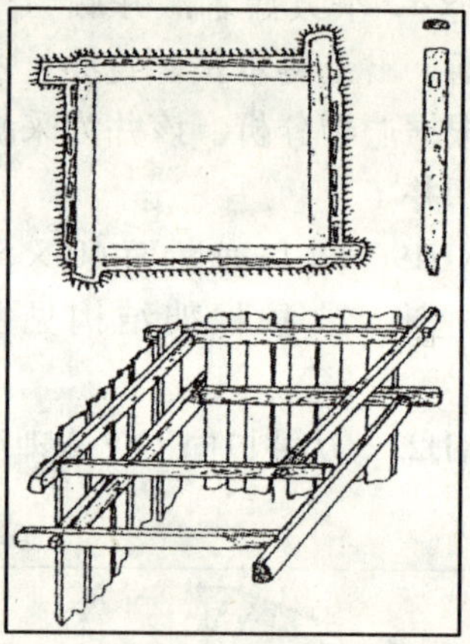

图3-7 西周铜岭J91竖井支护结构图
（采自《铜岭古铜矿遗址发现与研究》P38）

J91，正方形，净断面55×55平方厘米（图3-7）。

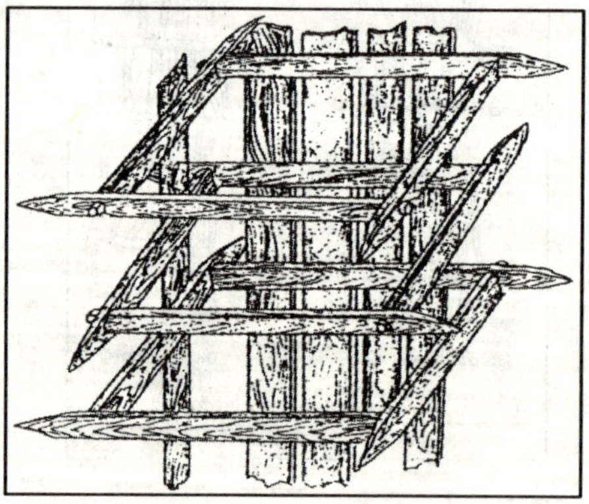

图3-8 西周铜岭J10竖井支护结构图
（采自《铜岭古铜矿遗址发现与研究》P38）

3. 剑状单透卯单榫串联套接式支护竖井，用于湖北铜绿山、江西铜岭西周晚期。

与平头单透卯单榫串联套接式支护不同处仅是卯眼木由平头改为剑状，更便于楔入围岩，增强框架牢固性。

铜绿山与江西铜岭应用这种支护结构的时期正好吻合。

现以江西铜岭竖井J10、J28、J90，湖北铜绿山竖井ⅦJ6、XIJ32举例说明：

J10，方形。井体小，毛断面边长73厘米，净断面边长55厘米，框木长90厘米。框木一端削成剑状，卯眼为方形，尺寸4×4平方厘米，另一端榫头长8厘米。框架外用板封闭，板宽7—12厘米、厚2厘米。上下框木穿接方向相反。清理框架3层，框距28厘米，未及底（图3-8）。

J28　方形。毛断面边长96厘米，净断面边长84厘米。底部有马头门与X11相通（图3－9）。

J90，方形井筒。毛断面边长84厘米，净断面边长60厘米（图3－10）。

图3－9　西周铜岭J28竖井支护结构图
（采自《铜岭古铜矿遗址发现与研究》P39）

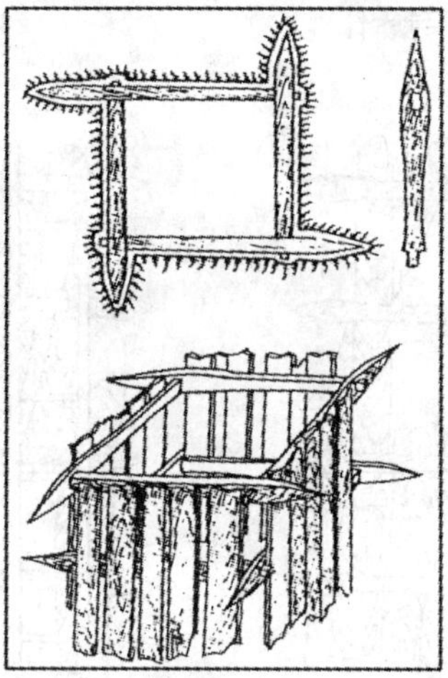

图3－10　西周铜岭J90竖井支护结构图
（采自《铜岭古铜矿遗址发现与研究》P39）

ⅦJ6，清理深度250厘米。竖井毛断面面积74×73平方厘米，净断面面积为57×57平方厘米（图3－11）。井筒内清理出竹篓。

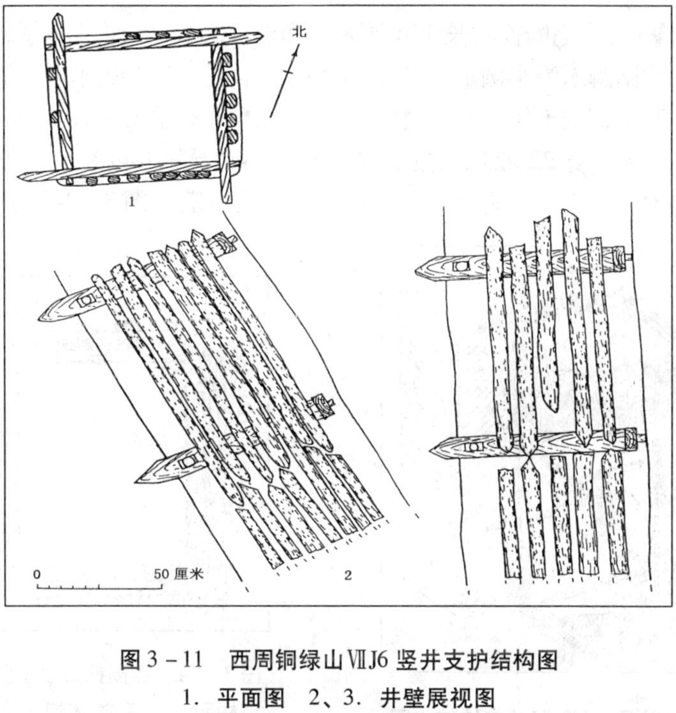

图3－11　西周铜绿山ⅦJ6竖井支护结构图
1. 平面图　2、3. 井壁展视图

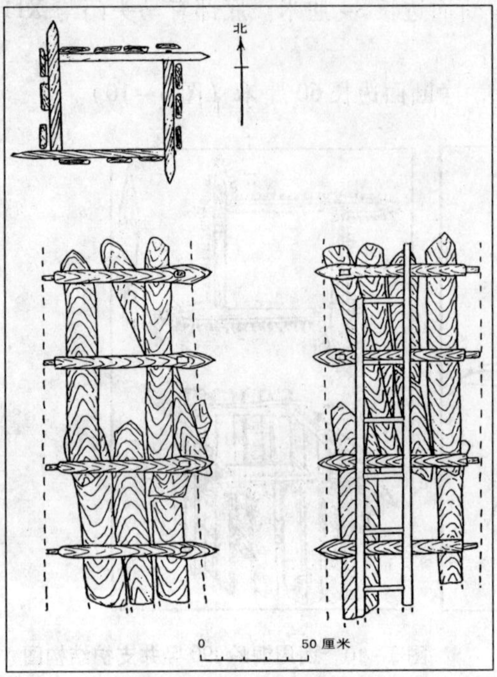

图 3－12　西周铜绿山 XIJ32 竖井支护结构图
（采自《铜绿山古矿冶遗址》P32）

XIJ32　井口净断面 56×50 平方厘米。共清理 4 组支护框架（每一框架的用木断面为扁圆形），清理深度为 230 厘米，未及井底（图 3－12）。

4. 交替碗口接内撑式支护竖井，主要用于江西铜岭西周时期。

结构与碗口接内撑式相同，仅是每副框架在支护排列方位时交替变化。即当第一副框木的碗口托卡木靠井筒的南北壁时，第二副就安装在东西壁，如此循环交替，其优点是使碗口接内撑木间隔出现在井筒四壁，使四壁在较短的距离都有支撑点。井筒四壁以板围护。现以竖井 J23、J80 举例说明：

J23　碳 14 测定年代为 2 810±60 年。井口方形，净断面边长 80 厘米。井筒支护高出地表 20 厘米，周围填有一层厚 3—4 厘米的青灰胶泥至井口背板，显然是为了防止地表水渗入井内（图 3－13）。

J80　方形框架，毛断面边长 134 厘米，净断面边长 80 厘米。原始井口南北两壁见踏脚木，北踏脚木为半圆形，插于第一层框木上，长 140 厘米，弧面朝上；南踏脚木长 118 厘米，位于第一层框木下 12 厘米，两木插入井筒东北角及东南角。井口托板厚 5 厘米、宽 22 厘米，板上置一木墩，木墩靠井内缘有绳索擦痕。井口北、西有铺垫木，利于人工脚踏。木墩作为提升的滑墩（图 3－14、图 3－15）。

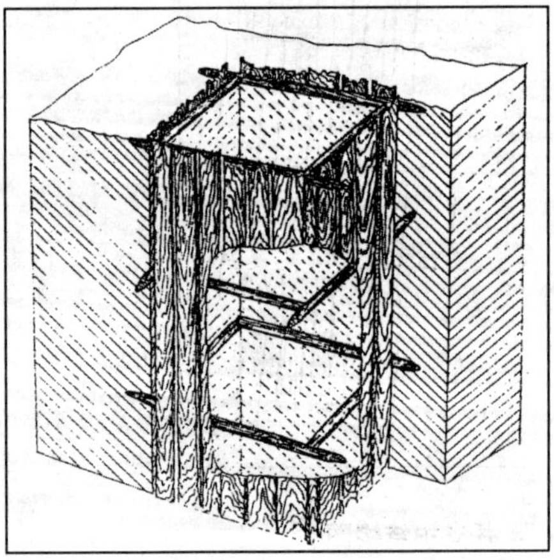

图 3－13　西周铜岭 J23 竖井支护结构图
（采自《铜岭古铜矿遗址发现与研究》P39）

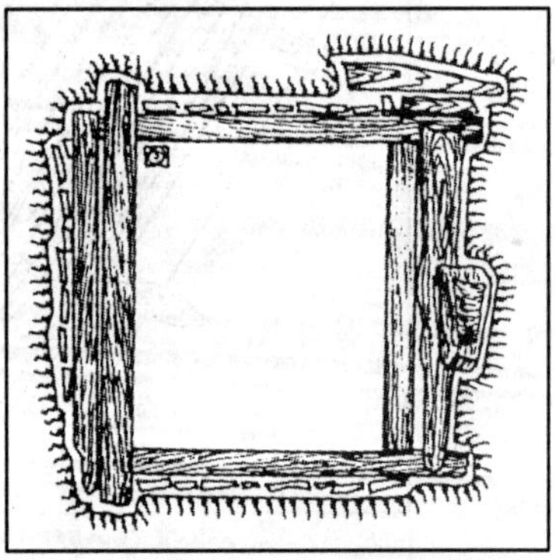

图 3－14　西周铜岭 J80 竖井支护结构图　（采自《铜岭古铜矿遗址发现与研究》P40）

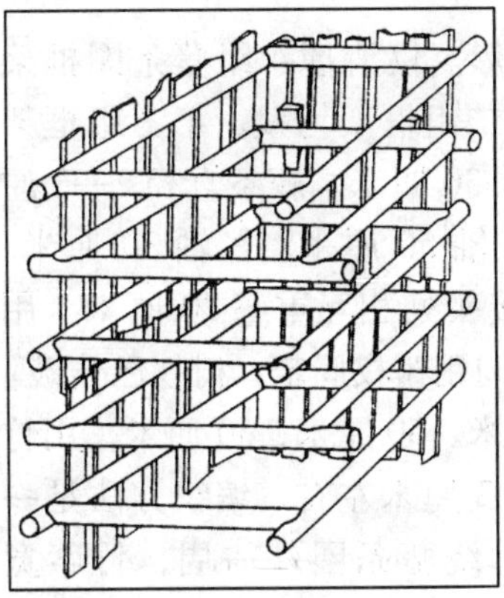

图3－15　西周铜岭J80竖井支护结构图　（采自《铜岭古铜矿遗址发现与研究》P40）

5．交替碗口接内撑加强式支护竖井，主要用于江西铜岭、湖北港下西周时期。

与上述J23不同之处在于，由两副交替平置的碗口接框架重叠在一起组成加强式框架，每一组框架安装时，与交替碗口接内撑式单框的安装形式一样，交替更换内撑木的方位。这样使支护有多个撑点，大大增强了框架抗压强度。现以江西铜岭竖井J37为例说明：

J37，井体上部已被破坏，碳14测定年代为距今2 750±75年。采用激电测深方法，测知该井深约11米，井底与一巷道相通，向北东延伸约15米。井口矩形，井体剖面呈╕型。上部井框为曰字形，井口毛断面南北长259厘米，东西宽178厘米，净断面南北长220厘米，东西宽125厘米；曰字形井深近4米后，下部变成无梯格小井，小井口位于南部，净断面155×125平方厘米。井框架构筑为双层式卡口内撑，即上层为东西向，下层紧靠上层则为南北向。上层框木径较粗，径约15厘米。在井筒南北纵断面约3/10处，横架一木，径12厘米，东西向搭于每两层一组的框架木上，直接顶住井筒围板，形成梯格，靠梯格横木南侧竖立两根径9厘米木柱，形成梯子。两柱间距86厘米，梯格间距则为每组框架上下间距，木梯横竖交叉处用约0.7—0.8厘米粗的藤条交叉缠绕捆扎。大井口转入小井口工作面北高南低，高差22厘米，其北有散乱堆积的竹火签和残破竹筐，竹签大都被火灼。小井口长方形，框架仍为两副紧依为一组，上下卡口方向相反，用材较上部小，框木径为8厘米，四周用木板封闭，板长160—220厘米，宽12—14厘米，下层板压上层板，可见当时背板安装时是先置框架，然后将木板从上而下楔入。该井清至810厘米深时见北东、南东、南西三面有角柱，柱径4—4.5厘米（图3－16）。井体围岩为红褐色铁质黏土夹细小孔雀石粒。此井出有木锨1件，尖状木1件，瓦形木板1件，另见染有铜绿的兽骨。

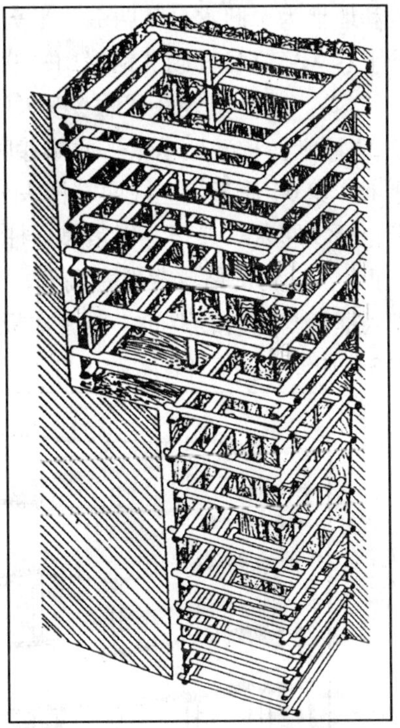

图3－16　西周铜岭J37竖井支护结构图　（采自《铜岭古铜矿遗址发现与研究》P41）

图3－17　西周铜绿山XIJ48竖井支护结构图（采自《铜绿山古矿冶遗址》P39）

6. 藤条圈支护竖井，主要用于铜绿山西周时期（图版壹，2）。

如竖井XIJ48井口为椭圆形。仅清理4组藤条圈框架（图3－17）。第一组框架和第二组框架均残。第三组框架为椭圆形，长轴50厘米、短轴30厘米。藤条直径2—3厘米。第四组框架为椭圆形，长轴50厘米、短轴30厘米。藤条直径1.5—2厘米。藤条接头处相互重叠20厘米，用竹篾绕捆，藤条圈框架与竹席间用树杈固定，树杈已残破。

4组框架间距分别为35厘米、50厘米、50厘米。用竹席作背材，编织竹席的篾宽约2厘米左右，编织方法是一纬线压二经线，护壁时侧置，绕藤条圈外一周，竹席宽120—150厘米左右。

（二）西周的平（斜）巷支护[13]

1. 圆周截肩单榫透卯接框架式平巷，主要用于江西铜岭、湖北铜绿山西周时期。

该式平巷的框架由2根立柱，1根地栿，1根顶梁，4根木构件组成框架。立柱为圆木，柱脚、柱头为单榫，顶梁和地栿为半圆木，其两端为平头，并凿有卯眼，与柱头的榫头交卯。现以江西铜岭平巷X2、X11，湖北铜绿山平巷ⅦX1、ⅦX15及斜巷Ⅶ斜X23等为例说明：

X2，碳14测定年代距今2 950±90年。巷道走向北东，东北高，西南低，高差23厘米。框架地栿木平面贴巷底，弧面朝上；顶梁弧面朝下。巷道净断面高72厘米，宽64厘米。立柱两端榫头为圆角方形，长6厘米，宽2厘米，立柱长90厘米，径8厘米。巷帮背板紧靠立柱横排，板长110—170厘米，宽12—14厘米，厚2厘米，排列密集，背板一端平，一端尖，可看出是先安好巷框，然后分段将背板楔入框架与围岩裂隙间。顶棚木板密排，框架间距72—104厘米之间（图3－18、图3－19）。巷底出有木铲3件。

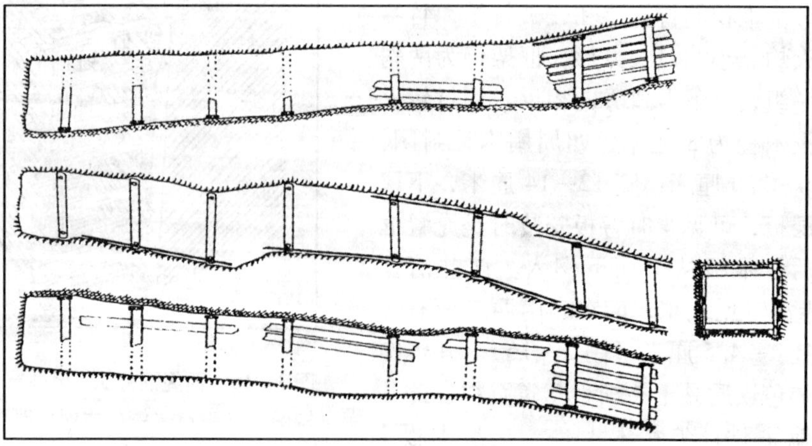

图3－18　西周铜岭X2平巷支护结构图
（采自《铜岭古铜矿遗址发现与研究》P41）

图 3－19　西周铜岭 X2 平巷支护结构图
（采自《铜岭古铜矿遗址发现与研究》P42）

X11，与 J28 相通。框架净断面高 90 厘米，宽 66 厘米。与 J28 相交的那副框架，是在竖井的东北角用两根立柱直接顶住 J28 最底层框架，将顶板直接搭于井框和巷道第二排框架顶梁之上（图 3－20）。巷内出有木撮瓢和凹底罐各1 件。

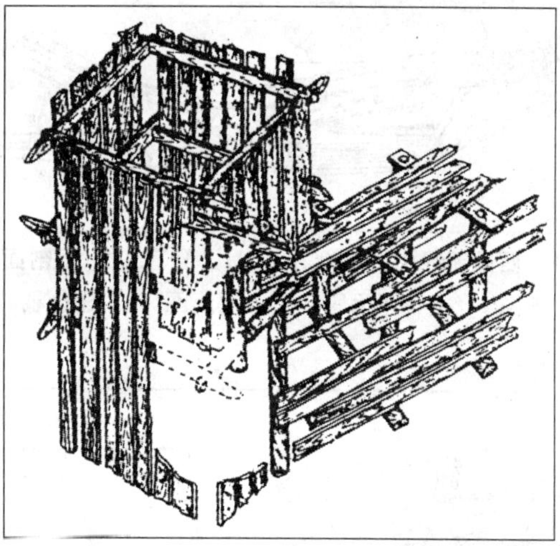

图 3－20　西周铜岭 J28、X11 井巷关系图
（采自《铜岭古铜矿遗址发现与研究》P42）

ⅦX1，碳 14 测定年代，距今 2 810 ± 80 年。走向南北，长 260 厘米。巷净高约 80 厘米、净宽 50 厘米。顶板上并列整齐的竹片，可见顶棚为双层支护，即上面为竹片，下面为木板。巷内出有木铲。巷北头与ⅦJ11 相通，南头巷底通Ⅶ盲 J101（图 3－21）。

ⅦX15，是一组联合巷道 X14、X15、X16、X18、X19 中的一段平巷。走向近南北，南头通 J10，长 200 厘米，净高 73 厘米、净宽 60 厘米（图 3－22）。

Ⅶ斜 X23，为斜巷，立柱沿地心方向敷设。走向近东西，长 230 厘米，倾角 40 度。西头残缺，东头与斜 X24 斜交贯通（图 3－23）。

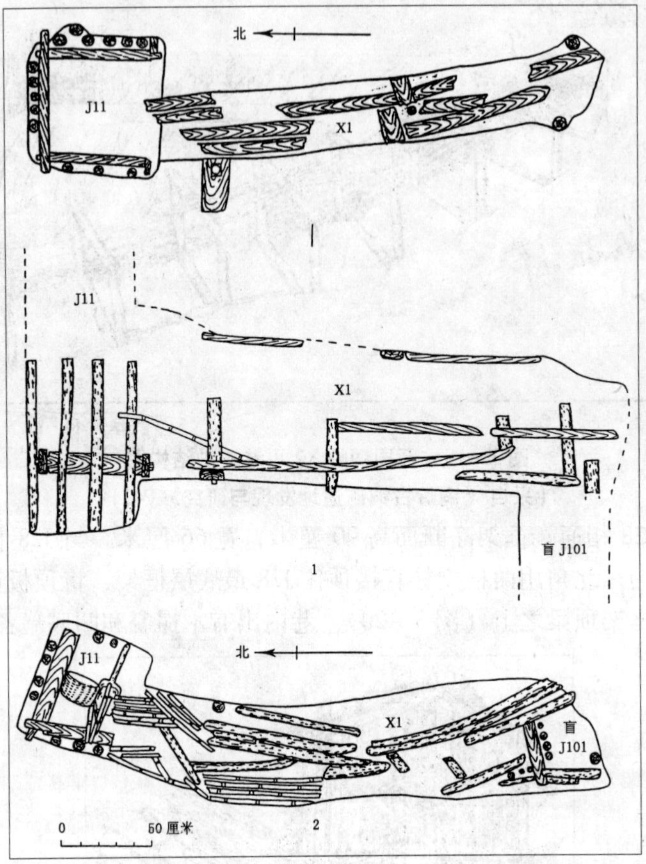

图 3－21　西周铜绿山　ⅦX1、ⅦJ11、Ⅶ盲 J101 平剖面图及出土器物平面分布图 1. 上：平面图　下：剖面图　2. 出土器物平面分布图

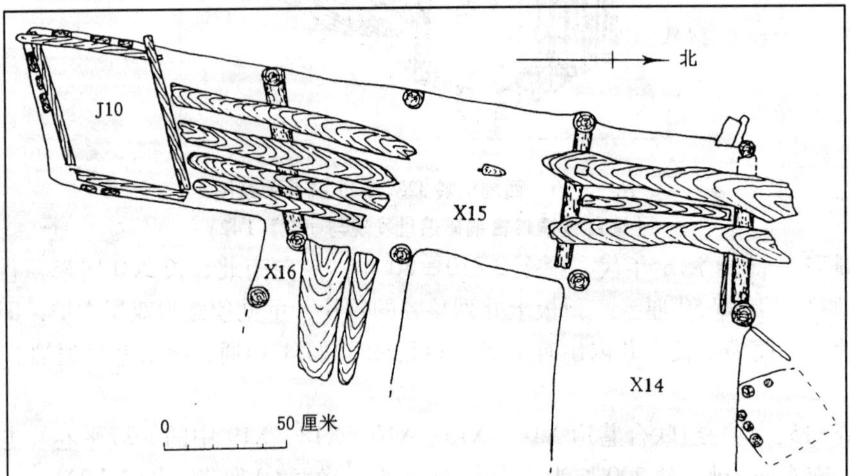

图 3－22　西周铜绿山　ⅦX15、ⅦJ10 平面图

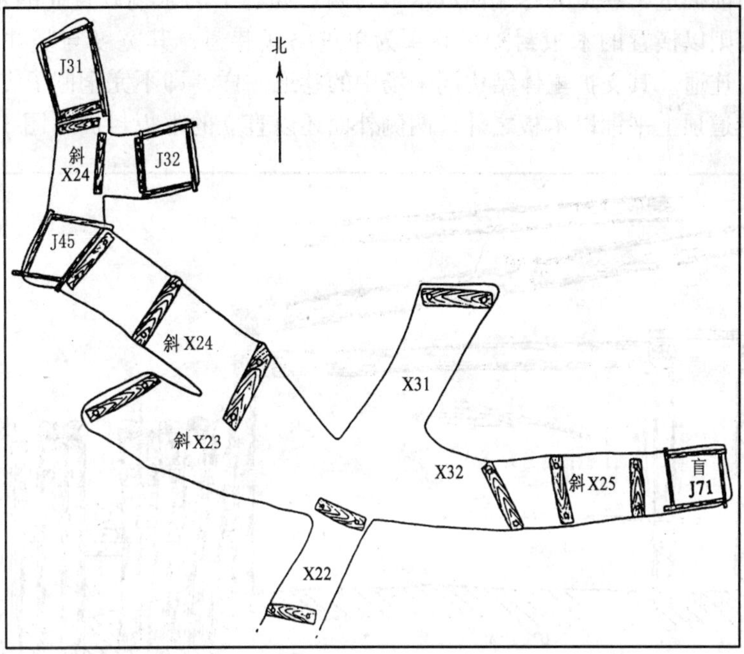

图 3-23 西周铜绿山 ⅦJ31、ⅦJ32、ⅦJ45 与ⅦX22、Ⅶ斜 X23、Ⅶ斜 X24、Ⅶ斜 X25、ⅦX31、ⅦX32、Ⅶ盲 J71 的组合关系示意图

2. 上榫卯下杈框架式平巷（图 3-24），主要用于湖北铜绿山西周时期。

如 XIX1，与 J47 马头门通。东西走向。清理长度 120 厘米，出土 2 组支护框架。框架立柱为上榫下杈构件，通高 100 厘米、直径 8 厘米，上榫与下杈相距 84 厘米，榫长 6 厘米、径 3.5 厘米，树杈跨度为 8—12 厘米、深 10 厘米。顶梁板木为双卯构件，通长 76 厘米、宽 11 厘米、厚 4 厘米，卯距 58 厘米，卯孔 5×5 平方厘米。圆木地栿构件通长 85 厘米、直径 7 厘米，两头凹形槽，相距 61 厘米，槽宽 10 厘米、深 2.5 厘米。

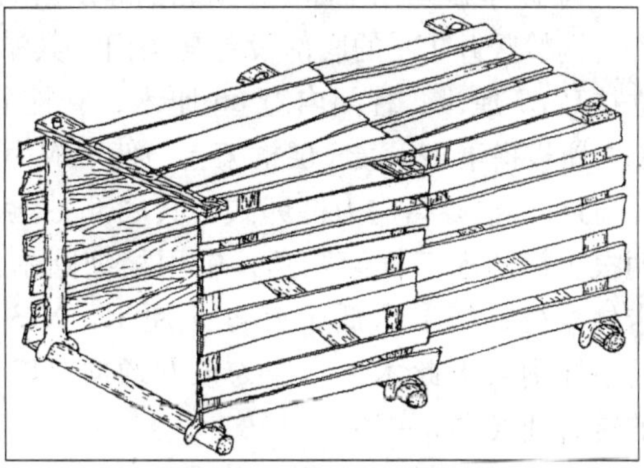

图 3-24 西周铜绿山平巷支护结构图

3. 不完全支护棚子，主要用于湖北港下西周时期。

平巷的每一组框架由三根圆木组成，没有地梁。圆木直径 22—25 厘米之间。平巷底板围岩有柱窝，立柱柱脚平齐，埋入柱窝内。柱窝深浅不一，硬岩处柱窝浅，软岩处柱窝深，最深者达 30 厘米。每根立柱的长度也不尽相等，以巷道顶面基本平整为原则，因需取材，就地加工。立柱柱头砍成弧形凹叉碗口，顶住横梁。横梁上敷设木板，木板排列不严密的地方，再敷以藤或竹的编织物。回采巷道较宽，一般在 120—150 厘米之间。巷道两侧只有立柱，立柱外一般不再以背板封护。

如果不再向前掘进，巷道的尽端便以木板封闭。如巷 1 的东端以直立的木板封闭。巷 2 的东端则以横置的木板封护。巷 4 为单进路式巷道，其宽度与竖井的宽度相等，与井 3 连通。其支护主体结构同采场中的巷道一样，即不完全棚子支护，不同的是，除巷道顶上平铺以木板之外，两侧外面还以直立的木板封护（图 3－25）。

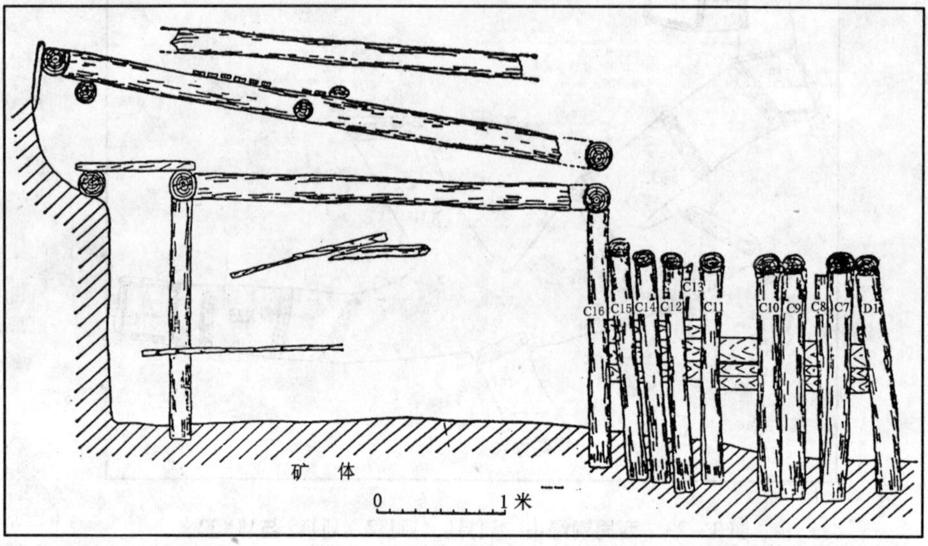

图 3－25　西周港下 J1 与 X2 井巷结构图　　（采自《考古》1987 年第 1 期 P30）

（三）马头门

马头门见于江西铜岭、湖北铜绿山西周井巷相通处。

铜岭竖井 J28 的底部设置马头门，其结构是在竖井底层井框下立两根间隔柱，立柱高 82 厘米、柱间内宽 66 厘米，立柱分别顶住竖井东西边框木，与之相通的 X11 顶板搭于 J28 最底层框架上，使之成为底部平巷的马头门。

J42，框架结构为榫卯式，其底部另立两根中粗圆木于框架两角，中用稍细圆木卡住立柱，横卡木低于井框 5 厘米，X13 的顶板则架于此木上，作为该井通向 X13 的转折处（图 3－26）。

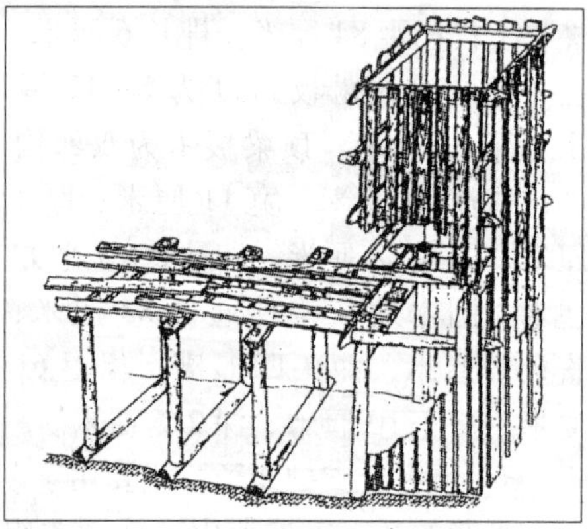

图 3－26　西周铜岭 J42、X13 关系图
（采自《铜岭古铜矿遗址发现与研究》P42）

（四）西周的井巷组合关系

1．铜绿山西周早期。如竖井ⅦJ11 与平巷ⅦX1 及盲井Ⅶ盲 J101（见图 3－21），该组井巷为一组由竖井、平巷、盲井组成的联合开拓巷道。ⅦJ11 南面与ⅦX1 相通。ⅦX1 南端巷底通Ⅶ盲 J101。ⅦJ11 底出有竹篓、木铲。在ⅦX1 北段堆积着磁铁矿粒，面积约 0.5 平方米，磁铁矿粒径 2—3 厘米，其下铺垫有一块竹编织物。在竹篓内，也盛有磁铁矿粒。平巷 X1 的围岩为褐红色风化火成岩，而盲井 J101 的围岩为猪肝色磁铁矿。可见 X1 内和竹篓里的磁

铁矿矿粒采自J101。从上述的遗迹物分析，磁铁矿粒是古人要搬运的围岩废石。

2. 铜绿山西周晚期井巷组合主要有4组：

（1）竖井ⅦJ10与平巷ⅦX14、ⅦX15、ⅦX16、ⅦX18、ⅦX19（图3－27）。

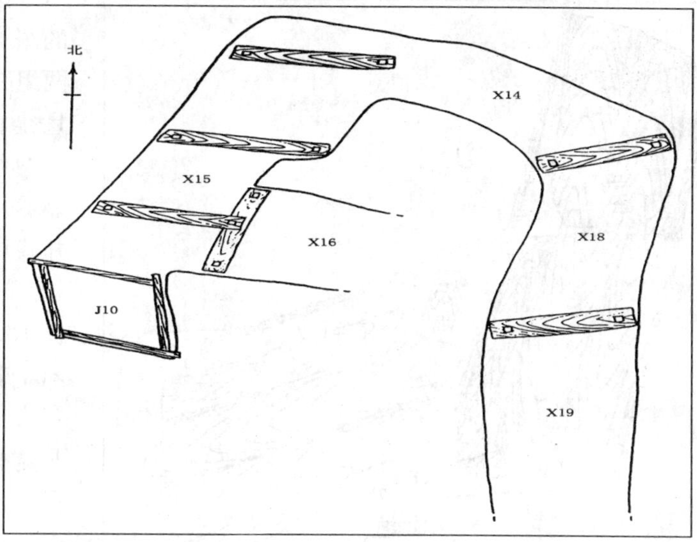

图3－27 西周铜绿山 ⅦJ10、ⅦX14、ⅦX15、ⅦX16、ⅦX18、ⅦX19组合关系示意图

该组井巷由竖井、平巷组成的联合开拓井巷。ⅦJ10北面与ⅦX15相通，未见马头门结构。ⅦX15走向近南北，长800厘米，净高73厘米、净宽60厘米，其中段东面通ⅦX16，北段东面通ⅦX14、ⅦX18、ⅦX19。ⅦX16净宽63厘米，开拓长65厘米时遇到早期井ⅦJ14（属商代）而停止。ⅦX14走向东西，净宽70厘米，开拓长200厘米后，拐向南北通ⅦX18、ⅦX19。ⅦX18、ⅦX19共长240厘米，净宽50厘米。整组平巷从ⅦX15至ⅦX19，全长700厘米，顶棚高程由61.90米至59.41米，再至59.19米。可见巷道是逐渐倾斜的。

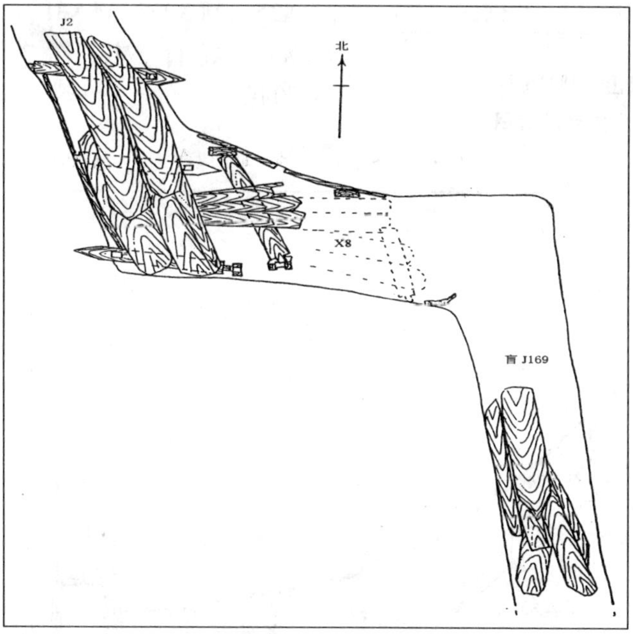

图3－28 西周铜绿山 ⅦJ2与ⅦX8、Ⅶ盲J69的组合关系示意图

（2）竖井ⅦJ2与平巷ⅦX8及Ⅶ盲J69（图3－28）。

该组井巷为一组竖井、短平巷、盲井联合开拓井巷。ⅦJ2的东南通ⅦX8，井底下踏一步即至ⅦX8巷底，高差18厘米。ⅦX8为短平巷，长仅155厘米，净高84厘米、净宽62厘米。巷东头通Ⅶ盲J69。

（3）竖井ⅦJ16 与平巷ⅦX9 及Ⅶ盲 J68（图 3－29）。

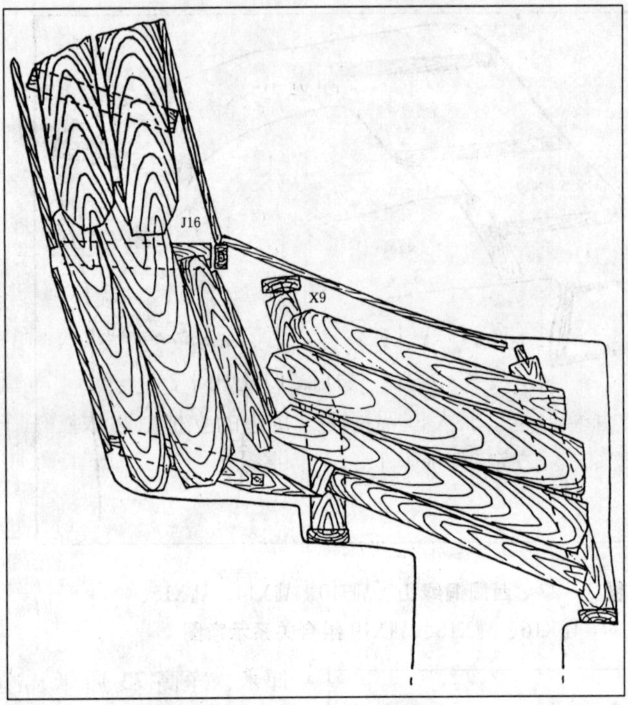

图 3－29 西周铜绿山 ⅦJ16 与ⅦX9、Ⅶ盲 J68 的组合关系示意图

该组井巷与上述ⅦJ2的组合及布局非常相似，两组距离仅约 100 厘米而且走向相同，两巷平行。这两组井巷属同一时代，显然，古人有规律地开拓井巷切割矿体。

ⅦX9 平巷走向东西，长 180 厘米，净高 80 厘米、净宽 46 厘米。ⅦX9 东头通Ⅶ盲 J68，井口东西宽仅 55 厘米，往下变宽，为 75 厘米。

（4）竖井ⅦJ31、ⅦJ32、ⅦJ45 与巷道Ⅶ斜 X23、Ⅶ斜 X24、Ⅶ斜 X25、ⅦX22、ⅦX31、ⅦX32、Ⅶ盲 J71（图 3－30）。

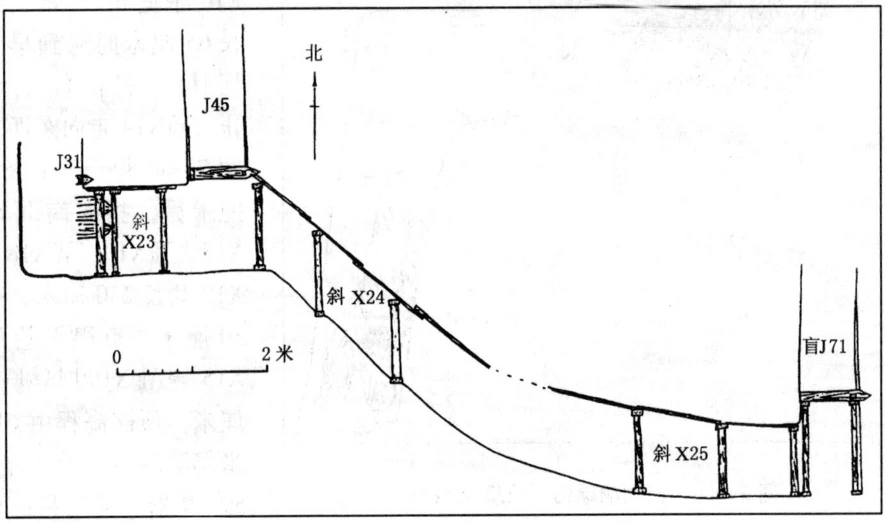

图 3－30 西周铜绿山Ⅶ井巷组合关系之一

由于Ⅶ号矿体被永久保护，这组联合井巷仅进行了局部清理。ⅦJ31 原始地表高程为 67.9 米。“T”字形短巷，将ⅦJ31、ⅦJ32、ⅦJ45 连通，其巷顶高程为

62.2 米，至Ⅶ斜 X25 东端的顶棚高程为 57.86 米，整组巷道的东西高差为 434 厘米。

ⅦJ31 北壁井底有马头门结构，南接“T”字形短巷，长 130 厘米，巷道净高 76 厘米。东西向短巷，全长 75 厘米，净高 72 厘米、净宽 46 厘米。

“T”字形短巷南头连通ⅦJ45。J45 的东南边连通Ⅶ斜 X24、Ⅶ斜 X25，自西向东长约 700 厘米，到达东头后连通Ⅶ盲 J71。

3. 湖北港下井巷组合。

如竖井 J1 与平巷 X1、X2。J1 东壁与 X1、X2 相互连通。J1 打到一定的深度，沿水平方向开拓平巷。井巷交汇处构筑马头门结构（图 3－31）。其构筑方式是，先将两根有碗口柱头的立柱立于 J1 东南角和东北角，承托 J1 最底层框架东壁的两端，然后按平巷的支护方式沿水平方向支护框架。为使支护更加牢固，在 X1 南壁南端和 X2 北壁西端与 J1 东壁相连通处，加大框架密度，每边的立柱由两根立柱并立，加大支撑强度。X1 的东端以直立的木板封闭。X2 的东端则以横置的木板封护。

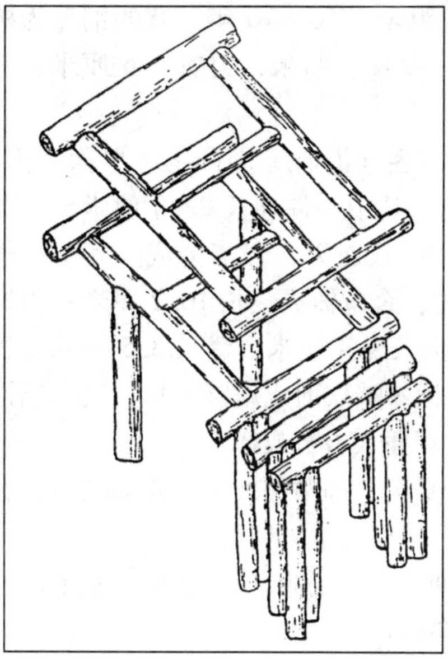

图 3－31　西周港下 J1 马头门结构图
（采自《考古》1987 年第 1 期 P30）

归结起来，西周时期我国矿山井巷工程支护技术是有了一定发展的，其中较值得注意的事项是：

（1）井框发展成了壁基式框架，即木框单构件的卯孔端加工成了剑头状，每组方框的四角呈尖楔状，插入井筒围岩四壁，框架特别牢固，不致下滑。由于四角插入围岩定位，框架与围岩间的空隙利于背板插塞，便于操作。铜绿山剑状单透卯单榫串联套接式支护竖井也是壁基式结构，其特点是，将尖头透卯榫接内撑式井框的榫构件与卯构件合二为一，只要一种单构件，就可以任意地拼装成一组方框，这种规范化设计已经相当进步。而在铜绿山商代井框中，其井架单构件的两端却是平头式的，井架四角不能形成伸入围岩，故井架易于下滑，背板为木板，加工废时。铜绿山商代其他式样的井框亦未形成壁基结构，且有的结构太繁，加工费工费料。

（2）平巷的尺寸稍有加大加长。商代平巷净高 56—75 厘米，净宽 50 余厘米；西周平巷断面规格为净高 80—90 厘米，净宽达 65 厘米。巷道断面大了，支护木用材也必然加大，以适应顶压、侧压。

（3）井巷支护的抗压能力有了进一步提高。铜绿山西周晚期竖井支护的做法是：将第一段框架之间，从上至下以竹索捆扎串联，使之互相制约，使将井筒内的框架连接成整体，从而增强了框架的牢固性。同期平巷支护的具体做法则是：采用榫卯结构，得用其铰接节点将杆件纵横连接成一个整体，同样亦提高了平巷支护的抗压性能。

(4) 在井巷支护框架与围岩间插背柴护壁，以增加受力面积，可以使顶梁、立柱等框架受到均布荷重，以致弯矩变小。

可见，由商代到西周，人们对地压的认识能力和控制水平都有了提高。

三、采掘装载技术

(一) 西周的采掘工具[14]

西周矿山的采掘工具主要有铜器和木石器两大类。采矿使用铜工具始见于商，此期明显增多，在湖北铜绿山、港下，江西铜岭、安徽铜陵等处，采矿专用铜工具有斤、锛、锄、镢、斧等，皆合范浇铸；木工具有槌、锛等，多系用整木削制而成。

铜斤[15]，器形与钁不同，似钺，但柄为树丫加工呈钩状木柄纳入直銎中，与甲骨文中斤字作  的形象一致。斤体两面拱起，圆刃，刃部宽于銎部。斤有大有小，大者体长 9 厘米，刃宽 9 厘米。有的铜斤为椭圆形銎，圆弧刃，长 6.4 厘米、肩部宽 6.2 厘米，重 135 克。用钩形树杈作斧柄，树杈的一端削尖，插入銎内。其木柄经北京大学加速器质谱实验室测定，年代为距今 2750 ± 70 年。有的铜斤为椭圆形銎口，宽弧刃。器身两面鼓状，刃部较厚。器长 7 厘米，刃宽 7.6 厘米、厚 0.25 厘米。

铜锛[16]，铜锛式样较多。有的是圆角方銎，銎外沿有一周凸箍，单面平刃，刃两角因磨损为圆弧状，器身一面有近圆形铸孔。其中一件通长 22.5 厘米，刃宽 8.5 厘米，重 1.66 公斤。有的是方銎，长身，宽弧双面刃，合范铸成。其中一件刃宽 3.8 厘米，器长 10.2 厘米。有的是长方形銎，合范铸成，长 10.2 厘米，刃宽 2.8 厘米。有的是椭圆形直銎，刃部较圆钝，一般长 9.4 厘米、銎长 3.5 厘米。直装木柄，木柄长约 30 厘米，直径 3—4 厘米。木柄一端砍削成扁圆尖形，纳入铜锛銎内。这种铜锛的用途如楔或錾类工具，将其尖端插入岩石或矿石。

木锛，系用带弯叉的中粗树木加工而成。锛身至刃部两面加工，正面斜直，背面弧状，柄与锛身呈 35 度夹角。柄部未作加工，树皮仍包裹树干。

铜锄[16]，六角形，平板状，顶部凸出 1.8 厘米，呈方斗形，厚 0.4 厘米，上部和两肩有一道凸陵。中空 3 × 3 平方厘米用以穿柄。

铜镢[16]，铜镢是西周矿山多见的采矿专用器，有椭圆銎瓦弧刃式、凹形銎瓦体弧刃式等。器身条形、两面拱起。銎下有梢孔，便于插梢固柄。有的镢刃部圆弧较钝，通长 15.3 厘米，重 400 克。有的镢为平口椭圆形銎，器身有的一面有铸孔，有的两面有铸孔。刃部圆弧。通长 16.2 厘米，重 490 克。有的镢器身扁平，近似长方形，一面有近方形铸孔，刃近平。通长 20.3 厘米，重 700 克。有的镢銎部外张，刃近圆弧。通长 19.2 厘米，重 670 克。有的镢銎口微凹，器身上部略内束，有对称不规则形铸孔，圆弧刃。通长 17.5 厘米，重 780 克。有的镢器身中部内束，有长方形对称铸孔，弧刃。通长 19.5 厘米，重 720 克。

铜斧[16]，一般为长方銎直体弧刃式，器身较长，中部束腰，刃部稍宽于銎部或齐宽。銎外沿有一周凸箍。器身有不对称圆形铸孔，弧刃，通长 24.5 厘米，刃宽 14 厘米，重 2.2 公斤。

木槌[17]，木槌一般是用圆木削出细柄，便于手握。槌身为圆柱形。一般通长32厘米，槌身长18.8厘米、径7.6厘米。有的木槌中部凿开有长方形榫。通长18厘米、直径8厘米，榫口长2.8厘米、宽2.4厘米。

上述可见，西周青铜采掘工具皆属中小型采掘器，很适合不足1平方米的西周井巷毛断面的回采工作面操作。由于西周采空区较小，工匠只能在工作面前进行屈蹲式作业。从清理的竖井、平巷来看，井筒四壁、巷道四周的围岩均修整呈平壁，以便规格划一的木构件支护。青铜锛为直柄竖装，亦是中型采掘器，用它垂直凿井、切削井巷四壁都较便利。

（二）西周的铲装工具[13]

这类工具多为木质，器形铲、瓢、锨、耙等。余姚河姆渡新石器时代遗址出土有木耜、木铲等。《逸周书》：神农“作陶冶斧斤，破木为耜，锄……”。正反映了木质和铜质两种工具并存的景况。木质工具取材方便、制作简单、质轻价廉，能适宜于采掘后的矿粒及废石松散体的铲装工作。这也是它在中国古代采矿史上长期采用，经久不衰的原因。西周时期矿山铲矿工具中，木铲和木锹数量最多，形制多样。装矿工具多为竹质，有篓、筐等。

木锨，木锨制作较精细，式样近似。有的锨柄与锨身长度相近，锨面较窄，器长40厘米，柄长28厘米。锨面宽10厘米，刃部舌状。有的锨柄长于锨身，锨面较宽，刃部缓弧。器长72厘米。

木铲，木铲制作较粗，式样不求统一。有的铲为小型手铲，柄长7厘米，铲板长11厘米、宽5厘米。有的铲柄长23厘米，铲板长16厘米、宽9.5厘米。有的通长28.5厘米，铲身长16厘米、肩宽7厘米。有的铲柄较长，通长37.5厘米，肩宽10厘米。或通长40厘米，铲身长14厘米、肩宽14厘米。

木锹，形制与现代圆口铁锹近似，柄尾略细，楸背至楸口渐薄并微翘。有的通长102厘米，柄长79厘米、径3.5厘米，楸长23厘米、背宽16厘米、背厚2厘米。

木撮瓢，柄与撮身长度近似，口沿弧状，器长37厘米、柄长18厘米，瓢深2.5厘米，最宽处14厘米。

竹筐、竹篓，湖北、江西、安徽等南方诸省的西周矿山遗址出土许多竹筐、竹篓。筐在铜岭井巷里多见，篓在铜绿山多见，它们作为矿山短距离搬运矿石和泥土的工具，其特点是竹料就近取材，使用方便。

矿山的竹装载器，是以粗竹片或宽篾为骨干。筐缘口篾条一般为轮卷，内底呈放射状编织，双耳为竹索立于筐口沿，口径43厘米。有的筐为单提梁，底呈圆角方形，底篾分上下叠合编织。筐大都出于井巷内，也有出于选矿场。江西铜岭的竹筐高18厘米、筐口径36.4厘米，底径25厘米，口大于底。两麻花状环耳对称安于筐口，耳宽7.6厘米，内高7.5厘米，耳径1.3厘米。这类竹筐编织工艺细巧，采用粗细篾条编织，织编方法大体是先用宽篾编出底盘以及向四周辐射的经条，然后用0.3厘米的细篾起伏地穿入经篾框内，同时从底向口编织，再用中宽篾条锁住筐口边，最后安上双耳。此种筐容积较商代的稍大，且底部是封闭式的，使装矿土时小孔雀石粒不致漏掉，同时筐体的牢固性也增强了。筐形矮，耳低，十分适宜在低矮巷道用手或绳索托运。

铜绿山西周竹筐出于竖井内较多。有的筐高15厘米，口径30厘米。经篾4—4.5厘米，纬篾0.15—0.2厘米。有的筐高14厘米，口径36厘米。有的竹筐口径约30厘米、底径约19.5厘米、通高约20厘米。筐底经纬竹篾的织编方法有两种，一种是篓底编，一种是菊底编。

西周时期的竹提篓大都出于竖井内，用于装载提升矿石。有的竹篓竹篾上还遗存铜绿。竹篓编织方法大体相同，一般的竹篓形制近似，圆壁，小平底，以篾贯一提梁，底部经篾编成“米”字形，呈辐射状散至口沿，以纬篾逐圈编织。经篾宽0.6—0.7厘米，纬篾宽0.1—0.2厘米。篓深浅不一。关于篓的编织工艺，篓底盘由24根宽4—5毫米的经篾织编成十字组菊底。篓下部纬篾粗，上部细，下部为64根，上部为24根。口沿由5根细篾由绳编法编成辫子腕卷缘口。单提梁由8根15毫米宽的竹篾绞成一股，再用绳编法将5股编成辫子状，再用6根散篾包绕辫子一圈，形成粗2厘米的单提梁。有的竹篓采用盘缠编织法编织而成，篓底比篓口径略小。篓口直径20厘米、深33厘米、提梁长30厘米。有的篓器身高约26厘米、口径约25厘米、带提梁高约33厘米。

四、多种地下采矿方法的创立

早在商代，人们便能按矿岩稳固状况对地下采空区进行地压管理，稳固性较好的矿岩采取自然支护，稳固性较差者则采用人工支护，但总体上较为简单、原始。西周之后，支护技术有了较大发展。铜岭、铜绿山、港下，在矿石与围岩均不稳固、矿床技术条件极其恶劣的情况下，将方框支护用到了地下采区地压管理中，形成方框支柱法；废石充填法也有了发展。此两种方法的雏形皆始见于商，西周便发展到较为成熟的阶段。

1. 方框支柱法

其特点是用木质方框的矩形平行六面体来充塞空间。在回采工作面中，随回采的推进而架设方框进行工作。南方许多古井巷虽经受了几千年的地压考验，至今依然完好，证明了它的可靠性和牢固性。

西周方框支柱法又有两种：

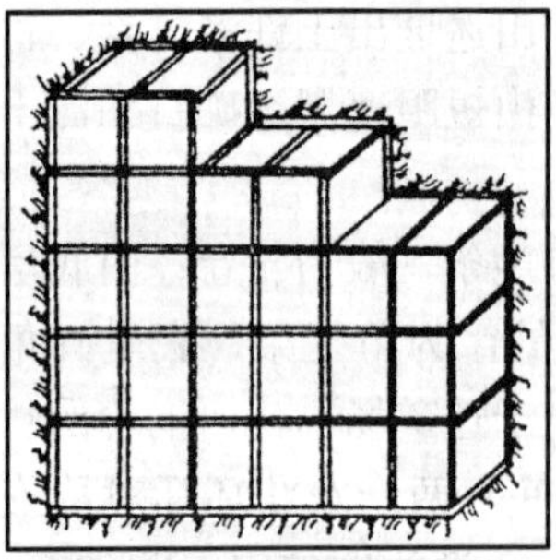

图3－32 铜绿山单框竖分条开采示意图

（1）单框垂直分条回采方框支柱法（图3－32）

其方法表现于由地表下掘一个个井筒，边掘边采边支护。视矿体赋存变化，竖井掘到一定深度后开挖平巷，为了追逐富矿，于一定的部位扩帮，即再下掘一个盲井，形成一个个垂直方框连接的竖分条。用此方案开采蚀变带中松散的孔雀石矿脉，不仅适用，而且灵活，安全[18]。它的缺点是用材量大，支柱工作繁重，整个采区的生产率较低。

（2）单层方框开采法（图3－33）

在井底掘进平巷或斜巷，追踪富矿，边掘边采边支护，为独头巷道式开采，由数条巷道并列组成一开采层，属于进路式开采方法。此方案的单采幅即独头巷道的尺寸较小，西周晚期，铜绿山发展到1.2×1平方米。

因掘进工作量比井筒小，生产能力比单框竖分条要高，适于回采高品位的薄矿脉。

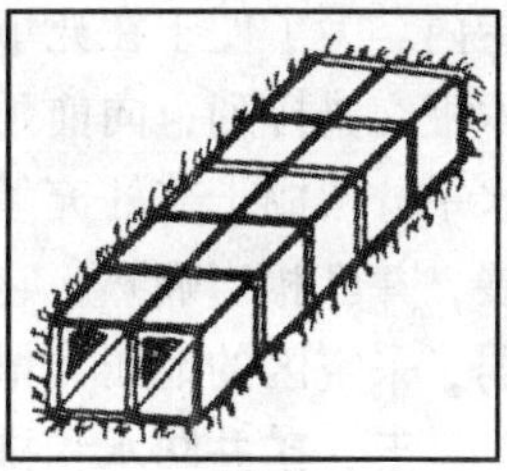

图 3－33　铜绿山单层小方框开采示意图

2. 水平分层棚子支柱充填法（图 3－34）

迄今所见古采矿场中，其采层常分成两个或三个水平分层。铜绿山西周水平分层高约 1 米，自下而上开采，分层随回采工作的推进而用方框棚子来支撑，支柱与充填配合使用，采空区被用手选出的废石或低品位的铜矿石局部或全部充填。下层棚子的顶梁即上层棚子的底梁。

铜绿山考古发掘中，发现一些井巷的围岩不是原生岩层，而是人工填充的废岩土，例如Ⅶ号矿体北部西周晚期的井巷围岩全部是人工填充物，含铜量极低。在长 20 余米，宽 8 米的地带全都采空了。在 XI 号矿体，一些巷道的围岩也是人工填充的废岩土。在有些竖井和巷道的围内还清理出竹篓、残木铲、木屑等。在有些地段的剖面上，还能见到几米宽空间内全被采空后留下的遗物，密密麻麻。有残竹席、支护残木、废岩块等。这一问题很长时间让有关学者迷惑不解。笔者在遗址现场一直注意考察这一问题，终于在 1985 年被现代露天采矿的大剖面揭示出答案，井巷围岩是充填土，因两种情况造成：

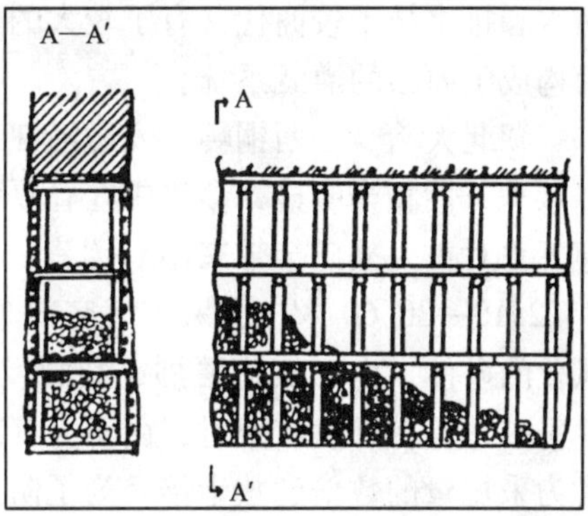

图 3－34　铜绿山水平分层棚子支柱充填开采示意图

（1）后人在先期的古代凹陷露天采坑的回填岩土中作地下井巷开采。例如 XI 号矿体西北角现代露采剖面见到的状况，直径 30 多米的西周早期露采坑废弃充填后，春秋早期的工匠又在充填物内进行地下井巷开采。当然，这也反映了春秋时期变废为宝的思想，春秋时期的工匠开发利用前人遗留的废料，表明在开采技术上更高一筹，在选矿技术上必然有了突破，在冶炼技术上，一定可以炼贫矿。

（2）采用了充填采矿法。在 XI 号矿体东南的剖面上，见一西周小采区，已从地表高程 40 余米采到地下 20 余米深。其采矿方法是，在比较稳固的矿体内先开采宽 3.7 米、高 3 米的采幅（即小采场），其深度不清。采空后，用方框木支护棚架来充塞空间。所见棚子为上下两层的水平分层棚子，上层巷道通竖井。下层巷道分纵、横巷道。小采场的废石全部充填棚架外缘。为了继续扩大采区的空间，即纵横方向的平巷有序地切割矿体，其废石充填在前一条平巷内。这种切割充填方法，并不是仅在一个边进行，而是在前后左右及上层围岩间同时进行。对于采场边缘的采空区，往往处于木质方框支护的矩形平行六面体之外，不用木支护，而用废石回填，既安全又省工，这就是井巷支护框架外充填土的原因。

充填法在西周时期运用得十分广泛，在湖北阳新县港下西周采矿场也可看到。在第一采矿场，其充填物为碎石及矿粒的沙质土，呈红褐色或灰绿色，结构比较松散。这是采矿时的回填物。在采掘时，废石和贫矿不必运到地表，便就近充填到废巷内。为了便于在充填物上搬运废石，不致下陷，工匠往往在充填物上铺垫木板。木板交错排列，向前延伸。前面谈到，铜绿山Ⅶ商代晚期发掘点的X3与X4便为水平分层棚子支柱充填法，但此法仍处于初始阶段；西周时期，才有了较大的发展，并已相当娴熟。它的使用，提高了矿石回收率，减少了废石的提升运输量，减弱了采空区的地压，增强了采掘工作的安全性。

五、矿井防水和排水系统的完善

早在西周时期以前，周人便掌握了一定的排水技能。《诗经·大雅·緜》载，周文王的祖父古公亶父在率领全族经营农业的情景时，“廼疆廼理，廼宣廼亩，自西徂东”。其中所云便是土地整治，并反映了对排灌沟洫布置的要求。西周时期的防水和排水技术较商代又有了较大的发展，并在井田中建立了较为规整的沟洫，从而构成了原始的灌溉系统。

湖北大冶、江西铜岭、安徽沿江地区均位于我国南方，四季分明，雨量充沛，降水季节性相当明显，多集中在春夏两季。该区属长江水系，湖港众多。地表水和地下水对古人采矿会带来不利因素。地质资料表明[19]，湖北铜绿山地下水位标高为22.10—30.60米。古采矿区底部含孔隙潜水，含水层厚6.24—13.65米。有些风化的矿体，由于氧化强烈，裂隙发育，其渗透系数可达6.148 7米/昼夜。据现代采矿计算，开发矿藏时，由于大气降水，地表水、地下水等涌入矿井的水量，通常为采掘量的数倍到数十倍。为了防止矿山水灾，露天和地下开采均须有良好的排水系统。矿山考古资料表明，西周时期矿山防水和排水技术臻于成熟，并形成了地面和地下两个防水排水系统。

（一）地面防水排水

1. 井口防水措施

湖北铜绿山XI号、Ⅶ号矿体的部分竖井及江西铜岭J1、J30等，井口保存较完整，可见井筒支护木的背柴高出地面，一般在20厘米左右。在支护背柴与围岩的间隙处，有的用青膏泥密封，有的用土埂充实，使井口四边高于地面，截断地表径流，以防地表水落入井下。

铜绿山XI号矿体西周矿山地面搭了简易的草棚。草棚有大小之分，大草棚棚顶由横木、竹篾网和草搭成，小棚顶由横木和草搭成。大棚设置在井口比较集中的地方，小棚则主要搭架在单个竖井井口上部。其中一大草棚残存面积为11.1×6.8平方米。竹篾网采用六角形空花编织法编织而成，网下搭撑的木杆件为圆木棍，长60—200厘米，直径3—10厘米不等；小草棚为井口横放两根圆木，圆木上盖草，圆木长约120厘米、直径5厘米。大小草棚的主要用途是防雨，阻止和减少雨水直接进入井、巷内，减少井下的排水量，确保井、巷不致因水量过大而坍塌。

2. 疏水沟、槽

沟、槽作为布置地面自流引水系统。疏水沟的构筑是在地表依地势挖沟筑垅，将水汇集于低洼处，并截住流向井口的地表水。铜绿山XI号矿体发现西周地面排水槽贴地面而设，此槽结构不同于其他整木刳成的木槽，而是槽底及槽壁以木板拼合，两侧打木桩固定，槽内板缝间摸青膏泥。江西铜岭发现的地表木水槽，其下有支架，规格较大，可能是因地貌的原因，需架设渡槽疏水。

（二）地下排水防水[20]

1. 排水设施

西周时期，矿山地下排水已设置专门的排水巷道、水仓、排水木槽、暗槽等，这些可靠而有效的排水设施，为古代工匠成功地进行地下采矿提供了技术前提。

铜绿山西周地下排水巷道有几种构筑形式，即木板拼合式、板壁式和棍壁式。

图3－35　西周铜绿山平巷排水渠

木板拼合式水沟一般用于主水道，即汇水巷道，其宽度几乎为平巷的净宽，水道由三块2—2.5厘米厚的木板拼合，横断面呈“H”形（图3－35）。几处发现该形式水槽的规格尺寸不等，Ⅳ矿体木槽口宽25—31.5厘米，槽壁高23—28厘米不等。Ⅶ·1北部中段木槽深24厘米，口宽18厘米。拼合式木槽置于框架的地栿上，框架与平巷的支护框架结构近似，但没有护壁背柴。框架立柱将木槽壁板夹紧，槽壁内贴直径为4厘米的半圆木桩，以增强木槽的稳固性。当排水槽不可避免地通过某个盲井井口或交叉于某一平巷或采场时，为了不影响地下采矿作业，将这一段排水槽的槽面整齐地铺盖一层木板，使它成为一条暗槽。

板壁式排水巷道发现于铜绿山。其结构为，在废弃的平巷内填土，使巷底面呈一坡度便于流水。所见排水巷的坡角为3/1 000—7/1 000。填土最厚处33厘米，坡下渐薄。在填土上沿巷道打两排沟板的支撑桩，桩直径3.5厘米，高40厘米，桩间铺满10厘米厚的青膏泥作水沟垫底。用厚3厘米、宽19厘米，断面略呈弧形的板作水沟的两壁，板插入青膏泥中并紧靠支撑桩。为了不使水沟渗水，在沟壁板及底面再涂一薄层青膏泥。构成的水沟宽14厘米，深16厘米（图3－36）。

图3－36　西周铜绿山平巷排水结构

棍壁式木水沟也是西周的一种主要汇水设施。其构筑方法为：挖掘专门的排水平巷，巷较窄。沿平巷设置间隔式框架，其尺寸比采矿平巷小，但结构近似。靠框架两侧的立柱，贴直径为3厘米左右的圆木棍，自地栿向上叠置成水槽的槽壁。并在槽壁内以直径3厘米的木棍夹紧。在每节槽的接头处和槽底，都涂抹或铺垫了一层青膏泥。沟口宽18厘米，深43厘米。

值得注意的是，在同一条排水设施中，有的地段采用棍壁式排水沟，有的地段则采用木板拼合式排水沟。

湖北阳新港下和江西铜岭西周时期的矿山排水木槽是用整木刳成。港下的一节水槽长3.6米、宽0.43米，槽深约10厘米。铜岭的一节木水槽宽约0.6米，长都在3米以上。铜岭另一水槽J37：4，长68厘米，宽16厘米，厚2厘米，中弧深5厘米。外槽面平滑，内槽面有凿痕，属小型排水槽。

水仓是专门用于储水的竖井或盲竖井，其结构同于一般竖井，其底部为水窝，汇集于水仓的水采用一段提升或分级提升到坑外。

2. 排水系统

根据上述几处采矿遗址井巷的三维分布与排水系统的关系来看，排水沟槽的安装方式有三种：一是沿巷道走向贴地安装；二是沿巷道走向离地支架安装；三是垂直某些巷道走向形成“渡槽”或“飞槽”。

铜绿山西周排水系统中有直接排水、集中排水和分段排水三种。有的平硐出口直通山腰，地下采场的水沿平硐沿沟自流排至地面，一般情况下是井巷的地下水通过上述的排水设施将上采场的水自流到下采场的水仓中，然后再由水仓排至地面。由于西周开采深度大多已达50米，这些水仓位于地下不同的采矿中段，需要分段排水，最底层的地下水由下往上，一段段分级接力提升，最后提出地面。

3. 井下防水措施

铜绿山考古发现的井下防水措施有两种，一种是上述已提到的隔水层，即在排水沟槽内涂抹青膏泥防止渗水。二是截水闸墙，即将废弃的平巷或临时不用的平巷设置闸墙截住涌水。

4. 排水工具

木水桶。水仓中发现的排水工具一般都是水桶。铜岭西周时期的木桶为鱼篓形，底部残缺，近底有转角。器件系整木刳成，器残高42厘米，束颈、鼓腹，口沿厚2.2厘米，壁厚1.8厘米。复原后口径29.5厘米，腹径32.2厘米。颈下残留一扁方孔（4×2.6平方厘米），水桶应有对称孔。束颈处切削明显，腹部加工光滑。

铜绿山西周时期的水桶也为整段圆木刳成，桶底圆形，有的在距口沿2厘米的地方，挖出对称小方孔，未见提梁。一般桶直径20厘米、深32厘米、桶底厚10厘米。水桶有几种式样：一种为平底，通高41.8厘米、口径31.2厘米、底径34.8厘米。一种为矮圈足，通高35.6厘米、口径21.2厘米、底径20厘米。

竹浇筒。铜绿山西周矿井还发现打水的浇筒多件。筒底为一竹节，竹筒口沿以下5厘米的地方有一3×1平方厘米长方形卯孔，长条形木柄的一端砍削一卡口，插入竹筒卯孔。竹筒高12厘米、直径6.5厘米、厚0.8厘米。柄长25.5厘米、厚1.5厘米。标本XIT1⑥：45，筒底为一竹节，竹筒口沿以下8厘米的地方有一2.5×1平方厘米长方形卯孔，柄已失。竹筒高23厘米、直径5.5厘米、厚0.6厘米。

六、矿井运输与提升方法的改进[20]

湖北铜绿山、港下、江西铜岭等地，发现了一些西周时期矿山运输与提升的器械，提升工具包括木手提、木钩、绳索、木滑车等。这些东西虽较简单，有的在商代矿场中便已发现，此期在技术上并无太大进步，却也是不可忽视之物。今简介如下：

木手提。手提是用来提拎矿石的，使用时将木手提两头的卡口分别套进竹篓的两个提梁内，用手提起，作短距离运输。

铜岭所见的木手提为长方木刳成。长58.5厘米，中高10.5厘米，两侧弧线向上收缩，两端弧状砍削迹清晰可见。底厚3.5厘米。正中央为梯形凹面，下宽6厘米。整器似今日衣架。从形制分析，应是用于提升竹筐、水桶类容器的吊杆（图3-37）。

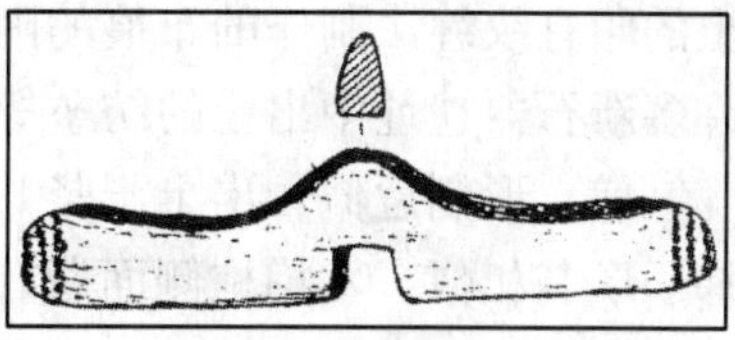

图3-37 西周铜岭弓形木
（采自《铜岭古铜矿遗址发现与研究》P47）

铜绿山所见的木手提截断面为半圆形，两头略细并分别砍削一卡口。通长26.5厘米，中间宽3.5厘米、厚2厘米。

木钩。木钩均利用天然树杈砍削两面，表皮保留。钩大小不等，依树杈而定。钩通长，有的15厘米，有的33厘米，钩木粗3厘米左右不等。钩上端用十字索草绳打结。草为多根编织，单草管扁平，径4毫米。木结下有藤条缠绕并用竹篾捆绑作钩绳。江西铜岭的一种木钩，弯钩处磨损光滑。

木滑车。江西铜岭西周时期的木滑车式样，见有一种不同于商代和春秋者。滑车结构简单，长26厘米，径18厘米，空心轴处呈束腰形，中空径8厘米、两端径9.4厘米，中厚5.6—5厘米、两端厚5—4厘米。两端空心处摩擦迹清晰，这种滑车套于定轴盘上，经多次转动，形成轴心两端大于中间部位的状况（图3-38、图3-39）。

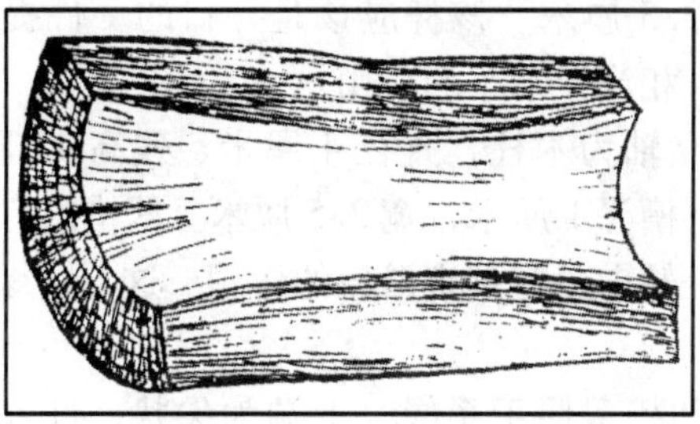

图3-38 西周铜岭木滑车示意图
（采自《铜岭古铜矿遗址发现与研究》P47）

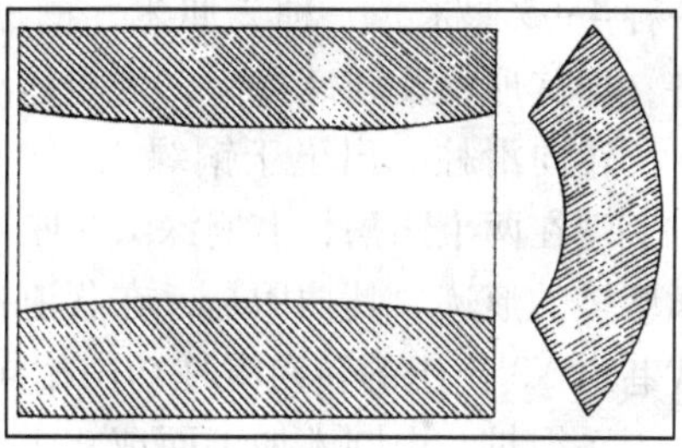

图3-39 西周铜岭木滑车剖面图
（采自《铜岭古铜矿遗址发现与研究》P47）

木滑车轴座。出土于铜绿山Ⅷ3点。为整木挖凿，呈月牙形。座底平，底面有擦痕。座厚10厘米，一般厚8厘米，宽6—9厘米、长28厘米。座面有一凹槽，宽6—7厘米、深2厘米。槽面被摩擦得特别光滑，可能是滑轴在槽内转动摩擦的结果。如果用2件轴座对称安装，可呈一圆形（图3-40）。

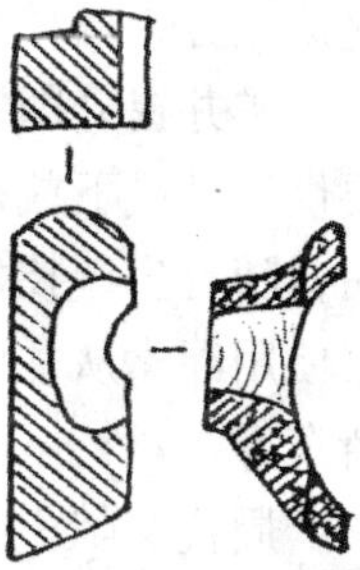

图3-40 西周铜绿山木滑车轴座

桔槔。西周晚期选矿场发现一吊杆，长260厘米，下段直径14厘米，上段直径渐至10厘米。杆件自上而下的166厘米处有一凹槽。凹口为弧形，正好可用绳系挂在立杆上。

木扁担。长条形，中间宽，截面为椭圆形，两端上翘，两顶端有腊子。通长197厘米，中间宽6厘米，厚2.5厘米，两头窄平处宽3厘米，厚2.5厘米。扁担加工光滑，材质坚硬。

绳索。发现提运的绳索是用多股麻绳搓合而成。单股绳为3股麻绞合，粗细均匀，单股绳直径为0.5厘米。

我国搓捻和续接纤维的方法早在新石器时代就已产生，例如，西安半坡遗址出土的印有绞缠法制作的布痕的陶片、浙江吴兴钱小漾新石器时代遗址出土的布以及许多新石器遗址中出土的纺坠等都用到此法[21]。

梯。形制近似，出土于竖井井壁旁。分木质和竹质两种，与铜绿山商代出土的梯子形制相似。木梯柱侧面凿有透卯，与梯踏档吻合。另一种木梯梯柱表面凿有凹槽，梯档采用木棍，棍两端有凹口，档凹口与柱凹槽扣合，然后用竹篾交叉捆扎；竹梯结构与木梯相同。梯子净宽一般在 15—18 厘米之间，梯档间距不等，最小档距 19 厘米，最大档距 34 厘米。梯紧贴井壁支护框木。有的竖井井筒内对应的井壁一边有一架木梯。有梯子的竖井特点是，比一般井筒大，可能是主井，梯子便于工匠上下井筒时攀扶。

铜绿山西周竹梯，梯柱用直径约 4 厘米左右的圆竹制成。梯柱上凿两相对称的卯孔，两卯孔间用木制横撑穿接，然后用细竹篾绑扎加固。横撑直径约 2 厘米，两端略粗，并有一卡口。有的竹梯外宽 24 厘米、内宽 16 厘米。横撑间距高约 30 厘米。有的竹梯外宽 16 厘米。横撑间距高 21—25 厘米。

滑杆。铜绿山 XI 矿体井内出土。出土时斜放于竖井内，长 170 厘米，直径 10—12 厘米之间。杆木中部有 5 道凹槽，有明显摩擦得很光的划痕。槽宽有两种，一种 4—5 厘米，一种 2 厘米，槽深 2—2. 5 厘米。该杆应该是井口的一件提升设备，据其形状及划痕分析，可能是滑杆，相当于滑车的功用。

转向滑柱。出土于铜绿山Ⅶ3 点。立轴为木柱，直径 4 厘米、残高 43 厘米。轴上端在两个凹槽，上槽深 1. 5 厘米，下槽深 1 厘米，宽 2. 5 厘米。凹槽内有被绳索摩擦的痕迹。其功用是，在巷道拐弯处转向，起到定滑轮的作用。这与铜绿山商代巷道 X3 出土的转向滑柱功用相同。

系绳桩。由圆木加工而成。上头有凹槽，便于系绳。下端为尖状，打入围岩内。发现时，置于Ⅶ3 两巷交汇处。

踏脚板。在港下、铜岭竖井内还发现踏脚板，设置在井筒两壁的支护井框木上缘，斜插入井壁围岩内。踏脚板宽约 10 厘米，厚约 3 厘米，便于人员左右两脚下井或登攀。两面的板为错位排列，井框托住踏板，显得很牢固。

平衡石锤。湖北铜绿山、安徽南陵、铜陵发现了一些“平衡石锤”，按其形状应该区分为两种功用，其中有一种应是桔槔配件中的坠石。

矿井提升即井筒提升的运输工作，是采矿运输系统中的重要环节。提升设备主要供提升或下放矿石、材料、工具使用，它是地下矿山的咽喉。上述出土实物证明，随着生产技术的发展和矿井深度的增加，提升工具也不断改进和发展。原始人工使用绳索从井中手提，发展到西周时期，则应用简单系列器械——桔槔、滑柱、滑车等。

周代文献中也有一些关于提升器械的记载。如《庄子・天地篇》载，当时已经使用了“用力甚寡而见功多”的桔槔汲水，取代“凿隧而入井，抱瓮而出灌”的办法来浇灌田园，具有“引之则俯，舍之则仰”，“挈水若抽，数如泆汤”的优点。

七、矿井通风、照明技术的发展

西周井巷已具有一定深度，井巷通风采用自然风流通风法，即将两个以上的井筒连通，冬天低井口为进风井，夏天高井口为进风井，进出风井在冬夏两季正好作用交换。三四月天气，自然风流平衡，不通风，这时需要用人工制造温差产生风压。

在铜绿山和铜岭遗址中，有的井底遗留30厘米左右厚的竹材燃烧灰烬及残留的竹筐，明显是人工烧火遗存，应该与通风有关。在井底燃竹加热可使井内的空气造成负压，促进空气对流。为了使井下空气流通顺畅，有时也设矿井通风构筑物，遮断风流和控制风量，将新鲜风流导入作业的地点。西周晚期，铜绿山的矿井通风构筑物有风墙、风障，即在废弃的巷道内，用土封堵起来成为风墙。在Ⅶ号遗址，发现用泥模糊封堵后的风障。

值得重视的是，西周时期的井巷，在井筒和巷道周壁间均用竹、木背板隔开，在背柴与围岩间还用竹席或草编密闭，除了防止围岩落土外，还加强了采空区的密闭性，可能还是一个风井。

井下照明采用移动火把式或固定火把式。燃料有两种，多采用干竹篾片呈束点燃，也发现了油脂和竹筒形火把装置。矿工运输时，因为井巷空间太小，推断工匠嘴咬点燃的竹片爬行。

八、铜矿山的布局及其设计思想

自从有了人类的生产活动，便有了人类的生产布局和设计思想。在考察古人的生产布局和设计思想时，古人智慧的火花往往还会使现代人吃惊。我国古代矿山布局中所表现出来的智慧，便是个较好的例证。值得注意的是，早期的矿山布局和设计思想，完全是以功能为主，以矿山生产的要求为基础的，而不会受到社会制式的限制。

从西周铜矿遗址的发掘来看，古人在开采过程中，似兼顾了矿区在技术、经济和社会三个方面的因素。如技术上，基本上都是开采一些品位较高的矿田，且与当时的开拓、支护、通风、排水、提升等技术水平相适应。在经济上，既考虑了靠近水陆运输线，还考虑了矿区的原材料供应，如周围有无充足的木材、高岭土、炼炉燃料、筑炉材料等资源。在社会方面，本章第一节已谈到采矿技术与社会的关系，而其中突出地表现在方国矿山开发与中央王室利益的战略关系。简言之，古代矿区开发设计，是根据当时技术上可能，经济上合理，能满足中央王室需要的原则而确定的。

关于矿区开发方式，古人根据地形地貌和矿体赋存条件，经过技术比较、经济比较，确定采用露天开采或地下开采。

关于西周矿山工业场地的设计思想，其平面布置结合了地形、地质条件和生产工艺要求，做到有利生产。古代矿山工业场地包括提升井架、井口棚、筛分场、选矿厂长廊，贮矿场、废石场及附属的坑木场、支护加工厂等。由于古代是就地采矿，就近冶炼，所以古代矿山工业场中一般都有冶炼场。

铜绿山XI号矿体，在西周采区地表，发现井巷支护木加工、矿工野炊、防水草棚等遗存[22]，残存面积约100平方米，整个遗存都置于一个大草棚下。草棚呈龟背形，东西走向。残长11.1米、宽6.8米。棚为两层组构，内层为竹篾网，篾网呈六角形空花。外层铺盖厚草。棚架以木棍为梁，以竹为横撑组成。木棍直径3厘米，撑柱及横梁直径10厘米。棚内有竖井井口9个，其中5个较集中地分布在西北部，4个较集中地分布在东北部。

在草棚外西南面发现排水暗沟，暗沟内支撑结构与平巷支撑相似。沟面为木板覆盖。暗沟既能排水，又便于工匠作业行走方便。

从当时矿山使用的陶器看，有鼎、鬲、甗、罐、瓮、大口尊等，主要是饮食器。上述灰烬堆积中的饮食器、兽骨、竹火签头、木炭等，说明当时矿工是在作业区野外露餐。

江西铜岭西周矿山的布局是，采矿井巷主要集中在北区，选矿场靠近南区，工棚位于东南角。

第三节 西周选矿技术[23]

一、考古发掘的选矿设备和工具

我国史料中关于选矿工艺的记载较少，并且时间较晚，直到宋《萍州可谈》、明《天工开物》、《菽园杂记》等，方才提及，但从中仍很难窥探中国古代选矿技术的概貌。近年来，江西瑞昌铜岭、湖北大冶铜绿山、红卫、安徽铜陵等西周矿遗址中发现了许多选矿的遗物和遗迹。除手选矿石的遗迹外，主要是些用于重力选矿法（即淘洗选矿法和溜槽选矿法）的工具和设备，这对先秦选矿技术的模拟实验和研究提供了可贵的依据，其意义是不言而喻的。迄今出土的西周时期选矿遗物，按选矿工艺流程，可分为准备工序工具类、选分工序工具或设备类，处理工序设施类。

（一）选矿准备工序工具

准备工序中可分为碎散作业和破碎作业，按不同的矿石结构分别采用不同的工具。例如，铜岭、铜绿山等地的铜矿石（孔雀石、赤铜矿等）均被黏性物料（如铜绿山的云母、长石、蒙脱石、高岭石类，铜岭的铁质黏土等）胶结，使铜矿物颗粒彼此黏连，难以从黏土杂质中解离出来。对于这种矿石，需采用碎散作业，以达到只分离胶结物而维持铜矿石原有的粒度，减少损失率的目的。对于块状铜铁共生矿，要求两者分离并需适宜入炉炼铜的炉料粒度，采用的是破碎作业。

1．碎散工具

西周碎散工具有木槌、木杵、木臼等。

木槌。湖北铜绿山发现多种形式木槌。

木杵。整圆木加工成棒槌状，通长70.5厘米。杵头长28厘米，直径11.5厘米。柄径5.6厘米。杵头有舂捣使用的痕迹。

杵。圆柄，杵身为锥体。通长21厘米、最大径8厘米。有的杵身为圆锥形，柄在杵身一端，圆柱状。长10厘米、最大直径7.5厘米、柄长6厘米。

木臼。有两种式样。一种呈船形。厚整木挖凿制成，长45厘米，宽20厘米，厚15—20厘米。中部为臼窝，上大下小，窝径12厘米，深11厘米。另一种呈圆柱体。圆木凿成，高35厘米。臼窝口径13厘米，深11厘米。

上述遗物多半出土于巷道内，可见为地下作业的选矿工具，即地下采矿后就地选矿。将废石留在井下，以减少提运量。碎散工具采用木制，古人是独具匠心的。木质工具有一定的韧性，可将黏土矿物碎散而不会将具有一定硬度的铜矿石锤碎，以保持矿石原有的粒度，而满足重选时铜矿粒径的要求。

2. 破碎工具

石砧、石球、石锤等石质破碎工具在湖北铜绿山、安徽南陵、内蒙林西大井、新疆尼勒克等矿冶遗址中均有发现。

石砧。质地为花岗闪长岩或其他硬质岩石，平面多呈椭圆形，大小不等。大者长70余厘米，宽40厘米。小者长、宽、厚均在20厘米左右。砧面经长期使用后呈凹面。有的砧面周围筑有1平方米尺寸的土质硬面，与砧共同组成碎料台。

石球。质料同石砧。球大小相近，直径约8厘米。有的石球两侧面有凹窝，适于手握。铜绿山的石球，经考古发掘出的有70余件，经矿山生产剥离出有千余件。上述其他遗址中出土的石球也十分丰富。

石锤。多为亚腰形，长18厘米，直径12厘米左右不等。

（二）重力选分工具和设备

先秦重力选矿法，是在水介质中按矿物岩石粒料的比重差异进行选别的过程。西周矿冶遗址中，迄今出土的淘洗选矿法工具有淘洗船、淘洗盘、淘洗筐等，溜槽选矿法设备为溜槽。

淘洗船。有两种式样。一种呈船形，斜壁平底，整木挖凿制成。大者通长36.8厘米，仓口长31.5厘米，宽6厘米，深3厘米。小者仓口长15厘米，宽13厘米，深4厘米（图3－41）。有的淘洗船为斜弧壁，平底。通长24.8厘米、宽12.8厘米，内空长18厘米、宽10.8厘米、深约4厘米。有的淘洗船器身作长方形。长45厘米、宽20厘米，内空长15厘米（图3－42）。有的淘洗船长67厘米，宽27厘米，深17厘米。另一种呈长方形，平底，有环形柄。通长46.4厘米、内空长32厘米、深约4厘米，柄长8.4厘米、柄内空长约5厘米。

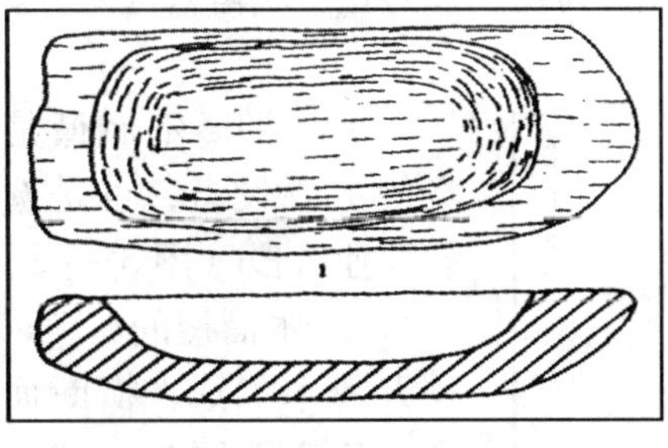

图3－41　西周铜绿山淘洗船
（采自《铜绿山古矿冶遗址》P181）

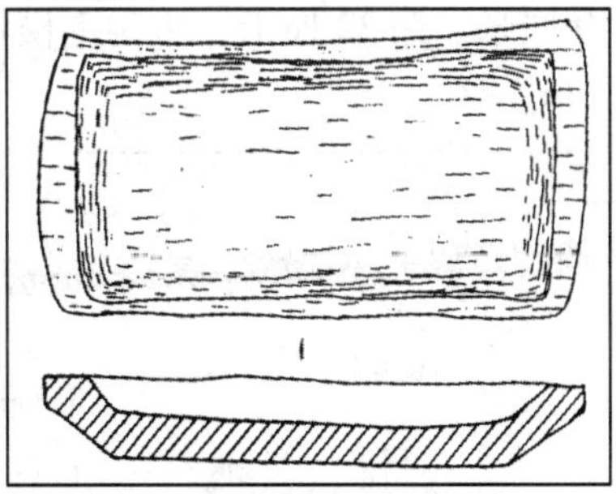

图3－42　西周铜绿山淘洗船
（采自《铜绿山古矿冶遗址》P181）

淘洗盘。整木凿成，敛口平底。平面呈椭圆形或桃形。前者长径15厘米，短径13厘米，高4.8厘米。后者长径21厘米，短径17厘米，深7厘米（图版贰，3）。

上述工具主要出土于地下采矿场，说明井下选矿主要采用淘洗法。

淘洗筐。双耳立于口沿，口径43厘米，底径32厘米；底编为菊底编，筐缘口篾条为轮口腕卷。耳宽8厘米，高6厘米，索状。淘洗筐一般都出土于古地表坑边。

溜槽选矿法设备如下：[22]

江西铜岭西周选矿场的平面布局有引水沟、木溜槽、尾砂池、滤水台、木栏和选矿棚组成。发掘揭露的选矿场长 1 260 厘米，其西部处于公路坡沿，破坏甚大，仅存少量木栏。选矿作业流程由北至南进行，选矿场的地址选择依合连山西坡地势，沿南北走向下切呈阶地，挖成一南北走向的带状平场，但西平面比东平面约低 20 厘米，为了防止土石松动坍落，古人采用了木构件护坡，即打桩加固台壁，在靠尾砂池这一段的木桩与台壁间采用山竹编织物护背。带状选矿场北高南低，北南高程分别为 77.82 米与 77.42 米。即溜槽、尾砂池地段较平，尾砂池向南地势逐渐坡下，至南端点约低于北端 40 厘米（图版贰，4）。

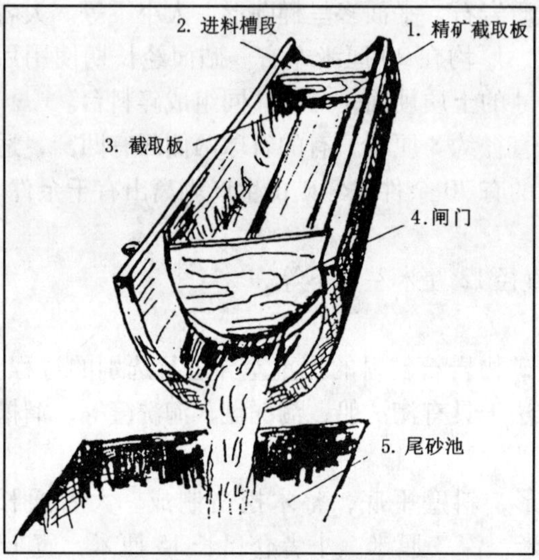

图 3－43　西周铜岭木溜槽结构示意图

选矿廊棚。在选矿场的东西两侧各发现一排较整齐的立柱尤以东侧排柱保存较好。在东侧一线分布粗细不一的木柱 28 根，木柱截面有长方形、三角形、椭圆形三种，粗大者截面 14 厘米，小者截面 6 厘米。现存高度不一，约在 51—18 厘米，间距不一，疏者 62 厘米，密者 8 厘米。小者实为木桩，即东台壁的护桩，又是廊棚的东墙，粗大者为廊棚立柱。选场廊棚顶棚为草席。

引水沟。位于选矿场最北端，水沟与木溜槽衔接。沟为地面挖成的弧形沟，沟宽 40 厘米、深 22 厘米，水沟上横铺木板或盖树皮，以防止土块落入沟内，妨碍选矿流程。

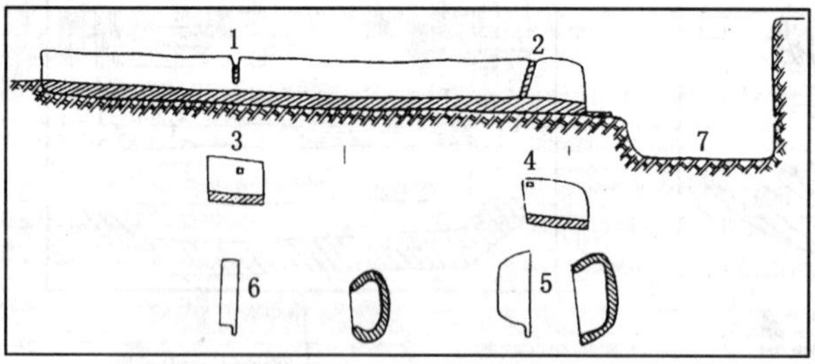

图 3－44　西周铜岭木溜槽结构图
1、2 槽东壁榫　3、4 槽西壁透榫（外向内视）
5. 槽尾栏板　6. 中段栏条　7. 尾砂池
（采自《铜岭古铜矿遗址发现与研究》P45）

木溜槽。木溜槽是选矿场的主要设备，也是选矿主要作业区段（图 3－43、图 3－44）。木溜槽的材料采用坚硬大圆木刳成，横断面呈弧形，长 343 厘米，槽面口沿宽 34—42 厘米，槽深为 20 厘米，边厚 4—5 厘米。自槽头至尾的 120 厘米处设有一挡板，为精矿截取板。该段为进料槽段。板宽 10 厘米、厚 2 厘米，板与槽东壁开口榫相嵌，与槽西壁榫卯相接，其结构便于操作。截取板与槽面间距 5 厘米，形成一个半圆孔，为截取孔，以便矿料流通。自槽头至尾 305 厘米处设有一门，为启闭槽口的闸门，呈半圆形，宽42厘米、厚1.5厘米，其弧线与槽弧线面紧密吻合。闸板西弧端凸出一榫，与槽壁卯眼相接，便于活动。只要人工将闸门移动，可借助水的冲力启门。木溜槽走向345度，倾向东南，倾角6度，即槽头高于槽尾。

铜岭西周木溜槽边缘有护沿，上段两缘护沿采用木板。由于槽尾低于槽头，故槽下段两旁地面略高于槽沿6—7厘米，形成很浅的槽坑两壁密排低矮的挡土板，挡板与尾砂池的挡板连为一体。贴板上部平齐，横栏挡土，横撑木宽70—84厘米。槽尾部东边置一封板，与槽缘垂直，其功用可抵挡尾砂池的砂浆满溢后倒灌入木溜槽内。木溜槽上段东侧置一块长82厘米、宽15厘米的木板，板面平齐，板的两端孔眼可见木钉（木桩），估计是供人工操作木溜槽槽尾闸门时的坐台。木溜槽的上段东侧出有倒扣的竹筐3只，其中有2只叠在一起。同时还见草鞋印迹1只，方格纹平底陶罐1件。

铜岭遗址中，还出土另一个与上述木溜槽结构相同的选矿木溜槽，可见西周时期铜岭的选矿规模相当可观。

（三）重力选矿处理工序设施

江西铜岭西周时期重力选矿处理工序设施有尾砂池、滤水台。

尾砂池。紧靠木溜槽，池底与槽尾呈台阶状相接。台面分别由宽10—14厘米木板铺垫，池底未见板。池东、南、西三壁为背板护壁，背板密排，近底部25厘米处有4根圆木支撑护板。池内淤泥积土为红褐色铁质黏土，淤土细腻。池深76厘米。

滤水台。距尾砂池南约92厘米处，平面形状长方形。构筑法是在原有地势上将两边掘出10—15厘米高的土台，然后用板围挡土台，四周板外加桩，形成一土台框围。台面长264厘米、宽140厘米，约3.70平方米。滤水台面平整，平铺厚3厘米的细泥土，经拍实，台面呈由东向西倾斜5度的坡度。据选矿场出土的遗物及选滤设施布置看，土台是所选精矿的脱水设施，即滤水台。滤水台上清理竹筐6只。滤水台的作用是将选分出的精矿装筐后放置于台上，利于水分过滤流散，为冶炼提供干燥矿石原料。

二、几种选矿方法的模拟实验

西周选矿采用的多种重力选矿法，其工具和设备的结构是否合理，选矿技术水平如何？我们对选矿工具和设备做了复原和模拟实验，相信得出的看法是可靠的[23]。

（一）淘洗选矿法模拟实验

几种淘洗选矿法模拟实验是在铜绿山Ⅶ号矿体西周采矿区进行的。

关于古代淘洗选矿法的工艺流程，明代陆容在《菽园杂记》卷十四叙述周详：“（银）矿石不拘多少，采入碓场，舂碓极细，是谓矿末。次以大桶盛水，投矿末于中，搅数百次，谓之搅粘。凡桶中之粘，分三等：浮于面者谓之细粘；桶中者谓之梅砂；沉于底者谓之粗矿肉。若细粘与梅砂，用尖底淘盆，浮于淘池中，且淘且汰，泛扬去粗，留取其精英者。其粗矿肉，则用一木盆，如小舟然。淘汰亦如前法。大率欲淘去石末，存其真矿，以桶盛贮，璀璨星星可现，是谓矿肉。”将这段史料的选矿流程作一归纳，如图所示。

磨细物入桶

→　淘去石末（尾矿）

矿石→舂碓→盛水渍搅→分别淘汰

→　存其真矿（矿肉即精矿）

按出土遗物的实际情况，结合上述的古代选矿流程，我们确定了碎散出泥→淘汰→精矿盛贮这一方案进行模拟实验，并按不同工具，采用了不同操作方法。

1. 碎散出泥

在西周井巷围岩上挖取一筐矿土，分别在木臼内和木淘池内，用杵舂捣，团块状矿土分离成散粒状；将筐内矿土倒在地上，用木槌敲打，效果同杵舂捣一样。再将大致分散的矿石和泥粒都倒入木淘池内，盛满水，用木手铲擦洗矿土并用力混合搅动，使矿团揉散，细泥处于悬浮状态，漂出泥水。

2. 淘汰。可分为淘洗船法、淘洗盘单手旋转法和跳筐淘洗法。

淘洗船法。取经碎散的粗矿 1 520 克，装入淘洗船内。将船半沉于水中，双手握住船两侧，前后往复推拉摇荡，经过数次，重矿物集中船底，轻矿物在上。当矿物明显分层时，靠两手的腕力，适当使盘身倾斜，使浮在上层的轻矿物被推出船外，出砂后立即进水，保持船内一定水量，如此反复操作。经过 7 分钟的淘漂，矿土中的废石被淘走，只见船底露出绿色赤色颗粒，即淘得的孔雀石、硅孔雀石、赤铜矿等铜矿石，共计 74 克（化学成分见表 3 - 4）。由于铁矿石或大理岩之大粒者也较重，固淘得物中含这些成分的粒块还得用手拣选出来。

表 3 - 4　淘洗后的铜矿石成分　（%）

Cu	Fe_3O_4	Fe	SiO_2	CaO	Al_2O_3	MgO	S
40.40	0.60	2.00	20.00	0.64	4.41	0.37	0.35
注：化学分析：大冶有色金属公司中心化验室							

淘洗盘单手旋转法。将木淘池盛上清水，水深占池深五分之四左右。右手四指在盘沿底上自然分开，托住盘。淘洗盘内矿砂和水的比例，始终保持 1∶2 左右，经左手搅拌，使盘中矿砂充分疏松。用手腕力操纵盘身，使盘顺着一个方向旋转，其旋转的轨道近似圆形。在其过程中，矿粒受本身重力和离心力作用，重矿物与轻矿物自然分层。此时，可进水出砂，即将盘沉入水中，一边旋转，一边使盘身沿盘侧壁边缘依次向外倾斜，一般掌握在 20 度与 25 度。出砂时手逆着旋转圈的切线方向向后猛拉，上层轻矿物呈扇形随水流出盘外。要做到盘前方出砂，后方进水，水砂自然出入，经过 6 分钟淘漂，淘洗盘底出现精矿。

跳筐淘洗法。是利用竹筐在地面水坑内进行淘洗的一种方法。其步骤是筐内装矿粒 7—8 公斤，置于水中，使矿土全部被水淹没。筐帮露出水面四分之一，使筐子保持悬空平衡。先将筐垂直抖动几次，使轻矿物浮在上部。颠动的幅度一般为2—3厘米。随着抖动，水从筐底鼓入，使筐内的矿物受到上升水和下降水的交变水流作用，矿物按轻、重、大、小产生分层。然后稍有倾斜地将筐在水中摆动、旋转，使筐缘形成浪冲式分洗流，将轻矿物甩出筐外，细小的从筐篾孔中甩出。经8分钟，铜矿物纯度达到要求。

跳筐淘洗法效率较高，处理量大，对于那些矿物含量很少的矿岩有明显的优越性，但没有淘洗盘法的回收率高。上述三种古代淘洗选矿法的模拟实验表明，其选矿分离过程为：分层、分带、分离。基本原理和簸箕簸米相似，所不同的是选矿时的各种外力通过水介质传递给矿粒，使矿粒按自身特点呈规律性移动，按比重产生分带。这种分离现象，宋人已有描述："沙中之金，由积以聚，聚则极而为沉，其沉也重。水中之波，由湛而扬，扬极而为浮，其浮也轻。积轻者所以幻虚也，积重者所以幻有也"[24]。把矿物轻重的分离现象描述得十分清楚。

（二）溜槽选矿法模拟实验及讨论

实验前的准备工作，首先是复制铜岭西周时期的木质溜槽及准备一些必要的仪器等。

1. 实验方案的选择。实验地点选择在铜岭采矿遗址古选矿场西北100余米处。复制溜槽按古溜槽的南北走向坐落于山岗北坡坡坎下，槽头接坎沟自然流水，落水距0.95米。槽尾连接尾砂池。槽面向北倾斜面，倾角按古代的6度设置。根据选矿学原理，影响溜选的因素主要有三个方面：即给矿性质（矿石的粒度、密度、形状）、溜槽的结构、操作因素（槽面倾角、给水量、冲程、冲次）。因此，实验前我们要先弄清铜岭的给矿性质。根据地质及考古的实物资料，铜岭矿石有以下特征：

矿石类型。为孔雀石铁质黏土、孔雀石块状褐铁矿。矿石含泥量大。

矿物颗粒形状。矿石和岩屑多呈粒状、小团块状，少部分呈不规则块状，不均匀地散布于铁质黏土中。

矿石粒度。本实验矿石采自铜岭矿山40勘探线。其类型同古代，为孔雀石、褐铁矿与孔雀石共生矿、铁矿石、粉砂岩碎屑等几种矿岩单体与铁质黏土的混合体。其粒度分别为1.2 ×2×1.2立方厘米、3.4×1.4×1.2立方厘米、2×2×2立方厘米左右，少许小者0.6立方厘米，大者6×2×2立方厘米。一般认为，如果先对个别大块者采用人工拣选，那么矿石的均匀度基本适合于直接进入重选法选分，这样，常规要求的矿石破碎工序可免除，矿粒过筛分级作业可有可无。古选矿场未见这些作业的遗迹遗物，反映了古代工匠充分认识和利用了铜岭矿石特征。

由上可见，铜岭的给矿性质已具备了溜槽选矿法的条件，不必作为模拟实验方案中的变量因素。溜槽的结构是古人已定的，仅是验证它是否合理。所以，只有操作因素才是实验方案中可变量（除槽面倾角古人定了之外），是需要经模拟实验来作结论的。因此，我们的实验按准备工序、选分工序、产品处理工序进行。

2. 模拟实验过程。共分为准备工序、选分工序、产品处理工序等。

准备工序。手工碎散为主要作业，因铁质黏土的胶结作用使铜岭的矿粒成团，所以需要碎散（不是破碎）后才利于选分。考古出土的可供碎散矿粒的遗物是木槌。用木槌锤敲矿团，使矿粒、岩粒与泥土松散即可。木槌碎散矿团后没有改变矿石的粒径。经测量粒径为1.5—2厘米，大者4厘米。

为了计算古代溜槽选矿的回收率，需要得出矿石的含泥量参数。测量方法为：取碎散后的矿石2公斤，用水淘洗脱泥，将剩下的净矿粒晒干称重为1.25公斤，即脱掉泥土0.75公斤，约占原矿石的38%。

选分工序。分别采用三个模拟方案及实验过程。

第一模拟方案及实验过程：按坎沟水的自然流量，测得溜槽给水量900毫升/秒，冲程1000毫米/秒，关沟闸截水。

以溜槽截取孔的高度为给矿厚度，进料槽的面积为给矿面积，其允许最大给矿容量为20公斤。用筐取20公斤经碎散了的矿石送至槽上端，扒平，测量其长度95厘米、厚5厘米。然后开沟闸放水至溜槽。

用木扒或木铲来回松动流板上段的矿料，可见靠近槽外缘的泥浆和比重水的岩屑被水流携带以较快的速度作为尾矿经槽排至尾砂池。靠近槽内缘的精矿虽然比重大，但因给水量过大而产生急流与拉沟现象，一部分精矿也被水流以较慢的速度携带至尾砂池。实验进行7分钟，选分完成。经称量，50%的矿石被冲入尾砂池，这说明给水量和冲程过大，造成精矿损失，应调节给水量。

第二模拟方案及实验过程：调节坎沟闸口大小至给水量500毫升/秒，冲程600毫米/秒。

给矿重量及操作照旧，但结果与前实验不同。靠近槽外缘的泥浆和岩屑分别在水上层和中层被水流携带，以较快的速度排入尾砂池。铜矿和块较大的铁矿粒沉在槽底，细粒铜铁矿沿槽底作缓慢前进运动。操作7分钟达到选分矿石的目的。关闸截水，观察溜槽上的矿粒，呈三段分布：

第一段为孔雀石、孔雀石褐铁矿和较大粒径的褐铁矿矿粒，集中在槽上段，距截取板10厘米，为选分出的精矿段。其中含铜矿石的粒度在1—1.5立方厘米的占50%，2立方厘米左右的占35%，2—4立方厘米的占15%，少数粒径较大的单一角矿石为废石，可用手选挑出。

第二段矿粒位于1.10—1.40米处，量少，呈稀散分布。虽然矿石种类同第一段，但是粒径都很小，故比第一段矿粒的运动速度快，反映了原矿由于未经筛分分级而存在的缺陷。

第三段位于槽下段，即距溜槽头1.40—3米处，为褐铁矿粒，粒度1—2立方厘米。

将精矿段矿石用木铲回收称量11.5公斤，占给矿量的57%，即排入尾砂池中的泥和废石为43%，其中泥占给矿量的38%，废石占给矿量的5%。

为验证同一级粒度的不同段矿粒的比重是否存在差异，我们在第一段和第二段分别取同一粒级的含少量孔雀石铁矿粒和褐铁矿粒，测得其比重分别为4.154、3.66，可见，同一粒级的铁矿石，因含铜量不同，比重也不同，各自移动的速度也不相等，以达到选分效果。

第三模拟方案及实验过程：选比第二方案给水量小的值，模拟其选分效果。本方案采用的给水量为350毫升/秒，给矿重量及操作方法同前，10分钟选分完成，比前两次实验时间延长了3分钟。实验结果是，矿粒在溜槽上分布状况与第二方案相近，但第一、二段的矿粒虽然以精矿为主，但夹杂有岩屑，说明给水量和冲程过小，影响了选分质量并延长了作业时间。

产品处理工序。溜槽选矿属湿式选分，选分所得的精矿常含有水分，在冶炼前，必须将产品中的水分脱除。实验按铜岭古代脱水方法，先将精矿装筐，放在斜面台地过滤，使水分自然脱除，然后堆放在竹席上日晒干燥。

综上所述，可将铜岭古代选矿流程作一归纳如下：

铜岭古代溜选作业流程

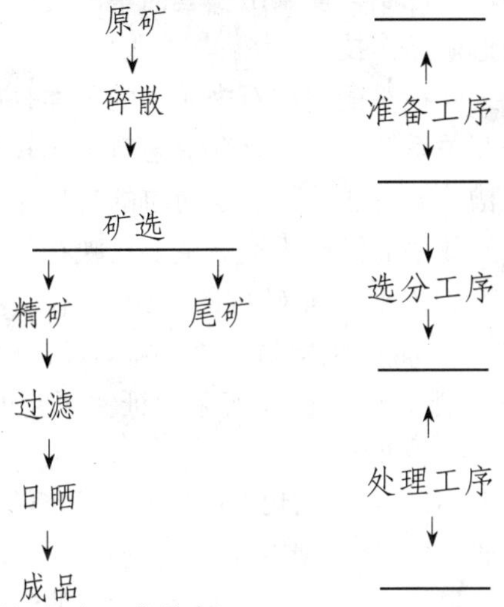

3. 模拟实验达到的选矿工艺指标

（1）品位

原矿铜品位：3.25%，即20公斤矿石含铜金属0.65公斤。

精铜矿品位：11.5公斤精铜矿，平均品位5.33%。其中易丁手选的富矿2公斤，品位为19.74%，即铜金属量0.394 8公斤。余下的9.5公斤精铜矿因粒径小，不易手选，品位为2.3%，即铜金属量0.218 5公斤。精矿中铜元素重量共计0.613 3公斤。

（2）产率

溜选后如不经手选：$\frac{\text{产品质量}}{\text{原矿重量}}=\frac{11.5}{20}=58\%$

（3）回收率

$$\frac{\text{精矿中铜元素重量}}{\text{原矿中铜元素重量}}=\frac{0.613\ 3}{0.65}=95\%$$

4. 通过铜岭古代溜槽模拟实验，我们得出如下答案。

（1）铜岭溜槽结构先进，构件设置合理

溜槽的精矿截取板有两点功用：一是限定木扒翻松矿料的操作范围，保证矿粒有足够的作业线，以利矿石选分。二是如果矿粒出现拉沟或急流现象，可随时堵截矿料，调节水量，保证选分运行正常状态。

溜槽槽口闸门也有两点功用：一是在给水初期关闭闸门，使槽成为一池，便于矿料在水中浸泡后人工搅拌，使泥、矿粒分离，有利于选分。二是精矿如果出现流失至尾砂池，可及时关闸，调节操作因素。

古溜槽设计全长3.43米，从模拟实验中观察到的矿料被选别分离后在溜槽各段所处的分布位置看，精矿沉淀于精矿截取板上段区，尾矿排入尾砂池或沉淀于槽尾，这与溜槽的长度及各构件位置的设置比例十分吻合。这反映了古代工匠是按铜岭的矿石性质，通过反复实践而确定的最佳溜槽尺寸。从模拟实验得出的铜岭古代选矿工艺指标看，铜岭古溜槽是一种效率较高的矿粒重选设备。

（2）掌握了较好的选矿操作技艺

古代工匠针对铜岭的矿石性质，摸索出一套简单的选矿流程，面对比较复杂的操作因素，掌握了较好的选矿操作技艺。

模拟实验表明，古代工匠在对铜岭矿石中矿物的种类，矿物与脉石、铁质黏土的伴生、密度、比重等相互关系及铜矿石赋存形态有了比较充分认识的基础上，通过实践后正确地采用了溜槽选矿方法，并制定简单的选矿流程。在选矿的操作过程中，总结出一套能提高生产效率的操作规程。主要反映在如下方面：

认识到溜槽倾斜度与给矿浓度（即矿粒的粗细、含流量、比重）有关，是决定选矿效果的主要因素之一。溜槽倾斜坡度6度，不仅符合现代要求的3度—4度，最大不超过16度这一指数，而且也在实验中证实了它的合理性。坡度过大会造成精矿损失；过小，脉石不易冲走。

古代工匠按溜槽尺寸大小，专门设计以精矿截取板为界，其上段槽体容积为给矿容积，仅以每次流程可放20公斤矿量为限，否则通不过截取板下的孔道，显然古人认识到给矿量与选分效果的关系，从而规定了适当的给矿量。

溜槽上段允许最大给矿量为20公斤，这与选分因素相吻合。量太大，影响选矿质量；量太小，影响工效。

从古溜槽东侧出土的精矿含铜量达20.48%来看（表3-5），说明古人成功地进行了溜槽选矿。模拟实验表明，给水量在500毫升/秒，冲程为600毫米/秒为优良操作工艺，古人的控制量只能在这个值左右波动，较高的回收率，反映了古代铜岭矿山已有相当可观的选矿生产规模。

表3-5　铜岭溜选精矿化学成分　　　　（%）

Cu	Zn	Pb	Sin	S	SiO_2
20.48	0.212	0.0115	<0.001	0.02	38.71
Fe_2O_3	FeO	CaO	MgO	Al_2O_3	
0.77	0	0.56	0.31	6.91	

铜岭西周选矿场就近于采矿井巷旁，具有运输距离短，水源方便，作业便利等优点。选矿工棚等配套设施，反映了西周选矿场的完备程度。

至于铜岭西周选矿存在缺少筛分分级工序的问题，有它的两面性。矿料不筛分，给矿粒度必然不够均匀，会使分离不够完全，这一缺点已在模拟实验中反映出来；如增加筛分工序，将会增加相当多的人力和时间，这既反映了西周选矿流程不够完备，又反映了古人注重生产效率而不注重节约矿产资源。

铜岭古溜槽是迄今中国考古发现的最先进的选矿设备，这类模拟实验在国内尚属首次。实验研究结果证明，远在西周时期，中国的选矿技术已有其鲜明的特点，这进一步证明中国光辉灿烂的青铜文明是土生土长的。

综上所述，我们可以看出，西周时期中国矿山在井巷掘进与支护、露天和地下开采、提升、排水、通风及选矿等技术方面发展的连续性和继承性。各矿山采矿技术之间的相同点和不同点，既反映了中国青铜文化对各地的强烈影响，又反映了各族属地的地方特色。

矿业工具是矿业技术发展的集中表现。西周采选工具，根据采选的特殊要求，朝着专门化、多样化、复杂化、系统化方向发展，特别是滑车等简单机械的应用，表明西周时期中国矿业工具在向省工省力的方面迈了一大步。西周时期的矿业工具概括起来可以分为七大类，分别是：

探矿工具：有船形木斗、木杵、木臼等。

挖掘工具：有铜镢、铜锛、铜铲、铜斧、木槌等。

铲载工具：有铜锄、短柄木铲、长柄木铲、木锨、木撮瓢、竹篓、竹筐、竹箕等。

排水工具：有木瓢、木桶、木浇筒、木槽等。

提运工具：有平衡石锤、木钩、扁担、桔槔、梯、木滑车、转向滑柱等。

照明工具：有竹火签、竹灯等。

选矿工具：有木溜槽、木斗、竹筐等。

这七大类矿业工具，各有自身的发展演变轨迹，彼此相互联系，融为一个有机整体，形成广义的矿业工具的群体组合和独特的发展体系。

参考文献

〔1〕李学勤：《应监甗新说》，《李学勤集》，黑龙江教育出版社，1989 年 5 月，第 180—184 页。

〔2〕彭子成等：《強国墓地金属器物铅同位素比值测定》，《宝鸡強国墓地》（上册），文物出版社，1988 年，第 639—645 页。

〔3〕项春松：《“许季姜簋”及其铭文初释》，《中国文物报》，1994 年 6 月 19 日，第 3 版。

〔4〕黄石市博物馆：《铜绿山古矿冶遗址》，文物出版社，1999 年 12 月，第 23—49 页、第 57—103 页，笔者参加铜绿山考古发掘、研究工作二十余年。主持铜绿山几个点的采矿冶炼遗址发掘工作。

〔5〕黄石市博物馆：《大冶上罗村遗址试掘简报》，《江汉考古》，1983 年，第 14—20 页。

〔6〕作者 1979 年考古调查及发掘清理。

〔7〕港下古铜矿遗址发掘小组：《湖北阳新港下古矿井遗址发掘简报》，《考古》，1987 年第 1 期，第 30 页。

〔8〕刘诗中、卢本珊：《瑞昌市铜岭铜矿遗址发掘报告》，《铜岭古铜矿遗址发现与研究》，江西科技出版社，1997 年 12 月。笔者为江西铜岭古铜矿遗址考古发掘领队。

〔9〕杨立新：《安徽沿江地区的古代铜矿》，《文物研究》第 8 辑（1993 年 10 月），第 195—196 页。

〔10〕商志䃅：《苏南地区青铜器合金成分的特色及相关问题》，《文物》，1990 年第 9 期，第 48 页、第 54 页。镇江市博物馆等：《江苏金坛鳖墩西周墓》，《考古》，1978 年第 3 期，第 151 页。

〔11〕李延祥、韩汝玢：《林西县大井古铜矿冶遗址冶炼技术研究》，《自然科学史研究》，第 9 卷第 2 期（1990 年），第 151—152 页。

〔12〕李延祥：《中条山古铜矿冶遗址初步考察研究》，《文物季刊》，1993 年第 2 期，第 64—67 页。

〔13〕同〔4〕、〔7〕、〔8〕。

〔14〕卢本珊：《铜绿山古代采矿工具的初步研究》，《农业考古》，1991 年第 3 期，第 175—182 页。

〔15〕同〔4〕第 45 页；同〔8〕第 46 页。

〔16〕同〔4〕第 164 页；同〔8〕第 46 页。

〔17〕同〔4〕第 181 页。

〔18〕杨永光、李庆元、赵守忠：《铜绿山古铜矿开采方法研究》，《有色金属》第 33 卷第 1 期，1981 年，第 82—83 页。

〔19〕铜绿山铜铁矿：《铜绿山矿志》，1995 年 10 月编纂，第 15—16 页。

〔20〕同〔8〕第49—50页；同〔4〕第49页，第180页。
〔21〕《吴兴钱山漾遗址第一、二次发掘报告》，《考古学报》1960年第2期。
〔22〕同〔4〕，第43页。
〔23〕卢本珊：《商周选矿技术及其模拟实验》，《中国科技史料》，第15卷，第4期（1994），第55—64页。
〔24〕无名氏：《灌畦暇语》，《说郛》，第二十九页。

第四章
东周采矿技术

公元前771年，犬戎入侵，攻破镐京（今西安），周幽王被杀；次年，周平王在申（今南阳北）即位，后迁都至洛邑（今洛阳）；公元前256年，为秦所灭；因洛邑在镐京之东，史称这一时期为东周。

东周是我国历史上奴隶制向封建制社会大变革的时代。鲁国于公元前594年实行"初税亩"，意味着井田制开始瓦解。到春秋战国之交，各诸侯国陆续实现了向封建制的过渡。封建制的建立，基本上适应了当时生产力发展的要求，一些从事生产劳动的人，从奴隶制的桎梏下解放出来，其劳动兴趣和生产积极性有了提高。地主阶级及其官吏，为了巩固他们的统治，也需要发展生产。奖励耕战是各诸侯国进行变法时采用的重要政策之一。在发展农业的同时，各诸侯国也重视矿业的开发。例如，齐国实行"官山海"政策，加强了对矿山的管理，以官督民办的方式进行冶炼，制订了封山护矿的法令，使矿业得到较大的发展；秦国实行商鞅变法，采取迁徙冶铁业主等措施，加速矿冶业的发展。《史记·货殖列传》记载秦惠文王八年（公元前330年）攻魏，"迁孔氏南阳，大鼓铸"。东周时期，铜铁的多少就成了国家财富的重要标志。

此期金属矿开采技术的成就主要表现在下列六个方面：（1）凿岩技术有了发展。至战国时期，火爆法便用到了矿山破岩施工中；锛、斧、锄、锤、耙、錾等铁制凿岩工具完全代替了铜制工具；使凿岩效率大为提高，并扩大了地下作业空间。（2）创制了多种木支护技术和天然护顶技术，其不但架设方便，而且抗压强度较高。（3）新创了多种采矿方法。（4）木绞车使用得更为广泛，提运机械向大能量和操作方便的方向发展。（5）防水、排水能力有了进一步发展。（6）人们将溜槽选矿法用到了井下，从而减少了废石提运量。东周是我国采矿技术的创新期。

第一节　东周矿业发展概况

一、南方三国矿业的发展和交流

在东周诸侯国的矿业中，值得注意的是楚、吴、越三国。此三国在东周时期大体包括今长江中下游及上游的部分地区。矿冶技术的发展，自商代开始，经西周、东周，从未停顿过，同时也在较大程度上反映了我国矿业发展的先进水平。

楚自西周初年立国，从熊绎到熊渠，五代六君，历时约一个半世纪。楚国不仅拥有众多的铜矿山，而且拥有一些黄金产地。熊渠在位时，显示了转弱为强的势头。熊渠一面继承先君遗规，小心睦邻；一面整军经武，大胆开疆。《史记·楚世家》说：在周夷王时，王室衰微，诸侯交相攻伐，“甚得江汉间民和，乃兴兵伐庸、杨粤，至于鄂。熊渠曰：‘我蛮夷也，不与中国之号谥’”。杨粤即扬越。熊渠伐扬越，终点是鄂。鄂立国甚早，西周时东迁，都于今湖北鄂州市。鄂国乃以其地扬子鳄为图腾而得名[1]。鄂国密迩长江中游的铜矿，得其厚利。楚熊渠不畏长江风涛之险，劳师远出以伐鄂，无疑是受了铜矿的诱惑。伐鄂的胜利使长江中游的铜矿（包括湖南麻阳铜矿）不再是扬越和淮夷的奇货以及周朝的禁脔，而成为楚人得以染指之物，这对楚国的振兴起着莫大的作用[1]。

楚地产金，这在许多文献上都有记载。《管子·轻重甲篇》记管仲语：“使吾得楚之黄金，吾能令农田毋织而衣。”春秋中期，楚国在云南楚雄设官置史，管理丽水黄金的开采。《韩非子·内储说上》：“荆南之地，丽水之中生金，人多窃采金。采金之禁，得而辄辜磔于市；甚众，壅离其水也；而人窃金不止。”丽水为金沙江。徐南洲研究论证了《山海经》记载的产金之山招摇山是广西兴安县的苗儿山[2]，属楚国之山。为了垄断贵金属黄金，楚国用严刑峻法禁止人民窃采。除丽水等地外，楚国黄金产地还有沮漳河（今鄂西远安、当阳一带）、洞庭（常德、桃源一带）、汉中。《管子·地数》：“金起于汝汉之右洿。”《轻重甲》篇说：“楚国有汝汉之黄金。”汝河在今河南省境内。楚国是世界上最早使用黄金货币之国，而且金币种类繁多。楚、吴两地为列国最早使用铁器的地区之一。长沙钢剑和荆门包山楚墓的钢针有力地说明，楚地不但最早炼铁用铁，而且经历了由冶铁到渗碳制钢的主要发展过程。正因为楚国拥有丰富的金属矿产，所以《山海经》以楚为中心，西及巴、东及齐，记载众多矿山[3]。

关于吴、越的矿业，多种先秦都有记载。《考工记》载：“炼金以为刃，……郑之刀、宋之斤、鲁之削、吴越之剑，迁乎其地弗能为良，地气然也。……吴越之金锡，此才之美者。”又，《周礼·职方氏》称：“东南曰扬州，其川三江，其浸五湖，其利金、锡、竹箭”，荆州“其利丹、锡、齿、革”。此外，年代稍后的《越绝书》、《史记·货殖列传》、李斯《谏逐客书》、《盐铁论·通有》等都多次提到“吴粤之金锡”，“荆扬……左陵扬之金”，“江南金锡”。显然，此吴越之金锡是来自吴越铜矿锡矿的。此外，文献上记载的吴越铸匠也较多。《吴越春秋·阖闾内传》：“干将作剑，采五山之铁精，六合之金英。”《越绝书·越绝外传》：“欧冶子、干将凿茨山，洩其溪，取铁英，作为铁剑三枚。”这自然也是吴越出产铜铁的一个旁证。

关于吴越产铜的情况在考古发掘中也可看到。浙江永嘉春秋末窖藏出土铜块50多公斤[4]。江苏金坛，安徽贵池等地出土铜锭，等等。考古资料还表明，众多的吴式青铜器，不仅在吴境广泛出土，而且在陕西、山西、山东、河南、湖北、安徽等地都有发现[5]。

中国所产铜、铅、锡等用于青铜生产的金属矿产原料，因各地地质条件不同，在品种和质量方面常有不同。在古代冶铸技术条件下，这种差异常常使各地的青铜产品带有自己的特点。金正耀等对战国时期燕、齐、魏、楚的42枚货币及广东的6件战国青铜器的铅同位素比值进行了研究[6]，有四点发现：一是各国铸币所用之铅主要来自各自境内，利用的是境内矿产。二是西部和南部地区诸国货币的含铜量普遍较北部（河北）、东部（山东）各国要高，而北、东部古币含铅量高，认为此现象与该地区当时的铜矿资源和铜矿冶的发展水平有密切关系。三是从测定结果看，齐与楚、魏与楚、魏与齐之间可能存在少量矿物物产交流。众所周知，楚晋之间人物交流很频繁，“楚材晋用”是有名的典故。四是广东岭南一部分青铜器可能与内地矿产来源有关。

铜料的交流，史籍中也有记载。《左传·僖公十八年》：“郑伯始朝于楚，楚子赐之金，既而悔之，与之盟曰，无以铸兵。”到了战国中期，楚王对军用物资的管制相当严格。楚国的江淮大地，许多物品可进入市场交易，唯铜锡、皮革、箭镞等军用物资仍由国家控制，鄂君启节车的铭文规定“毋载金革黾箭”，不得从事跨国贸易，所以禁止贩运。

南方铜料北输中原，周代铜器铭文常有记载，如春秋初期铜器《曾伯桼簠》铭文称“克狄淮夷，印燮繁汤，金道锡行”。同期的《晋姜鼎》铭文称“俾贯通曰，征繁汤□（原）取其吉金，用作室尊鼎”。

郭沫若先生《两周金文辞大系图录考释》云：“此簠（指《曾伯桼簠》）与晋姜鼎同时，彼云：‘征繁汤原’，此云‘印燮繁汤’，盖晋人与曾同伐淮夷也”。并指出：“古者南方多产金锡，‘金道锡行’言以金锡入贡或交易之路。”

春秋时，繁阳属楚地，即今河南新蔡县北之三十里汝河北岸，在淮河支流上，水陆交通便利，但历史上繁阳并不产铜，因此，繁阳为楚国与北方邻国铜等物品的交易地是可能的。

南方的铜料外运，水运发挥了重大作用。湖北铜绿山的矿冶遗址区域内，在通长江的大冶湖边发现商周不同时代的红铜锭，说明商周时期该地的铜产品主要靠水路外运。

楚人用船，文献上最早见于公元前10世纪中叶。《帝王世纪》云：“昭王德衰，南征，济于汉，船人恶之……”从西周至战国的几百年间，楚、吴、越诸国的造船技术都有很大发展，专门的运输船，不但船体大，装载多，而且结构复杂。楚境内凡能通航的河道，如江、汉、沮、漳，以及湘、资、源、澧的一部分，几乎都有舟船沟通。进入战国，楚国的领土最南到两广，最东到江浙，楚国的船舶顺着水路，也就到达了这些地方[7]。《鄂君启节·舟节》记载：“上江，庚木关，庚郢。”自鄂（今湖北鄂州市）溯江而上，经过木关，可达郢都（江陵）；或者从夏首（今沙市东）顺江而下，可至江西、安徽一带。

春秋时，吴越的水师早已出入于长江。《国语·吴语》记载吴王夫差说：“余沿江泝淮，阙沟深水，出于商、鲁之间，以彻于兄弟之国。”

长江上游虽然水流湍急，周代也已通航。《史记·张仪列传》汜张仪对楚怀王说：“秦西有巴蜀，大船积粟，起于汶山。浮江已下，至楚三千余里。”楚国早期主要活动范围在江汉平原，对外交通的国家主要是中原和秦，汉水曾发挥过重大作用。

中国炼铁技术的发明，将中国古代社会生产力推向了一个崭新的高度。至战国时期，由于社会经济制度的变革，社会上对于铁器的需要量增加；使铁矿开采、冶炼和铸造，成为一种关系国计民生的重要手工业。战国中期，铁器在农业和手工业中取代了铜器的主导地位，铁矿山遍布七国。据《山海经·中山经》和《管子·地数篇》说，这时“出铁之山三千六百九”，此数固不足为凭，但可知这时被发现的铁矿是较多的，规模也较大。如山东临淄齐国故都冶铁遗址的面积达四十余万平方米[8]。河北易县燕下都城址内有冶铁遗址三处，总面积达三十万平方米[9]。这时出现了许多著名的冶铁手工业中心，如宛（今河南南阳）、邓（今河南孟县东南）、邯郸等。出现了像魏国的孔氏、赵国的卓氏、齐国的程郑等一批因冶铁致富的大铁商。钢铁的应用使整个人类社会发生变革，也给采矿业注入新的活力，使采掘作业获得前所未有的高效工具，从而大大提高了矿山劳动的生产率。

二、名工名匠及有关矿业论述的出现

春秋战国是我国历史上一个百花齐放，百家争鸣的时代，许多领域和行业都涌现出了自己的杰出人物。我国矿冶史上第一批见于文字记载的名工名匠，名牌产品，以及关于矿冶业的第一次论述，便是在这一时期出现的。在这些名工名匠中，大家较为熟悉的有：干将、莫邪和欧冶子等。

干将，春秋晚期吴国的炼铁名手、铸剑名匠。《吴越春秋》卷四“阖闾内传”载，吴王阖闾曾命干将炼铸两把宝剑。干将“采五山之精，六合之金英”用来炼剑。炼制三个月，“金铁之精”不熔。其妻莫邪“断发剪爪，投入炉中，使童男童女三百人鼓橐装炭，金铁乃濡，遂以成剑”。可知干将从采矿、冶炼，到铸剑，实行全套作业，他不但是冶炼匠、铸剑家，而且是采矿名手。看来，在遥远的古代，采、冶、铸、锻，往往是一条龙作业。

欧冶子，春秋末年越国铸剑匠师。《越绝书》卷十一“外传记宝剑”载，越王聘之作五剑，曰湛卢、巨阙、胜邪、鱼肠、纯钩。据称，巨阙剑十分锋利，“可穿铜釜，绝铁鬲”。《越绝书》还说，欧冶子应楚王之邀，又与干将为楚王制作三剑，曰龙渊、泰阿、工布。

此外，战国时期，楚国和韩国都出产锋利的兵刃器。《史记·范雎列传》载：秦昭王临朝叹息曰：“吾闻楚之铁剑利而倡优拙。”此说楚的铁剑十分锋利。《荀子·议兵篇》载：“楚人鲛革犀兕以为甲，鞈如金石。宛钜铁釶，惨如蠭蠆 。”此说楚的铁矛锋利。“宛”属南阳；“钜”，杨倞引徐广言，注为“大刚”，即十分锋利的意思；釶即矛。《战国策·韩策一》“苏秦为楚合从说韩王”载：“韩卒之剑戟，皆出于冥山、棠溪、墨阳、合伯膊、邓师、宛冯、龙渊、太阿。皆陆断马牛，水击鹄雁，当敌即斩。”此说韩国出产锋利的剑矛。其中的冥山（信阳县境）、棠溪、合伯、龙渊、太阿（均西平县境）等皆地名，今在其中的多处地方都发现过古代冶铸遗址[10]。这些楚韩的锋利兵刃器，便是我国见于文献记载的第一批名牌产品，其中自有许多名工名匠。若依干将的操作方式，其中少不得也有一些采矿名手的，只可惜皆未留下任何姓名。

春秋战国之际，百家争鸣，诸子创说，学术空气十分活跃，与矿冶有关的论述亦散见于先秦诸子中，如《考工记》、《管子》、《禹贡》、《山海经》都记述过与矿业有关的一些问题。《管子》一书中提到了山金、山铁、铜、锡、铅、丹砂、银、曾青、赤青、赭、琳、琅玕 、礝硟 、陵石等，矿产地分布在楚、蜀、晋、齐等，有的距周“七千八百里”。具体产地有汝汉之金、庄山之金、历山之金、紫山之白金、明山之曾青、阴山之礝碈、牛氏（或禺氏）边山之玉、渠展之盐等。《管子》首次记载了我国古代对于成矿关系的认识，反映了当时人们对于矿产的产出特征已积累了相当丰富的经验。《尚书·禹贡》记载了十二种矿产的产地分布情况。《山海经》中记载了七十三种矿物，并且记载了某些矿产在分布上的相互关系。

《管子·海王》篇首次提出了“官山海”的主张，即由国家管理海盐的生产和矿产采冶的政策，这可能是我国最早的“矿产资源法”。如“地数”篇在叙述了金、银、铜、铅、锡等矿产的上下关系之后说：“此山之见荣者也，苟山之见荣者，谨封而为禁，有动封山者，罪死不赦。有犯令者，左足入，右足断；右足入，左足断。”看来，当时法律是十分严厉的。

关于《管子》、《山海经·五藏山经》中总结出的金属矿产的共生关系，在古代找矿采矿史上具有特别的指导意义，我们将在本章第二节中专门阐述。

三、矿业管理的加强

战国时期刚刚进入封建社会，代表新兴地主阶级利益的各诸侯国，为适应政治和经济的新形势，需要加强生产工具、兵器及其他器具的制作。为此就要进一步健全手工业管理机构，促使技术更新，不断提高产量和质量。李京华曾从出土铜器铸范铭文对当时冶铸业管理机构及职官进行过许多探讨[11]。

战国时期，“各国掌府库典藏的机构，有大府（如大府簋铭）、中府（导成侯小器铭）、少府（少府小器铭）等。少府是物资、武器的保管与制造机构”。“在中央政府中，以相邦、守相和邦司寇为兵器最高督造官员。在各地区，韩国以及魏国以令为督造，燕国以侯为督造，秦国以郡守为督造官员。相邦或令下设司寇、工师、冶尹等官员，这是军用器械的管理官员。生活用具及生产工具制造，则以仓、廪、舍等为主管机构。”

战国各国手工业管理机构很不统一。各国冶铸手工业管理制度，以韩、赵两国较为严格和系统，尤其是兵器。从已发表的材料看，以韩国为最丰富，但铜、铁冶铸的主要管理机构只有两个，即“库”和“仓、廪、舍”；其兵器保管和生产管理，从上到下皆各有职责（表4－1）[11]。

府，《周礼》中有大府、玉府、内府、外府等。李京华使用文献记载与铜器铭文相结合的方式进行了许多考证[11]，认为“府”应是管理冶金手工业最高的机构。在中央还有相邦、邦司寇等督造官员。县令是管理冶铸手工业的最高官员。司寇是司法官。在管理的刑徒中，有从事百工的，其中包括采矿、冶铸业中的生产者刑徒。库是军械生产、保管的主管机构。库下设工师、冶或冶尹专管冶金之工。工师除负责技术外，也是原料和产品的质量检查者。李京华认为，工师应高于工尹。韩国冶尹这个职官之名，是自楚国传入。工尹、工鬼薪、工城旦是刑徒中的小头目，为最低一级管理者。

中国古代对施工的劳动定额与预算也非常重视。春秋战国之交，将有计划地进行施工提到了更高的议程。如《左传》宣公十一年楚令尹蒍艾猎城沂，昭公三十二年晋士弥牟营成周，均记述了施工前的劳力计算，调整工具物资，准备粮食等项计划和责任。

表4-1 战国时期兵器保管生产管理责职表

国别	最高管理官员	司法督造官员	军工主管机构	技术负责和质量检查人员	戈、矛、戟、专业生产人员	合金配比
赵国	相邦、赵令	左、右校、右军	库	工师	冶（冶氏）	执齐
韩国	郑令	司寇	库	工师	冶、冶尹（冶氏）	
秦国	雍令	司寇	库	工师	冶（冶氏）	
晋国	令	司寇	库	工师	冶（冶氏）	
魏国	安阳令	司寇	库	工师	冶（冶氏）	

劳动定额的测量是一个复杂问题。根据人的体力、效率、简单劳动和复杂劳动等等，可以有很大差别。应从大量统计中得到的平均值来作为定额数字。

关于东周时期矿业的组织管理，《周礼·地官》说：“丱人掌金、玉、锡、石之地、而为之厉禁以守之，若以时取之，则物其地图而授之。”又说：“丱人，中士二人，下士四人，府二人，史二人，胥四人，徒四十人。”丱人是执掌矿业的职官，为国家主管地下的矿藏。厉就是藩界，派人看守。矿山不像山林川泽那样“以山事贡其物”，有与民分利的规定。矿藏全归国家所有，私人不得开采。这种情况，同《管子》的“官山海”极为相似。

关于“百工”，杜勇认为有两个层次的含义：一是管理者工官，二是劳动者工匠[12]，这应是正确的。《考工记》记曰“国有六职，百工与居一焉。……审曲面执，以饬五材，以辨民器，谓之百工”，即审视金、木、皮玉、土的曲直，结构，性能，制作器具的，是百工。郑玄注：“百工，司空事官之属。”《周礼·考工记》记曰：“凡攻术之工七，攻金之工六，攻皮之工五，设色之工五，刮摩之工五，搏埴之工二。”值得注意的是，“金工”中的六工有：制造规矩（筑氏），矢戟（治氏）、刀剑（桃氏）、钟（凫氏）、量器（㮚氏）、锻冶（段氏），却没有采矿的工。据此，我们认为古代矿山作业人员的等级在商周是有严格区别的。与“金工”中有关六工的作业都为矿山的地面作业，包括冶炼作业，他们还能称得上“工”，而下井者则与地表作业者的工作条件差别很大，只能在黑暗的地下凿岩破碎，移运重物，在窄矮的巷道内爬行，工作条件恶劣。所以，直到《周礼·地官》的记载，下矿井的作业者还是罪犯和奴隶，他们没能被冠以“工”的地位，是最下层的劳动者，被专门的官吏加以管制，可能比“工”的管理还要严格。

第二节　找矿方法

一、最早的“矿”字

“金”和“石”字在我国都是出现较早的，其含义亦颇丰富。东汉许慎《说文解字》：“金，五色金也。”“石，山石也”。“金”还是金、银、铜、铁、锡（或铅）五金的统称。“石”泛指一切石类。西周铜器铭文中，金字也是常见的。矿字源于何时，具体年代已难说清。《殷契粹编》1 221 片有云：“己巳，王𡧊坚囲。”杨遇夫《卜辞求义》中认为，囲之形与朙字异，乃繁简不同，字象窗片牖之形，当即 囧之变体。《说文》七篇上囧部：“囧，窗牖丽廔闿明也，象形，读若犷。”“犷”即今之矿字[13]。春秋时期，中国已有明确记载矿字的本字“卝”，《周礼·地官司徒·卝人》：“卝（矿）人掌金（铜）、玉、锡、石之地。”卝为矿的本字，像采矿竖井的井口，二横表示井口地表，两竖表示竖井井筒及木支护背板；而且背板高出井口地表，其象形完全被商周矿井所证实。有学者认为，许多与矿有关的词都源于此，如𥐥、鉼、鐄、磺、礦、錍、砒、碑、丱、鈋等，都是由“卝”衍生而来的异体字，它们已有矿物的初级内涵[14]。

二、金属矿找矿方法

我国古代很早就有了相当发达的金属文化，故其在找矿、采矿方法上也必有一套独特的经验。这方面的专门记述较少，唯《山海经》等著作中可看到一些相关的记载，所以要了解先秦找矿方法上的成就，还只能采用实物资料为主，文献记载为辅的方式进行研究。

《山海经》是我国现存最古老的地理著作之一，约成书于战国时期。全文共31 000字[15]，记述了550座山，300 条水道[16]。这些地名共分成5 个区域，即南西北东中 5 区，然后又用次一级区域分解为 26 个小区，反映了东周时期区域地理调查的成果。除了地貌状况的空间位置的确定外，书中还特别强调自然资源的蕴藏分布，包括矿物、动物和植物，标志着当时的社会对矿产有了相当的需求。值得注意的是，书中叙述 92 种矿物和岩石[17]，均是以它们的物理性质和外观特征来命名的，由此可见，矿物的鉴定技术是找矿技术的先决条件。

从考古资料和文献记载来看，东周时期的找矿方法约包括两类六种[18]：一类是地质找矿法，其中又包括重砂找矿法、共生矿找矿法、利用风化矿找原生矿法；另一类是探矿工程法，其中包括浅坑法、探槽法、浅井法。

1．地质找矿法

由于矿产赋存部位及围岩常有各种特殊现象，便给工匠们提供了许多重要的线索和依据。

（1）重砂找矿法

又称重砂测量法。它是利用淘洗盘对松散层（残积、坡积、冲积层）取样淘洗，留取碎屑矿物进行观察，根据其中矿石碎屑的成分，数量多少的变化，追踪所找矿物的来源。它对于寻找由稳定矿物（即不易氧化分解的矿物）所组成的矿床氧化带、砂矿床等有显著的效果，适宜于寻找金、锡、铁、铜等。

江西铜岭，湖北铜绿山，安徽铜陵狮子山铜矿遗址中出土大量木制的重砂法找矿工具，木盘、木瓢是我国早期的找矿工具。

遗址中发现的淘盘有船形和椭圆形两种。陶洗船可分四式，均为整木挖凿而成。“船”长10多厘米至30多厘米不等。椭圆形淘洗盘可分两式，长10多厘米至20余厘米不等。许多淘盘是在古代矿井内发现的。关于它的操作方法，我们进行了模拟实验。主要是采用淘洗船推拉摇荡法和淘洗盘单手旋转法，以水作介质，利用铜矿物与脉石矿物彼此间比重不同达到分选。在操作过程中，经淘漂除掉泥土及轻矿物杂质后，可见盘底留下的是孔雀石等铜矿粒及铁矿粒，通过目测铜矿物的多少，便可知铜矿体的走向。模拟实验证明，周代，我国的重砂找矿法已相当成熟。

《韩非子·内储》载：“荆南之地，丽水之中生金，人多窃采金。”这是我国古代文献中，关于淘金的较早记载。关于沉积分选作用的理论，东汉王充的《论衡·状留篇》中已有较为正确的认识，书中叙述：“湍濑之流，沙石转而大石不移，何者？大石重而沙石轻也。沙石转积于大石之上，大石没而不见。”

（2）利用风化矿找原生矿

如以赭找铁法，这在古籍中不乏记载。《管子·地数》篇载：“山上有赭者，其下有铁。”《山海经·中山经》载：“中有美赭……其阳多金，其阴多铁。”古人以赭找铁的方法是符合地质规律和矿物学理论的。赭，是一种红色土状赤铁矿，常混杂些许黏土。它是因赤铁矿受地表大气、水和生物等外力长期综合作用下风化的产物，所以山上（即地层浅部）的赤铁矿变成赭，其下因风化程度较弱，仍为赤铁。我国以“红”字为首的铁矿山名许多因此而得名。例如清严如煜编《三省边防备览》卷九“山货”条在谈到陕西铁矿时说：“红山则山之出铁矿者，矿如石块，色微赤，故称曰红山。”我国河北邯郸、湖北鄂州、大冶，河南舞阳的先秦铁矿遗址中皆有此类铁矿床。是知“山上有赭者，其下有铁”是古代工匠在中国大区域的普查找矿（铁矿）中总结出来的一种行之有效的方法。

（3）共生矿找矿法

多种金属矿物共生在一起构成一综合矿体是我国金属矿床的普遍特征。利用这一特征，可从地表发现的一种矿物来预测地下赋存的另一种矿物。战国时期，我国已认识了许多矿物共生的规律并总结出一套找矿方法，其中，《管子·地数》和《山海经·五藏山经》对不同矿种的上下关系记载得最详细。归纳起来，共生矿找矿法可分为五种：

①山上有磁石，其下有铜、金。这应是铁铜共生。

②山上有陵石，其下有铅、锡、赤铜。这应是铅、锡、铜共生。

③山上有铅、其下有银。这应是铅银共生。

④山上有银，其下有丹。这应是银汞共生。

⑤山上有丹砂，其下有黄金。这应是汞金共生。

古人总结的上述找矿规律，大体上符合现代矿床的矿物分布理论，被现代地质资料证实基本是正确的。具体论据夏湘蓉先生等在《中国古代矿业开发史》一书中已阐述，本文不再赘述。

2. 探矿工程法

东周时期，对于覆盖层较厚的隐伏矿体，古人已知道运用探矿工程找矿法，其具体探寻方法是：

（1）浅坑法

铜岭、铜绿山、南陵铜矿遗址内，分布着许多古代浅坑。它往往与露天开采结合起来，即开拓浅坑探矿，有矿即采，无矿即停。为了减少排除废石的排土量，往往在坑底再掘竖井，与井探相结合。

（2）浅井探矿法

浅井探矿可揭露基岩，直接观察到矿化及地质状况。从上述的几处铜矿遗址看，探矿用的竖井一般比采矿井的断面小，仅容一人上下。探矿工效比现代钻探低得多，但在评价矿床的准确性上有其优点。为了有效地发挥工程探矿的作用，古人往往又将井探与巷探组合在一起。

（3）探槽法和浅井找矿法

此法至迟始于商代中期，当时，江西铜岭的工匠采用长7.6米，宽1.4米，深约0.56米的探槽工程揭露掩盖层，然后用浅井和短巷组成联合探矿工程，随掘进走向支护木构框架。其优点是可在地下按矿脉的可能部位需要进行横向或纵向的勘探，使工程探矿运用自如。

我们研究了铜陵、铜绿山等地的地质情况和古代采矿遗存后发现，工程探矿法也可以说是就矿采矿法。因为有些矿区铜矿化主要受一些来自地壳深部的浅成小岩体制约，成矿作用特点是垂直区间大，而水平方向的连续性相对较小，因此，隐伏矿体的存在机会较多。虽然地表含矿性差，但具有形成盲矿体的地质条件。如果古人在已找到的矿点周围采用工程探矿，可“就矿找矿”，安徽铜陵地区的狮子山、凤凰山、大冶地区的铜绿山、叶花香的盲矿体，都是新中国成立后多次工作后找到的，而盲矿体上却早已留下了古人的井巷。

近几年，我国发现了多处大规模的先秦时期铜矿山，采掘深度距地表六七十米，由此可见《管子·地数》云：“凡天下名山五千二百七十，出铜之山四百六十七……”的统计数据还是有根据的。

有趣的是，中国地名中保留了许多以金属矿藏命名的古地名，如湖北有“铜绿山”、“铜山口”、“赤马山”、“红山”、“铁山”、“金湖”、“金山”等；江西有铜岭；安徽有“铜陵”；湖南有“铜官山”、“铜矿冲”、“铜矿门”、“铜坪岭”等矿山，这些名称在我国沿用了很长一个时期。这些名称，皆较好地反映了古人矿物学知识和找矿实践。

综上所述，中国古代找矿方法，商代还处于经验的积累和感性认识的阶段，周代之后，特别是战国时期，便逐渐形成了一种较为系统的认识，这对当时和后来的探矿实践显然是起到了积极作用的。

第三节　采矿技术的发展

一、东周金属矿山遗址的发掘

不管从文献记载、金石资料，还是从考古资料看，东周金属矿山都是以南方居多的。此期矿山的一个重要特点是：规模大、内涵丰富、采矿技术有许多创新。其中大家较为熟悉的遗址有：湖北大冶矿山遗址、湖北鄂州铜矿、湖北阳新丰山铜矿、江西瑞昌铜岭铜矿、安徽枞阳井边铜矿、安徽繁昌横山铜矿、湖南麻阳铜矿、山西垣曲中条山铜矿、新疆尼勒克铜矿、宁夏中卫县铜矿、河北兴隆金矿等。这些遗址的发掘和研究，为我们了解当时矿冶技术的发展提供了许多宝贵的资料。

（一）湖北大冶铜矿遗址群

1. 铜绿山铜矿遗址[19]

铜绿山东周时期的采矿遗址的发掘，主要选择在Ⅱ号矿体12线、24线、Ⅳ号矿体、Ⅶ号矿体1号、2号、4号、5号发掘点进行。

Ⅱ号矿体位于铜绿山中部18勘探线至10勘探线间，它和Ⅰ号矿体同处于今铜绿山矿的大露天采矿场中。在大型电铲采掘铜矿的工作面上，都暴露出多处古代坑采支护木。其中的12线采矿遗址，暴露的古支护木距地表深40余米。发掘清理了暴露出的8个竖井，1条斜巷。出土的1件铜斧，斧銎内木柄经碳14测定年代为距今2 485 ±75年，高精度树轮校正年代为公元前761年—前399年，从出土的陶片纹饰特点推断Ⅱ号矿体采矿遗址产生的年代，约在春秋晚期至战国早期。

Ⅳ号矿体采矿遗址，位于Ⅳ号矿体中段17—21勘探线之间，东面紧靠Ⅴ号矿体。原始地表面海拔高程约30米，地下均遗留春秋时期的竖（盲）井、平（斜）巷等古采矿遗迹。共发掘竖（盲）井43个，平（斜）巷47条，J437的支护木的碳14测定年代，距今2 545 ±85年，属春秋中晚期。

Ⅶ号矿体位于矿区中段，山顶的海拔高程为91.9米。

经地质钻探和地质雷达测探，春秋井巷一般在现在保护下来的地表以下15米深的范围内，即高程55米至40米之间。本章所收录的资料主要是考古发掘资料。因Ⅶ号矿体被列为全国重点文物保护单位，所以井巷没有清理完，这也是本章节所描述的一些遗迹遗物缺乏整体感的原因。

Ⅶ号矿体先后发现5处采矿遗址，分别编为1号点、2号点、3号点、4号点、5号点（图4－1）。

1号点位于Ⅶ－1西北端，原始地表高程为70米。古代井巷正处在两种岩体接触带上，其围岩均为土状，东西长约40米、南北宽约20米。

2号点老窿区赋存的接触带经强烈风化分解为蒙脱石、高岭石、石英、方解石等，形成组分复杂的黏土。常见孔雀石呈皮壳状，赤铜矿及少量自然铜呈细粒集合体富集。矿石中铜的平均品位为5%左右，个别可高达10%，铁品位为30%左右。

3号点原始地表高程68米，总长45米，平面投影呈鞋底形，南北最宽处西段为25。大平巷支护木的碳14测定年代，距今2 600 ±80年，高精度校正年代为公元前800—前446年，属春秋时代的平巷。

3号点老窿区赋存于浅部比较厚大矿体的底板及接触带部位，形成Ⅶ号矿体最主要的富矿地段。其老窿的相对开采范围也最大。

4号点在1号点东南部，两点相距约百米，中间为山脊所隔。从清理结果看，古人在此不是采用井巷开拓，而是采用矿房回采。矿房周围是否有些井或平峒作入口，因围岩已被现代矿山剥掉而不详。矿房顶部已不存在，仅存矿房房壁。矿房平

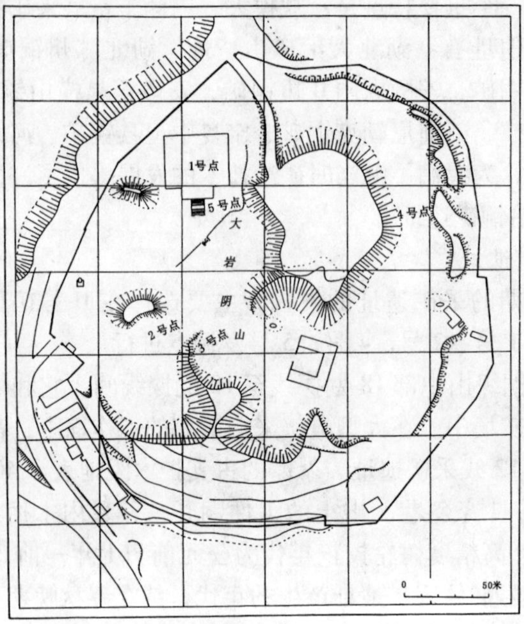

图 4－1　铜绿山Ⅶ矿体采矿遗址发掘点分布图

面呈圆角三角形，俯视似一坑，东西长 5.2 米、南北宽 2.5 米，清理深度 2.8 米。矿房围岩坚硬，为矿化矽卡岩，岩壁上遗存含铜很高的铜绿色薄壳。近南北走向的矿房剖面为袋状，其东北壁为坡面，坡角 60 度—84 度，内见一直径 20 厘米、长 180 厘米的木柱斜撑矿房南壁。坑内清理出 5 根残木，最粗的直径达 14 厘米。矿房内堆积着黑灰色次生辉铜矿和赤铜矿。沿一根残柱清理至底，推算矿房的高度约 4 米。矿房向南延伸，说明那里可能还有老窿与该矿房连通。残柱经北京大学作碳 14 测定年代，为距今 2 740 ± 70 年，属春秋时代的遗存。

5 号点位于 1 号矿体西北面，共清理竖井 22 个，发掘深度达 11 米，没有将遗址清理到底，本章都是竖井中段的资料。

为了查明Ⅶ号矿体 1、2、3 号点井巷的深部范围及东西两侧的延伸范围，中国地质大学地质雷达组采用加拿大 Pulse EKKOIV 型地质雷达仪进行现场勘测，取得了很好的成果[20]。

由地质雷达解释剖面所得的老窿规模见表 4－2。

I 号矿体 24 号勘探线发掘点位于铜绿山矿露天采矿场南端，距原地表深 58 米，上部已在采矿中被铲毁，现暴露处共发掘 5 个竖井，11 条平（斜）巷（图 4－2），均采用木支护框架结构支护。所用支护木料，都是刚砍下来的树木。24 线古矿井的产生年代为战国至西汉早期。

2. 石头嘴等铜矿遗址[21]

湖北大冶地区矿冶遗址达 55 处，绝大部分属于先秦时期。在现代矿山开采过程中，除铜绿山铜铁矿以外，铜山口铜铁矿、叶花香铜矿、赤马山铜矿、新冶铜矿、石头嘴铜铁矿、冯家山铜矿、东角山铜矿等，也都发现了老窿（古矿井）。从采集的支护木构件看，其支护方法多为榫接式方框支护，也有搭接式支护。文化层

表4-2 地质雷达解释所得的老窿规模表

老窿编号	分层标高 米	分层面积 平方米	现地面以下最大深度 米	备注
Ⅰ	53 48 43	317 669 493	14	53.60 米
Ⅱ	53 48 43	218 260 182	15.35	53.50 米
Ⅲ	53 48 43	579 395 517	14	55.00 米

表4-3 是铜绿山春秋早期炼铜遗址出土的铜矿石、铁矿石化学成分表

名称	出土地点	主要成分（%）										样号
		Cu	FeO	Fe_2O_3	Fe_3O_4	Fe	SiO_2	CaO	AL_2O_3	MgO	S	
孔雀石	炉6旁	53.52	0.51	0.43			3.52	0.290	0.33			矿23
铁矿石	炉9旁	0.98			7.60	62.38	25.53	1.18	2.55	0.61	0.18	18
	炉6旁	3.28	2.71	21.35			9.86	0.47	1.63	0.82		矿19
	炉6旁	2.059	3.33	18.85			17.60	1.22	1.37	1.51		矿17
	铜绿山	1.87				54.2	12.44	1.64	2.1	0.48		
硅孔雀石	炼铜场西	20.34			微	6.34	48.83	0.23	10.72	0.42	0.59	20
孔雀石、铁矿石包裹体	炼铜场西	31.88			1.40	17.29	15.72	1.27	2.50	0.22	0.53	19
孔雀石	春秋矿井	51.82			微	1.90	2.88	0.073	0.77	0.14	0.57	23
黑铜矿	春秋矿井	22.45				21.29						Ⅳ-1

中的包含物，其器形、种类、陶质、陶色及纹饰风格等，说明这些采矿遗址的时代应为商周时期[22]。

石头嘴铜铁矿床类型属矽卡岩型。矿山地表为铁帽，围岩属土状软岩，铁质黏土中夹孔雀石与块状铁矿共生矿，也夹少量辉铜矿，铜矿平均品位1.34%。古矿井均分布在含铜量最富的破碎带内。

该矿先后发现东周采矿遗址1号点、2号点。采矿井巷距地表以下深度至少40.5米。开拓方式采用竖井、平巷、斜巷等，井巷支护采用榫卯结构的方框间隔组成，井口净断面60×60平方厘米。平巷立柱留有树皮，直径15厘米，巷净宽1米，出土了大大小小的直装木柄青铜斧系列采掘工具。

石头嘴北部还分布战国晚期的井巷，其支护特点与铜绿山24线一样。采掘工具有铁锤、直柄装凹字形铁斧、铁钻、木铲等。还出土了用于提升的木构件。

赤马山铜矿东周井巷位于现代地下50米中段320号采场。井巷的木支护结构，与铜绿山相同。

图 4－2　战国时期铜绿山Ⅰ号矿体采矿遗址井巷外观速写
（采自《文物》1975 年第 2 期 P2）

东角山铜矿东周井巷位于现代 1—4 勘探线的露天采场，发现大量井巷及支护木。出土重 10 公斤的石锤、竹箕等。

叶花香铜矿遗址范围包括莫皮山南脚和距莫皮山百余米的 9 号勘探线。叶花香铜矿树枝状自然铜丰富，矿山含铜量高。该遗址出土铜斧、木槌及东周时期印纹硬陶残片等。

小箕山铜矿遗址位于山南，发现东周矿洞，洞高、宽均约 3 米，可见进深约 30 米。

铜山口东周铜矿遗址海拔高程 185 米左右。河流经山的交汇处，注入大冶湖通长江。采矿遗址主要集中在金竹顶、牛鼻峰和狮子山，井巷密集。狮子山矿体岩性较坚硬，矿物为辉铜矿和黄铁矿，其中的碳酸岩脉中有孔雀石和自然铜。狮子山腰进深 50 米，发现两处东周地下采空区，距地表深约 30 米—40 米。进深 100 余米时，都能见到古采空区。从围岩上的火烧痕迹和裂纹分析，当时采用了火爆法。在围岩坚固的巷段，无支护木，采用自然支护。在风化岩层巷段，采用木支护，由三根支护木组成，即一根横梁，两根立柱，立柱直径约 12 厘米，高约 1.6 米，柱头为榫卯结构，支护结构分矩形断面和梯形断面两种，后者即立柱呈八字形支撑横梁。遗址出土钺形铜斧 14 把，还有铜钻、铲口包铁的木铲、木铲、陶器等。

（二）湖北阳新铜矿遗址群[23]

1. 丰山洞铜矿遗址

丰山洞铜矿位于湖北阳新县境内，建矿以来，在基建中陆续有与采矿和冶炼有关的遗物出土。值得重视的是，东周井巷支架结构不同于当时其他的矿山，即平巷支架虽然像江西瑞昌采用的碗口接，但两根立柱呈八字形，使平巷断面上小下大，呈梯形断面，这比其他矿山使用的方框支架抗压强度大，使用年限长。东周时期梯形巷道的出现，表明采矿井巷支护技术又有创新。巷道两帮的护壁，或用木板作背板，或用藤条编的芭子作背板，顶棚多用圆木支护。井巷中出土有木铲、小铜斧、铁锤和铁锄等。

2. 阳新铜垱山铜矿遗址

遗址位于阳新县陶港镇青龙村，离丰山铜矿较近。1990 年发现大量井巷和支护木，巷道内出土战国晚期的铁锤。由于铜垱山古地下采场的面积大，以致造成山岗地表塌陷呈椭圆形凹坑，长 150 米，宽 70 米。

3. 阳新港下铜矿遗址

港下西周采矿遗址概况已在第三章讨论过。该铜矿春秋时期都在开采。

（三）汀祖铜矿遗址[24]

湖北鄂州市汀祖镇汀家坳铜铁矿和大红山铜铁矿均属“大冶式”接触交代矽卡岩型矿床，与大冶铜绿山直线距离仅约 19 公里。汀祖一带发现众多东周露天矿遗址，汀家坳遗址现名仍称“铜坑”，其南的吴家和大红山以东的陈家边遗存大量古代炼铜炉渣，地名为“铜灶”，出土有炼铜炉和一批形如薄砖的铜锭。以东的泽林小铜山和以北的大广山铜铁矿，出土有战国时期的铁锄、孔雀石、古炼炉残壁等，炉壁厚 30 厘米，由石英砂和耐火土构成。分布的炼渣流动性良好。

（四）瑞昌铜岭铜矿遗址[25]

江西瑞昌铜岭铜矿自商代开采以来，经西周，至春秋战国时期仍在开采。

（五）皖南铜矿遗址群

1. 安徽枞阳井边铜矿遗址[26]

井边铜矿遗址位于安徽枞阳县将军乡井边村狮形山脚，横埠河从山脚下流过经汤河通长江。井边属三官山脉，蕴藏有铜、铁、煤矿产，铜矿属于砂岩裂隙型矿床。古矿井深度已达 60 余米，年代为东周时期。

2. 铜陵万迎山铜矿遗址

安徽铜陵地区经考古调查，发现众多铜矿遗址，主要分布在万迎山和凤凰山一带。矿冶遗址的年代与宁镇地区土墩墓的年代同时，为东周时期。安徽青阳县十字村土墩墓中出土一批春秋时期青铜器，是南陵，铜陵的产品。[27]

3. 铜山铜矿遗址[28]

铜山铜矿遗址位于安徽省繁昌县横山镇南 4 公里的铜山。原遗存许多采矿坑洞，经农民采矿后，大部分所毁，现仅在半山腰遗存一采铜矿洞，山下为炼铜遗址。出土采矿工具铁锤及炼渣，粗铜块、东周时期的印纹硬陶等。还收集到 2 件铸造铜贝的楚国铜贝范。遗址的产生年代推断为战国时期。

（六）湖南麻阳铜矿[29]

麻阳矿冶遗址位于湘西沅麻盆地的丘陵地带，矿床属于以自然铜为主的砂岩型富铜矿床。1982 年考古工作者发掘清理出露天及地下采坑共 15 处。据 13 处古矿井现有资料统计，古代开采面积约 32 351 平方米，共回采铜矿石 175 365 吨，矿石品位为 2%—12.8%，平均品位为 4.86%（仅按贫矿即边界品位计算），可产铜 8 525吨。出土有木质、铁质工具和陶器等。2202 号“老窿”中出土的木槌经碳 14 测定年代，为 2 730 ± 90 年，为战国时期。当时，麻阳铜矿的所在地已纳入楚国的版图，在邻近的辰溪县境内也发现过战国楚墓。楚国的铜矿并非仅此一处，湖北铜绿山和附近地区的铜矿，当时都被楚国垄断。《国语·楚语下》记王孙圉说：楚国“有薮曰云连徒洲，金木竹箭之所生也”。云连徒洲在江汉平原，金即铜。

（七）中条山铜矿遗址[30]

中条山铜矿属散漫型矿床，矿物主要为黄铜矿、斑铜矿，铜矿冶遗址位于山西垣曲县境内。李延祥对铜锅矿区采冶遗址、马蹄沟矿区冶炼遗址、店头矿区采矿遗址进行了考察。

店头遗址位于胡家峪铜矿店头矿区。考察时，正值该矿区因遇大批古代采空区而停产。古矿洞由地表向下开掘，巷道纵横交错，矿石都已采出，仅遗有大量碎脉石。古矿洞巷道宽大，并有大量呈门字形木支护遗存，一般直径约为 20 厘米，高约 1.5 米。木支护经中国社科院考古所实验室碳 14 测定年代，距今 2 315 ± 75 年（公元前 365 ± 75 年），树轮校正年代为 2 325 ± 85 年（公元前 375 ± 85 年），属战国中晚期遗存。

铜锅遗址位于铜矿峪铜矿铜锅矿区内，为变斑岩型铜矿，矿石以细脉浸染状黄铁矿和黄铜矿为主。矿体成群出现，这给古人大规模地采掘提供了良好的条件。在长达一公里的山坡上，分布有大量炉渣，堆积厚达 0.5 米。山坡地表发现数处古矿洞，其中一洞口直径约为一米，深不可测，落石之音可持续数秒。在长约 500 米的现代探矿平巷中，共截断古代采矿巷道十余条。这些古巷道向上爬行数十米，发现有平台及向上伸展的竖井，平台较宽阔，斜巷、竖井仅容一人爬行。所见古巷道皆开掘于坚固围岩之中，四壁遍布开凿痕迹，没发现有木支护。据地质考察，现代探矿平巷之下有几个古代采空区，最大一处如小礼堂，开采的是硫化铜矿石。其内曾发现铁器、陶器等遗物。

马蹄沟遗址位于胡家峪铜矿马蹄沟矿区，山顶遗存一矿洞，高程约 300 米。洞长约 20 米，高、宽各约 10 米，贯通山顶，开口于两坡。洞内底部有炉渣及陶片等。洞外山坡有几处较小古矿洞。

篦子沟遗址内有大量的古矿洞和废石堆、炉渣。曾在古矿洞内发现有铁器、铜钱、石印、陶罐，还有筐、绳等工具。

根据中条山地区的铜矿地质特点，炼铜工艺以及运城曾发现过有东汉题记开采黄铜矿的古矿洞等事实，李延祥认为中条山地区古代可能长期使用“硫化矿—铜”工艺来炼铜。中条山地处晋南豫北，已在此地区及其附近发现不少与早期炼铜技术有关的遗迹遗物，如夏县东下冯发现的铜凿、铜镞，铜器及面范等铜制品，经鉴定既有红铜，也有青铜，属青铜文化。侯马曾发现大规模东周铸铜遗址，出土陶范三万多块。距中条山不远的洛阳北郊也发现了西周铸铜遗址，出土陶范上万块，并有大量炉壁、炼渣及青铜工具等遗物。属于二里头文化的早期铜器，也分布在这一带。近年在三门峡虢国墓地又出土了大批西周铜器。这些考古资料使我们有理由认为，中条山地区铜矿的开发，绝非仅仅始于战国晚期，它应作为探索中国早期铜矿采冶技术的重点而受到重视。

（八）浙江上虞市银山矿冶遗址[31]

上虞市长山乡银山位于东周时期越国都城绍兴以东 33 公里。其赤堇山、若耶溪蕴藏着丰富的铜矿、铅矿。1985 年，银山发现冶炼遗物有炉渣、铅块等。出土的生产工具有青铜锄、锸、铲、镬、斧、锛等，其产生时代为春秋战国时期。

（九）河北兴隆金矿遗址[32]

兴隆县金属矿产资源主要有金、银、铜、磁铁、铅、锌等。1984 年在西沟庄发现战国时期的采金遗址，距 1956 年发现战国生产工具铸范的地方仅 10 公里。遗存为两处凹陷露天采区，均位于山坡上。两区相距 200 米。采掘带沿金矿床走向布置，而且选择在矿床较宽且距地表浅的矿段内开采，仅回采金矿脉，没有开凿基岩。1 采场堑沟东西长约 20 米，南北宽约 0.5—1 米，深约 0.5—3 米，沟帮有坡角。2 采场堑沟未完全揭露，可见长约 30 米，宽约 0.3—0.5 米，深约 2—3 米。由此可见，这么窄的采掘带是需要一定开拓技术的，同时反映了古人经济实用的采掘思想。

采场内出土的遗物有凿岩工具铁锄、铁斧等。装载工具木条簸箕、苇席等。铁锄、铁斧的形制与兴隆 1956 年出土的战国铁范铸造出来的器物相同。

（十）宁夏中卫铜矿遗址[33]

中卫铜矿遗址位于宁夏中卫县东北约 40 公里的照壁山南峰，分布矿冶遗址十多处。据遗物分析，开采的年代始于春秋战国时期。发现竖井和平巷联合开拓。井口直径 1.2 米至 1.5 米，伸入地下约 80 米后转为巷道通向四面，进深约 200 米还未到终点。巷道内壁两侧凿有供照明置灯的壁龛。在深约 40 米处拐弯的一砌石台上，置有一具完整的牛头骨。在山南坡岗地遗存大量炼铜炉渣。

（十一）云南矿冶遗址

云南矿产丰富，战国至西汉时期，以晋宁为代表的滇池区域是滇各民族活动范围，出土的青铜器达四千余件。新石器时代，晋宁为滇文化发祥地中心。楚顷襄王元年，庄蹻入滇在此建都立国。晋宁周围的安宁、宜良、路南、禄劝、玉溪、华宁、易门、峨山、新平、元江都有铜矿。在滇西地区，楚雄万家坝古墓群曾出土青铜器 898 件，还有禄丰，牟定、大理等地也成批出土青铜器约一千余件。可见云南用铜史之悠久。迄今发现的数百个古矿坑遗址[34]，主要集中在滇东北的鲁甸县。

（十二）新疆奴拉赛铜矿遗址[35]

新疆尼勒克县奴拉赛铜矿遗址与内蒙古大井铜矿遗址都在北纬 43 度左右的同一纬线区域。它代表了中国西北地区周代的采矿技术。奴拉赛位于大山北麓的阿吾拉勒山西段，南北近傍伊犁河支流。1957 年地质勘察中发现老窿。嗣后数年，新疆考古工作者曾多次考察，发现了坑采和冶炼等遗迹，有坑采支架木、陶片、石锤、矿石、铜锭等。所出支护木经碳 14 测定年代为 2 650 ± 170 年，约为春秋时期。1989 年作者领队前往详察和清理，证实有古露天采场 2 处，地下采场 2 处。矿区北坡有古炼铜渣堆积，近处有居住遗址。所采矿石为硫化铜矿，规模之宏大为国内古采铜场所罕见。

二、矿山测量技术的发展

东周时期，测量技术得到较大的发展，主要表现在地图学上。当时，地图已被应用于社会实践及生产实践的各个领域。在《管子》一书中，有专门的篇章《地图篇》。《汉书》卷三十“艺文志”中讲到“凡兵书五十三家，七百九十篇，图四十三卷”。可见在汉代以前，地图应用非常广泛，有城市建设规划图、疆域田界图、兆域图、土地之图等。1986 年，甘肃省天水市放马滩一号秦墓出土七幅战国晚期的木板地图，其中有秦国所属邽县的地形图和经济图，其特点是：按一定方位绘制；图上对河流流向自上游至下游顺序书字；所绘分水岭是山系而不是孤立的山峰；有三幅地图注明了森林分布和树木种类〔36〕。可见当时的测量技术已达相当水平。

《周礼·天官》载，周王朝还设立了地图管理机构和实行严格的选送制度。设官六卿，即天、地、春、夏、秋、冬六官。天官中的“司书”管理“邦中之版，土地之图”，即“天官”掌全国“版图”；“地官”掌“邦之土地之图”。

除了上述种类的地图外，东周时期还发现了专门地图。在《周礼》一书中，对各种不同用途的地图记载尤为详细，讲到的地图种类起码有六种以上。在夏官中专门设有管理军事地图的官员“职方氏”，在地官中设有掌管土地物产地图的官员“土训”。值得注意的是，在《周礼·地官》中还记载了一种专门地图，即矿藏分布图。“卝人掌金玉锡石之地，而为之厉禁以守之，若以时取之，则物其地，图而授之。”卝人即管理矿藏的官员，其还有勘察、绘制矿体分布图的任务，以供矿工们使用。矿体分布图的出现证明了两点：一是东周时期找矿技术已达相当水平，二是矿山测量技术和矿山规划管理有了新的发展。

虽然矿山测量的遗物迄今发现很少，但是东周时期运用的测量技术，自然也会被矿山生产所采用。

利用恒星确定东西南北方位，我国天文学者发现得很早。《淮南子·齐俗训》说：“夫乘舟而惑者，不知东西，见斗极则寤矣。”这是利用北极星来定南北方向的记载。战国时期，我国已经发现天然磁石吸铁和指示南北的现象，人们利用指示南北的特性，制成了最初的指南针——司南〔37〕。

已发现的周代矿冶遗址中，许多矿冶遗存的布置是有方位规律的，例如，湖北大冶铜绿山遗址春秋时期的炼铜炉，其金门全部朝南，便于避风和操作。江西铜岭周代井口断面呈正方形，方位较统一，一般正南北向。

周代各矿山同一竖井或巷道木构支架的间距基本上相等，一定有测量单位标准。竖井支架间距可能用尺，周代一尺约合现在的 22.5 厘米。以足步作标准测量单位可能是测量平巷的长度方法之一。传说大禹治水时测量是以步为单位，可见这种单位用的时间很早。汉代，虽然有许多其他测量方法，但这种测量单位还在使用。孔鲋《小尔雅·广度十一》记载：“一举足也”，即跬，是后来说的单步。“倍跬谓之步”即步，是一步五尺的步。东周时期的平巷支护排架，其间距大约相等，没有十分严格的尺寸，很可能是以步为测量单位。直至晚期，地下巷硐仍然以步为测量单位。《滇南新语》记载：“洞内五步一火，十步一灯”可证。

周代井巷木构支架均呈直角。而《考工记·匠人》和《周髀》都记载了如何用矩进行测量的问题，矩是由两条互相垂直的直尺做成的曲尺〔37〕，这些实用测量方法的发展必然促进采矿技术的发展。

东周时期，采矿平巷留有一定的坡度，便于自动排水。选矿用的溜槽，有严格的倾角，便于分选矿石。这些都说明当时矿山已使用定平和定倾角的测量技术。

《考工记·匠人》写道：“匠人建国。水地，以悬置槷以悬，眡其景。”意思是说，工匠施工时，把地整平，立标杆或铅垂线，以观表影。“槷”即“臬”，《说文》：“臬，射准的也”，即一种水平瞄准器。从湖北铜绿山和江西德安出土的商代木质垂球来看，东周时期发明测水准的简易仪器是可能的。战国时期，规、矩、准、绳等测量工具广泛使用，这在战国时期的著作《尸子》中有记载：“古者，倕为规、矩、准、绳，使天下仿焉。”

上述文献资料和考古发现表明，东周时期，测量技术已经发展到一个新的水准。

三、凿岩工具与凿岩技术的发展

春秋时期，采凿工具以青铜为主，兼有部分木石器，青铜工具的重量较西周明显增加，如斧，西周时不足两公斤，春秋中期达 16.3 公斤；重量提高后便可提高凿岩效率。战国时期，采凿工具中的石器仍在使用，但铁制工具全部代替了铜制工具，而且发明了高强度韧性铸铁件采掘工具。另外，火爆法用于矿山破岩已经达一相当成熟的阶段。

（一）春秋时期的采凿工具[38]

春秋时期的采掘工具有铜器和木石器，并有小量铁器，以铜工具为主。种类有锛、凿、斧、锄等。铜锛、木锛主要见于江西铜岭。铁锛唯见于湖北铜绿山。

铜锛。常见有两种形式，一种长方形銎口，两侧斜直，舌状刃，合范铸造；标本甲长 10.4 厘米，銎口长 5 厘米，宽 2.4 厘米，刃宽 4 厘米。另一种为梯形銎口，一般器长 10.2 厘米，束腰。

铁锛。仅见一例，铸制。长方形直銎，全长 11 厘米、刃宽 5.4 厘米。铁锛木芯纳入銎内，木芯经碳 14 测定为距今 2 576 ± 135 年，经树轮校正后为距今 2 635 ± 170 年，时代为春秋中期（图版伍，2）。

木锛。有的利用弯曲树干制成。某标本器长 45 厘米、柄长 37.5 厘米、柄径 2.4 厘米；锛身高 25.5 厘米、刃宽 3.20 厘米。锛内面斜直，背面弧状，系与铜锛配套的工具。有的木锛柄与身榫卯穿结，斧顶方形，双向刃。柄身结合严密。

铜斧[19]。式样有多种。I 式为长方銎，弧形体，平刃，刃外侈甚宽。銎部一面或两面有梢孔，便于插梢固柄。銎口缘有一道箍边。长 21—28.5 厘米、刃宽 15—21.5厘米。重约 3.75 公斤。斧柄系直柄竖装，长约 70—80 厘米。湖北铜绿山古巷道工作面一次便出土 12 件。II 式为椭圆銎弧形瓦体弧刃式，弧刃外侈。斧全长 35—38 厘米、刃宽 32.4—33 厘米，重 10—11.52 公斤。最大的一件斧长 47 厘米、刃宽 41 厘米，重 16.3 公斤。另见中型铜斧，重 7.85 公斤。这种斧一般属春秋中期，也有西周晚期者。为铜绿山特大型斧，出有多件，两面均有对称梢孔，径 1.5 厘米。一面的圆形梢孔下另有两直条形梢孔，三孔呈三角分布，便于更牢固地插梢固柄。

湖北大冶石头咀、铜山口、阳新郭家垅[39]等遗址计出土几十件铜斧。安徽铜陵所出铜斧为长方銎，有的长 8.3 厘米，刃略为弧形，刃宽 5.9 厘米。铜陵朱村乡出土过铸斧用的石范，斧长 14 厘米，刃宽 4 厘米。

铜凿。主要见于江西铜岭、安徽铜陵。椭圆形銎口，体扁椭，舌状刃，合范铸造。长6.8—7.9厘米，銎口径2.4—3.2厘米。

铜锄。主要见于铜绿山。銎部凸出呈方斗形，锄脑部宽约7.5厘米。在锄脑和两肩有道平行边沿的线。

（二）战国时期的采凿工具

从湖北大冶、阳新，湖南麻阳，河北兴隆战国矿山出土的金属采凿工具看，主要工具皆为铁器，计有斧、钻、锤、耙、锄等[40]，器物种类明显增多，这自然是采掘工具发展的表现。木工具，如木撬棍等，皆处于辅助的地位。这些采掘工具绝大多数是在巷道内发现的。

铁斧。主要见于湖北铜绿山、黄牛山、河北兴隆。形制相似，均为铸件。长方形直銎，两侧有铸缝，全长11厘米、刃宽8厘米、銎深7厘米。木柄系直装，全长47厘米、内入銎7厘米。其形状是斧，但其使用方法却往往如凿如钻；开采时，需用铁锤或木槌打击铁斧的木柄柄端；如是，因长期捶击之故同，木柄上端便产生出"翻毛"状痕迹，且明显地保存着。为了防止在捶击时开裂，木柄上端有四道篾箍保护木柄（图版伍，4）。

铁钻。主要见于铜绿山，均为锻铁件，形制大体一致，呈四棱尖锥状。某标本全长22.5厘米、上端长宽各为5厘米，往下逐渐缩小而成尖状。上端亦因长期捶击而外翻呈卷沿状，尖端因长期使用变得钝秃。

铁锤。各矿山都有发现，形制大同小异，总体呈圆柱状，中部横腰有一带状凸起，中穿长方銎，铸制。铜绿山铁锤高13.7厘米、最大直径10厘米，木柄长64厘米，锤重6公斤。操作时，一人掌锤，一人握斧（或钻），配合开凿矿石。湖南麻阳的铁锤有大小之分，大者重7.8公斤，高16.4厘米，径8—10.4厘米；小者重4.65公斤，高12.4厘米，径8—9.6厘米。

铁耙。主要见于铜绿山，锻制。四棱长方柄，前端展平再弯成耙。耙板刃部较宽，靠柄的部分略窄，呈等腰梯形。耙全长50厘米、板长12厘米、刃宽9.3厘米、板厚0.5—2厘米。

铁锄。主要见于湖北铜绿山、河北兴隆，均为铸铁件。铁锄式样较多，有六角形，锄板平，上部起凸出方斗形銎。某标本全长10.5厘米、上宽7.5厘米、肩宽17.5厘米，在銎斗下二角，有一道对称卷云阳纹。有凹字形，刃呈凸弧形。某标本全长12.2厘米、銎宽13.5厘米、刃宽12.2厘米；以平木板插入銎部，板长28厘米，中部偏上凿一长方孔以纳木柄。

木槌。主要见于铜绿山、麻阳，计约数十件。其中有的作粗圆柱形，制作粗糙不太规整，周身有砍削痕迹。槌长34厘米、柄长22厘米。有的槌体呈扁圆形，上窄下宽。木槌大小相近，全长20.6厘米、柄长12.6厘米，槌体底径10×12厘米。槌均由圆木砍凿而成，制作粗糙，迄今仍残留有砍痕和敲打使用后的凹形痕迹。

铁錾。主要见于湖南麻阳。一种为小铁錾，锻制，形制为四棱尖锥状，全长14厘米、上端宽2厘米、厚1.4厘米，有磨损和使用过的痕迹，是一种用于采矿凿岩的小型工具。另一种为大铁錾，四棱尖锥状，重2.35公斤，全长29厘米，宽厚均为 4 厘米。此錾下端尖锥状的大小与采场顶部遗存的开凿印痕相似。

木撬棍。由长木棍加工而成，扁状而不规则。前端扁宽，一面砍成斜刃。柄部较长，宽窄不一，木质坚硬。某标本全长 1.24 米。其用途与现在基建或矿山施工中使用的铁撬棍作用类似。

（三）凿岩工具与凿岩技术的创新

与西周相较，东周凿岩工具的发展是较大的。其中最值得注意的是：（1）大型铜斧的出现和悬挂式采掘法的使用；（2）铁工具的使用；（3）火爆法的发展 。

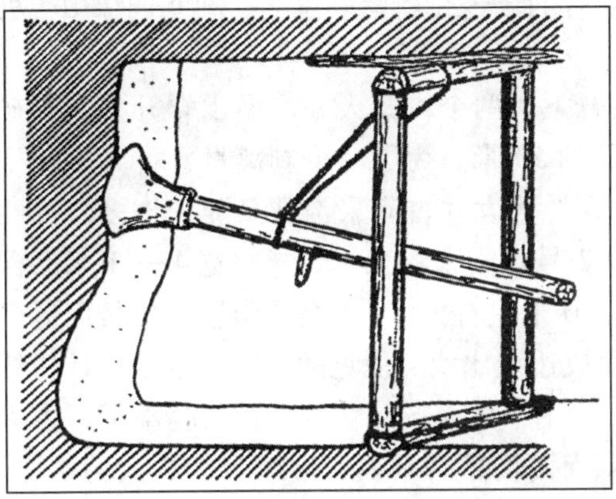

图 4－3　铜绿山大型青铜斧使用示意图

西周采掘工具，如铜斧的重量还不足两公斤；铜绿山春秋中期的多件大型青铜斧中，最重者 16.3 公斤。在考察这类大斧时，我们发现，其刃尖一侧皆磨损得特别厉害；这种情况只有斧作弧线运动时，使下侧刃尖撞击岩面以至磨损时才会出现；所以人们推测，该型斧是采用挂式操作，即像传统食油作坊中的打榨工艺，由两人同执斧柄把手，向后拉起大斧，利用斧下落的惯性用力地撞击岩面（图 4－3）。这种斧使用起来爆发力强，冲击力大，是一种威力很大的采掘器。这种铜斧的出现和悬挂式使用法，是春秋凿岩技术的一项重要成果。除大型铜斧外，春秋矿场内还使用过许多小型铜斧。铜绿山 12 线春秋遗址曾一次出土了十几件铜斧，件重 3.5 公斤，经分析，某铜斧含锡达 6.25%，以及少量的铁、锌等元素；因铜绿山矿为铜铁共生矿，看来，此铜斧当为本地冶炼的铜所铸成[41]。

如前所云，我国采矿用铁制工具最早是属春秋中期，即铜绿山长方形直銎铁质锛头。战国时期，铁制工具，如锛、斧、锄、锤、耙、四棱铁錾等，都大量使用起来。铁工具代替铜工具，是划时代的变革，其结束了中国矿山屈蹲式的回采作业方式，出现了一人高的开拓巷道，给工匠在开拓、回采、运输矿石等作业中提供了足够的空间，空场采矿法也随之空前发展。

中国周代矿山金属采掘工具的发展历程：从小型铜斤、铜斧到尺度厚重的大型铜斧。从青铜件到熟铁锻件和铸铁件，再到高强度韧性铸铁件采掘工具[41]。认清这一发展历程，中国周代采矿技术为什么能不断演变递进并达到宏大规模，便一目了然了。

火爆法约发明于新石器时代，其始用于采石场中。但在铜矿采凿中的利用，却是在战国遗址中才看到的，这很可能与这些早期矿山，如在铜岭、铜绿山等，均在较软岩层中采取富矿有关，其并无火爆法之需。战国时期，人们在开采软质岩层的同时，还开采了部分硬质岩层，火爆法的作用便开始显露出来。人们在考察湖南麻阳战国铜矿遗址时，曾发现了保存较好的火爆法遗存。麻阳属砂岩型铜矿床，矿虽富，但矿岩属中等坚固至相当坚固的岩石，莫氏硬度为 6—7 度。因此，凿岩技术显然比铜岭、铜绿山要求高。据麻阳古矿井壁上留下的大量铁錾开凿痕迹和出土铁器来看，古人主要是用铁錾开凿矿石；火爆法主要用于通风条件好的井巷开初地段。从火烧烟熏痕迹和凿迹看，是先用火爆法使矿层松脆，然后用铁錾开凿，便可收到得心应手的效果。显然，春秋战国之际，铜矿山的凿岩破矿利用火爆法相当成功。

四、露天开拓方式

此期露天开采的特点是：（1）规模较大的采坑明显增多。（2）采掘深度增大，且在坑底两侧转入地下开采，这是前所未有的。这在新疆奴拉赛、湖北铜绿山等处都表现得十分明显。

新疆奴拉赛Ⅰ、Ⅱ号主矿脉隐覆在山脊下，两个古露天采场沿山脊开拓，与矿脉走向准确吻合。Ⅰ号露采场长90米，深约50米。为了减少剥离量，古人采用了陡坡开拓，其沟帮坡面角近90度。比内蒙林西大井古露采沟帮又陡了许多，说明古人分辨围岩稳固程度的水平又有提高。2号古露采场长123米，宽4—11米，深不详。1号与2号古露采场之间相隔距离50米左右，1号采场西南坡因扩帮而低于东北坡，说明古人的1号露采设计采掘完成边线比我们所见的要宽。这个设计边线与地下Ⅰ号矿体宽度的边线也是吻合的。为了扩大采场并减少废石的剥离量，古人将露采与坑采结合，即在露采近沟底的东南面沟帮打平硐，形成多个高大的矿房。与Ⅰ号露采场相通的1号地下采场距地表47米[35]。

铜绿山东周时期的露天采场主要分布在Ⅱ号矿体，仙人座矿体、蛇山矿体、Ⅺ号矿体、Ⅵ号矿体。Ⅺ号矿体古露天坑，在海拔标高22—27米以上，遗存大量人工堆积物，约有20多万立方米，在端部留有品位4%以上的铜矿石。露采挖去了矿体露头部分，采后又将废石回填到露天采场，或排至旁边的排土场。这类现象在铜绿山几处矿体都有发现[42]。例如，Ⅵ号矿体，开采的废石，以矿体走向为中轴线向东西两侧排运堆放，使露采坑废弃后形成一水塘，称乌雅卜林塘。古露采坑南北长200米，东西宽100米。从地质钻探剖面看，古代废石人工堆积层最厚处主要分布在中轴线两侧的北部，为废石砾石层。ZK4701钻孔说明该堆积层从海拔标高－5米堆至23.18米，即堆积厚度28.18米。

五、地下采空区支护技术的变革[43]

春秋时期，我国的铜矿开采业发展到了前所未有的高度，许多矿山的开采规模都较大。如铜绿山春秋采区遍及9个矿体，与邻近的石头咀矿、黄牛山矿等相连，占地几平方公里；新疆奴拉赛的规模也是同样。春秋后期，铜绿山首创了平口接榫方框密集垛盘支护竖井；战国时期便发展到了江西铜岭；汉代又推广到安徽铜陵等地区。

（一）竖井支护技术的发展

1．尖头透卯榫接内撑式木棍背柴支护竖井，主要见于铜绿山。该式竖井与西周时期的相近，不同的是：（1）竖井方框中的榫木，西周用木板，春秋直接采用带树皮的圆木。（2）为了增加框架间的牢固性，采用了吊框结构。图4－4、图4－5、图4－6所示为春秋铜绿山竖井Ⅶ（2）J8、Ⅶ（2）J9、Ⅶ（2）J52的结构形态。

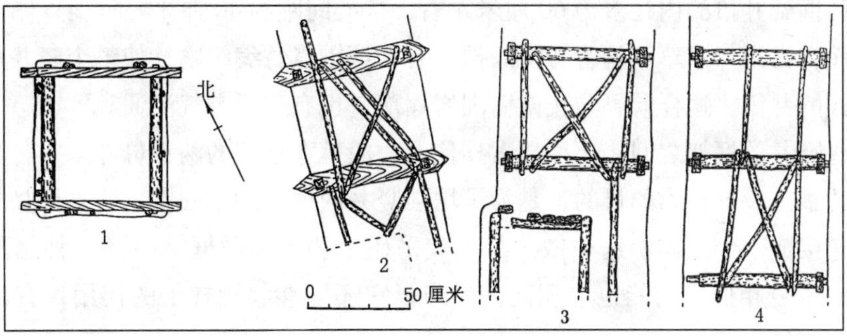

图4－4　春秋时期铜绿山　Ⅶ（2）J8 支护框架平面图及井壁展视图
1. 平面图　2—4 井壁展视图

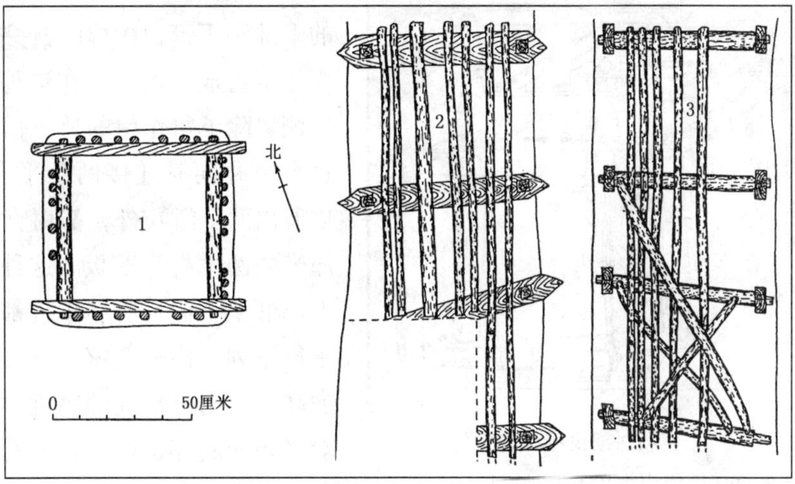

图4－5　春秋时期铜绿山　Ⅶ（2）J9 支护框架平面图及井壁展视图
1. 平面图　2、3 井壁展视图

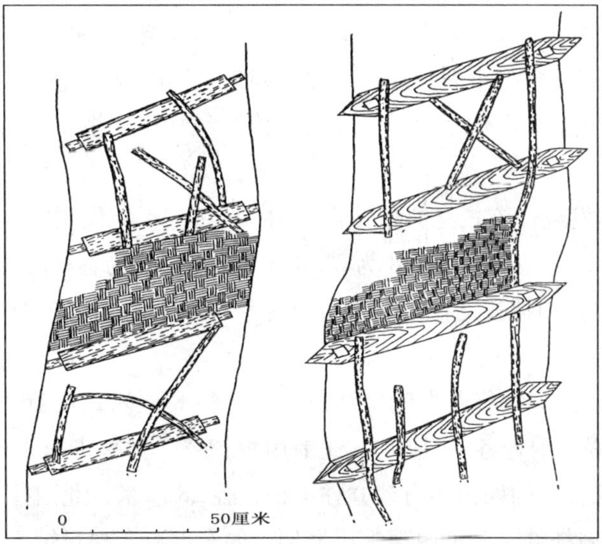

图4－6　春秋时期铜绿山　Ⅶ（2）J52 支护框架井壁展视图

这种框架井口的内径多为60厘米左右，框架间距约40厘米。框架外侧四壁围岩的表面，常用拌以草茎的青膏泥涂抹，有的还围以竹编织物，使整个竖井成了一个封闭式的井筒。这样既可防止四周围岩塌落，也有利于空气流通。

有些竖井的框架之间，还用竹索挂住。一般是在框架的两根母榫木上，分别吊挂两根竹索。设置竹索的目的，是为了增强竖井内框架的牢固性，使支护竖井的上下框架连接成一个整体。这种做法与近代采矿工艺中的吊框结构（一种悬吊式井框支架）十分相似，功能也应相同。另外，它还能够起到梯子的作用，有助于采掘者上下之便。

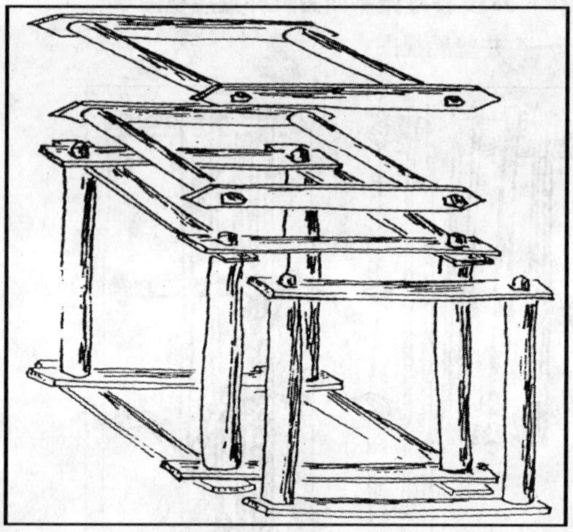

图4-7　春秋时期铜绿山马头门
（采自《铜绿山古矿冶遗址》P195）

这类竖井的井底常设有“马头门”（图版肆，2）这是在四根立柱的上部和下部，用榫接法穿接四根横木所组成的框架。在这种框架的外侧，除了留作门的那一面（假如这个竖井同时连接两条平巷的话，应留出两个门）外，都用直径3—4厘米的圆木棍作壁板。这种壁板与上部框架不同，所有木棍都作横向平行排列，比较紧密。马头门框架的高度，则与平巷的高度一致。一般竖井的底部，如果有平巷与之相通，几乎都有这样的结构（图4-7）。

有些井底的结构是上述马头门结构的简化形式。它是将方形框架一直架设到井底。但在与平巷的连接处，人为地将下部一、二副框架的一根卯木拆除，形成与平巷相通的门。为了使框架牢固，在框架内侧四角另用四根木棍作为立柱。用竹篾或草绳将它们与框架紧紧绑住，起到与“马头门”结构中四根立柱相同的作用（图4-8）。

Ⅳ号矿体亦发现过该式支护竖（盲）井，经碳14年代测定：J403为2 570±75年、J404为2 565±75年、J458为2 390±110年，均为春秋时期。

2. 交替碗口接内撑式支护竖井，主要见于春秋铜岭。这在J7、J19、J51等许多竖井上都可看到。

J7。矩形框架，构件节点为碗口结，卡口木径8厘米，长76厘米，被撑木长140厘米，两端嵌入围岩各22厘米。框围用板护壁，井框卡口上下方向相反。框架间距26厘米。井口的四角各有残立柱1根，径28厘米，此四柱应是井口上的井亭立柱或辅助设施杆件。井框内第一层框架上的东部有2根长短不一的踏脚木，东向为短木，长70厘米；西向为长木，长度120厘米（图4－9）。

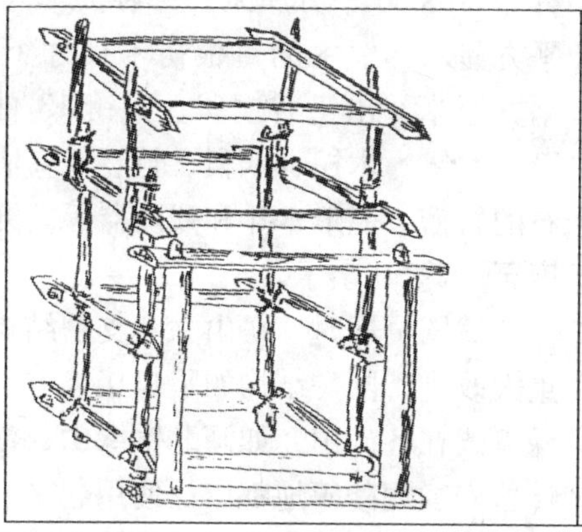

图4－8　春秋时期铜绿山马头门
（采自《铜绿山古矿冶遗址》P195）

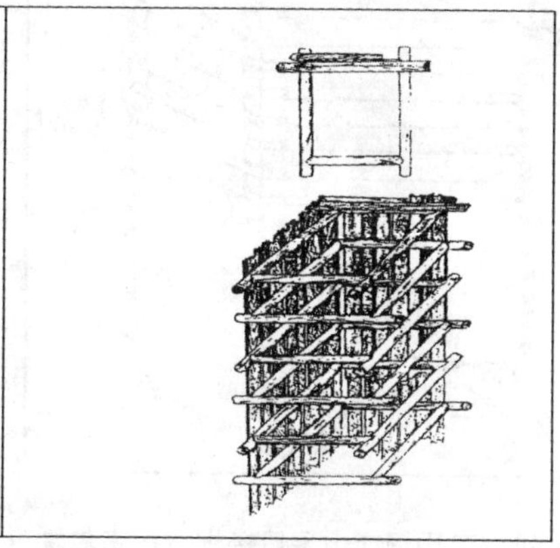

图4－9　春秋时期铜岭J7框架结构图
（采自《铜岭古铜矿遗址发现与研究》P57）

J19。方形井筒，净断面边长80厘米。此井清理框架17层，已清井深645厘米，未及底（图4－10）。井内出有竹筐5只，筐内仍盛含孔雀石粒的铁质黏土。并出土木扁担1件。另见粘有铜锈的兽骨。

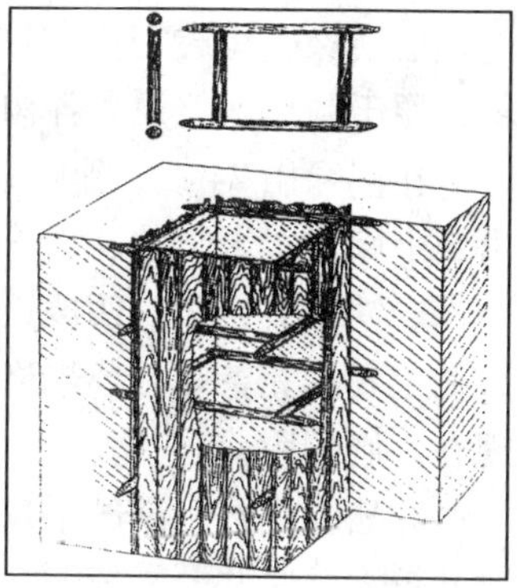

图4－10　春秋时期铜岭J19框架结构图　（采自《铜岭古铜矿遗址发现与研究》）P57

J51。矩形框架，净断面80×70平方厘米。井的四壁见有木楔，为斧形，长38厘米、宽10厘米，木楔每隔一层框架安装。木楔的作用除加固井框外，还可作上下矿井的踏脚木（图4－11、图4－12）。

3. 平口接榫方框密集垛盘式竖井支护。基本特点是：将四根圆木两端砍削出台阶状搭口，四根一组搭接成一个框架，层层叠压，堆砌构成密集垛盘式框架。由于框架层层叠落，无需另加背板封闭（图4－13）。在铜绿山，主要见于春秋晚期至战国矿坑，在铜岭则见于战国矿坑。

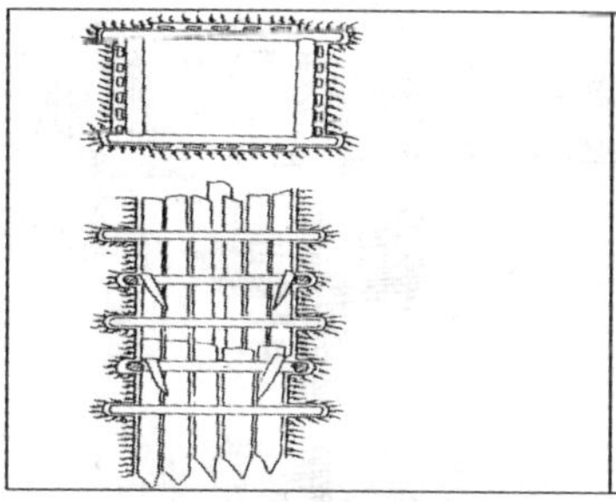

图4－11　春秋时期铜岭J51框架结构图
（采自《铜岭古铜矿遗址发现与研究》P58）

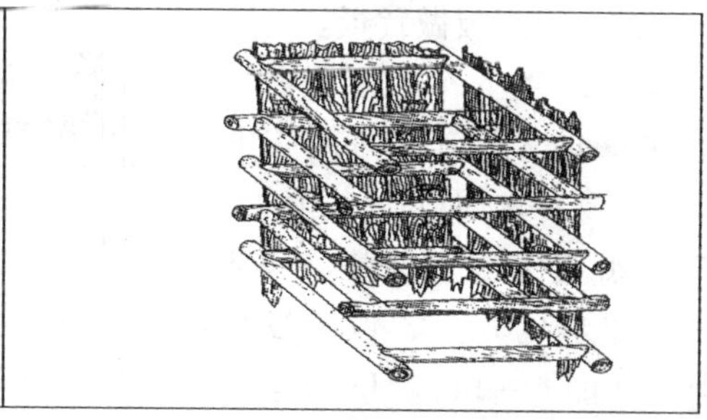

图4－12　春秋时期铜岭J51框架结构图
（采自《铜矿古铜矿遗址发现与研究》P58）

铜绿山12线春秋晚期采矿遗址的50平方米范围内清理出8个竖井（图版叁，

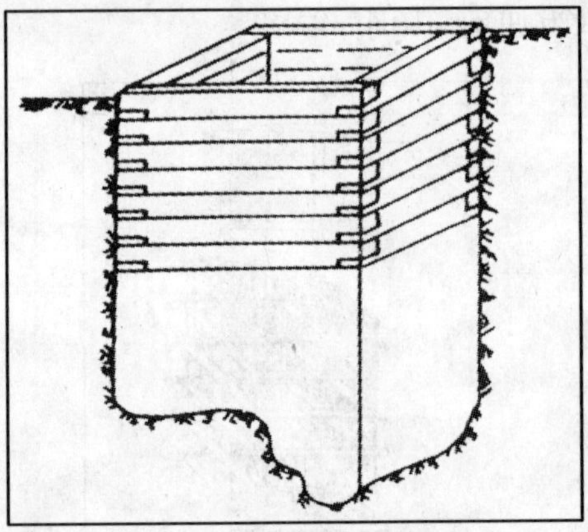

图 4－13 东周铜绿山平口接榫方框密集垛盘支护

2）和一条斜巷。竖井井口方形，口径一种为 80×80 平方厘米，一种为 120×120 平方厘米，框木的每根枋木尺寸 10×10 平方厘米。出土有铜斧、铜锛 13 件，木锹、木铲、木槌、木瓢、竹篓，盛满孔雀石的竹篮、船形木斗和残陶器等。开采深度至少达 50 余米。

战国早期时，矿山井巷支护结构有了重大改进，同一结构的平口接榫方框密集垛盘式在各矿山，如湖北铜绿山、江西铜岭、安徽铜陵等地都广泛使用起来。井口断面为方形，净断面尺寸分计为四种：90×90 平方厘米、105×105 平方厘米、120×120 平方厘米、230×230 平方厘米。支护木构件经精细加工成方木或鼓形木。框与框层层垛叠构成密集式垛盘。出土时仍完整无损，相当稳固。这种构件节点简单，便于制作、架设。各构件节点互相紧抵，受力性能良好。

在铜绿山 24 线，距地表以下 50 余米的地段，仅在 120 平方米的面积内，清理出 5 个垛盘式木竖井、1 条斜巷和 10 条平巷，出土铁、木、藤、竹、陶质器物 70 余件。铁器有铁斧、四棱铁钻、铁锤、铁耙、六角形铁锄、凹字形铁锛等，其手工采掘工具的完备和井巷规格的宽阔是前所未有的，完全是以崭新的矿山技术面貌出现在人们的眼前。

春秋与战国时期的平口接榫方框密集垛盘式支护竖井不同处有两点：一是战国竖井较大，竖井开采较深。12 线春秋竖井距地表 50 余米，而 24 线战国竖井距地表 80 余米，二是战国竖井井底皆设有马头门。其具体结构有二：一种是井底四角以圆木做立柱，立柱直径 15—20 厘米，高约 2 米。立柱外以圆木做背板；另一种是四角以方木做立柱，立柱外以木板做背板。

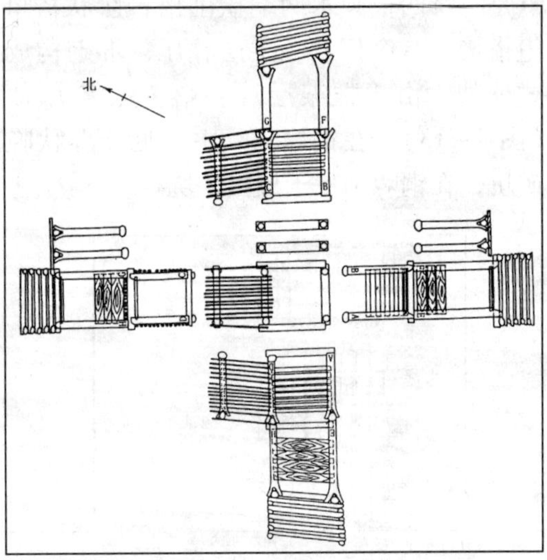

图 4－14 战国铜绿山 J3 支护框架平面图及四壁展视示意图（约 1/200） （采自《铜绿山古矿冶遗址》P127）

铜绿山 24 线 5 个战国竖井，分别挖筑在东北、东南和西南三方角落。竖井的支护木用料均较粗大，直径一般在 20 厘米左右。井口一般为 110—130 厘米见方。J3 位于发掘面的西南角（图 4－14）。J5 位于发掘面的东北角，正好处在对角线的两端。在 J5 与斜巷 X1 相通处、J3 与巷道 X9 和 X11 相通处，都构筑有马头门。J1、J2 和 J4 分别位于巷道 X1

上端和X5、X7的尽端。这三个竖井底部的支护结构是，四角为粗大方木的立柱，三方用木板（或用横向密集排列的细木棍）封闭，一方与巷道相通（图版伍，3）。

铜岭战国竖井支护型可以J29为代表作一说明。此井口为正方形，净断面210×210平方厘米。框架由4根圆木组成，圆木长度一致，长210厘米、径8—10厘米。框木搭接时层层叠压，形成密集垛盘式框架（图4-15）。井框内见斧形木楔，打入井框与围岩间的中部或一角，主要起加固作用，也利于矿工上下作业。井口西南面有一方形立柱，残高22—26厘米，边长5—6厘米。西北有一带孔木桩，孔径2.5×3厘米，估计与井口提升工具有关（彩版贰、2、彩版叁，1）。

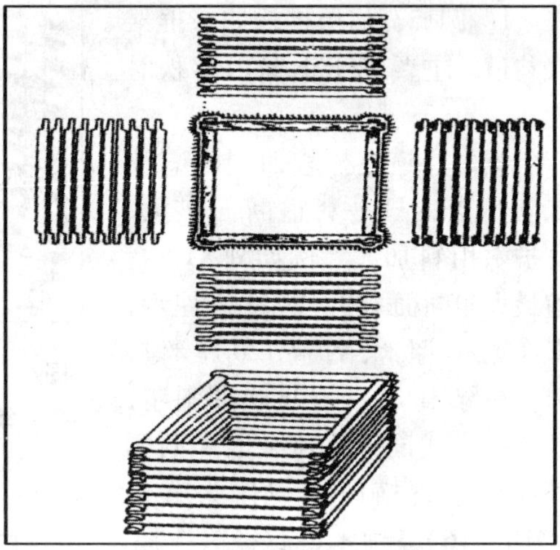

图4-15 战国铜岭 J29框架结构图
（采自《铜岭古铜矿遗址发现与研究》P80）

从上述竖井支护技术的发展可以看出，铁工具用于矿山开发后，使采矿技术开始发生变革，井巷扩宽了，需要有大跨度和强荷载能力的支护结构。因此，长期使用的，旧的榫卯接点等形式的竖井支护逐渐退出矿山支护的历史舞台，新的平口接榫方框密集垛盘式竖井支护（以下简称垛盘式）结构应运而生，并在广大地区应用。垛盘式实际上是井干式，是一种古老的结构形式，在我国有悠久的历史。河南安阳殷墟陵墓中，就有井干木椁的遗迹。

垛盘式木支护竖井的优点是：

（1）构件节点简单，便于制作。

（2）便于架设、拆除，能周转使用。

（3）垛盘外侧已不需要背柴护壁，节省了工时，比框架式少占井筒净空，增大了井筒作业断面。

（4）构件节点接合处紧密吻合，互相抵紧，具有抗压性，抗剪性应力综合效应。

框架水平叠置呈封闭筒，整体性强，较任何其他的结构稳固，因此，可以堆叠得很深。

垛盘式支护的优点在汉代得到充分应用，后汉张衡《西京赋》中有“井干叠而百层，上飞阁而仰眺”之句。《长安志》曰：“开木楼，积木而为楼，若井干之形也。”可见汉代曾通过这种技术而达到建造高层楼阁的目的。云南晋宁石寨山出土汉代铜造建筑模型，展示出井干结构[44]。

（二）平巷斜巷支护技术的发展

虽春秋平巷支护框架较西周变化不大，但在加强巷道框架整体稳固性却上有所创新，主要是出现了链式榫卯套接加强式框架支护巷道。战国时期，巷道支护形式又发生了较大的变化，几种新的支护方法应运而生。

1. 圆周截肩单榫透卯接框架式巷道，主要见于铜绿山春秋时期。

该式巷道支护较西周没有什么新特点，只是巷道断面扩大，支护木用料加大。例如Ⅶ X10 巷道最大净断面 120 × 80 平方厘米，即净宽 80 厘米、净高 120 厘米。

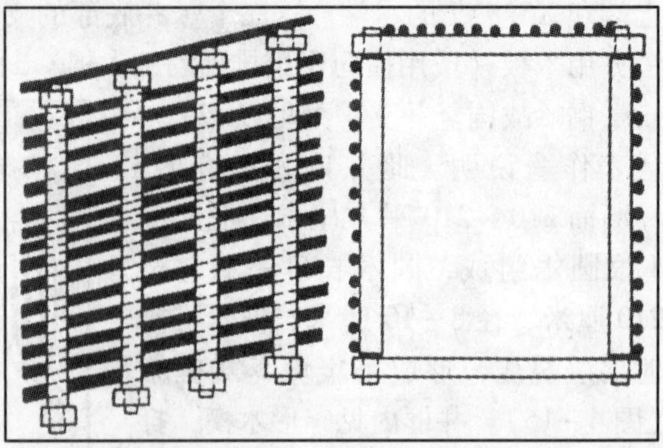

图 4－16　春秋晚期铜绿山Ⅱ号矿体采矿遗址斜巷框架结构示意图　（采自《铜绿山古矿冶遗址》P123）

铜绿山 12 线春秋晚期斜巷，其支护形式同上。顶梁上和两侧外面以木棍横向排列作为背板（图 4－16）。细木棍直径为 5 厘米左右，均为栗木。

2. 链式榫卯套接加强式框架支护，主要见于铜岭春秋时期。

该式框架虽然仍采用榫卯套接，但为了防止巷道框架滑移、错动，设计出链式框架结构，即将巷道走向上所有竖立的框架分别在其立柱柱头、柱脚纵向榫卯套接木杆件，形成链式（图 4－17）。

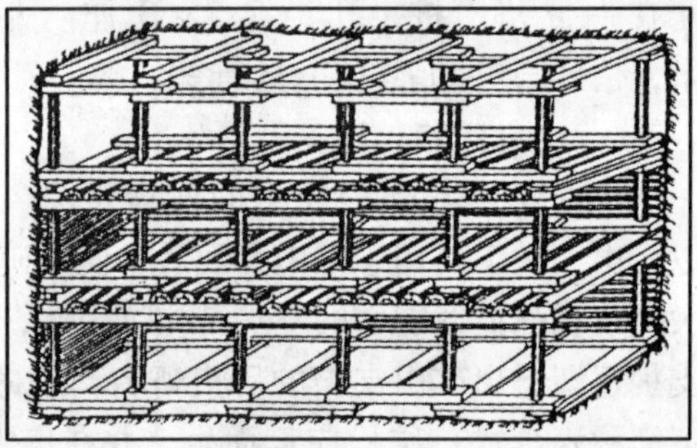

图 4－17　春秋时期铜绿山　链式方框支柱法结构图　（采自《有色金属》1981 年第 1 期 P83）

这种结构在铜绿山几处春秋采矿遗址中，例如 X422、X425、X427 可见。构件用材较大，立柱直径 8—16 厘米不等。其顶梁宽约 10—18 厘米，地栿宽 10—20 厘米。

3. 碗口接架厢式支护平巷，主要见于铜岭春秋时期。

平巷支护结构基本上与早期的碗口接架厢式相同，所不同的是巷道顶棚及两帮均用木板封闭，增大了抗压强度和采矿安全系数。以 X5、X17 平巷为例说明。

X5，框架净高 108 厘米、宽 88 厘米。受底部灰岩影响木框高低不一，西高东低，高差 56 厘米。框架为排架式，间距 58—64 厘米。地袱落于灰岩上，不平处则用土垫平。背板纵向排列，板宽 12—14 厘米、厚 2.5 厘米、长 164—215 厘米（图 4－18）。

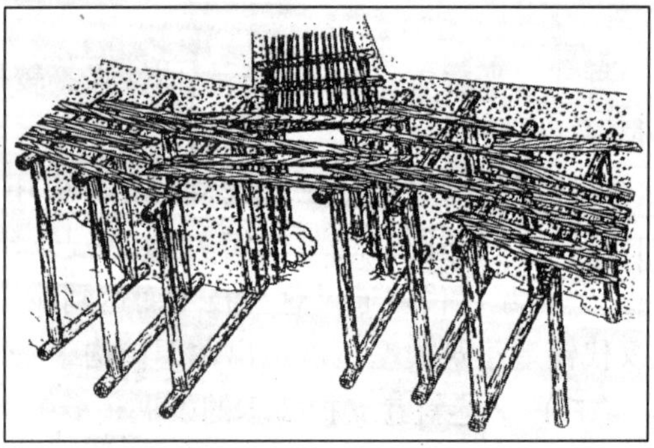

图 4－18　春秋时期铜岭 X5、X6 关系图　（采自《铜岭古铜矿遗址发现与研究》P59）

X17 与 J57 中部相通，系中段平巷。框架木较其他框木粗大，顶梁径

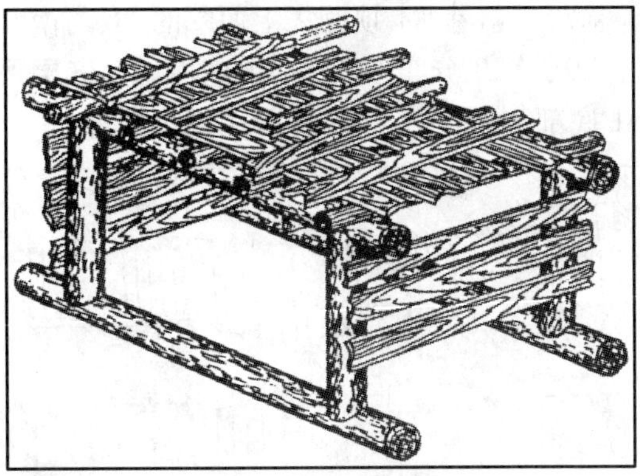

图 4－19　春秋时期铜岭 X17 框架结构图
（采自《铜岭古铜矿遗址发现与研究》P59）

14 厘米，立柱径 12 厘米。顶棚三层木板盖顶，棚板厚 3—5 厘米。此巷最宽处 186 厘米。顶梁两端各嵌入围岩 22 厘米，使之保持厢架的稳定性（图 4－19）。

马头门见于 J57 与 X17 相通处，在其东北、西北各立 1 根长 142 厘米的角柱，角柱径 6 厘米，上下由碗口木卡住。马头门净高 85 厘米，通向 X17。马头门底部延伸至井 J47，故 X17 应为中段平巷（图 4－20）。

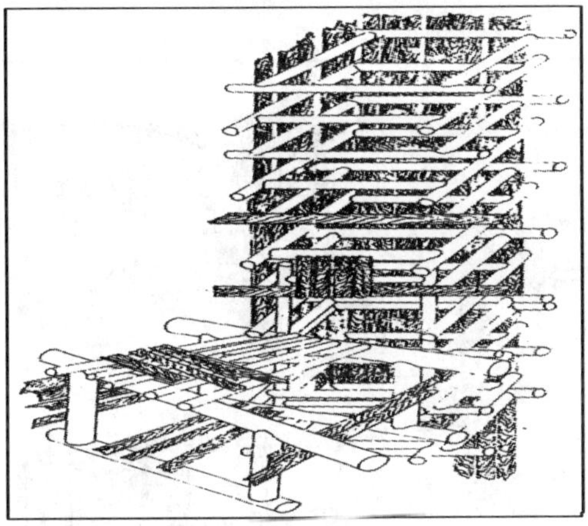

图 4－20　春秋时期铜岭 J57、X17 关系图
（采自《铜岭古铜矿遗址发现与研究》P59）

4. 鸭嘴亲口排架式平巷支护，主要见于铜绿山战国时期。

该式支护的每副排架由五根构件组成，即两根立柱，一根顶梁，一根地栿，一根内撑木（图 4－21）。地栿两端砍出平口榫，立柱与平口相接。立柱上端树杈以鸭嘴形结构托撑顶梁。在紧贴顶梁之下的两杈上凿有开口榫，以亲口结构嵌入内撑木，组成鸭嘴与亲口混合结构框架。在顶梁上和立柱外以排列整齐的木棍或杂乱的木板构成背板及顶棚。

斜巷也采用鸭嘴亲口式排架支护，但顶棚和背板构筑得更加牢固。顶棚由两层构成，下层为细木棍和圆木整齐排列，上层为杂乱的木板。巷两帮的背板外面还堵有一层藤条编织的“席”，封闭严实。

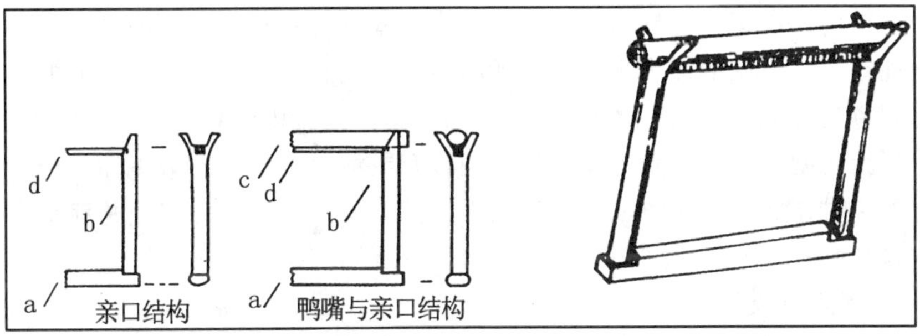

图 4－21　战国铜绿山叉口式排架

铜绿山 24 线清理战国时期的平（斜）巷共有 11 条，编号 X1—X11，其中斜巷 1 条，平巷 10 条。平巷分上中下三层。X1 是斜巷，巷道从顶部斜穿至矿层底部。平巷均分布在斜巷的南、北、西三面。第一层平巷 6 条，X3、X4、X5 在斜巷

X1 的南面，X7、X8 在斜巷 X1 的北侧，横跨于斜巷 X1 顶棚之上西端的 X6 与南北 5 条平巷相通连。第二层平巷 3 条，X2、X9、X10 分布在斜巷 X1 南面。第三层平巷 1 条，为 X11，分布在 J3 北面，与 X1 底部相通连（图版肆，1）。

X10 平巷支护结构见图4－22。

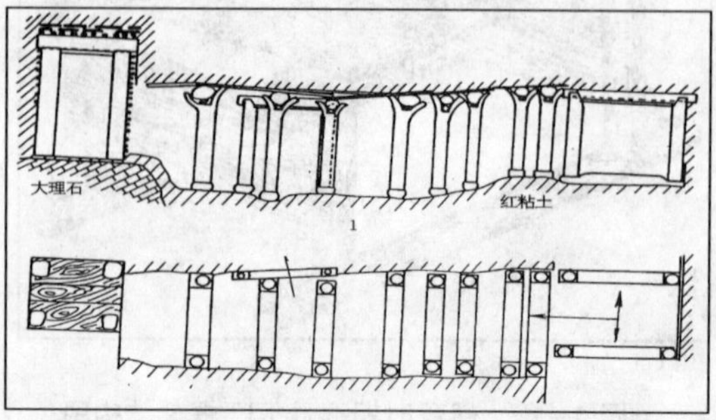

图 4－22　（采自《铜绿山古矿冶遗址》P128）

斜巷 X1 由东北向西南方向呈阶梯状斜穿矿层（图 4－23）。在横梁上面排列密集的细木棍或圆木，细木棍上面再铺一层大小不一、排列无序的木板构成一个顶棚。斜巷两侧立柱外，亦以细木棍或木板作背板，背板外面还堵有一层藤条编织的席，封闭严实，成为坑采支护构筑中的“完全棚子”。以这种方框支架，二节或三节为一级，沿矿层倾斜向下延伸，构成斜巷。X1 宽不足 90 厘米，每级高低不一，高的一级达 175 厘米，低的一级只有 120 厘米。

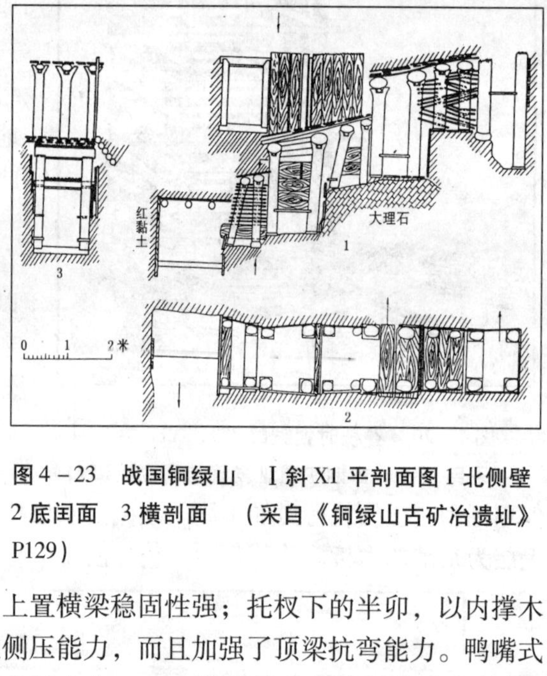

图 4－23　战国铜绿山　Ⅰ斜 X1 平剖面图 1 北侧壁　2 底闰面　3 横剖面　（采自《铜绿山古矿冶遗址》P129）

X7、X8 没有方框支架，两侧全用直立的木板筑成巷壁。这种巷道最宽处有 135 厘米，窄的地方为 90 厘米，最窄处为 50 厘米。最大的 X2 内高 160 厘米、宽 195 厘米左右，其他巷道的高宽一般在 130—150 厘米左右。研究表明，鸭嘴亲口排架支护整体抗压性能好。地栿为平口榫，其抗侧压的能力比榫卯结构大得多；立柱为托杈，上置横梁稳固性强；托杈下的半卯，以内撑木将两立柱撑牢，不仅增强了排架的抗侧压能力，而且加强了顶梁抗弯能力。鸭嘴式结构排架将几种节点结构的优越性充分结合在一起，积古代井巷支护技术之结晶，成功地革新而抛弃了一切繁文缛节，更加具有灵活性，有利于减少加工程序，支护作业省工省时，提高工作效率，也有利于支护技术的传授推广，使井巷支护技术登上了辉煌时期。

5. 天然护顶支护法

湖南麻阳战国时期地下采场的支护形式主要是“天然护顶法”、“工形矿柱支护法”，并采用“点柱支撑法”相配合。

麻阳九曲湾铜矿的矿层与紫红色泥质粉砂质岩层呈互层状产出，两者的物理性质有很大的差别。矿层坚固，抗压强度较高。据测定研究，在风干状态下达 300—500 kg/cm^2，饱和状态下大于 200 kg/cm^2。这对古人来说，虽然会给凿岩工程带来困难，但却为地压管理提供了条件。泥质粉砂岩的莫氏硬度为3—5度，抗压强度在风干状态下达300—600 kg/cm^2，属中等坚固岩石，但在饱和状态下，其坚固性显著降低，抗压强度仅达37—125 kg/ cm^2，即遇水后属于极不稳固的岩石。古代矿工充分认识到这点，他们的采矿方法是，首先不采至泥质粉砂质红层，留下矿层作巷道或矿房的顶板、底板，然后根据矿层不同部位强度的差异和矿房跨度的大小酌情处理。强度稍差和矿房跨度较大的地方采用天然护顶法或矿柱法。

麻阳的天然护顶法以2202号斜巷中113米—120米标高段为代表。在长13米，宽6.2—14米，采空区高0.75米至1.3米的空间，其上约0.4米厚的矿石不采，靠矿石本身的稳固性当顶板作为天然护顶，维护回采过程中形成的采空区。考古清理时，斜巷的绝大部分仍没发生破顶现象，可见这种采矿方法是成功的。

6. 工形矿柱支护法

矿柱法是在留有天然护顶的基础上，在跨度大的采空区留安全矿柱或隔墙，其断面形状呈“工”形。粗壮的矿柱支撑采空区，大大增加了顶底板的抗压强度。

7. 点柱支撑法

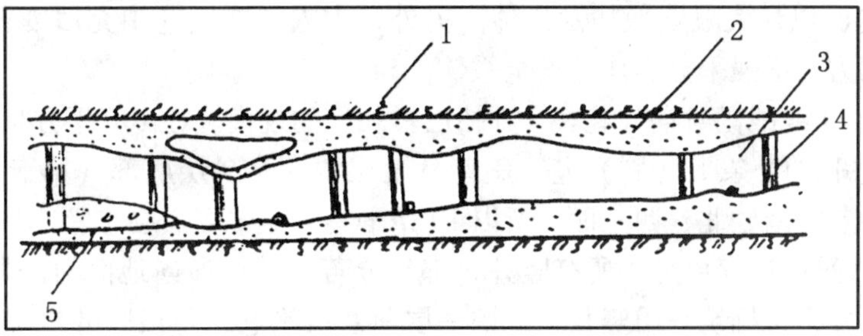

图4-24 战国麻阳九曲湾铜矿支护

1粉砂岩 2含铜灰色砂岩 3采空区 4木支柱 5废石

（采自《考古》1985年第2期P120）

点柱法是在跨度较大的相邻矿柱之间又辅以单根木支柱或两根并立木支柱支撑（图4-24）。木支柱直径大者30厘米，小者10厘米。立柱的支撑方式有两种，一种是在顶板和地板与支柱承接处凿凹形柱窝，将柱两端放在柱窝内，不易滑移。另一种是在支柱的顶端打进木楔或置一长方形木板，即“带帽支柱”（俗称“个把撑），以楔紧和增大支柱的受力面积，确保采场安全。其实，“带帽支柱”即现代采矿的“可缩性支撑方法”中的一种，其主要优点是，当地层在变形过程中使支撑本身带来微量下沉时，带帽垫块也随之被压缩，以保证支撑木不被损坏。

木支柱一般与巷道底板成80度的夹角，即点柱的对山角为10度，这样可以改善支撑的受力条件。例如麻阳Ⅱ号点柱受顶板压力后改变夹角，变成垂直于顶底板支撑。古代对山角为10度，与现代采矿所规定的5—10度也相符。反映了古代工匠对斜巷支护已有相当丰富的经验。

东周时期几处矿山的井巷支护木的树种，经鉴定，有黄栎木、白栎木、青岗栎、化香、豆梨、支护背板为牡荆，是品质较高的木材。由此可见，我国古代工匠在长期的实践中，对木材性能的认识积累了丰富的经验，对井巷支护木的选择是有要求的。

六、初具规模的地下联合开拓[43]

春秋战国时期，原有的地下联合开拓方式：即“露天采场底部→竖井（或斜井）→中段平巷→盲竖井（或盲斜井）→平巷（或采矿场）”的程序虽无变心的，但井巷开拓方面却发生了较大变化。主要表现在：开拓深度、广度，以及井巷断面尺寸等方面有了新的突破，井巷布置更为合理，相互间的联系更为紧密，且发展到了联合开采（图版叁，1）。

铜绿山春秋采矿场的井巷是纵横交错层层叠压的，有的地段平巷叠压了3层，其间皆有一个或一个以上的竖井使之相连。所有竖井都是垂直的，但平巷则是多种多样的：有“一”字形、“丁”字形，而更多的是弯弯曲曲的很不规则状。通过竖井和平巷达于矿体，利用若干条平巷围绕竖井而成组布置，是该遗址的地下联合开拓特点。古代工匠在掘进过程中，通过几个竖井在矿体中拓展平巷，有效地采掘矿石。不仅如此，平巷的底部又开掘盲井，继续向下采掘。今发现的一组井巷中，不足60平方米的范围内，竟发现了7个盲井。盲井之间的距离多在2米左右，有的几乎是紧挨在一起，反映出古代工匠利用多采辐竖分条（在剖面上）和多条巷道（在平面上），以最大限度地切割矿体。另外，古人还在废巷中充填废石，以减轻采空区的压力，增强采掘工作的安全系数。

铜绿山24线战国时期井巷联合开拓已具相当的规模。在100平方米的范围内，就有5个竖井，11条平（斜）巷。斜巷从上层斜穿至矿层底部（第三层）。平巷均分布在斜巷的南、北、西三面。所以10条平巷分上中下3层布置。

从24线采矿遗存可见，所有竖井，都是分若干井段通向地面的，即从地面往下分数段掘井，每掘筑一段竖井，就挖一层斜巷或平巷，每段竖井口都装有绞车，逐级提运完成上下运输任务。斜巷和平巷的作用不同。开拓斜巷斜穿至底部边采边向下追踪探掘富矿；平巷主要是从发现的矿层向上回采，将已采得的矿石先在井下现场进行初选，把选后的贫矿和废石充填进采空区，将精选出的矿石提运到地面上来。这样，既可以有选择地进行开采，使出窿的矿石品位较高，又可以减少提运量。所以掘井是为了拓巷采矿，井巷必然相通。有的竖井是三面严密封闭，一面与巷道通连。J3井底为水仓，水仓中发现木水桶20余个，第二层的水槽通过平巷伸进J3的马头门内，所以当时已有专门提升排水的副井。图4－25、图4－26所示为铜绿山战国井巷开拓复原图，可知其开采系统已相当完整，地下联合开拓方式已不再是春秋时期的那种小井短巷，已经发展到相当大的规模（彩版叁，2）。

安徽枞阳县井边发现的东周采矿遗址，其开拓方式同样采用竖井—平巷—斜巷联合开拓法。其方案是，在山坡上开凿竖井，井口近方形，约1米见方。竖井井口以下约7米处和13米处，分别开凿约1米宽。1米多高的平巷，即约地面以下7米分一个中段平巷。井口以下39米深处有一斜巷，高约1.5米，长20余米。斜巷底部堆积废弃的碎石，并有厚约5—10厘米的木炭屑层，陶器、木铲均出自内。可能使用过“火爆法”。围岩坚固的地方采用自然支护，围岩较松的地方采用木框支护[26]。

从麻阳古铜矿山来看，古采区14处中，有露天采场一处，其余为地下采场。先秦时期，地下开拓的过程即回采矿石的过程。由于麻阳九曲湾的矿脉倾斜，所以

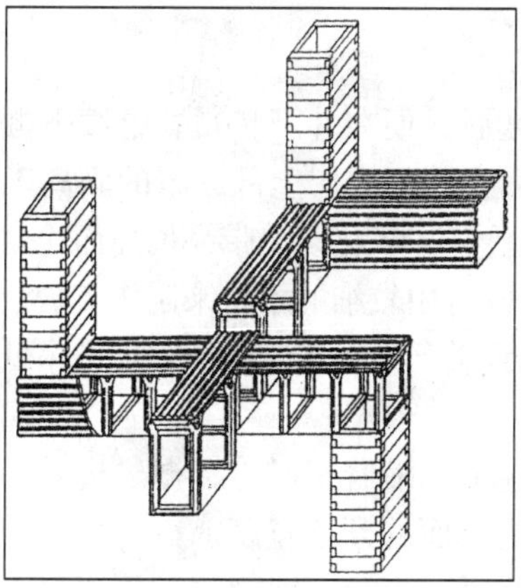

图4-25　战国铜绿山井巷开拓复原图

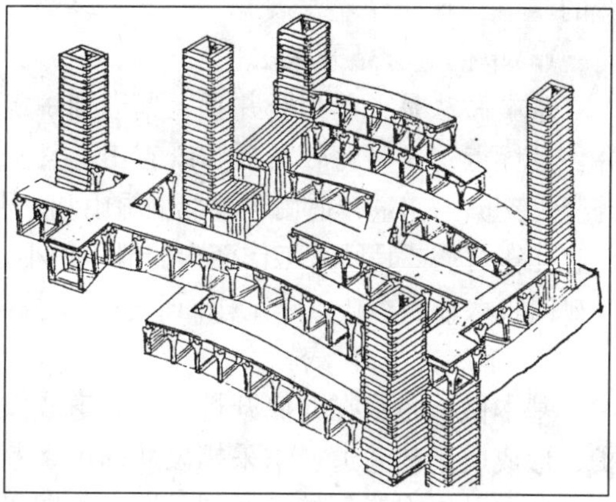

图4-26　铜绿山24线战国矿井开拓系统复原图　（采自《有色金属》1980年第4期P90）

它的开拓斜巷居多，采空区大多数呈“鼠穴式”即长袋状。其中2202号巷斜长140米，倾角36度，最大深度距地表80余米，充分显示了战国时期矿山生产已发展到深部开采的技术水平。麻阳1203号巷道沿矿脉走向开拓，巷长约400米，远远超过了以往矿山巷道的长度。就竖井而言，矩形断面面积为3.2×1.5平方米。也大大超过了春秋时期，它是贯通2202号斜巷下段的一个提升井，作为矿石运送提升到地面的通道。据遗迹推测，井口上还搭有工棚。

新疆奴拉赛东周铜矿遗存表明[35]，为了扩大采场并减少废石的剥离量，古人将露采与坑采结合，即在50米深的露采近沟底的东南面沟帮打平硐，形成多个高大的矿房。与I号露采场相通的1号地下采场F1距地表47米，位于1号矿体东南端。采场似一恐龙形，走向西北，长22.5米，宽1.4—6.9米，采场顶部空间比底面宽，宽度10米左右，即采场西南壁为一大型斜坡。斜坡至顶部有2个开拓巷道与古露采相通。采场北西侧为一宽1米左右，长约8米，高约10余米的陡壁巷道。采场北头有一矿房，南头为一台阶状巷道向南延伸。2号地下采场F2位于1号矿体西北端，距地表深46米，采场似一瓶形，走向西北，长19米，东南段为主矿房，长15.5米，宽5.5—8.8米。中部为一走向北西的矿柱，矿柱走向与F2采场走向相同，位于采场中轴线上，其矿柱东南部已被回采，断面被采掘呈倾向东的斜坡。采场西北端为一切割平巷，长4米、宽0.2—2米，掌子面呈窝状，宽73厘米、高30厘米。3号地下采场F3与F1相距70米。入口为一圆形竖井。竖井东北壁通一斜巷向东南方向延伸，约7米后，斜巷断面变小，呈高50厘米、宽60厘米的拱形断面。再往前延伸为一段阶梯式斜巷，高125厘米、宽80厘米，其4.5米处之上通一盲井，断面呈椭圆形，长径150厘米、短径80厘米。奴拉赛铜矿遗址1号露采深50余米，2号露采封闭圈11×123平方米。地下采场高20余米，如此深大的联合开拓规模，说明开采中的凿岩、采装、运输、排水等工艺合理配套，技艺娴熟。

七、地下采矿方法的创新

从大量考古资料及其科学研究看，春秋战国时期的开采方法大体上有七种类型；其中有的虽始创于西周，但在地压管理上又有一些创新；有的则是战国匠人创造的。

1. 单框竖分条开采法[42]

基本做法是：单个竖井垂直掘进到一定深度后，便在井下扩帮，继续下掘盲竖井。其优点：一是比较灵活，既省工，又安全，省掉了岩层上部废石的剥离工作量与竖井支护工作量，适用于湖北铜绿山和江西铜岭开采氧化富集带品位高而松软的散粒状孔雀石；二是回采工作面中的地压较小，所以可用较细的木材来制作支护；三是采矿回收率较高。缺点是工作面窄小，支撑工作繁重，采矿工匠的劳动生产率低。

2. 单层方框开采法[42]

基本做法是：在井底开挖水平巷道或倾斜巷道，沿着富矿脉边掘、边采、边支护，形成成组的巷道，单采幅尺寸即单条巷道毛断面的开拓宽度。

此两种方案皆创始于西周时期，此期仍在使用。

3. 链式方框支柱法[42]。

此法主要见于铜绿山春秋时期采矿点，它是在前两种方案的基础上演变出来的，其直接由竖井四壁扩帮，以扩大回采工作面；为有效地支护采空区，将框式支架进行系统的架设。因同一水平面上的框架相连形式很像链板，故称链式框架（见图4－17）。回采顺序由下而上进行，支架也随着工作面的向前、向上推进而敷设。框架的每分层之间都用凸榫连接，上面铺有木板或圆木，以减少矿石的损失贫化，人站在上面工作，既方便又安全。开采时进行选别回采，有时还留下一定的矿柱；废石和低品位的矿石倒在底部框架内，增加了底部框架的稳固性。其基本回采工艺跟现代的方框支柱法大同小异。

这种开采方法适宜开采较厚的矿脉。在12勘探线出土的春秋末期古矿井，孔雀石矿脉厚达10米以上，采幅宽度为1—3个框架，共1.2—3.6米左右。顶板暴露面积可达50—100平方米，可以多开辟工作面，同时工作的人数大大增加了。使用的工具也有改进，在K14发掘点出土的13把重3.5公斤的直柄大铜斧，是当时得力的采掘工具。

随着矿脉的产状多变，还出现了倾斜分层单方框链式支柱法。其回采工艺同前（图4－27）。

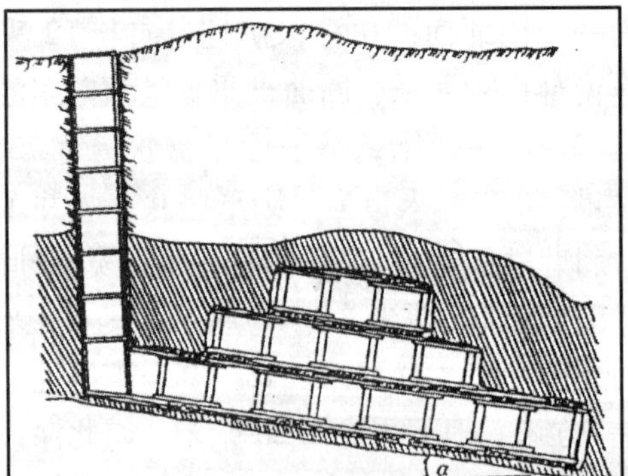

图4－27 春秋时期铜绿山 倾斜分层单框链式支柱法 （采自《有色金属》1981年第1期P83）

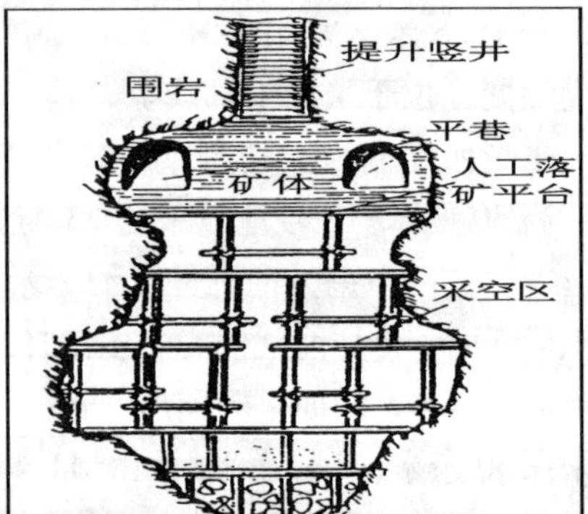

图4－28 春秋时期铜绿山 横撑支架开采法 （采自《有色金属》1981年第1期P84）

4. 横撑支架开采法[42]

这是一种上向式回采方法，最终形成的整个采场像一个峒穴。其顺序是由井底向四周扩大，当上采超过一定高度时，架设一种TT型的横撑支架，一方面支撑采空区，一方面在支架上构筑人工落矿平台，人站在平台上用铁钻、铁锛等开采矿石，落矿、装运、提升均在平台上进行，并将少量的废石倒入下部空区。铜绿山古采区Ⅶ点大体上便属这一类型，经碳14年代测定，其距今2 576±135年，属春秋中晚期。其开采方法是由地表下掘竖井(图4-28)，竖井支护为密集垛盘式；整个开拓在比较坚硬的岩层中进行，这与铜绿山其他软岩地带不同。井筒穿过节理裂隙发育的铁帽，进入铜矿石富集的氧化带内。人们在古采场内发现了3层平台，由下至上，第一层平面呈不规则长方形，长5.6米、最宽处4.5米。第二层平面呈亚腰形，东西走向，长8.6米，宽3.6—5.2米。第一层的横撑支柱最长，达4.4米，直径23厘米。横撑木上架纵向木，直径分别有8厘米，12厘米两种，上面铺一层竹编物构成平台。平台上发现竹筐8个，大者直径48厘米，一般直径26厘米，铁镐1把，镐头身长20厘米，还有竹篮、竹箕、木桶、木耙及运矿用的木竹两种材料制作的拖板等。峒穴采场最底部发现1把四棱铁钻和1把木锨。木锨通长120厘米，柄长72厘米，锨板面长30厘米，宽10—14厘米。此采矿方法的特点是运输距离短，提升距离越采越缩短，人员操作比较方便。

5. 房柱法[35]

基本操作是：在采拓过程中，留下含矿隔墙作为开采盘区的横矿柱，矿柱作为房间矿柱。这在湖南麻阳战国采矿场等中都可看到。麻阳房柱法是在倾斜度不大于30度的矿层中，沿矿层倾向或走向分别用盘区斜巷或平巷作为主要运输巷道掘进，自巷道两侧逐渐扩宽成矿房；巷道采幅（指空间高度）0.8—1.2米；矿房采幅3米，宽14米。从贯通于2202号“老窿”的提升井来看，2202号斜巷的下段为上山斜巷，即掘进由下而上逆矿层倾向倾斜布置，这样便于沿斜坡向竖井方向运送矿石。

倾斜分层采矿是将倾斜的矿层分适当高度的若干层，由上向下或由下向上依次开采。如果采用整层开采法，即一次采全厚，则在回采、支护、顶板管理等技术上，都将发生困难，回采率亦不高。因此，麻阳古代矿工将厚1.4—1.87米的矿层分两层依次开采，中间留一层0.4米厚的含铜灰白色长石石英细砂岩。上层采幅仅0.6米。上下巷道分别以带帽木支柱支撑。这种采矿方法，麻阳俗称“楼板式结构”。据麻阳十三处古矿井现有资料统计，古开采面积约32351平方米，共回采矿石175 365吨，矿品位为2%—12.8%，平均品位为4.86%（仅按贫矿即边界品位计算），可产铜8 525吨。

新疆奴拉赛东周铜矿地下开采采用了房柱法和横撑支架开采法相结合（彩版肆，1）[29]，其遗存在1号矿体F2地下采场可见。当50米深的露天采场采到底后，古人在沟底东南侧采用井巷穿过砂砾岩，进入铜矿石富集的方解石脉状铜矿带内。这也是一种上向式回采方法，最终形式的整个采场像一个巨大的峒穴。其顺序是在多个井巷底以矿体的走向有规律地等分布置3条带状采幅，向四周扩人。为了保证分割的采区不坍塌，将中间一条采幅的矿体暂时留下不采，即采场中轴线留矿柱，两边的采幅，其回采作业采用进路式切割平巷，其采幅宽约 2 米。所见 F2 采场被切割成长方形，宽约 7 米的采场等分为 3 份，两边采幅被切割成高 20 米左右，长 14 米的矿房。中间的一条矿柱东南段也被采掉。当两边的采幅向上采到一定高度时，以采幅的宽度架设横撑支架，在支架上构筑人工落矿平台，人站在平台上用“锤与楔”的方法开采矿石。落矿、装运、提升均在平台上进行，并将部分废石倒入下部采区。F2 古采场西南部，在其高约 20 米、长 14 米、宽 1.7 米的采幅内，发现横撑木平台沿采场走向布置，横撑木遗存十几根，其长视采幅宽度而定，即 2 米左右，直径 7—8 厘米。横撑木平行间隔排列，间距不等，大者 2.4 米，小者 20 厘米。横撑木所撑的切割平巷两帮略为倾斜，以便撑紧同一水平面的横架木。架木端点的巷帮掌面略凿托窝，使架木镶嵌得更稳固。横撑虽然能起到支撑采空区的作用，但作为奴拉赛的坚固性矿岩来说，其功用主要是用于构筑人工落矿平台。这种采矿方法在倾斜急陡的矿体中采用是十分合适的。在 F2 中轴西北端，也发现一平巷向西北延伸，在端部的掌子面前构筑有工作平台。两根横撑木近水平排列，一头间距 60 厘米，另一头间距 100 厘米。一根倾斜 3 度，一根倾斜 9 度。

迄今奴拉赛发现的凿岩工具有些与林西大井遗址相似，如石锤、石斧等。出土的骨针，推断是用来缝制装载矿石的羊皮袋的。从地下开采的工作面痕迹分析，采用了与内蒙古大井相同的“锤与楔”凿岩破碎法，并已达娴熟的地步。宏大的露天与地下采场及地表废石场等遗迹，充分反映出奴拉赛古矿山的凿岩、采装、运输、排土等工艺配套的合理性。

6. 方框支柱充填法[42]（图 4－29）

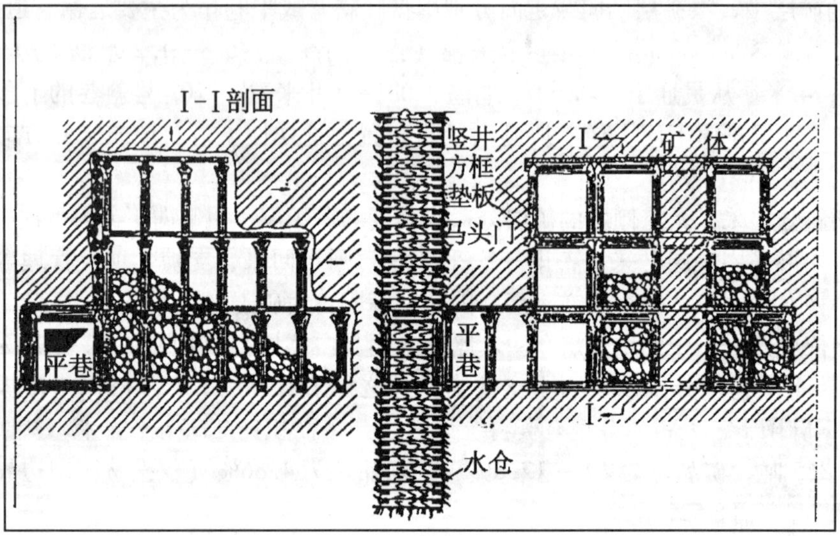

图 4－29　战国铜绿山　方框支柱充填法（采自《有色金属》1981 年第 1 期 P85）

其特点是：在用方框支柱的同时并充填采场维护采区，回采工作是在等于方框容积大小的分间内进行的，采出矿石后立即架设方框。当采完一个分层后，向上采另一分层时，就把采下的废石（夹石等）和低品位的矿石充入底层。这种采矿法见于铜绿山仙人座古采区和Ⅳ号矿体，是针对它们处于氧化破碎带这一地质状况的。

在采场中大方框布设在下部，小方框在上部，小方框的底梁是大方框的顶梁，大方框的底梁是一根大方木。敷设在底板的沟槽中，是整个框架的稳固基础。回采顺序先由下部的大方框开始，然后再由下向上回采小方框内的矿石。发掘证实这类采场大都处于氧化富集带内，围岩为大理岩破碎带，蚀变强烈，岩溶发育，矿岩均不稳固，就是用现代的充填法开采也是困难的。根据现场情况分析，每采1—2个框架的距离，就必须架设一个框架，以保证回采工作面的安全。以采幅为1.6—3.6米，按日进尺0.3—0.4米计算，每日可采出铜矿石800—2000公斤；最大木材消耗量为0.13米^3/吨，顶板总的暴露面积达200平方米。说明其开采技术达到了相当高的水平。经充填的古代采场，虽有现代大电铲从上压过，但支架依然无损，清理后还保持原形。

7. 护壁小空场法[42]

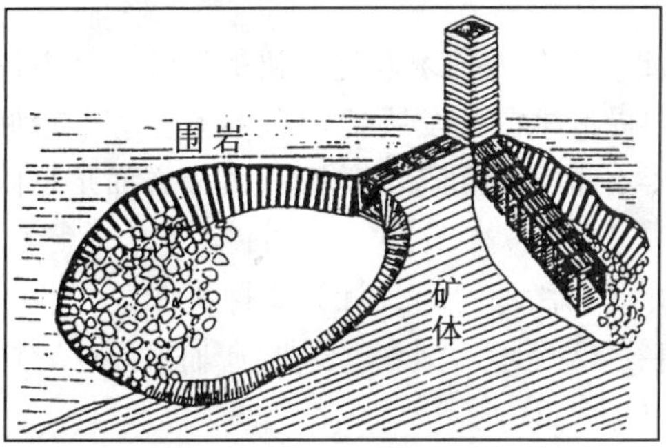

图4-30　战国铜绿山　护壁小空场法示意图（上为出土的原貌）　（采自《有色金属》1981年第1期P84）

此法见于铜绿山仙人座古采区K5点（图4-30），是用于开采呈水平产状的孔雀石矿脉。矿脉的直接顶板为褐铁矿，比较稳固，无需人工支护。采场高度1.8—2.4米，空场面积20—30平方米。所发现的两个同类采场，均在巷道的一侧，采空区的另一侧为破碎带，围岩松软且含水，容易片帮，两个采场分别用木板或圆木作成护壁。空区内留有手选后的废石和从其他采场或掘进巷道运来的废石，减少了提升废石的工作量。

八、装载工具[38]

春秋时期出土的装载工具有木锨、木铲、竹筐、木扁担等，以铜绿山、铜岭所出为多，其形制与商周时期没有大的区别。值得注意的是，至战国时期，湖北铜绿山、江西铜岭、湖南麻阳的矿井中再未发现木制铲、锹。铲矿工具改用了铁柄耙，六角形等形状的铁锄（参见本章第三节）。由此可见，铁器出现后，矿山铲矿工具已有质的变化，必然会大大提高劳动工效。

木锨。长柄，柄与坎肩分明，坎肩较平，锨身中长，背面弧状。有的长73.8厘米，坎肩宽16.8厘米，刃部小于坎肩，宽12厘米，弧刃。

木铲。一种木铲的器身短，把与铲身近长，铲面较直，器长21.6厘米，柄长10.5厘米。另一种为小型手铲。一般通长38.5厘米。铲板长20厘米、宽约10厘米。

木撮瓢。柄与撮身近长，撮身两侧较平，口沿弧状。长54厘米，柄长25厘米，柄径3—4.8厘米，撮面最宽处24厘米。

木扁担。长161厘米，贴肩面两端向上翘1.5厘米，中间宽5.2厘米，两端尖状，两头切削有三角坎。全器加工光滑，材质坚硬，虽经泥水长期浸泡，至今仍能承受重力。铜绿山战国时期的竹器有篼箕、筐等，藤器仅有篓一种。多出土于巷道内。

竹篼箕。箕口部呈“U”字形，前面为敞口，另三面编有周壁呈斗状。两侧上部各有一篾制立耳。编织方法与现代篼箕无多大差别，即上圈是一根弯成“U”字形的厚竹片，作箕的口边，经篾密集排列套在口边厚竹片上，至底部汇集一起，使其折曲成前为大敞口、后作斗形的箕，纬篾横向来回密编于经篾之上。箕口宽40厘米、箕后部斗深45厘米。

竹筐。圆形深腹，平底，口部以篾贯一提梁。其编织方法是，先以经篾编一“米”字形作干，以纬篾在“米”字形干上从中心开始圈编出一个圆底，再将呈辐射的经篾，全部曲折竖起排列成圆筒状，用纬篾逐圈编织出筐的周壁，最后在口部加编一提梁。有的筐口径26厘米、底径25厘米、深25厘米。

藤篓。除制作材料是用藤条外，其形制大小、编织方法，均与竹筐同。

九、矿山提运机械的发展[45]

在春秋战国矿山遗址中，曾出土过一批保存较好的木制提运机械构件，其中包括绞车、滑车（滑轮）。说明此时我国矿山提运机械已发展到较高水平。滑车始见于商代中晚期，此时一方面制作更为精细，结构发展到齿式轮面，另一方面则是使用更广。

（一）滑车。此期滑车依然是见于铜岭（彩版肆，2），计为2种3件。

第一种2件，一件采用长16厘米，直径22厘米的圆木（栗树）加工而成。柱面被加工成齿形（图4－31、图4－32），共十二齿。

齿截面呈梯形，齿高40毫米。齿间距不等，即38毫米至42毫米之间。齿顶中段有弧形凹槽，槽宽50毫米，深20毫米。轴孔直径60毫米。一件长12厘米，直径16厘米，齿顶槽深25毫米，宽70毫米。第二种1件，滑车采用长27厘米、直径25厘米的圆木加工而成。其柱面被加工出九齿，齿高47毫米，齿顶中段有凹槽。滑车两端可见火灼的加工痕迹的轴孔（图4－33、图4－34）。该式滑车有如下特点：一是齿式轮面可防止绳子与滑车间的相对滑动。二是齿顶微凹的环槽能防止绳子滑脱。三是齿与轮毂之间加工出环形凸台，有利于克服应力集中，使齿不易断裂。经碳14年代测定，其为距今2 615±80年。

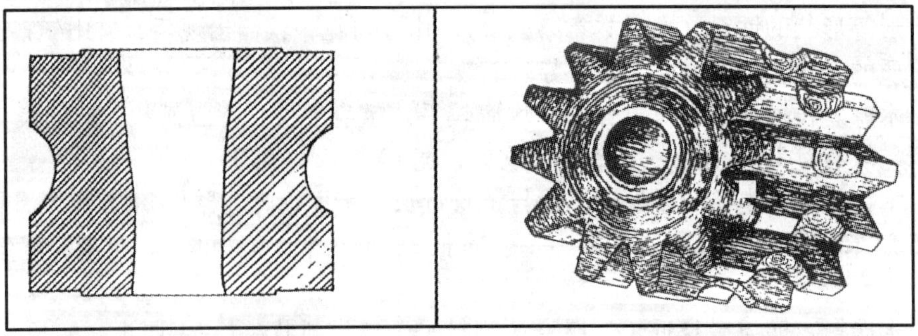

图4－31　春秋时期铜岭木滑车剖面图　（采自《铜岭古铜矿遗址发现与研究》P70）

图4－32　春秋时期铜岭木滑车素描图　（采自《铜岭古铜矿遗址发现与研究》P70）

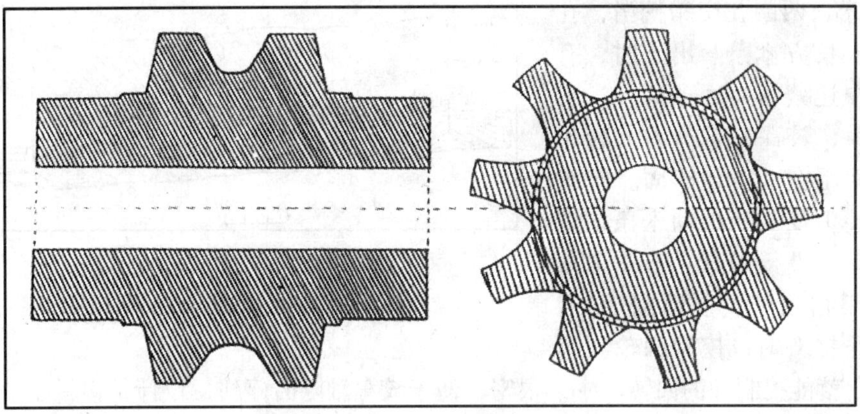

图4－33　春秋时期铜岭木滑车剖面图　（采自《铜岭古铜矿遗址发现与研究》P71）

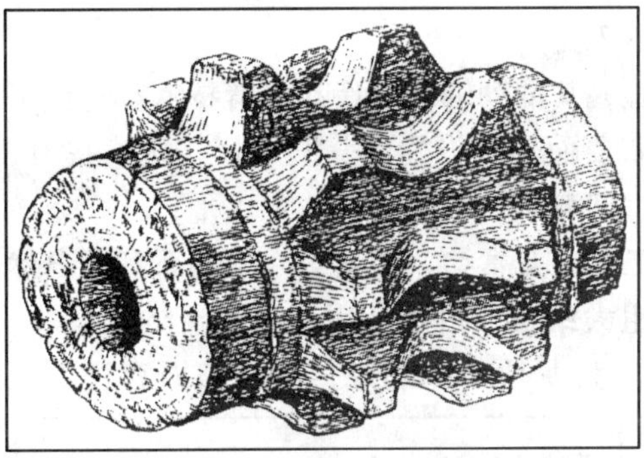

图4－34　春秋时期铜岭木滑车素描图（采自《铜岭古铜矿遗址发现与研究》P70）

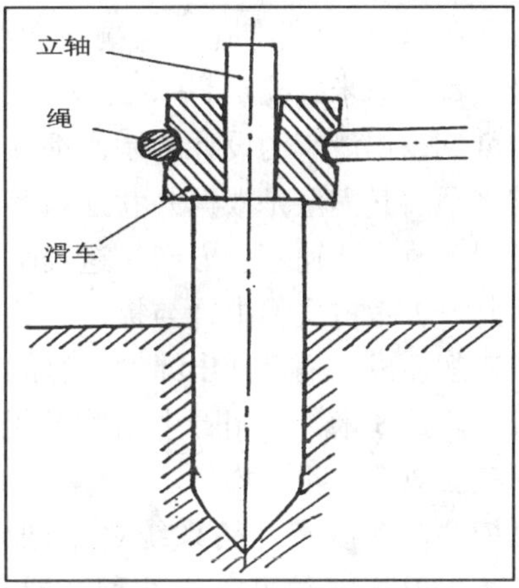

图4－35　春秋时期铜岭滑车装配图

铜岭春秋时期的滑车是用于巷道的转弯处，以改变牵引绳的方向。安装滑车的露天槽坑长为8.3米，宽1.5—1.82米，深1.75米。坑的走向接近南北槽坑，南与一平巷相通。滑车是竖立使用，它的下端面与托着它的立轴凸台接触（图4－35）。由于滑车受到来自绳子的水平方向压力，插入地面的立轴沿压力的方向倾斜，另外，孔与轴之间又存在一定的间隙，因此，当立轴倾斜时，滑车孔面（轴承）对立轴上部的压力人于下部，加速了孔和轴上部的磨损，使上端孔径由原来的60毫米磨损成80毫米。

巷与槽坑的转弯处所置的滑车高度与马口撑高度对应，绳索位于马口撑上部。巷道段内绳索的端点系有一载筐的拖板，便于拖运矿石。

（二）绞车。主要见湖北铜绿山、红卫等战国铜矿山。

铜绿山发现井下的大型木制绞车2件（图4－36、图版伍，1），绞车轴全长250厘米、直径26厘米，两端砍出圆形轴颈，其长度分别为28厘米和35厘米。绞车轴上凿有两圈疏孔和两圈密孔。孔皆长方，半卯孔，密孔靠近两端，中间距离40—45厘米。孔长8厘米、宽3厘米、深3厘米、孔间距约2厘米。再往中部约23—25厘米为两圈疏孔。孔长8—9厘米、宽3—4厘米、深6—8厘米、间距8—

10厘米，两圈孔交错挖凿，孔中插入长方木条。出土时，有些孔中还残留有木条碎片。疏孔较大，较深，装的木条较粗大，间距宽，安装牢固。将绞车轴装上支架，扳动木条，就能启动，进行提升。密孔木条的作用相当于“制动闸”，需要停止提升时，控制棘轮刹车装置，就能控制轴的回转，木条很密，便于绞车轴随时停住，设计是很科学的。可把繁重的体力劳动降低到最低限度。

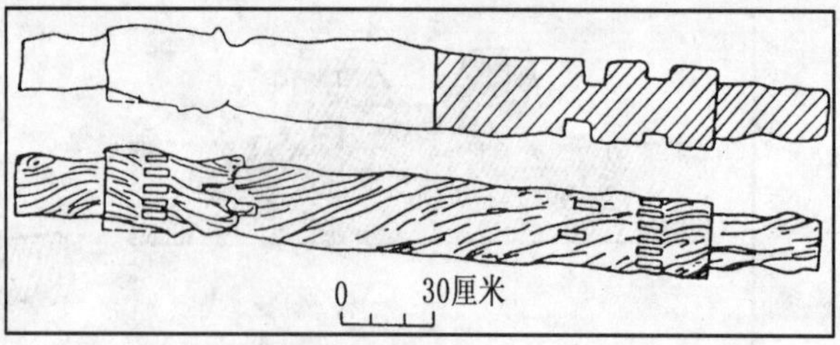

图4－36 战国铜绿山木绞车轴
（采自《铜绿山古矿冶遗址》P132）

红卫铜矿的木绞车，轴残，直径21厘米。两端砍呈圆轴颈，颈长17厘米、直径10厘米。轴上凿有孔，与铜绿山相同。密孔皆为长方形半卯，长7厘米、深7厘米、宽2厘米，孔距5—6厘米。密孔圈12孔。

可见东周滑车的设计和制作都独具匠心，其滑动轴承设计和润滑技术都达到了一定水平。其完全是根据井巷开拓及升运需要而巧妙设置的，既可用于垂直提升，也可用于改变运输牵引方向，这表明春秋时期滑车技术已具有一定水平。

此外，考古发掘中，与提运有关联的工具还有木钩、绳索等。木钩系利用自然树杈砍削而成，柄上削出绳槽，有的木钩粗大结实，可负荷重物。出土的绳索中，最长一段达8米，系用野生植物纤维（有说为龙须草）绞成，单股细绳直径1厘米，三股绞合，粗细均匀。

依井筒深度及井拓系统之不同，东周井巷提升方式约可分为两种：即一段提升和分段提升。一段提升即从井底将矿石一次提升到井口；分段提升是多个一段提升的综合作业。铜绿山大型木制绞车发现于地表以下60余米处，这便是矿石分段提升的重要证据之一。因24线老窿战国井深达80余米，木绞车只能安装在地下中段的盲井井口部。分段提升显然是由于春秋以后，开采深度增加而出现的，其矿体每隔20—30米被分成一个个分段平巷，开展多中段作业，因此相应的出现了分段提升。随着战国时期开采技术的提高，井巷断面增大，矿井产量也提高了，多井筒多中段提升的情况越来越多，同时一次提升量也增加到近百公斤，这时再用手直接提拉已不可能，于是出现了木绞车，并配有木勾，绳索和平衡石。提升矿石、提水、下放坑木等，显示出提升工作的繁忙情景（图4－37）。

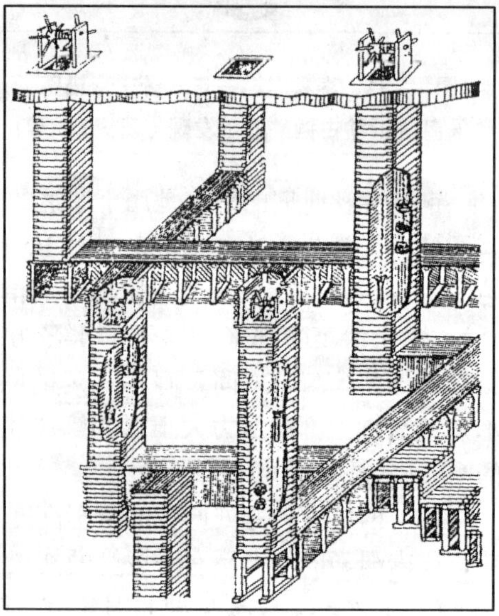

图4－37 战国铜绿山分段提升示意图
（采自《有色金属》1981年第1期P86）

十、矿井的治水和通风照明技术

我国先秦地下采矿业得到了很大的发展，这与社会的、技术的多方面因素都有一定关系。在技术方面，除上述诸方面外，地下治水、通风、照明技术也是十分重要的。

（一）治水技术

人们对水的地质作用的认识，随着实践经验的积累而不断地得到了深化。《管子·度地》曾记述了水流的自然规律："夫水之性，以高走下则疾，至于漂石，而下向高，即流而不行。"它还特别强调坡降对水流畅通的重要性，"高其上，领瓴之"，"人有十分之，三里满四十九者，水可走也"。《考工记》也记有水和地势的关系，指出"两山之间必有川焉；大川之上必有涂焉"，"风沟必因水势，防必因地势，善沟者水漱之，善防者水谣之"。春秋时期，为适应地下大规模联合开采的需要，人们采取了一整套行之有效的治水措施，其中主要包括排水和堵水（防水），便是人们对水运动规律有了较高认识的反映。

排水。此期水道的形式约有三种：（1）利用废弃的巷道作排水渠道；（2）另外开拓较窄的排水平巷，巷底面和沟帮贴有木板拼成木水渠；（3）沿平巷一侧设置木水槽。排水通道主要有两种，一是排水巷道，二是排水槽，前者稍大。

铜绿山Ⅳ号春秋采矿遗址，在64平方米范围内发现了3条专门的排水巷道和2条排水槽，其皆与采矿井巷相连，反映了采准、回采工序与排水系统的有机结合。此排水巷道用三块厚2—2.5厘米的木板拼合呈"凵"形水槽，口宽25—31.5厘米，高23—28厘米，槽两边均有立柱，柱下端有榫，水槽底板下有一横撑方木，即巷道地袱，其两端凿有卯与立柱榫卯相接。木槽内皆有木柱支护。排水槽是用一根整木凿成，口宽24—26厘米、深18厘米、厚2厘米，呈"U"形。排水槽的作用是将地下水汇集于水槽端部的水仓，用水桶将水经排水井提运到地面。

铜绿山Ⅶ号春秋采矿遗址，仅在300平方米发掘区内，就清理出6条长10米至15米的排水巷道和木水槽。有两条水槽按一定高差向北与一竖井水仓汇合。木制水槽主要作为井下的引水槽，沿平巷一侧设置。排水巷道的坡度在3‰—7‰之内。槽一般采用带树皮的圆木刳成，也有采用树皮的。每节槽长不等，尺寸在65厘米—260厘米之间。遗址西区的槽宽13厘米—16厘米，深10厘米—12厘米。北区的槽宽24—26厘米，深18厘米。每节槽口之间呈瓦迭式搭接。为了固牢木槽，在槽两侧打有若干小木桩。在槽面敞口部位，间隔放置木棍，盖有竹席，以防它物落入槽内阻障水流畅通。为了防止水槽漏水，所有水槽的接头处和槽底都涂抹或铺垫了一层青膏泥。战国时期，大冶铜绿山铜矿已采到潜水面下28—30米。有的水仓深达3米，水仓上部有大型集水木槽，平巷内还铺设（或悬挂在顶梁）木水槽和渡槽。

上述排水巷道的分布还有三个较为明显的特点：（1）水槽并不设于回采运输巷道内，而是设于隔壁的专门排水巷道内；（2）几条回采巷道交汇处往往设一较浅的盲井，深仅60厘米，使水汇集后流入相接的排水槽，最后汇集到中心排水井；（3）若干井巷连接在一起形成的排水系统，与采准、回采工序有机地结合在一起。

堵水。堵水之法常有两种：一是使用了方框支柱充填法后，经充填的采场涌水量有明显的减少；二是用坑木和黏土封闭涌水的巷道。

排水工具。春秋采矿遗址内发现的排水工具，与西周区别不大，主要有：(1) 桶，一整段圆木凿成，有穿系与附耳之分。(2) 葫芦瓢。某标本长 26. 5 厘米，勺部径 18. 3 厘米、厚 0. 6 厘米，瓢把手直径 5. 1 厘米，系用葫芦劈半而成。(3) 半圆形水槽，由一根整圆木的一半凿成，内空呈半环形凹槽，长 260 厘米、口宽 12 厘米、壁厚约 2 厘米。(4) 桶。又有两种，一是穿系桶，在距口沿下 2 厘米处挖有对称的方孔，孔中系篾或藤的提梁，一般高 30 厘米、直径 23 厘米。二是附耳桶，在桶壁外口沿下凿有对称凸出的附耳，附耳中上部凿有长方形穿孔，孔中有篾或藤穿成的提梁。高 21. 5 厘米、直径 23 厘米。(5) 带系撮瓢。形制一样，均是一块整木凿成。瓢口部呈长方形，三面直壁，前端敞口，后端器壁特厚，壁外口沿处附有一短圆柱形柄。两侧壁近撮口处的对称部位，各凿有一方形小孔，孔内穿有一藤条拧成的提系，全长 65—75 厘米、柄长 10 厘米、撮口宽 22 厘米。

(二) 矿井通风

东周时期的井下通风与西周并无大的变化，主要还是依靠自然通风。在铜绿山和铜岭，为改善深部采场的通风条件，有些地段的采场采用了人工通风；其方法一是人造气温差环境，在井底烧火，造成负压井底，形成空气对流。二是构筑屏障，以遮断风流和控制风量，将新鲜风流导入作业点。

(三) 井下照明

至迟战国，我国就使用了照明用灯。《楚辞·招魏》："兰膏明烛，华镫错些。"铜绿山 24 线井下发现油脂 1. 7 公斤，经化验属植物油，是油灯内捻用的油料。这是井下用灯的明证。此外，此期古采矿井内还有另外一种照明用具，即竹签火把，它在许多矿山遗址的竖井和巷道中多有发现。火把是将十余根细竹签的一端扎成一把，散开的一端较齐，有炭黑色的燃烧痕迹。

十一、铜矿山的布局

东周铜矿山的布局比西周时期稍见复杂，今以江西铜岭春秋遗存作一说明[25]。

从铜岭春秋时期竖井、平巷、露天槽坑、工棚、斫木场、围栅的分布情况可以看出，平巷和露天槽坑主要设计在北部，工棚、斫木场主要设计在南部，竖井主要是南北走向分布。为了保证矿山生产的安全和秩序，在采区和矿工栖身区之间筑有围栅。

春秋时期开拓的露天槽坑，无论其规模、结构及功用都比商代露天槽坑先进。槽坑，全长 884 厘米，平面呈长方形，横断面呈斗状。北端为入口，上口净宽 182 厘米，下底净宽 150 厘米；中段上口净宽 180 厘米，下底净宽 148 厘米；南端上口净宽 130 厘米，下底净宽 97 厘米。坑底北低南高，倾角 4 度，深度 200 厘米左右。槽坑的开挖构筑是在北坡向南的地层中开挖马口。为了防止边墙和马口坍帮，采用了木材随挖随撑，即在坑两帮置厚 2—5 厘米，宽 8. 5—16 厘米，略高于坑深的木板作为边墙护板，然后用长 440 厘米、径 7 厘米的圆木作横木，置于距坑底 40—60 厘米处，贴紧边墙护板，再用马口撑。马口撑圆木直径稍大于横木，两端为碗口状托槽，卡住横木，将横木及木板顶紧两帮。

槽坑的设置有如下优点：初期，作探矿用，即槽探。见矿后，接着向纵深开拓平巷或竖井。槽坑进展到出矿期时，其功用可作为矿石短期集散地，便于管理。

铜岭春秋时期的采矿工棚共清理出4处，其中两处是利用原露采坑而建，两处是半地穴式竹屋。竹屋下半地穴呈方形，边长362厘米，深226厘米。为双层墙，外墙为竹席，席外有直径5厘米的圆木，呈十字形贴压在席上。内墙为竹编墙，立竹采用直径1．5厘米的竹棍打瘪，10根一组，间距15厘米左右，折回横篾四根一组，间距20厘米左右。内外墙紧贴合为一体。屋架为木柱架框，由立柱、地袱、横向杆件组成。立柱与横杆相交处，用竹篾捆扎。房顶结构有两层，其构筑方法是，由圆木组成房顶架檩，主架为井字形，搭口处为凹口槽相交咬合，房有挑檐。顶架上有圆木椽条。椽条上盖板，板上覆苞茅物。

围栅是古代矿山的一种采矿管理设施。发掘的一个围栅长12.5米，从北至南基本上呈直线分布，到南部向东为弧形。围栅留有一门，宽1.20米。围栏以竹席为主，即由竹篾编织围席，高30—40厘米；南段为坡地，以木栏取代竹席。席围东以小木桩贴席支撑。围栅的构筑方法，可能是挖一条南北向的沟，然后在沟西沿挖洞埋立柱，再沿沟插竹竿。围栅竹棍一般径2厘米，高约38—74厘米。

围栅脚下的水沟主要是疏引地表水，防止井口水患的作用。

斫木场为木材加工场，西部有工棚，东部有围栅，东西宽400—350厘米，南北长750厘米。场南遗存一大树墩，径50厘米，树墩面留有斫痕。墩西坡为一片木屑地，显然是金属器利用树墩斫木所至。在树墩北处的木屑内出有铜斧1件，为斫木工具。

上述的工棚、围栅、斫木场只是单个遗迹的情况，从平面布局来看，它们与采坑、矿井存在着有机的联系。

从铜岭春秋井巷、露采坑、工棚、围栅等的分布情况看，仅在边长15米的方形范围内，露天采坑K2沿底搭有工棚P3，P3以西有3口矿井，分别为J52、J3、J7，再往西是围栅W·A。W·A正对J7方向有一门。W·A以西有一条宽1—2米的平坦地带，南北走向，用作加工木构件的斫木墩，斫木场以西则是棚P2。围栅W·A构筑作为采矿的管理区界，井下凿岩排土不超过W·A的范围，这就给排土固定了方向。斫木场在东作业区以外，不受采掘干扰，说明采掘工和木工有明显的各自工区。

第四节　选矿工具

东周选矿技术并无太多的建树，大体上是沿用了旧日的工艺，但操作上更为娴熟。在今考古发掘中所见，与选矿有关的器物主要有淘砂盘、木杵臼、木溜槽等，主要见于铜绿山和铜岭[46]。

淘砂木盘。主要有三种：一种见于铜岭，上口长22.4厘米、宽12.4—11.2厘米，底长12厘米、宽6.5—5.4厘米，两侧面斜直，盘内底面横向凿痕明显，便于矿石和黏土在水中摩擦分选。另一种见于铜绿山，两端为平板，斜向上翘。中间为一方形圆角“仓”，仓口长20厘米，宽12.5厘米，深3厘米，全长35.2厘米，宽14厘米，高7厘米。还有一种亦见于铜绿山，敛口平底，平面呈桃形。长径21厘米，短径 17 厘米，深 7 厘米（图版陆 1、2）。

木淘池。铜绿山木淘池的体形似船，两端斜壁。长 67 厘米，宽 27 厘米，深 17 厘米，整木挖凿而成。

木杵。铜岭有的木杵呈棒形，全长 71 厘米，柄长 32.5 厘米。柄端粗，中段稍细。杵头直径 12 厘米。有的木杵呈锤形，长 64.2 厘米、柄长 36 厘米，柄径 45.5 厘米。杵头断面椭圆形，长径 9.3 厘米。

木臼。铜岭木臼系一短粗木刳成，底部加工较粗糙，口沿切割较平。内槽呈 U 字形，外口径 22.5 厘米，底径 21 厘米，高 15.2 厘米；内口径 18 厘米，底径 7.2 厘米。槽深 11 厘米，槽内面光滑，表明其经过多次使用。在矿区出土，应是用来粉碎矿石的工具。铜绿山木臼呈圆柱体，圆木凿成。高 35 厘米，直径 24 厘米。窝径 13 厘米，深 11 厘米。

上述遗物出土于巷道内，例如，铜绿山Ⅶ号矿体 J28 井底部的水窝遗存有选矿用的木杵、木臼、木瓢、木桶、船型木斗等遗物，是一处地下选矿点。可见这些选矿工具，用于地下作业即地下采矿后就地选矿，而将废石留在井下，以减少提运量。由于木质工具有一定的韧性，可将黏土矿物碎散而不会将具有一定硬度的铜矿石锤碎，以保持矿石原有的粒度，满足了重选时铜矿粒径的要求。

选矿溜槽。铜绿山战国时期的溜槽，最长的一件全长 2.6 米。木槽是将一根粗大的树木，外面凿成长方形，内面凿空成三面直壁、平底的方形凹槽，一端宽于另端，窄小的一端凿有一槽形流口。木槽内外满布斧、凿等工具加工的砍凿痕迹。长 160 厘米、后端宽 36 厘米、前端宽 31 厘米、槽深 20 厘米、两侧壁厚 3 厘米、后壁厚 12 厘米；前端槽形流口，宽 12 厘米、深 20 厘米，便于置放挡板。

值得注意的是，铜绿山溜槽不是用于地面的选矿作业，而是井下的选矿设备，由此可见，战国时期，由于采矿技术的进步，井巷开拓面尺寸的增大，给既经济又有效的溜槽选矿法在井下运用提供了良好的环境。溜槽选矿法从地面作业转到地下作业，精矿的分选在地下就可完成，大大减少了废石的提运量。

参考文献

〔1〕张正明:《楚史》,湖北教育出版社,1995 年 7 月,第 42—45 页。

〔2〕徐南洲:《试论招摇山的地理位置》,《山海经新探》,四川省社会科学院出版社,1986 年 1 月,第 44—52 页。

〔3〕袁珂:《山海经全译》,贵州人民出版社,1991 年 12 月,第 1 页。

〔4〕徐定水:《浙江永嘉出土的一批青铜器简介》,《文物》,1980 年第 8 期。

〔5〕彭邦本:《春秋晚期吴文化的北向影响初探》,《齐鲁学刊》,1992 年第 2 期,第 79 页。

〔6〕金正耀等:《战国古币的铅同位素比值研究》,《文物》,1993 年第 8 期,第 80—89 页。

〔7〕郭德维:《楚国的水上交通运输》,《中华文化论坛》,1995 年第 2 期,第 40 页。

〔8〕山东省博物馆:《山东临淄齐故城试掘简报》,《考古》,1961 年第 6 期,第 289—291 页。

〔9〕河北省文化局文物工作队:《河北易县燕下都故城勘察和试掘》,《考古学报》,1965 年第 1 期,第 95—96 页。

〔10〕董文安:《韩国十大宝剑产地初考》,金属史学术讨论会论文,舞阳,1989 年。李京华:《古代西平冶铁遗址再探讨》,载《中原古代冶金技术研究》,中州古籍出版社,1994 年。

〔11〕李京华:《中原古代冶金技术研究》,中州古籍出版社,1994 年,第 153—157 页。

〔12〕杜勇:《论先秦时期官工贾的社会身份》,《中国经济史研究》,1992 年第 3 期,第 136—142 页。

〔13〕崔云昊、陈云芳:《“矿物”词源再考》,载《中国科技史料》,第 14 卷第 3 期(1993 年),第 76—84 页。

〔14〕唐嘉弘:《江西青铜文化三题》,《南方文物》,1994 年第 2 期。

〔15〕袁珂:《山海经全译》,贵州人民出版社,1991 年 12 月,第 5 页。

〔16〕张舜徽主编:《中国史学名著题解》,中国青年出版社,1984 年 2 月,第 271 页。

〔17〕中国《山海经》学术讨论会编辑:《山海经》新探,第 254 页,四川省社会科学院出版社,1986 年 1 月。

〔18〕卢本珊:《中国先秦找矿方法》,第四届全国金属史学术会议论文,1993 年 10 月。

〔19〕作者参加铜绿山考古发掘、研究工作二十余年。主持几个遗址点的考古发掘工作;黄石市博物馆:《铜绿山古矿冶遗址》文物出版社,1999 年 12 月,第 57—136 页。

〔20〕李大心：《铜绿山古铜矿遗址地质雷达探测研究》，《铜绿山古矿冶遗址》，文物出版社，1999 年 12 月，第 234—250 页。

〔21〕作者 1979 年至 1993 年期间考古调查。

〔22〕同注〔19〕，第 10 页。

〔23〕港下古铜矿遗址发掘小组：《湖北阳新港下古矿井遗址发掘简报》，《考古》，1987 年第 1 期，第 30 页。

〔24〕徐献国：《鄂城县发现一处古冶炼遗址》，《江汉考古》，1985 年第 4 期，第 80 页。

〔25〕作者为江西铜岭铜矿遗址考古发掘领队；刘诗中、卢本珊：《瑞昌市铜岭铜矿遗址发掘报告》，《铜岭古铜矿遗址发现与研究》，江西科技出版社，1997 年 12 月，第 72—73 页。

〔26〕安徽省文物考古研究所等：《枞阳县井边东周采铜矿井调查》，《东南文物》，1992 年第 5 期，第 89—90 页。

〔27〕朱献雄：《安徽青阳出土的春秋时期青铜器》，《文物》，1990 年第 8 期，第 93—94 页。

〔28〕繁昌县文物组陈衍麟：《安徽繁昌拣选的楚铜贝范》，《考古与文物》，1989 年第 2 期。

〔29〕湖南省博物馆，麻阳铜矿：《湖南麻阳战国时期古铜矿清理简报》，《考古》，1985 年第 2 期，第 113—124 页。

〔30〕李延祥：《中条山古铜矿冶遗址初步考察研究》，《文物季刊》，1993 年第 2 期，第 64—67 页。

〔31〕章金焕：《浙江上虞市银山冶炼遗址调查》，《考古》，1993 年第 3 期，第 281—283 页。

〔32〕王峰：《河北兴隆县发现战国金矿遗址》，《考古》，1995 年第 7 期，第 660 页。

〔33〕《中卫发现十多处古铜矿遗址》，《中国文物报》，1990 年 12 月 13 日头版。

〔34〕《中国市县大辞典》，中共中央党校出版社，1991 年，第 1063 页。

〔35〕卢本珊、王明哲：《尼勒克奴拉赛矿冶遗址初步考察报告》，待刊。

〔36〕《文物》，1989 年第 2 期。

〔37〕中科院自然科学史研究所：《中国古代地理学史》科学出版社，1984 年，第 23 页。

〔38〕同上注〔19〕、〔25〕。卢本珊：《铜绿山古代采矿工具初步研究》，《农业考古》，1991 年第 3 期，第 175—182 页。

〔39〕贾晓玲：《湖北阳新蔡家祠出土一批铜器》，《考古》，1994 年第 3 期，第 277—278 页。

〔40〕同注〔29〕、〔32〕、〔38〕。王善才、费世华：《湖北阳新发现一处青铜器窖藏》，《文物》，1993 年第 8 期，第 75—79 页。

〔41〕冶军：《铜绿山古矿井遗址出土铁制及铜制工具的初步鉴定》，《文物》，

1975年第2期，第19—25页。

〔42〕杨永光、李庆元、赵守忠：《铜绿山古铜矿开采方法研究》，《有色金属》，1980年第4期，第87页。

〔43〕铜绿山考古发掘队：《湖北铜绿山春秋战国古矿井遗址发掘简报》，《文物》，1975年第2期，第1—14页；有关铜绿山的资料同上注〔19〕；有关铜岭的资料同上注〔25〕；有关麻阳的资料同上注〔29〕；有关铜绿山Ⅶ（1）号发掘点的资料见中国社会科学院考古研究所铜绿山工作队：《湖北铜绿山东周铜矿遗址发掘》，《考古》，1981年第1期，第19—23页。

〔44〕《云南晋宁石寨山古墓群发掘报告》，文物出版社，1962年。

〔45〕同注〔19〕、〔25〕。

〔46〕同注〔25〕、〔43〕。

第五章
秦汉魏晋南北朝采矿技术

公元前221年，秦灭齐，统一全国。秦采取了许多重大改革措施：健全中央机构，实行郡县制；“一法度衡石丈尺，车同轨，书同文”；统一货币，统一财政机构和赋税制；逐匈奴，定南疆，兴水利，修长城。但由于秦二世的暴政，很快又爆发了农民起义；遂于公元前207年灭亡。

西汉（前206—公元25年）王朝基本上承袭了秦朝的政治制度，立朝后采取了一系列发展生产、减轻农民负担、招抚流民等措施，还解放了一批奴婢，使社会经济得到了较快的恢复和发展。武帝时，创行新税制，实行均输、平准、盐铁专卖等政策，保证了国家财政收入。两汉是我国古代社会政治、军事、经济、文化大发展和大变化的重要阶段。由西汉建立到东汉（25—220年）灭亡的时期内，除西汉末年的短暂战乱，和东汉末年的纷争外，两汉社会比较稳定；大多数时期皆是一派升平，史所谓汉唐盛世，即此之谓。

魏晋南北朝（220—589年）是一个大分裂、大动荡、大倒退的阶段。它使整个社会经济、技术都遭到了极大的破坏，尤其是北方和中原尤甚。此期的南方政权虽也像走马灯般更替，但相对稳定一些，加上中原人口南迁，使南方社会经济得到了发展。魏晋南北朝之后，全国政治、经济的重心开始南移，关中和中原这两个古老的政治、经济中心开始衰落。

秦汉是我国古代采矿业全面发展的一个高涨期，铜、铁、金、银、铅、锡、汞等矿的开采在全国范围内开展起来，尤其是铜铁矿，不但规模大，投入的人力物力较多，而且技术上更加成熟。在技术上较值得注意的是：采矿方法在全国已形成了一套较为成熟的模式；垛盘式竖井支护法得到了广泛的使用；井下采用灯龛等固定式装置。这也是我国古代采矿技术的充实提高期。魏晋南北朝时，南方的孙吴等矿业仍有一定发展；为了自身生存的需要，北方的北魏等也曾力图发展矿业，但收效甚微。

第一节　社会经济的发展和矿业管理的加强

一、采矿辅助技术和行业的发展

采矿辅助技术和行业，主要指农业、冶铁、测量、水利交通和木作业；秦汉时期，它们都有了较大的发展，这是整个社会经济技术发展的一种反映，它无疑会对矿业发展产生一定的促进作用。

秦汉时期，实行了一系列的重农政策，把重农思想推向了一个新的高峰[1]。改进农具，推行“代田法”；创制“耦犁”，普及铁制大型农具，特别是大型掘土器，兴修大型水利。农业的发展，使矿业生产有了最基本的保障。

早在统一全国的过程中，秦国就注意到了铁矿采冶及其在社会生活中的地位。《史记·货殖列传》记载，秦惠文王八年（前330年）攻魏，迁冶铁富豪孔氏至南阳。秦始皇灭赵后，曾迁徙赵人入蜀地，其中的卓氏知道四川临邛（今四川邛崃）盛产铁矿，又有名为蹲鸱的大芋可供工匠充饥，便主动要求去那里，“即铁山鼓铸”，“富至僮千人”。同在临邛经营冶铸业、与椎髻之民交易而“富埒卓氏”的程郑，也是“山东迁虏”。秦代采取的这一措施，客观上起到了开发边远地区，进一步发展矿业的作用。

与矿业技术有关的测量技术，秦汉时期亦有了惊人的进步。《汉书·律历志》载：“以子谷秬黍中者，一黍之广，度之九十分，黄钟之长。一为一分，十分为寸，十寸为尺。”使长度有了个统一的标准。准、绳、规、矩是我国古代四种常用的测量工具，虽传说大禹治水时已经使用，但却是到了汉代才见于记载的。《史记·夏本纪》记载：夏禹“陆行乘车，水行乘船……左准绳，右规矩”。至汉代，弩机已具有测量瞄准作用。西汉时期的一条以长安城为中心的南北超长基线，总长74公里。这条建筑基线不仅很长很直，而且与天文学上真子午线之夹角误差仅±11度，显示了我国汉代高超的测量技术水平[2]。秦汉著作《九章算术》中有测山高和测井深的例题，“今有井径五尺，不知其深。立五尺木于井上，从木末望水岸，入径四寸，问井深几何”？即利用全等三角形对应边相等，相似三角形对应边成比例的知识作间接测量，即以直接量出的长度推算出深度未知的距离。

1973年12月，湖南长沙马王堆三号汉墓出土的地图，表明了汉初能绘制精详的地形图[3]。图幅所示方位、地质、水系居民地、交通网及比例等十分恰当，特别是山脉用闭合山形线勾出逶迤转曲的山麓轮廓，表示出它的坐落和走向。山形线里，还用较粗的山形线表示山体范围，用涡纹线描绘峰峦簇拥的山势。

在凿岩架木工程技术方面，汉代有惊人的成就。四川、陕西之间山岭横贯、交通极为不便。秦国首先在崇山峻岭中修建纵穿川陕的栈道，这是一种在深山峡谷的悬崖峭壁上凿石为洞，插木为梁，铺上木板的特殊道路。建宁三年（170年），《郙阁颂》说：“缘崖凿石，处隐定柱，临深长渊，三百余丈，接木相连，号为万柱。”可见凿岩架木工程的复杂艰巨。关于栈道等工程的开凿方法，东汉采用火爆法。“汉永平二年，汉中太守杨公孟文督修栈道，至鸡头关下乌江两岸的山石阻径，行旅苦于攀援，而石坚不受斧凿，杨公以火煅开通石门”[4]。汉永平九年（66年），在世界上最早人工开凿穿山通车隧道，这条名为石门的隧道长15.75米、宽4.15米、高3.6米，隧道的岩壁坚硬平整，几乎没有斧凿痕迹。经专家研究认为，是用火爆法开凿的[5]。

关于渠道开凿和排水工程技术方面，汉武帝太始二年（前95年）发明了“井渠法”。汉武帝发卒万人，开凿洛河至重泉（今陕西蒲城县东南20公里）的大型渠道——龙首渠。渠道穿过七里宽的商颜山，不仅从山的两端相对开挖隧洞，而且在渠线中途打一些竖井，加快了施工进度，改善了洞内通风和采光条件。这种令“井下相通行水”的通渠方法和隧洞施工技术是我国古代的一项创举[6]。

西汉时期，我国木工工艺已发展到相当水准。1992年安徽天长县发掘西汉早期、中期墓葬24座，墓中发现了一套28件木工工具，其中包括斧、铲、钻、凿、锯、墨斗及构造奇特的水准仪等[7]，这对采矿工具的发展自然是有启发作用的。

二、秦汉时期的官营矿冶政策

官营手工业始创于先秦时期，秦汉之后又有了进一步发展，并更加规范和完善起来，在矿冶业中，遂形成了全国性的铁官管理体系。

《汉书·食货志》载，董仲舒曰：秦“田租、口赋、盐铁之利，二十倍于古”。说明当时铁矿的采冶业发达，官府可以征得大量税收。秦国统一中国后，继续在某些产铁的地方设置铁官，掌管铁产品在市上的买卖，并从中征税。掌管官营冶铁业的官叫“主铁官”，如司马靳孙昌，曾“为秦主铁官”[8]。主管开采铁矿的官叫“右采铁”、“左采铁”[9]。

《盐铁论·复古》记载，汉武帝实行盐铁官营前，“豪强大家，得管山海之利。采铁石、鼓铸、煮盐，一家聚众，或至千余人”。《史记·货殖列传》冠以“素封”之家美誉的鲁人曹邴氏“以铁冶起，富至钜万”；西汉中期，商人的经济力量继续膨胀。《汉书·张汤传》记载杜陵货殖家张安石，“家童七百人，皆有手技作事”，“是以能殖其货”。《汉书·货殖传》记载蜀卓氏之后卓王孙，继承祖传冶铁、商贾家业，到汉武帝前后，仍有“僮八百人”。

元狩四年（前119年），汉武帝将盐铁税利的巨业，收归官府经营管理，实行了一系列的管理措施，在全国四十九处重要冶铁郡邑设置“铁官”[10]。凡是产铁矿的郡邑和封国，设立大铁官，主管采矿、冶炼和铸造成品。汉武帝还令大冶铁商孔仅、山东大盐商东郭咸阳二人为大农丞，在全国实行盐铁官管专卖[11]。孔仅等还在设盐铁官的地方安排了一批盐铁富商出身的人，担任管理生产的官吏[11]。西汉诸帝用商贾为官，不仅改变了商人被“贱视”的社会地位，而且给矿冶业增强了活力。如南阳等地官营冶铁作坊，大批生产各种铁制工具，并由政府大力组织推广。官营冶铁作坊资金雄厚，管理严格，且集中了一大批技术人才，便在一定程度上促进了钢铁冶铸业和采矿业的发展，采矿凿岩工具的使用性能，也因钢铁技术的发展而大为改善。秦汉矿业政策的制定，对中国封建社会内部的生产技术改造和采矿技术的发展是产生过积极影响的。

官府手工业工人主要包括工、卒、徒、奴隶四种。《盐铁论·水旱篇》载：“卒、徒、工匠，以县官日作肥事。”《汉书·食货志》载：“大家置工巧奴与从事，为作田器。”工的来源主要是城市自由民和农村破产的农民，多从事技术性工作，有的可能是制造器物的具体技术负责者。“卒”是指向政府服力役的人。按汉制，老百姓向政府服役有兵役和力役。“徒”是指判刑的罪人，即刑徒。汉代使用刑徒从事各种劳动，当然也是无偿的。这几种人的地位在汉代是不同的。河南洛阳吉利曾发现过西汉冶铁工匠的墓葬[12]。《盐铁论·复古篇》记载桑弘羊曰：“卒徒衣食县官，作铸铁器，给用甚众，无妨于民。”《盐铁论·水旱篇》贤良曰：“今县官作铁器，多苦恶，用费不省，卒徒烦而力作不尽。……卒徒作不中程，时命助之。”

贡禹在元帝即位之初（前48年即位）曾上书说当时铸钱的官和“铁官”所使用开铜铁矿的“卒徒”多到十万人[13]。各地“铁官”所用的“卒徒”，一般都有几百人。《汉书·贡禹传》载，汉元帝时，“攻山取铜铁，一岁攻十万人以上，……凿地数百丈”，可想而知其规模之巨大。然而采冶作业都是在荒山偏僻之地进行，在残酷的奴役下，卒徒必然不断地起来反抗[14]。

第二节　采矿技术的提高

一、汉代主要金属矿山的分布及遗址概况

（一）文献反映的汉代矿山

依据《汉书·地理志》和《续汉书·郡国志》及其注，我国汉代铁、铜矿产分布地区见表5－1[15]。

表5－1　汉代铁铜矿分布地区表

今省市	铁	铜
北京	**渔阳**（密云）	
天津	泉州（武清）	
河北	**武安、都乡**（井径）、**涿县、夕阳**（滦县）、**北平**（满城）、蒲吾（平山）	
山西	**安邑**（运城）、**皮氏**（河津）、**平阳**（临汾）、**绛**（侯马）、**大陵**（汾县）	运城洞沟（古矿遗址）
辽宁	**平郭**（盖县）	
山东	**山阳**（金乡）、**千乘**（博兴）、**东平陵**（济南）、**历城**（济南）、**东武**（诸城）、**嬴**（莱芜）、**临淄、东牟**（牟平）**郁秩**（平度）、**莒**（县）、**无盐**（东平）、**鲁**（曲阜）	
江苏	下邳（宿迁）、朐（东海）盐渎（盐城）、堂邑（六合）、沛（县）、彭城（徐州）、广陵（扬州）	
安徽	**皖**（安庆）	丹阳（宣城）
浙江		海盐章山（安吉）
江西		
河南	**渑池、隆虑**（林县）、**洛阳、阳城**（登封）、**西平、宛**（南阳）、宜阳、密（县）、巩县铁生沟（古矿遗址）	
湖北	荆山（当阳）	
湖南	**郴**（县）、耒阳	
陕西	**郑**（渭南）、**蓝田、夏阳**（韩城）、**雍**（凤翔）、**漆**（分县）、**沔阳**（勉县）、美阳（武功）	
甘肃	**陇西**（临洮）、弋居（宁县）	
新疆	若羌难兜（叶尔羌）、莎车、姑墨（拜城）、龟兹（库车）	难兜、姑墨

表 5-1（完）

今省市	铁	铜
四川	**临邛**（邛崃）、**武阳**（彭山）、**南安**（乐山）、宕渠（渠县）、台登（冕宁）、会无（会理）	邛都（西昌）、灵关（芦山）、国徙（天全）、严道（荥经）、青衣（雅安）
贵州		
云南	滇池（晋宁）、不韦（保山）、哀牢（保山、永平）	俞元（澄江）、莱唯（文山）、哀牢

注：黑体表示西汉铁官和铜官驻在地。本表主要依据《汉书·地理志》和《续汉书·郡国志》。

秦汉是我国封建社会前期金属矿开采极盛的时期，《汉书》及其注记载的矿物种类有铁、铜、金、银、铅、锡等，所述矿物分布于62个郡，112个地点，可见分布之广，正如司马迁在《史记·货殖列传》中所说：江南出“金、锡、连（铅锌矿）、丹砂……铜铁则千里往往山出棋置”。

《汉书》卷七十二《贡禹传》载贡禹言：“今汉家铸钱，及诸铁官皆置吏卒徒，攻山取铜铁，一岁功十万人已上……凿地数百丈，销阴气之精，地臧空虚，不能含气出云，斩伐林木亡有时禁，水旱之灾未必不繇此也。”这段话虽然是贡禹对西汉成帝时华山等地剥土开矿，伐木烧炭冶炼导致自然植物被毁损，水土大量流失破坏生态平衡的精辟见解，但从另一个侧面反映了当时华山采矿的宏大规模及地下深井开采的状况。

在此值得一提的是江南铜矿，尤其是丹阳铜矿。《史记·吴王濞列传》载：“吴有豫章郡铜山，濞则招致天下之命者盗铸钱……以故无赋，国用富饶。”豫章郡实为鄣郡，以盛产铜矿而闻名于世，且为大量考古资料所证实。汉武帝元狩二年以鄣郡改置丹阳郡。西汉唯一的铜官设在丹阳郡的宛陵（今安徽宣城）。

（二）考古调查和发掘的秦汉矿山。

1．河北承德铜矿遗址[16]

1953年，考古人员对河北承德西汉铜矿遗址调查了四次，发现矿井、大型采矿场、巷道等。其布局为：矿井分布在北山东沟，主井西南约8米处为选矿场。沿山冈到西沟，长200余米，宽5余米为一条西汉时期的运矿大道，路面平坦，直通冶炼场。冶炼场发现7块粗铜产品铜饼，其直径约33厘米，重5公斤至15公斤，每块铜饼上都刻有字，或“东六十”、或“东五八”、或“西六十”等。

2．山西运城铜矿遗址[17]

1958年在山西运城（旧安邑）的洞沟，发现东汉铜矿遗址。洞沟俗称万人沟，位于中条山的一条沟谷中，两旁山峰耸立。

3．山东莱芜铁矿遗址[18]

1986年，考古工作者对山东莱芜西部铁矿遗址进行调查，共发现汉及唐、宋、明时期采矿、冶炼遗址34处，其中城子县遗址和铁牛岭遗址为汉代。城子县即汉代的嬴城。《汉书·地理志》有“嬴，有铁官”。城子县遗址达42万平方米，有几处冶炼遗址超过10万平方米，采矿、冶炼、铸造已形成相当规模的、完整的铁冶体系。从使用的铁矿看，其品位均在50%以上，已能较好地鉴别贫矿、富矿。

4. 江苏徐州利国驿铁矿遗址[19]

该遗址汉代至宋代都在开采。采矿竖井井口直径1.5米，洞口遗存大量铁矿。

5. 河南巩县铁生沟汉代采铁遗址[20]

巩县铁生沟村位于城南20公里。自县城顺洛水可达洛阳，往东陆路可到荥阳城。铁生沟村附近3公里的罗汉寺、金牛山、青龙山都是铁矿山。由于铁生沟汉代采冶铸遗址在中国和世界冶铁史上有重要地位，所以专家们多次对其进行科学发掘和考察。

铁生沟铁矿，早在战国时期已被发现，《山海经·五藏山经》中有“少室之山，其下多铁”的记载。北边的青龙山属嵩山余脉，盛产褐铁矿。西南为少室山系，盛产赤铁矿。青龙山南麓的两处汉代采矿场发现竖井和巷道。竖井有圆形和方形两种，方形井口长1米，宽0.9米。圆形井口直径1.03米。巷道内填有废石。还发现采矿者居住的窑洞。在窑洞和巷道内均发现开凿时留下的镬痕。出土的采矿工具有铁镬、铁锤、铁锲、锥形器，用具有铁剪、铁剑、五铢钱等。铁矿石为赤铁矿、褐铁矿，前者最多。赤铁矿含$Fe_2O_3$76%，褐铁矿含$Fe_2O_3$64.48%—65.86%。南山亦有采矿遗址。

6. 河南南阳汉代矿山遗址[21]

南阳盆地处于秦岭东西复合地质构造带，金属矿产资源丰富，有铁、铜、锡、铅等，其中铁矿就有13处之多，已发现冶铁遗址十余处，可见汉代南阳冶铁的盛况。经考古调查，南阳地区的南召县红石崖山、杨树沟、桐柏县毛集等地都发现汉代矿山遗址。

南召红石崖山和后摄堂山为采铜遗址，发现一批古矿井，有竖井和斜井。红石崖山古矿洞深15米，洞口高2米，宽2米。在洞壁上可见凿痕。井口发现朽烂木，可能与矿石提升设施有关。

南召杨树沟铁矿含铁量高达50%以上，富矿分布区也是古采区的部位，采区规模都很大。424号古矿洞一般宽4米，高约8米，长短不等。最长部分达25米。矿洞顶板开采是利用矿体的节理面，使其呈人字形顶面，可防止采空区塌落。采场四壁较平整。416号古矿洞顶部可见铁钻的凿痕和烟熏遗迹。采场内有石台。另一采场内出土铁楔。在东银洞发现竖井，井筒壁上凿有脚窝。西银洞发现斜井。出土的工具有铁镐、铁楔子等。

桐柏毛集铁矿遗址分铁山庙矿第二采场、第三采场，为矽卡岩型铁矿床，主要矿物有磁铁矿、赤铁矿。两个采矿区均为鸡窝矿。第二采场铁矿分布在东西宽55米、南北长120米范围内。第三采场位于二采场西北300米处，隔栗河相望。铁矿分布在东西宽60米，南北长150米范围之内。地质钻探古采区的深度，距地表以下100米。地下采场洞壁被熏成黑色，发现残存的木炭残块，可能使用了火爆法。第三采场发现很深的矿洞、斜巷、竖井。竖井口直径2.5米。出土装有直柄的铁斧采矿工具等。铁斧木柄的碳14测定年代，距今2 215 ± 110年（公元前265 ± 110年）。毛集矿石化学成分见表5-2[22]。

桐柏县黄冈乡吴家沟、黄志庄、铁里洞山、宝石崖均发现东汉矿洞多处。在宝石崖矿洞内有大量草木灰烬及木炭，并在洞壁上发现有火烧痕迹，可见当时采用了火爆法开采铁矿。在黄志庄矿洞里发现了铁锤、铁钎、铁条等采矿工具。

表 5－2　桐柏毛集矿石化学成分表

矿物种类	采样编号	样品位置		品位 %							
磁铁矿		自 M	至 M	TiFe	SFe	S	P	Mn	SiO_2	Al_2O_3	CaO
	1	34.93	38.41	53.60	41.00	0.41	0.08	0.28	4.14	0.44	0.08
	4	42.41	44.41	45.32	44.20	1.32	0.011	0.31	4.10	0.63	1.69
	8	50.41	52.41	45.16	44.15	1.63	0.006	0.24	4.78	0.82	0.81
	12	60.66	62.76	44.45	44.05	0.25	0.009	0.30	2.28	1.11	1.56
	13	5.73	7.73	48.5	46.45	0.08	0.026	0.18	2.44		3.04
	14	7.75	8.87	45.60	42.85	0.10	0.021	0.18	13.96	1.20	2.67
	16	95.85	98.67	45.40	44.90	0.754		0.09	4.46		

7. 皖南铜矿遗址

前面提到，西汉唯一设有铜官的地方便在皖南，汉丹阳更是以产“嘉铜”、“善铜”闻名遐迩[23]。丹阳郡所辖十七县中，尤其是安徽南部的南陵、铜陵、繁昌、贵池、宣城、当涂、泾县，江苏南部的句容、宜兴、江宁一带自古就产铜，这已被考古调查所证实。繁昌、南陵、铜陵、贵池、青阳等六个市县发现的古代铜矿遗址，总分布范围近两千平方公里，其中以地处南陵、铜陵交界地带的工山、凤凰山、狮子山、铜官山等处最集中[3]。其中较值得注意的遗址是下列二者：

金牛洞西汉铜矿遗址[25]。该遗址位于铜陵县凤凰山矿区 VI 号矿体。矿体垂直剖面自上而下依次为铁帽带（地表 +70 米— +38 米）、氧化矿带（ +38 米— -2 米）、硫化矿带。考古发现古矿井的部位约在 +70 米— +35 米高程之间的范围内，矿物成分以褐铁矿、磁铁矿、赤铁矿和孔雀石为主；次为黄铜矿、黄铁矿、赤铜矿、方解石等。古矿井内采集的废弃矿石，其含铜量多在 1.665%—3.783% 之间，个别高达 8.680%。在金牛洞西南 300—500 米处的药园山、虎形山古代矿井，也出土有西汉时期的铁锤、木铲等采矿工具及炼铜遗物。金牛洞西汉时期的采矿方法为先露采，后坑采。发现的露采坑深 8 米。地下开拓有竖井、斜井、斜巷、平巷等遗迹。

繁昌铜山铜矿遗址[26]。遗址位于繁昌县横山乡红星村铜山。发现汉代采铜矿井和巷道。一条巷的口径 80 厘米，残长 8 米。另一条呈“S”形，巷高 1 米，残长 5 米，巷洞壁西侧有灯龛 6 个，龛高 10 厘米、宽 12 厘米、深 8 厘米。巷道内出土有孔雀石铜矿及铁、铜工具，一铁锤重 9 公斤。炼铜遗址在山腰处，铜渣顺坡而下。

8. 湖北大冶铜矿遗址。其中较值得注意的是：

大冶黄牛山铜矿采矿遗址[27]。其位于湖北大冶铜绿山矿西边。1978 年至 1993 年以来，在开采过程中经常发现汉代矿井，出土的采矿工具有各式铁锤、铁钻、铁斧、竹筐、木铲、木瓢及井巷支护木等。井巷开掘及支护方式与铜绿山汉代矿井相同。

湖北铜绿山铜矿汉代采矿遗址[28]。由商代晚期至汉代，铜绿山铜矿的开采从未间断。汉代铜矿山，主要分布在Ⅱ号矿体和Ⅶ号矿体北端。Ⅱ号矿体一竖井支护木的碳14则年代为2 075±80年，发现一件有“河三”铭文的铁斧，应为河南铁生沟所产，即河南郡铁官所管理的第三号作坊所产。发现的竖井、斜巷、平巷，反映了汉代井巷联合开拓技术发展到一个新阶段。竖井作为直通地下、井下通风、上下运输物资的孔道，与斜巷、平巷形成多个中段的采空作业区。汉代，铜绿山采用的地下采矿方法有：方框支柱水平分层充填法、护壁小空场法、横撑支架开采法等。汉代已形成从地表往下分数段掘井，采取各段作业区分段运输提升的方法。汉代竖井和平巷支护方式与战国时期完全相同，采用“密集法搭口式接头”的圆木构件迭构成井筒。每一组支架由5件木构件组成鸭嘴亲口式排架巷道。遗址内出土了铁、木、藤、竹、陶质工具和用具，其中绝大多数是采掘、装载、提运、排水等用的生产工具。铁器有斧、钻、锤、耙、锄等。

9. 新疆库车铜矿遗址[29]

采铜遗址位于新疆天山南麓的库车县，在乔克玛克，有康村、苏康发肯等汉代铜矿遗迹。库车河流域的几个矿山上部是孔雀石、赤铜矿等氧化矿，下部是以铜矿为主的硫化矿。在库车河流域的阿艾铁矿山，喀浦阿其克铁矿亦发现汉代矿冶遗址。

10. 四川西昌市东坪矿山遗址[30]

四川西昌东坪冶铸遗址的调查和发掘，证实了遗址的年代不会晚至东汉中期。遗址面积约2平方公里，发现冶铸遗址约50多处。

四川攀西地区为我国典型的岩浆型铁矿床、矿石中除铁、钛外，尚有铜、铅、锌等伴生，局部地段可形成单独的有色金属矿体。例如，西昌、甘洛、雷波、会东、会理等都有铜、铅、锌矿。据地质资料反映，在冶铜遗址以东20公里处的标水堰一带，发现历代开采后废弃的铜矿矿硐46个，该矿体长600米，宽20—40米（最大宽度为100米）。所见矿物有斑铜矿、辉铜矿、黄铜矿、孔雀石等。据20个样品分析，各元素平均含量为：铜0.81%、铅0.97%、锌0.45%。

西昌古为邛都夷故地，自古以来就是川西地区政治、经济交通中心。这里北连巴蜀、中原，南通滇池、洱海等地，物产丰富，民族杂居，地理位置重要。《汉书·地理志》、《后汉书·郡国志》和《华阳国志·蜀志》记载：“邛都，南山出铜。”东坪遗址正值汉邛都县治之南。汉武帝元鼎六年（公元前111年）设越嶲郡，治邛都县。西昌东坪汉代遗址出土的铜锭含铜76%、铅8.1%、铁14.2%，而且在铜锭上有“越”字铭文，即“越嶲郡”。林向先生对东坪遗址的遗迹遗物进行研究，认为当时的居民是内地来的移民，他们带来了传统的技术和生活方式，虽然入境随俗，有所变异，但基本上形成了与周围民族环境不同的社团聚落。带有郡名、编号的铜锭，很可能是向中央或外郡缴输的产品。

11. 广西北流铜石岭铜矿山遗址[31]

《太平寰宇记》载：“铜陵县本汉临允县，属合浦郡。宋之龙谭县，隋改为铜陵。以界内有铜山。铜山，昔越王赵佗，于此山铸铜。”汉初的临允县即今广东新兴县南七十里，其南部为广东阳江县，西北为广西苍梧县，西为广西贵县、横县。

汉代“铜山”的地域应在现今广东阳春、广西贵县、横县之间的云开大山山区，包括广西北流县。

近些年来，在广西北流县铜石岭、容县西山月镜岭、桂平县罗秀乡均发现炼铜炉渣和铜锭。赵佗在铜山铸铜的时间该是西汉初年，而铜石岭遗址出土物和碳 14 测定的年代为西汉末年东汉初年，这表明云开大山一带的铜矿在西汉初年至东汉一直被开发利用。

北流铜石岭汉代冶铜遗址方圆约 3 平方公里。发现炼炉 14 座，其他遗物有鼓风管、铜矿石、铜锭、木炭、炼渣等。遗址山坡上曾出土铜锭约 35 公斤。

1966 年，地质队在铜石岭发现了 7 个矿井，井深达 20 余米，井中有木质支架，井口地面有许多孔雀石碎矿，其后，考古工作者又发现了 3 个矿洞，洞口朝西，井巷深入岭腹中。

彭子成等对 16 个北流型铜鼓的样品及北流、北流周围几个县的铅锌矿、锡矿和铜矿的样品分别作化学成分分析，铅同位素比值测定，证明北流型铜鼓的矿料来源于北流铜石岭及容县西山、石头乡一带[32]。

12. 云南个旧锡矿山[33]

1993 年，个旧市冲子皮坡发现东汉时期的冶炼遗址，遗址面积约 200 平方米。冶炼炉长 5.20 米、宽 2.30 米、残高 0.97 米。炉壁上结有炉渣，经化验主要成分为铅与锡。冶炼遗物有铅锭等。个旧锡矿是我国最大的锡矿之一。《汉书·地理志》益州郡记载：“贲古（今蒙自、个旧）北采山出锡，西羊山出银、铅，南乌山出锡。”

13. 广东番禺莲花山汉代采石场[34]

莲花山位于广州市番禺莲花山镇北部，属低矮丘陵地带，海拔一般在 100 米左右，东临珠江口狮子洋畔，水路交通方便。

莲花山属第三系沉积的碎屑沉积岩，岩石组合大致为：

下部以浅紫红色、紫红色长石石英砂岩、含砾砂岩、沙砾岩为主，夹有不等粒砂岩及薄层状粉砂岩；中部以浅紫红色、夹白色、灰红色、浅绿灰色长石石英砂岩、杂砂岩为主，夹有泥质粉砂岩、泥岩；上部为灰褐色、紫红色粉砂岩，风化黄褐色沙砾岩为主。下部和中部岩石整体呈块状，局部为层状，其中长石石英砂岩、杂砂岩多具红白相混之色，为粒级韵律与层理，很少剥离性层理，斜节理不太发育，多见垂直节理，岩石较新鲜，属中等坚固岩石。这些综合性质，既适于作建筑石料，又易于人工凿岩开采，备受古代工匠的重视。而丘陵上部岩石风化程度较深，胶结松散，不适宜做建筑石料。

1983 年广州象岗发现西汉南越王文帝赵眛陵墓，其建墓石料，经中国科学院广州地质新技术研究所对其进行原产地的鉴定研究，结果表明南越王墓的建墓石料与莲花山古采石场几个点取样石料在岩性组合、岩石学特征，风化程度、岩石成因及时代方面极为相似，所以，西汉时期南越王墓的建墓石料主要原产地为番禺莲花山一带。

莲花山古采石场范围为南北长约 3 公里，东西宽约 0.5 公里，由 40 多个山丘组成，国内罕见，是中国大型非金属矿采矿遗址，在中国非金属采矿史上占有重要的地位。古采场范围：南自东门，向北经南天门、莲花岩、燕子岩、百福图、碧莲池、浴仙池、八仙岩、观音岩、狮子石至飞鹰岩，西北至念慈亭，偏东至渔港基地、造纸厂、联围村。其开采的时间，始于西汉，宋、明都有开采。同治朝《番禺县志》记载："明万历七年（1579 年）因陈言达私采石料，由邑候沈思孝封禁。"这是第一次见诸史料的"封禁"。嗣后，经历百多年"旋禁旋开"和"旋开旋禁"的多番较量，终于清乾隆二十九年（1764 年）才在莲花山城和番禺学宫两地分别立碑，永远禁止开采。漫长的开采过程，造成莲花山悬崖峭壁，奇岩异洞、钎痕历历、架孔累累，形成无数石景奇观，闻名于世。

二、矿物识别和找矿技术

早在先秦时期，我国采矿工匠便掌握了一定的矿物识别技术和找矿技术，秦汉之后，这些知识和技术都有了一定的发展，这在六朝文献中便可清楚地看到。

矿物辨别技术。东晋炼丹家葛洪的《抱朴子》一书，列举矿物丹砂（辰砂）、雄黄、雌黄、云母，石英、磁石、白矾等 20 余种。矿物鉴定知识在积累前人经验的基础上，又在盛行炼丹术的唐代得到空前发展。外丹黄白术用的金石药多为矿物，矿物知识由感性认识提高为理性认识。初唐《金石薄五九数诀》、《九丹诀》，唐陈少微《大洞炼真宝经九还金丹妙诀》、唐独孤滔《丹方鉴源》所记矿物四十余种，或记其产地。这些矿物识别理论的发展，有助于矿山新资源的发现。

指示植物找矿。我国南朝梁（503—556 年）的著作《地镜图》中，把找矿与地表植物联系起来，应属是一种古老的生物地球化学方法找矿法。《地镜图》中已有"草茎赤秀，下有铅"；"草茎黄秀，下有铜器"；"山有葱，下有银，光隐隐正白"等记载。到了唐代，这种找矿方法得到巩固和发展，段成式所著《酉阳杂俎》前集卷十六中记载"山上有葱，下有银；山上有薤，下有金；山上有姜，下有铜锡"等等。新的找矿方法使更多的矿山得到认识和利用。

三、凿岩技术的提高

（一）铁制采矿工具普遍使用

河南铁生沟、安徽金牛洞、湖北铜绿山、河北承德、山西洞沟等汉代采矿遗址的共同特点是普遍使用铁制采掘工具，改进工具器形，创制大型挖土器，增加采掘工具种类，增加凿岩能力。例如，河南铁生沟采矿巷道内发现有铁镬、铁锤、铁锲、锥形器。在冶铸铁器的作坊中，出土二百余件铁器，其中的锤、锛、锛形器、凿、小锛、锄、镬、铲、双齿镬等近十种是完全适于矿山采掘作业的[20]。这样多种类，多功能，多用途的铁制工具在矿山范围内出土是前所未有的，而且铁器的材质已是质量较好的可锻铸铁。河南南阳汉代矿冶遗址的情况与铁生沟类似。

秦汉矿山出土的采矿工具主要是铁器，有铁斧、铁锄、铁锤、铁钻、铁钎等。铜制、石制工具极少。

铁斧。安徽金牛洞、湖北黄牛山出土稍多。斧为弧刃，长方形銎。銎口为浇铸口，经过修整比较平整，斧两侧各一道合范凸铸缝。銎口内插有木柄。一般斧身长约 12 厘米，銎口长约 7 厘米、宽约 4 厘米，刃宽 8.9 厘米左右。

铁锄。安徽金牛洞、湖北黄牛山、河北承德出土稍多。其三处矿山的铁锄形制及尺寸大小基本相同。锄身呈六边形，平刃，薄片状，一面平整，背面上部正中有一长方形銎孔。尺寸常为：凸出1.5厘米，孔长3厘米、宽2.2厘米，孔中有残木柄一截。合范浇铸。锄上端宽8厘米、刃宽16.6厘米、高11厘米、厚0.5厘米。

铁锤。黄牛山、承德、运城等都有出土，形状各异：（1）有球形。锤径为12.5厘米、15厘米不等。中间穿圆柱形銎，銎径3厘米，銎内有残木。球形锤面有一道凸铸缝，为合范浇铸，见于黄牛山。（2）有腰鼓形。某标本身长15厘米，直径9厘米，腰直径11厘米。中间穿长方形銎，銎口3.5×2.5平方厘米。锤身中部为一周凸棱。锤两侧及上下底部有一条合范凸铸缝，见于黄牛山、承德、运城。该式锤在汉代普遍使用[35]。（3）有台柱形，某标本身高14厘米，上锤面直径8厘米，下锤面直径12厘米。靠近下锤面中间穿长方形銎，銎口尺寸为4.5×3平方厘米，见于黄牛山。

铁钻。黄牛山等都有出土。钻呈方柱尖锥形。断面为长方形，某标本尺寸为7×4.5平方厘米，钻身长14.5厘米。

锤形铁器。主要见于承德。为铸铁件，某标本长25.6厘米，宽7.4厘米，没有安柄的孔，只是在中间有一道沟。

铁钎。主要见于运城、承德。钎呈方柱尖锥形，顶端由于敲砸使边缘卷起，尖端较钝，长20.5厘米，宽3厘米，重0.7公斤。

铜棍。主要见于运城。圆柱形，顶端突出一周凸棱，两侧各有一条明显的铸棱。棍身浑圆平整，唯中下部加粗，表面比较粗糙，长32厘米、径4—5.6厘米，重3.75公斤。铜棍出自运城地下采场2号洞，其功用与采掘作业有关。

铜凿。主要见于安徽金牛洞。呈三角形，椭圆形銎口，体宽扁，呈翼状，凿头扁而圆钝。两侧各有一道凸铸缝，为合范浇铸。出土时有柄，柄上端套有一空心铜镦。有的凿头长9.8厘米、宽4厘米、厚3.1厘米。镦口径3.3厘米、高4.5厘米。铜凿连柄通体长39厘米。有的凿头长7.8厘米、宽3.5厘米、厚2.7厘米、壁厚0.3厘米。

铜镦。为铜凿柄上的配件。镦呈空心小杯形，口颈下有一周凸棱，两侧有合范凸铸缝。口径3厘米、底径2.6厘米、高5厘米、壁厚0.3厘米。

安徽金牛洞汉代采矿工具的物相、成分分析见表5-3。

表5-3 安徽金牛洞汉代采矿工具的物相成分分析表

标本名称	主要物相	主要成分
铜凿	α铜铅合金相为主，含铅夹杂物，$\alpha-SiO_2$次之	Cu、Sn、Pb、Zn、S、P、Fe、Mn
铜镦	α铜锡合金相占主体，少量含铅夹杂物	Cu、Sn、pb、Al、S、K、Si
铁斧	$\alpha-Fe$为主，少$\alpha-SiO_2$	Fe
铁锄	褐铁矿粉为主，$FeCO_3$的数量亦不少	Fe、Si、Al、S、P、Cu、Mn、Zn

根据中国科技大学结构成分中心实验室X射线荧光光谱检测的数据制表。

比较上述几处遗址出土的采矿工具形制可以看出：铁锤、铁锄、铁斧等形制基本相同，安徽金牛洞出土的铜凿，在其他矿山也有发现，证明了秦统一中国后，不但在采矿工艺上，而且在矿山工具和设备上都有了统一的形制或供给。

汉代优质韧性铸铁工具之所以能够广泛使用，与官营冶铁作坊采用成批生产，使用统一规格的铁范来铸造坯件是密切相关的。上述河北承德汉代矿山使用的铁锄，就与河北兴隆汉代铁范铸出的铁锄完全相同。铸铁工具成批生产，既提高了产量，又提高了质量。统一供给，有助于优质韧性铸铁工具的推广。

汉代铁器产品的管理，是由中央和地方各级铁官统管的。在中央九卿之一的水衡都尉及大司农之下，又设置与盐铁有关的下属职官，有均输丞令、平准丞令、斡官丞长、铁市等丞长。均输职官，专管铁器和其他物品供应和调运。根据已定的价格，将铁器等物输于外郡，并将铁器等物品售卖的钱输于官府。铁市职官，是专管设置市场进行铁器买卖的[22]。

汉代，南阳郡是向外郡供输和销售铁器的大郡之一，南阳铁器销售范围之广和销量之大，堪称全国之最。考古资料表明，在豫章郡（今江西省）、右扶风（今陕西省永寿县）均出有“阳二”铁锸。河南郡“河三”的产品，在湖北铜绿山汉代矿山采凿中也曾使用[20]。

（二）火爆法矿山开拓技术的普及

战国时期，安徽南陵砂滩角铜矿、湖南麻阳铜矿曾使用火爆法采矿。至秦汉时期，我国水利工程和栈道交通工程中开岩通道，火爆法起到了非常重要的作用。

前面谈到，汉代水利、交通工程中已较多地使用了火爆法；在矿山开拓方面，火爆法也已相当的普及[36]。如山西运城洞沟汉代铜矿遗址中的第二号洞内，大量木炭和碎石杂在一起，估计当时使用了“加热法”开采矿石，有时加热后还用冷水浇注，促使岩石崩裂，提高工作效率。河北承德汉代铜矿地下采场、河南桐柏毛集铁矿，也发现火爆法的遗存。作者在调查湖北大冶、安徽南陵的一些汉代采矿遗址中，发现不少运用“火爆法”破岩的遗迹，看来运用火爆法进行工程破岩，汉代已经比较普及。

三国时期，凿井技术已具有较高水平。1996 年，长沙市发掘出历代古井 60 余口，其中三国时期的 22 号竖井外圆内方，其结构特点：一是竖井深大，不规则圆形竖井井口直径达 3.5 米，残存深度 5.6 米。二是井筒内下部设置方形木构井圈支护井壁。井圈四角各钉一根木桩，桩外四面各放置两块木板做井壁，木板四周再填土加固[37]。这是一种改进了的加强式竖井支护方法。

四、大型联合开拓系统的形成

我国地下联合开拓系统在商代便已出现，但因受技术上的限制，只能达到井浅巷短的效果，并且规模不大。自从铁制工具在矿山运用后，矿山开拓发生突破性变化。从战国晚期到西汉时期，矿山开拓的平巷净高由原来的 1 米多发展到近 2 米，接近现代民办采矿巷道的高度。巷道的采深，不少地方出现百米以上者。联合开拓系统，已不再是小规模布局，而是多中段的复合联合开拓，即由二至三个以上开拓中段组成，每个中段内都布局着竖井（或盲竖井）→平巷（或斜巷）→采场→盲竖井。回采、运输、排水、通风等技术，也相应的变得复杂。下仅以安徽金牛洞、河北承德、山西运城、湖北铜绿山汉代矿山的开拓情况为例作一说明。

（一）安徽铜陵金牛洞联合开拓[25]。

残存部分主要分布在距地表深9—14米左右的现代采矿坑的坡壁上。其中西北壁为一号发掘点，西南壁为二号发掘点，两者相距26米，发掘高程为60.9米至51.5米（图5－1）。矿山开拓采用了竖井、平巷、斜井联合开拓法。井巷支护均采用木质框架式支撑。

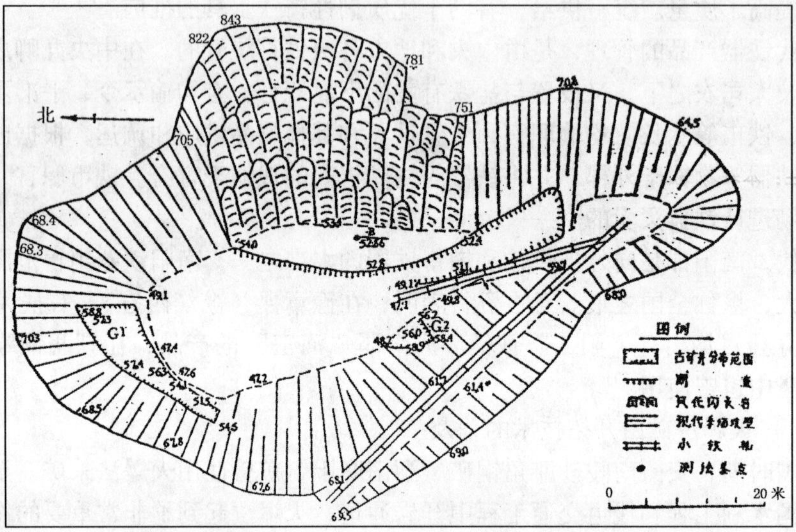

图5－1　金牛洞西汉矿井分布图（G1、G2为古矿井）

（采自《考古》1989年第10期P910）

一号发掘点。自现代地表至采矿场底盘深20米至22.7米，长33米。古矿井暴露面全长24米，最大深度（高度）18.5米。清理出竖井、斜井、平巷等采矿遗迹和遗物（图5－2），布局于两个水平开采中段。下中段以竖1、斜2，竖2、斜3为一组，并依次相通。该层开采高程在51.5米至55.4米之间，上中段以平1、平2、斜1、平3组成，并依次相通。高程在57.4米至58.8米之间。斜4低于平3约1.5米，向北继续延伸，与上中段为同一循环系统。

二号发掘点。矿井上部全毁，仅存底部。平巷立柱呈“门”形，净断面宽0.8米，立柱高2.63米、直径18厘米。此处清理三条斜井（编号斜1－3）。斜1走向南西，倾角20度，残长2.60米。斜2走向北东，倾角15度，清理长度1.5米。斜3为西北走向，倾角15度，残长0.8米。斜井的宽度在0.8—1米左右。从二号发掘点古矿井布局看，三条斜井相通，斜2与斜3交汇处为井下交叉点。矿井内有矿石、木炭屑、竹席残迹等。文化遗物有残陶片、铁锄、残工具的木柄等，在1号斜井内还发现狗头骨，显然为当时矿工食后丢弃的。

（二）河北承德铜矿联合开拓[16]

联合开拓由四个部分组成：矿井、矿井中部的采场、矿井下部的采场、采场四周的坑道。整个井深约100余米。据考古资料推算，在矿井约70米深处有一大型采矿场，即中部采场。采场东西长，南北短。采场底板上遗存着朽木，未烧尽的木炭、残陶片等。采场底板北高南低，形成舌状，岩台高10米，宽4米，较长。场内发现10米多高的木梯斜靠掌子面。台面上也发现木梯。据此计算，整个中部采场的最大高度至少有15米。台面西北角发现一坑道口，道口高2米多，越往内巷道断面越狭小。而采场南部的四周作业面上，至少发现4条巷道，巷道高1米余，内残存巷道支护木、碎石。采场西头是矿井延伸部分，与下部采场相连。回采的矿石是从坑道开采出来后先运到采矿场，然后从矿井提运出去。

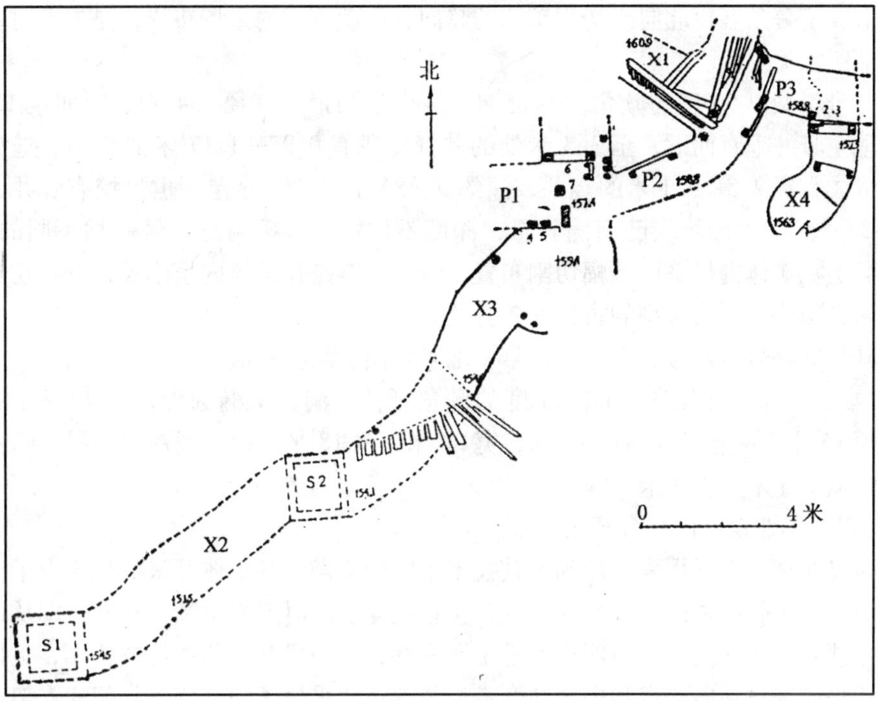

图5-2 金牛洞1号发掘点西汉矿井分布示意图（S代表竖井，X代表斜井，P代表平巷）1. 木桶 2. 铁斧 3.、4. 铜凿 5. 铜镦 6. 耳杯

（采自《考古》1989年第10期P910）

（三）山西运城洞沟联合开拓

山西运城洞沟属我国著名的中条山矿区内的矿点之一。中条山铜矿开采历史悠久。至汉代，河东郡仍是我国重要的产铜地区之一。《小校经阁经文拓本》卷十四载有“永元八年河东铜官”造四石弩机1，说明当地在汉代设有铜官。在运城矿洞旁考古发现的摩崖石刻题记主要属于东汉灵帝时期，如“光和二年”石刻（179年）。运城洞沟铜矿汉代遗址颇有特色，表现在两个方面：一是当时已开采硫化铜矿，在七个古矿洞中，所出的矿石都是黄铜矿（含铜约5%），而孔雀石只占很少比例。我国使用硫化矿炼铜的时代可能在周代，到了汉代，这种技术显得十分普遍和成熟。从世界范围来讲，硫化铜的开采与冶炼都开始得比较晚，据推测，古埃及开始于公元前1500年，在欧洲一般认为开始于罗马时期。洞沟的第二个特点是地下联合开拓回采的布局方案反映了较高的水平。考古发现的7个矿洞，其开凿方向都是沿着铜矿脉的走向，而且整体规模较大，单体矿洞的联合开拓回采各具体系[17]。

运城的二号洞为主采矿洞，规模较大，其开拓由斜洞—矿房—分条幅的支洞—

分条幅的叉洞组成。斜洞洞口沿矿体走向向北以10度的倾角向内延伸。洞口呈圆形，直径3米，延伸至4米时，洞身渐大，呈一高8米，宽6米的矿房，形状不规则。在矿房南边凿有3个直径1米左右的支洞，各深3—12米不等。其中两个支洞还各有两个分叉洞，在矿房东北角也凿有一支洞。二号采场内，发现铁锤和铜棍。从联合开拓回采系统的平面布局来看，其回采轴线均呈平行线，与矿体走向一致，已经形成了分条幅由北向南切割矿体的趋向，如此正规的采场布局，是先秦时期矿山遗址所少见的。

三号斜洞以50度的倾角向内延伸。洞口呈圆形，直径3.4米、延伸至15米时，呈主竖井垂直而下，至3.3米处的井壁上凿有0.97—1.17米的小洞。进深后又开凿成直径2.5—3.1米的竖井，深约9米。主竖井井筒左侧也另挖有竖井，直径1.2—2.5米，因坑底已塞满碎石，深度不详。三号矿洞与二号矿洞不同的是，二号洞是在矿体内呈平面条幅切割布置，而三号洞是在矿体内呈剖面竖分条切割布置，两者结合，形成典型的古代采矿方法。

其他的一号、四号、五号、六号、七号矿洞，结构相似，规模也相当大。七号矿洞向东，由洞口到洞底约作45度的倾角延伸。洞口呈椭圆形，宽10米、高4米、深15米。一号矿洞高达18米，宽22米，深18米，曾发现铁钎一根。四号矿洞洞口宽2.3米、高4米、深15.5米。

（四）湖北铜绿山联合开拓

西汉时期，铜绿山采场达到了其技术上的全盛期，其单体开采的规模有了很大的提高。如1号矿体的西汉矿井，其开拓系统与战国时期矿山基本相同；即从地表开挖竖井到一定深度，便向四边掘进中段平巷，在中段巷道的中部或一端，下掘盲井直达采矿场；在破碎带和围岩蚀变带内的巷道，采用了完全棚子封闭式支架，与现代该地质构造带内采用的钢筋混凝土封底的封闭式支护形式相同，再次证明古人对井巷掘进中出现的地压现象有足够的认识和对策[38]。现将开拓系统示解如下：

地表　　　　　　　竖井　　　　　　　　　　　盲竖井
　　　　}——→　　　　　}——→中段平巷——→　　　——→平巷、采矿场
露天采场底　　　　斜井　　　　　　　　　　　盲斜井

竖井断面大体呈方形，采用经加工的方木或圆木密集垛盘支护，相当稳固，完全可以同现代的木结构井架相媲美。平巷断面大，距离长，支护坚固，人可以直立行走，采掘作业比较方便。一般的掘进断面为174×197—240×224平方厘米（宽×高），支护断面为120×150—160×180平方厘米。

井底掘有3米深的水窝，类似现代的井底水仓。有的井延伸到潜水面以下近30米。当时的采深已达90余米。

五、传统采矿方法的确立

先秦矿山使用的一些采矿方法，如水平分层采矿法、方框支护充填采矿法、房柱采矿法、横撑支架采矿法，发展到汉代便达到了相当成熟的阶段，且被最后确定下来，成为后世长期沿用的工艺模式。

（一）水平分层采矿法和方框支柱充填法

水平分层采矿法，此时期在铜绿山和安徽金牛洞都有使用。不同处是，铜绿山的井巷稍小，上下分层间距稍近；金牛洞汉代采矿工程至少有两个水平开采层，上层与下层相对高差在2米左右，巷内充填着大量的铁矿石和废石，铁品位高达50%—60%以上。从金牛洞遗存来看，汉代是先采底层矿石，采空后，再用废矿石或废石充填废弃的井巷，在上层继续采掘。

方框支护充填采矿法，是在木质方框支护的上下水平巷道内，将上层巷道排除的废石，充填到下层经过了回采后而废弃了的巷道内，以充填下部采空区。这既有利于上层作业的安全，又减少了排土运输量，是一种较为先进的采矿方法。方法与水平分层采矿法相同，皆始见于铜绿山商代晚期遗存，多用于软层矿体中。汉时在安徽金牛洞、湖北铜绿山和黄牛山等，水平分层和方框支柱充填法皆使用得较为普遍。

（二）房柱法

在汉代诸采矿场中，房柱法在河北承德铜矿表现得最为突出；其一方面因地制宜，以房柱采矿法为主，同时某些地段也采用方框支护法。房柱法采用正台阶工作面掘进，高15米左右的矿房（采场）是分层开凿的，上层高约5米的掌子面超前推进，台下的掌子面随后推进，因此形成正台阶；上下层台的掘进将向四周扩展，最后台阶随之消失。木梯斜靠台阶，以便作业人员上下。紧靠上平台作业面，整齐地堆放着呈四方形的坑道木木垛，高2米多，作为高处凿岩的工作台架。在矿房四周底板至上1米多高处，开凿有4条1米多高的巷道，巷道内残存着支护木。这种遗迹反映了两个问题：一是承德的采矿方法是根据矿体和围岩的坚固程度而定的，即自然支护采矿法中的房柱法和人工木支撑采矿法相结合。二是矿房四周的巷道与矿房底板原应在同一平面上，而考古发现的矿房底板低于房壁四周的巷口1米多高，是矿房不断向下挖掘形成的，这反映了当时先后开拓回采的循环程序。

广东番禺莲花山古采石场[34]面积为1.5平方公里，遗存的采石面峭壁一般高20余米，最高达40米。有的山丘采平后，继续露天开采，形成13米深的采坑，古代称为“塘口”，在“金鱼池”遗存的采石面石壁上，还遗存阴刻“塘口土地”四字。

莲花山南区的几处石料，西汉时期已被开采。因为西汉南越王墓建筑石料原产地的鉴定研究表明，所取莲花山的石料的地点：L01—L06号样取自东门至莲花岩、L07—L08取自莲花岩，L09—L11取自燕子岩，L12—L14取自莲花塔附近[39]；说明，广州西汉“南越王墓建筑石料的岩石，主要原产地为广州番禺莲花山一带，西汉时期，莲花山采石具有优越的古地理条件、古地形条件、古运输条件、古开采条件”[34]。笔者对莲花山古采石场遗存不同的开拓技术遗迹进行考察，也表明南区为汉代的主采石区，北区为宋、明时期的主采石区[40]。

莲花山南区汉代采石采用露天开采法与房柱采矿法联合开拓。开采顺序是先揭去上层风化岩层，后回采中部和下部的新鲜岩层，即长石石英砂岩、粉砂岩、沙砾岩。这与广州西汉南越王墓建筑石料是相似的[34]。露天开采是：根据不同山丘的地形特点，圈定不同的开采深度，开采终了时形成不同的凹陷露天矿和山坡露天矿。例如，在丘岗中部所作的开段沟，形成双壁堑沟。在山丘浅部形成的露天竖坑，小者面积约60平方米，深七八米至近十米。在单侧山坡开采的矿岩划分成一定厚度的水平分层，由上向下逐层开采，并形成阶梯状。地下开采与金属矿开采不同，多半的遗存是从露天矿转为地下开采，即在地下向四堑扩帮，将红色砂岩划分为若干个矿房，矿房之间留有规则的条带形矿柱。从遗迹分析，回采工作面采用下向分层回采顺序，上部分层超前，形成下向台阶工作（图5-3）。具体方法是：矿房壁上凿脚手架插杆洞眼。洞眼为长方形，尺寸大小不一，有的17.5×13.5×12立方厘米（高×宽×深），有的16×9.5×6立方厘米，纵横整齐排列，纵向自上而下间距80厘米至90厘米，横向间距63厘米至67厘米。矿房地面未见立杆的脚窝，可能采用的是马道式脚手架。以脚手架为工作台，在房壁顶线开切割槽。先在水平线上设计若干个间隔排列的切割段，每段长60厘米、宽20厘米、深35厘米，然后再切割剩余段。这种开切割槽的作业顺序，可以让几个工匠同时在一条水平线上作业。在红色砂岩岩面，留有整齐的铁钻钻痕斜线，钻线倾角为21度（图5-4）。

图5-3　西汉莲花山分层采石

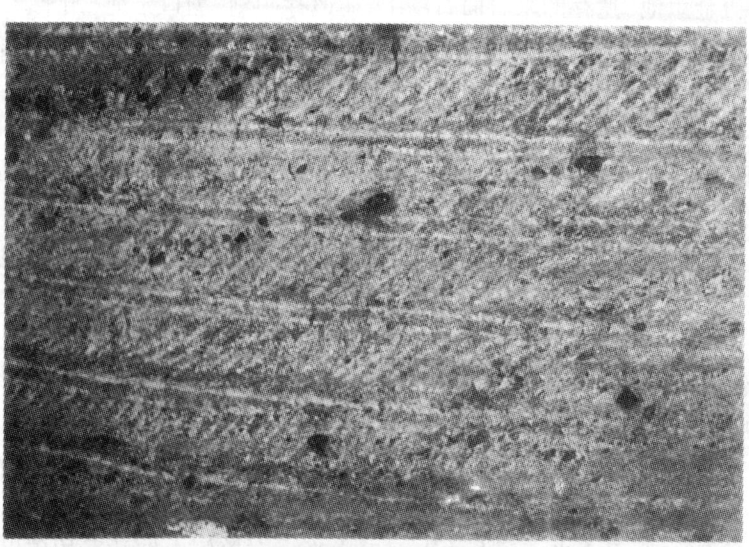

图5-4　西汉莲花山岩面的钻痕

莲花山采石靠红色砂岩本身的稳固性或条带形连续矿柱的支撑能力维护回采过程中形成的采空区。其优点是回采工艺简单，采矿准备工作量小，不需穿脉巷道，劳动生产率较高，但采矿强度大。

（三）横撑支架采矿法

在铜绿山，其大体上是沿用了东周的操作，即由地表下掘竖井，井筒穿过节理裂隙发育的铁帽，进入铜矿富集的氧化带内，由井底向四周扩大，最大的采幅 4—5 米。当上采超过一定高度时，架设一种 II 型的横撑支架，一方面支撑采空区，一方面在支架上构筑人工落矿平台，人站在平台上用铁钎开采矿石，落矿、装运、提升均在平台上进行。并将少量的废石倒入下部空区[41]。这是一种上向式回采方法，采场像一个峒穴，横撑支柱最长者达 4 米。此法的特点是运输距离短，提升距离越采越缩短，人员操作比较方便。

1930 年，山东滕县宏道院收集了一块汉代画像石，生动地表现了采矿工匠在井下的劳动场面。在地下采场，有的持镐挖矿，有的用锥凿岩。有一个三人合作场面，一人扶锥，两人锤打。矿石采下后，经竖井提运出井口[42]。这一画像石刻与汉代采矿遗址所反映的情况完全吻合。这是我国迄今发现的最早的采矿作业图像。

六、地压管理技术的发展

我国古代的地压管理技术始创于先秦时期，无论人工支护还是自然支护，汉代都有了一定的发展；这在铜陵金牛洞和大冶铜绿山的汉代井巷支护，承德汉代采矿，以及番禺莲花山汉代采石场上，都表现得较为明显。

（一）人工支护的地压管理

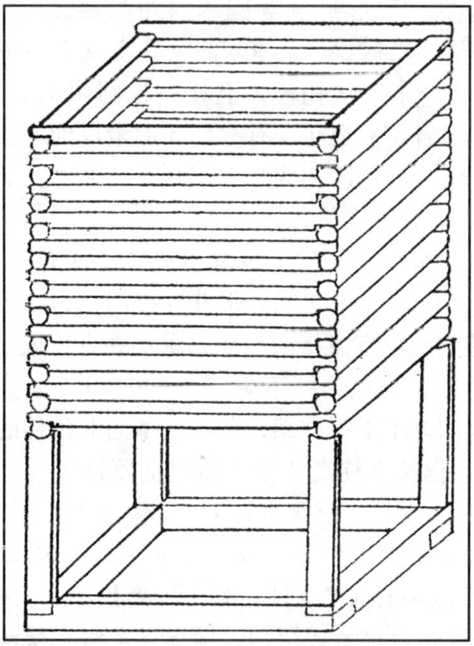

图 5－5　西汉金牛洞二号竖井复原示意图（1/40）　（采自《考古》1989 年第 10 期 P910）

以金牛洞的考古发掘资料为例[25]。西汉时期金牛洞西段的竖井 1、竖井 2，相距约 6 米，支撑结构基本相同。竖 2 井的筒横断面为长方形，其下为井底（马头门），合计残存高度约 5 米。井筒采用木材支撑，结构形式为“企口接方框密集垛盘”，即将四根圆木的端点（节点）砍成台阶状接口，互相垂直接合呈一方框，接合面紧密牢固。方框与方框层层垛叠，形成“垛盘”。井筒净断面 1. 6 × 2 平方米以上。井筒底层方框四角的被支点垛在其下的四根马头门立柱顶端。马头门由四根地梁、四根立柱、或二至四根中柱组成（图 5－5）。净高 1. 6 米、净宽 2. 2 米。立柱高 1. 6 米，横断面呈方形，尺寸为 25 × 25 平方厘米。马头门地梁长 2. 85 米，断面为 40 × 40 平方厘米。地梁两端砍成台阶状平口，与柱脚平口接，马头门净宽2.2米。地梁正中凿有一个30×33平方厘米的矩形浅凹口，即用于加固马头门横梁的中柱脚窝。这是一种加强式马头门结构。

金牛洞计清理出了四条斜巷，编号斜1—4号，其中斜1—3号为斜坡状，斜4号为阶梯状。

斜1号位于现代地表以下11.5米，倾角20度，为半框架式木支撑结构，立柱残高1.6米，断面直径18—20厘米；横梁长1.8米，断面直径为15—20厘米。在斜巷遗存着长2米至2.8米，断面直径15—20厘米的护帮木或顶棚木。井筒东面是马头门，其支撑结构形式与竖井相同。马头门残高1.6米、净宽1.2米。

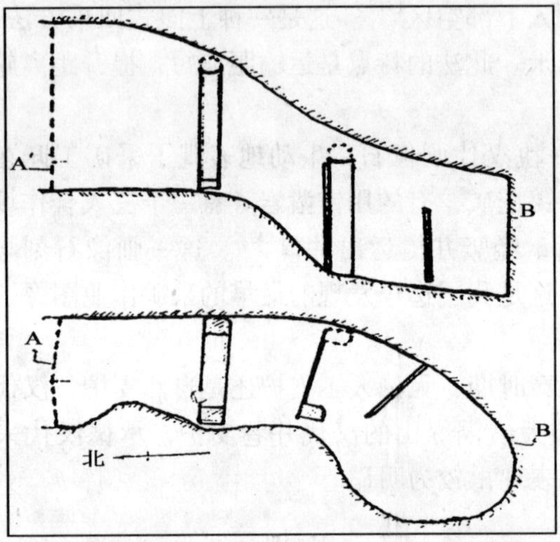

图5-6　西汉金牛洞4号斜井平剖面图（约1/33）
（采自《考古》1989年第10期P910）

斜2号长8米，倾角30度。斜3号长11米，倾角15度，圆木立柱高2米，断面直径15厘米；横梁长1.5米，断面直径15厘米，斜巷净断面为120×200平方厘米。斜4号残长4米，为阶梯式斜巷，倾角20度（图5-6），木支撑结构为梯形框架式，即一根地梁，二根立柱，一根横梁。地梁为扁方木，长1.4米，断面宽20厘米、厚12厘米，地梁两端砍成台阶状平口，与立柱呈平口接。立柱高1.3米，断面为“鼓形”（为圆木内外两侧砍削而成），宽25厘米。立柱上端砍凿成丫口状托槽，上托一根圆木横梁。横梁长1.2米、断面直径15厘米。横梁与围岩顶板之间，有一层3厘米厚的木板作背板。厢架间距1米，高差为1.05米。斜4号净断面为90×120平方厘米。厢架内侧竖立隔板，高度与立柱顶近平。斜井南端为井底水仓。

金牛洞一号发掘点计清理出3条平巷，编号平1—3。平巷沿矿体走向开拓，其高度随矿体及围岩的硬度而变化，一般在1.6—2米之间。平巷支撑结构为梯形框架式和半框架式，方法同上述斜4。平巷内回填有大量的废矿石等，并有竹编残物，铜凿、铁斧等。平1和平2之间的巷道交叉点为井下硐室，长1.60米、宽0.80米、高2.00米，硐室北面有一厢高大的方木支撑框架，原与一条向北延伸的巷道相通，后被隔板封堵严实（图5-7）。框架立柱高2米，断面直径为25×25平方厘米，地梁长1.5米，厚20厘米、宽25厘米，横梁直径15厘米。硐室西侧有三根方立柱，高1.10米。立柱下垫一段台阶状接口方木段，长40厘米、宽25厘米、厚20厘米。硐室东面有两排直径15厘米的圆木立柱，东、南壁上方有一洞口，高出底部1.3米，与平巷相通。硐室顶棚为封闭式结构，即顶梁上敷一层圆木，长2米，直径10厘米；圆木之上横向敷设一层厚3厘米的木板为背板。硐室内出土竹编物及木炭屑，圆木桶和木耳杯等。

金牛洞西汉矿井均采用木支撑结构，竖井井筒采用“企口接方框密集支架”结

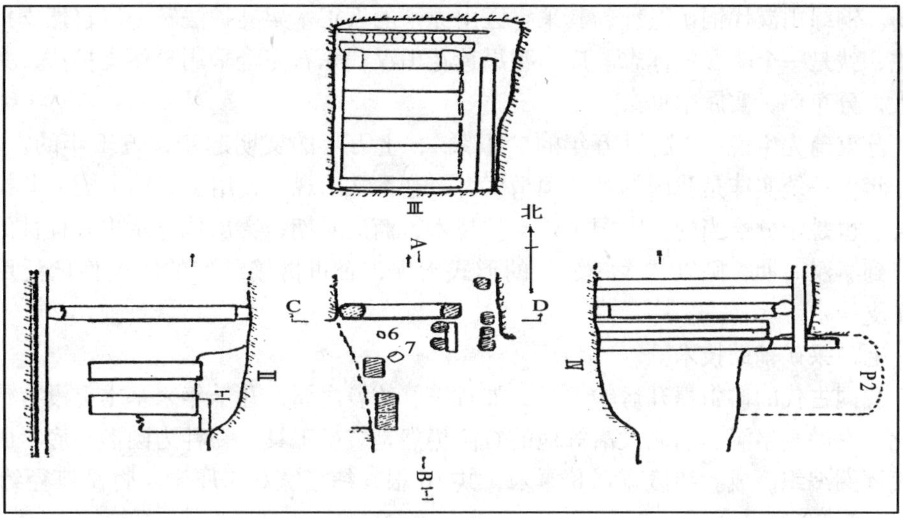

图5-7　西汉金牛洞硐室平剖面示意图（H为黄土层，P2为平巷2）
（采自《考古》1989年第10期P910）

构（也称“垛盘”），抗压强度大。马头门结构选料粗大，底敷地梁可防止“地鼓”，立柱间加设中柱，能增加横梁的抗压强度。巷道支撑根据围岩各异的坚固性程度而分别采用半框式和框式支架两种，其中4号斜巷为梯形方框式支架，立柱与地梁的角度为85度，角度合适，抗压力强。其他巷道和马头门内立柱支撑均呈地心方向垂直。支撑方法有四种：第一种是将立柱直接放在围岩上；第二种是先凿一柱脚窝，再立立柱，防止柱脚移动；第三种是在松散的砂石层上垫一层木板或一段方木为木础，再立立柱，这可分散柱脚的压力；第四种是利用自然地形，在井巷边帮凸出的围岩上直接立一短柱，支撑横梁。支护立柱的顶端接口有树杈和人工砍凿丫口两种。巷道两侧及顶棚有木棍或木板护帮，有的还用竹席封顶，以防止岩石塌落。综上所述，金牛洞井巷支护因地制宜，结构合理。

综上所述，战国至西汉，“企口接方框密集竖井支架”、“鸭嘴式巷道支护”、马头门、梯形框式支护平巷等人工支护的地压管理技术，在江西铜岭、湖北铜绿山、安徽金牛洞等地使用已相当普及。这种“井干”技术在《汉书·郊祀志》中已有记载：“立神明台，井干楼高五十丈，辇道相属焉。”颜师古注曰：“井干者井上木栏也，其形成四角或八角。”采矿支护，则是四角。可见，这种结构也用于土木建筑中。

（二）自然支护的地压管理技术

用于坚固围岩的采空区地压管理经验，是我国先民在长期实践中取得的。从本章第二节可见，汉代河南南召铁矿424号矿洞高约8米，长达25米，其顶板就是利用矿体的节理面，使其顶面呈人字形而防止开采时自然陷落，其自然支护已有相当的规模。

湖北铜绿山先秦时期的采矿井巷主要采用人工木架支护技术，它是针对矿山的接触带和破碎带这种软岩层而创新的。至汉代，随着矿山氧化带的减少和凿岩技术的进步，利用坚固矿体的自然抗压能力来支护地压管理的技术逐步扩展，而且成功率高。铜绿山汉代铜矿遗址，其采空区由原来的人工木架支护法转为以自然支护法为主，就是一个明显的标志。广东番禺莲花山汉代采石完全采用自然支护法，其规模大，分布广，实属罕见。

苏秉琦先生说："超百万年的'根系'，上万年的文明起步，五千年的古国，两千年大一统实体是我国的基本国情[43]。"这番学术观点，用于总结中国采矿技术发展史也是十分恰当的。中国采矿支护技术，商周时期，突出地显示出多样性的特点，到秦汉时期，则以"大一统"的形式出现，企口搭接结构的木构件广泛用于采矿支护中。

七、采矿辅助技术

我国古代的矿山提升运输工具，如竹筐、竹箩之属，几千年来基本上没有什么变化。安徽金牛洞、湖北大冶等地的竹筐仍然是装矿工具，一种为圆形平底，底部经篾逐圈编织而成。纬篾宽 0.8 厘米，共 16 根；纬篾宽 0.4 厘米。竹筐口径约 35 厘米，深 20 厘米。

木制绞车用于矿井提升在江南的铜绿山、石头咀、红卫等矿山均有发现。根据安徽金牛洞西汉采铜的深度和发达的竖井和井底马头门支护技术，与湖北铜绿山比较，金牛洞完全有可能应用了绞车提运矿石。河南南召红石崖山汉代采铜井口就发现提升设施的残迹。

河北承德汉代铜矿提运工具，在井口发现小铁车轮，在采矿场发现梯子。小铁车是轴和轮连在一起的，样子和现在手工业煤窑工人拉的四轮小斗车的车轮差不多。对这两件工具的用途，据有经验的工人估计，当年矿工们开矿井是顺着矿脉开的，因此矿井就不是直上直下的，在斜坡的地方，矿石是靠工人顺着梯子背上来的，这就是梯子的用途。在比较平坦的坑道里，还是可以用斗车拉的"[16]。从考古发现的汉画砖和陶井来看，汉代井口使用辘轳已十分普遍了。由此可见，汉代的矿井提运技术较先秦时期有了很大的提高。

关于金牛洞铜产品的外运问题。凤凰山地区群山环绕，流经矿区中心的相思河是唯一理想的铜料外运线路。该河床最大流量 514 639 立方米/昼夜，往北数公里与峡山口河汇集，经峡山口河北连顺安河，与长江相通。铜绿山古矿山北边是大冶湖，湖通长江。当时的铜料主要靠水路运输。

关于矿山排水技术，安徽金牛洞地区地处坡麓地带，地下水位高于相思河水位 1—1.5 米。古矿井上部为 1.5—4 米厚的黏土及砂质黏土垫层，其透水性极弱，单位涌水量一般在 0.034 5 升/秒米，渗透系数一般小于 0.069 8 立方米/昼夜（可视为隔水层）。古矿井内的地下水主要是矿层中的裂隙渗透的。当时井下是利用废弃的低凹井巷为水仓，先将积水排到 4 号斜井或硐室内蓄积，然后用桶排水。其他遗址的排水技术，基本上与战国时期相同。

排水工具仍然是木制水桶，没有质的变化。安徽金牛洞发现的木桶，形制基本相同。圆形，为一段整圆木凿成，口大底小，厚底微凹，桶壁两边凿有系绳用的双耳，器型简陋粗糙。木桶口径 28 厘米、底径 23.3 厘米、通高 18 厘米、壁厚 1.2 厘米、底厚 4 厘米至 6 厘米。据安徽铜陵铜官山矿工程师反映，20 世纪 60 年代开矿中曾发现过竹筒或排水器，这是否为云南清代矿山使用的抽水器（水龙）的始祖，还有待考证。

关于井下照明技术，先秦的巷道都没发现灯龛。安徽繁昌铜山西汉采铜巷道内发现灯龛，这是迄今我国古矿山发现年代最早的井下固定式照明装置。

参考文献

〔1〕郭文韬等编著：《中国农业科技发展史略》，中国科技出版社，1988 年，第 133 页。

〔2〕《一条以汉长安城为中心的南北超长基线》，《光明日报》1993 年 12 月 13 日。

〔3〕谭其骧：《二千一百年前的一幅地图》，《古地图论文集》，文物出版社，1975 年，第 13 页。

〔4〕陕西省文物管理委员会、陕西省博物馆：《褒斜道连云栈南段调查简报》，《文物》1964 年第 11 期第 44 页中录“清光绪八年关中潘矩墉题记”。

〔5〕《世界最早人工开凿的穿山通车隧道》，《中国文物报》，1993 年 12 月 5 日头版。

〔6〕武汉水利电力学院等编写：《中国水利史稿》，水利电力出版社，1979 年，第 135 页。

〔7〕文纪：《一九九二年重要考古新发现综述》，《文物天地》，1993 年第 2 期，第 48 页。

〔8〕《史记》卷一百三十《太史公自序》。

〔9〕湖北云梦睡虎地秦墓出土竹简《秦律》。

〔10〕《辞海》，上海辞书出版社，1979 年版，第 3908 页。

〔11〕《史记》，第 4 册，中华书局，1982 年 11 月版，第 1428 页、第 1429 页。

〔12〕洛阳市文物工作队：《洛阳吉利发现西汉冶铁工匠墓葬》，《考古与文物》，1982 年第 3 期，第 23 页。

〔13〕《汉书》卷七十二《贡禹传》。

〔14〕《汉书》卷十《成帝纪》。

〔15〕夏湘蓉等：《中国古代矿业开发史》，地质出版社，1980 年 7 月，第 46—47 页。

〔16〕《北京晚报》，1963 年 3 月 19 日头版；罗平：《河北承德专区汉代矿冶遗址的调查》，《考古通讯》，1957 年第 1 期，第 22—27 页。

〔17〕安志敏、陈存洗：《山西运城洞沟的东汉铜矿和题记》，《考古》，1962 年第 10 期，第 519 页。

〔18〕泰安市文物考古研究室等：《山东省莱芜市古铁矿冶遗址调查》，《考古》，1989 年第 2 期，第 149 页。

〔19〕南京博物院：《利国驿古代炼铁炉的调查及清理》，《文物》，1960 年第 4 期。

〔20〕赵青云、李京华、韩汝玢等：《巩县铁生沟汉代冶铸遗址再探讨》，《考古学报》，1985 年第 2 期，第 157—159 页。

〔21〕河南省文物研究所：《南阳北关瓦房庄汉代冶铁遗址发掘报告》，《华夏考古》，1991 年第 1 期，第 1 页；董全生等：《南阳地区古代采冶遗址调查》，第四

届全国金属史学术会议论文，1993 年 10 月。

〔22〕李京华、陈长山：《南阳汉代冶铁》，中州古籍出版社，1995 年，第 4 页、第 11 页。

〔23〕裘士京：《江南铜材和“金道锡行”初探》，《中国史研究》，1992 年第 4 期，第 4 页。

〔24〕杨立新：《皖南古代铜矿的初步考察与研究》，《文物研究》，总第二期（1988 年 6 月），第 181—182 页。

〔25〕安徽省文物考古研究所等：《安徽铜陵金牛洞铜矿古采矿遗址清理简报》，《考古》，1989 年第 10 期，第 910—918 页。

〔26〕安徽繁昌县文物普查资料。

〔27〕作者 1977—1985 年期间的考古调查。

〔28〕黄石市博物馆等：《铜绿山古矿冶遗址》，文物出版社，1999 年 12 月；杨永光等：《铜绿山古铜矿开采方法研究》，《有色金属》，1981 年第 1 期，第 83—85 页。

〔29〕李延祥提供其北京科技大学硕士论文，特此致谢。

〔30〕刘世旭、张正宁：《四川西昌市东坪村汉代炼铜遗址的调查》，《考古》，1990 年第 12 期，第 1069—1075 页；四川大学历史系考古专业等：《四川西昌东坪汉代冶铸遗址的发掘》，《文物》，1994 年第 9 期，第 29—40 页。

〔31〕广西文物工作队：《广西北流铜石岭汉代冶铜遗址的试掘》，《考古》，1985 年第 5 期，第 404 页。

〔32〕彭子成、万辅彬、姚舜安：《广西北流型古代铜鼓的铅同位素考证》，《科学通报》，1988 年第 5 期，第 360—364 页。

〔33〕胡振东：《云南发现古冶炼遗址》，《文物》，1994 年第 5 期，第 73 页。

〔34〕《西汉南越王墓》，文物出版社，第 511 页；作者 1998—1999 年考古调查及测量。

〔35〕殷滌非：《安徽省寿县安丰塘发现汉代闸壩工程遗址》，《文物》，1960 年 1 期。

〔36〕同注〔16〕、〔17〕、〔21〕。

〔37〕《长沙出土大批三国吴纪年简牍》，《中国文物报》，1997 年 1 月 5 日头版。

〔38〕杨永光等《铜绿山古铜矿开采方法研究》，《有色金属》，1980 年第 4 期，第 90—91 页。

〔39〕该鉴定研究作者朱照宇先生惠告。

〔40〕卢本珊：《话说番禺宋明采石技术》，《番禺日报》，2000 年元月 1 日。

〔41〕杨永光等《铜绿山古铜矿开采方法研究》，《有色金属》，1981 年第 1 期，第 85 页。

〔42〕《文物》1959 年第 1 期。

〔43〕苏秉琦：“给中国历史博物馆 80 周年的题词，1992 年 5 月”。《文物天地》，1993 年第 2 期，第 3 页。

第六章
隋唐五代采矿技术

隋朝（581—618 年）的建立，结束了魏晋南北朝以来的分裂局面。在相对安定的环境里，劳动人民的生产积极性得到了提高，创造了大量物质财富。

隋初，仍置有冶官，掌管冶铸铜铁。隋代矿政的特点是全力发展铜矿。为了增强封建统治政权的经济基础，将铜矿的开采权全部收归国有，采取封建徭役制，征发劳动人民开采。

唐（618—907 年）承隋制，政治稳定，民族团结，国力达到了空前的强盛。作为封建盛世的唐代，人口数量大增，劳动力更加充足，耕地面积扩大，粮食产量激增。兴旺的农业是矿业得以加速发展的基础，而日趋繁荣的经济生活，使得对金、银、铜、铁的社会需求不断增大，给矿业生产的进一步发展加大了推动力。

“五代”（907—960 年）是指相继占据中原的八姓五个王朝；与此同时，在南方、北方还有十个较大的割据政权，史称“五代十国”。这一时期只有短短的五十三年，各种割据势力互相混战，像走马灯一样匆匆而过。其中只有南方的吴越相对稳定，故采矿技术仍有一些发展。

唐代采取较为开放的矿冶政策，这对整个金属矿开采和整个社会经济的发展都是具有积极意义的事件。此期的金属矿以地下开采为主且规模较大，上下采场分为多层，以井巷连通，采掘深度距地表百余米；巷道布局规整、合理，采准、回采工艺已达较高水平。切割矿柱法、横撑支柱台架式充填法等开采法都得到了较为广泛的使用。通风技术有了一定发展，采用了矿柱气孔与通风井巷相结合的井下风穴技术。井下普及了斗车运矿，采用了水车分级排水。隋唐是我国采矿业的持续充实提高期，但技术上并无太多建树。

第一节　矿业政策的变化和矿业辅助技术的发展

采矿技术的发展，除受本身内在发展规律制约外，还与多方面的外在因素有关，在隋唐五代，这主要色括两方面：一是矿业管理政策的发展和变化，二是其他辅助性技术的发展，它们都在不同程度上促进了隋唐采矿技术的发展和提高。

一、开放政策促进矿业发展

唐代以前金属矿产一般多属官营。唐朝采取开放的矿冶政策，除了官营外，也允许民营，官府只管征税。《旧唐书·职官志》：“掌冶署，令一人，丞一人，监作四人……凡天下出铜铁州府，听人私采，官收其税。”《唐六典》卷二十二也有同样记载，但“西边，北边诸州，禁人无置铁冶及采矿”。即除西北边境外，一般听由百姓采冶。特别是玄宗时，银矿的私营也较普遍，矿税缴纳订立令式，官府开始向银锡矿征税。安史之乱以后，朝廷财政紧张。元和三年（公元808年），唐宪宗曾一度禁止五岭以北采矿，但不久便撤销了禁令，《册府元龟》卷四百九十三“邦计部·山泽”载，五岭以北的所有银坑“依前百姓开采”。唐代采取开放政策，矿冶允许民营，这种生产关系的改变，无疑促进了矿山的开发利用。我们从开元、天宝的各地矿产的土贡上，可以看出各项矿产分布地点是较多的。有的矿山规模较大。《太平广记》卷一百零四“银山老人”条引《报应记》云：“饶州银山，采户逾万，并是草屋。”此饶州银山在今江西境怀玉山北麓之德兴一带，这里是唐代产银最多的矿区之一，民间的开采者达万户以上。足见当时民间采矿业的兴盛和开采大势。宋《太平寰宇记》卷一〇七“饶州”条也谈到了饶州采银和税制管理，其云：德兴县“本饶州乐平之地，有银山，出银及铜。总章二年（669年），邓远上列取银之利，上元二年因置场监，令百姓任便采取，官司什二税之”[1]。显然，这种管理是有利于民营采矿业发展的。

二、其他辅助性技术的进步

唐代手工业，有官营和私营两类。官营手工业生产的产品不以出卖和赢利为目的，主要是为了供给宫廷、贵族、官僚、官府的消费和使用；私营手工业，既有大量个体农民所经营的家庭副业，更多的则是手工业者所经营的作坊。与采矿技术有关联的制瓷、纺织等日常生活用品的手工业、五金业、水利、土木建筑、交通运输等手工业，此期都有了较大的发展；这些辅助性技术和工业，对采矿技术的发展都起到了很好的作用。在此尤其值得一提的是排水技术、建筑施工技术、交通运输技术。

排水技术。此期的排水技术达到了相当高的水平。从扬州唐城排水技术来看，已采用规模宏大的砖木结构的水涵洞排水。水涵洞为圆券顶长条隧道形式，宽1.8米，高2.2米，建涵洞前用碎砖瓦加土填夯，并打有木桩。洞壁下较软的塘泥部位，铺垫宽60厘米，厚18厘米长条原木板，再用条砖垒砌洞壁。水涵洞中部设置双层木栅栏防止人从涵洞出入。围绕涵洞墙壁外，填放许多大石块和炉渣块，用以加固墙体[2]。江苏镇江发现唐代木构下水道遗迹。它采用两侧立板，板内外以桩固定结构，宽约0.8米，高约0.9米。扬州唐城的这种先进排水设施，反映了当时排水工程施工技术已经发展到一个新的高度。唐代矿山排水技术的改进也印证了这一点。《隋书·天文志》载，隋代，我国已有专门的水准测量工作者——水工。由此可见，隋唐时期宫廷对水文工作相当重视。

建筑施工技术。隋唐建筑在秦汉以来建筑技术的基础上逐步发展，形成了一个完整的以木结构为主体的建筑体系，对后世产生了较大的影响，其技术水平体现在：规划设计水平空前提高，将宫城、皇城和居住里坊的设计思想严格分开，城市规划结构严谨，区划整齐，规模宏大。单体木构架建筑更为完善。隋唐科学地管理、设计、组织建筑工程施工。隋朝开始设工部，主管制定有关建筑工程的法令规范，实际管理工程的是将作大监。唐朝设将作监，监下设四署，分管木工、土工、舟车工和砖石材料。唐代已出现在设计施工中按标准工时定额的规定，已有了

“都料匠”，即类似近代的建筑师，主持全部工程的设计、指挥、分配、调整各工种的工作。与采矿有关的建筑材料石、铜、铁、矿物颜料已广泛应用。木构件已有一定的模数关系，这对井巷木构件支护技术有了一定的理论指导。

交通运输技术。农业和手工业的迅速发展，必然促进隋唐商业的繁荣和交通的发达。据《唐六典》卷五记载，唐代全国官驿的交通网，大致为三十里一驿，有陆驿、水驿和水陆相兼之驿，共1 639所，水路交通中有发达的内河航运和海上交流。筑桥技术和栈道技术水平有了明显提高。扬州唐城发现的木桥[3]，全长34米，水平跨度30米，中间一孔为主航道，宽8米。桥墩采用木桩和木板构成“八”字形，木桩最大断面20×46平方厘米，采用了桩基法。栈道是峡谷中特殊的交通桥梁，是通向闭塞和边远地区的重要通道。唐代的栈道已有四种形式：一为有梁有柱式，即延绵不断的简支梁桥；二为有梁单柱式，即用一根横木，一端嵌入石壁上凿出的石孔中，一端支在立于水中或石壁的柱上，上搁木梁即成；三为有梁无柱式，靠石壁上的孔出挑横木，上搁木梁；四为凿石而成的磴道。考古资料表明，秦汉、隋唐的一些大型地下采场，其横撑支架开采技术，大多借鉴筑桥和栈道技术。

隋唐的交通工具，在用车方面，牛车和马车较为普遍。在用船方面，隋炀帝至江都，舳舻相接，可见当时内河船只之盛。江苏如皋发现的唐代木船长17.32米，共分九舱，船身窄长，速度快，隔舱多，容积大。

第二节　金属矿山的分布概况

隋唐时期，我国金属矿业分布比较广泛。长江中下游地区仍有可供长期采掘的富矿，开发持续不衰。荆楚、吴越故地仍是重要的铜料输出地区。据《新唐书·地理志》记载：扬州、润州（今江苏镇江）、宣州（今安徽南部）、鄂州（今湖北东南部）皆“有铜”。这一时期，中原人口大量南迁，封建统治阶级在此驻守重兵，开驿道、兴水利，挖沟渠，使南方地区的社会经济得到很大发展。黄河流域的中原文化与长江流域的古文化相互影响，互为辐射，共创技术繁荣。

有关唐代金属矿产分布的资料散见于《唐六典》、《通典》、《元和郡县图志》和《新唐书》“地理”、“食货”二志等书中。《新唐书·食货志》载：“凡银铜铁锡之冶一百六十八，陕、宣、润、饶、衢、信五州银冶五十八，铜冶九十六，铁山五，锡山一，铅山四……麟德二年废陕州铜冶四十八。”该条列举并不完备，例如，同书《地理志》有铜之地远远超过96处，南北各地皆有。像地处长江中游的鄂、岳等州重要金属矿区未记录在内。《新唐书·地理志》记载：武昌产铜和银规模甚大。《李太白全集》卷二十九《武昌宰韩君去思颂碑》载：“武昌鼎据，实为帝里”，“其初铜铁曾青，未择地而出，大冶鼓铸，如天降神。既烹且烁，数盈万亿，公私其赖之”。可见产量甚为可观。

表6－1[4]是根据上述古籍编列的隋唐时期全国金属矿重点分布地区表。从表6－2[5]可以看出唐代矿产分布的广泛性和区域性的特点。

表6-1 隋唐时期全国金属矿重点分布地区表

今省	铁	铜	锡	铅	银	金	汞
河北	临水（磁县）、沙河、内邱、井泾、平山、唐（县）、马城（滦县）、邺（临漳）、涉（县）	飞狐（涞源）、唐（县）	〔武安〕				
山西	岳阳（安泽）、汾西、翼城、绛（新绛）、吉昌（吉县）、昌宁（乡宁）、温泉（孝义）、盂（县）、交城、绵上（沁源）、玄池（静乐）、秀容（忻县）、五台、阳城、昭义（长治）	绛、曲沃、翼城、平陆、解（县）、闻喜、盂、五台、黎城、阳城	〔阳城〕		安邑、平陆、五台		
江苏	彭城（徐州）、六合、上元（南京）、溧阳	江都、六合、上元、溧水、句容、溧阳、吴（县）					
安徽	当涂、南陵	全椒、天长、滁州、庐江当涂、南陵、秋浦（贵池）、青阳、虹（泗县）		宣州（宣城）	南陵、宁国、绩溪、秋浦、青阳		
浙江	山阴（绍兴）、临海、黄岩、宁海	武康、长城（长兴）、安吉、余杭建德遂家、奉化、丽水 金华、安固（瑞安）	〔安吉、会稽（绍兴）〕		诸暨、西安（衢县）、松阳		
江西	乐平、安远、宜春、上饶	洪州（南昌）、浔阳（九江）、彭泽、饶州（波阳）、乐平、袁州（宜春）、信州（上饶）、上饶	南康、大余、安远	大余、上饶	浔阳、乐平、弋阳、玉山、临川	乐平、上饶、临川	
河南	朱阳（灵宝）、舞阳、林虑（林县）	伊阳（嵩县）、南阳	〔乐安（光山）、长水（卢氏）、伊阳〕		伊阳 鲁山	乐安 伊水	
湖北	巴东、广济、蕲水（浠水）、江夏（武昌）、永兴（阳新）、武昌（鄂城）	永兴、武昌		武昌	施州（恩施）		
湖南	湘源（东安）、石门、巴陵（岳阳）、永州（祁阳）、延唐（宁远）、永明（江永）	长沙、平阳（桂阳）、高亭（永兴）、义章（宜章）	长沙 平阳 高亭 江华	义章	永明、义章、郡州	长沙 叙州（黔阳）、 湘源	辰州（沅陵）、麻阳、锦州（麻阳）、溪州（永顺）
广东	琐阳（英德）、桂阳（连县）、阳山、连山	铜陵（阳春）、连山		化蒙（广宁）、阳春	曲江 廉州 阳江 桂阳	连山	连州
广西	怀集、桂岭（贺县）	临贺（贺县）	冯乘 富川	藤县	宜山	邕州	宜州 容州

表 6－1（完）

今省	铁	铜	锡	铅	银	金	汞
陕西	韩城、洛南、源（陇县）中部（黄陵）宜君、河池（朝邑）、西（勉县）、梁泉（凤县）、顺政（略阳）、长举（略阳）	洛南、商州	〔西（勉县）〕		梁泉	西城（安康）、洛南汉阴	兴州（略阳）
四川	始建（井研）、隆山（彭山） 南宾（丰都） 绵谷（广元） 山（邻水） 新津、平羌（乐山）、夹江、临邛（邛徕）、临溪（蒲江）、通泉（射洪）、巴西（绵阳）、安县（西昌）、昌明（会延）、魏城（绵阳）、昆明（盐源）、石镜（合川）、巴川（铜梁）、资官（荣县）、永川、峨眉	金泉（金堂）、临邛（邛徕）、阳安（简阳）、金水（金堂）、卢山、荣经、铜山（中江）			巴西	宣汉 巴西 峨眉	溱州（綦江）、茂州
云南						姚州（姚安）	

注：锡矿地名加〔〕号的，表示疑为“黑锡”，即铅。本表依《隋书·地理志》、《旧唐书·地理志》和《新唐书·地理志》整理而成。

表 6－2 隋唐时期矿产分布区域统计表

分布地区	金属矿产种类						
	铁	铜	金	银	锡	铅	小计
关内道	6	2	1	2			11
河南道	7	5	1	5	2		20
河东道	15	8		2	1		26
陇右道	1	1	1	3			6
江南东道	14	22	7	6	6		55
江南西道	15	15		11		6	47
岭南道	6	3	3	3	2	4	21
河北道	9	1			1		11
山南东道	4	1	3	3	1		12
山南西道	6						6
淮南道	4	5					9
剑南道	17						17
合计	104	63	16	35	13	10	271

注：本表依《新唐书·地理志》整理而成。

表6－3[5]反映了唐宪宗、宣宗时期各类金属矿的开采量。

表6－3　唐宪宗、宣宗时期金属矿开采量统计表

矿产种类	宪宗元和年间（公元806—820年）	宣宗大中年间（公元847—860年）
铁	2 070 000（斤）	532 000（斤）
铜	260 500（斤）	655 000（斤）
银	12 000（斤）	25 000（两）
锡	50 000（斤）	17 000（斤）
铅	——	114 000（斤）

注：本表依《新唐书·食货志》整理而成。

由上可见，唐代的金属矿产大都分布在南方诸道州的三大区域：即（1）长江下游的江、浙一带；（2）长江中游的湘、鄂、赣、闽、皖一带；（3）西南和华南的粤、桂、云、贵、川一带。北方较少，唯陕南等地有之。矿产的种类以铁铜矿最为丰富；其次银矿，其主要集中于江南西道、东道和河南道；再次是金、锡，江南东道藏量最大。据《湖南通志·矿厂》载，元和三年，盐铁史李巽上言说："郴州平阳高亭两县界，有平阳冶及马迹、曲木等古铜坑，约二百八十余井。"可见当时采矿的规模确实很大。而关内等道金属矿藏相对较少，这表明南方的矿业开发有了新的发展，工矿业和农业经济一样成为唐政府日益重视的对象。

今发现的隋唐矿山遗址主要有如下9处：

1. 山东莱芜矿山遗址[6]

其位于山东中部，泰山东麓，是汉代以来开矿、冶铁的重要地区之一。1986年，莱芜西部共发现采矿、冶炼遗址34处，其中属唐代的有西温石遗址等。

西温石遗址位于莱芜市西北4公里的羊里镇铁矿区内，矿石含铁量45%—55%。在距地表25米深的断面上，可见唐代采矿遗存，为露天采坑，深约25米。发现的遗物有朽木、铁镐、木锨、瓷碗、瓷壶、瓷注等。采矿工具木锨由整木砍凿而成，刃部呈弧状。锨头长19厘米、宽14.5厘米、通长83厘米。

2. 河北邯邢铁矿遗址

邯邢地区所辖的武安、涉县、沙河三县都蕴藏着一定规模的铁矿资源，称邯邢式铁床，其特点为含矿岩体主要呈复杂的层状体，侵入在以中奥陶系为主的碳酸盐岩地层中。矿石的金属矿物成分以磁铁矿为主。

1977年，地质队在采矿遗址中发现唐玄宗年间的"开元通宝"，考察了一批唐代开采铁矿的遗迹和遗物，有露天和地下联合采场，还出土采矿工具铁锤、板斧以及刀具、陶罐、瓷碗等生活用具，还发现鸡骨[7]。

3. 河南荥阳、林县唐宋矿山开采遗址[8]

河南荥阳县石城山下的桃花峪两崖石壁中，有许多银矿遗址，古今皆称"银峒"。1986年，发现大小银峒60余个。北魏郦道元《水经注》河水汜水条中有一段有关荥阳石城山的记载："（汜）水出石城山，其山复涧重岭……有数十畦，畦有声野蔬，岩侧石窟数口，隐跡存焉。而不知谁所，经始也。"荆三林认为"有声

野蔬”的石畦，与植物探矿有关。“石窟”即洞穴，按《管子》及《淮南子》等都有“山上有葱者，下有银”。葱是蔬菜，且是作为“声”的。在古银峒中，第38号银峒有唐宋遗物。大峒入口分为二峒，进深30余米未到底。

据20世纪70年代中期的调查，地表10米以下发现一条长100多米的古矿洞，矿洞为南北向，在南半段洞内有18个支洞，矿洞断面呈圆角三角形，高1.8米，宽1.5米，不见支护痕迹。伴出物有黑釉瓷碗、瓷片以及重达15公斤的铁锤。

4. 陕西洛南矿山遗址

《旧唐书·食货志》曰：“今商州有红崖冶，出铜益多；又有洛源钱监，久废不理。增工凿山以取铜，兴洛源钱监，置千炉铸之。”

霍有光认为红崖山古铜矿在洛南蟒岭南坡灵官庙——官坡地堑式峡谷内。现代地质资料表明，在30余平方公里的峡谷内有三处铜矿化，均与花岗岩浆热液成矿及侵入作用有关。赋矿地层主要是黑云母大理岩、白云母石英钙质片岩及绢云母片岩组成[9]。

5. 鄂东南矿山遗址

遗址包括今湖北省武昌县、鄂州市、大冶市和阳新县一带。《隋书·食货志》、《新唐书·地理志》均记载该地产铜。前面章节阐述过，该区域属长江铜、铁、金等多金属共生成矿带。自商代，经周代、汉代、隋唐直至今日，一直是我国重要的金属矿产地。

如大冶姜桥背后山金矿遗址[10]，1989年发现，属唐代初年，计有三处古采金点，均分布在山坡上，间距10米左右，一处为竖井（编号J1），另两处为矿洞（编号分别为D1、D2），海拔高程分别是：140米、120米、113米。矿山围岩为灰岩。

J1：竖井井口近圆形，直径约2米，井内土石填塞，仅能见井深3米。井的西北面有两块各约1.5米×1.5米的灰岩巨石，一块平卧井边，石上阴刻“金□”二字，另一块阴刻“□六一七年”。

D1：为一斜洞穴，洞口高1.3米；D2：距山坡进深50米处发现，为若干个矿房组成，一个矿房长5米，最宽处4米，高10米。其北面有一拱形洞口通另一斜上的矿房。矿房长、宽、高均约5米，顶板为弧形，底板见一盲井口，直径约3米。在D2洞口南边岩壁上阴刻有“大金砂”三字；洞口外坡地上卧有一块1米见方的岩石，石上阴刻“淘金坑处”。古矿洞旁另一块石碑阴刻有：“阳门金墟，淘金坑处。□年夏□吉日立，水省□，人到山□，丙田□田左”。

D2：矿房内出土遗物有铁钻、铁剪、铁锅、瓷碗等。

6. 赣东北矿山遗址

据《新唐书·地理志》、《元和郡县图志》卷记：唐代，江西洪州（南昌）、袁州（宜春）、抚州临川、江州彭泽、浔阳（九江）、饶州（波阳）、信州（上饶玉山、弋阳）、虔州、吉州等八州都在开采矿产，官府设置的冶炼机构（坑监）有9个，标注出有金铜等矿的县为12个。矿种有金、银、铜、铁、锡、铅6种。在9个坑监中，7个是铜坑坑监，充分证明唐朝政府对铜矿的重视，也反映江西的铜矿生产在唐朝时期兴盛发达[11]。

饶州乐平县银矿是唐代较大的银矿。《元和郡县图志》卷二十八："银山在县东一百四十里，每岁出银十余万，收税山银七千两。"许怀林计算[11]，乐平银山矿交纳白银矿2 000两，相当元和时总额的58.3%以上，宣宗时总额的28%。1938年冬，夏湘蓉、刘辉泗对该矿进行过调查[12]，1975年笔者考察了该遗址；其后，江西学者还对包括银山在内的江西冶金史专题考察。

江西德兴唐代银山银矿的地下开采，以井巷为主。20世纪90年代发现的3处竖井，一处位于山顶，另两处位于山坡。山顶竖井井口直径约1.5米，因井下土石填塞，仅见深约5米。按其位置及其旁废石堆积，该井可能是提升主井。1975年笔者考察时，曾发现大量井巷支护木。

在江西抚州临川县银矿，也发现唐代矿洞8处，多呈斜形浅井。

7. 湖南临武矿山遗址

郴州地区矿藏丰富。《旧唐书·食货志》："李巽上言：得湖南院申，郴州平阳（今桂阳）、高亭（今永兴）两县界有平阳冶及马迹、曲木等古铜坑二百八十余井。差官检覆，实有铜锡。"郴州地区的临武县香花岑铜锡矿，发现大小矿洞200余处，其年代有唐、五代、明。古矿洞内的锡矿品位5%[13]。

8. 皖南地区矿山遗址

宣州在今皖南铜陵、南陵、贵池、青阳、宣城一带。《新唐书·地理志》记载：当涂、南陵利国山（今铜陵县铜官山）、池州秋浦（今贵池县）、青阳都"有铜"，还有梅根、宛陵二监钱官。皖南早在商周就已开采铜矿。到了唐代，皖南的铜铁矿山进一步开发。近些年来，在南陵县破头山、井字 、戴腰山、铜陵县金榔乡燕子牧，新桥乡金牛村、西湖乡曹山村、朱村乡高联村、胡村等地以及繁昌、青阳、宣城等县都发现了矿冶遗址。

（1）贵池梅龙，又称梅根、梅埂、梅冶等。据史料记载，早在南北朝时，官冶以梅埂冶和冶唐最为著名，文献中多有著述。1993年3月，考古工作者于梅龙镇郭港村一带山冈发现长1 000米，宽约500米的冶炼遗址，遗物丰富，年代为六朝至唐宋[14]。

（2）南陵县破头山铜矿遗址[15]

该遗址主要分布在南陵县塌里木村破头山西坡和东坡，发现古露天采矿场和古地下采矿场。在山的东脊，可见唐代山坡露天采矿场，呈单壁堑沟陡坡，高约10米。在东脊以下的山坡上，发现一群井口。在山西部，也有唐代山坡露天采矿场。采场底部已呈一平台，面积约200平方米，底部平面有一竖井，井口直径约2米，与地下采场相通。

破头山矿物组合有黄铜矿、磁铁矿。矿物岩石坚硬，围岩稳固，所以地下开采多为自然支护，即无木架支护。在山腰，见大面积群井开采，竖井沿山势排列，间距约5米左右。井口直径100厘米至150厘米不等。至山脚，见有无支护木的井巷。以一组井巷为例，竖井井口为方形，边长88厘米、残深800厘米，井底以独头巷道向北延伸，并通一短斜巷。斜巷长200厘米，顶为弧形，两帮为立面，高120厘米，宽88厘米。斜巷到头后又通一平巷（图6－1）。所见其他井巷与此组井巷类似。由于各井的布置间距较近，所以大多数井巷相通。有的巷道内发现废弃的铁矿石和废石，有一处铁矿石达4吨之多，用来充填废弃的巷道，说明采用了充填采矿法。在巷道底层，还发现运用火爆法开拓的木炭屑。

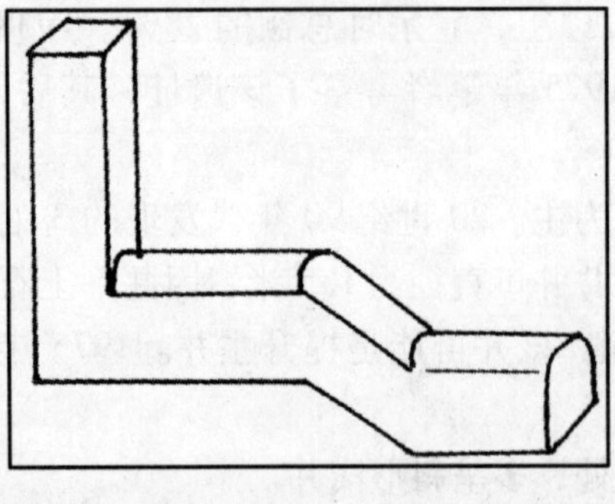

图6-1　唐代破头山一组井巷示意图

小破头山发现的采矿工具有铁凿等。还发现葫芦形平衡石，小者重10公斤，大的重达30公斤至40公斤，这是与辘轳或绞车相配套的工具。

在山西坡，发现唐代大型地下矿房，位于90米进深。从遗迹（图6-2）来看，呈弧形顶的两个矿房中间的矿柱已被采掉，形成了一个大采场，在顶板仍留有矿柱的残迹。矿房南北长近20米，东西宽约19米，高约10米，采场的东南角、东北角各通一斜巷。东南角斜巷由低至高，未见尽头，巷口附近遗存有木立柱工作架；东北角斜巷向下倾斜，进深约3米。巷帮与采场间的岩墙上，见有气孔，以便巷道通风。在采场内还发现了水车。

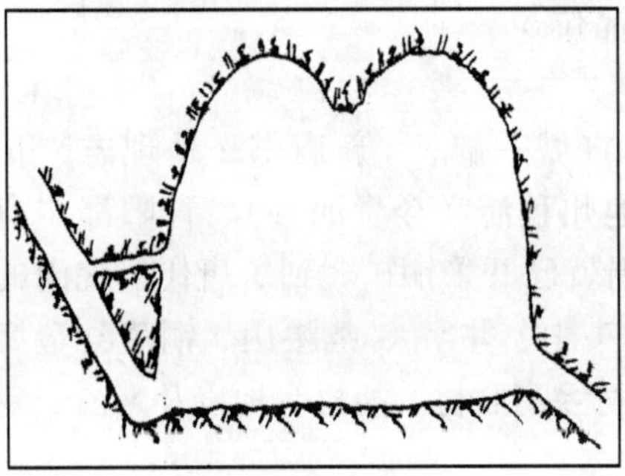

图6-2　唐代破头山采铜矿房剖面图

（3）南陵县戴腰山铜矿遗址[16]

戴腰山铜矿位于大工山北坡山腰处，海拔高程300米左右，时代为隋唐。1986年4月对该遗址进行考古清理，发现竖井、斜井、平巷和斜巷等遗迹。竖井和斜井均无支护木。竖井井口断面为矩形，边长90厘米左右，深10余米。斜井沿矿体走向开拓，倾角约70—80度，井筒断面为近圆形，直径为0.9—1米。平巷连接竖井的西壁，向西南水平延伸。平巷断面近方形，残长9米，两帮岩石开凿得平整，残高1米以上，并有木支护残迹。斜巷由竖井井底呈45度坡延伸，残长10余米，端部与平巷底部的水平高差近8米。有的斜巷有木支护方框，由立柱、顶梁、地梁四根组成。立柱为圆木，柱顶为丫杈，系人工砍凿。柱直径15—20厘米、高150厘米以上。框架之间用直径7—10厘米的松木排成顶棚。斜巷里出土三孔残木屐和瓷碗等生活用具。

（4）繁昌县横山乡铜山狮子头铜矿遗址[17]

铜山海拔108米，开凿的矿洞，穴如天窗。在山顶上，发现3个竖井。一竖井井口为矩形，面积2.3×2.4平方米，直通地下采场。山顶竖井周围分布着采矿的废石堆，主要是块状、蜂窝状褐铁矿，大者长20厘米左右。在山的南坡、西坡分布着十几个无支护的采矿洞穴，有些洞口分为上下两洞口，形成上下两层采场。采场平面均呈不规则形，大者长18米，宽4米，洞内所见岩石为花岗闪长斑岩，表面呈白灰色，开采面上见有黄铜矿。洞口外的坡地上，到处堆积着古人排出的废石，夹土带石，其矿物成分与山顶相同，多为褐铁矿。在山北坡发现大量炼渣。

9. 宁镇地区矿山遗址

其位于长江中下游矽卡岩型铜矿带的尾部，金属矿产丰富。隋唐时期，属于淮南道的扬州和江南道的昇州（镇江），手工业及物产雄踞全国之冠。1975 年，在扬州槐子桥附近唐代窖藏里出土“开元通宝”及“乾元重宝”铜钱超过 14 万枚[18]。唐代需铜量的激增，促使南方铜矿带的开采迅猛发展。当时长江流域丘陵地带除四川、湖北、江西的铜矿山得以开采外，扬州的江都、六合、天长；庐州的庐江；昇州的江宁、句容、溧水、溧阳，苏州的吴县都有铜矿开采。《元和郡县志》卷二十五：“润州（今马鞍山至南京、镇江一带）句容县铜冶山在县北六十五里，出铜铅，历代采铸。”又《新唐书·地理志》：升州江宁郡上亢（今南京市）、溧水、溧阳以及苏州的吴郡皆“有铜”。1987 年考古发现的南京九华山唐代铜矿遗址位于江宁县与句容县交界处，从开采规模看，应是当时一个重要的铜矿区。近些年来，溧水江宁铜井、句容、栖霞山以及浙江淳安铜山乡等地也发现了一些唐代铜矿遗址。淳安铜山乡发现矿洞 4 个，曾出土木车轮。古矿山分布着大量古炼渣。矿山出土的石刻记载“大唐天宝八年开采取铜”[19]。北京科技大学冶金史室送矿山试样到北京大学加速器测年（AMS），也证实为唐代矿山遗址[20]。

南京九华山铜矿遗址[21]实为宁镇山脉中的伏牛山铜矿古代地下采区的一部分，1985 年被发现。笔者于 1987 年 10 月作过实地考察，依碳 14 测定并经树轮校正，遗址距今 1 320 ± 55 年，约相当于初唐；但出土物以青瓷碗为主，属唐代中晚期；看来，从唐代初年到唐代中晚期都曾开采。古矿山所处的南山海拔 204 米，其东、北、西三面与尚山等群山对峙，其南面为开阔地。属层间构造控矿的中温热液矽卡岩型铜矿床，矿体多呈脉状、透镜状等。矿藏储量大、矿石质量好，主要矿物组合是：黄铜矿、黄铜矿—黄铁矿、黄铁矿—闪锌矿—黄铜矿。局部铜品位达 16.7%，平均品位：铜 1.101%、硫 16.71%、全铁 44.77%。地下古采场的黄铜矿取样测定，铜 10%、硫 20%。围岩为石英闪长斑岩及石英岩，属坚固岩体，硬度为摩氏 5 度。下面阐述的仅仅是南山东北坡地下采场。

整个地下开采以采场为主，采场之间以井巷连通。采场分多层开采，考古调查了 4 层，总面积约 1 000 平方米。每层采场以 3 米厚左右的底板间隔，上下采场之间以纵横交错的竖井、斜井、斜巷联通，自上而下的采场，考古编号为 1、2、3、4 号，各采场大小不等，分布于 139—107 米高程之内，1 号采场顶板标高为 139 米，地表距 1 号采场顶板深 20 米。四个采场共发现 10 个井和 28 个巷。编号井 J4 实为一连通的井巷组合，它以竖井、弯曲的斜井从上至下将四个采场贯通。J3、J5 井通地表。

从发现的 3 个洞口看，皆呈券顶。北坡洞口外堆积着废石，推断为古代运输矿石的出口。无废石堆积的洞口，可能是通风巷道口。

1 号采场。平面呈不规则形，东宽西窄。采场长 28 米，最宽处 12.4 米，最高处 4 米。发现 5 个竖井 6 条巷道。采场东北部采用两个近 1 米宽的平巷进行条幅开采。西边平巷进深后形成一近圆形掌子面的小采场，东西径 5 米、南北径 4.8 米，穹隆顶。西北部留有二层台，台上有一圆形矿柱支撑顶板，高 4 米。另一侧残存木结构工作台架。在小采场中央底板上有一盲斜井，倾角 70 度，深 7.5 米，井口平面呈梯形，边长分别为 1.5 米、1 米、0.75 米。1 号采场采用矿房开采，切割矿柱的采矿方法非常明显。

2号采场。平面略呈“T”字形，长13米，最宽处4米，最高处3米。发现4个竖井，4条巷道。采场南部的竖井J4将4号、2号、1号采场连通。东部为较长的平巷。

3号采场。平面呈“8”字长条形，南高北低呈陡坡，采场长22米，最宽处8米，最高处2米。发现盲井1个，巷道口3个。通过盲井可与上部的2号采场相通。

4号采场。在今见采场中属最大者，平面呈圆角方形，面积近500平方米，其东南和西北角还附有2个小采场。南北宽20.6米，东西长23.1米，最高处5米。一般高3米。采场高处与低处的高程落差为13米。采场顶板呈穹隆状。采场底板高低不平。采场壁及顶部（即掌子面）经人工凿岩后形成多个弧形凹面。采场内发现3个竖井，15个巷道口。采场顶板中央的竖井J4向上通3号、2号、1号采场。采场西北角的北壁近顶板处有一短巷X18连通另一小采场。X18走向南北，券顶长2米，宽1.5米，高0.37米。像X18这种空间低矮，位置接近采场顶板的巷道往往是两采场之间的通风巷道。小采场近椭圆形，东西径3米，南北径2.5米，底板较平，穹隆形顶板，弧形壁。小采场的周壁除通X18处，又在北、东、西壁凿有4个放射状平巷，其西壁平巷X19尾部向上连通盲井J9。J9断面为圆形井筒，直径1.24米，深2.75米。井筒中间有横撑木，显然是工作台架，便于工匠作业。J9盲井上端南北两侧通平巷，一侧平巷X24为平底，券顶，直壁，高1.05米，底宽0.8米。另一侧平巷X23底宽0.8米，断面呈等腰三角形，显然是还没完成的开拓巷道。从X19的尾部向上通过盲井J9，在X19的上部开拓上层平巷X23、X24，显然采用了上向式开采方法。

由于现代矿山开采的破坏，4号古地下采场以东发现的12处古代井巷，与4号采场的关系不明。这些巷道的走向有西南向、西北向，可见是纵横切割矿体。有一竖井断面呈方形，面积为0.8×1平方米。井筒南北两壁通平巷，北壁平巷为券顶，宽1.44米，高1.8米，平巷被木构件支护。南壁平巷以底板岩层的自然裂隙层为开凿层面，由于裂隙层有斜度，因而巷道一边高0.75米，一边高1.1米，净宽0.9米。其顶板略呈券顶，以不完整木支护棚子支护。棚子由立柱和顶梁组成，柱直径12厘米，东柱高105厘米，西柱高70厘米，立柱顶端为开口贯通榫。横梁直径12厘米，与立柱的榫卯连接处以一根木楔楔紧。顶棚以木棍支护。立柱柱脚下的岩石面经过凿钻，略为凹窝，以保立柱不至受力而滑移。

上述迄今所见隋唐时期的9处采矿遗址，分属今山东、河北、河南、陕西、湖北、江西、湖南、安徽九省；而文献记载的矿区分属今十四个省，未见采矿遗址的省，有待今后进一步的调查和发掘。

第三节 采矿技术的进一步提高

战国之后，我国的采矿技术并无太多的建树，基本上是沿用了先秦发明出来的工艺。尤其是露天开采，由商代至唐代，一直是传统的开拓方法。隋唐时期采矿技术的发展，主要表现在下列三方面：（1）规模更加增大；（2）地下开采方法进一步完善；（3）采矿配套技术不断创新，一些先进技术得到了更为广泛的使用。露天开采的开拓方法无太多的创新，但开拓工具、设施上却有所发展；（4）各项技术使用得更加纯熟。

一、矿山开拓规模的扩大

所谓开采规模扩大，至少包含三层意思，即矿区范围增大、露采规模增大、地下井深较大。

范围增大。如邯郸地区，在方圆百余公里的武安、沙河两县境内，有龟山、寺山、坡山、南洼、綦阳脑当、白草岗、矿山、磁山、团城、固镇等矿体均有铁矿山，采矿点分布面积之广，开采矿体之多是该地古代少见的。磁山、矿山两个矿体是邯郸地区两个最大的矿体，埋藏浅，开采条件优越，储量大、品位较高、交通条件较好，符合“富、浅、近、易”的开发要求。寺山、南洼两矿体，现代勘探时是作为盲矿体圈定，经过大量钻探等工程才得以发现。而古人在唐代已经在此进行地下开采，说明古人能从地表知道地下有磁性盲矿体，可能运用了“上有赤者，下有铁”的找矿理论[7]。

露天开采规模增大。如河北沙河县綦阳脑当和武安县矿山村矿体露头部分，全部进行了大面积露天开采。綦阳脑当露采面积达 1 550 平方米，深度为 30 米[7]，说明唐代能够完全控采露头的矿体。江西德兴银山高约 130—150 米，矿床为低温热液型，矿体多呈扁豆体，薄者 2 米，厚者达 20 米，充填于千枚岩中并交代变质古火山岩，规模大。矿石以闪锌矿、方铅矿、黄铁矿为主，其中含银量特富，矿体上部出露地表，因而被古人充分进行露天开采。露采位于银山西南山坡上，沿矿脉由低往高向山坡直上，开凿一狭长的凹陷露天采场，走向为东西[11]。安徽南陵县井字矸山头上，有多个直径 20 米至 30 米左右的浅圆形露采坑[16]。古人追踪露头矿，锲而不舍，大矿体开采成大露天，小矿体开采成群坑。像安徽井字矸这样的鸡窝状小矿体，则形成群坑开采，以减少废石的剥离量。如果矿体处于山脊中部，则形成全封闭凹陷露采坑，如果矿体处于山坡，往往形成单壁堑沟式山坡露天矿。一旦露采达到一定深度后不便深掘，就在露采坑底开拓竖井，深入地下开采。隋唐时期，矿山地下开采深度有了长足的进展，像安徽破头山、南京九华山地下采场已深入到地下近百米，其地表与地下连通井巷布局合理，反映出露天和地下联合开采已发展到相当成熟阶段。

井深较大。如河北沙河县綦阳脑当唐代铁矿的地下开采距地表深 60 余米，采用竖井和水平巷道联合开拓。井巷均设在矿体内部，采掘方向沿矿体走向。南京九华山铜矿唐代采矿遗存分布范围近 3 万平方米，古地下采空区已发现 10 处，地下采场的采掘垂直深度距地表 108 米，4 个采场的高度一般都有 3—5 米。采场面积大，4 号采场长宽都超过 20 米。安徽南陵破头山铜矿唐代地下采场长宽均 20 米，高约 10 米。湖北大冶姜桥唐代金矿的矿房高达 10 米。可见，隋唐的地下采场一般都形成了较大规模。需特别指出的是，南京九华山唐代铜矿，其井巷和采场设计施工都在矿体内，采空区的布局方法采用宝塔形，即几个叠压的采空区，上面比下面的小。已发现的五个采空区，在平面投影上，由西北往东南方向错位布置，避免完全重叠，在空间上，形成下层采场的围岩成为上层采场底板的矿柱，其布局，反映了唐代工匠对地区管理的认识水平又有提高。这样设计，有利于地下开拓规模的进一步扩大，使地下开拓回采工艺达到了新的水平。

二、地下开采方法的进一步完善

唐代的一些矿山，把井巷布置在矿体内，这在古代的技术条件下是较为合理的采矿方法。例如，河北武安矿山村和沙河綦阳脑当均用平巷沿矿体走向开拓，运用选择性回采，即采富弃贫，采易弃难，用块丢粉，将所遗弃的碎矿（一般在2—3厘米以下）和粉矿都集中存放在一定场所。这与现代的选矿，高炉吃“精料”的方针有相似之处。可见古人已经比较注重经济效益[7]。

考古资料表明，唐代地下开采方法灵活多样，适应了矿体地质构造符合安全开采的要求。从南京九华山等唐代矿山遗址可以看出，对于坚固围岩，采空区利用自然支护法，采用留柱空场法，即房柱法采矿。而在巷道通过的破碎矿岩地带，则局部采用人工木支护支撑围岩。已能有目的地按巷道采幅的宽度分层切割，一方面最大限度地开采石英闪长岩与贫矿之间的富矿带，沿着富矿带的走向和倾向，逐步向四周、上下扩大开掘面，形成不规则形状的矿房；另一方面能控制地质构造，采用空场留柱，废石充填的方法，保证采空区的稳固性。例如，2 号采场东部平巷 X8，其巷下为另一条巷道，但上下巷之间还留有长 2.4 米、宽 1.1—1.7 米、厚 0.4 米的矿石底板，说明原上层打掉底板后扩大了矿房高度。再例如，4 号矿房最大高度 5 米，在空间较高的地方采用了留矿柱法支撑顶板。矿柱宽 1.6—2 米。在南角上，还发现利用裂隙面开凿而形成的斜矿柱。值得注意的是，将平巷逐步向四周扩大开掘面的过程中，会形成台阶状的作业面，如 4 号采场东面和南面的沿壁，留有半周矿体不采，作为作业平台，便于采掘高位的矿体。在 4 号采场西南部下层岩壁上，发现木构作业平台，工作面呈三角形，牢固地搭在一个岩缝中间（图6－3），平台由横梁、铺板组成，平台上还残留碎石等物。平台上部矿体掌子面开凿成弧形工作面。《江西考古录》[22]引《稽神录》曰：“饶州邓公场（今江西德兴县银山）采银之所。天祐中（公元 904—907 年）募银夫十余人，凿地道，入数步，空辟明朗，有穴如天窗，柱石皆白银也。采者持斧入，将斫之，俄而山颓，尽压死，自是无敢下者。”即先凿平巷，然后开辟矿房。“有穴如天窗，柱石皆白银”，这是唐代地下开采采用空场法和留矿柱法的真实写照。这段记载还告诉我们，有的采夫图方便，将矿柱也开采了，结果“俄而山颓，尽压死”，这是违背采矿规律造成的事故。

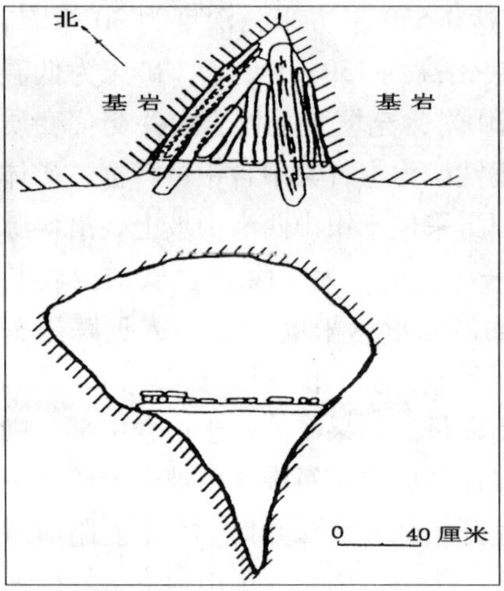

图6－3　唐代九华山 4 号采场西南部下层木塔工作台俯视、正视图　（采自《文物》1991 年第 5 期 P71）

三、采矿配套技术的创新

唐代，与采矿配套的通风、提升、运输、排水、矿山测量等技术都有所创新和发展。

在提升运输方面，南京九华山铜矿遗址反映得最明显。当时运矿，已使用拖车（图6-4）。该拖车出土于4号采场，为木制长方形构件，由2根横轴，两侧各5根拖条及中间1根撑木共5根木料构成。轴长66厘米，两端均削出长20厘米，直径4厘米的榫头。两侧拖木呈狭长的“8”字形，长58厘米，两端各有6厘米的卯眼与轴穿榫。拖板中间的卯眼将两侧的拖板连成一整体。拖条和轴孔部位均被磨损。原考古报告认为该物为提升工具[21]，这种推断值得商榷。浙江淳安铜矿唐代矿洞内发现木车，可见运矿工具有了突破。发现的木钩，虽然还是利用自然树杈砍削而成，但一件木钩上有两个钩，说明可钩两筐，使提升量增大。发现的竹筐，纬篾和经篾都较宽，容重能力加大。

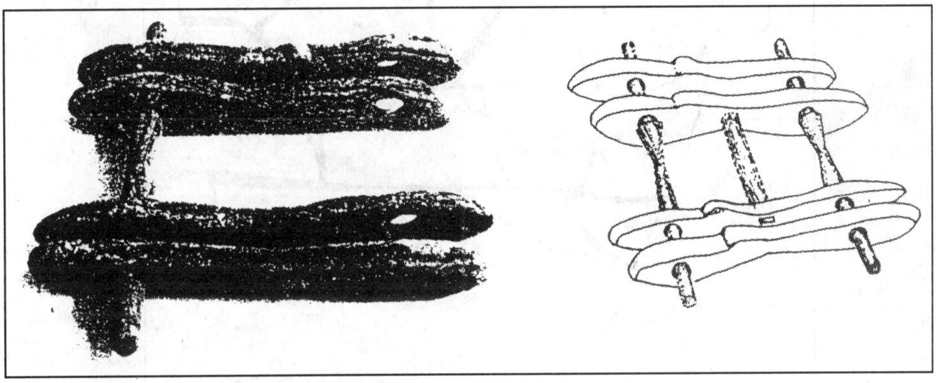

图6-4　唐代九华山拖车复原示意图　（采自《文物》）1991年第5期P71

关于通风技术方面，利用进风口与出风口之间的高差来进行自然通风的技术，古人早有认识。北魏郦道元《水经注》记载大同煤矿一带的“风穴”时说：“井北百余步有东西谷，广十许步。南岸（崖）下有风穴，厥大容人，其深不测。而穴中肃肃常有微风，虽三伏盛暑，犹须袭裘，寒吹凌人，不可暂停。”南京九华山铜矿唐代的1号、2号采场内，发现J3、J5号天井通地表，作为通风井。3号、4号采场有的井巷构成南北贯通的通风系统通到上面地表[21]。安徽南陵破头山等地下采场中，在矿房之间或矿房与巷道之间的岩墙上都设有通气孔，以便空气对流。

关于排水技术，南京九华山的地下采场面积较大，地下积水也增多，所以古人在分级提水的同时，扩大储水池的容积。九华山深部的4号采场内，在底板凹处设储水池。作为分段提升的上段，必然要有过渡性的储水池，才方便分级排水。这种上梯级储水池，在上部1号采场西南角也有发现，而且水池容量较大，呈不规则四边形，东西长约10米，南北宽约8米，深大于2米。安徽破头山地下采场使用水车排水，说明唐代矿用排水设备有了更新和发展。

唐代的矿山测量技术，在湖北大冶姜桥唐代采金遗址中有重要发现。出土的一块石板上，刻有采场与巷道分布图（图6-5）。石板为灰岩，大部分完好，仅周边破损，遗存尺寸约为50×50平方厘米。从图上看，采场的形状和尺寸均与现在发现的部分遗存相吻合。从巷道分布看，以东西走向的巷道为主，6 条巷道平行排列。巷道比较长，按比例计算，最长的约 40 米。这与现代巷道进深 50 米后才遇上唐代采区的长度是接近的。这些开拓巷道布局规整、合理。石板图上的南北巷道，许多是作为东西主巷道的联通巷道。有些弯曲的巷道，可能是追踪矿脉形成的。从这块地下开拓平面分布图看，唐代矿山的地下开拓、采准、回采工艺均已发展到相当高的水准[11]。

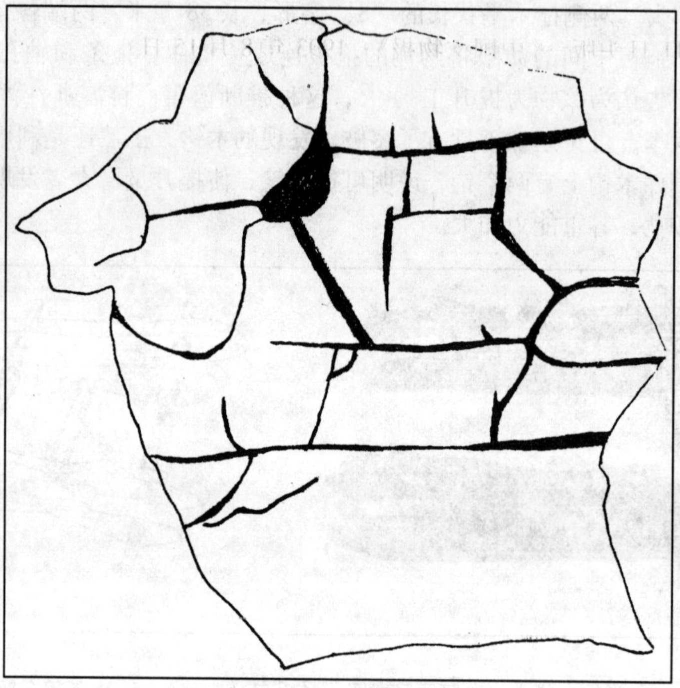

图 6－5　唐代姜桥金矿　石刻井巷分布图

参考文献

〔1〕《太平寰宇记》第20册，卷一〇七“饶州”，第11页，文渊阁《钦定四库全书》史部，武汉大学出版社电子版224碟。

〔2〕扬州城考古队：《扬州发现唐代最大地下排水设施》，《中国文物报》，1994年9月11日头版。《中国文物报》，1993年8月15日。

〔3〕秦浩：《隋唐考古》，南京大学出版社，1996年，第435页。

〔4〕夏湘蓉、李伸均、王根元：《中国古代矿业开发史》，地质出版社，1980年，第71页。

〔5〕冻国栋：《唐代金属矿业的分布、开采与铸造工艺》，《中国冶金史料》，1989年第4期，第80—81页。

〔6〕泰安市文物考古研究室等：《山东省莱芜市古铁矿冶遗址调查》，《考古》，1989年第2期，第149页。

〔7〕王诚：《冀南地区古代铁矿开采技术初探》，《矿山地质》，1986年第1期，第50—52页。

〔8〕河南省文物研究所等：《河南省五县古代铁矿冶遗址调查》，《华夏考古》，1992年第1期。

〔9〕霍有光：《试探洛南红崖山古铜矿采冶地》，《考古与文物》，1993年第1期，第94—97页。

〔10〕笔者1989年考古调查。

〔11〕《江西冶金·江西冶金史研究》专辑，1994年第6期，江西省金属学会发行，第36—37页。

〔12〕夏湘蓉、刘辉泗：《德兴县矿产志》，民国28年7月，《江西省地质调查所地质汇刊第3号》。

〔13〕湖南省博物馆吴铭生先生调查后于1986年4月10日惠告，特此致谢。

〔14〕赵建明：《贵池梅龙发现古代冶炼遗址》，《中国文物报》，1993年9月19日头版。

〔15〕笔者1987年10月、1988年、1993年3月考古调查。

〔16〕杨立新：《皖南古代铜矿初步考察与研究》，《文物研究》，总第3期（1988年6月）第182页。

〔17〕笔者1987年考古调查。

〔18〕卞孝萱《唐代扬州手工业与出土文物》，《文物》，1977年第9期。

〔19〕承浙江淳安县文管会鲍绪先先生惠告，特此致谢。

〔20〕承北京科技大学冶金史室李延祥先生惠告，特此致谢。

〔21〕南京市博物馆、南京博物院、南京九华山铜矿：《南京九华山古铜矿遗址调查报告》，《文物》，1991年第5期，第66—77页；伏牛山铜矿调查小组：《南京伏牛山古铜矿遗址》，《东南文化》，1988年第6期，第58—63页。

〔22〕清代金谿王仁圃著，赋梅书屋刊本。

第七章
宋元采矿技术

公元960年，赵匡胤代周称帝，宋朝（960—1279年）建立后，鉴于五代藩镇割据的教训，进一步强化了中央集权，把行政权、军权、财权都集中到了中央。但因其政治腐败，纲纪废弛，统治者穷奢极欲，加之土地兼并之风甚盛，使整个社会陷入了深度矛盾中。更为严重的问题是，宋朝建立后，并未能维持全国统一；从10世纪中期到13世纪70年代，我国北部和西部地区相继建立了多个强大的地方割据政权，相互倾轧，激烈兼并；且长期与宋对峙。最后，皆为元取代。元是刚进入封建制的蒙古贵族政权，历时97年（1271—1368年），在很大程度上，是历史的一种倒退。

两宋政权在政治上、军事上都是十分脆弱的，但其生产技术，其中包括矿业技术，却有较大发展。所以，技术与社会，往往呈现一种复杂的关系。在此值得注意的事项是：火爆法采矿及其他辅助采矿技术已有了较为明确的文献；井巷开采规模增大，深度亦明显增加；矿山开拓、采准、回采更为规则，矿房布局亦更为规整；房柱法开采技术已相当娴熟；矿山提运、照明、排水技术，皆进一步完备；矿山作业中也有了较为规范的管理。

第一节　坑冶制度的变革和矿物学知识的增长

一、宋代坑冶制度的变革

宋代手工业，特别是采掘冶炼以及与之相关的铸钱、军工工业等，都获得巨大进步和发展，在王安石变法时期达到发展的顶峰。矿冶业之所以获得如此重大的发展，其根本原因是在这些生产部门的内部，生产关系发生了重大的变化，即从劳役制或应役制向招募制发展，与这一发展变化相适应的二八抽分制也代替了课额制。

宋初，采掘冶手工业的硬性指派使冶户应役这一劳役制成为这一生产部门发展的障碍，另一个严重的障碍是课额制。这两种制度使一些经济力量薄弱的冶户“无力起冶”，而富有者也不愿“兴创”铁冶。

劳役制日益暴露残酷压迫性质的同时，如何解决采冶生产内部的矛盾也就提到议事日程上来了。熙宁变法期间，王安石对包括金、银、铜在内的矿冶业一直坚持宽松政策，反对国家干预过多，更反对国家直接经营管理铁冶之类。从北宋初到宋神宗熙宁元丰年间，是采冶生产从劳役制向招募制演变的时期，也是宋代采冶业高度发展的时期。采冶业中的招募制终于在王安石变法时期随着募役法的胜利而确立下来。招募制出自情愿而不是被迫，能够发挥应募者的主动性。应募者首先能够考虑自己有无承担采冶的经济力量，其次应募者还要考虑如何在这块土地上采冶。在招募制度下，封建国家与冶户之间的产品分配，采用了矿税制亦即矿产品抽分制。

《宋会要辑稿·食货》记载江西信州（上饶）采冶情况："常募集十余万人，昼夜采凿，得铜、铅数千万斤，一岁得钱百余万贯。"广东诏州的永通监，也有坑丁十余万[1]。湖北蕲春铸造铁钱的工场，可容三百人。由此可见，在招募制度下，矿冶规模和从业工匠都有了显著的增加。

矿产是宋代财政收入的重要支柱。煤炭任人采掘，国家不加干预，即使在煤炭产区，国家亦不设置管理机构。金银铜铁铅锡诸矿，允许民户佃山开采，但是官府榷卖税外的全部产品。在这些矿产区，宋政府设有特殊的行政机构进行管理，并形成一系列的规章制度，这套规章制度就是坑冶制度[2]。在较大型矿山，宋政府设"监"，与府、州、军是平行的行政机构，但只管理当地的矿冶业，与当地在行政上无任何的联系。在小型矿山，则设置独立的冶或坑、场。这些单独设立的坑、场、务、冶，直属各路提点坑冶公事。提点司，即是提举坑冶司，掌收山泽所产及铸造钱货。

监和独立的冶、务、场之内的居民，都是从事采掘冶炼手工业的。他们之间的经济实力极不相同，可以划分不同的阶级和等级。宋代凡是从事采掘冶炼的生产者，称之为冶户或炉户。按有无常产和是否承担国家的赋役这两个基本准则，区分为主户和客户。主户占有土地、房屋、矿山等类生产资料；客户则是无常产、不承担国家赋税而又到处流徙的生产者。冶户的最下层是被称为"浮浪"、"无赖不逞之徒"或"恶少"等客户，或冶夫、烹丁。有的"浮浪"已成为与农业脱离的采冶生产者，冶夫、烹丁，很多是赤贫的流浪汉，在艰苦磨炼下，形成坚忍的特性。再一批劳动生产者是役兵（卒）。所谓役兵，大多数是犯罪刺配来的刑徒，这些"配隶之人"在矿井下承担了最艰苦的采矿劳动，常因"坑港"崩塌而造成严重伤亡，而且在劳动中还带着刑具[2]。

二、矿物学知识的增长

宋代是我国封建社会经济与文化高度繁荣的时期，也是科学技术大发展的黄金时期，在众多学科领域都取得辉煌成就，涌现出沈括、秦九韶、苏颂等一大批伟大的科学家，编纂了《梦溪笔谈》、《云林石谱》、《营造法式》、《武经总要》等一批专门的或与科技有关的重要著作，发明了活字印刷，指南针的制作技术和使用技巧臻于成熟等。在矿物学方面，此时也积累了相当丰富的经验，尤其是银矿方面。对矿物形态、产地、分类、品位及其采选，都有了更深的认识。

宋寇宗奭《本草衍义》卷五中，对自然银（古代称生银）的形态鉴定达到较高的理论水平。他说："生银，即是不自矿中出，而特然自生者。"对自然银的产状，现代矿物学中所称的"树枝状"，《本草衍义》称"又谓之老翁须，亦取像而言之耳。"宋苏颂《图经本草》也有同样的记载。现代矿物学中所称的"丝状"，《图经本草》称"今坑中所得及在土石中，渗溜成条，若丝发状。""状如硬锡，文理粗错自然者，真。"《图经本草》还记载了银与铜矿共生的关系，"其银在矿中，则与铜相杂，土人采得之。"

宋人已开始了对银矿石的分类。《太平寰宇记》卷一零一载“建州”条载：“龙焙监。建州建安县（福建建瓯）南乡秦溪里地。以本州地出银矿，皇朝开宝八年（975 年）置场收铜、银。至太平兴国三年（978 年）外为龙焙监，凡管七场。”所出银矿石有“黄礁矿、黑牙礁矿、马肝礁矿、桐梅礁矿、黑牙矿、光牙矿”。礁即辉银矿。

第二节 主要矿山的分布及遗址概况

一、文献中的主要矿山

一般而言，古代矿业的发展通常要受到两种因素的制约：一是地质地理条件及交通运输条件，二是农业手工业经济的发展状况。从历史上看，我国矿业的发展往往是不平衡的；在宋代，北方常以煤、铁开采为优势，南方则以有色金属独胜一筹，其中铜矿业尤为突出。

北宋初期，全国金属矿场的分布情况，据《宋史·食货志》载：“坑冶凡金、银、铜、铁、铅、锡、监、冶、场、务二百有一。”至治平（1064—1067 年）年间，全国各州金属矿的坑冶总数为二百七十一处。宋代金属矿场的分布情况和唐代比较起来有显著的变化，铁、铜、铅、银等金属矿场集中分布于今江西、福建、广东三省境内，盛极一时，远远超过了唐代。仅江西，开采金矿的有 7 州县，银矿 10 州县，铜矿 8 州县，铁矿 23 州县，锡矿 6 州县，铅矿 3 县。从《宋会要辑稿·食货》和《宋史·食货志》中的详细记载可见，两宋时期，虽然金属矿的坑冶兴废不定，但金属矿冶的分布区域，总的看来变化不大。表 7－1[3] 为北宋初期全国金属矿监、冶、务、场分布地区表。

表 7－1：北宋初期全国金属矿监、冶、务、场分布地区表

今省	铁	铜	锡	铅	银	金	汞
河北	〔务〕：磁州						
山西	〔务〕：晋州（临汾）						
山东	〔监〕：兖州						
江苏	〔监〕：徐州						
安徽						歙州	
浙江		〔场〕：处州（丽水）		〔场、务〕：越州（绍兴）、衢州	〔场〕：赵州、衢州、处州		
江西	〔冶〕：袁州（宜春）、〔务〕：虔州（赣县）、吉州（吉安）、〔场〕：信州（上饶）	〔场〕：饶州（波阳）、信州、南安军（大余）	〔场〕：南康县、虔州、南安军	〔场、务〕：南安军	〔场〕：饶州、信州、虔州、建昌军、南安军	饶州、抚州（临川）、南安军	

表7-1（完）

今省	铁	铜	锡	铅	银	金	汞
福建	［务］：汀州、［场］：建州（建瓯）、南剑州（南平）、邵武军	［场］：建州、汀州、漳州、龙溪、南剑州、邵武军		［场、务］：建州、汀州、漳州、南剑州、邵武军	［监］：建州，［场］：福州、汀州、漳州、南剑州、邵武军		
河南	［监］：相州（安阳）、［冶］：河南（洛阳）、虢州（灵宝）、［务］：陕州		［场］：［河南］				
湖北	［冶］：蕲州（蕲春）、黄州（黄冈）、兴国军（阳新），［场］：鄂州（鄂城）						
湖南	［务］：澧州、道州		［场］：道州		［监］：桂阳，［场］：道州		
广东	［冶］：英州（英德），［务］：梅州，［场］：连州	［场］：英州	［场］：潮州、循州（龙川）	［场、务］、连州、英州、春州（阳春）、韶州	［场］：韶州、广州、英州、连州、恩州（阳江）、春州		
广西			［场］：贺州				［朱砂场］：宜州（宜山）
陕西	［冶］：凤翔、同（大荔），［务］：凤州、耀州、坊州（黄陵）				［监］：凤州，［务］：陇州、兴元（汉中）	商州	［水银场］：商州、凤州［朱砂场］：商州
甘肃	［冶］：仪州（华亭）				［务］：秦州（天水）		［水银场］：秦州、阶州（武都）
四川	［务］：梁州、合州（合川）	［务］：梓州					［朱砂场］：富顺监
说明	3州有4监，9州1军有12冶，14州有20务，5州1军有25场	8州2军有35场，1州1务	7州1军有9场，其中［河南］应为黑锡	10州2军有36场、务	3州有3监，17州3军有51场，3州有3务	产4州1军	水银：4州有4场 朱砂：2州1监有3场

注：采自《宋史·食货志》。并参见文献〔3〕。

由上可见，宋代采矿地点较前世明显增多，这在一定程度上也说明了宋代采矿技术的发展。

其中较值得注意的采矿场主要有如下几处。

广东肇庆端砚石采场。唐宋时代，广东肇庆的端砚开采进入最繁盛的时期。石匠长年在此凿石，岁久乃成洞穴。因洞中有水，至春冬水涸才能采石。洞口高不逾七尺，广不过五尺。入洞后又复下行十步，达于采石之所，中空如一间屋，每丈许留石柱柱之，如时者凡三四处[4]。"盖自唐以来，积工劚凿 之所致也。秋尽冬初，排水之后，以枯藁藉足，然（燃）脂油之灯，使烟不灼目。仰而凿石，人日一方"[5]。可见其采用了"留石柱柱之"的操作法，这不仅可以节省大量木材，而且可以省掉许多运输木料及安装木柱的工序，从而大幅度地降低开采成本。

广东韶关岑水场铜矿。韶州岑水场铜矿是北宋有名的铜矿产地，宋仁宗时大为兴发，“扇橐大野烘，凿圹重崖断”[6]，铜矿采掘之深，以至重崖为之断裂。（宋）孔平仲《谈苑》卷一记载，岑水场铜矿采至宋哲宗元祐（1086—1094 年）年间，“韶州岑水场，往岁铜发，掘地二十余丈即见铜。今铜益少，掘地益深，至七八十丈。役夫云，地中变怪至多，有冷烟气，中人即死。役夫掘地而入，必以长竹筒端置火先试之，如火焰青，即是冷烟气也，急避之，勿前，乃免”。孔平仲的记载反映了当时两项技术：一是开拓深度。随着矿床上部采空，很自然地向深部矿床掘进，由初期的二十丈深入到七八十丈（约合二百余米），深度几乎增加了四倍。二是防灾害技术。由于矿井深度增加，井下空气流通必然不畅，出现了有害气体的积贮，危及工匠的生命，解决的办法是先以长竹筒置火其端，伸到矿井口去试验，如火焰青，即知有冷烟气，赶快躲避。孔平仲第一次记载了矿井下面有害气体的危害及其防治方法。

福建松溪县瑞应场银矿。南宋赵彦卫《云麓漫钞》卷二在谈到采银法时说：“取银之法，每石壁上有黑路，乃银脉，随脉凿穴而入，甫容人身，深至十数丈，烛火自照，坑户为油烛所熏，不类人形。”这里谈到了巷道宽度、深度、照明情况和随矿脉而行的开采法。同书同卷又云：“乾道中（1165—1173 年）人入穴凿山、忽山合，夹死五十余人，血自石缝中流出。”这是关于矿山事故最早的一段记载。

宋代的文献中，记载著名古矿山的还有：（1）山西中条山铜矿山，即绛州、翼城、稷山、垣曲等地的铜矿[7]。（2）蜀地的铜矿山，“窟之深者数十百丈”[8]。（3）信州的貌平矿山，“穿凿极甚，积土成山，循环复用，岁月寖久，兼地势峻倒，不可容众。”[1]其中谈到了“数十百丈”深，“积土成山”，可见采掘深度和剥离量之大。王称《东都事略》卷七一《胡宿传》还记载了登、莱州的金矿山，“多聚民以凿山谷”，“以宁地道”。前者可能是开采的露天堑沟，后者是地下井巷开采。

二、矿山遗址概况

见于考古工发掘的宋元矿山遗址主要有下面一些。

1. 鄂东南矿山遗址[9]。包括大冶冯家山铜矿遗址、大箕铺石铜井铜矿遗址、曙光马石立铁矿遗址、黄石市铁山铁矿西采场遗址等。

石铜井铜矿遗址。据笔者 1989 年 6 月的调查，遗址处于海拔 140 米的山坡上，有竖井和矿洞两种遗迹。其中一个竖井井口断面近圆形，直径约 2 米。竖井直通下面的矿洞。矿洞为平硐，走向北东 40 度，硐内壁上见有黄铜矿、兰铜矿、斑铜矿和皮壳状孔雀石。在该井以西二百米处有一古代露天采矿场，采场西北坑帮被凿呈约 8 米高的陡岩，形成一半封闭凹陷露采坑。采场南面的山坡，为古人排土场，可见大小不等的废石。

大冶曙光乡马石立铁矿遗址[10]。见有宋代开采铁矿的矿井和平硐。井口直径 1 米多，残深达 5 米。竖井连通一平硐，平硐长约 30 多米。在矿井内发现有木铲，装有手柄的生产工具及井下跳板。跳板由整木板加工而成，宽 30 多厘米，残长 3 米多，似洗衣板状，面凿成齿梯状，约 40 厘米为一级。跳板可能类似现代搬运的斜面跳板，便于挑矿工匠上下运矿作业方便，板齿可以防滑。还发现宋代的陶壶、陶罐、碗等生活用具。

大冶冯家山铜矿遗址。1958年开采时发现过老窿，1977年进行考古调查，发现宋代地下和露天采场。露天采场处于现代矿山编号103采场处，西面为被开凿的陡壁，残高约10米。整个露天采场的封闭圈为长条形，长40米，宽15米。东面为古露采台阶，第一层平台高3米；第二层平台长15米，宽8米；坑底长约20米，宽15米，堆积约1.5米厚的废石。在104号、105号现代采场都遇到宋代采场，出土有木锹、篾箩、淘钵。竖井井口断面2×2平方米。平巷断面呈拱形，高2米，宽1.5米，残长20多米，有木架支护。在南采场见宋代地下矿房，高3米，宽5米，由于废石堆阻碍，矿房深度不详。冯家山附近还发现炼铜遗址，曾出土两块铜板，共重50多公斤。

大冶龙角山铜矿遗址。位于大冶有色金属公司龙角山铜矿场内。在现代矿山剥离中，发现大量地下井巷的支护木，时代为南宋。在遗存的岩壁上，见有深5厘米，孔径1.5厘米的铁钎痕迹。还发现井下照明用的陶灯盏。

黄石市铁山西采场采铁遗址。清顾祖禹《读史方舆纪要》卷七十六说："大冶县白雉山，周五十里……山南出铜矿。晋、宋以来置铜场钱监，后废。今山口墩或谓之铜灶，其遗迹也。"宋代，在铁山设"铁务"，即矿冶税务所。铁山现代开采中，曾出土几十万斤古代开采的井巷支护木。在"铁屎山"及周边，笔者曾发掘过几处宋代冶炼遗址，出土大量炼铁地炉和炼渣。铁山包括白雉山，古属武昌大冶。

2. 湖北大悟县仙人洞铜矿遗址。位于县芳畈镇仙人洞。铜矿洞口位于一孤立的小山中间，在小山上还有石寨。矿坑道主巷道为斜巷，走向为南北向，旁有若干支道。坑道口为斜坡式，坑道最宽处10米，最窄处1米。坑道两壁有灯龛。龛宽45厘米、深45厘米、高50厘米，间距5米至10米不等[11]。

3. 江西上高县蒙山太子壁银矿遗址[12]。此银矿约始采于南宋庆元年间。《宋会要辑稿·职官》四八之一三六记载：开禧（1205—1207年）年间，江西转运使申奏，筠州申上高县银场，"土豪请买，招集恶少，采银山中。又于近山清溪创立市井，贸通有无"。据同治《上高县志》卷载，其在元代还在开采："至元十三年（1276年）置提举司，拨袁、临、瑞三路民人三千七百户，粮一万二千五百石办正课五百锭……大德十一年拨隶徽政院管督，嗣以工本不敷，添拨粮五千五百石……合计每年五万石，课银七百锭，因取矿年久，坑内深险，爰用栈道，把火照入。""三千七百户。"可见其在元代开采规模是较大的。值得重视的是这段记载的后几句清楚地告诉我们：因采矿年久，地下采场已经相当危险了，可以采用木构栈道架设，来解决攀高作业及安全生产问题。

1982年12月，考古和地质工作者联合对上高县蒙山太子壁银矿遗址进行了调查。蒙山银矿床属于矽卡岩型，产于花岗岩与灰岩的接触带内。矿体厚度变化较大，一般为1—2米，矿石的主要成分为方铅矿和闪锌矿，含铅品位很高，含银亦富。据遗痕看，采掘是沿自然银矿带进行的。这与前引《云麓漫钞》卷二记载的"每石壁上有黑路，乃银脉，随脉凿穴而入，深十数丈，烛火自旺"的采银方法完全吻合。蒙山银矿1号矿洞的垂直深度为140米，最宽处为10.5米，最窄处0.5

米，洞内平巷还有少量流水。距上高太子壁银洞五华里的鉴里村，尚存炼银遗址，称炉子坪。古炼渣堆积如山，达数十万吨，渣化学成分分析：银10克/吨、铅1.11%、铜0.196%。在1号洞即扁槽洞口石壁上，现尚存一处石刻文字，刻的是禁封矿洞的碑文。内容是宋宁宗庆元六年开采以后，至宋理宗宝祐三年，民间奉令封禁矿洞。其间约六十年之久。碑上记录了当时附近各村户长立碑公禁，现查各户长姓氏，如曹、廖、李、晏、简、陈、黄等，均系现在邻近四乡村人之祖先。看来外地迁来蒙山的矿工，当时可能是亦工亦农，以采矿为主，种粮自给。繁衍的后代仍然继承矿业技艺。明代，仍有大量工匠继续在蒙山进行大规模地开采，应该是这些传统经验的采矿家族了。

宋代，上高并非大矿山，重要的银矿山有饶州德兴场（今江西德兴）、桂阳监（今湖南桂阳）、秦州太平监（今甘肃天水市）等。秦州银铅矿属于矽卡岩型矿床，其围岩为变质石灰岩，覆盖于角闪花岗岩之上。现在地面还遗存老窿洞口和废石堆，其中可见方铅矿和白铅矿[3]。

4. 安徽黄梅山铁矿遗址[13]

马鞍山一当涂属火山岩型铁矿床，矿体以磁铁矿为主。矿石中含金、铜，含金量为26.38克/吨—3克/吨不等。黄梅山铁矿宋代遗址位于马鞍山市九华山西侧的黄梅山矿，发现矿洞口8处，分布于山脚和山腰。经测量，矿洞大者高2.4米、宽1.9米，长100多米，小者高1.05米、宽1.2米，长20余米。洞内的巷道有的平伸，有的曲折。

5. 安徽繁昌县新港铁矿遗址[14]

新港镇有小桃冲西山铁矿和里冲铁矿两处采冶遗迹，时代为宋代。这一带地表浅部为冲积型鸡窝状铁矿，下部为原生铁矿。

小桃冲铁矿遗址分露天开采和地下开采两种。露天开采是结合该地矿体的大小，布置对应大小的小型凹陷露采坑，封闭圈的范围都包括了鸡窝状矿体的直径。在坑窝内，出土了宋代的采矿工具铁锤、铁钯、铁镢、竹笆箕及瓷碗和陶器。地下开采发现竖井和斜巷。竖井内出土有铁锤、竹箩等采矿工具。斜巷为木架支护，从发现的支护构件看似方框支架完全棚子结构。立柱残，直径10厘米，一端留有长方形榫头。顶梁长65厘米，直径10厘米，两端凿有长方形卯眼。支护木材质均为粟木。

里冲铁矿遗址发现的采矿方法与小桃冲相同。曾出土宋代开矿的铁锤、铁凿、铁铲、铁镢等。铁镢为椎形、方形銎，长22厘米。

6. 山东莱芜铁矿遗址[15]

1986年，考古工作者对山东莱芜市的铁矿冶遗址进行了调查，属宋代的采铁遗址至少有8处，包括泰安郊区的柴庄遗址、吴桥遗址、吴小庄遗址、双山遗址、矿山遗址等。

双山采铁遗址。位于莱芜市口镇东北3公里。双山铁矿为低硫磁铁矿，含铁量50%—60%。古采区分南北两区。南区为露天开采，北区为地下开采。北区可能是南区露采后又发现富矿，而沿富矿追踪开采形成的。北区古矿洞距地表24米，暴露的洞口宽4米，高3.5米。矿洞南北长34米，最宽处14米，最窄处2.5米，呈不规则形。洞口向南约6米处的东壁上方有一小斜巷向上延伸，倾角60度，进深8.5米。

矿山铁山遗址。位于莱芜市西北3公里。铁山之名因有铁矿而得名。铁矿石品位一般为40%—60%。宋《太平寰宇记》称该地为“矿坑阜”。考古工作者在此发现宋代采矿巷道。

7. 河南南阳地区矿山遗址[16]

南阳盆地位于秦岭东西复合地质构造带，矿产资源十分丰富。20世纪90年代以来，河南省考古工作者对南阳地区进行古采冶遗址调查，在南召县、镇平县、内乡县发现宋代采矿遗址二十余处。

（1）龙脖子山采铁遗址，位于南召县太子庙乡。

（2）蜘蛛头山采铁遗址，位于南召县太子庙乡。

（3）杨树沟铁矿遗址，位于南召县，发现矿井、铁锲、镐、锤、剑。

（4）石村铁矿遗址，位于林县，发现矿洞、巷道、铁锤。

（5）申家沟铁矿遗址，位于林县，发现矿洞、铁锤、杈、镢、锅；林县东街铁矿遗址发现矿洞、锲、锤、镢。

（6）楸树湾采铜遗址，位于镇平县老庄乡。采铜矿洞从山脚至山顶成层分布，多达4层。洞里还有竖井、斜井和平巷等。6号洞位于西山山麓，洞口朝北，宽2米左右。进洞之后为一平巷。主平巷两侧各有支洞，右侧的支洞较长，并与一斜巷相通。支洞内有烟熏痕迹和采掘的凿痕。支洞拐角处，有一天井通向山顶。主平巷长约20多米处有一盲井，井口近圆形，直径1.8米。盲井两侧有斜井，斜井朝深处延伸，其中一条长约50米。

银洞在6号洞对面山坡上，洞口朝东北，宽约1.5米，进洞后为斜巷，长约10米。斜巷端头周围有多个支洞，向上有一天井，井宽约1.8米。传说有72洞，但考古人员调查时洞口被填塞。被调查的古矿洞一般都是弯弯曲曲，呈“鼠穴状”，宽窄不一。

（7）黄楝崖有宋代采金遗址，位于镇平县石佛寺乡。

（8）银洞沟采矿遗址，位于镇平县二龙乡，发现3个古矿洞以及竖井、斜井。

（9）黄靳采铜遗址，位于内乡县夏馆乡，发现的斜巷深度达200米左右。可见宋代采掘的深度大大提高。

8. 黑龙江阿城金代采铁遗址[17]

在阿城东南部与五常毗邻的半山区小岭、五道毗邻一带山岭的缓坡上，广泛分布着金代早期冶铁遗址。遗址分布区的西缘紧濒阿什河滨，已发现古矿洞十余处，古矿井十余处，炼炉群遗迹五十余处。

阿城金代坑洞深约40余米，最浅的也有7米。坑洞是由山上往下旋转开凿的。当下降到45米深时，还陆续发现古洞，这些洞为斜洞，坑道狭窄深长，呈螺旋阶梯式下降。坑道宽约1.5米，高约2米。矿洞开凿方向均依矿体走向，斜坡坑道均有台阶，不甚规整。下降至一定深度后，又分出叉洞。至洞底每隔一定距离便有一个宽敞的采矿作业区。坑道及作业区连接处，均有油烟熏过的黑色痕迹，显然是照明灯火留下的遗迹。作业区呈椭圆袋状，内部由于依矿体的走向取矿，故不规整。

据估计，从这些古洞中可能取走了四五十万吨的铁矿石。

金代已有专门访察矿藏苗脉的工匠，称苗脉工匠，矿工称夫匠。《金史·食货志》记载："十六年（1176年）三月，遣使分路访察铜矿苗脉。""而相视苗脉工匠，妄指人之坦屋及寺观谓当开采，因此取贿。""旧尝以夫匠逾天山北界外采铜。"

9．河南巩县宋陵采石场[18]

河南巩县宋陵，是宋太祖之父赵弘殷及北宋徽、钦二帝以外七代帝、后的陵墓。据考证，陵墓石料来源于宋陵附近25公里的采石场，即今偃师县南青萝山前之南横岭南麓。采石时间为公元1022年至1113年。

采石场穿行于山岭之间，布于斜坡状两侧谷壁，长数里。至今还遗存着古采石面和采石坑，可见为切割岩层而凿出的錾窝以及錾刻竖线。采石面既长且宽，采石坑有大有小。有一大采石坑长约10余米、宽约3—4米、深约2米多。采石石质为石灰岩，色青黑而润泽，纯净坚实而细腻。

为了运输，在人工开凿的豁中设有古车道。豁口南北长约10余米、宽约2—3米，两侧凿为直壁，高约7—8米。豁口底盘南段高，北段低，断然分作两组，高差约2米多。

修陵采石，是一种限期甚严的繁重劳役，采石量大，用工也多。根据宋陵采石、运石碑记记载的数据来综合计算，修永定陵采石27 453段，用工匠4 600人；修永裕陵采石22 300余段，修永泰陵采石27 600余段，用工匠9 744人，并募近县夫500人。还有修英宗高皇后陵、神宗钦圣宪肃皇后陵、钦慈皇后陵等。即修宋陵共采石116 453余段，共用工匠两万余人（募近县夫及兵士不作人计算）。可见用人规模之大。

采石工程通常在40—60天内完工，按上述计算每个工匠在此期间的工效要完成采石4至6段（其实不止，因据记载，服役的工匠中，染病者、死者大有人在，后者占百分之二）。采石工匠来自京师及远近各路，他们既要"梯霞蹑云，讼（即沿）崖抱栈"（永定陵修奉采石记语）以攻采，又要同民夫一起牵挽巨石，工作危险而劳累。劳役期间，上有官吏严督，旁有陪役兵士，戒备十分森严。工匠们住在采石场临时搭起的所谓向阳"密室"（宣仁圣烈皇后山陵采石记语），缺水少医更难免饥饿。采石工匠们以逃跑的方式进行反抗，碑记称为永泰陵采石逃跑50人，其实远不止此数。

由于我国古矿冶考古专业队伍力量的不足，许多地方的矿山遗址还有待进一步调查或积极配合现代矿山做一定的考古清理工作。还有一些遗址，仅做了冶炼遗址的调查，没有涉及矿山遗址的调查工作。例如，陕西陇县娘娘庙铁矿、凤县红花铺铁矿附近的宝鸡县洞坡冶铁遗址，北宋时达到了巅峰，当时有一支专司铁冶的王氏家族，人称"铁王"[19]。看来，娘娘庙铁矿和红花铺铁矿及周围宋代矿山遗址还有待发现。

第三节 采矿技术的持续发展

一、凿岩技术的提高

（一）铁制采矿工具种类的增加

从考古发掘和文献记载看，坚硬矿体在宋代采矿场中已占相当大的数量，这在一定程度上说明了宋代采矿技术的提高，也是凿岩技术开始转型的一个重要标志。在上述宋代矿山遗址中，都普遍使用了铁制采矿工具，如铁锤、凿、铲、锄、镢、四棱铁钎、镐、斧、锲，还有铁棍，达十余种，种类之多是前所未有的。

今以莱芜宋代采冶遗址中的生产工具为例[15]，对这些工具作一简要介绍。

铁锤。计约两种。一种的圆銎偏于上部，锤径 12 厘米，銎径 3 厘米，锤体长 12.5 厘米，重 5.6 公斤。另一种为长方銎，銎长 2.6 厘米、宽 1.8 厘米，锤体长 16.5 厘米，重 3.15 公斤。

铁锄。形式基本相同。一件通长 16 厘米，锄刃为弧形。另一件长约 18 厘米，刃部已残。采集于矿山铁矿坑遗址。

铁斧。由一长 16.8 厘米、宽 7 厘米的长方形铁板弯折而成。两个短边相叠压，形成主刃和副刃。弯合部位形成圆銎。采集于矿山矿坑遗址。

四棱铁钎。几件铁钎的形制相近，大者长 15.5 厘米，小者长 11.2 厘米。采集于矿山，双山矿坑遗址。

铁镐。呈四棱锥形。一件通长 31 厘米，一件通长 25.5 厘米。均采集于矿山矿坑遗址。

铁棍。长 28.3 厘米、径 1.5 厘米。两端有明显砸击痕。采集于矿山矿坑遗址。

河南巩县宋陵采石场，采石面既长且宽，可见切割岩层而凿出的錾刻竖线。人口开凿的錾口两侧直壁，高约 8 米。采石“梯霞蹑云，沿崖抱栈”，是说采石面搭有脚手架工作台，这些技术在广东番禺莲花山宋代采石场[20]、江西上高县宋代蒙山银矿等金属、非金属矿山也都广泛应用。由此可见，宋代开采技术的提高，是有普遍性的。

（二）火爆法的记载更为明确

火爆法采矿技术发展到宋代，其技巧臻于成熟。宋洪咨夔《大冶赋》载：“以至于银城有场，银斜有坑，银玉有坞，银嶂有山。……立岩墙而弗顾，慨徇利以忘安。虢路深入，阁道横蹑。篝灯避风而上照，梁杠插水而下压。戽枵深穽之腹，炮泐骈石之胁，捷跳蛙其不系，磔苍髯而可镊。”这部分描述的是采矿过程，并涉及采矿时的照明、支护、提升、排水、开采等技术和矿物的产出性状。“炮”意为裹物而烧，“泐”意为石依其纹理而裂开，“炮泐骈石之胁”是指用“火爆法”开采矿石。“苍髯”反映的矿物生成状况，有可能指的是辉银矿。《大冶赋》还进一步说：“宿炎炀而脆解，纷剞劂而巧斩”，“火爆法”采矿，矿脉要经过一夜的烘烤，使之发脆解理，然后才用工具开采出来[21]。

宋代开凿硬质岩较多，地下开采的深度和规模有增大，这与火爆法更加成熟是分不开的。安徽黄梅山铁矿、矿洞长达 100 余米。河南内乡县黄靳铜矿和广东韶关岑水场铜矿，其斜巷深达200余米。江西蒙山银矿1号洞，垂深达140米。

二、采矿方法的不断完善

宋代采矿方法已发展到较为完善的阶段，这在露天开采、地下开采方面都表现得较为明显。

露天开采中采用了阶梯状剥离法。为了便于剥离，今人在露采时，常采用台阶状剥离法，每个台阶大体等高；从考古资料看，宋人也采用了类似的工艺，说明其露天开采的技术思想与近代已相当接近。如，湖北大冶冯家山宋代凹陷露采场，在长方形开段沟两旁建立台阶开采工作线。为了剥掉影响采矿的部分围岩和覆盖岩层，古人把被开采的矿岩划分成3米多厚度的水平分层，即3米多高度的一个台阶，由上向下逐层开采，形成10余米高的阶梯状坡面。河南巩县宋陵采石场底盘南北也有2米高的台阶高差。露天开采，对只是一个工作水平来说，掘沟、剥岩和采矿工作是顺次进行的，或剥岩和采矿同时进行；而对宋代已发展到多工作水平（即多台阶）来说，上述各项工作则是同时进行，但它们之间必须保持一定的超前关系。

地下开采中已普遍使用了井巷联合开拓方式。山东莱芜双山铁矿遗址和其他一些矿山遗址的资料都反映了这点；而且竖井—平巷联合开拓方式已被非金属矿山开采所应用。宋范成大记录苏州一带白栗土的开拓方式时就明确指出：“凿山开井，深数十丈，复转为隧道以取之。”

宋代矿山开拓系统方案，其设计思路比前代明确，即依矿体走向合理布置切割巷道，减少地下运输量。例如，阿城铁矿，在矿体内布置开拓回采巷道。以阶梯式斜巷为主巷道沿矿体走向布置。巷断面高2米，宽1.5米，下降一定深度又分出支巷。支巷与矿体走向垂直，比较有规则地纵横切割矿体。至深部采区后，又每隔一定距离布置一个宽敞的采矿作业面。这种矿山开拓系统的设计，表明当时金属矿山开拓、回采设计日渐规范。这种规范布局，也反映在广东肇庆端砚石的开采中。前面曾阐述宋代肇庆端砚石的开采是由开拓巷道进入地下采石场的。开拓巷道的洞口“高不逾七尺，广不过五尺，入洞后又复下行数十步，达于采石之所”。采石场由若干个矿房组成，显得十分规整。这种壮观景象，在广东番禺莲花山宋代采石场遗址仍然可见[20]。

关于房柱采矿法，唐代已经发展到成熟期，南京九华山等唐代矿山采空区便曾采用留柱空场法，即房柱法采矿且规模较大；至宋代，便普遍推广开来。广东肇庆端砚石开采方式主要采用房柱法。宋人形象地描述此法“中空如一间屋，每丈许留石柱柱之”，可见宋代的矿（石）柱间距较均匀。肇庆规划的是“每丈许”；矿房也比较规整，采空后如同房间。考古和文献资料均已表明，我国至宋代，采用房柱法开采金属矿和非金属矿的这项技术已相当娴熟和规范。

宋代矿山照明已经大量采取固定式灯龛照明法，这在矿山照明技术中大大进了一步。湖北大悟仙人洞铜矿地下采场灯龛布置的间距为5米至10米不等。灯龛已相当大，宽深均为45厘米、高50厘米。湖北龙角山铜矿场发现宋代陶灯盏。

关于宋代矿山提升技术，迄今发现的宋代金属矿山遗址还未出土提升工具。从宋代四川井盐采用的提滷技术看，已是改进了的辘轳装置，即井口安装辘轳，附近设置车盘，用人力牵引车盘带动辘轳[22]。

这是宋代金属矿开采的情况。此外，由河南鹤壁遗址看，宋代采煤技术亦发展到了相当高的水平[23]，其开拓系统方案是竖井位于矿田中央，使地下运输距离最短，其布局方案相当合理。

参考文献

〔1〕《宋会要辑稿·食货》之三四；《金石萃编》卷十四，《韶州新置永通监记》。

〔2〕漆侠：《宋代经济史（下册）》，上海人民出版社，1988年，第587页。

〔3〕夏湘蓉、李仲均、王根元：《中国古代矿业开发史》，地质出版社，1980年，第87—88页，第292页。

〔4〕（元）王浑：《玉堂嘉话》卷五，端砚石引宋人米端州斧柯山石说。

〔5〕（清）曹溶《砚录》，《学海类编》第二十二函。

〔6〕余靖：《武溪集》卷一《送陈延评谱》。

〔7〕《欧阳文忠公文集》卷一一五《相度铜利牒》。

〔8〕王之望：《汉滨集》卷八《论铜坑朝礼》。

〔9〕作者1977—1989年考古调查。

〔10〕《大冶县又发现一古矿井遗址》，《黄石日报》，1986年3月1日头版。

〔11〕《大悟县文物普查资料记录表》分类号A50，资料承藏大悟县博物馆提供。

〔12〕王庆华：《上高县蒙山银矿遗址》，《江西历史文物》1983年第4期，第35—36页。

〔13〕马鞍山市文物管理所：《小九华山铁矿遗址调查》，“皖南古文化研讨会第四次年会论文”，1990年安徽铜陵。

〔14〕繁昌县1988年文物普查资料。资料承繁昌县博物馆提供。

〔15〕泰安市文物考古研究室等：《山东省莱芜市古铁矿冶遗址调查》，《考古》，1989年第2期，第149页。

〔16〕董全生、梁玉坡、郑金中：《南阳地区古代采冶遗址调查》，第四届全国金属史学术会论文，1993年10月；李京华《中原古代冶金技术研究》中州古籍出版社，1994年，第14页。

〔17〕黑龙江省博物馆：《黑龙江阿城县小岭地区金代冶铁遗址》，《考古》，1965年第3期。

〔18〕中国社会科学院考古研究所洛阳工作队等：《河南巩县宋陵采石场调查记》，《考古》，1984年，第11期。

〔19〕王景祥、蒋五宝、高全福：《洞坡铁冶遗址与北宋铁钱之关系》，《宝鸡文博》，1996年第1期，第44—66页。

〔20〕卢本珊：《话说番禺宋明采石技术》，《番禺日报》，2000年元月1日。

〔21〕李延祥：《〈大冶赋〉》中的有色冶金技术》，《中国冶金史论文集（二）》第67—68页，北京科技大学，1994年。

〔22〕刘春源等：《我国宋代井盐钻凿工艺的重要革新——四川卓筒井》，《文物》，1977年第12期，第67页。

〔23〕河南省文化局文物工作队：《河南鹤壁市古煤矿遗址调查简报》，《考古》，1960年第3期。

第八章
明清采矿技术

明朝（1368—1644 年）建国后，在政治上采取了几项较为重要的措施：一是扫除元朝残部、征讨各地割据势力，完成国家统一大业。二是对中央和地方机构进行了一系列改革，进一步确立和完善了君主集权制。三是大封诸子为王，以永延帝祚。朱元璋出身寒微，深知民间疾苦；较为注意与民休养生息，轻赋税，严禁兼并，惩饬贪劣，兴修水利，奖励垦殖，实行军垦，使农业、手工业、商业、航海事业、科学技术和文化事业都较快地恢复和繁荣起来，某些地方还出现了资本主义萌芽。此期的手工业也获得了较大发展，尤其是民营手工业，甚至超过了官府手工业的水平。明代的生产技术和科技成就都达到了我国古代史上又一个新的高峰；明代中期之后，由于政治腐败，国力亦衰落下来。

清（1644—1911 年）王朝是在民族压迫和阶级压迫的基础上建立起来的。清统治者入主中原之初，社会生产曾遭到极大的破坏；之后，清统治者为了自身的利益，采取了一些较为重要的措施，才使社会逐渐安定下来，经济和文化也得到了一定的发展。在手工业、农业中都出现过许多商品性经营，商业异常活跃，国力也强盛起来。收复了台湾，平定了葛尔丹叛乱，加强了对西藏的统治，实现了历代王朝从未有过的，在更为辽阔地域内的国家有效统一。清代前期的学术思想也较活跃，整理出版过不少大型文化典籍。清代晚期，便陷入了积贫积弱、备受欺凌的境地。

明清两代是我国古代矿业的顶峰期，也是其集大成的阶段，不管在管理上，还是开拓方法和开拓技术上都更加完善。在矿物鉴定、找矿、采矿方法，及辅助技术方面都有了发展，在不少地方都出现了大量的专用术语；有关记载亦较为详明，关于井巷联合开拓的记载更是图文并茂；采、选、冶的布局更为合理，地下开拓系统的布局较为规范；井下作业分工明确；火药始用于矿山爆破；人们对自然支护、木架支护等古代支护法，开始有了较为理性的认识；开拓技术较前此大为提高，有的巷道长达数公里，深达数百丈；矿井通风、排水、照明设施全面发展；矿产量以十几倍的速度增加。

第一节　矿业政策与厂矿管理

一、矿业政策

矿业是封建社会经济的一个重要组成部分。到了明清时期，矿产量成倍增加，到达了中国古代矿业史上的最高水平。但及至清代中期，或说到乾隆四十年(1775年)以后，又迅速下滑，并在深重危机中苟延挣扎。

明代统治者对于矿业是既重视又害怕。为了财政需要，注重开矿征收矿税，尤其是银矿；同时鉴于前代统治者的教训，官府害怕下层劳动者聚集于山间矿区，酝酿成反抗封建统治的政治势力。所以，对矿业时开时禁，变动无常，显得混乱。明朝初年至嘉靖万历以前，官矿在矿业中占优势。明代中期，农业和手工业生产水平有了显著提高，商品经济发展到了空前的高度，国内市场空前扩大，社会生活各个领域对金属制品的需求巨大，这就大大刺激了矿业发展，出现了矿业主和大商人纷纷投资矿业的现象。在民营矿业中，已采用雇佣劳动，出现了拥有四五十名乃至五六千名雇佣工人的手工工场。民营矿业使用雇佣劳力，比之官矿使用劳役劳动的生产效率更高。因此，民营矿业发展迅速，呈现出欣欣向荣的景象。

为了加强封建专制主义的统治，明王朝进一步加强了对民营矿的榨取，大大提高课税的税率。更有甚者，还以征收课税为名，派遣大批宦官担任矿监税使，以更大的规模在各地开矿增课。在“矿税之祸”中，衔命出使的宦官，无不借开矿征税之名，对工商业者包括矿业主进行公开的敲诈勒索，使矿业中的资本主义幼芽受到一次严重的摧残。为了反对明王朝的横征暴敛，人民群众举行了声势浩大的反税使、反矿监的斗争，猛烈地冲击着明王朝对矿业的统治政策，迫使明王朝对矿业政策进行适当调整。首先是改变劳役制剥削形式。嘉靖末年，某些官矿的矿课由征收本色（实物）改成征收折色（货币）。其次，放松对民矿的限制，任何人只要向官府缴纳矿课，均可自由经营矿业，从前严厉的矿禁无形取消。明朝矿业政策的调整，顺应了生产力发展趋势，具有一定的进步意义。第一，官矿的削弱使皇室和国家所需要的矿产品越来越依赖于市场的供应，这就给商品经济的发展带来新的刺激。第二，官矿中劳役制度的瓦解，意味着封建生产关系中人身依附关系的松弛，也促进了雇佣劳动的发展，推动资本主义生产关系的成长。第三，为民营矿业的发展扫除了一大障碍，又为商品经济和资本主义幼芽的进一步发展提供了有利条件。因此，明朝后期的民营矿业发展更加迅速，至崇祯年间，铁场铜坑已“所在有之”，煤炭的采掘也更加发达[1]。

到了清代，从康熙中叶到乾隆中叶百年之间，即约从公元17世纪80年代到18世纪70年代，中国的矿业生产有较大的发展。在清王朝统治集团内部，为了维持统治，寻求财源，围绕着继续禁矿抑或允准并鼓励开矿业为中心，曾进行过历时半个多世纪的政策论战，最高统治者终于采纳了开放矿禁的作法。政府实行招商承办的矿业政策，调动了民间办矿的积极性，商办矿业在此期间有了很大的发展，以铜矿为主干的包括煤、铁、金、银、铅、锡、硫磺、水银、朱砂等各式矿种的生产，都以十倍二十倍的数量上升。从业人员大量增加，矿产规模不断扩大，矿业在国民经济中所占的地位日益上升。及至乾隆四十年（1775年）左右，因后劲不足，便急遽地走向衰败萎缩[2]。其根由是中国封建经济的相对稳固性，封建集权统治的强化和意识形态等上层建筑对社会进步的破坏作用，禁锢了人们的思想，贻误了工商业和科学技术发展的时机。

在研究明清矿业管理时，还有一个值得注意的事件，即由明末至清代，国家在实行商办矿业的同时，还加强了对矿业的控制和管理，煤炭开采中实行了采矿执照制度[3]；金属矿开采实行呈报制度，"凡择有可开之地，具报官房，委硐长勘明，距某硐若干丈，并无干碍，给与木牌，方准择日破土"。[4]采矿执照的出现，是我国矿业法规和资源管理上的一大进步。

二、关于厂矿管理

明代矿山管理的具体资料稍少。从有关记载看，清代矿厂管理机构已较健全，分工也较明确；从上到下，各守其职，各负其责。这对提高生产率起到了一定的作用。

（一）关于厂矿管理机构。现以云南铜厂为例[4]，以窥全豹：

厂官，为驻厂负责人，由地方行政官派出；只管发放工本，抽收课铜，不过问技术事务。厂官下设"七长"，即镶长、硐长、客长、炉长、炭长、锅头、课长，其中五长与采矿生产管理有关，他们是：

镶长，又称"镶头"，每硐一人，专门的井下开采支护技术人员。其职在"辨察栓引（矿脉露头），视验荒色（矿石品位），调拨槌手，指示所向，松（疏松矿石）则支设镶木（棚），闷亮则安排风柜，有水则指示安龙。""凡初开硐，先招镶头，如得其人，硐必成效。"

硐长，"专司硐内事，凡硐中杂务以及与领硐争尖夺底（左右或上下窿道凿通，两家争夺矿体）等事，均归他入硐察看。"

客长，"司理厂民诉讼，并品评争尖夺底等内类纠纷。"

锅头，"掌全厂人员的伙食供应。"

课长，"掌税课之事。凡支发工本，收运铜斤，一切银钱出纳，均在其手。"

（二）关于厂矿生产的分工

在经营中，有专门登记财簿的人员，其人名"柜书"，"亦曰监班书记，获矿方雇，每硐一人，旺硐或有正副，每日某某买矿若干，其价若干，登记账簿，开呈报单。"[4]生产分工已十分明确[4]，劳动组织严密，这也是前所未有的。"凡硐管事管镶头，镶头管领班，领班管众丁，递相约束，人虽众，不乱。"其领班"专督众丁硐中活计，每尖（每一条窝路）每班一人，兼帮镶头支设镶木。"众丁则按采矿技术分工，每一条窝路的尽头，由一名领班督率槌手（专司持槌）、尖子（专掌钻者）、挂尖（轮番运锤，轮到该休息的做挂尖）组成一个工作小组。其人员挑选"年力壮健"者。运输矿石，排除废石的砂丁叫做背塃，每一条窝路"每班无定人，硐浅硖硬，则用人少，硐深矿大，则用人多。"镶长在井下的指挥对象，还有支护工、水工等矿工。井下作业一般分昼夜两班。"弟兄入礌硐曰下班，次第轮流，无论昼夜，视路之长短，分班之多寡。[5]""凡山中矿道，纡回数十里，非顽石不可攻，既水泉彪发，动深尺许，人裸行穴中，日夜锤挖不休。[6]"

第二节 明清主要金属矿山的分布及遗址概况

文献资料中关于明清两代全国金属矿分布地区的记载，夏湘蓉等编著的《中国古代矿业开发史》中已统计得十分详细（表8-1、8-2）。

表8-1 明代全国金属矿分布地区表

今省	铁	铜	锡	铅	银	金	汞	锌（炉甘石）
河北	遵化、卢龙、迁安	渤海守御千户所（昌平东北）	〔滦州（滦县）〕		蓟镇、永平（卢龙）麻谷山、涞水、房山	迁安	滦州（滦县）	
山西	吉州（吉县）太原、泽州（晋城）、潞州（长治）、交城、平阳（临汾）汾西、绛县、怀仁、孝义、高平、阳城	五台、绛州、盂州、垣曲、闻喜、保德州、曲沃、翼城	〔交城、平陆、阳城〕		夏县	忻州		太原、泽州、阳城、高平、灵丘、平顺
辽宁	辽东都司三万卫（开原封辽阳）					黑山双城		
山东	莱芜、登州（蓬莱）、栖霞、莱阳、文登、即墨	莱芜	〔兖州（峄县）、胶州〕	济南、青州、莱州	沂州（临沂）、宝山	沂州宝山、栖霞、莱阳、胶州、招远		
江苏	徐州（彭城）	扬州（江都）、仪真				宝应		
安徽	铜陵	繁昌、南陵、铜陵	〔铜陵〕	铜陵	宁国、池州（贵池）			
浙江	龙泉、绍兴、台州府（临海、黄岩、仙居、宁海）、永嘉	武康、安吉、长安、金华、龙泉、平阳、绍兴	〔安吉〕	龙泉	温州、处州丽水、岩泉山、平阳、青田、景宁（鹤溪镇）、泰顺等七县		余姚（龙泉山）	
江西	进贤、新喻、分宜、丰城、上饶	德兴、铅山、瑞州（高安）		上饶、乐平	安福	乐平、新建		
福建	建宁（建瓯）、延平（南平）、沙县、尤溪、泉州（晋江）、福州（闽清、福清）、光泽、邵武、宁德、上杭、长汀、宁化	长汀、邵武	〔长汀〕		龙溪银屏山、浦城马鞍山、政和、松溪、南平、宁化、将乐、沙县	长汀、福安、宁德、浦城马鞍山		
河南	钧州（禹县）、新安、涉县、济源、巩县、宜阳、登封、嵩县、南阳、内乡、汝州（临汝）	涉县、镇平	〔武安、淇县、与县、嵩县露宝山、永宁、灵宝、嵩县、临汝、伊阳筛子朵山〕		宜阳赵宝山、永宁（洛宁）秋树坡、卢氏高嘴儿、嵩县马槽山	蔡州（汝南）、巩县		

表 8-1（完）

今省	铁	铜	锡	铅	银	金	汞	锌（炉甘石）
湖北	兴国（阳新）、武昌、（鄂城）、大冶、黄梅、蕲水、广济	武昌（鄂城）	［通城、郧县］		德安［安陆］	南漳、宜城、建始		
湖南	茶陵、巴陵、石门、浏阳、攸县、安化、宁乡、醴陵、衡阳、耒阳、常宁、卢溪、辰溪、溆浦、郴州、永兴、宜章、桂阳、零陵、祁阳、江华、永明、宁远	衡州（衡阳）、辰溪、郴州、宜章	衡州、永州（零陵）、江华、宜章、耒阳、常宁	桂阳州、醴陵	桂阳州、郴州、辰州、宜章	武陵（常德）等十二县、辰州宝庆（邵阳）、沅陵、溆浦、全州	安化、沅陵、卢溪、麻阳、永顺、保靖	
广东	阳山、归善（惠阳）、清溪、番禺、清远、连山、程乡、梅县、高要、阳江	阳山、曲江、英德	新会、海阳、程乡、德庆州、泷水（罗定）	番禺、翁源、乐昌、仁化、阳春	连州（连县）、番禺、清远、东莞、阳山、连山、曲江、翁源、乐昌、英德、四会、高要、化州、石城、电白、信宜	廉州府（灵山县林冶山）	连州、高要	
广西	融县宝积山	贺县	临贺（贺县）、南丹、河池、富州	上林、藤县、贵县	庆远府（宜山）南丹、浔州府（桂平、平南、贵县）	宣化（邕宁）	北流县铜石山、容县、博白	融县积宝山
陕西	蓝田、咸宁、周至、长安、勉县、城固	宁羌（宁强）、略阳、蓝田、咸宁、周至、长安			商县凤凰山、蓝田、咸宁、周至、长安	蓝田、咸宁、周至、长安、西乡、兴安州	宁羌、略阳、洵阳	
甘肃	巩昌（陕西）、宁远（武山）				秦州（天水）、山丹大黄山			
四川	龙州（平武）、浦江、井研、合州、盐亭、射洪	梁山（梁平）、会川（会理）	［龙安府（平武）］	嘉州（乐山）、利州（广元）、剑州（剑阁）、雅州	会理密勒山、建昌（西昌）、叙州府（宜宾）	合县、忠县、大足、万县、潼川（三台）广元、涪陵、巴州（巴中）、龙安府（平武）、保宁府（阆中）、剑州（剑阁）	梁山、彭水、龙安府（平武）	
贵州	贵阳府（贵筑）、思州府（岑巩）思南府（思南）、石阡府（石阡）、铜仁、省溪、黎平、普安州（盘县）			思州府（岑巩）	铜仁	铜仁太平溪、省溪、提溪（江口）	万山、思南、石阡普安、施溪（岑巩）、铜仁、省溪	
云南	昆明县、河西、峨（峨山）、保山、新兴州（玉溪）、蒙化、陆良、会泽、沾益、乌撒	东川、路南、罗次、乌撒（镇雄）、永宁、保山、会泽	大理、楚雄、罗次	新兴（玉溪）	大理、楚雄、永昌（保山）、东川、曲靖、姚安、镇沅、南安州（双柏）	南安长官司（文山）、金沙江、永宁、漾沧江、姚安		宁州（华宁）水角甸山

注：（1）本表主要依《明史·食货志》、《明史稿》、《国榷》、《明会要》、《续文献通考》，并参考了《天工开物》、《本草纲目》、《龙泉县志》（《菽园杂记》引）整理而成。今转引自文献［23］。

（2）锡矿地名加［　］表示矿藏疑为铅或锑。

表 8－2 明初全国官铁冶年收入量表

明布政司	洪武初年 （约公元 1368 年） 单位：斤	洪武七年 （公元 1374 年） 单位：斤
全国总收入量	18 475 026	9 052 987
北平（河北）	351 241	
山西 平阳府富国冶 平阳府丰国冶 太原府大通冶 潞州（长治）润国冶 泽州（晋城）益国冶	1 146 917	762 000 （221 000） （221 000） （120 000） （100 000） （100 000）
山东 济南府莱芜冶	3 152 187	720 000 （720 000）
浙江	591 686	
江西 南昌府进贤冶 临江府新喻冶 袁州府分宜冶	3 260 000	3 260 000 （1 630 000） （815 000） （815 000）
福建	124 336	
河南	718 336	
湖广 兴国（阳新）冶 蕲州黄梅冶	6 752 927	2 432 777 （1 148 785） （1 283 992）
广东 广州府阳山冶	1 896 641	700 000 （700 000）
陕西 巩昌（甘肃陇西）冶	12 666	178 210 （178 210）
四川	468 809	

注：本表依《明会典》卷一九四“冶课”、《明实录·太祖 实录》卷八十八整理而成。今转引自文献〔23〕。

关于明代金属矿山的分布，尤以《明一统志》所述最详。在铁、铜、锡、铅、银、汞等七种金属矿产中，官铁年产量达历史最高记录，其中湖广占全国总产额的三分之一强（表 8－2）。

明代前期，出现了我国封建社会最后一个采银高潮，主要银场分布在浙、闽、川、滇四省。值得指出的是明代开始采掘锌矿和冶炼金属锌，这是我国古代矿业史上的一项新成就。清代前期，铜、锡、铅、锌、银等 5 种金属矿的大矿区多在云南；汞矿仍以贵州为主；新疆、甘肃两地的金矿，开采颇盛。清代铁矿业当不亚于明。

在清代，云南铜矿在我国占有十分重要的地位。其主要分布于3个区域，即：(1) 滇北区，包括东川、鲁甸、巧家、昭通、大关、永善、宣威、镇雄各州县。其中以原东川府所属各厂为最盛。特别是汤丹、碌碌两厂，其产量足抵全省产量的70%以上。(2) 滇西区，包括永北（永胜）、丽江、云龙、永平、保山、顺宁（凤庆）各州县。其中以顺宁产量最盛。(3) 滇中区，包括滇池和抚仙湖周围各州县。乾隆三十七年，（即1772年），云南的铜厂达46个，人数"大厂动辄十数万人，小厂亦不下数万，非独本省民穷，凡川湖两粤力作功苦之人，皆来此以求生活。[7]"年产量高达9 346 370斤。

因明清两代的矿山遗迹皆不太完整，看来与其时开时停断续地开采有关。今结合文献记载和调查资料看，主要有下列数处。

1. 云南个旧锡矿遗址

个旧锡矿是我国最大的锡矿之一，其开发历史悠久。《汉书·地理志》"益州郡·贲古"条注："北采山出锡，西羊山出银铅，南乌山出锡。"清康熙四十六年（公元1707年）开个旧银厂，继又开龙树厂。赵天爵于清道光年间在个旧一带开锡矿，开采的矿工不下数万人。中华人民共和国成立后地质工作者对清代开采的巷道进行地质测量，共完成总长度几万米，最大的巷道长度有数公里，自地表向下垂深达300余米。古巷道开采的都是易选的氧化矿，其开采的巷道形状基本是矿体的形态[8]。

2. 江西上高蒙山银矿遗址

江西上高县蒙山银矿的开采始于南宋（1197年），最盛时民工达3 700户。明永乐四年（1406年）重新开采。矿体走向由北向西，与灰岩走向一致。银矿含银量148.2克/吨。地质及考古调查表明，蒙山太子壁有矿井遗址18处，其中最深最长的为一、二号井巷，扁槽洞垂直深度140米，水平长170米，最宽10.5米，最窄处0.5米，一般为2—3米。工作面上遗留采掘的痕迹，采掘是沿自然银矿脉进行的[9]。

3. 江西新余铁矿遗址

宋应星《天工开物》曾对其土锭铁的露天开采法作了简要说明："土锭铁……浮者拾之，又乘雨湿之后牛耕起土，拾其数寸土内者。"这种事半功倍的方法体现了古代工匠的聪明才智。宋应星《天工开物》的资料来源，既有全国的，又有江西地方性的。新余市博物馆对宋应星生活地分宜县的凤凰山、贵山铁矿遗址进行调查后认为："此地的采矿冶铁方式与宋应星《天工开物》所记载的采矿、冶铁方式基本相符[10]"。

4. 河南南阳地区明清矿山遗址，计约4处[11]

(1) 桐柏银洞坡银矿遗址。位于桐柏县朱庄乡，发现古矿洞21个，均沿矿体断续分布近公里。其中最大矿洞位于顶峰西部，洞口面积9×4平方米，洞深10余米。在采场两侧弯曲的壁上，还有分支的采场。洞内发现铁凿等采掘工具。

(2) 桐柏破山银矿遗址。属朱庄乡，共发现古矿坑12个，断续分布900米。

采矿规模较大。位于破山峰顶的露天采坑，长60米，宽10米，深7米。在破山东部发现平巷，沿矿脉走向掘进，时宽时窄，宽处达数米，窄处仅容一人爬行。有的平巷有木架支护。

(3) 桐柏大河铜矿遗址。位于桐柏县大河镇，发现两处古坑道，分别在现今9号和10号矿体。9号矿体古坑道呈东西走向分布，全长约600米，其中银洞岭坑道规模最大，位于地表下25米至30米之间，最大深度40余米，在坑道西边有竖井，井壁东通巷道，沿山坡延伸400米处也发现竖井，该井东面又通斜巷，进深125米后，与一口深35米的竖井相连，因此，该井巷总长约500余米。

(4) 内乡县夏馆乡也有采铜遗址。矿洞深达30余米。

5. 秦岭金矿遗址。小秦岭金矿横跨两省三县，即陕西的洛南县、潼关县和河南的灵宝县，是我国中原地区主要脉金产地。矿山地势陡峻，海拔在650—2 400米之间。其矿床有如下特点可作为明显的找矿标志。一是在含金石英脉的尖灭处，常见碎裂岩、糜棱岩。二是含金石英脉越破碎，含金量越高[12]。在小秦岭金矿东矿区陡壁上发现的碑文记有"景泰二年（1451年）六月廿日起，开硐三百眼"可见当时脉金的开采规模颇为可观。

在河南灵宝秦岭金矿的考古调查中，还发现一些明清矿洞，遗物有碾金滚、碾金碾、碾金槽[13]。

6. 河南栾川红洞沟铅锌矿遗址[13]。在明清矿洞中发现的遗物有铁钎、铁锤等。

7. 河南荥阳桃花岭银矿遗址。桃花岭银矿唐代已经开采，明代中叶开采最盛，考古调查发现的几十个矿洞中，4号矿洞深22米，入口处宽3.2米，高1米。8号矿洞由一些弯曲的矿房连接而成，长约数十米。各洞都有清晰的人工痕迹，如斧痕、镢痕、凿痕，还有炸药痕迹[14]。

8. 湖南临武香花岭锡矿遗址。香花岭锡矿现代品位为1%，该矿发现200多处大小不等的老窿，其中发现两处刻有年代的老窿，一处为明万历年间，另一处为明天启二年元月，其锡矿品位为5%[15]。

9. 安徽铜陵笠帽顶明代铁矿遗址[16]。位于铜陵县金榔乡笠帽顶的山顶上，面积约二万平方米。经考察，矿井为斜井，井壁有开凿的痕迹，围岩坚固，无木架支护。井口呈圆形，直径1.5米，井深约30米。地表遗物有废矿石、煤渣、青花瓷片等。在附近的朱村乡铁矿墩，还发现同时代的铸造遗址。该地的采冶，有如下便利条件：一是矿产资源丰富，铁矿石含铁量高，一般不低于40%，高的可达80%，易开采。二是燃料充足，遗址附近产煤。三是原料及产品运输方便，铁砂墩遗址旁的东边河、笠帽顶东侧的荻港都可直通长江。

10. 贵州万山汞矿遗址。遗址内遗留了大量明清时代的采矿空峒，大者高达二三十米，长宽各五六十米。产汞量较大[17]。

11. 广东罗定县婆髻山铁矿遗址[18]。清初屈大均《广东新语·货语·铁》载："铁莫良于广铁"，"诸冶惟罗定大塘基炉铁最良"。考古调查证实，罗定县罗镜至分界一带的罗镜河湾，明清曾是铁的集散地。分界乡炉下村铁炉遗址是一处明末清初的炼铁遗址，还有旧炉督、鸡公炉、凿石炉与水源炉等六座铁炉。炉下村婆髻山发现的铁矿遗址，当地称铁矿坑为“埂垅头”。附近曾有原始森林可供铁炉用炭之需。甘河上游距铁炉约半公里处，有水碓碎矿的遗址。看来其工艺流程大约是这样的：矿工们在婆髻山“埂垅头”挖出铁矿，送到甘河淘洗，经过水碓舂碎，然后顺山路送到炉场坪储存备用，构成采矿、洗矿、碎矿、炼铁完整的生产过程。

12. 江西浮梁高岭土矿遗址。浮梁县是世界制瓷黏土（高岭土）命名地，我国古代著名的瓷用原料产地。浮梁县高岭土古瓷矿遗址保留了元、明、清三代矿坑、矿井、陶洗坑、尾沙堆积物及附属建筑水碓房、碑亭、水口亭等遗址遗存[19]。

13. 广东鐣塘采石场遗址

番禺莲花山、大岗等地分布着第三系沉积构成的红色长石石英砂岩和杂砂岩，为粒级韵律与层理，多见垂直节理，岩石较新鲜，岩性不太坚硬，人工开凿方便，适于作建筑石料开采，所以长期被古人开采。鐣塘采石场位于番禺大岗镇。据公元1923年出版的《香山县志续编与地氏族册》记载，该采石场由河源县的周族、张族和五华、兴宁县的陈族等，于清代乾隆年间（1736—1796年）由东江到大岗以采石为生。考古调查，该露天采石场长110米，宽65米，深23.7米。采场周帮陡峭，留有钎凿痕迹。采场底部边缘，均分布着矿房，显然是先采用下向式开采，然后采用房柱法开采（图8-1）[20]。

图8-1 清代番禺鐣塘采石场遗址

第三节 集大成的明清采矿技术

一、明清时期的采矿名著

明代中叶以后，由于社会生产力的提高和商品经济的发展，使得手工业和商业得到了空前的繁荣。在商品经济培育下，局部地区开始出现资本主义生产关系的萌芽，从而促进了科学技术的发展。欧洲十六、十七世纪之间，正处于文艺复兴时期，封建制走向崩溃，资本主义兴起，科学技术亦得到了迅猛发展。当时中国的学术思想亦比较活跃，明代中叶以后，一些先进的知识分子，在一定程度上突破了传统习惯势力的束缚，注重实际，能较好地深入实地考察、研究、总结，著书立说，使明清的科学技术在中国古代历史上发展到了总结性阶段；许多科技著作都具有集大成的性质。明朝后期民营矿业迅速发展，矿业中的资本主义萌芽也有了比较明显的滋长，有关著作以先进生产方式的出现为前提，记录了矿业方面的不少技术成就。

在这些科技著作中，明代较值得注意的有：

李时珍《本草纲目》。成书于1596年，其载有岩石矿物和化石共160多种，并对矿物作了分类，反映了明代丰富的矿物知识。

宋应星《天工开物》。成书于崇祯十年，这是中国古代著名的综合技术著作。全书有十八个门类，其中“冶铸”、“锤锻”和“五金”三卷专门论述矿冶技术；“作咸”、“陶埏”、“燔石”、“丹青”和“珠玉”五类，则全部或部分论述非金属矿产的开采和加工技术。在“五金”中，前所未有地系统介绍了有关铜、铁、金、银、锡、铅、锌七种矿产的矿物种类开采、洗选和冶炼技术的方法。

陆容（1436—1494年）《菽园杂记》，此书内容较为丰富，其卷十四曾引《龙泉县志》，对浙江处州铜矿的开采方法有扼要的记载，并记录了检验银矿品位的过程：“五金之矿，生于山川重复，高峰峻岭之间。其发之初，唯于顽石中隐见矿脉，微如毫发，有识矿者得之，凿取烹试，其矿色样不同，精粗亦异，矿中得银多少不定。”

明末孙廷铨《颜山杂记》，此书内容较为丰富，书中介绍了煤岩组分、找煤方法和经验、井筒开凿要求、开拓部署、井下支护方法、通风和照明等技术。是我国古代关于煤矿的地质、找矿、开采利用技术最全面的科学总结著作。

清代，与采矿有关的技术著作显著增多，记载也比以前详细。较值得注意的有：田雯的《黔书》、屈大均的《广东新语》、张泓的《滇南新语》、吴鼎立的《自流井图说》、王崧的《矿厂采炼篇》、倪慎枢的《采铜炼铜记》、吴其濬的《滇南矿厂图略》，此外，许多方志都增加了矿产内容。这些著作中，虽有的只是部分章节为科技内容，但其在学术上的地位依然是值得肯定的。

清代矿业专著中，尤其值得注意的是清吴其濬《滇南矿厂图略》，其出版于道光二十四年（1844年），分上下两卷。上卷题《云南矿厂工器图略》，计16篇，分门别类，有条有理地叙述了整个矿山的开发管理及坑采技术，即矿井布置与矿脉的关系、开拓、支护、回采、采场布局及采矿方法、运输、排水、照明等技术问题。其各篇名和内容分别为：（1）“引”，讲矿苗（也称矿脉）；（2）“硐”，讲采场内部结构和各种采矿工艺的具体操作；（3）“硐之器”，讲坑采中使用的工具和器具。（4）“矿”，讲矿石品位高低。（5）“炉”，讲冶炼。（6）“炉之器”，讲冶炼工具。（7）“罩”，银的冶炼。（8）“用”，讲用品。（9）“丁”，讲矿山人员组成。（10）“役”，讲分工。（11）“规”，讲规章制度。（12）“禁”，讲禁令。（13）“患”，讲矿灾、矿害。（14）“语忌”，讲带有迷信色彩的语言忌讳。（15）“物异”，讲矿井中的怪事。（16）“祭”，讲有关迷信活动。卷首载工器图20面。插图为云南东川知府徐金生绘辑。图文并茂，对采矿技术的一些操作细节也清楚地展现在人们面前。卷末附有几篇与矿业有关的科技著作：如宋应星《天工开物》"五金"卷节录、王崧《矿厂采炼篇》、倪慎枢《采铜炼铜记》、王昶《铜政全书·咨询各厂对》。此外，上卷还记述了康熙、雍正、乾隆、嘉庆四朝云南南部开采铜、锡、金、银、铁、铅金属矿产的矿产分布，矿冶技术，管理制度等。下卷题为《滇南矿厂舆程图略》，计分为13篇，介绍铜厂、银厂、金、锡、铅、铁厂（附白铜）、帑、惠（附户部则例）、考、运、程（附王昶《铜政全书·筹改寻甸运道移于剥隘议》）、舟、耗、节、铸、采（附王大岳《论铜政利病状》）等。卷首载全省图1幅，府、州、厅图20幅。本书记述了滇南铜矿33处、锡厂1处、金厂4处、银厂25处、铅厂4处、铁厂14处，对它们的生产情况介绍甚为详尽。其中有一些矿，如汤丹铜矿、个旧锡矿，是至今仍在继续开采的大矿。本书所附《采铜炼铜记》一文，对"东川式"铜矿的矿石品位、找矿方法、矿体产状和开采技术等均有精辟的论述，总结了前人的经验，反映了18世纪至19世纪初我国有色矿业技术情况，今天仍有参考价值。有些矿石和矿体产状的名称，至今仍在沿用[21]。

二、矿物辨别技术和找矿方法

（一）矿物辨别法

我国古代的矿物辨别技术发明较早，而且历代都取得过一些不同的成就。明清时期，随着整个科学技术的发展，人们对矿物的认识也有进一步的提高和深化，与现代技术科学的认识也更为接近。矿物识别法较多，但在古代技术条件下，主要是依据其一些直观的物理性能和部分简单的化学性能，如外部形态、颜色、光泽、硬度、延展性以及燃烧性能等。这种辨别技术的发展，实际上也是人们对矿物认识上的一种深化和飞跃。这对人们找矿和采矿无疑都提供了有力的帮助。

1．金矿。宋应星《天工开物》卷十四曾对自然金的形态、颜色、硬度、延展性、比重作了很好的描述，这在一定程度上反映了明代对自然金以及黄金的认识水平，也为黄金的鉴定和分类提供了一个较好的标准。

关于自然形态。《天工开物》说：其"大者名马蹄金，中者名橄榄金"。此外还有"带胯金"，其状类于腰带上作为装饰品的金粒；有"瓜子金"、"豆粒金"，其呈大小不同的颗粒状；有"麸麦金、糠金、面沙金"，这是形态呈薄片状的金细金。这虽是对自然金形态的一种描述，实际上也是一种分类。

关于颜色。《天工开物》说："其高下色，分七青、八黄、九紫、十赤。"是说，随含金量增加，其色由淡黄变成浓深的亮黄。同书在谈到鉴定方法时说："登试金石上，立见分明。"即金在试金石上划出条痕，根据它的颜色就能分辨出它的成色。需要指出的是，金的颜色虽随成色高低而由深而浅，但其都是黄色的，并不显示赤紫、青色等。

关于硬度、刚性和延展性等物理机械性能，《天工开物》说其"咬之柔软"。并说"凡金性又柔，可屈折如枝柳"。"凡金箔，每金七厘造方寸金一千片，粘铺物面，可盖纵横三尺"。

关于比重。《天工开物》说"凡金质玉重，每铜方寸重一两者，银照依其则（方）寸增重三钱；银方寸重一两者，金照依其（方）寸增重二钱"。

2. 银矿。明清时期的多种文献都谈到过银矿的形态、分类和冶炼工艺。其中又以陆容《菽園杂记》和宋应星《天工开物》所述最值得注意。

《天工开物》所述主要是辉银矿，书中对其外部形态、颜色、品位等都作了较好的描述。关于形态，宋应星称“其面分丫若枝形者曰鉚（矿）”。现代矿物学描述辉银矿常为树枝状、毛发状、网状。可见，两者大体上是一致的。关于颜色，宋应星说其“礁砂形如煤炭”。因辉银矿近似黑色，这是相当准确的描述。关于品位，宋应星说“其高下有数等（原注：商民凿穴得砂，先呈官府验辨，然后完税）出土以斗量，付与冶工，高者六七两一斗，中者三四两，最下一二两”。今按每斗重十二斤来推算，矿石的含银品位最高约为百分之四弱，最下约为千分之五强，与现代技术检测结果亦大体相符。

陆容《菽园杂记》卷十四曾引《龙泉县志》，对银矿的一些产状作了较好的描述，云其：“有地面方发而遽绝者，有深入数丈而绝者，有甚微久而方阔者，有矿脉中绝而凿取不已复见兴盛者，此名为过壁。有方采于此，忽然不现，而忽发于寻丈之间者，谓之蝦蟇跳。”

3. 铜矿。明清文献描述铜矿的文献亦是较多的，尤以明宋应星在《天工开物》和清倪慎枢《采铜炼铜记》所述最详。两书皆偏重于铜矿的产状，后者还涉及开采方法。

《天工开物》卷十四云：“凡出铜山夹土带石，穴凿数丈得之。仍有矿（荒）包其外。矿（荒）状如姜石，而有铜星，亦名铜璞，煎炼仍有铜流出，不似银矿之为弃物。凡铜砂，在矿（荒）内形状不一，或大或小，或光或暗，或如鍮石，或如姜铁，淘洗去土滓，然后入炉煎炼”。这段文字对铜矿及脉石的含铜量记录得既详细又形象。所谓“铜山夹上带石”，是铜矿的一种产状，在热液和接触交代型铜矿床或沉积型铜矿床中都能见到。“鍮石”即黄铜。“姜铁”指何种铜矿，学术界尚有不同观点，笔者以为它可能是指结核状铜矿石；在矿山的风化接触带或破碎带中，一些包有脉石的铜矿，打碎洗净后，其状如生姜，故谓之“姜铁”。

清倪慎枢《采铜炼铜记》载：“谛观山崖石穴之间，有碧色（指孔雀石）如缕或如带，即知其为苗，亦有涧啮山坼矿砂偶露者，乃募丁开采，穴山而入。……浅者以丈计，深者以里计，上下曲折，靡有定址。……亦有随‘引’而攻，‘引’即矿苗。中荒旁甲，几同复壁者，覆于上者为棚，载于下者为底，横而尖者为闩（凡硐上棚下座分明必旺见久）。大抵矿砂结果聚处，必有石甲包藏之（今称栏门峡），破甲而入，坚者贵于黄绿赭蓝，脆者贵于融化细腻，俗谓之‘黄木香’，得此即去矿不远矣。宽大者为堂矿，宽大而凹陷者为搪矿，斯皆可久采者也。若浮露山面，一斸即得，中实无有者为草皮矿。稍掘即得，得亦不多者为鸡爪矿，参差散出，如合如升，或数枚或数十枚，谓之鸡窠矿，是皆不耐久采者也。又有形似鸡爪，屡入屡得之既深乃获成堂大矿者，是为摆堂矿，亦取之不尽者也（凡矿宜于成刷，若孑然一个，别无小矿，决不成器，今谓之个个矿，亦曰独矿，矿虽成个，大小间错，忽断忽续又必成堂。谚云：‘十跳九成堂也’）”。这种对矿体产状的真切认识，对人们探矿、找矿和采矿，显然都是很有帮助的。

在此有一点需要指出的是，清吴其濬《滇南矿厂图略》卷上“矿第四”，及倪慎枢《采铜炼铜记》，都提到了一些更为朴素的矿物名称和分类法，而且有的与现代矿物学名称皆相去甚远。这一方面是云南地方习俗的反映，但同时它也是矿石产状的一种真实反映。如书中提到的所谓“自来铜”、“火药酥”和各种“绿矿”，大多数都是产于大型硫化铜矿床的次生富集带中，含铜品位都较高，而且一般位于地下水面以上。书中说到的“黄金箔”一类矿石，属于原生矿石，即黄铜矿，品位虽较低，但储量常比次生富集带大，所以作者称其“最耐久采”；又因其一般在矿体深部，位于地下水面以下，所以作者又说其“容易生水”[22]。

4. 锡矿

我国古代的炼锡技术发明较早，我国古代文献浩如烟海；但关于锡矿形态、产状、分类和冶炼工艺的稍见详细的记载，却是到了明代才在宋应星《天工开物》卷十四中看到的。

《天工开物》云：“凡锡有山锡、水锡两种，山锡中又有锡瓜、锡砂两种。”其中的山锡则“穴土不甚深而得之”。“间或土中脉充物”。说明这种锡矿床埋藏较浅，有时呈条带状或层状夹在岩土层中。“致山土自颓（滑坡），恣人拾取者”。说明矿层坡积在缓坡上，矿体厚度随形的变化而变化。从产状可知，此“山锡”显然是指坡积砂锡矿床。

至于水锡，宋应星认为是“南丹河出者（水锡），居民旬前从南淘至北，旬后又从北淘至南，愈经淘取，其砂日长，百年不竭”。“水锡、衡、永出溪中，广西则出南丹州河内。……粉碎如重罗面（细面粉）”。从前一段引文可知，此“水锡”显然是指冲积形砂锡矿床，而且，其在河谷环境下会不断地堆积。从第二段引文可知，同一种类的砂矿颗粒在水的搬运过程也会发生分选的，使大小不同的粒粉分开来，而且，粒级小者比大者搬运的距离远；所以下游的水锡粒级比上游小，一般为0.12—0.6毫米。

看来，《天工开物》中描述的“山锡”和“水锡”都是砂锡矿床。

5. 铅矿。我国古代关于铅矿的记载较早，但以明宋应星《天工开物》卷十四所述最为系统和详明。

其云：“凡产铅山穴，繁于铜、锡”。“（铅）质有三种：一出银矿中，包孕白银，初炼和银成团，再炼脱银沉底，曰银矿铅。此铅云南为盛。一出铜矿中，入洪炉炼化，铅先出，铜后随，曰铜山铅，此铅贵州为盛。一出单生铅穴，取者穴山石，挟油灯寻脉，曲折如采银矿，取出淘洗煎炼，名曰草节铅，此铅蜀中嘉（乐山）、利（广元）等州为盛。其余雅州（四川雅安）出钓脚铅，形如皂荚子，又如蝌蚪子，生山涧沙中，广信郡上饶、饶郡乐平出杂铜铅，剑州（四川剑阁）出阴平铅，难以枚举”。在此，宋应星对铅矿作了较好的分类，并较好地说明了每一种铅矿的形态。

“草节铅”即方铅矿。因为该矿物常呈立方体晶形出现，有时呈八面体，具有立方体的完全解理，常常形成阶梯状，断面似草节形，草节铅可能因此得名。

“银矿铅”应指含银方铅矿，因其包孕白银而名。方铅矿常含少量的银，有时高达5%。“包孕白银”四字，是对这种矿物较为贴切的一种描述。

“钓脚铅，形如皂荚子”。即指出了钓脚铅的形态、颜色。皂荚为落叶乔木。

小叶卵形或长圆形，结荚果，扁平，褐色。宋应星又说，钓脚铅“形如蝌蚪子”，蝌蚪为黑色，呈椭圆形。根据皂荚子、蝌蚪子的上述特征来看，钓脚铅为黑色或褐色，形态呈卵形、长圆形或椭圆形，由此推论，只有自然铅与之吻合[23]。

（二）找矿探矿方法

千百年来，我国人民在探矿、找矿方面积累了丰富的经验；从有关记载看，明清时期人们使用较多的依然主要是矿苗追踪法。为了找矿，古人常采用平硐、群井、巷道来揭露基岩，以了解矿化及地质构造，然后采用重砂测量等方法，来预测和追踪富矿脉。这在《天工开物》中得到了很好的反映，如探金。“金多出西南，取者穴山至十余丈，见伴金石，即可见金”，这是穴山寻找“伴金石”法。又如探银，“凡石山硐中有矿砂，其上现磊然小石，微带褐色者，分丫成径路。采者穴土十丈或二十丈，工程不可日月计，寻见土内银苗，然后得礁砂所在”，这是寻找“银苗”，再追踪富矿的方法。

三、矿井开拓技术

（一）深井开凿与联合开拓技术的全面发展

中国古代矿山开拓技术经过了几千年的历程，清代便发展到较为合理的阶段。从清吴其濬《滇南矿厂图略》附图三、四来看，其地面设施，包括水法选矿场、矿石储备场、冶炼场、生活区等的布局，都是较为合理的；其地下开拓系统和采区的布置也比较规范。明末清初孙廷铨《颜山杂记》在谈到采煤时，对井位选择也有了设计要求：“凡攻炭，必有井干，虽深百尺而不挠。”井干，即主井筒。虽然主井深百尺，但一定要求垂直，可见当时建井技术已较成熟。“视其井之干，欲其确尔而坚也。否，则削”。即要求选择井位要考虑地质条件，以“确”、“坚”为原则。选址要准确无误，要注意下覆岩层的构造，建井必须坚固牢靠，以保安全。如果这两条达不到，井下必然削垮。虽然这里是谈煤矿的井巷开拓，但是金属矿的开拓要求与煤矿相同。张泓《滇南新语》谈到铜矿的开采“厂民穴山而入，曰曹、曰硐，即古之坑……略如采煤之法”。

明清时期，对矿山开拓技术已有了较为系统的知识，并出现了一些相对统一的专有名词。如“井”。《黔书》说“采矿者必验，其影，掘地而下曰井”。《滇南新语》说“矿之深下者，曰井洞”。又如“巷”，《黔书》说：“平行而入曰壁（即巷道），直而高者曰天平（即平巷），坠而斜者曰牛吸水（即斜巷）”。《滇南新语》说：“平开者，曰城门洞”。

明代陆容《菽园杂记》引《龙泉县志》云：“大率坑匠采矿，如虫蠹木。或深数丈，或数百丈，随其浅深，断绝方止”。对于数百丈深的地下开采，只有用联合开拓，才能向地下纵深发展。其实，这种方法在《天工开物》卷十一“煤炭”条中已有记载：“或一井而下，炭纵横广有，则随其左右阔取，其上支板，以防崩压耳”，明确指出了井巷联合的关系。

清吴其濬《滇南矿厂图略》上卷“硐第二”篇中在谈到地下开拓时说：“凡硐，门谓之礌，得矿于硐”，“中谓之窝路，土曰鬆塃，窝路石曰硬碳，窝路平进曰平推，稍斜曰牛吃水，斜行曰陡腿，直下曰钓井。倚木连步曰摆夷梯，向上曰鑽篷。左谓之槌手边，右谓之凿手边，上谓之天篷，下谓之底板，槌凿处谓之尖

（即掌子面）。本硐曰行尖，有大行尖、二行尖之分。计辨曰客尖，分路曰斯尖，以把计数，自一以至一百。”这把“平巷—竖井—斜巷—盲井—阶梯式斜巷”的联合开拓法说得清清楚楚。更难得的是，这些记载，在书中所绘的矿厂图中作了形象的描绘，从图上看（图8-2），地下开采中所有的开拓形式几乎都用上了，并且和各矿房有机地联通成一个开拓回采系统。正如王崧《矿厂采炼篇》（清吴其濬《滇南矿厂图略》上卷之末附）中所讲的：“直攻、横攻、仰攻、俯攻，各因其势，依线（矿脉）攻入”，“内分路攻采，谓之尖子（掌子面），计其数曰把，有多至数十把者”。王崧还进一步说，平推“路直则鱼贯而行”，“一往一来者，侧身相让”。这肯定是指平巷；鑽天，是“由下而上……后人之顶接人之踵”，从矿厂图鑽天的形状看，只有上向式回采才能形成鑽天；钓井，“由上而下”即下向式回采；“作阶梯以便陟降，谓之摆夷楼梯”。吴其濬又说阶梯“倚木连步”，可见与湖北大冶铜绿山战国时期的阶梯式斜巷近似，而且有木架支护。

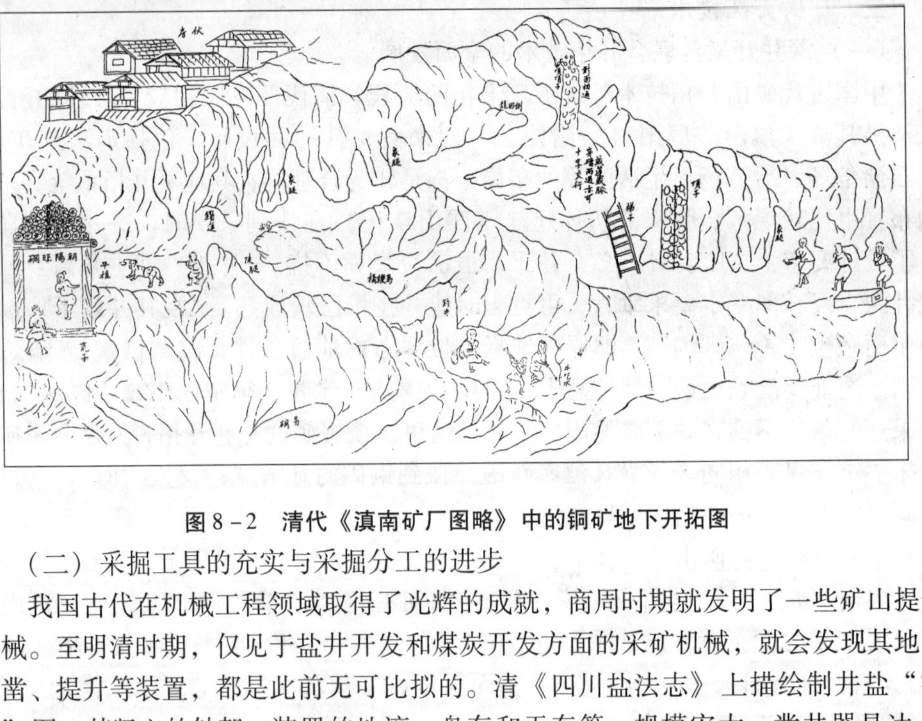

图8-2　清代《滇南矿厂图略》中的铜矿地下开拓图

（二）采掘工具的充实与采掘分工的进步

我国古代在机械工程领域取得了光辉的成就，商周时期就发明了一些矿山提升机械。至明清时期，仅见于盐井开发和煤炭开发方面的采矿机械，就会发现其地面开凿、提升等装置，都是此前无可比拟的。清《四川盐法志》上描绘制井盐“汲卤”图，其竖立的钻架，装置的地滚、盘车和天车等，规模宏大。凿井器具达41种。施工已有一套完整规范的程序。

但受到井下作业条件的限制，井下开拓工具却长时期停留在较为原始的基础上。见于清吴其濬《滇南矿厂图略》附图五的专类器物（图8-3）有凿岩用铁凿子、藤柄铁尖、竹柄铁锤、铁锨、铁撞、铁发条；装载用的木锨、木爬子、撮箕、麻布袋；选矿用的簸箕、筛箕；井巷支护用的箱斧、木槌、槛门等。据吴其濬记载，铁槌有两种，一种为铁打的小铁锤，另一种为铁铸的大铁锤。大锤重三、四、五斤，攒竹为柄，用时一人双手持槌，另一人持尖；尖是铁打的，长四五寸，锐其末，以藤横，箍其梗，以籍手。凿是铁头木柄，各长一尺，形似斧撬。河南禹县、北京西山、陕西铜川等地清末民初的小煤窑用的铁尖，即尖镐，禹县称“鹤咀镐”，与吴其濬所绘的相同，具有携带方便，使用灵活，凿岩有力的特点[24]。

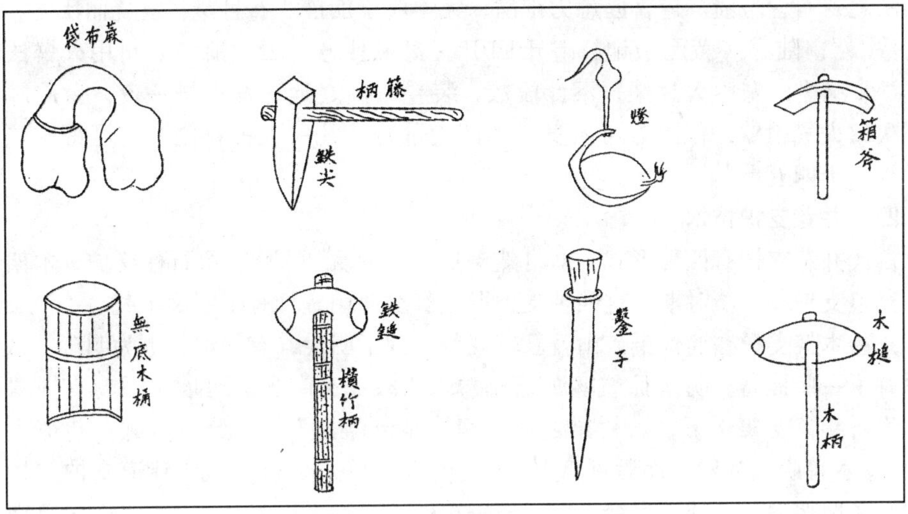

图8-3 清《滇南矿厂图略》中的采矿专类器物图

关于井下开拓工匠的分工，王崧《矿厂采炼篇》记载甚详：“一人掘土凿石，数人负而出之。用锤者曰锤手，用錾者曰錾手，负土石曰背塃，统名砂丁。土内有豆大矿子曰肥荒，捡出方可煎炼。硐之深下者曰井硐，开而平者曰城门硐。硐中石围土沙者曰天生硐，掘硐至深，为积淋所陷，曰浮硐”。“石坚谓之硖硬，以火烧硖，谓之放爆火，矿一片谓之刷矿，长伏硖谓之𣟴，大矿谓之堂，土石夹杂谓之鬆塃，鬆塃易攻凿，其矿不长久。凡攻凿直硖硬，硬则久，可获大堂”。田雯《黔书》记载井下开拓“畚锸锤斲，斧镢之用，靡不备。焚膏而入，蛇行匍匐。夜以为旦，死生震压之所不计也。石则斧之，过坚则煤之，必达而后止”。由此可见，矿山作业在没有进入到现代化这一步时，总归是非常艰苦的一种劳动。

（三）火药在矿山爆破上得到实际应用

火药是我国古代炼丹家在炼制丹药时发明的，为我国四大发明之一。唐代已有制造火药方法的记载。宋元时期，火药的配方已经脱离了初始阶段，各种药物成分有了比较合理的定量配比，并且在军事上得到实际应用。

明代陆容《菽园杂记》引《龙泉县志》云：“旧取矿，携兴铁及铁锤竭力击之，凡数十下仅得一片。今不用锤尖，唯烧爆得矿。”在此最值得注意的是最后两句，其看似为火爆法，其实非也。火爆法是在烧过之后，仍要用锤尖击凿才能得矿的；如不用锤尖，只用烧爆就可得矿，只有用黑色火药爆破方能实现。光绪三年河北省《唐县志》记载了明万历二十五年（1597年）各矿所用钻钢、灯油的具体数目。比如小野洞，用钻钢三百斤、灯油两千斤。还说“火爆石裂，鸟惊兽骇，若焰汤火”。鸟兽如此惊骇，必然是炮声所至，如果用火烧岩石不至于使鸟兽如此惊骇。至于钻钢是用于放炮打眼，还是用于凿岩，则有待考证。按我国黑色火药的发展过程，明万历年间，火药用于矿山爆破是完全可能的。上面阐述过的河南荥阳明代桃花岭银矿，就发现了使用炸药的痕迹。

自然，火爆法在明清时期仍然大量使用。明弘治五年（1492年），陕西城固县修五门石峡时，应用火爆法的具体操作是："积薪石间，炽火烧之，俟石爆裂，乃以水沃之，石皆融溃。遂督匠悉力椎凿，无不应于崩摧。石且坚，复烧而沃之，如是者数[3]"。陆容《菽园杂记》卷十四引《龙泉县志》云，浙江处州用火爆法采铜，"采铜法，先用大片柴，不计段数，装叠有矿之地，发火烧一夜，令矿脉柔脆，次曰火气稍歇，作匠方可入身，动锤尖采打。凡一人一日之力，可得矿二十斤，或二十四五斤"。

四、井巷支护技术

古代井巷支护有四种形式，即自然支护（也称无支护）、留石柱支护、木架支护、充填支护。明清时期，这四种支护形式都有使用，且有了明确记载。

井巷木架支护在商代铜矿山就已较规范，到了明代，有关记载更为明确，认识上也有了一些提高。明《徐霞客游记》卷十八载：云南永昌玛瑙矿平巷支护"以巨木为桥圈，支架于下，若桥梁之巩，间尺辄支架之"。《黔书》载：巷道支护"皆必支木幕版以为厢，而后可障土"。王崧《矿厂采炼篇》载：巷道支护"搘拄以木，名曰架镶"。"间二尺余支四，曰一箱。硐之远近以箱计"。清张泓《滇南新语》载："虑内陷，支以木"，"间二尺余，支木四，此四木为一厢。洞之远近以厢计，上有石，则无虑，厢亦不设"。这些记载说明了三个问题：(1) 为了防止巷道内的围岩塌落，巷道和硐室须用木材支护。(2) 说明了排架式支撑的结构、间距及以厢计算巷道之近远。(3) 坚固的围岩是无须支护的。

《滇南矿厂图略》上卷，具体地描述了平硐的支护结构及其名称："凡硐、门谓之礌，得矿予硐，口竖木如门，有框无扇，曰礌门，叠木门上，如博山形，谓之莲花顶"（图8-2)。井巷支护名曰镶木，通到矿体的窿道叫做"窝路"。关于厢架的具体结构和尺寸是"土山窝路，赖以撑柱，上头下脚，横长二三尺（指宽)。左右两柱，高不过五尺，大必过心（指直径）二寸处，用木四根，谓之一架。隔尺以外曰走马镶，隔尺以内曰寸步镶"。从《滇南矿厂图略》（图8-2、4）上可见，巷道断面形状有两种：一种是梯形巷道，即支护的立柱呈"八"字形；另一种是矩形巷道，即支护的立柱垂直。礌门断面（图8-2）可容两三个人，说明硐门的尺寸较大。门上的莲花顶叠木有五层，呈博山形，应该相当牢固。

此巷道支护中的所谓"架镶"、"厢"、"寸步镶"、"走马镶"，实际上反映了巷道的一种支护方法和计算单位。使用起来较为方便。

五、关于采矿方法

我国古代采矿业可追溯到石器时代，且露天开采和地下开采长时期并存；发展到明清时期，已经走过了漫长的道路。

（一）露天开采

从文献记载看，明清的露天开采主要有两种方法，一是掘取法。二是垦土法。云南东川铜矿有"草皮矿"或"鸡窝矿"，只要把表土或薄层岩层剥除，掘下数尺，即可得矿，即所谓掘取法。宋应星《天工开物》卷十四记载，广西河池山锡"皆穴土不甚深而得之"。即是此意。关于垦土法，《天工开物》记载了土锭铁"乘雨湿之后牛耕起土，拾其数寸土内者。"此即垦土法。其事半功倍，体现了古代劳动人民的聪明才智。

（二）地下开采方法

为了采出有用矿物，继开拓之后，必须根据不同的地质条件和生产技术水平，在矿体和围岩中，以一定的布置方式和程序，掘进一系列的采准和切割巷道，并按照一定的工艺过程进行回采工作。这些巷道的布置方式及掘进程序和回采工艺过程的综合即“采矿方法”。

我国的地下开采早在商代采用了支柱及支柱充填法。明代在采煤技术中都有使用。《天工开物》卷十一载：“凡煤炭取空而后，以土填实其井”，即用废石作充填料充填采空区以防止周围岩石塌落。

关于房柱法，早在战国麻阳铜矿中就已采用，宋代便发展到较高水平，明清仍在沿用；番禺莲花山和大岗明清采石场，其房柱法开采遗迹保留至今，且规模甚大。清《铜政全书》载：“攻采既久，遇有墙壁竖直进，忽得大矿，其盖如房顶，其底如平地，有三间五间屋之大为堂矿。”说明清代云南采用的房柱法采矿，其规模是相当大的。云南东川铜矿是与海相沉积有关的层状形铜矿床，有些地段矿石与围岩比较稳固，所以适于矿房法回采矿石，其特点是依靠围岩、矿柱来维护采空区。在吴其濬《滇南矿厂图略》附图一、附图三上都画有“象腿”，即矿房的矿柱。从图上看（图8－2），矿柱大小相近，间距相当，几个矿房顶板的高度也相近，矿房的布局显得十分规整。

屈大均《广东新语》卷五“石语·端石”条也记载了房柱法，说的是宋代开采端溪砚石采用房柱法。到了清代，由于好的砚石不易得，结果把宋代留下来的石柱也都开采罄尽而以木柱代之的情况：“水岩在老坑之内，宋治平（1064—1067年）年中，于此采砚。东坡所谓千夫堰水，挽绠汲深，篝火下锤，百夫运斤而得之者”，“昔人取石留数柱，虞其颓圮。今名为东留柱、西留柱，亦取之，以木柱代矣”。可见在明清时期，房柱法在围岩比较坚固的矿体中是使用得较为普遍的。

六、采矿辅助工艺发展

矿井通风、排水、照明设施是关系到井下作业成败的重要设施，明清时期均有发展，许多地方都有了自己的专用名词。如在云南，照明设施叫做“亮子”；井巷不通风叫做“闷亮”，通风设备叫“风柜”，通风道叫“风洞”。矿井水的来源有“阳水”和“阴水”之分。“阳水”即矿外向内的渗水现象，“阴水”即矿硐内地下水的涌水现象。排水的设施有“水龙”等。这些专业名称的出现，一方面说明了这些辅助技术的全面发展，另一方面也说明人们在这些方面已积累了相当经验。

关于井下排水技术，王崧《矿厂采炼篇》说：“掘深出泉，穿水窦以洩之。有泉则矿盛，金水相生也。水太多，制水车推送而出，谓之拉龙。拉龙之人，身无寸缕，蹲泥淖中如塗附，望之似土偶尔能运动。”笔者考察了安徽南陵唐代井下开采铜矿的矿房遗址，曾发现有水车。明清时期，井下排水曾使用水车，确被王崧的上述记载所证实。他还记载了当时的排水方法：若矿硐地位高，窝路平推时，则引水自然外流，此最省力，若矿硐地位低而窝路又向内倾斜，则需要人工排泄。如出水不多，便可用皮囊背出；如出水很多，便需要“水龙”。

关于排水设备“水龙”的结构、使用方法、排水量及其优点等，清吴其濬《滇南矿厂图略》记载详细：排水设备“曰龙或竹或木做成，长自八尺以至一丈六尺。虚其中，经四五寸。另有棍或木或铁，如其长，剪皮为垫，缀棍末，用以摄水上行。每龙每班用丁一名，换手一名，计龙一条，每日三班，共用丁六名。每一龙为一闸，每闸视水多寡，排龙若干，深可五六十闸，横可十三四排，过此则难施。超过了这个数目则难施用。大矿水多时，用这种水龙抽水需一二百人甚至上千人。常常因用于排水的费用太大而造成矿井封闭。每天每龙需人六名，每排五六十闸，十三四排，至少有 650 根“水龙”，昼夜约需 3 000 多人。即使是每排十五六闸，十三四排计算，也要用 200 根水龙，昼夜也得 1 200 人排水。可见当时井下排水工程之浩大。

关于这种竹、木水龙的结构和制作方法，1902 年刊行的宋赓平《矿学心要新编》作了更详细介绍：木水龙“其法用圆木一根剖开，挖去其心，内外光滑无滞，用桐油浸透合之，用铁箍包好，长可丈余，大如中碗，头与竹龙同样，亦用掩皮，其出水处亦以龙杆抽挖，于龙杆梢上捆猪皮数缕，一提则出水，一入则收气。此龙妙在竖立取水，下安龙窝”。竹水龙“惟较木龙可长一倍”。“其法以头等斑竹过心五六寸者，用龙鏄从中透空，竹节务使光滑到底，上下用箍四道，下用杪木长七寸，形如酒提倒续于下，下空而上用活页，外用白蜡木杆六尺，下兜以猪皮倒透入龙杆，上则页开而水进杆，下则页塞而水以上出，如窝有水则出水，窝无水则自叫，甚奇特也。”“此龙能长至二丈四尺，故较木龙能深处取水，其力量更大，所以称第一也。”

清代，矿山排水不仅设备有了很大改进，而且技术也有较大提高。吴其濬《滇南矿厂图略》在描述矿山分级排水系统级数的同时，（即“每一龙为一闸”，“深中达五六十闸”），还附有分级排水图（图 8－4）。从图中可知，每一级由下而上将水抽入龙塘（即水窝），由最后一级将水排至地表。应该说，康乾盛世，中国矿产翻番上升，是与当时矿山排水技术达到了一个新的高度密不可分的。

图 8－4　清《滇南矿厂图略》中的矿山分级排水图

古代矿山的浅层开采，井下多采用自然通风，到了春秋季节，因为地下与地表温度接近，所以风流速度很小，甚至接近停止。这就逼迫古人创造了上述阐述的通风方法。到了明清时期，已经发展到深井开采，随着掘进深度的增加，一些行之有效的井下通风措施也越来越多，关于通风方法已经形成了成熟的理论。

王崧《矿厂采炼篇》说：“硐中气候极热，群裸而入，入深若闷，掘风洞以疏之，作风箱以扇之。”可见，清代的井下通风，已设有专门的通风风洞并在洞口安有排气风箱。吴其濬《滇南矿厂图略》记载：“风柜，形如仓中风米之箱后半截，硐中窝路深远，风不透入，则火不能燃，难以施力。或晴入则太燥，雨久则湿蒸，皆是致此，谓之闷亮。设此可以救急，仍须另开通风。”由此可见，清代的井下通风，并不是仅靠单一的设备，而是由风箱、风柜、气井、气巷综合成井下通风系统，以适应当时深井开采的需要。

《滇南矿厂图略》中还记述了闷亮（即不通风）、水灾、塌方等矿灾、矿害问题以及防治方法。这也是古文献中少见的记载。

关于井下照明的具体方法。张泓《滇南新语》说：“洞内五步一火，十步一灯，所费油铁，约居薪米之半”。当时井下照明的燃料有多种，张泓说：“以猪脂渍布燃照”。屈大均《广东新语》说“豨膏燃火”，即都是用猪油。田雯《黔书》说：“松脂照之。”

关于亮子的结构和使用方法，王崧《矿厂采炼篇》记载甚详：“硐内虽白昼非灯火不能明”，灯，即“亮子”，“以铁为之，如灯盏碟而大，可盛油半斤。其柄长五六寸，柄有钩，另有铁棍长一尺，末为眼以受盏，钩上仍有钩，可挂于套头上。棉花搓条为捻”。“以巾束首曰套头，挂灯于其上，铁为之柄，直上长尺余，于末作钩，名曰亮子（图 8－3）。所用油铁约居薪米之半”。“计每丁四五人，用亮子一照”。

关于提升运输技术，《天工开物》中的“南方挖煤”图和“下井采宝”图都画有当时的提升工具绞车。

至于支护木的采伐和运输，明清时已有一套成熟的方法。当时的皇家用木采办，对巨大的楠木、杉木的采伐、运出，已有专门的“斧手”采代。同时有专门的篦子匠造作缆索及助滑竹皮，铁匠打制工具，用绳系在大木首端的鼻孔上多人负杠拖行。拽运时其间免不了要用石匠开采巨石，也利用小溪泄运，并总结出“陆运必于春冬，水运必于夏秋”的经验[26]。古代用于井巷支护的木材，一般就近取用，其伐运方法不会比皇家用木采办复杂。

关于井下矿石的装载运输，清吴其濬《滇南矿厂图略》记载：用麻布袋，即如褡裢，长四五尺，两头为袋、墕硖、矿皆以此盛用。用时一头在肩，另一头在臀。硐中多伏行，故用此为便。还有一些较为先进的井下装运方法，例如，拖车、绞车等，明清有关采煤的记载中不乏介绍，可见本卷采煤部分。

也许是不同行业的关系，煤矿的井下通风、照明、提运、排水，比金属矿更为讲究，这在明《本草纲目》、《天工开物》和清初《颜山杂记》中都可看到。

参考文献

〔1〕陈梧桐：《略论明朝矿业政策及其对资本主义萌芽的影响》，《光明日报》，1980 年 10 月 28 日第 4 版。

〔2〕中国人民大学清史研究所档案系、中国政治制度史教研室合编：《清代的矿业》，中华书局，1983 年，第 1—2 页。

〔3〕中国古代煤炭开发史编写组：《中国古代煤炭开发史》，煤炭工业出版社，1986 年，第 140 页。

〔4〕吴其濬：《滇南矿厂图略·滇矿图略》。

〔5〕（清）王崧《矿厂采炼篇》。清吴其浚《滇南矿厂图略》上卷之末附。

〔6〕宋起凤：《矿害论》，乾隆《大同府志》卷二十六，第 8—9 页，“艺文”。转引自中国人民大学等编：《清代的矿业》，中华书局，1983 年，第 3 页。

〔7〕光绪八年云贵总督岑敏英和云南巡抚杜瑞联奏稿，见王文韶《续云南通志稿》卷四十五“厂员”引。

〔8〕郝振林：《个旧锡矿开发史和找矿勘探史》，《矿山地质》，1983 年第 4 期，第 49—51 页。

〔9〕王庆苹：《上高县蒙山银矿遗址》，《江西历史文物》，1983 年第 4 期，第 35—36 页。

〔10〕《江西冶金》（《江西冶金史研究》专辑），1994 年第 6 期，第 56 页。

〔11〕董全生、梁王坡、郑金中：《南阳地区古代采冶遗址调查》，第四届金属史学术会议论文，1993 年 10 月。

〔12〕栾世伟：《小秦岭金矿床地球化学》，《矿物岩石》，1985 年第 2 期。

〔13〕李京华：《中原古代冶金技术研究》，中州古籍出版社，1994 年，第 13 页。

〔14〕荆三林：《浮戏山丛考》，巩县文史资料抽印本，1986 年 10 月，第 24 页。

〔15〕湖南省博物馆吴铭生先生调查后于 1986 年 4 月 10 日来信惠告。

〔16〕汪景辉、杨立新：《铜陵发现古代铁矿井和冶铸遗址》，《文物研究》，总第五辑（1989 年 9 月），第 197—198 页。

〔17〕朱寿康：《汞业发展史概述》，全国金属史学术会议论文，1985 年 11 月。

〔18〕广东省博物馆：《广东罗定古冶铁炉遗址调查简报》，《文物》，1985 年第 12 期，第 70 页。

〔19〕李新才：《高岭古瓷矿遗址维修工程竣工》，《中国文物报》，1997 年 2 月 2 日第 2 版。

〔20〕作者 1999 年考察。

〔21〕《中国大百科全书·矿冶》，《滇南矿厂图略》条目（李仲均），中国大百科全书出版社，1984 年，第 85 页。

〔22〕李仲均：《中国古代采矿技术史略》，《科技史文集》第 9 辑，上海科学技术出版社，1982 年，第 5 页。

〔23〕夏湘蓉、李仲均、王根元：《中国古代矿业开发史》，北京，地质出版社，1980 年，第 279、280 页。

〔24〕李树青：《我国煤矿生产传统土法工具设备》，中国古代技术史学术讨论会论文，1981 年。

〔25〕（清）王穆：《城固县志》，卷九二十七页，引郭岂：《开五门石峡记》文。康熙五十六年（1717 年）刊本。

〔26〕蓝勇：《明清时期的皇木采办》，《历史研究》，1994 年第 6 期，第 92 页。

第九章
仍在使用的传统采矿和选矿技术

第一节　仍在使用的传统采矿技术

我国的许多老矿山都一直保留着传统的采矿与选矿方法，即所谓“土法”生产。20世纪50年代后，虽矿井提升、通风、排水等生产环节基本上实现了机械化，但在回采、掘进等主要生产环节上，却仍然采用传统的手工操作。传统的矿山开拓，自古至今皆是露天坑开采和地下开采两种，后者则由竖井、斜井、平峒、矿房采场等组成。随矿井大小、深浅之不同，掘进方法亦异。下面便对至今仍在使用的传统采矿技术作一简单介绍。

露天开采，如湖北大冶铜绿山4号矿体，为乡办铜矿。露天采场按矿体走向采用沟槽法开拓，长250米，宽20余米，深24米。露采剥离人工挖掘，工具有镐、锄、锹等。用竹篾箕装矿，人工挑担运到一堆后，再用两轮板车沿坡道运至地面〔1〕。

又如大冶红卫铁矿，土法开采的露天坑，采用的是阶梯式剥离法。由于围岩较破碎，采坑留有近60度坡度（安息角）。矿石提升采用挑杆与辘轳相结合的土吊车提升法，即在露采阶梯台面上安一个铁转盘，木杆的一端与转盘上的铁环连接，另一端安有定滑轮。麻绳通过滑轮，绳一端的铁钩挂着装矿的竹箕，另一端连接辘轳，矿石提升由转动辘轳控制〔1〕。

地下开采，主要见于铜岭地区，一般都是在山腰打一平峒直达矿体，矿体分中段开采，在每一段采用盲竖井或盲斜井切成一块块的采区。

1902年云南会泽县的铅锌矿开采，开拓方式为矿硐。用锤、凿破岩。照明燃料为清油〔2〕。

江西永新乌石山铁矿，自1906年起，由当地绅民采用土法开采，长达四十余年，分露采和坑采两部分。坑采以龙家山、马牛山、奇连山一带为主，采用斜井沿矿脉延伸方向掘进〔3〕。当时，江西赣县陇下铜矿也是采用土法开采，窿洞开拓。采掘矿工日平均达五百人，开采最盛时期每日可产铜三百余斤〔3〕。

1912年至1936年间，云南出现了一大批私营的矿尖炉号，其中有铜矿、铅锌矿、锡矿。到1936年止，云南的各种矿种，在采矿选矿方面，仍然是使用手锤铁凿破岩放炮，移垅就水等办法采矿。黄色炸药虽已采用，但不普遍〔2〕。

民国时期，云南的“砂丁”非常艰苦，他们在资本家的逼迫下，下到一千多米深的矿硐底工作，每次背负的矿箩或矿包负荷几十斤乃至一百多斤以上，从长达几百米到二三公里以上的窝路里，用手脚膝肘支撑着爬行前进，将矿石运出硐外。窝路狭窄矮小，有些地段直上直下，有些地段常年积水，形成“涝塘”，环境恶劣[2]。

民国期间，江西大余、崇义钨矿开采全由人工完成。采矿方式分为干口和水口法两种[3]：

干口——见矿先挖窿洞，寻着矿脉开采，将含有钨矿的矿砂采下，由人工挑回棚中或家里锤碎，用水淘洗，把白沙淘去，剩下者即是钨砂。窿洞的形式各异，有竖井、横窿和开天窿。碰到窿洞中有岩石，就用黑色火药炸开。窿洞中的泉水，用竹筒抽出窿外。

水口——窿洞内采出的废砂，或山顶部分风化的砂砾，余存细碎钨砂粒甚多，混于泥土中，用水冲洗，即可淘出。水口采矿方式，实为水介质选矿。

1944 年，安徽铜陵老庙基山铜矿，先开平巷 65 米，继通斜井。矿工下井干活，赤膊露臂，下身围系麻袋片。采矿工具为铁锤、钢钎，照明采用豆油灯和电石[4]。

大冶铜山口铜矿现代民办矿山，在几个山腰开拓平峒，有的长达 300 米，达到矿体后，开盲竖井，再按 12 米的上下间距开拓三条水平中段巷道。在巷道的端头为采场，一般高 4 米，直径 6 米至 7 米[5]。

井巷支护技术。土法采矿的支护方法大体与古代一样，根据围岩的坚固性，分自然支护法和人工木材支护法两种。

竖井人工支护主要有方框间隔式和垛盘式两种。笔者 1993 年做过考察，在湖北大冶石头咀刘家湾村发现村民当时正在挖一口矿井，其井口为矩形，毛断面 2.5 ×2 平方米，净断面 2 ×1.75 平方米，深 37.5 米，其支护方法完全采用了古代江西的碗口接内撑方框间隔式支护。支护圆木直径 12 厘米，端头为碗口，背板宽 8—10 厘米，每边 3—4 块，背板与井壁间再用稻草背护，方框间距 1 米，近井口处间距 0.5 米。村民告诉我们，挖这样的一口矿井，每昼夜作业，需要一个月的时间完成。

在脉金矿山土法开采中，有些竖井支护方法与战国时期铜绿山的支护一样，井口为正方形，框架由 4 根圆木组成。圆木两端砍出台阶，搭接时层层叠压，形成密集垛盘式框架[6]。

平峒人工支护主要是梯形棚架[5]，其结构完全与湖北阳新丰山铜矿东周时期的平巷支架相同，即立柱的顶端和脚头为碗口接，与顶梁和地梁吻接，两根立柱呈八字形，使平巷断面上小下大，呈梯形断面。

采掘工具。从上述土法生产的矿山可以看出，采掘工具均为民间的传统铁制工具，如锤、钎、锄、镐、钯、凿等。

提升设备。矿井提升的传统设备中，最常见的是辘轳、绞车。解放前后，在河南、山西、北京煤矿中有使用畜力作动力的绞车[7]，提高了生产效率。

排水设备。第八章阐述过的清代排水设备竹“水龙”，至民国时期，河南煤窑中仍然采用[8]。1958年，有些地方的小煤窑，排水采用铁质拉管，其原理与“水龙”的原理一样，并且在斜井内由拉管沿倾斜方向组成分级抽水系统，每小时的排水量为2.85吨[9]。

第二节　仍在使用的传统选矿技术

新中国成立后，中国选矿事业得到了迅速发展，以各种先进的机械选矿，代替了笨重的体力劳动。但是，作为富集重砂矿物的淘选、溜选技术，在民间仍然得到广泛的应用和发展。相对现代设备而言，虽然传统设备的劳动强度较大，效率较低，但是对那些分散的、品位低的零星小矿点来说，采用传统的选矿方法，具有投资少，见效快，能因地制宜充分利用国家资源的优势，是发展国家矿业生产增加国家财富的必要补充。

我国矿产资源的一个突出特点是中小型和零星分散矿体居多。有些矿来自浅地表的薄层矿和老采区的复采。一般来说，这些零星分散资源难以为国营矿山企业所利用，这给乡镇矿业的发展提供了适宜的资源条件。这些年来，我国乡镇企业异军突起，取得了举世瞩目的成就。“到1990年底，我国乡镇矿山总数已逾24万，其中乡镇集体矿山12.5万，个体采矿11.5万……在1990年我国1334亿元矿业总产值中，乡镇矿业占26.5%。1990年，全国乡镇矿业开发利用矿种136个，矿石产量7.8亿吨，占全国矿石产量的36%，其中黄金占35%；铁矿石5258万吨，占31%……乡镇矿业已成为我国矿业不可缺少的重要组成部分，它的发展不仅为保障国家矿产品原材料的有效供给，而且对缓和我国能源严重短缺局面作出了积极贡献”[10]。特别是传统的淘洗船选矿法和溜槽选矿法，在乡镇金矿山中被广泛应用[11]，在云南、广东、广西乡办砂锡矿山和湖北、安徽、江西、湖南乡办铜矿山也被采用，用来选别难选的矿泥或残坡积砂矿。迄今，就是在国营矿山，固定溜槽作为简单可行的重选设备在采金船选矿工艺中应用非常广泛，尤以中小型采金船居多。

近些年来，我国地方采金十分活跃，多用传统的手工方式，“其产量占全国黄金总产量的40%以上。1984年，有十四个县年产黄金都已越过一万两。素称‘金城天府’的山东省招远县，1985年黄金产量已过十万两。[11]”黑龙江、山东、陕西、山西、湖北、湖南、四川等省已成为考察传统淘金工艺的理想之地。

我国大小兴安岭是个金子镶边的富集地带，“兴安岭”乃是满语“金阿林”的直混译音，是满语“金山”之意。乌拉嘎金矿是小兴安岭金矿中一个著名的金矿点，已有一百多年的开采史。这里的淘金场上，仍然可以见到古老的淘金方法。其工艺流程分为粗选和精选两个步骤进行。

粗选的主要工具淘金槽（图9－1），又叫金溜子，是一种粗富集的工具，内中放一个帘子形的东西，由木条制成，形似搓衣板，叫溜格子。粗选采用溜槽法，也分上溜、清溜两步进行。

图9－1　乌拉嘎金矿用的淘金槽

上溜，即用铁锹把含金的河沙装进金溜子中，然后用水冲洗，冲洗时需用人上下左右地摇晃，那些细碎的、以肉眼几乎看不见的金末，因为比砂子重而沉落下来，存集在溜格子里。经过1—2小时的反复淘洗后，便可进行清溜。清溜是取出含有多量金末的粗精矿。

精选工序则是，粗精矿经木板制的淘金簸箕（图9－2）精淘以后，就可以使金、沙分离。精淘要求技术娴熟、细心，不然的话，几个小时积攒起来的金末，随时都有损失的可能，所以精淘一般都由行家亲自操作。

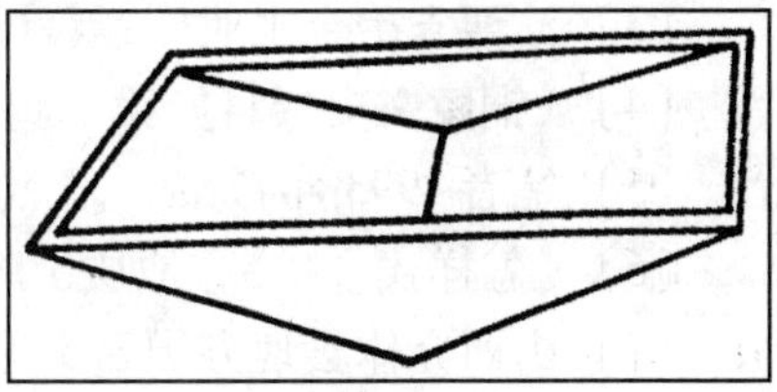

图9－2　传统工艺中使用的木淘金簸箕

最后，将淘得的金末装进红色的布袋（又叫“金缸”，表示日进斗金之意）中，实际上每次精淘后装缸，只能得到几厘至一钱砂金。我国目前所见到的淘金方法，如黑龙江罕达汽金矿、湖北郧县汉水北岸淘金场、陕西潼关淘金场等，均与乌拉嘎的淘金工艺流程相同。不同的是，有些地方进行上溜工序时，不是采掘河沙，而是采掘沾有含金河沙的鹅卵石，将其装入筐内，放在溜槽始端的木架上，然后用水冲洗卵石。如湖北郧县就是如此。

用传统溜槽选金，溜槽的面积小，流程简单，选别下限能力低。据罕达汽金矿测定，溜槽作业回收率不超过70%[12]。据《漠河县志》记载，清光绪年间，漠河老金沟矿场鼎盛时期有淘金工人六千多人，每天可淘砂金一千多两，即平均每人每天淘金六分之一两，这种产量还是很可观的。《桦甸县志》记载，吉林夹皮沟在清初时，“启山林淘采黄金，日得黄金五百两”。直到现代，这里仍是吉林省重要的黄金产地之一。

参考文献

〔1〕笔者1984年考察。

〔2〕云南大学历史系等：《云南冶金史》云南人民出版社，1980年版，第84—118页。

〔3〕江西省冶金工业厅：《江西冶金》，1994年第6期，第68—73页。

〔4〕《铜陵文史资料》第七辑，第175—176页。

〔5〕笔者1993年考察。

〔6〕《怎样找金矿》，地质出版社，1977年10月版，北京。

〔7〕山西介休县地方国营义棠煤矿：《义棠煤矿畜力提升绞车》，煤炭工业出版社，1960年。

〔8〕李树青：《我国煤矿生产传统土法工具设备》，中国科技史学术研讨会论文，1987年。

〔9〕北京矿业学院编：《中国小煤窑开采丛书（四）》，煤炭工业出版社，1959年。

〔10〕陈耀邦：《促进乡镇矿业的健康发展》，《中国地质》，1992年第3期，第7页。

〔11〕黄宣：《中国的黄金开采业》，《人民画报》，1986年第3期。

〔12〕戴维道：《试论砂金勘探中的几个问题》，《黄金》，1986年第1期，第17页。

第十章
结　语

第一节　中国古代采矿技术发展体系及其特征

中国是古代世界四大文明发源地之一，文化传统延绵不绝、高峰迭起，绚丽多彩、独具特色，采矿技术也是这样。

中国古代采矿技术以井巷木架支护最具特色。无论是“榫卯”节点结构井巷框架还是“碗口”节点结构井巷框架，都是在木架结构上进行改进。以江西铜岭铜矿山为代表的“碗口接内撑式”竖井支护，自商代至战国的发展顺序是：

商代中期，同壁碗口接内撑式。

商代晚期，同壁碗口接加强内撑式。优点是，相对的两木之间再内撑一木，使木架四面都能抵抗侧压。

西周早期，交替碗口接内撑式。碗口接内撑木间隔出现在井筒四壁，使四壁都有抗侧压的支撑点。

西周中晚期，交替碗口接内撑加强式。由两副交替平置的碗口按框架重叠在一起组成加强式框架，大大增强了框架抗压强度。

春秋时期，竖井支护保持了西周时期的特点，为交替碗口接内撑式或加强式。

战国早期，平口接榫方框密集垛盘式。由于构件节点互相紧密吻合，形成封筒形支护，具有抗侧压、抗剪应力等综合效应，使竖井支护技术登上辉煌时期。

以湖北铜绿山铜矿山为代表的“榫卯接内撑式”竖井支护，自商代至战国的发展顺序是：

商代晚期，平头榫卯内撑式、平头榫卯串联式。由于平头，井架四角没有形成能伸入围岩的壁基结构，井架易下滑。

西周时期，尖头榫卯内撑式、尖头榫卯串联式。由于尖头伸入围岩，井架不会下滑。

春秋早中期，竖井支护结构同西周时期，但尺寸加大。

春秋晚期至战国，平口接榫方框密集垛盘式。湖北铜绿山、江西铜岭，以及后来的安徽铜陵，竖井结构统一呈垛盘式。

商代至春秋时期平巷支护的发展顺序。江西铜岭：由商代中期的碗口接半框架式，发展到中晚期的碗口接框架式平巷支护，这种结构一直保持到春秋时期。商代晚期还创造了开口贯通榫框架式。

湖北铜绿山：由商代晚期的圆周截肩榫卯接框架式、上榫卯下杈框架式平巷支护，一直沿用到春秋时期。为了防止巷道框架滑移、错动，这时的榫卯接框架式平巷，用木杆件分别将每幅木架立柱的柱头和柱脚纵向榫卯套接，形成链式榫卯套接加强式框架支护。到了战国时期，平巷支护采用鸭嘴亲口框架式，使平巷支护技术登上辉煌时期。

采矿支护技艺的多样性统一，是中国古代采矿技术的重要特征之一。而采矿方法的创新，是中国古代采矿技术的又一重要特征。

在中国木架支护井巷的特色下，由地表下掘数个井筒或在井底掘进平巷或斜巷，边掘边采边支护，必然产生方框开采法，这有别于西亚的空场采矿法。

研究铜绿山古代地下采矿方法，我们得出了它有一条从单一的群井开采法到方框支柱开采法，再到护壁小空场开采法等多种采矿方法的发展道路。群井法虽然具有简单易行的特点，但毕竟难以适应矿体赋存状况。而后两种方法，可以适应多种产状矿脉的开采，具有减少采场地压管理工作量等特点。特别值得指出的是，西周时期，我国的方框支柱开采法已经发展到相当高的水平，从单一功能结构方框发展到多功能结构的方框设计，即将两个或三个回采工作层，分层自下而上开采推进，用方框棚子来支撑采空区，下面的采空区被用手选出的废石或低品位的铜矿石局部或全部充填，支柱法与充填法配合使用，形成古代中国特色的水平分层棚子支柱充填法。

随着中国上古木架支护技术的快速发展，到东周时期，更多的地下采矿方法创新，链式方框支柱法、横撑支架开采法出现，房柱法有了进一步发展。隋唐以后，这些采矿方法日逐完善。

采矿技术的重要特征是它的综合性。正因如此，它的发展除支护技术、采矿方法外，还有赖于采掘、矿井防水、排水、提升运输、通风照明等各项工艺环节，亦即多种制作技术的配合，在很大程度上基于中国古代各种社会要素的综合。

大量考古资料表明，中国大型的青铜采掘工具和先进的铁制采掘工具对中国采矿技术的发展起了非常重要的作用。从商代使用滑车提矿到战国使用大型绞车提运矿石，从西周矿山地下排水水槽到唐代使用水车分段排水，这些采矿辅助技术使得中国古代采矿技术不断地发展。

与采矿技术发展一样，中国选矿技术体系也自有特色。商周时期，为了将多金属矿石和夹废石的矿石选成单质精矿，设法提高矿石中铜金属含量，降低其有害杂质的含量，选出在技术上、经济上适合于冶炼要求的产品。成功地采用了多种淘洗选矿和溜槽选矿法。从几处古矿冶遗址的遗迹看，重力选矿法主要是处理贫矿带中的矿石，例如铜岭的那种平均含铜量在 0.57%—3.25% 的铁质黏土类型铜矿。对于次生富集带中那些含铜高达 20% 左右的单体铜矿石，在采掘过程中或选矿准备工序中，人工手选也是必不可少的。就重力选矿工具和设备而言，木质淘洗盘表面粗糙，摩擦力大，粒状矿物不易滚动，有利于矿物分选。溜槽结构先进，处理矿石量大，反映了中国西周时期较高的选矿水平。

中国先秦的选矿技术是以水介质重力选矿工艺为标志。秦汉以后，传统选矿工艺继续发展。例如，宋代《萍州可谈》卷二，仍然论及“登、莱金坑户止用大木，锯割之，留刃痕。投沙其上，泛以水、沙去，金著锯纹中，甚易得”。明代《天工开物·五金》中，有“淘洗铁矿”图，数以万吨计的金属矿砂，仍然是靠着传统工艺分选出来。

第二节 中国古代采矿技术观的讨论

人类自出现于地球上以后，就为生存、繁衍、发展进行着不懈的努力，思考着如何利用自然改善生活条件和环境。

人由类人猿中分化出来，是从制造生产工具开始的。生产工具是人类改造自然的标志。而石制工具的出现，产生了石料的选择、采掘等工序。由此可见，矿冶历史与人类历史紧密相连。

语言和文字的产生，标志人类有了思想和概念。但原始社会晚期，人类对自然的控制能力仍极其微弱，尚不能正确地解释自身和周围世界，于是在他们意识中形成了超自然力的原始宗教意识，产生了对自然神的崇拜，其中包括对山神的崇拜。

人类进入奴隶社会，原先那种单纯的对“超自然力量”的崇拜被统治阶级注入了阶级压迫的内容。然而人类的物质需要和精神需要是推动矿冶技术发展的原动力。这种社会需要，一方面迫使匠师对采矿工艺中具体的材料、动力、工具、设备进行分析、总结改进；另一方面，社会需要和社会的政治、经济、军事等因素又对采矿技术产生深刻的影响，促进采矿技术的变革。从前面的论述可以看出，中国古代采矿技术表现出它的连续性、继承性、发展性，它自成体系，形成一个整体。采矿工艺中各个技术环节，成为工匠的一个技术原则，一种行为规范。

华觉明先生说：“中国的传统技术观是一种有机的整体和综合的技术观。它以‘和’为理念，采取‘和’的方式与手段来达到‘和’的旨归”[1]。这个认识是深刻的。笔者认为，中国传统的采矿技术观也是一种有机的、整体和综合的技术观。“和”明白地表述了采矿技术观的本质特征。

以井巷支护技术为例作一说明。岩体未开掘时，岩体的压力和抗力处于平衡的状态。“平衡”，“和”也。当在岩体内开掘巷道后，原来岩体受力平衡状态遭到了破坏，由于力的不平衡，会使巷道周围岩石发生变形、破裂乃至冒落。为了保证采矿工作安全和生产正常进行，古代工匠将井巷用木支架及时地支护起来，以承受各方面的压力，使岩体受力逐渐达到新的平衡。这种生压和抗压，作用与反作用的“平衡”过程，就是一个“和”的流变过程。

古代工匠在长期的实践中，认识到地压的大小与下列诸多因素有关：巷道围岩的性质、巷道形状和大小、巷道所在的深度、开掘巷道的时间长短，以及支架类型和架设质量。所以在维护巷道时，对这些因素给予充分注意，从“和”的理念出发，通过不断改进支架的结构和形式，达到确保地压“平衡”，实现“和”的目标。

木支架节点结构就是一个“和”的理念，“和”的方法的应用。江西铜岭和湖北铜绿山古井巷支护，在商代，木构件之间已采用节点榫卯连接或碗口连接。平巷的木支护构架是沿着巷道的进深方向架设立柱，柱上架梁，在平行的两组木构架之间，再在梁上纵向支顶棚。这些木构件组合的目的，即“和”的目的，就是为控制岩体压力，维持井巷围岩稳定。

古代矿井通风，采取各种措施向井下连续输送新鲜空气，稀释并排出有毒、有害气体和粉尘，调节矿内小气候，创造较好的工作环境。古矿井通风系统，是由进风井、回风井及各种采掘巷道组成的通风网路，这种调节空气的通风方法，也是一种“和”的形式。

古代地下开采，包括凿岩掘进、井巷支护、通风、排水、提升运输、照明等工艺，是一个系统工程，其中的哪一环节都不可缺少，只有各环节相互配合，才能达到地下开采的目的。这种相互配合，是一个“和”的流变，“和”的实现过程。

关于“和”的技术观，在为数不多的涉及岩矿技艺的古文献中，有所反映。

《史记·封禅书》记载：“黄帝作宝鼎三，像天、地、人。”先秦，鼎被当作“明尊卑，别上下”的统治阶级制度和权力的标志。用鼎来尊天、地、人，正是“惟天地，万物父母；唯人，万物之灵”观念的反映。《考工记》称：“天有时，地有气，材有美，人有巧，合此四者，然后可以为良。”合者，和也。《考工记》认为技术是综合的和具有整体性特征的，必须具备了天时、地气、材质和技巧这四个要素（材质当然包括了地下的矿产和采矿工具的用材），并且把这四者有机地合起来，才能得到良好的技术成果。这一观念贯彻于《考工记》一书的始终。

中国古代的五行说，溯其渊源产生于金石并用时代。那时铜矿已被人发现，铜金属逐渐在生产、生活中广泛应用。铜的应用不仅增强了人类改造自然的能力，而且加深了人类对大自然物质世界的感受。中国古人经过归纳，提出了五种最基本的物质，作为自然界万物产生的基础（最初并不限定为五种）。《尚书》“甘誓”与“洪范”、《国语》、《左传》、《墨子》、《荀子》、《管子》等先秦典籍中都提到五行。

《书·大禹谟》：“水、火、金、木、土、穀、惟修；正德、利用、厚生，惟和……六府三事允治。”已将“和”的诉求置于甚为重要的位置。

《国语·郑语》说：“故先王以土与金、木、水、火杂，以成百物。”《左传·襄公二十七年》说：“天生五材，民并用之，废一不可。”是说金、木、水、火、土是五种人民生活的必需品。由此可见，古人用五行这种原始自发的唯物论，来概括无限多样性的自然现象，将五行视为世界的基本要素。《洪范》在谈到金的性质时，说金“从革”，即金属具有顺从变革的性质，具体说，就是金属可以任意熔铸或锤打成各种器具。这种理论，反映了当时人们矿冶知识的积累和思维能力进化到一个新水平。

五行学说还具有原始系统论的特色，五种物质各具自身独立的系统，而各系统之间又存在着相生、相克的关系。相生说，即木生火、火生土、土生金、金生水、水生木。古人的这种“原性理论”哲学是从具体事物中概括归纳出来的，有一定的经验事实作为基础。在具体的古代炼铜工艺过程中，木炭燃烧则生火，火熄之后，剩下灰烬（土），金属的矿石赋存于土中，而且矿石本身就属土，矿石冶炼成金属，即土生金，金属熔液从炼炉排放口流出，就以为液态金属里面有水，水生木容易理解，古代炼铜工艺过程是五行相生说的真实写照。战国时期由五行相生说推衍而来、由早期矿冶脱胎下来的一门学问——炼丹术，正是以炼铜工艺和相生说为基本理念的，即物质可以相生，在高温条件下，贱金属或其他物质可以变成黄金和白银，也可能变为使人长生不老之丹。中国炼丹术的理论形态，运用阴阳的对立统一概念，具有辩证的思想。特别是炼丹方法中对火候的掌握，（即加温反应的操作步骤），运火规则（即火候增减的要求）都有详细的论述。反过来，炼丹术对冶金学、化学作出了很大的贡献。

五行相克说，即火克金、金克木、木克土、土克水、水克火，构成一个循环。这种“原性理论”哲学同样对炼铜工艺具有指导意义。例如，火能熔化矿石，但如果木炭少了，炭比达不到冶炼的要求，热量不够，矿石就熔化不了。

五行中“土”这个元素似乎处于特殊的地位，《尚书·大传》云：“土者，万物之所滋生，是为人用。”《国语·郑语》云：“以土与金、木、水、火杂，以成百物。”先秦时期的许多铜、铁矿石都处在土状的土石之中。土中能采铜矿，先民早有体验。五行的本性，正是人们生产和生活中所体验到的物质的主要本性。

至于自然界成矿理论的研究，即怎样从地质背景的普遍性规律中提示成矿的特殊规律，东周人已有极大的兴趣。《山海经·五藏山径》中记载了许多地区（山）不同矿种的“阴阳”关系。例如，铜矿与铁矿，《西山经》说：“符禺之山，其阳多铜，其阴多铁”；铁矿与金矿，《西山经》说：“英山（今陕西华县）其阴多铁，其阳多赤金”。《中山经》说：“荆山（今湖北南漳县），其阴多铁，其阳多赤金”。《五藏山经》中七条铁和金都是“阴阳”关系，而且似乎存在着“其阳多金，其阴多铁”这样一条规律。《山海经》中记载的矿产位置与现代地质科学证实的矿产位置，许多是相符合的。《山海经》记载的矿产甚为丰富，计十二类九十二种，产地六百五十二处，分布于我国各地。这些记载，实际上是对我国矿产资源的一次普查记录。《管子·地数》用“上下关系”论矿产共生关系，是与《山海经》的观念同源，即阴阳学说。《易经》认为，世界上万事万物就是阴阳两性的对立，其中包括上下。正如《管子·水地篇》认可的，“阴阳者，天地之大理也”。先秦诸子的论理学说都不是以上帝为出发点，如管仲是以经济生活出发。《管子》系管仲弟子及再传弟子采拾管仲言行，附以它书汇集而成。从《管子·地数》的三段文字中，可归纳六条《管子》总结金属矿产共生规律：

1. 山上有赭，其下有铁；
2. 山上有磁石，其下有铜、金；
3. 山上有陵石，其下有铅、锡、赤铜；
4. 山上有铅，其下有银；
5. 山上有银，其下有丹；
6. 山上有丹砂，其下有黄金。

“管子六条”包括了铁、铜、锡、铅、金、银、汞七种金属矿产，是匠师在通过找矿、采矿实践所得的经验总结，基本上可以现代的地质资料来印证。由此可见，关于找矿方法，先民在深入细致的分析观察基础上，从感性描述进而到了理性分析。当然，与《山海经》所总结的“阴阳”关系一样，《管子》总结金属矿产的“上下”共生关系只是一种宏观的上下关系，这正是以《老子》和《礼记·郊特性》所说的“万物负阴而抱阳，冲气以为和”“阴阳和而万物得”的技术观为指导，当然还没有认识到“上下”关系内，存在着不同的成矿理论。

中国古代技术观是一种有机、整体和综合的技术观。“和”这个词相当准确、明白地表述了这种技术观的本质。

以铸造术为例。铸造技术的逻辑思维和设计思想来源于制陶技术思想。制陶技术观也是通过“和”的方法与手段，以到达“和”的境界与结果。水和土可成为可塑性泥，采用贴塑或泥条法或轮制法使泥成形，用火与泥结合来定型陶器，于是产生制陶术。冶铸技术观的全过程，可以说是金、木、水、火、土通过“和”的方法达到“和”的结果的过程。矿土与火结合形成液态物（金属液和渣），火是木炭点燃后产生的。复合陶范铸造工艺、失蜡法铸造工艺，都贯穿了“和”的工艺思想。

综观中国古代的冶铸术观，归纳起来有以下三个结合特点，即：

1. 技术和艺术的多样性结合。
2. 铸件功能要求和艺术性的完美结合。
3. 多种金属用于铸造的结合。

中国传统采矿选矿工具应用的特点，也反映着“和”的观念，围绕数器配套和一器数用，古人重视工具改革和创新，因地制宜和形式多样地发展应用多种材质的工具。

矿冶史，是一部人类认识地壳及其自然现象的演化史，经历过从神话、猜测、直观、推测、推理，走向科学的漫长过程。它本身就来源于人类的生活和生产实践。人类对地质进行观察、推测，获得了有实际意义的资料和信息，掌握了矿体外部特征的外延量，通过地下井巷，矿房的开采，掌握内部特征内涵量。人类认识矿物，尽力利用和改造矿物的能力，同时丰富了冶炼术的内容，推动矿冶技术的发展。《管子》说：“君有山，山有金，以立币。”《轻重》说：“请以令鼓山铁，可以籍而用足”。可见，矿产作为中国古人创造物质财富的源泉之一，使得中国采矿技术不断发展。另外，矿冶科学较强的实用性，它的理论与应用之间的密切结合，在矿冶工匠中间形成了一种思想传统：重视实效，“经验”色彩浓重的连贯性和朴素性。它同中国传统文化土壤构成因果互动、彼此包含的自洽关系，即中国古代矿冶术同人们的思维方式、价值观念和生活方式之间的关系。这种内外结构的互相作用，使得中国古代矿冶技术模式有很大的延续力。

参考文献

〔1〕华觉明：《中国古代金属技术》，大象出版社，1999 年 4 月，第 634 页。

煤矿编

李进尧 吴晓煜／著

第一章
中国古代煤炭工程技术的萌芽
（新石器时代至南北朝）

第一节 煤炭的发现

煤炭的燃烧性能到底是什么时候被人类发现的，又是谁最先发现的，在什么地方发现的，这些问题没有文字记载，我们只能根据煤炭的自然属性、煤炭的地理分布、人类文明进化的先后顺序、人类早期有关煤炭的传说、有关煤炭的考古发掘资料，进行综合分析，作出合乎逻辑的推断。

一、古人对煤的可燃性的认识

煤炭可以燃烧是今人皆知的事。煤炭燃烧有两种情形，一是点燃，一是自燃。日常生活用煤，工业生产用煤，都是点燃。煤的自燃现象只在煤层露头中、采过的煤矿遗弃的煤炭中以及露天存放的煤堆和煤矸石中可以见到。煤炭的自然发火，叫做自燃。不管在什么条件下，煤炭接触到空气就会慢慢发生氧化反应，释放一定的热量，当这种热量不能散失，聚集在煤中，越聚越多，煤的温度升高，一旦达到临界温度（煤的燃烧点），煤就开始燃烧，这就是煤的自燃现象。

现代地质学研究表明，煤层受地质作用影响，裸露于地面的露头，或虽埋藏于地下而有裂隙，由于与空气接触，很久很久以前就开始自燃了，古人不明其因，称这种现象为“火山”、“火井”。譬如，山西大同煤田侏罗纪煤层，在第四纪更新世就开始自燃了，今人考证，仅在山西大同雁崖 3 号和 11 号煤层古火区，已烧掉了大约两千万吨煤，燃烧特征十分明显[1]。早在一千五百年前，北魏郦道元在《水经注》中也有因煤炭自燃而出现“火山”、“火井”现象的记载，直到现在大同煤田的一些地方，煤层自燃现象仍在继续。

中国煤田分布很广，古代文献多处记载了煤炭自燃现象。除《水经注》的记载外，还有明嘉靖《宣府镇志》记载了山西河曲县煤炭自燃现象及形成“火山”的景观：“火山在河曲县南六十五里，…… 黄河东岸山上有孔，以草投孔中，焰烟上发，可熟食”[2]。《朔方道志》记载了宁夏中卫县火焰山景观：“县西南三十里，山产石炭，近西一带有火，历年不息，俗呼火焰山”[3]。唐代边塞诗人岑参看了新疆吐鲁番地区“火焰山”之后，专门写了一首诗《经火山》：“火山今始见，突兀蒲昌东。赤焰烧虏云，炎气蒸塞空。不知阴阳炭，何独燃此中？我来严冬时，山下多炎风。人马尽流汗，孰知造化功”[4]。另据《释氏西域记》记载：新疆库车地区也有煤层自燃现象，“屈茨北二百里有山，夜则火光，昼日但烟”[5]。

这些由煤层自燃而形成的“火山”、“火焰山”、“火井”等景象，无疑会给人一种启示：这些黑石头或黑土是可以燃烧的。

二、产煤地区古人对煤层自燃现象的认识

许多地区的煤层，或由于地壳运动，或由于河流剥蚀而直接裸露于地表，如大同七峰山煤层裸露于地面清晰可见（见图1－1）。此外如山西阳泉矿区、宁夏石炭井矿区、辽宁抚顺矿区及江西萍乡矿区等区域的煤层都曾大面积裸露于地面，有些地区的煤层露头线，现在仍很清楚。因此，在这种情况下，人们很容易发现并挖取可以燃烧的石头——煤。在一些产煤地区，由于用煤历史久远，往往流传着一些神话传说，有的传说后来又被古代文人墨客记载传扬。这也从一个侧面反映出中国用煤历史的悠久。例如，山西平定阳泉地区广泛流传女娲氏炼石补天的神话。相传女娲氏在平定东浮山上设灶炼石，用煤作燃料。明代学者陆深，根据民间传说和当地群众自古以来用煤烧“塔火”的习惯，认定女娲氏是用煤来炼石补天的。其写道：“家家置一炉焉，当户，高五六尺许，实以杂石，附以石炭，至夜炼之达旦，火焰焰然，光气上属，天为之赤……是谓之补天”[6]。陆深还为女娲炼石补天传闻写了一篇《浮山遗灶记》碑文，此碑现仍立于平定东浮山上。明代另一学者甄敬也认为“石火（烧煤）之利，其始于女娲氏乎！”[7]所谓女娲补天，虽仅神话，但平定阳泉地区很早就利用露头煤来烧火则是很自然的事。据《平定州志》记载，平定自古有一种风俗，上元之夕（正月十五日），家家户户烧石炭，叫“塔火”，或叫“棒槌火”，此风俗一直延至清代。

图1－1　大同七峰山煤层露头（图片采自《中国古代煤炭开发史》）

晋人王嘉《拾遗记》中载有炎帝用“燃石”变生食为熟食的传说，书中写道：“有宛渠之民，……及夜，燃石以继日光。此石出燃山，其土石皆自光彻，扣之则碎，状如粟，一粒辉映一堂。昔炎帝始变生食，用此火也。国人今献此石”[8]。这个神话传说本身虽有荒诞之处，但我们仔细加以分析，夜间燃起一种叫“燃石”的石头，用石火的光来照明，此石又出于可以燃烧的山“燃山”，而且这种石火是炎帝变生食为熟食所用的火，那么，这里所说的“燃山”，正与煤炭自燃形成的“火山”景象相似，所谓可燃烧的石头就是煤炭。

此外，在古代还流传着燧人氏取火于“其火常燃的火山国”[9]的传说。在山西大同矿区流传着天火把石头引着，人们才知道这里的黑石头能烧、可以取暖做饭的故事。这些自古以来的民间传说，间接说明中国古人很早就发现和利用煤炭了。

三、中国是世界上发现和利用煤炭最早的国家

1. 煤炭是人类用火进程中登上历史舞台的

人类进化发展过程中，火的发现和利用，具有划时代的意义。火是人类利用自然、改造自然从而也改造自身，并推动人类社会发展的有力武器。恩格斯说：“就世界性的解放作用而言，摩擦生火还是超过了蒸汽机。因为摩擦生火第一次使人支配了一种自然力，从而最终把人同动物分开”[10]。

人类最初用火，与熟食有关。若干百万年前，由于自然原因引起的森林大火过后，遗留在火场上的被大火烧死的野物，不仅易于咀嚼、食咽、消化，而且味道香美。这一偶然现象，启发原始人从怕火转而有目的地利用火，改变了“茹毛饮血”的原始状态，逐渐用火变生食为熟食，用火驱赶猛兽，用火照亮黑暗的洞穴，用火取暖，改善生活条件。这一用火过程是漫长的，就中国古人用火的历史而言，根据考古发掘的研究报告，至少已超过一百万年了[11]。在距今一百七十万年前的元谋人遗址中发现有炭屑，它可能就与元谋人用火有关。在距今六十万年前或更早的陕西蓝田人遗址中也发现了炭屑。在距今四五十万年前的北京猿人居住的山洞里，发现了火烧过的石块、兽骨和灰烬。在山西匼河附近的旧石器时代早期人类遗址中亦有用火的遗迹。随着人类用火经验的积累，古人发现了敲击燧石取火和钻木摩擦取火的方法，加速了用火普遍化的进程，从而也加速了人类历史前进的步伐，火的使用不断改善着人类自身的生存环境。

用火是需要燃料的，柴草自然是最先为人类发现和利用的燃料，然而煤炭具有的可燃性能，在特定的条件下为人类所发现，为人类所利用，也是人类用火进程中的一种必然，而且人类在用火的实践中必然会认识到煤炭比柴草具有更优越的使用性能，火力强而耐久，火种易于保留和控制。所以，煤炭作为人类使用的第二种燃料，很久很久以前便登上了历史舞台，是顺理成章的事情。那么，是谁，又是在什么时间和什么地方首先发现和利用煤炭的呢？要非常具体地回答这些问题几乎是不可能的。这是因为人类用火的历史十分遥远，人类用火的历史比用文字的历史要长久得多，人类用火的范围比用文字的范围要广袤得多。我们既无法靠文字记载去判断最早发现和利用煤炭的人和区域，也不可能靠考古发掘资料来证实谁是第一个发现和利用煤炭的人。但是，我们靠考古发掘的资料和逻辑的综合分析对比，可以推断出哪个国家的古人是最早发现和利用煤炭的。

2. 中国是世界上最早发现和利用煤炭的国家

通过下面几方面资料的分析，可以认为中国古人最早发现和利用煤炭：

第一，中国古人在距今约六七千年以前的新石器时代，开始应用煤精刻制装饰品。（详见本章第二节沈阳新乐遗址（新石器时代）考古发掘资料。）

第二，中国是世界四大文明古国中煤炭分布最广，煤炭储量最多的国家。世界上发展最早的文明古国有古巴比伦、古埃及、古希腊、印度和中国。古巴比伦在现今幼发拉底河和底格里斯河流域，涉及的国家有伊拉克、土耳其等国。希腊、埃及、伊拉克、土耳其的煤炭储量很少，在20世纪30年代和80年代公布的世界主要产煤国行列中，这些国家都榜上无名。印度煤炭储量在30年代的世界统计排名为第六，① 在80年代的世界统计排名为第九，② 而中国的煤炭储量在30年代世界统计排名为第三，在80年代世界统计排名为第二。中国的煤炭储量十分丰富，在2 000米深以内的预测储量为44 927亿吨，在1 000米深以内的预测储量为21 039亿吨。③ 中国不仅煤炭储量多、分布广，而且煤田露头多，煤炭自燃现象比较普遍，相比而言，中国古人有更多的机会首先发现煤的自燃现象，认识煤的可燃性能。中国古人燃烧煤炭最早的直接证据是战国时期修筑长城的考古发掘资料。《中国煤炭志·陕西卷》“大事记”记载：“战国时期秦昭王（公元前295—前251年）修筑的长城傲包梁段（陕北神木县窟野河上游），‘城垣的夯层中夹有煤炭灰和未烧完的煤渣’，是迄今在中国境内考古发现用煤作燃料最早的遗址（1988年发掘）。”

第三，从现在已发现的文字记载资料来看，有三位外国人的著述可以直接或间接证明中国是发现和利用煤炭最早的国家。元代来华的意大利旅行家马可·波罗（Marco Polo 1254—1324年）撰写的《马可·波罗游记》中专门用一章篇幅介绍了中国用“黑色石块”作燃料的情况，当时马可·波罗描述中国到处都发现有“黑色石块”，这种石块挖自矿山，一经点燃，火焰比木炭更旺，可以从夜晚燃烧到天明[12]。他为之赞叹，为之惊奇。我们清楚，意大利是与古希腊齐名的古罗马帝国的中心所在地，它又是欧洲文艺复兴的发源地，是欧洲近代科学技术诞生的主要基地，然而来自这样一个经济文化比较发达的国家的旅行家，到十四世纪还不知道煤炭为何物，称之为“黑色石块”。由此可以推断，在马可·波罗生活的年代（13世纪中叶至14世纪初），意大利等欧洲国家还没有普遍开采和利用煤炭，只是在个别的地区开采利用煤炭。据英国学者罗伯特（Robert）主编的《古代采矿》所述，英国的煤矿最早是在罗马人入侵英国的中后期（公元1世纪左右）开始开采的，欧洲、中东、北非和西南亚地区最早开发煤炭的国家伊朗是在公元前6世纪开始开采利用煤炭的。

元代另一位来华的旅行家摩洛哥的伊本· 拔都他（Ibn Battutah 1304—1377年）也对中国的用煤情景作了记录。他在游记中写道：中国居民“用一种异土，以作燃料”。此种土乃天然所生，采自地下，燃烧时火力比木炭还强[13]。伊本·拔都他一生旅行，遍游穆斯林世界，到过锡兰、印度和中国。在他所见所闻中，中国居民用异土（即煤）作燃料是一种特别新奇的事，其他国家都没有见过。所以，可以

---

① 参看第五次《中国矿业纪要》第133—134页，中华民国二十四年实业部地质调查所、国立北平研究院地质学研究所印行。

② 参看《中国煤炭工业百科全书》第260—261页。

③ 参看《当代中国煤煤炭工业》第10页，中国社会科学出版社，1998年。

初步推断，到14世纪伊本·拔都他逝世之前，非洲摩洛哥、中近东伊斯兰国家以及印度等国，都还没有普遍利用煤炭。

此外，波斯学者拉施特·爱丁（1247—1318年）编著的《史记汇编》（意译）中也记载了中国用煤的情况："其国有石，可以代薪"[14]。拉施特·爱丁博学多才，懂几国文字，曾担任过首相，其著作列为波斯名著。他的著作特别写明中国"有石，可以代薪"，说明这是中国的特产，是当时其他国家所没有的。

上述3位外国古人的著述，均在很大程度上说明了中国是世界上最早发现和利用煤炭的国家。那么当代文人的论著，有无材料可以说明谁是世界上最早发现和利用煤炭的国家呢？1993年英国Robert编著了《古代采矿》一书，书中搜集了从最早出现文字开始到中世纪初为止的采矿文献资料，涉及的地理范围包括西欧、中东、西南亚和北非。该书记载，在古罗马时代（公元前2世纪中至公元5世纪）煤作为燃料在一些国家应用。伊朗地区在公元前648年Assyrian人统治时，煤炭开始得到开发。英国是在古罗马人入侵中后期（公元1世纪左右）开始开发利用煤炭的①。而我国在六七千年前已有煤精雕刻工艺品，在两汉时期（公元前206年—公元220年）煤炭开发规模已较为可观，煤不仅用于生活，而且用于手工业生产。

依据到目前为止所看到的资料，通过上面的分析，我们可以得到这样的认识：中国是世界上发现和利用煤炭最早的国家。中国古人发现煤炭、利用煤炭，开辟人类新燃料的功绩，由此对人类历史发展做出的贡献，完全可以和"四大发明"相提并论。

第二节　中国开发利用煤炭的最早证据——煤雕

中国开发利用煤炭的悠久历史，从考古发掘出来的大批煤精制品（煤雕）可以得到确凿的证明。

一、沈阳新乐遗址的煤精制品

煤的品性，多为松软，易于风化，还会自燃。所以煤在考古发掘的古代遗址中很难保存。

然而，煤层中有一种特殊的煤，今人称为煤精，其质地细密坚硬，韧性较大，具有光泽，可以用作雕刻工艺品的原材料。正是这种煤精工艺制品——煤雕，可以长期埋藏于地下而不风化，为我们提供了古代采煤的重要信息。而对这种信息的获取，功劳要归于考古工作者。

1973年，沈阳市文物管理办公室的考古工作者，在沈阳市北陵附近的新乐遗址下层，发现原始人的房址一处。在房址内和房址附近的探沟中，出土了大量的细石器、打制石器、磨制石器和陶器，此外，还出土了不少的煤精制品。这些煤精制品中，有大小规格不一的圆泡形饰物25件，耳珰形饰物6件，圆珠形饰物15件。圆泡形饰物最大的直径5厘米、高2厘米，最小的直径2厘米，通体磨制光滑，顶

① Robert Shepherd: Ancient Mining, Published for the Institution of Mining and Metallurgy by Elsevier Applied Science, London and New York, P153, P171—P186, P215—P219, P241, P294, P325—P326, P375—P378。

部圆厚，边薄如刃；耳珰形饰物长3—3.5厘米，呈束腰圆锥形，好像现代的跳棋子，从形制上看，颇似耳珰；圆珠磨制光滑，直径1—2厘米（图1-2）。

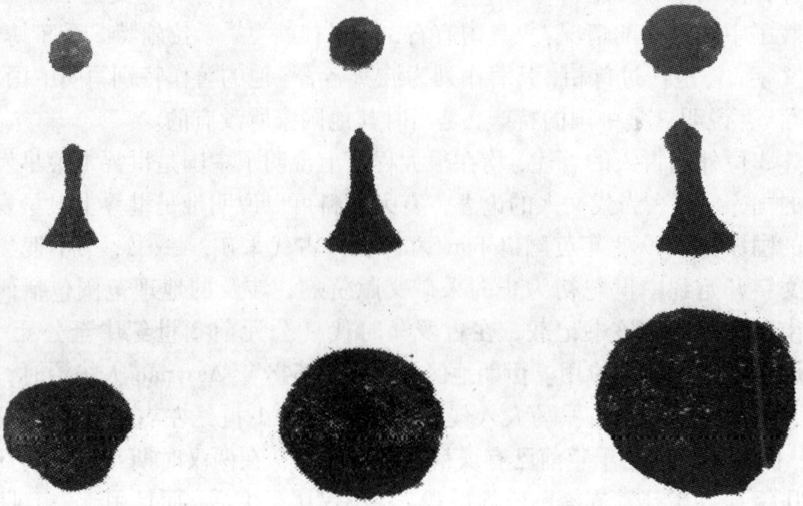

图1-2　沈阳新乐遗址出土的煤精制品（图片采自《考古学报》1978年第4期）

与这些煤精制品同时出土的还有碎煤精、煤精半成品和煤块97块，有的可以看到明显的切割加工痕迹[15]。

新乐遗址出土的煤精制品，经过辽宁省煤田地质勘探公司科研所鉴定，“呈弱油脂状光泽，均一状结构，硬度、韧性均很大”，容易用火柴点燃，燃烧旺盛，燃烧时像蜡烛似的发出明亮而带黑烟的火焰，并发出一种橡皮的气味[16]。这些煤精制品的工业分析和元分析结果（见表1-1），充分说明其原料就是烛煤[17]。

表1-1　沈阳新乐遗址中烛煤化验分析结果[17]

项目	工业分析						元素分析		
	水分 W^f %	灰分 A^g %	挥发分 V^r %	粘结性	发热量		碳 C^r %	氢 H^r %	氮 N^r %
					Q_D^f 卡克	Q_D^r 卡克			
含量	10.58	9.79	59.50	1	5821	7216	72.94	6.33	1.80

对新乐遗址的年代，考古工作者进行了考证。1977年，中国社会科学院考古研究所对沈阳新乐遗址下层火膛出土的木炭作了碳14测定，确定其绝对年龄为6 145±120年（相当于公元前4 195±120年），树轮校正年龄为公元前5048—前4770年。由此可知，早在六七千年以前的新石器时代，中国劳动人民就已经进行批量的煤精制品制作了。

那么，煤精制品的原料来自何处呢？辽宁省煤田地质勘探公司科研将其化验分析结果与抚顺煤田的煤层进行对比后认定：新乐遗址煤精制品原料是烛煤，与抚顺煤田西部“本层煤”的成因类型、化学工艺相似，煤炭特征和变质程度相同，加上抚顺西部“本层煤”在地表又有露头，所以，新乐遗址的煤制品原料取自抚顺煤田西部的“本层煤”[18]。也就是说，抚顺煤田早在新石器时期就已经被中国古人发现并开采利用了。

生活在新石器时代新乐遗址地区的古人懂得用煤精来雕刻工艺品，是否也懂得煤的可燃性？我们居于下面两个方面的理由，认为是十分可能的。

第一，虽然在新乐遗址下层一处房址中还没有看到明显的烧煤痕迹，但从房址中火膛设置与加工煤雕的关系进行分析，当时古人是很容易发现煤的可燃烧性能的。因为，在这个房址中，堆放了不少煤精制品及其半成品、煤精原料、煤块，推测这个房址就是加工煤精制品的地方。而在这个房址中间有一个长63厘米的火膛，在它的前方还有一个长40厘米的小火膛，房内西南角有层层堆积的灰烬（图1－3）。我们完全可以想像，在火膛附近加工煤精制品，其下脚料接触火膛中火的机会很多，极易被引燃，从而发现煤的可燃性能。

图1－3　沈阳新乐遗址的下层房址（图片采自《考古学报》1978年第4期）

第二，古人用煤精加工煤雕的知识，一定是在比较多地开采煤炭用作燃料，在同煤炭有了较多地接触之后获得的。根据学者研究，“发现煤的可燃性能远比发现煤的雕刻性能为易，因而时间也会更早”[19]。只不过在远古时代林木茂盛，柴薪易得，点燃也比煤容易，所以，用柴薪比用煤普遍，新乐遗址房址中没有烧煤痕迹也很自然。但是，古人能采用煤精雕刻，说明当时的煤炭开采利用已达到一定的规模。现代煤岩学知识告诉我们，露头煤风化严重，易碎。要采集适于雕刻用的煤精，就要挖掘一定深度的煤层。新乐遗址的煤雕原料取自抚顺煤田“本层煤”，说明抚顺煤田当时已达到一定规模的开采程度。而这种开采不可能只是为了取得煤精，而把大批开采出的煤炭抛弃掉。实际情况应该是，古人在开采抚顺“本层煤”作燃料时，发现了煤精（较坚韧，有光泽，与普通煤炭不同）并用来加工成手工艺品。从其他考古发掘资料看，新石器时代的中国古人，已有相当的开采能力，有的开采技巧令今人赞叹。例如，在新石器时代山西怀仁鹅毛口遗址的古人已能够从河谷坡上开采裸露的三叠纪凝灰岩、煌斑岩夹层来制作石器[20]；新石器时代初期的晚些时候，或中期的早些时候，广东南海县西樵山遗址的新石器时代古人已会从地层里开采石料，甚至懂得把岩石表面烘烤至灼热，然后泼水骤冷使之加剧崩裂，再沿裂缝撬下石块[21]。所以新石器时代中国古人的生产力水平，已足以做到沿煤层露头开挖煤炭，并达到一定深度。

沈阳新乐遗址出土的煤精制品——煤雕，为研究中国早期的煤炭开采历史提供了重要而确凿的证据，意义十分重大。不管人们当时是否用煤作燃料，但煤精的发现与利用，总是人们接触煤、使用煤的一个起点。这批煤雕是世界上用煤最早的历史见证，说明中国至迟在六七千年以前已发现和利用煤炭了。

另据《中国煤炭志·陕西卷》“大事记”记载：“在铜川市王家河、柳沟、李家沟、雷平沟4处考古发掘中出土煤玉环5只、煤玉铲1件、煤玉笄3枚，专家鉴定为新石器时代制品（1951—1955年出土）。”

二、西周煤玉雕刻与煤雕工艺的发展

中国煤炭资源丰富，煤的品种齐全，仅就可用于雕刻的煤而言，考古发掘证实的就有煤精（烛煤）和煤玉（贝褐炭）之别。前文提到的沈阳新乐遗址的煤雕，原料取自抚顺煤精（烛煤），下文要说的西周古墓的煤雕，一部分原料取自陕西的煤玉（贝褐炭）。它们的发掘，都成为古代煤炭开发史的有力见证。

沈阳新乐遗址的煤雕，反映了新石器时代中国煤炭开采和加工利用的水平。经过几千年的缓慢发展，中国从原始社会进入奴隶社会，煤炭生产和加工利用的水平，同其他产业一样得到了较大的提高，剩余产品的出现与社会分工的发展，逐渐形成对立的奴隶主阶级与奴隶阶级。奴隶主阶级对社会财富的占有，在煤炭产品的加工、分配和使用上也得到充分的证明。为了满足奴隶主的生活享受和精神需求，煤雕生产发展迅速，煤雕工艺越来越精细，煤雕造型越来越美观。这些情况，从观察西周古墓中发掘出的煤玉雕刻制品，便可得到说明。

迄今为止，已经出土的西周时期的煤炭雕刻制品，数量相当多，仅陕西一省，考古工作者至少在四处古墓中发掘出了煤炭雕刻制品——圆环或玦。玦是一种带有缺口的圆环，可供观赏、佩带，是古代的高贵工艺品。

1956—1957年，从陕西沣西张家坡M471西周墓中挖掘出用炭精（即煤精）雕刻的圆环六件（图1-4）。炭精环色黑，已龟裂，直径4厘米，边宽1.1厘米[22]。在陕西宝鸡市竹园沟西周小墓中，1976年8月出土了几件用煤雕刻成的玦，其中一件已残。在宝鸡市另外一处西周墓中也出土了用煤精雕刻成的玦[23]。

1975年在宝鸡市茹家庄的两座西周墓中发掘出了大批用煤玉雕成的玦（图1-5），数量多达200余枚。这两座墓属于西周昭穆时期（距今约三千年），从墓中物品和用妾、儿童殉葬来分析，同属于一个叫弹伯的奴隶主家族。从墓中出土的

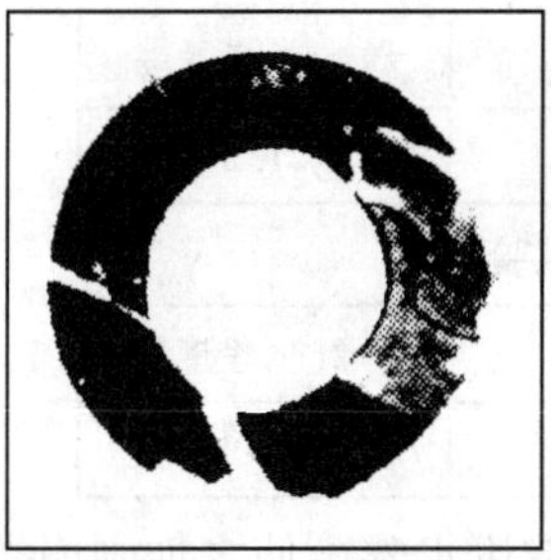

图1－4　陕西沣西西周墓中的炭精环（图片采自中国科学院考古研究所：《沣西发掘报告》，文物出版社1963年，图版玖拾）

图1－5　宝鸡市茹家庄西周墓中的煤玉玦（图片采自赵承泽、卢连城：《关于西周的一批煤玉雕刻》，《文物》1978年第5期）

玦的规格不一，直径2—10厘米，厚度0.4—1.0厘米；圆轮规整，由里向外呈一定坡度，边厚0.2—0.3厘米。玦的外表呈现沥青光泽，虽在墓中埋藏了近三千年，至今仍然圆润光亮。这些玦是作为随葬品放入墓中的。学者赵承泽、田新华对这种玦的成分、性能进行了化验分析[24]：易燃，燃烧时产生烟及焰，微有焦油味，不熔融，不膨胀，燃烧完毕留下白色粉末状灰烬；在显微镜下切片观察，能见到清晰程度不同的原始细胞结构，可以辨认出植物的枝干和茎部的木质结构，以及煤玉所特有的压缩了的木质细胞结构和年轮线（图1－6），其组分为凝胶化组分，与腐植煤的木质镜煤及结构镜煤相似，但有机显微组分单一，又与一般的腐植煤中的有机显微组分不同，属变质程度低的煤，接近腐植煤的褐煤零阶段；工业元素分析结果见表1－2；低温干馏试验结果见表1－3；燃点试验结果见表1－4；显微硬度测定为 $Hv=33.0\ kg/mm^2$，较褐煤零阶段标准样高，与抚顺煤精接近；在200克负荷时测定，压印没有产生裂隙或破裂，对角线清晰，表明其韧性甚好。通过煤岩鉴定与化学分析，确认这种玦的燃料是煤的一个变种，是变质程度低、接近或略低于褐煤零阶段的煤，但又不是一般的褐煤，而是具有沥青光泽、韧性良好、可作雕刻材料用的煤玉。

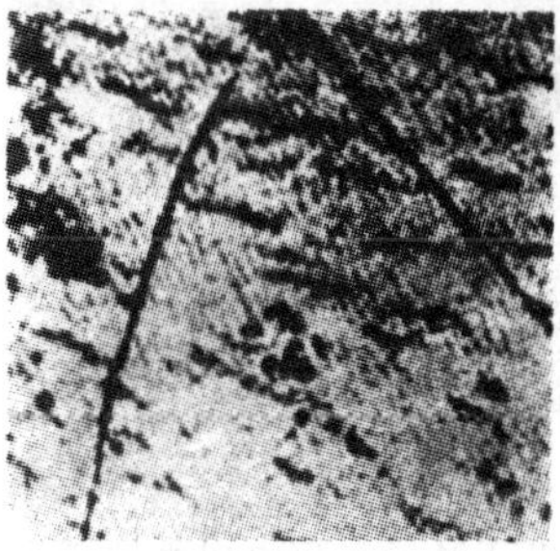

图1－6　茹家庄出土的煤玉玦切片观察结果（图片采自赵承泽、卢连城：《关于西周的一批煤玉雕刻》，《文物》1978年第5期）

表1－2　陕西茹家庄西周墓煤玉玦化验结果

项目	标本工业分析				标本元素分析			
	水分 W^f %	灰分 A^g %	挥发分 V^r %	黏结性	碳 C^r %	氢 H^r %	氮 N^r %	氧 O^r %
含量	13.22	11.71	44.01	2	70.13	4.48	0.77	24.62

表 1－3 陕西茹家庄西周煤玉玦低温干馏试验结果

总水%	焦油%	半焦%	煤气＋损失%
12.2	1.7	64.9	21.2

表 1－4 陕西茹家庄西周煤玉玦燃点试验结果

还原样	原样	氧化样	氧化程度
367 ℃	284 ℃	272 ℃	87.4%

考察西周墓出土的煤雕制品，可以得到以下两点结论：

第一，几处西周古墓中有如此多的煤雕制品，说明到了西周时期煤雕生产规模比较大，必定有一批专门从事煤雕生产的手工艺人。而且他们的加工技术相当高，已可以进行切、割、刻、磨。在加工中考虑原材料的充分利用，雕制大小不同的圆环或玦，做到环环相套，规则有序，精巧美观。西周时期的玦已不像沈阳新乐遗址中的煤精制品那样简单和粗拙了。

第二，煤雕生产的扩大，既是煤炭开采规模扩大的结果，又是推动煤炭采掘技术发展的一个动力。煤雕原料取自煤层，煤炭生产越多，提供煤雕原料越多。反过来，为了满足奴隶主的需要（不仅活着时需要，而且死后陪葬也需要），要求有大量的煤雕原料，就会促进煤炭生产，或者说奴隶主会强迫奴隶去大量的开挖煤炭。奴隶们从事采煤的实践中，采掘技术会不断提高，采掘工具会不断改进。根据西周时期当时经济发展水平、交通条件，以及陕西地区后来查明的煤炭分布情况分析，西周古墓出土的煤雕制品，其原料取自陕西铜川等地。西周时期陕西为政治经济中心，但交通并不发达，煤雕原料不可能从外地长途运来，只能就近就地采取，而陕西地区煤炭储量较丰富，煤种也较齐全，有可用于雕刻的煤。《陕西通志》载：“煤根石，……色黑，或云煤之根，或云煤之苗，细润光滑，琢为素珠及器玩等物，颇佳”[25]。另有学者研究，宝鸡西周墓出土的煤玉玦，其物理性能与陕西铜川的雕刻煤相像，宝鸡距铜川只一百五十公里，煤玉可能取自铜川[26]。所以，可以断定，陕西煤炭在西周时期已经得到一定程度的开发。

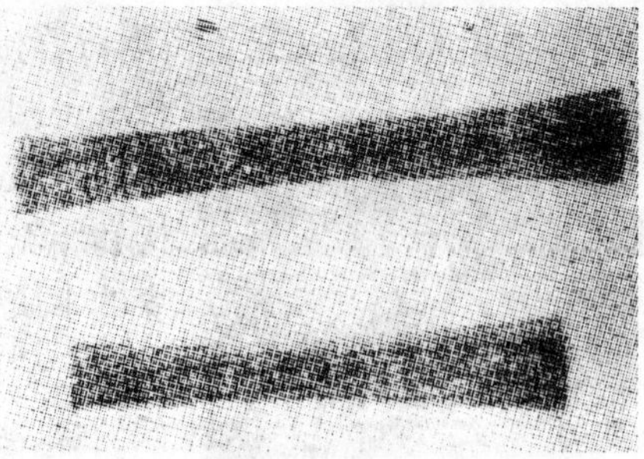

图 1－7 四川荥经县古墓中出土的炭精发簪（图片采自荥经古墓发掘小组：《四川荥经古城坪秦汉墓葬》，《文物资料丛刊》1981 年第 4 期）

到了战国时期，煤雕制品有所扩展，1981 年《文物资料丛刊》第 4 期上一篇发掘报告说，四川省荥经县战国时期的古墓中发现了两枚炭精发簪（图 1－7，图片取自荥经古墓发掘小组：《四川荥经古城坪秦汉墓葬》，《文物资料丛刊》1981 年第 4 期）。发簪呈八棱柱形，两端粗，中部细，长 7.8 厘米，端径 1.1 厘米[27]。煤制品发簪的发现，说明战国时期煤雕制品的用途扩大了，已用于妇女的头发装饰。煤雕制品用途的扩大，必然推动煤雕生产规模的扩大和加工工艺的发展。煤雕制品在四川古墓中发现，又说明在战国时期四川地区的煤炭也被开发和利用了。

三、西汉至南北朝煤雕工艺的普遍发展

煤雕工艺到了汉代至南北朝更为普遍，品种和数量更多，艺术价值更高，出产地也更加广泛。就目前已公开发表的考古发掘资料而言，出土于汉代至南北朝的煤炭雕刻制品有十几种，来源于十几处地方（表1－5）。

表1－5　出土汉代至南北朝煤雕制品统计表

序号	出土地址	品名	件数	质料名称	制品时代	形状规格	资料来源
1	四川奉节县风箱峡	发饰	1	炭精	西汉前期或更早	长4.5厘米，八棱，束腰，两端大小略异，乌黑发亮	《四川奉节县风箱峡崖棺葬》，载《文物》1978年第7期
2	河南陕县刘家渠	小羊	1	炭精	东汉前期	雕琢而成，甚精巧，作卧伏状，腹横穿一小孔，可佩带，长2.0厘米，高1.4厘米，精巧有趣	《河南陕县刘家渠汉墓》，载《考古学报》，1965年第1期
3	河南陕县刘家渠	簪	1	炭精	东汉前期	炭精琢成，细长条形，微弧。断面方形，长8.2厘米，粗0.5厘米	《河南陕县刘家渠汉墓》，载《考古学报》1965年第1期
4	新疆民丰县	印章	1	炭精	汉代	方形，边长2.0、高1.57厘米，桥纽，阴刻篆书“司禾府印”，可能是汉代管理屯田机构的印章	新疆博物馆贾应逸：《新疆尼雅遗址出土“司禾府印”》，载《文物》1984年第9期
5	甘肃酒泉县下河清	耳珰	1	炭根	汉代	不详	《甘肃酒泉下河清汉墓清理简报》，载《文物》1960年第2期
6	辽宁辽阳汉墓	平玉（薄壁）		石炭	汉代	径5分，厚2分	日本东京帝国大学文学部编《乐浪》

表1-5（续）

序号	出土地址	品名	件数	质料名称	制品时代	形状规格	资料来源
7	辽宁盖县汉砖墓	动物		石炭	汉代	状如狮子，高4分	日本东京帝国大学文学部编《乐浪》
8	古乐浪郡汉墓	平玉与羊形玉		石炭	汉代	平玉：一件径4分、厚1分5厘，另一件径3分、厚1分5厘。羊形玉：高5分，色泽漆黑，侧面均有小孔，可供穿悬	日本东京帝国大学文学部编《乐浪》
9	甘肃嘉峪关新城	猪	1	炭精	魏晋	长6厘米，高1.8厘米，用一块炭精石磨刻，卧猪	《嘉峪关新城十二、十三号画像砖墓发掘简报》，载《文物》1982年第8期
10	甘肃嘉峪关新城	羊	1	炭精	魏晋	高、长、宽各1厘米，炭精石磨刻而成，羊作卧状，四腿盘卧，似为一羝羊，极精巧	《嘉峪关新城十二、十三号画像砖墓发掘简报》，载《文物》1982年第8期
11	甘肃嘉峪关市新城公社观浦大队	猪	1	石炭	晋初	黑色，表面光滑，为线刻卧猪，通高4.0厘米，通长11.0厘米	《酒泉嘉峪关晋墓的发掘》，载《文物》1979年第6期
12	嘉峪关市	猪	2	炭精		其中一只长7—8.5厘米，高3—3.5厘米，大者刻制丰满圆实，眼耳皆涂朱红色	《嘉峪关汉画像砖墓》，载《文物》1972年第12期

表1-5（完）

序号	出土地址	品名	件数	质料名称	制品时代	形状规格	资料来源
13	嘉峪关市	印章	1	炭精	魏晋	四方形，边长2厘米，中间横穿一孔，上面为虎头形象	原件存嘉峪关市文物保管所
14	四川昭化宝轮院	饰件	1	炭精	南北朝	长方形，长2.3厘米，厚1厘米，中部有孔	《四川昭化宝轮镇南北朝时期的崖墓》，载《考古学报》1959年第2期
		狮子	2	炭精	南北朝	其中一件长3.5厘米，高2.5厘米，器身有两孔。另一件长2.5厘米，高2厘米	《四川昭化宝轮镇南北朝时期的崖墓》，载《考古学报》1959年第2期
15	吐鲁番高昌古城	方盒	1	炭精		盒高7厘米，16.5厘米见方，盒上有盖子一个，内盛十枚波斯萨珊朝银币	夏鼐《考古学论文集》；李遇春《新疆吐鲁番发现古代银币》，载《考古通讯》1957年第3期
16	新疆巴楚县		1	炭精	唐以前	近似圆形，中间有一孔	存新疆维吾尔自治区博物馆

表中所列的仅是公开发表的或我们接触到的有关煤雕的大致情况。此外，由于各种原因煤雕发掘资料未能发表，或者虽已出土而未引起重视的情况也有不少。所以，这一时期煤雕的实际数量和品种远比此表所列要多得多。但仅就这些资料，完全可以看出汉代至南北朝时期的煤炭雕刻技术和生产规模已大大向前发展了，并具有以下特点：

一是煤雕制品种类繁多。已经不限于简单的圆珠、耳珰和玦，还有狮、虎、猪（图1－8 甘肃嘉峪关出土的晋初石炭卧猪）、羊、蛤蟆等动物以及发饰、簪等装饰品，还有官吏印章（图1－9 新疆民丰县出土的汉代炭精印章，图1－10 嘉峪关市出土的魏晋印章）、平玉、玩具、供品盒等等。从这些煤雕制品加工精细程度差异较大、品种数量较多来分析，使用煤雕制品的人，显然已不完全是富豪和官吏，一般平民也用来作生活用品了。

图1－8 晋初石炭卧猪

图1－9 汉代炭精印章

图1－10 魏晋炭精印章

图1－8、9、10 煤雕猪和印章（图片采自《中国古代煤炭开发史》）

二是煤雕出土的地区十分广泛。仅表中所列就有辽宁、河南、新疆、四川、陕西、甘肃等六省（自治区）的近二十处地方。从我国的东北到西南，从中州腹地到大西北，以致古老的丝绸之路上都有出土。

三是煤雕的艺术价值更高。煤雕的加工技术比西周有很大的进步，一些动物的雕刻，形象逼真，栩栩如生，加工精巧细腻，有的还配染红色，更添生气。嘉峪关出土的煤雕印章上面及侧面绘有动物和飞鸟形象。一些制品还穿有小孔，既可供欣赏，又可悬挂佩带。

四是煤雕成为中外交流的一种象征。在新疆吐鲁番县出土的煤精盒，内装有十枚波斯萨珊朝的银币。据夏鼐先生研究，这个煤精盒是在相当于波斯沙卜尔三世（公元383—388年）初年时所埋下的，银币则是波斯商人以示虔诚的贡献品[28]。煤精盒易破碎，所以不大可能从波斯远道携带而来，当产自我国西北地区，后为过往的波斯商人所购得。中国的煤精盒装着波斯的银币，出现在古代的丝绸之路上，这是中外交流和友谊的一个象征和一段佳话。

这些事实说明煤雕工艺在我国汉代至南北朝时期已经进入普遍发展的新时期。而煤雕的普遍发展正是建立在煤炭开发利用比较普遍，用煤地区更加广泛，煤炭加工技术进一步提高，人们对煤的认识进一步深化的基础上的。

第三节 中国有关煤炭的最早记载

春秋战国时期（公元前770年—前221年），群雄竞争，学术繁荣，生产发展，社会制度急剧变化，从奴隶社会向封建社会转变。生产关系的变革，为生产力的发展开辟了道路，当时不仅农业、铜业更为发达，而且出现了新兴的冶铁业。战国中晚期，铁工具已在农业和手工业中取代了木石和青铜，而在生产中占据了主导地位；铁兵器也逐渐推广开来。社会经济的发展，有力地推动了采矿业的发展。专门从事矿业生产的手工业劳动者已在社会上占有相当的地位，成为一个有影响的阶层。文字上开始出现“丱人”的称呼。《周礼·地官司徒下》载：“丱人掌金玉锡石之地，……若以时取之，则物其地图而授之”[29]。丱就是今天的矿字，这说明了当时矿业发展的事实。

一、铜绿山古铜矿遗址与采煤技术

图1－11　大冶铜绿山古铜矿遗址

春秋战国时期矿业发达最有力的证据之一是大冶铜绿山古铜矿遗址的发掘。古铜矿遗址（图1－11）发掘材料说明春秋战国时期的采矿技术已有相当高的水平，有了较合理的巷道布置，较完善的提升系统、排水系统、通风系统，以及相当高的支护技术。

1974年考古工作者发掘湖北大冶铜绿山十二线老窿和二十四线老窿两处古铜矿遗址，在属于春秋时代的遗址中发现了八个竖井和一个斜井，井深40米左右，井筒支护结构采用“密集法搭口式接头”。出土的采矿工具有铜斧、铜锛等十三件，以及木槌、木铲、船形木斗、竹篓等。战国时期遗存的古铜矿井深达50余米，包括五个竖井，一条斜巷和十条平巷。这个遗址出土的采矿工具有铁斧、铁锤、铁钻等十三件铁器和木槌一件，以及竹篓、竹筐、藤篓、木辘轳等二十余件装载、提升工具和木水槽、水桶等二十四件排水工具。

古铜矿遗址表明，春秋战国时期，已采用竖井、斜井、斜巷、平巷相结合的方法，组成了较合理的矿井开拓体系。竖井是地面与地下连接的交通孔道，从这里把矿石和地下水提出地面，把木支护等材料运到井下。斜井主要是用于探矿，而平巷分布在斜巷两侧。采用“多中段开拓方式”，从矿层底部自下而上逐层开掘平巷，对采下的矿石进行初步手选，把贫矿和废石就地充填废巷，减少了提运量。在通风方面，利用不同井口气压的高低差形成自然风流，并采取密闭已废弃的巷道的方法，引导风流沿着采掘方向前进，保证风流到达最深处的工作面。在巷道支护方面，采用榫接和搭接相结合的木支架方式，有效地承受了巷道的顶压、侧压和底压，以至两千多年后的今天，有的还相当坚固。在井下排水方面，用木水槽构成井下排水系统，引水入井下积水坑，然后用木辘轳和桶提出井外。

根据技术发展的连锁性规律，一种技术的进步必然引起另一种技术的发展，尤其是邻近部门的技术进步，往往可以直接移植过来加以应用。铜矿开采与煤矿开采有许多相似之处，如掘井、支护、通风、排水、提升、照明等，都是煤矿开采必须解决的技术问题。由铜绿山古铜矿遗址所反映的开采技术水平，可以想象当时众多矿区的生产状况，而煤矿也不例外。尽管迄今为止没有发现春秋战国时期的古煤矿遗址，我们不能叙述春秋战国时期采煤工程技术的细节，但是，从当时社会经济发展趋势、铜矿开采规模和技术进步程度来分析，煤炭开采技术水平与铜矿开采技术水平相当。

二、《山海经》记载的中国煤炭分布

正因为春秋战国时期的社会大变革带来经济文化的大发展，煤炭的开发利用更加普遍，煤作为人们生产和生活的一种重要物品，自然为文人学者所注意。先秦时期成书的地理著作《山海经》（被今人称为中国古代的一部百科全书），记载了中国古代的山川风物、奇兽怪鸟，金玉珠宝和神话传说，在这部书中第一次记载了中国煤炭的地理分布。书中记述煤炭分布的文字不下六处，文字虽然不多，却非常珍贵：

"女床之山，其阳多赤铜，其阴多石涅。"（《西山经》）

"岷山之首，曰女儿之山，其上多石涅，其木多杻橿，其草多菊术 。"（《中山经》）

"又东一百五十里，曰风雨之山，其上多白金，其下多石涅。"（《中山经》）

"北次三经之首，曰太行之山，又东三百五十里，曰贲闻之山，其上多苍玉，其下多黄垩，多涅石。"（《北山经》）

"又东南三百二十里，曰孟门之山，其上多苍玉、多金，其下多黄垩、多涅石。"（《北山经》）

"中次六经缟羝之首曰平逢之……又西四十里曰白石之山，惠水出于其阳，东南流注于洛，其中多水，玉涧水出于其阴，西北流注于谷水，其中多麋石、栌丹。"（《中山经》）

《山海经》中记载的"石涅"、"涅石"、"栌丹"、"麋石"都是煤的名称。这是一些学者考证的结果。清代训诂学家郝懿行《山海经笺疏》，清代学者吴任臣《山海经广注》，均注明石涅即为石墨。而石墨是古代煤的又一名称，晋人《邺中记》载："石墨可书，又爇之难尽，又谓之石炭"；明代李时珍《本草纲目》金石部指出："石炭，……上古以书字，谓之石墨，今俗呼为煤炭。"清末民初的地质学家章鸿钊，从地质学、矿物学的角度，经详细考证，肯定石涅就是煤炭。章鸿钊认为，"石涅"和"涅石"当不甚异，矾出于涅石亦出于煤石。煤石即石墨，亦即石涅。涅石即今之矾土石或明矾石。他并举方以智《物理小识》所说樟树矾场取铜炭做原料为证。又引《天工开物》卷十一中所记土人取煤井底的铜炭末烧皂矾与硫磺印证："其（煤井）底及四周石卵，土人名曰铜炭者，取出烧皂矾与硫磺。凡石卵单取硫磺者，其气甚熏，名曰臭煤。"因煤炭中的铜星即为磺钱，现在的青矾亦有硫有铁，矾出于此是很明白的①。《山海经·中山经》中所说的"栌丹"，郝懿行《山海经笺疏》讲："栌丹疑为黑丹"，而与栌丹并举的"麋石"则为碎屑的"末煤"。

那么，《山海经》所记"石涅"、"涅石"、"栌丹"、"麋石"产地，具体指现在的什么地方呢？据毕沅《山海经新校》考证，女儿之山当为《隋书·地理志》中的蜀郡双流女伎山，在今四川双流和什邡煤田分布区域内。这个煤田成煤时代属晚三叠世，蕴藏有高、中等变质程度的烟煤。又据毕沅考证，女床之山即陕西"凤翔府岐

---

① 章鸿钊：《石雅》石炭条。

山”。《文选》张平子《东京赋》有“鸣女床之鸾鸟”之句，其注曰：“女床，山名，在华阴西六百里。”《文选》的注解所指也与岐山大致相合。而岐山以北有早、中侏罗世含煤地层，赋存有低等变质程度的烟煤。又据学者新雨考证，“风雨之山”当在今四川通江和南江、巴中一带[30]。那里也是煤产地。又据《中国煤炭志·河南卷》撰稿人考证，贲闻之山在今焦作修武、博爱、沁阳一带[31]。这一带都是产煤地区。另据任孚先、于友发译注《山海经》所述[32]，“孟门之山”在山西省吉县，“白石之山”在河南省渑池。简言之，《山海经》所说煤产地人们已一一找到：

女床之山——陕西凤翔

女儿之山——四川双流

风雨之山——四川通江

贲闻之山——河南焦作

孟门之山——山西吉县

白石之山——河南渑池

《山海经》中所载的女儿之山、女床之山、风雨之山、贲闻之山、孟门之山、白石之山都是现代中国产煤地区，说明《山海经》关于煤炭分布的记载是不错的。同时说明早在先秦时期，我国四川双流、什邡、通江、南江、巴中地区，陕西凤翔地区，河南焦作修武等地区的煤炭已被发现。当时古人在煤炭生产实践的基础上，积累了一些不同矿藏、矿藏与植被之间的关系的知识，作出了“其上多石涅”、“其阴多石涅”、“其下多石涅”等的判断。说明先秦时期煤炭地质知识已经萌芽。

三、《墨子》“备穴篇”关于煤炭燃烧的记载

在战国时期，煤除了叫石涅、涅石、栌丹、黡石之外，还有一个名叫“每”。这是岑仲勉先生考证《墨子》“备穴篇”后得到的认识。岑注“备穴篇”这样记载：“用揣若松为穴户，户内有两蒺藜，皆长极其户，户为环，垒石外埻，高七尺，加堞其上。……具炉橐，橐以牛皮；炉有两甀，以桥鼓之。百十每，其重四十斤，然炭杜之，满炉而盖之，毋令气出。适人疾近吾穴，……穴中与适人遇，则皆圉而毋逐，且战北以须炉火之然也，即去而入壅穴。”

这段话是讲战争防御的。据岑仲勉先生考证：这里的“百十”即古“置”字，“杜”字是佐字之误，而“每”字“实即借作煤字”。这段话的大意是：炉中放置每（煤）四十斤，下面用木炭助燃，当与敌人在穴中遭遇时，不要赶走他，而是把炉子点着，以炭引煤，以煤生烟而取胜。

为什么“每”即是煤呢？岑仲勉认为：一、“炉必有燃料，下文即另提出炭，则重四十斤者必非炭”；二、“炭质甚轻，柴亦不重，今言四十斤，可信为密率较大之燃料，即非煤莫属”；三、“今世发煤炉火者常佐以木炭，使易于燃烧，其法当承自上古”；四、“汉人已识用煤，为用当可上推至战国”[33]。肯定“每”即“煤”，①就可肯定战国时期中国用煤有一定广泛性，对煤的燃烧性能有相当深刻的认识，并能借助煤烟（当时古人还可能感觉到了煤烟中还含有有毒的东西）作为一种作战

① 应该说明，由于古籍版本不同，加上学者们对这段文字记载断句断法不同，因而对“每”的解释是不同的。岑仲勉的研究结论，值得重视，列此供研究参考。

手段，去战胜敌人，这也是中国古人创造性地利用煤炭的一个事例。

在这里附带说明一下，明代有人在“每”字旁加上一个火字，写作“烸 ”，用以指煤。明代崔铣《彰德府志》卷八“烸爨条”载：“安阳县龙山出石炭，……炭有数品，其坚者谓之石，软者谓之烸 。气愈臭者燃之愈难尽。”尽管许多字书上没有“烸”字，我们可以把它看作是煤的异体字。因为“每”与“某”，古音相同，在用作偏旁时有时可以通假，如梅花可以写作楳花。从每—烸—煤的变化，又可作为“备穴篇”中“每”即煤的佐证。

科学知识是人们实践经验的概括总结，其系统的文字表述，往往要滞后于实践，战国时期《山海经》关于煤的分布记载，《墨子》“备穴篇”关于煤的燃烧的记载，充分说明在那个时候中国已经用煤，进而推断采煤已经比较普遍了，当时人们对用煤采煤不仅有直观的感性认识，而且有了初步的理性认识，已能用文字加以初步的概括表述了。

四、《史记》与《豫章记》关于煤炭的记载

对于煤炭开采工程的最早记述，出现于司马迁《史记》，寥寥数语，说明了西汉初期煤炭开采的规模和采掘工程的概况（详见本章第四节）。

到了两晋南北朝时期（公元265—589年），有了关于煤炭产地、煤炭自燃发火以及用煤冶铁的正式记载。

江西高安地区的煤炭开采利用已见于《后汉书·郡国志》。在该书豫章记建城一节的注中写道：“《豫章记》曰：县有葛乡，有石炭二顷，可燃以爨。”[34]这是我国南方用煤的最早记载。这一记载虽然见于《后汉书》，但不能说明建城葛乡（即高安地区）的煤炭在汉代就得到开发。因为这一记载是后人注《后汉书》时引用《豫章记》一书的记述。《豫章记》作者是南朝人雷次宗。据《南史·隐逸传》说，雷次宗，字仲论，豫章南昌人，南北朝元嘉二十五年（公元448年）卒于钟山。

古豫章记建城，即今江西省高安县。按《豫章记》所载，高安地区的煤炭至迟在公元5世纪以前就开采利用了。《豫章记》所说“二顷”，是指矿区范围，开采煤炭是地下作业，但毕竟要占一定的田地，故有二顷的记载。文献中出现关于矿区范围的记载，反映人们对煤炭开采认识的深化，从中也可以看出江西高安一带的开采规模。当时江西的煤炭主要用于做饭、取暖，所以称为“可燃以爨”。

由于高安地区的煤炭开采较早，古籍记载也较多。有的书把高安的产煤地称为“石炭岭”，有的则称为“石炭山”。《读史方舆纪要》载：“高安县有石炭岭”，“今府治北凤凰山下有大石，色黑，碎之若炭”[35]。《江西通志》载：高安县羊山，县南四十里，俗名石炭山。这些有关石炭岭、石炭山的记载，说明该地煤多，开采历史也很长。现已查明，高安县煤储量丰富，有晚二叠世含煤地层出露，有的地区煤层埋藏较浅，易于开采，至今煤窑很多。

有一点值得指出，关于高安县煤炭开采的记载始于何时，有不同的看法。据宋代学者朱弁讲：“予观前汉地理志，豫章郡出石，可燃以薪”[36]。但今天的《汉书地理志》并无此记载，只是《后汉书·郡国志》的注解中有此内容大致相同的记载。因此有的学者认为，朱弁所看见的记载，或为今本《汉书》的脱文，如是，高安地区石炭在西汉时已开采。当然，对此问题尚需进一步研究。

五、《水经注》最早记载我国用煤冶铁

中国古籍第一次记载用煤冶铁，见于北魏郦道元的《水经注》。该书载："其水……又东迳龟兹国南，又东左合龟兹川。水有二源，西源出北大山南，释氏《西域记》曰：屈茨北二百里有山，夜则火光，昼日但烟，人取此山石炭，冶此山铁，恒充三十六国用。故郭义恭《广志》云：龟兹能铸冶"[37]。龟兹、屈茨是同名异译，有学者认为这是指坩锅冶铁。郦道元所引《西域记》中的这段话，把当时新疆煤炭产地、煤的自燃现象、煤的用途讲得一清二楚。这显然是《西域记》作者的亲身见闻而为郦道元考察证实。根据岑仲勉考证，《西域记》即晋代《释氏西域记》，为释道安所作[38]。所以，这段记载应是晋代或晋代以前一段时间煤炭开发情况的反映。

这段记载中所谓"夜则火光，昼日但烟"，是指煤炭因风化而自燃的景象。这是我国古代关于煤炭自燃现象的最早记载。"人取此山石炭，冶此山铁"，是古代用煤冶铁最早的文字记载。说明晋代新疆龟兹地区掌握了用煤冶铁的技术。据考古学家黄文弼先生 1929 年在新疆库车拜城所作的实地考察，古代"冶铁之所"，"煤渣铁汁堆积成阜，排列若一小城。其中遗存熔铁小陶罐甚多"，铁汁溢流满罐，盖为冶铁之用，现本地土法尚用此"[39]。

"恒充三十六国用"，说明了当时新疆冶铁和煤炭开采的规模。"三十六国"是泛指西域的广大地区（按西域诸国，开始是三十六国，后来增至五十五国）。当年西域战事频繁，铁制兵器消耗极大，加上农用铁制工具的使用，用铁量必然较多，当时龟兹（即今库车）采煤冶铁，供给"三十六国"用，其生产规模是相当可观的。

至于当时煤炭开采的具体地点，是"屈茨北二百里"一带的山中。屈茨即龟兹，在今新疆库车地区。"取此山石炭，冶此山铁"，并非专指某山，而是指这一带的山脉。黄文弼先生经考察认为："《水经注》及《唐书·西域传》所称有火之山[40]，即指哈蚂木山喷烟处。现本地居民仍传说夜间发火光，昼日喷烟。或因石炭在山燃烧所致"[41]。

库车地区北部出露有早侏罗世的含煤地层，属库车拜城煤田，这说明，《西域记》和《水经注》的记载是正确的。

六、《水经注》关于煤自燃现象的记载

《水经注》中还有对山西大同煤层自燃情况的记载："右合火山西谿（溪）水，水导源火山，西北流，山上有火井，南北六十七步，广减尺许，源深不见底，炎势上升，常若微雷发响，以草爨之则烟腾火发"。"一水自枝渠南流，东南出，火山水注之，水发火山东谿（溪），东北流出山，山有石炭，火之热间（同）樵炭也"[42]。

书中记载的火山西谿（溪）、火山东谿（溪）、火山和火井的地理位置，根据大同煤矿地质处蔡忠信工程师、山西雁北地区文物工作站张畅耕、中国科学院古脊椎动物与古人类研究所贾兰坡、卫奇等学者研究和实地考察，查明火山西谿即今大同煤矿区的马脊梁沟，火山东谿正是大同煤矿矿区的口泉沟。而火山则是在马脊梁沟与口泉沟一带的山地，火井也在这一带的山上（图 1－12）[43]。乾隆年间的《大同府志》也指出："水经注火山水发火山东溪，东北流出山，山有石炭，火之（热同）樵炭也。疑火山即今口泉，其西山犹产石炭。”

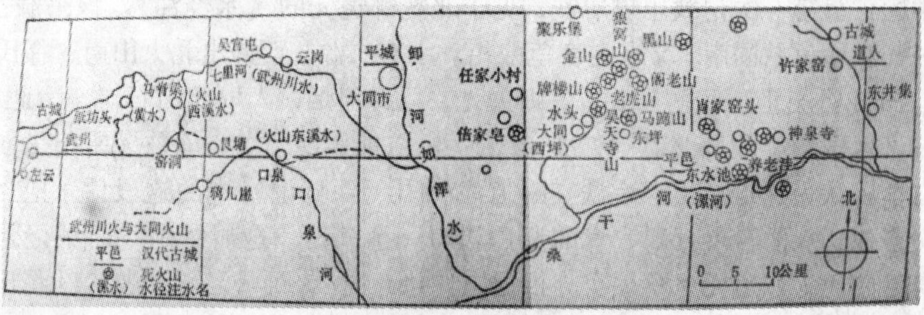

（武州恐系武周之误——编注）

图 1－12　大同火山群地理位置示意图

郦道元在提到火山东谿（溪）水时明确指出：“山有石炭，火之热同（同）樵炭也。”这里的山，从上文分析无疑是指火山，说明至迟在郦道元所处的时代起，人们知道火山一带是出产石炭的。而且作者还把石炭的发热量与樵炭（即木炭）作了比较，得出热量大致相同的结论。现大同矿务局所属煤矿仍有不少还分布在口泉沟一带，而马脊梁煤矿就在马脊梁沟。

《水经注》中讲的火井，就是因煤层自燃而形成的。书中所讲的火山、火井地区，今已查明有二十余层煤。煤层开采后，通常都留有许多煤柱和碎末煤，时间一长即因风化而自燃，随着地表的塌陷或产生裂缝形成火山、火井景观。有的煤层虽未开采，但因地质作用产生了裂缝，与地面空气接触，时间一长也会发生自燃，形成火井景象①。有的裂缝“深不见底”，煤层自燃发出的热气顺裂缝喷出，气流与缝壁摩擦发出声响，这就是“若微雷发响”的奥秘。当煤层自燃，火势旺盛时，火焰就会冲出裂缝，投下可燃物时，便出现了“烟腾火发”的奇妙景观。

《水经注》所讲的这种现象，在今天也还常见。譬如大同七峰山及胡家湾井田南部都有自燃区，地面裂缝喷出的热流，使人在数米以外就感到灼热烧脸，根本不可能靠近裂缝向深处探视。可见郦道元对大同煤层自燃现象不仅描述得形象生动，而且确切可靠。

此外，《水经注》还有关于风穴的记载。书中写道：“井北（按：指上文所说的火井）百余步有东西谷，广十许步。南岸（崖）下有风穴，厥大容人，其深不测。而穴中肃肃常有微风，虽三伏盛暑，犹须袭裘，寒吹凌人，不可暂停。”据考证，这里讲的东西谷，很可能是指今大同窑洞村与万家咀村之间东西向的峡谷。万家咀是由于四面八方的人集此开小煤窑而得名，在很久以前那里的煤层就被采空。书中讲风穴“南岸（崖）下”，“其深不测……肃肃常有微风”，很可能指的是煤窑为通风而开凿的进风洞。因为那一带出露的地层都是侏罗纪的砂岩和砂质页岩，不能是石灰岩溶洞。风蚀砂岩洞或居民挖的生活洞穴也不可能“其深不测”。加上风穴的大小，仅容得下一个人，又开凿在位置较低的“南岸（崖）下”，便于进风，所以，这极可能是煤窑的进风口。如果这一推断成立，则说明当时开采煤炭可能掌

① 据地质学工作者考证，大同煤田侏罗纪煤层自燃，在第四纪早更新世（距今二百万年）的时候已经开始，形成古火区。

握了利用出风口与进风口之间的高差来进行通风的技术由单井自然通风到双井自然通风，是一大进步。

郦道元关于火山、火井、风穴等的记载，写得如此逼真、形象，当是实地考察的结果。因为郦道元是北魏朝廷的官吏，北魏的都城平城即在今大同市旧城城北一带。勤于考察的郦道元对这一带的情况应该是清楚的。应说明的是，郦道元所记述的大同矿区煤层自燃现象，仅为文字所记载的煤层自然发火区现象，而大同煤田侏罗纪煤层自燃，早在距今二百万年前的第四纪早更新世就开始了。

第四节　煤炭开采工程的雏形

秦代建立起来的统一的中央集权制的封建王朝，到了汉代得到了巩固，社会政治经济得到了较大的发展，冶铁业的技术进步，开始应用煤炭作为冶炼的燃料，从而扩大了煤的用途，增加了煤的需要量，促进了煤炭开采与加工利用技术的发展。

在汉代，封建统治者采取了一系列的政治经济措施，使封建经济得到较快发展，煤炭的开采也日益广泛，陕西、河南、河北、江西等地区的煤炭已得到不同程度的开发利用，有的地区的采煤工程已初具规模。在汉代，有关煤炭的零星记载就比较多了，但系统记述或专门记述煤炭开采的书籍或文章却没有见到。我们只能通过星星点点的记载去了解当时煤炭开采利用的情况，从中把握煤炭工程技术进展的脉络。

一、“入山作炭”考

司马迁《史记·外戚世家》是有史以来第一次比较具体地记述古代煤窑开采规模的一篇历史文献，为我们研究煤炭工程技术史提供了十分宝贵的史料。文中记载道：“窦皇后，兄窦长君，弟曰窦广国，字少君。少君年四五岁时，家贫，为人所略卖，其家不知其处。传十余家，至宜阳，为其主入山作炭。寒，卧岸下百余人。岸崩，尽压杀卧者，少君独得脱，不死。……从其家之长安”[44]。在《汉书·外戚传》中也有大置相同的记载。

《史记·外戚世家》中“入山作炭”的记载没有讲明是作石炭还是作木炭，学者们对此认识各异。经过研究，我们认为是入山作石炭，即采煤。理由有四：

第一，据中国科学院自然科学史研究所研究员赵承泽先生考证，“《史记》之岸字，皆是炭字之讹文”[45]。王充《论衡》卷二《吉验》篇载：“窦太后弟名曰窦广国，……年四五岁，家贫，为人所掠卖，……至宜阳为其主入山作炭。暮寒，卧炭下，百余人炭崩尽压死，广国独得脱。”

《论衡》卷十《刺孟》篇载：“窦广国与百人俱卧炭之下，炭崩，百人皆死，广国独济。”

赵承泽先生认为，“《论衡》的这两段记载，无疑是引自《史记》”，“王充生于司马迁之后仅仅百年，故所见之《史记》依然正确”，“用《论衡》校《史记》，则可知今本《史记》颇有讹文”[46]。我们认为这一考证结论是有根据的。既然“卧岸下”，是“卧炭下”之误，那么这个“炭”绝非木炭，而是石炭。常识告诉我们，木炭很轻，炭崩压人也不至于置人于死地，何况百余人被压死，该堆放多少木炭？就当时的生产水平来看，烧木炭也不会有那么大的规模。如果是采煤炭，出现百余人被压死的事故，是完全可能的。所以“卧炭下”，即是采煤工夜晚为避寒卧于依山开挖的煤洞（窑洞）休息。而“炭崩”，是指发生窑洞坍塌事故（今人称为冒顶事故），致使一百多人被压死。

第二，窦广国等一百多人，身为奴仆，是没有人身自由的。他们被主人驱赶进山劳动，时间长，劳动强度大，夜晚不能回主人家休息，“暮寒”只得睡在煤洞中以避风寒。退一步讲，即使《史记》中“岸”字无误，那么在岸下（山谷崖岩下）休息睡觉，会越睡越冷，他们怎么会作这样的选择呢？所以，“岸”非岩岸之岸，而是采过煤之后的煤窑洞。

第三，我们考查，从古代到近代乃至20世纪三四十年代，煤矿工人夜晚在煤洞中睡觉是十分普遍的现象。在河南宜阳地区直到中华人民共和国成立前依然如此，煤窑工人常在煤窑中住宿，常常十几天吃、住、劳动在煤窑，煤窑工人被蔑称为“狗黑子”、“煤黑子”，其社会地位之低下，与古代沦为奴仆的窦广国等一百多人的处境是一样的。由此反向推理，当时家贫为人所掠卖，辗转十余家，最后被卖到宜阳的窦广国，必定是入山挖煤的奴仆。

第四，河南宜阳地区煤炭储量丰富，近山一带素有“煤猪”之称，出露有石炭二叠纪含煤地层，含煤二十余层，有无烟煤、瘦煤和焦煤。这就为“入山作炭”提供了前提。此外，这里煤层出露较为明显，不少地方埋藏较浅，当地居民素有采煤为业的传统，到20世纪初、中叶，小煤窑多达成百上千，直至今日，宜阳地区山峦处，仍可看到处处煤窑，井架林立，运煤车不停地从山里将煤运出……此情此景确实使人有“入山作炭”之感。

综上所述，《史记·外戚世家》记载的“入山作炭”，就是入山采煤。窦广国“入山作炭”一事，发生在他的姐姐窦氏被立为皇后不久，即汉文帝元年（公元前179年）左右。因此，可以推断，此前一段相当长的时间，宜阳地区就开采煤炭了，到了这时，才会出现能容纳一百余人睡觉的煤窑洞。

二、从窦广国“入山作炭”看西汉煤炭开采工程

从《史记》关于窦广国“入山作炭”的记载中，可以窥见西汉初期中国煤炭开采的一些情况：

1．汉代早期，煤炭开采规模已相当可观。一个煤洞能容纳一百余人睡觉，这个煤洞长度至少在40—50米以上。在用简单的手工工具操作条件下，一个人一天挖煤数量以100—200斤计算，100余人的煤窑，一天可以生产煤10 000—20 000斤以上，这在当时来说，算是不少了。

早期煤炭开采技术很少有文字记载，但从考古发掘资料及零星的文字记述分析，一般都用平洞、斜井或小立井开采，自然通风，人工排水（挑水或水沟自流），用镐刨煤，箩筐背煤，巷道一般不作支护，如要支护，采用木支护。从湖北大冶铜绿山古铜矿遗址来看，该铜矿是用小立井、小盲井、方框形木支护、自然通风进行开采的。采铜与采煤就其基本技术方法而言是相通的。

从西晋《魏都赋》唐人李善注“邺西……有石墨井，井深八丈”来看，当时立井开采深度不算浅了。

2. 窦广国的主人是一个拥有大量奴仆的大地主或山主，他驱使众多的奴仆入山采煤，不会仅为自家炊爨取暖，而必定还有商业目的和其他手工业用场。而且，储煤量很多的宜阳地区，当时也不会仅有窦广国主人一家煤窑，众多煤窑生产的煤炭，除一部分自用外，相当一部分在社会上销售。也就是说，在汉代早期，煤炭作为一种重要的燃料，已在人民的生产和生活中发挥着重要的作用。

3.《史记·外戚世家》，是中国古代历史文献中关于采煤的最早记载，也是关于煤窑坍塌（冒顶）事故的最早记载。这个记载告诉人们两个重要的历史事实：一方面说明煤窑工人的社会地位极其低下，窦广国作为被卖来卖去的奴仆，“入山作炭”，死里逃生，由于是皇亲才上了史书，被司马迁记载了下来。如果只是一个普通的奴仆，司马迁等史家不可能了解到此事，更不会记在史书中，也就不会有这一段煤炭史了。所以，文字记载的煤炭历史事实，远远滞后于实际的发展情况；另一方面说明，煤炭生产过程中，有许多的劳动者（挖煤工人）献出了自己的鲜血和生命，是他们用血汗乃至生命换来光和热，支撑社会的存在和发展。《史记·外戚世家》第一次记载煤窑坍塌事故竟有百余人丧生，那些没有被记载下来的采煤死亡事故，又该牵涉多少劳动者！另外，《史记·外戚世家》还告诉我们一个事实，中国传统的封建伦理观念，重君轻民，重农抑商，重士官轻科技。从先秦、西汉到清末，凡是正史，多写封建统治者权力变迁、家族演变以及士官们之间的争权夺利，很少写科学家的发明创造、工匠们的贡献。传统的封建伦理观念，还把工匠技术称之为“奇技淫巧”，把工匠艺人列入下九流。作为中国历史上最著名的史学家司马迁，没有专门去记述死亡一百多人的煤窑坍塌事故，更没有记述科学技术上的重大创新，这是中国封建伦理思想在史学上的反映。在这种伦理思想指导下写的许多历史文献，未能为后人留下更多更丰富的科技史料，这是造成我们今天研究、编纂古代工程技术史十分困难的原因之一。

第五节　早期的煤炭加工利用与煤炭成型技术

从新石器时代煤的发现到南北朝时期煤炭的开发利用，经历了五六千年，煤炭应用范围扩大了许多，由生活到生产，由乡村到城市，由民间炊爨到宫廷烧烤，都用到煤，煤炭逐渐成为人民生活的必需品，在社会生活中发挥着重要的作用。

一、汉代开始用煤炼铁

煤炭作为燃料，除了用于做饭取暖，还用于冶铸金属。用煤炼铜始于战国时期，用煤炼铁始于汉代。为什么用煤炼铁比用煤炼铜晚呢？主要有两个原因，一是早期森林茂盛，砍柴烧炭容易，用木炭完全可以满足冶炼金属（早期金属用量也不多）的需要；二是古人先学会炼铜，后学会炼铁，铁的熔点高，冶炼技术难一些，所以，我国周代开始用铁，是用木炭冶炼的，直到汉代才开始逐渐用煤炼铁。

煤在炼铁业中的应用，是冶金史和煤炭史的一件大事，是社会经济发展的一个重要标志。原因之一，只有在社会需要大量的铁，而只靠木炭又无法满足炼铁需要的条件下，人们才会去研究用煤炼铁的问题。据《中国古代冶金》一书的作者估算，“每炼一吨生铁，耗用木炭可能要四五吨左右或更多些”[47]。另，首都钢铁公司刘云彩根据郑州古荥镇一座汉代高炉的情况推算（依物料平衡计算），每炼一吨铁要用木炭 7.85 吨[48]。又据河南巩县铁生沟汉代冶铁遗址炼渣计算，该处生产规模应出生铁 2631 吨[49]。那么，仅巩县铁生沟一处冶铁需要的木炭就多达两万吨左右，这要消耗许多有限的森林资源。而到了西汉，由于封建社会政治稳定，经济繁荣，人口增加，军队装备改善，各种铁制器具改进，使得用铁量与日俱增。汉武帝于元狩四年（公元前 119 年）实行盐铁官营政策，在产盐、产铁区设置盐铁官，以加强盐铁生产管理，增加生产，增加国家收入。当时生铁用量的快速增长，使得木炭难于满足冶炼的需要，用煤炼铁的问题，自然提上了历史日程。

此外，用煤炼铁比用木炭炼铁有突出的优点，温度高，熔炼快，效率高，成本低，大大减少林木的砍伐。用煤冶铁，加大了社会对煤的需求，促进采煤业的发展。所以，用煤冶铁既是冶金史的重要发展阶段，又是煤炭史的重要发展阶段。

汉代用煤冶铁的事实，目前没有看到文献记载，但考古发掘资料足以证明。

1979 年，洛阳市博物馆在黄河北岸的洛阳市吉利工区，发现了一座大约是西汉中晚期的墓葬，从中出土坩埚 11 个和五铢钱。坩埚直口卷缘，直腹、圆底，一般口径 14—15 厘米，高 35—36 厘米，厚 2 厘米，内外壁均烧流，并附着熔炼后残剩的铁块、煤块和炼渣、煤渣[50]。经有关部门鉴定，确认“坩埚外壁底部附有煤”，“说明当时是直接用煤作为冶铸铁的加热燃料”，“为西汉时期冶铸铁直接以煤为加热燃料提供了重要的实证”[51]。

1958 年，河南省文化局文物工作队在巩县铁生沟汉代冶铁遗址（属西汉中晚期或再晚些）中出土了大量的煤饼、煤渣和原煤块。“原煤和煤饼在各个炼炉附近都有发现，煤饼的出土地点以探方 12、探方 11 为最多，特别是炉 16 周围堆积有大量的煤饼。”原煤块在探方 3、探方 5 和探方 8 中出土较多。……这些煤块多数经过火烧，有些未烧透，有的外部灼成白色，也有极少数未经火烧。煤块一般的长度在 6—13 厘米之间”[52]。中南煤田地质勘探局试验室对出土的煤饼和原煤块样品，进行了化验，结果见表 1－6。由于标本（煤饼和原煤块）曾经过燃烧和风化，故灰分很高，而含硫量则较低。

表 1－6　巩县铁生沟汉代冶铁遗址煤饼和原煤块样品化验分析报告表　　%

试验室编号	标本坑位	标本名称	原煤工业分析				元素分析			
			分析水分（W^2）	无水基水分（A^c）	无水无灰基挥发分（V^r）	无水基硫（S_O^c DW）	无水无灰基碳 C^r	无水无灰基氢 H^r	无水无灰基氮 N^r	无水无灰基氧、硫 O^r+S^r
592449	T8	原煤块掺有石子的煤	0.55	96.00	72.36	痕迹	56.87	7.78	8.29	27.14
592450	T12		0.75	93.67	84.71	痕迹	50.16	8.34	1.11	45.39

有的学者认为巩县铁生沟冶铁遗址的煤，是一些烘范窑和烧陶窑的燃料，不是

炼铁燃料，炼铁燃料是木炭①。

为了便于了解遗址中煤与炼铁炉的关系，研究是否用煤炼铁的问题，我们把《巩县铁生沟》一书和巩县铁生沟冶铁遗址“发掘报告”中有关煤的资料摘录编制成表（见表1-7），供研究参考。

表1-7　河南巩县铁生沟汉代冶铁遗址中用煤情况一览表

<table>
<tr><th>探方号</th><th>炉号</th><th>煤的位置</th><th>具体情况</th></tr>
<tr><td rowspan="4">探方8</td><td></td><td></td><td>原煤块出土较多，多经火烧，一般长度在6—13厘米之间，东部还堆放着掺有石子的碎煤</td></tr>
<tr><td rowspan="2">炉14</td><td>火门处</td><td>发现有原煤块和“海绵铁块”，还遗留有原煤和海绵铁烧结在一起的遗物</td></tr>
<tr><td>炉膛中</td><td>有原煤块</td></tr>
<tr><td>炉13</td><td>炉膛中</td><td>有原煤块</td></tr>
<tr><td>探方2</td><td>炉1
炉3</td><td>炉　的
西北角</td><td>堆积有一堆黑色灰末，其中还发现有两三块白煤</td></tr>
<tr><td rowspan="4">探方12
南部</td><td rowspan="4">炉16</td><td>炉内</td><td>堆有海绵铁块，在海绵铁块中还可以看出原来的煤块以及半熔解的矿石。又炉16的大铁块，高1.5米，径1.9米。铁、矿石、炼渣、煤等都烧结在一起</td></tr>
<tr><td>炉膛内</td><td>堆积大量的炼渣、铁块、耐火砖、煤块、青石块等</td></tr>
<tr><td>炉底</td><td>发现有掺小石子的煤块，煤块的下边被火烧成红色</td></tr>
<tr><td>炉周围</td><td>堆积有大量的煤饼</td></tr>
<tr><td>探方2
东28米</td><td>炉18</td><td>炉膛内</td><td>堆积大量的炼渣、铁块、耐火砖、煤块和青石块等</td></tr>
<tr><td>探方3</td><td>炉5</td><td>炉附近</td><td>发现有原煤块</td></tr>
<tr><td rowspan="2">探方5</td><td rowspan="2">炉7</td><td>炉附近</td><td>有原煤块</td></tr>
<tr><td>炉南边</td><td>发现有烧过的煤渣一堆*</td></tr>
<tr><td>探方12</td><td>炉15</td><td>火门处</td><td>发现有原煤块和结铁块*</td></tr>
<tr><td>坑8
探方3、5</td><td></td><td></td><td>出土原煤块较多</td></tr>
<tr><td>探方11</td><td></td><td>堆积层</td><td>在堆积层中，还出土有曾经熔化过的铁块和煤烧结在一起</td></tr>
</table>

注：此表资料，除带*号的两处引自《考古》1960年第5期载《河南巩县铁生沟汉代冶铁遗址的发掘》外，其余均引自《巩县铁生沟》一书。

根据考古发现，说明我国汉代确实用煤炼铁了。但从巩县铁生沟冶铁遗址又说

① 赵青云等：《巩县铁生沟汉代冶铸遗址再探讨》，《考古学报》1985年第2期，第171页。

明，当时木炭仍然是炼铁的重要燃料，即是说，在西汉，木炭、煤炭都是炼铁的燃料。煤炭完全取代木炭炼铁是一个长过程，我们在分析冶铁遗址发掘资料时，既不能因为一处有用煤炼铁的发现，就认为各处都是用煤炼铁，也不能因为一处仍是用木炭炼铁，就认为各处都仍是用木炭炼铁，在燃料转换的过渡阶段，二种燃料同时并用是合乎规律的。

在分析认识考古发掘资料过程中，常常存在不同学术观点，这是十分正常的事情。在看待古荥镇汉代冶铁遗址的发掘资料时，就存在着这样的问题。1975 年郑州市博物馆考古工作者在郑州市西北二十多公里的古荥镇发掘了一座汉代冶铁遗址，年代属于西汉中晚期至东汉。在遗址冶炼场周围的一座窑内火地上发现了很多煤饼[53]。一些学者根据一号炼炉前一个大铁块中还有木炭附着物的情况，认为“古荥镇有的窑中出土了煤饼，但看不出用来炼铁的迹象，看来古荥镇作坊炼铁用的燃料就是木炭”[54]。而我们认为，联系洛阳市吉利工区西汉墓葬出土的炼铁坩埚（内有煤渣、煤块）来分析，古荥镇冶铁遗址中的煤饼的出土，绝不是与炼铁毫无关系的，而可能是用煤炼铁的又一佐证。分析古荥镇出土的煤饼，它的应用存在三种可能：第一种情况，当时工匠们是用煤进行炼铁试验以进一步掌握用煤炼铁的技术，所以遗址中既有大量的煤饼，又有木炭裹铁块现象的存在；第二种情况，当时由于木炭短缺，人们采用木炭与煤炭交替使用的办法来冶铁，以满足社会对铁的需要。在工匠们用煤冶铁的时间尚不长的情况下，用木炭炼铁技术比用煤冶铁更为熟练，只要有足够数量的木炭，工匠们自然喜欢用木炭炼铁，所以，在遗址中同时存在两种燃料的现象；第三种情况，煤饼是夯实了的耐火材料，而不是炼铁的燃料。这几种可能的最后结论留待后人去作。

几处考古发掘资料都证明西汉中晚期中国古人已用煤炼铁了。然而，用煤炼铁的文字记载则见于晋代。晋人释道安所著《西域记》中，记载了新疆屈茨用煤冶铁的事实。南北朝郦道元的《水经注》引用了《西域记》的这段记载：“屈茨北二百里有山，……人取此山石炭，冶此山铁”[55]。屈茨在今新疆库车地区，离中原很远，用煤炼铁技术由中原传至新疆有一过程，（据《汉书·西域传》讲，西域的铸铁技术是由汉代士卒传过去的），屈茨用煤冶铁比中原晚是自然的，但从文字记载往往落后于生产实践的规律来分析，屈茨用煤冶铁也不会比中原晚得太多，可能早于晋，即在东汉或三国时期可能用煤冶铁了。

中国是否在汉代用煤冶铁，有的冶金史研究者持怀疑态度，其根据是汉代炼得的生铁含硫量很低，冶铁用的燃料应该是木炭（一般说来木炭作燃料炼出的铁含硫较低）。我们认为这种观点值得商榷。第一，根据部分汉代铁器标本化验的结果，不能代表汉代的全部生铁含硫情况；河南渑池出土的一批汉魏到南北朝时期的铁器，有的化验结果含硫量较高，达 0.2%—0.4%；第二，用含硫很低的煤炭炼出的铁，其含硫量就低，我们不能排除化验标本正好是含硫低的煤作燃料炼出来的；第三，用含硫量一般的煤作燃料，在冶炼过程中加入石灰石，也可以降低生铁的含硫量，我们尚不能否定当时工匠应用了这种方法；第四，认为汉代的铁都是用木炭炼出来的观点，无法解释下面的考古发掘事实：（1）在铁生沟几个炼炉中火门处有煤块；（2）炼炉周围放置大批煤饼；（3）铁矿石与煤烧结在一起，铁块中黏结有煤块。所以，不能仅用所化验的生铁含硫量低这一点来否认汉代用煤冶铁。

二、三国时期曹操贮煤的方法

到了三国时期，煤炭在社会上的地位日趋重要，煤炭不仅用于普通老百姓日常生活，更是贵族官吏所喜爱的物资，这从东汉末年三国时期曹操贮煤的史实中得到有力的说明。

东汉末年，曹操击败袁绍后，进入邺城，营邺都（今河北临漳县西南）。建安十五年（公元210年），曹操在邺城西北，以城为基，修建了宏伟的铜雀（爵）台[56]。以后又在铜雀台的南面和北面相继修建了金虎台（后因讳石虎名改金凤台）和冰井台[57]，这就是历史上著名的曹魏三台。八九十年以后，西晋的文学家陆云登临三台，见到曹操在三台中贮藏煤炭（当时叫石墨），很觉新奇，于是写信告诉了他的哥哥陆机。信中说："一日上三台，曹公藏石墨数十万斤，云烧此，消复可用，然（燃）烟中人不知，兄颇见之不"[58]。这里所说的可燃烧的石墨，即是煤炭。

曹操贮煤的方法，东晋陆翙的《邺中记》中作了较详细的记载："铜雀、金凤、冰井三台皆在邺都北城西北隅，因城为基……北则冰井台，有屋一百四十间，上有冰室，室有数井，井深十五丈，藏冰及石墨。石墨可书，又爇之难尽，又谓之石炭。又有窖粟及盐，以备不虞。今窖上石铭尚存焉。"后来南北朝郦道元的《水经注》卷十"浊漳水篇"中也有类似的记载①。曹操把煤炭藏在冰井台中，这种贮煤方法值得称道。因为露天或普通的房屋中堆放煤炭容易风化自燃，把煤放在冰井台中，则温度低，不易风化自燃，可以长时间贮存。这种道理，《淮南子》中也有记述："天下……莫相爱于冰炭……炭得冰则保其炭，冰炭相息也"[59]。

曹操贮煤的目的是把煤炭作为重要的物资保存起来，以备不虞。煤炭既是重要的燃料，又是书写用的颜料，所以，曹操把精选出来的煤炭，同粮食、食盐一并贮存起来，足见煤炭在上层官吏心目中的地位了。

从历史的角度搞清曹操贮存的煤炭产于何处，是有意义的。经查阅古籍资料，可知冰井台的煤炭产自今河南河北相邻处的产煤区。西晋左思《魏都赋》中讲："墨井盐池，玄滋素液"[60]。又《魏都赋》唐人李善注："邺西，高陵西，伯阳城西有墨井，井深八丈"[61]。古时候称煤炭为石墨，《魏都赋》中的"墨井"和李善所注的石墨井都是指煤井。《魏都赋》及其注，为我们研究冰井台贮煤以及煤的出产地提供了补充说明。魏都即指邺都。明代崔铣的《彰德府志》卷二"临彰"一节中记有伯阳城这个地名："伯阳城……在镇（邺城）西。"所以，李善的《魏都赋》注所说的邺西，伯阳城西就是指今安阳、磁县、峰峰、邯郸一带地区。近代查明，这一带地区煤炭储量十分丰富，出露有石炭二叠纪含煤地层，有些地方的煤层赋存很浅，从地面挖掘不深即可见煤，有的煤层直接裸露于地面。从《魏都赋》及其注可知，曹操所贮的煤无疑是取自安阳、磁县、峰峰一带的煤井。《魏都赋》李善所注还告诉我们，当时邺西、伯阳城西的煤井已深达八丈，开采规模是比较大

① 郦道元《水经注·浊漳水》记载："北曰冰井台，亦高八丈，有屋百四十五间，上有冰室，室有数井，井深十五丈。藏冰及石墨焉。石墨可书，又燃之难尽，亦谓之石炭。又有窖粟及盐，以备不虞。今窖上犹有石铭焉。"

的，煤井的深度也比较深。

从曹魏冰井台贮煤的有关文献记载中，还有一点值得令人注意。西晋陆云给其兄信中所说“云烧此，消复可用，燃烟中人不知”，是讲煤火弄灭后还可再燃烧以及煤烟可使人不知不觉中毒的现象。这说明魏晋时期，中国古人已积累了相当丰富的烧煤经验，并懂得煤气有毒，需要留意。“燃烟中人不知”是古文献关于煤气中毒的最早记载。

三、汉代开始用煤烧陶　北朝开始用煤烧瓷

中国烧制陶瓷历史悠久，源远流长。据考古发掘证实，在8 000多年以前的新石器时代早期，中国古人就烧制陶器，3 000多年以前的商代，又发明了陶瓷。陶瓷是人类实践中技术与艺术相结合的产物，在社会生活中起着重要的作用。在陶瓷业的生产过程中，燃料起着不可忽视的作用，它是烧制陶瓷的三大要素（土、火、水）之一。最早的燃料是柴草和木炭，兼用牲畜粪便。

从河南巩县（今巩义市铁生沟）、郑州古荥镇两处大型冶铁遗址和古河南县（治所在今洛阳市西郊）瀍河东岸的陶窑遗址中发现用煤痕迹证实，中国汉代就已使用煤炭烧制陶器了。在铁生沟冶铁遗址的许多陶窑中，发现了“煤炭”和“原煤块”，说明这处冶铸遗址还“兼营陶业”，而且“使用了煤作燃料”烧窑。在古荥镇冶铁遗址一处陶窑的火池内，发现了很多用模型制作的圆柱形“煤饼”，其中，有的“已全部烧成渣”，有的只烧了表层，其未烧透部分还可见到带有黏土的“黑色煤粒”，无疑这些煤饼是当时用以烧窑的燃料。瀍河东岸已作清理的两座陶窑，火膛内都发现有“煤的痕迹”。经考古鉴定，上述三处遗址属于汉代，距今已1 700多年。……山东泰安满庄乡的中淳于古瓷窑遗址发现“煤渣”证实，早在1 400多年前的北朝时期就已用煤烧瓷[62]。

由此可见，自汉至南北朝，中国开始用煤作燃料烧制陶瓷，这对陶瓷生产工艺会产生影响，从而提高陶瓷质量。

四、汉代开始用煤烧制砖瓦

砖瓦是重要的建筑材料，广泛应用于古今民用和工业建筑。砖瓦的烧制也和陶瓷一样，最早是用柴薪作燃料，随着柴薪的日渐减少，砖瓦用量的日益增加，人们必然寻找新的燃料来代替柴薪。中国最早用煤烧制砖瓦始于汉代。这也是通过考古发掘资料证实的。

在郑州西北20多公里的荥阳古荥镇汉代冶铁遗址中，除出土炼炉、锻炉外，还有烧制砖瓦和鼓风管的窑炉13座，这些窑炉分布在冶炼场地的周围，烧窑燃料主要是木炭，但在“窑5”火池内有一些煤饼，直径18—19厘米，厚7—8厘米。煤饼摆放于火池内用砖架设的六条风道上。在近火门处的煤饼因通风良好，已全部燃烧成渣，离火门远的靠里边的煤饼仅下部表层燃烧了。这就看出这些煤饼是烧制砖瓦的燃料。

另外，洛阳市东郊1985年出土两座东汉后期的砖瓦窑遗址。砖瓦窑结构“属于半地穴对开式，地面以下凿有操作坑、火门、火膛、窑室和排烟系统，地面以上用砖结顶”[63]。“窑炉底部砌有砖箅，用矩形条砖交错排列，每排砖与砖之间互不衔接”[64]。遗址的堆积物，多为汉代的青砖、云文瓦以及煤渣、炭灰，在窑底部的砖缝隙处留有煤燃烧后的渣屑。这些证明此砖瓦窑所用的燃料为原煤。中国社会科学院考古研究所洛阳汉魏城队在《考古》杂志 1997 年第二期上发表了一篇考古发掘文章：《汉魏洛阳城发现的东汉烧煤瓦窑遗址》，用最新的考古发掘事实进一步证明，东汉时期我国已较普遍地用煤作燃料来燃制砖瓦。

五、早期的煤炭成型技术

人们最初用煤作燃料，只烧块煤，末煤则抛弃不用。因为末煤通风不好，难于燃烧。在长期的生产和生活实践中，人们逐渐懂得了将煤进行加工后再燃烧的好处，特别是随着柴薪的减少，用煤量的增加以及用煤冶铁的技术需要，人们逐渐创造出一种把末煤加工成型煤的方法，使末煤得以充分利用。燃烧型煤，通风良好，火力旺盛，燃烧效率高，炉温增加，从而减少炊爨和冶炼的时间。型煤的加工利用，是煤炭开发利用水平提高的表现。中国古代在西汉时期已开始加工制作煤饼，这在世界上是最早的。

自西汉至南北朝，根据考古发现和文字记载，型煤有两种，一种是用于冶铁、烧砖、和做饭的煤饼，一种是用于烤火取暖的香煤饼。两者的加工方法有所不同。

从巩县铁生沟汉代冶铁遗址和荥阳古荥镇汉代冶铁遗址出土的煤饼及煤饼配料池来看，中国最早的型煤（煤饼）是用下面 的方法加工制成的：将末煤、石子（石英石或石灰石颗粒）按 4 比 1 的比例配制好，加入适量的黏土和水，搅拌均匀，然后放入煤饼模具中压实，脱模晾干即可应用。模具形状大小，根据冶炼、烧窑和炊爨的需要制作。古荥镇冶铁遗址的煤饼，呈圆柱形，直径 18—19 厘米，厚 7—8 厘米，有的上面凸鼓。

根据文字记载，至迟到南北朝时期，出现了一种特殊的煤饼——香煤饼，这是在南朝文学家徐陵的一首《春情》诗中记载下来的。诗道：

风光今旦动，雪色故年残。
薄夜迎新节，当垆却晚寒。
故（奇）香分细雾，石炭捣轻纨。
竹叶裁衣带，梅花奠酒盘。
年芳袖里出，春色黛中安。
欲知迷下蔡，先将过上兰。

这是目前所知我国最早吟咏煤炭的一首诗。诗中第三句说的正是发香煤饼的功效及制作方法。这句诗比较费解，但是明朝人杨慎有一段关于发香煤饼的记载，正好为这句诗作了解释。杨慎说：“发香煤也，盖捣石炭为末，而以轻纨筛之，欲其细也……以梨枣汁合之为饼，置于炉中以为香籍，即此物也”[65]。而清朝人汪价也有大致相同的记载：“又发香煤为之石炭，捣炭为末，以轻纨节之，和以梨枣汁作饼，置炉中以为香籍”[66]。由此可知，香饼煤的做法是把石炭捣成碎末，筛去杂质，再调入梨枣汁等香料，做成饼形，使其在燃烧时放出阵阵清香。因此徐陵才有“故（奇）香分细雾，石炭捣轻纨”的诗句。看来，古人在扩大煤炭的使用范围、改变煤炭的形象方面，确实动了一番脑筋。

但是，香饼煤制作麻烦，费工费时，造价颇高，并非劳动人民的生活用品，只能供有钱人享用。尽管如此，发香煤饼的加工利用，毕竟是我国古代用煤的一个独特创造。

参考文献

〔1〕王庆全：《大同煤田侏罗纪煤层古火区的地质特征》，1982 年全国矿井地质学术讨论会论文。
〔2〕［明］嘉靖《宣府镇志》卷八。
〔3〕《朔方道志》卷二。
〔4〕岑参：《岑嘉州诗集》卷三。
〔5〕《释氏西域记》，转引自郦道元《水经注》卷二，上海古籍出版社 1990 年，第二十四页。
〔6〕［清］光绪《平定州志》卷十。
〔7〕甄敬：《重修人祖庙碑记》。
〔8〕［晋］王嘉：《拾遗记》，中华书局，1981 年，第 101 页。
〔9〕［宋］罗泌：《路史》"前纪"卷五，清刊本第八页。
〔10〕恩格斯：《反杜林论》，《马克思恩格斯选集》第三卷，人民出版社，1972 年，第 154 页。
〔11〕周兴国：《火的化石》，《化石》，1977 年第 2 期。
〔12〕《马可·波罗游记》第二卷，福建科学技术出版社，1981 年，第 124 页。
〔13〕〔14〕张星烺：《中西交通史料汇编》第三册，中华书局出版社，1978 年，第 241 页。
〔15〕沈阳市文物管理办公室：《沈阳新乐遗址试掘报告》，《考古学报》，1978 年第 4 期。
〔16〕〔17〕〔18〕辽宁省煤田地质勘探公司科研所：《沈阳新乐遗址煤制品产地探讨》，《考古》，1979 年第 1 期，第 79 页，第 80—81 页。
〔19〕〔23〕〔26〕赵承泽、卢连城：《关于西周的一批煤玉雕刻》，《文物》，1978 年第 5 期，第 65—66 页。
〔20〕贾兰波、龙玉柱：《山西怀仁鹅毛口石器制造场遗址》，《考古学报》，1973 年第 2 期，第 13 页。
〔21〕黄慰文等：《广东南海县西樵山遗址的复查》，《考古》，1979 年第 4 期。
〔22〕中国科学院考古研究所：《沣西发掘报告》，文物出版社，1963 年，第 127 页及图版玖拾。
〔24〕赵承泽、田新华：《宝鸡茹家庄㢭伯墓妾出土黑色玦的鉴定》，见卢连城、胡智生：《宝鸡㢭国墓地》附录，文物出版社，1988 年。
〔25〕［清］雍正《陕西通志》卷四十三。雍正十三年刊本第六十二页。
〔27〕荥经古墓发掘小组：《四川荥经古城坪秦汉墓葬》，《文物资料丛刊》第 4 辑，文物出版社，1981 年。
〔28〕夏鼐：《考古学论文集》，科学出版社，1961 年，第 117—118 页。

〔29〕《周礼·地官》汉郑玄注，唐陆德明音义，清嘉庆一一年清芬阁重刊本第六十六页。
〔30〕新雨：《中国古代对煤的认识和应用》，《科学史文集》第19集，上海科学技术出版社，1982年。
〔31〕《中国煤炭志·河南卷》，中国煤炭工业出版社，1996年，第11页。
〔32〕任孚先、于友发译著：《山海经》，山东教育出版社，1986年。
〔33〕岑仲勉：《墨子城守备篇简注》，北京古籍出版社，1958年，第63页。
〔34〕《后汉书·郡国志》第275页，中华书局，1989年。
〔35〕顾祖禹：《读史方舆纪要》第84卷，中华书局股份有限公司，1955年，第3566页。
〔36〕朱弁：《曲洧旧闻》卷四，中华书局，1985年，第30页。
〔37〕郦道元：《水经注》卷二，上海古籍出版社，1990年，第24页。
〔38〕岑仲勉：《中外史地考证》，中华书局，1962年，第298页。
〔39〕〔41〕黄文弼：《塔里木盆地考古记》，科学出版社，1958年，第32、33页。
〔40〕［宋］欧阳修：《唐书·西域传》卷二二〇之二二上，光绪十年同文书局石印本，第十八页。
〔42〕郦道元：《水经注》卷十三，上海古籍出版社，1990年，第261、263页。
〔43〕参阅：一、蔡忠信《评“大同火山群”》，《中国矿业学院学报》，1979年第2期；二、贾兰波、张畅耕、卫奇：《考古在研究大同火山活动时代的作用》，1981年铅印本。
〔44〕司马迁：《史记·外戚世家》，中州古籍出版社，1996年，第563页。
〔45〕〔46〕赵承泽：《关于西汉用煤的问题》，《光明日报》，1957年2月14日。
〔47〕北京钢铁学院中国古代冶金编写组：《中国古代冶金》，文物出版社，1978年，第61—62页。
〔48〕刘云彩：《中国古代高炉的起源和演变》，《文物》，1978年第2期。
〔49〕河南省文化局文物工作队：《巩县铁生沟》，文物出版社，1962年，第22页。
〔50〕洛阳市文物工作队：《洛阳吉利发现西汉冶铁工匠墓葬》，《考古与文物》，1982年第3期，第23页。
〔51〕洛阳市文物工作队：《洛阳吉利发现西汉冶铁工匠墓葬》，《考古与文物》，1982年第3期，第39页。
〔52〕河南省文化局文物工作队：《巩县铁生沟》，文物出版社，1962年，第18—19页。
〔53〕郑州市博物馆：《郑州古荥镇汉代冶铁遗址发掘简报》，《文物》，1978年第2期，第34—38页。
〔54〕《中国冶金史》编写组：《从古荥遗址看汉代生铁冶炼技术》，《文物》，

1978 年第 2 期，第 46 页。
〔55〕《水经注》，上海古籍出版社，1990 年，第 24 页。
〔56〕《三国志·魏志》，中州古籍出版社，1990 年，第 8 页。
〔57〕晋陆翙：《邺中记》，按：《邺中记》已佚，今只有后人辑本《邺中记·晋纪辑本》，中华书局，1985 年，第 2 页。
〔58〕晋陆云：《陆士龙文集》卷八，宣统三年上海文明书局发行，第一页。
〔59〕《淮南子》第十六卷，上海古籍出版社，1998 年，第 173 页。
〔60〕〔61〕《文选》卷六，商务印书馆，1959 年，第 119 页。
〔62〕〔63〕〔64〕祁守华：《中国古代煤炭开采利用轶闻趣事》，煤炭工业出版社，1996 年，第 27—28、30 页。
〔65〕杨慎：《升庵外集》卷十九，清道光甲辰年翻刻本，第十二页。
〔66〕汪价：《中州杂俎》卷二十，民国十年安阳张氏三恰堂铅印本，第二十页。

第二章
中国古代煤炭工程技术体系的形成
（隋唐至元）

从隋文帝继秦始皇之后再度统一中国开始，经唐、宋、辽金，到元朝结束（公元581—1368年），这七百多年的时间里，中国封建经济继续向前发展，尤其在唐代，经济空前繁荣，农业、手工业和商业都有较大发展，这就促进了煤炭开采与加工的发展。煤炭开采更为普遍，煤炭加工更受重视，开采与加工技术日臻成熟。特别是宋代，发明了炼焦技术之后，煤炭的用途更加广泛。金属冶炼、陶瓷烧制和石灰烧制都越来越多地应用煤炭作燃料，煤炭成了市场上的重要商品，在社会生产和人民生活中起着重要的作用。从唐代开始，我国的煤炭开采与加工利用的知识逐渐传播到国外，对世界产生了重大的影响。

第一节　隋唐时期的煤炭开采与利用

一、隋唐煤炭开采地域的扩展

隋文帝初年，煤炭已是宫廷中的重要燃料。当时在朝廷任著作郎的王劭在奏表中说："在晋时，有人以洛阳火渡江者，世世事之，相续不灭，火色变青……今温酒及炙肉，用石炭火、木炭火、竹火、草火、麻荄火，气味各不相同"[1]。王劭关于火的奏报把石炭放在首位，并与木炭、竹草等燃料比较异同，说明当时石炭已成为宫廷相当重要的燃料了。

到了唐代，开采煤炭的地区比较多，利用煤炭的范围也较广泛。在京城长安，烧煤已相当普遍，故唐朝诗人李峤有"长安分石炭，上党结松心"[2]的诗句。"长安分石炭"，说明长安（今西安）烧煤相当普遍。至于石炭的来源，不会距离长安太远。唐代陕西韩城煤田已开发。离长安较近的渭北煤田（今铜川矿区），有的地方煤层出露地表易开采，且易自燃，长安的石炭可能来自铜川。渭北玉华山附近，唐代曾建一座玉华宫殿（在铜川附近），《玉华山记碑》就记载了煤炭自燃的现象："野火谷，有石常燃，望之如爨烟"①。"上党结松心"一句与制墨有关。"古墨以上党松心为烟，以代郡鹿角胶煎为膏而和之，其坚如石"[3]。自先秦起，古人用煤作为黑色染料，并用来写字，故古人把煤称为"石涅"或"墨"。到了唐代，已出现专门用于写字的"墨"。墨的原料，主要是煤或松树烧过后形成的黑烟灰。"上

① 《玉华山记碑》现存放于铜川市文化馆。

党结松心”说的是上党（今山西长治地区）出制墨的原料，即反映出上党地区当时已普遍烧煤。上党地区的煤炭在唐时已得到开采。据《坚瓠集》记载：“李嗣熙守上党，为汴人所围，城中盐炭俱尽……掘得石炭，晋王自将解围，躬奠其地，立二庙曰盐神炭神，世崇奉之”[4]。

唐代，长治地区的人们，不仅用煤烧火做饭，还用煤作干燥剂保存贵重的物品。1958 年，长治市城内一座残塔下发现一唐代舍利棺及一填满煤炭的土坑（面积 1 平方米、深 1 米），在煤的中间有一方形石函（高 55 厘米，长 66 厘米，宽 55 厘米），石函内有一金属盒，舍利就收藏在石函内的金属盒中[5]。

唐代，太原西山煤田也得到了开发，近代地质工作者在虎峪、官地、晋祠、清源一带发现了不少古窑洞，是唐宋年间开凿的[6]。

唐代煤炭开采相当普遍，除山西、陕西外，辽宁的抚顺，河南的焦作、鹤壁、新密、河北的秦皇岛柳江、山东的淄博、枣庄，安徽的黟县，湖北的竹山等地，都有开采和利用煤炭的记载或考古发现。

山东的淄博和枣庄两个煤田在唐朝已被发现和开发。《鲁大公司二十年史》讲：淄博煤田在唐朝末期就被开采[7]。又据山东大学历史系和淄博矿务局展览馆人员实地考证，淄博矿区的周家地、田家地和走马岭，有唐代煤井的遗迹[8]。在吴承恩编著的《今世中国实业通志》中记载：枣庄矿区内有唐宋时期的旧井。

1975 年，考古工作者在江苏省扬州市唐城遗址中的一个炉灶膛内，发现了一些煤渣和开元通宝钱[9]。扬州是唐代南北交通的枢纽，是一个对外贸易的重要商埠，十分繁盛，诗人张祜（唐宪宗时人）《纵游淮南》诗，有“十里长街市井连”句，足见扬州的盛况。扬州唐城遗址的一个炉膛中发现了煤渣，足以证明唐代扬州已用煤作燃料。但扬州所用的煤采自何处则无从考察。作为当时商业中心的扬州城市，又有大运河与河北、河南、淮北、淮南等地区相连，各地的煤均可以运来扬州。这至少可以说明，唐代，煤炭已作为商品进入市场。

唐朝段成式《酉阳杂俎》卷十讲：“无劳县出石墨，爨之弥年不消。”从所引石墨可以“爨之”说明是指煤。

二、唐代对煤的深化认识

随着煤炭开采地域的扩大，人们用煤实践的发展，人们对煤的功用的认识也逐渐深化。在唐代，不仅用煤炊爨、冶炼、作干燥剂贮藏贵重物品，而且用煤治病、制备火药。在用煤的实践中已开始研制炼焦技术。

唐代炼丹术专著《黄帝九鼎神丹经诀》，记载了熔炼黄金时使用燃料的顺序，研究和确定煤炭在炼金过程中的位序。该书载：熔炼黄金时燃料用“柽柳木炭、松柏木炭、石炭、土墼 木炭、干牛粪等，逐坚濡性，以火出之”[10]。在另一道家书籍《太古土兑经》中，也总结了用煤炼铁的经验，认为在各种炼铁的燃料中“石炭乃妙”[11]。这一认识是经过反复实践、比较而得到的。另外，在独孤滔（紫阁山叟）的《丹房鉴源》一书中，记载了用煤冶炼时，注意用煤量的问题。“石炭伏硫磺，去锡晕，制雄、雌，制硇砂，少可用”。这是比较复杂的化学处理过程。这段话很可能与制作火药有关。古代火药是用硫磺、硝石加木炭配制而成的。把煤、硫磺、硝配在一起，作为爆炸物，在一些矿区中就有这样的传说，但在操作中很容易引起爆炸，必须严格掌握用量比例，所以才有“少可用”的记载。

煤的药用价值的发现也是在唐代。唐朝文学家柳宗元《答崔黯书》云：“吾见病腹人有啖土炭者……，不得则大戚”[12]。土炭是煤的一个别名。吃煤的现象至今在个别地区依然存在。

唐代炼焦技术已经萌芽，出现了焦炭的雏形——炼炭。唐乾符年间（公元847—879年）已有去掉“烟气”的“炼炭”。唐人康骈《剧谈录》记载：“乾符中，洛中豪贵子弟……凡以炭炊馔，先烧令熟，谓之炼炭，方可入爨，不然犹有烟气。”这里所讲的炭是指煤炭而不是木炭，因为木炭烧制过程中已炼去烟气，再讲要炼去烟气，是讲不通的，只能指煤炭。唐人把未烧炼过的煤叫生煤，烧炼过后的煤叫炼炭，后人又把炼炭叫焦炭。至今有些产煤地区仍把焦炭称为炼炭，而个别地区又称焦炭为岚炭。四川《崇庆县志》说“岚炭（焦炭别名），即古之炼炭也。”但是唐代的炼炭只是富人为了炊馔无烟而先把生煤预烧一下而已，仅是焦炭的雏形，到了宋代才出现专门用于冶铁的焦炭。

唐代，已有了用煤烧石灰的明确记载。石灰是古今重要的建筑材料。将石灰石（俗名青石）置于窑中烧至摄氏900度以上便成为生石灰，其主要成分为氧化钙，经水溶解即成熟石灰，其主要成分为氢氧化钙。据考古证实，① 中国在4 000多年以前的新石器时代晚期的龙山文化时期，已普遍烧制石灰，当时及后来的很长一段时间，烧石灰的燃料是柴草。烧石灰的技术并不复杂，按理中国应该很早就用煤烧石灰。但是，直到唐朝以前，并无有关的文字记载或考古发现。也许直至唐代前，人们还能找到足够的柴草来烧石灰，或许古人早已用煤烧石灰，只是没有记载。据河北省阜平县神仙山“炭灰铺”村碑刻云：该地因从唐朝起盛产煤炭和石灰而得名[13]。新近编纂的《阜平县地名资料汇编》也证实此事。

第二节　宋代煤炭开采与炼焦技术

一、宋代煤炭普遍得到开发

古代煤业，到了宋代，无论是开采规模、开采技术还是加工利用，都得到了异常明显的发展。煤炭开采地域，涉及山西、山东、河南、河北、陕西、新疆、辽宁、江苏、安徽、江西、云南。煤炭加工利用，涉及煤砖炊爨、炼焦冶铁、烧制陶瓷、配药治病等。焦炭的出现标志煤炭加工利用技术上升到一个新的水平，而焦炭用于冶炼，对矿冶技术的进步也起着重要的作用。

宋代煤业兴旺，其开采利用区域差不多都有文字可考，少数情况通过考古发掘证实。宋代文人朱翌讲：“石炭自本朝河北、山东、陕西方出，遂及京师”[14]。当时北宋京城汴梁（今开封市）均用石炭为燃料，用煤极多。庄季裕在《鸡肋篇》中记载；“汴都数百万家，尽仰石炭，无一家然（燃）薪者。”[15]说汴都“数百万家”是夸大之言，而“尽仰石炭”是符合实际的。当时河南省境内，距汴都不太远的鲁山、宝丰、渑池、焦作、鹤壁等地均已开采煤炭，把煤运往京都并不难。金

① 参看《考古与文物》1980年第3期。

代（南宋时期）的诗人麻九畴，在鲁山县的一个山间村落里见到了运煤车辆往返运煤的情景，地上撒落的煤很多，“路黑沾遗炭”[16]。

道光《汝州全志》卷四载：“宋时宝丰青岭镇产煤，故改名兴宝。”河南渑池，不仅当地居民烧煤，而且驻防的军队也烧煤。元好问《续夷坚志》载：“州人贾合春前鄜畤丞，兴定二年（公元1218年）丁丑十月，以戍役在渑池，此地出炭，炭穴显露，随取而足，用者积累成堆，下以薪爨之，烈焰炽燃”[17]。

宋代，山西煤炭开采渐趋普及，有些地区的居民甚至靠外运卖煤为生。宋仁宗庆历年间（公元1041—1048年），山西泽州知州李昭遘上言：“河东民烧石炭，家有橐冶之具”[18]。《宋史·陈尧佐传》记载：陈尧佐“徙河东路，以地寒民贫，仰石炭以生，奏除其税”[19]。宋时的河东路就在山西省。《宋史·李昉传》还记载了山西用煤铸铁钱的事。“降知泽州，阳城冶铸铁钱，民冒山险输矿炭，若其意，为奏罢铸钱”[20]。

用煤随葬是宋代山西部分地区的一种习俗。1954年，山西文物管理委员会在山西洪赵县坊堆村金代墓葬遗址中，发现有普遍用煤随葬的现象。在所发掘的“十八座墓中绝大多数都有（煤），形成时代特征，有的（煤）块大，有的块小，有的枕在头下，有的放在腰腿附近，还有的散布骨架周围”[21]。在山西稷山县的南宋末期“五女坟”遗址中，同样用煤随葬。“五女坟”是五座妇女墓，各墓都发现有小罐数个，都有一块石炭（山西不少地方至今把成块的煤称为石炭），与黍子、豆、谷子等粮食放在一起[22]。随葬之物是墓主人生前所拥有的物品。用煤炭随葬，说明煤是当时墓主人的生活必需品，像粮食一样，是每天不可缺少的东西。炼炭随葬的广泛性，说明煤炭应用的普遍性。也有人认为墓中的煤炭是镇墓之物。不管怎样说，煤炭殉葬说明煤炭在社会生活中的突出地位。它给人们的风俗习惯打上了深刻的烙印。

金代，河北磁州邯郸路旁酒铺，用石炭“备暖荡”[23]。邯郸烧煤已是常事。在河北曲阳县修德寺宋代寺院厨房遗址中，也发现了不少煤渣、煤灰，有的地点煤灰残渣厚达80厘米，[24]足见当时用煤量之大。

北京地区的煤炭至迟在辽代已经开采。1975年，北京市文物管理处在门头沟龙泉务的辽代瓷窑遗址中，发现了不少煤渣①，表明当时的煤是作为烧制瓷器的燃料。

宋代，不仅中原腹地普遍采煤用煤，西北边陲也大量开采和利用煤炭。朱弁《曲洧旧闻》记载：“石炭用于世久矣，然今西北处处有之，其为利甚博”[25]。在顾文孝的《负喧录》中也有石炭“今西北处处有之”的记载。“处处有之”，“为利甚博”，说明煤炭开采应用已相当普遍。

宋代，陕西韩城也用煤冶铁，包拯在《请罢同州韩城县铁冶务人户疏》中有“官支买炭并工匠钱三百余贯”[26]。这里的炭，亦即石炭。至今当地人们一般仍称煤为炭。

宋代，江西的萍乡和丰城已出现采煤业。据宋人谢维新记述：“丰城、平

① 鲁琪：《北京门头沟区龙泉务发现辽代瓷窑》，《文物》1978年第5期。

（萍）乡二县，皆产石炭于山间，掘土黑色可燃，有火而无烟，作硫磺气，既销则成白灰"[27]。又江西萍乡人文廷式也讲："吾乡所产油煤，俗亦称洋炭者，作深黑色，其坚如石"[28]。这是我国南方著名的萍乡、丰城煤矿区至迟在宋代已经开发的明确记载。

又庄季裕《鸡肋编》载："今驻驿吴越，……思石炭之利而不可得……或支信州玉山亦有之。"按：信州玉山，即今江西玉山县。这段记载说明那里的煤田在宋时已经发现。

宋代，安徽淮北煤田已经发现并开发。苏东坡任徐州太守时，派人到白土镇附近找到了煤，并组织人力开采，用煤冶铁，制作兵器，成效显著。（按：白土镇宋时属徐州管辖，今已划归安徽省淮北市管辖）。宋时，安徽安庆地区也已燃用煤炭。据记载，"宋宝裕年间（公元1253—1258年），高邮军阮子博夜行安庆府九曲岭，迷不知径。望火光之茅屋一间，二士烧石炭，对坐观书。令坐附火，言笑一日"[29]。

二、"石炭"诗透露的信息

宋代煤炭开采与利用的普遍性，在当时的文学作品中也得到了反映。吟煤诗表达了人们对煤炭的渴求、赞美，记录了煤炭开采利用的历史，成为后人研究古代煤炭工程技术史的重要资料。宋代咏煤诗中，以北宋文学家苏东坡的《石炭》诗最为著名。

石　炭

君不见前年雨雪行人断，
城中居民风裂骭。
湿薪半束抱衾裯，
日暮敲门无处换。
岂料山中有遗宝，
磊落如䃜万车炭。
流膏迸乳无人知，
阵阵腥风自吹散。
根苗一发浩无际，
万人鼓舞千人看。
投泥泼水愈光明，
烁石流金实精悍。
南山林栗暂可息，
北山顽矿何劳锻。
为君铸作百炼刀，
要斩长鲸为万段。

诗前还有一短序："彭城旧无石炭，元丰元年十二月始遣人访获于州之西南白土镇之北，以冶铁作兵，犀利胜常云"[30]。

"石炭"诗留给后人许多信息。

首先，全诗反映出徐州人民开发煤炭的迫切愿望及深刻的社会背景。当时徐州地区柴薪日缺，柴价日贵，居民生活用煤和城市手工业燃料严重不足，取暖做饭发生了很大的困难，出现了“抱衾裯”而“无处换”得“半束湿薪”的局面。“城中居民风裂骭”正是这种情况的真实写照。“前年雨雪”，指的是苏东坡到徐州赴任不久，黄河决口，水临徐州城下，又连降大雨，是年冬天又降大雪，遂使徐州燃料短缺更趋严重。百姓殷切祈望在徐州附近找到煤，就近开发，以解燃眉之急。苏东坡作为知州，关心民间疾苦，积极组织人力寻找煤炭，前后大约经历了一年的时间才获得成功。可以想见，为了解决燃料问题，当时曾出现了找煤热，不仅徐州，而且其他地方也有类似的问题。了解这一点，可以帮助我们加深理解宋代煤业大发展的原因。

发现煤的地点为“州之西南白土镇之北”。州即徐州，旧称彭城。据《徐州府志》记载：“石炭，萧县出者良”，[31]“白土镇出、宋苏轼为守，日取以冶铁作兵，犀利非常。又萧县炭山，宋苏轼于此访获石炭”[32]。按：白土镇旧属徐州府萧县（今划归安徽省），是历年产煤的地方，属淮北濉萧煤田。这里虽地下埋有乌金，但宋以前无人知晓，所以有“彭城旧无石炭”的看法。煤炭埋藏于地下，在未被发现和开发之前就像山中“遗宝”白白流失那样，十分可惜。当埋藏于地下的煤被发现和开采出来，人们兴奋异常，奔走相告，争先恐后地前往观看，出现“万人鼓舞千人看”的感人场面。

“石炭”诗还直接记载了徐州地区用煤冶铁的具体情况：“投泥泼水愈光明，烁石流金实精悍。南山栗木渐可息，北山顽矿何劳锻。为君铸作百炼刀，要斩长鲸为万段”。这几句诗说明，徐州白土镇的煤被发现并开采出来用于冶铁之后，便改变了徐州用栗木炭冶铁的状况。徐州是北宋时期重要的冶铁基地，著名的利国监就在徐州。苏东坡在《徐州上皇帝书》中讲：利国监“自古为铁官商贾所聚……，凡三十六冶，冶户皆大家”，而且三十六冶，“冶各百余人，采矿伐炭，多饥寒亡命，强力鸷忍之徒”[33]。可以想见，这样大规模的冶铁基地，燃料该是何等紧张啊！所以，用煤代木，对发展冶铁业来说是一个重大的问题。至于苏东坡时代是直接用原煤冶铁，还是将煤烧成焦炭后炼铁，尚无资料说明，只好留待后人再去研究。不过有一点可以肯定，当时用煤冶铁，取得很好的效果，炼出的铁质量好，用之制成百炼刀很是锋利。

“石炭”诗还告诉我们，开采白土镇的煤用于冶炼徐州的铁，此外，还要供给居民烧用，其开采规模一定不小，其采掘技术也比较高。

宋代另一首值得注意的咏炭诗是南宋初诗人朱弁写的《炕寝诗》。全诗较长，为五言六十句，下面摘引其中有关的部分。

西山石为薪，
黝色射惊目。
方炽绝可迩，
将尽还自续。
飞飞涌元云，
焰焰积红玉。
稍疑雷出地，

又似风薄木[34]。

这首诗未注明作于何年何地，根据全诗中有“出疆虽仗节”、“淹留岁再残”等句分析，可能在南宋建炎年间（公元1128—1130年），即作者到云中看望被金人俘虏的徽、钦二帝，又被金人执留时所作。云中即大同，今大同煤矿在大同市之西，那一带山区古来也有“西山”之称，故“西山石为薪”，是指大同的煤在宋时被燃用的情况，而“黝色射惊目”与大同煤的外观正相符合。其余几句都是指煤在炉火中燃烧时的情况，说明作者的观察比较细致，描述也很逼真。

宋代还有两首诗提到萍乡煤。一首是戴复古的《萍乡客舍》，另一首是乐雷发的《萍乡和王尧章韵》，两诗中都提到石炭。戴诗中有“地炉烧石炭，强把故书看”[35]句，乐诗中有“拨残石炭西窗冷”[35]句，都从不同角度反映了宋代萍乡烧煤已经比较普遍这一事实。

此外，庄季裕《鸡肋编》所引的记述延州风情的诗中，有“沙堆套里三条路，石炭烟中两座城”[36]的诗句。描述了延州烧煤的普遍，也间接说明了煤炭生产规模之大。

与南宋同时期的金代诗人赵秉文《夜卧炕暖诗》，记述了金代北京寒冬季节，薪柴昂贵，人们去近山重金谋购煤炭的情景，进而描述用煤烧暖地炕给人们带来的温暖幸福。诗中说：“京师苦寒岁，桂玉不易求。斗粟换束薪，掉臂不肯酬。……近山富黑磬，百金不难谋。地坑规玲珑，火穴通深幽。长舒两脚睡，暖律初迴鄒”[37]。“近山富黑磬”，指北京西山地区煤炭很多。这是关于北京地区煤炭开采的又一证据。

三、“煤”名称的演变

煤炭的名称，自古以来几经变化，对煤的称谓因时因地而异，多达十几种，“石涅”、“石炭”、“铁炭”、“石墨”、“岚炭”、“炼炭”“乌金石”等等。所以古书记载的“煤炭”，需从历史角度去看才能搞得清楚。

煤的名称的历史演变过程，蕴含了人们对煤认识的深化。在宋代以前的文字记载中，“煤”不是指今天的煤炭，指的是烟灰。煤的最早名称为先秦典籍《山海经》中所记的“石涅”。到了汉代，“石炭”两字正式出现于《续汉书·郡国志》豫章郡建城条下。以“铁炭”称呼“煤”，反映了以煤冶铁的历史事实。汉桑弘羊《盐铁论·禁耕篇》载：“故盐冶之处，大校皆依山川，近铁炭，其势咸远而作剧。”“乌金石”是人们对煤的美誉。煤之称乌金石，是在煤入药时所记载的。宋代张锐《鸡峰普济方》记载了“补真丹”的制作方法，其配方中有“乌金石”。宋代对煤炭的称呼主要是“石炭”、“炼炭”、“铁炭”、“炭”、“乌金石”，南宋年才开始出现“煤”的称呼。南宋周密在《志雅堂杂钞》一书中讲：“霍清夫云：火浣布乃北方石炭之丝，燃而织之，非火鼠鬚也（原注：石炭即煤，岂能成丝）。”[38]周密纠正霍清夫的错误，指出石炭是煤，不可能成丝。霍清夫所说的，实际上是煤烟（石炭燃烧后形成的烟，此前，古人把煤烟叫煤）。尽管南宋末年已经开始把石炭叫做煤，但元代、明代的一些著作中仍把煤烟叫“煤”，这就是说有些书中讲的“煤”不是指煤炭，而是指煤烟。

四、煤的药用价值

煤炭用于医药，帮助治病，这是宋代正式记载于书的。宋代《鸡峰普济方》一书中记载了治疗血脏虚冷、崩中漏下等疾病的“补真丹”的制作方法。其配方中有“禹余粮、乌金石各肆两”[39]。乌金石是人们对煤炭的称谓，把煤与金相提并论，把煤比作同金子一样贵重的东西。金代张子和的《儒门事亲》一书，也谈到“乌金散”的制作，其主要成分是“乌金石”。该书还特别注明“乌金石，铁炭是也”[40]。煤炭的药用价值，在医药学尚不很发达的古代是明显的。随着医药学的发展，到了现代，有了疗效高得多的药物，煤炭直接的药用价值也就逐渐减弱。

五、宋代开始出现炼焦技术

宋代煤炭加工利用最为突出的成就是炼焦技术的出现。唐代的炼焦萌芽，在宋代发展为成熟的技术，人们比较普遍地炼制焦炭，用于冶金、炊爨及取暖。

如前所述，唐代已有炼炭出现，富家子弟为了烧煤取暖不出烟，将生煤预烧，去烟后变为熟煤，再烧时就无烟了。生煤变成熟煤后（指炼炭），不但燃烧时不再冒烟，而且强度增加，不易压实，空隙度大，燃烧时通风良好，火力旺盛。炼炭的这些优点为人们认识后，便由生活上应用转到生产上应用。焦炭何时开始用于冶铁，虽然尚未见到确切的记载，但考古发掘证实，北宋晚期烧制的焦炭已和现代的焦炭无异。1978 年秋和 1979 年冬，山西省考古研究所在稷山县马村清理发掘了一批金代砖雕墓。在这批墓中，尸体均不用棺椁，直接置于砖床或木床上。特别值得注意的是，有一些墓中放置着煤炭。其中墓 M8 和墓 M5 的“床四周有栏杆，二床下堆满了煤炭和焦炭，各约五百市斤”[41]。这批砖墓属段氏墓群，其“下限不超过金大定二十一年（公元 1181 年）”，属金代前期。发掘报告认为：这些焦炭与今之炼焦产品无异，似当为人工所炼。至于焦炭在墓中的作用，推测是为了防潮。

另外，1957 年冬至 1958 年 4 月，河北省文化局文物工作队，在河北峰峰矿区的观台镇发现了一座石灰窑遗址、两座瓷窑遗址和三座炼焦炉遗址。遗址中有很多煤渣土，厚 15—95 厘米不等。经鉴定，这批遗址的年代属宋元时期[42]。观台是近代中国著名的六河沟煤矿所在地，盛产炼焦煤，当地居民称之为油酥炭。观台地区古来以煤为业，素有自行挖煤炼焦的传统。至今公路两旁仍可见到土法炼焦池。

古代炼焦炉为圆形。通常掘地为池，深挖二尺许，底部平坦，中央有一穴，名为风道，以进空气。池上部与地面相平处，周围用砖砌成矮墙，墙高约三尺，周围墙脚下有若干小孔，名为通风眼（有的地方叫火眼）。炼焦程序大致如下：先以少许柴草堆积于池底中央风道中，将块煤围着中央风道堆砌至约二尺高。继而将末煤装入炉中，亦至二尺高，与块煤平。再用砖筑成烟道，将中央风道与四周通风眼连接。然后填末煤，直到高过矮墙，使成覆碗形。最后点燃柴草，引燃块煤，渐及末煤。点火后，每日用木履踏压一次或用木槌槌压，几天后火焰渐长，即堵塞四周风眼，使火焰由顶部煤隙中冒出，待烧透，即覆以灰土，然后用水倾入，经熄其火，并再覆以灰土，稍稍冷却即可取焦。全部炼焦时间约十余天。

炼焦技术的出现是古人长期用煤实践的结果。焦炭的炼制成功，为冶铁提供了上等的燃料，对冶铁技术发展起到极大的促进作用，同时标志着我国古代煤炭加工利用进入了一个新阶段。

六、煤炭成型技术的进一步发展

煤炭成型技术在宋代也有进一步发展。制造和使用炭墼（即煤砖）逐步增多，在一些地区出现了“家家打炭墼”[43]的情况。香煤饼的制作在宋代也有新发展，香煤饼的应用更为普遍。文学家欧阳修关于发香煤饼的故事，一时在文人学士中传为佳话。《归田录》卷二载：“有人遗余以清泉香饼一篋者。君谟闻之，叹曰：香饼来迟，使我润笔独无此一种佳物。……清泉，地名；香饼，石炭也。用以焚香，一饼之火，可以终日不灭。”

宋时用煤烟制墨，已有明确记载，宋代著名科学家沈括在《梦溪笔谈》中写道：“石炭烟亦大，墨人衣”[44]。

七、宋代煤炭工程技术大发展的原因

首先，北宋时期经济繁荣，田土日辟，人口繁衍，特别是城市人口增多，燃料需求量相应增加，而林柴草薪日益减少，供不应求。沈括在《梦溪笔谈》中尖锐地指出：“今齐鲁间松林尽枿矣，渐至太行、京西、江南，松山大半皆童矣!”宋代文人苏东坡在《石炭诗》中也透露出柴薪日少，燃料苦缺的情景：“湿薪半束抱衾裯，日暮敲门无处换。”北宋南渡后，缺少柴薪的情况并无好转，庄季裕在《鸡肋编》中说得透彻：“今驻跸吴越，山林之广不足以供樵苏，虽佳花美竹，坟墓之松楸，岁月之间尽成赤地，根枿之微，斫撅皆偏，芽蘖无复可生。”在这种情况下，人们必然思石炭之利，想采石炭之法。古语云：“柴尽煤出。”这正是宋代煤炭业迅速发展的原因。

其次，宋代手工业，特别是冶铁、陶瓷、砖瓦等消耗燃料较多的行业发展得比较快，这些行业的发展需要大量的煤作燃料。据不完全统计，公元1078年（宋神宗元丰元年），铁的产量达到七万五千吨至十五万吨[45]。铁不仅用于制造兵器和生产工具，还用于胆水浸铜（置换铜）。而宋代冶铁已逐渐用煤取代木炭。烧制陶瓷、砖瓦所需的煤炭也很可观。据有的学者考证，北宋都城以北的一座砖瓦厂，在1074年（宋神宗熙宁七年）开始用煤代替干柴烧制砖瓦，一年雇佣一千二百名工人，用燃料极多[46]。此外，铸铁钱、造浮桥均要用大量的铁和煤，都对采煤业有所促进。《续资治通鉴长编》[47]都有关于铸钱、造船的记载。宋仁宗期间，大臣郑戬说：“自河东铁钱，山多炭铁，鼓铸利厚。”宋神宗熙宁年间，太原府韩绛言：“保德以东五州军，计置不至艰甚。况本路铁矿石炭足以鼓铸。”[48]宋仁宗天圣年间，在澶州建浮桥需要大船四十九只，京西转运使杨峤请求在“磁相州取铁及石炭”，[49]得到了朝廷批准。

再次，北宋王朝专门设官吏管理煤炭，加强了对煤业的管理，促进煤炭的开采与利用。宋代盐铁使，共分掌七案，其中煤炭、铜铁归铁案掌管。设官吏掌管煤炭，在中国历史上还是第一次，这一方面反映出煤炭开发规模的扩大，涉及的地域广，已经到了不能不设置官吏来管理的地步了。另一方面，也反映出煤炭生产在社会经济发展中的重要地位，它已在统治者的心目中占有一定的位置。煤炭生产销售已直接影响人民的生活，乃至影响社会的安定。所以统治者不能不设官专管，制订政策措施左右煤炭生产和销售。例如，宋哲宗元符元年（公元1098年），京城“市中石炭价高，冬寒民不给，诏专委吴居厚措置出卖石炭”[50]。有时候，宋王朝在煤炭税收方面也给以有限度的照顾，使一些地区煤炭生产得到发展。如，《宋史》卷二八四载，陈尧佐漕河东时，政府根据他的请求，免除了该地区的石炭税。可见在此以前，石炭税已经压得靠石炭为生的贫民喘不过气来。免除石炭税，无疑有利于石炭的开采。又如北宋神宗“熙宁元年（公元 1068 年），诏石炭自怀至京不征”[51]。又如宋真宗大中祥符二年（公元 1009 年）十月废除了“并州民鬻石炭者，每驮抽税十斤”的规定[52]。这些措施，一定程度上鼓励了煤炭生产，保证城镇的煤炭供应，有益于民心的安定。

最后，北宋时期实行煤炭官卖政策，但又未形成官煤独占市场的局面，即实行官卖与民贩相结合的政策，一定程度上促进了采煤业的发展。

在中国煤炭开发历史上，北宋政府第一次采用煤炭官卖制度。其原因有二：一是由于煤炭的社会经济地位越来越高，煤炭产量和销售量与日俱增，需要加强管理和控制；二是为了增加国库收入，开拓利源，以应付庞大的行政与军费支出，满足封建统治者奢靡的日常开销。由官方统制煤炭购销权，以增多官府的利源，这一点从宋徽宗时臣下的一项建议中充分地反映出来：“河东（指山西）铁炭最盛，若官榷为器，以赡一路，旁及陕雍，利入甚广”[53]。可见，实行煤炭官卖的主要出发点就是一个“利”字。

为实行煤炭专卖，北宋政府设立了煤炭管理机构，其基层机构为“务”和“场”，务是煤炭税收和监督机构，石炭场则是由官掌管“受纳出卖石炭”[54]的地方。各地设务还是设场，根据实际需要和管理是否方便来决定，而且增设或撤销务、场的事时有发生。《续资治通鉴长编》中就有“明道元年（公元 1032 年）九月乙丑废真定府石炭务”的记载。我国现有石炭务（坞）或石炭场一类地名，是宋代煤炭管理机构转衍而来。

石炭官卖制度，在北宋前期提出，逐步实施。宋真宗咸平元年（约公元 1023—1024 年）朝廷就批准陕州西路转运使的建议，除由官府在磁（河北磁县）、相（河北临漳县）等州“官中支卖”石炭外，还允许民间“任便收买贩易”[55]。随着石炭开发利用的扩展，石炭利源日增，官卖制度也日趋严格。然而石炭官卖制度有不少弊端，政府统一收购石炭，再设场转手出卖，手续繁杂，煤炭价格提高，损害消费者利益，加上官吏从中营私舞弊，敲诈勒索，中饱私囊，引起石炭市场的不稳定，影响社会的安定。另外，石炭之利尽榷于官，也使煤炭商人和煤窑主的利益受到损害，最终都要转嫁到劳动人民身上，造成人民怨声载道，这又迫使朝廷考虑官卖制度是否继续下去。元符三年（公元 1100 年），朝廷终于下令取消石炭官卖，据《宋会要辑稿·食货》记载：“元符三年十月二十八日，尚书省勘令平准务……石炭自近年官中收买，置场出卖，后来在市，价转增高，实于细民不便。诏罢平准务，仍今后更不官买石炭出卖。”这项决定，《宋史·食货志》也有记载：“元符三年，尚书省言：平准务官吏等给费多，并遣官市场，搔动于外，近官鬻石炭，市值遽增，皆不便民，诏罢平准务及官鬻石炭。其在官物货，今有司转易钱钞，偿元给之所。”

这项决定实际上没有认真执行，因为它牵动着朝廷的利益，统治者不会轻易放弃已得的煤炭之利，特别是到了北宋晚期，朝廷内外交困，宋徽宗等贪图享乐，挥霍奢靡，致使财政日绌，自然不可能认真执行该项决定。时间不长，宋徽宗实行煤炭官卖，有增无减。《宋史·食货志》记载：宋徽宗崇宁（公元1102—1106年）以来，言利之臣始析秋毫，“官卖石炭，增二十余场，天下市易各炭，皆官自卖。”《宋会要辑稿》记载：宋徽宗宣和二年（公元1120年）八月十八日吏部状中所述及的石炭场就有，“河南第一至第十石炭场，河北第一至第十石炭场，京西软炭场，抽买石炭场，丰济石炭场”，几乎到了石炭场林立的地步。

石炭官卖，一直延续到北宋末年。南宋时，由于时局动荡，战乱不止，石炭生产规模缩小，没有继续实行煤炭官卖政策。

如何评价石炭官卖政策，历来毁誉不一。我们可以从两方面来分析其利弊。从统治者高度集权专利于官，夺利于民的这一方面来看，的确存在不少弊端，应该批判。从加强管理，促进生产，保障供应这一方面来看，把分散经营的煤窑逐渐转变为相对集中的生产销售煤场，有利于稳定地供给居民的生活用煤和手工业作场的生产用煤，官府为了多获煤利，会在一定程度上采取鼓励生产石炭的措施，从客观上起到促进生产发展，保证煤炭供应的作用，有利于社会的安定。事实上，北宋初期，实行煤炭官卖与民间任便贩卖相结合的政策，使采煤手工业的发展比较快，北宋后期煤炭专卖政策时松时紧（未形成官炭独家经营的局面），对煤业的发展还是有利的。

第三节 元代的采煤业

元代结束了南宋时期的分裂状态，在统一过程中，战争频繁，经济遭到不同程度的破坏，所以，元初煤炭生产有所萎缩。全国统一后不久，经济恢复、生产发展，在元皇朝政策鼓励下，煤炭生产也迅速恢复，并得到一定程度的发展，特别是都城大都（今北京）西山地区，煤业发展迅速，成为当时的最大的煤炭生产基地。元《析津志·风俗》载：大都“城中内外经纪之人，每至九月间，买牛装车，往西山窑头载取煤炭……往年官设抽税，日发煤数万，往来如织”。可见产煤之兴旺。由于元朝只存在九十余年，从全国来看，终元之世煤业与宋代相差无多。

一、元代开采煤炭的政策措施

元初，在矿业管理上，采取了一些措施，忽必烈至元四年（1267年）设置诸路洞冶总管府，并发布了有关的“条画”（即条例）。条画中规定要改变以往“诸路山川，多有旧来曾立洞冶，往往势要之家，不曾兴工，虚行伙占，阻挡诸人不得煽炼办课入官”的局面[56]。这反映出元初各路矿业往往为上层权贵所霸占，阻止了矿业的发展。据王圻《续文献通考》载：“元至元中（公元1264—1294年）……马鞍山、大峪等石炭煤窑办课，奉皇太后位下。成宗大德元年（公元1297年）禁权豪僧道及各位下擅据矿炭山场。”说明权豪擅据煤矿，加以垄断的现象有一定的普遍性。朝廷对此明令加以制止，对恢复和发展生产是有利的。

当时还规定：“诸处系官并自备诸色洞冶，采打矿炭，大石甜工，照旧依例施行。其经行地面，所在官司及各处军民诸色人等，并不得遮当，如违，申复制国用使司究问施行”[57]。“采打矿炭”需要占据地面（“经行地面”），受到地主及各色人等阻挠（“遮当”）的事必然经常发生。元政府宣布的这项购地占地措施，是有远见的，起到了保护矿业的作用。

此外，元政府为了解决燃料问题，曾采取一些具体措施。如元朝的大都（今北京），作为北方的政治经济中心，人口激增，手工业发达，燃料供应问题日益突出。为解决这一问题，元政府曾计划扩大京城西山地区的煤炭开采，并重开金口河，引芦沟水东济，把西山的煤炭运到京城来。元至正二年（公元1342年），右丞相盖都忽、左丞相脱脱奏曰：“京师人烟百万，薪刍负担不便。今西山有煤炭，若都城开池河上，受金口灌注，通舟楫往来，西山之煤，可坐至于城中矣。”“遂起夫役，大开河五六十里”〔58〕。金口河工程，在至元三年（公元1266年）为配合大都的修建，曾经进行建设，目的在于“导芦沟水，以漕西山水石”，运输建筑材料。这次重开金口河工程，于1342年得到朝廷批准，并于当年施工。此次修治的金口河“深五十尺，宽一百五十尺，役夫一十万”，工程浩大。但新河修成后，“流湍势急，沙泥壅塞，船不可行”〔59〕，无法运煤，因而此项大规模开发西山煤炭并向京城运煤的计划，未能成功。尽管如此，这件事表明元朝政府对于开发煤炭的态度是积极的。

元代对煤炭税课比较注意。从增加税收的角度，元政府也注意煤炭的开发。元代初年的税收，除去“以酒醋、盐税、河泊、金银、铁冶六色取课于民”〔60〕外，就是煤课收入了。所以，对一些煤窑“岁办官课”，〔61〕由宣课司提举司征收。据《稼堂杂钞》载：“元于大都腹里设税务七十三处，其在京城者：猪羊市、牛骡市、马市、果木市、煤木市，所有宣课可提举司领之。”

元代税收有常课和额外课两大类：“岁有定额者曰常课”，而无定额者为额外课。煤炭课列为三十二项额外课中之一项（山场、窑冶、河泊、山泽等均为额外课）。将煤炭列入额外课，并非说煤税对政府无关紧要。没有定额，正可以任意起征，所以《元史·食货志》讲这也是“国之经用亦有赖焉”。

元代各路的煤炭课，我们只收集到天历元年（公元1328年）的数字。这一年，“煤炭课总计钞二千六百一十五锭二十六两四钱；内大同路一百二十九锭一两九钱”〔62〕。这个数字实际上只包括大同路和煤木所的煤税收入，显然不是全部的煤炭税收。依据这条资料，尚无法估算当时的煤炭产量，但是从大同路的煤炭课占总数的百分之五，加上大同的煤业在宋元时期比较发达等情况看，当时全国的煤产量是不小的。

有必要说明，元代前期，部分煤炭课税被划为皇宫要人的收入。前面所引北京西山地区的“马鞍山、大峪”等处的煤窑课税，“奉皇太后位下”的记载，就已表明。这一现象，是在元代初期特殊的政治条件下形成的，这就造成了朝廷权贵霸占煤窑，“擅据矿炭山场”的局面，阻碍了煤炭业的正常发展。

元代煤业的经营方式有3种。一是由政府直接出面，派官吏经营的官矿，二是统治集团上层（如王公、大臣等）权贵私人办的煤窑，三是当地的地主以及寺院的僧道所办的民间煤窑。在元代初期，第一种即官窑较多，而在元代后期则第三种煤窑较多。

元代的煤炭产地比宋代有所增加，但因元代历时较短，在典籍中的记载远不如宋代。典籍有明确记载的主要煤产地有北京西山、山西孟州、山东峄县、陕西铜川、河北邯郸、内蒙古伊克昭盟准格尔等。

元代都城西山地区的煤炭得到了较充分的开发。据《元一统志》记载，“石炭煤，出宛平县西四十五里大谷（峪）山，有黑煤三十余洞。又西南五十里桃花沟，有白煤十余洞。”“水火炭，出宛平县西北二百里斋堂村，有炭窑一所”。这些记载，实际上主要指官办的煤窑，一般民窑难于尽计。西山有的寺院也开办煤窑，如大庆寿寺开办的煤窑，不但供自己消费，还有剩余出售[63]。

由于大都西山煤窑较多，元政府不得不设官吏加以管理。《元史·百官志》记载：“西山煤窑场，提领一员，大使一员，副使二员，俱受徽政院 。”这些官吏的设置，主要是收取煤炭课税，管理官办煤窑，并监督其他煤窑，防止各种危及封建统治的乱子发生。

由于西山煤炭生产有了较牢靠的基础，因此如何把煤炭运输到京城，就成了人们所关注的问题。前面已提到，引芦沟水运西山煤到城区的计划未能实现，所以煤的运输主要靠车拉畜驮。运煤的繁忙景象在元代熊梦祥编纂的《析津志》中有所记述：“城中内外经纪之人，每至九月间买牛装车，往西山窑头载取煤炭，往来于北辛安及城下货卖，咸以驴马负荆筐入市，盖趋其时。冬月则冰坚水涸，车牛直抵窑前。及春则冰解，浑河水泛则难引矣。往年官设抽税，日发煤数万，往来如织。……北山又有煤，不佳，都中人不取，故价廉”[64]。

为便于买卖煤炭，大都内专设煤市和煤场，地点在修文坊前[65]。成书于14世纪中期的高丽汉语教科书《朴通事》，主要以大都为背景叙述各方面的社会生活，其中也有“煤场里推煤去”[66]的记述。可见，在元大都，煤炭成了必不可少的商品。

在元大都的居民中，对宋代已出现的“煤”这一称呼，几乎得到了普及，并有白煤、黑煤、石炭煤及水和炭等的称呼。说明人们对煤的认识又深入了一层。所谓水和炭，是指掺上水后更好烧的一种煤，这是人们在烧煤实践中的经验总结，明代李诩《戒庵老人漫笔》卷五“辨水和炭”条作出了解释：“北京诸处多出石炭，俗称为水和炭。炭之可和水而烧也。……或疑为水火炭者非。”

二、元代煤球炉与用煤铸铜铁佛像

大都居民，乃至宫廷，不仅烧用原煤，而且烧用型煤。《朴通事》中有一段使用掺黄土煤球、煤块的记载：“把那煤炉来，掠饬的好看。干的煤简儿有么？没了，只有些和的湿煤。黄土少些个。拣着那乏煤，一打里和着干不的，着上些煤块子”[67]。元大都还出现了专门烧煤的煤炉。考古工作者在后英房元代居住遗址中发现了一只铁炉子，炉高56厘米，炉口直径24厘米，炉膛深5厘米，内搪泥，下有五根炉条[68]。这种炉子适于烧煤球，与近代煤球炉相似（图2－1）。元大都遗址中还发现煤灶、贮煤池。这些都是大都居民用煤量增大的证据。另外，在包头市郊麻池元代遗址中，曾发掘到犁镜铜范一合（上、下两范扣合在一起)，在铜范周围发现有煤渣、炭灰、灰陶片等物。在遗址

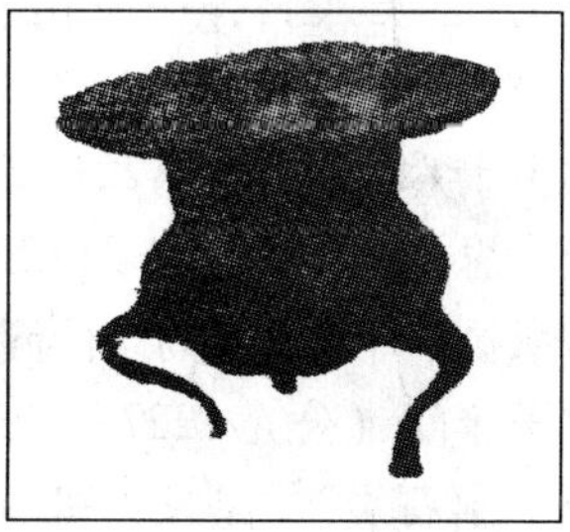

图2－1 出土的元大都铁炉子（图片采自《考古》1972年第6期）

东部还有窑址，窑址附近，窑壁渣、煤渣、木炭灰、坩埚碎片随处可见[69]。这说明元代包头地区已开发利用煤炭，一部分煤用于铸铜。元代用煤炭、焦炭铸造铜、铁佛像引人注目。《元代画塑记·儒道像》载："元大德三年（公元1299年）十一月十六日，法师张松坚言：'北斗殿前三清殿左右廊已盖毕，其中神像未塑。奉旨，可与阿尼哥言，其三清殿左右神像，凡所用物皆预为储备。凡用……东铁一万二千一百九十九斤，南铁四千五百五十九斤，水和炭五万二百七十六斤'。"《元代画塑记·杂器用》篇载："元皇庆二年（公元1313年）十一月十二日，留守伯铁木儿等奏：万寿山幡竿，二十余年皆已打腐，宜依皇城五门幡竿制以铜铸之……用物：赤铜一万九千斤，生铁八百四十斤，白铁二千五百斤，磁铜四千六百二十五斤，东简铁七千三百四十斤，赤金二十三两九分，白银七两……燋五千斤，水和炭二万二千二十斤……"

三、元代煤产地

元代山西有不少地方产煤。据《元一统志》载："石炭窑，四座，二在石州离石县上官村，二在宁乡县南五里。"又"煤炭出管州，出娄烦城北一十里石炭井村，又城南五十里顺道村。"又载：孟州有"炭窑一十三处"，具体地点在"州南八十里招贤村，并且"岁办官课"。

山东峄县煤田，在元代继续得到开发，至大元年（公元1308年）生产的一些情况，存放在枣庄附近甘泉寺里的一块碑碣有所记载[70]。陕西铜川、河北邯郸的煤田，在元代也继续得到开发。据考，铜川黄堡、邯郸郭二庄一带有元代方形煤井的遗迹。当地古传云：元代煤井多为方形，不开圆井，意在"避讳破圆（元）"。当然这仅是一种解释。从技术角度分析，方形井比圆形井容易开凿，容易支护（可利用面积较小），这或许是一些地方古代煤井多为方形的原因。

在内蒙古自治区，也发现了几处元代开采利用煤炭的证据。在伊克昭盟准格尔旗羊市塔区大石砬沟的元代古城遗址中，发现有陶瓷片、"煤炭焦渣"[71]。准格尔旗煤炭储量极为丰富，现今是我国正在建设中的最大的露天煤矿之一。

在《长春真人西游记》中，有关于成吉思汗时期西域一带生产煤炭的记载："四月二十八日，……山行一日，至阿不罕山前。……多有异事，……山出石炭"[72]。长春真人即道教全真派的开创人丘处机（公元1148—1227年）。他于元太祖十六年（公元1221年）应成吉思汗之召，从内地西行，翌年在雪山阳舍馆与成吉思汗相见，于公元1223年东归[73]。《长春真人西游记》，是丘处机的弟子李志常所撰。书中记述了西行途中各地风俗、土产及有关事件，该书成书于元太祖丁亥戊子年间（公元1227—1228年），是研究西域地理历史的重要资料。所记阿不罕山"出石炭"，是丘处机一行在旅途中亲眼所见，一个"出"字，说明当时正在进行煤炭开采。阿不罕山即《元史》中的阿鲁欢山。

有关元代采煤用煤的记载，除以上所引之外，一些诗歌中也有反映。如元代汪元量有"地炉石炭共团栾"[74]的诗句；元代后期文人欧阳玄《渔家傲·南词》中有"暖炕煤炉香豆熟"的记载[75]；元代中期文人尹廷高在《燕山寒》一诗中写道："地穴玲珑石炭红，土床芦簟觉春触"[76]；柯九思《宫词十首》中也有"夜深回步玉阑东，香烬龙煤火正红"的话[77]。元代诗词中有了较多的描述煤炭的句子，说明煤炭与人们生活关系愈来愈密切。

第四节 采煤业与陶瓷业的相互促进

一、宋元时期烧煤瓷窑广泛分布

我国的陶瓷历史悠久，名扬世界。隋唐时期，陶瓷工艺已臻完善，唐三彩至今为人爱不释手。到了宋代，瓷业兴盛，江西景德镇成为全国瓷业中心，河北的“定窑”、“磁窑”，河南的“钧窑”、“汝窑”，汴梁（今开封）的“官窑”，陕西的“耀州窑”，山东的“磁村窑”，都是著名的陶瓷生产基地，此外，四川重庆附近、巴县、彭县、广元以及北京的龙泉务也是宋代的瓷产地。可以说宋代陶瓷业十分发达，瓷窑星罗棋布。

陶瓷业的发展与煤业的发展密切相关。陶瓷烧制的燃料，在宋之后主要靠煤，陶瓷所用的原料——瓷土，在石炭二叠纪含煤地层中常常伴生。所以自古就有“有煤窑就有瓷窑”的俗谚。

用煤作燃料的宋元瓷窑遗址，经考古发掘的已有十六处（表2-1）①。

表2-1 宋元烧煤瓷窑统计表

序号	瓷窑名称	地点	时代	发掘或调查时间	用煤情况
1	定窑	河北省曲阳县涧磁村	五代至元	1960年年底至1961年年底，1962年2—5月	窑址“有若干处破碎窑具、瓷片和炉渣的高大堆集以及个别煤灰堆积”，“第一层为北宋层……主要为松散的炉渣土”
2	观台窑	河北省邯郸市观台镇	宋、元	1957年年底至1958年4月	遗址堆集“第二层是煤渣土”，“一、二层相当元代”
3	鹤壁集窑	河南省汤阴县鹤壁集	宋、元	1963年	“在作坊的东南边和西边尚堆存着煤炭和瓷土……”“在清理窑址和作坊过程中……发现有成堆的烧窑燃料—煤块”

① 表2-1资料出处：“定窑”参看《考古》1965年第8期；“观台窑”参看《文物》1990年第4期；“耀州窑”参看《考古》1959年第12期；“玉华窑”参看《文物》1980年第1期；“安仁窑”参看《考古与文物》1980年第3期；“涂山窑”参看《河北陶瓷》1982年第4期。

表 2-1（续）

序号	瓷窑名称	地　点	时　代	发掘或调查时间	用　煤　情　况
4	云梦山窑等	河南省新安县北冶、石寺	宋、元	1973 年	“有的窑膛或残窑附近仍可看到有碎木炭和煤渣”
5	钧窑	河南省禹县神垕镇	宋、元	1964 年 3 月	“宋代钧窑……使用燃料除煤外，有的窑还发现了用木柴的迹象”
6	耀州窑	陕西省铜川市黄堡镇	宋	1959 年 3—6 月	窑室“火膛下设有漏煤渣的炉坑”，“火膛内堆积有煤渣和未烧过的煤块”
7	玉华窑	陕西省铜川市金锁公社玉华村	宋、元	1975 年	窑址周围“已经暴露出残破的窑基，以及炉灰、煤渣、匣钵、垫饼、瓷片等遗物的堆积层”
8	安仁窑	陕西省旬邑县安仁村	宋、元	1977 年—1978 年	窑址“遗存原煤厚 0.53 米”，“留存于炉齿上面的煤渣厚 23 厘米”，“尚存少量未燃煤块”
9	磁村窑	山东省淄博市淄川区磁村	宋、元	1956 年 10—12 月	“灰坑内遗留炉灰、炉渣和未经燃烧的煤块”，“烘烤炉膛内遗有炉灰和原煤块”
10	龙泉务窑	北京市门头沟区军庄公社龙泉务村	辽	1975 年	“遗址堆积厚 0.8～1.7 米，内部遗存大量残碎片、窑具和烧土、煤渣”
11	涂山窑	四川省重庆南岸文峰公社涂山湖	宋	1982 年	“火膛内填满了煤渣”，“窑炉地表面，被煤渣、匣钵瓷片所覆盖”，窑门“道外有黑煤渣层厚约 10 厘米”

表 2-1（完）

序号	瓷窑名称	地　点	时　代	发掘或调查时　间	用　煤　情　况
12	磁峰窑	四川省彭县磁峰镇	宋	1978 年 12 月	“在一个断面上清楚地看到当时烧制瓷器的堆积层：即煤渣和瓷片及匣钵残片依次相叠”
13	鸡窝窑	四川省巴县姜家公社	宋	1976 年	“窑室前还有未烧过的煤炭”
14	瓷铺窑	四川广元	五代晚期至元初	1976 年和 1978 年	窑址断层堆积系一层煤渣一层匣钵及碎瓷片依次叠堆

五代至元这一时期的定窑，其窑址在今河北曲阳县龙泉镇涧磁村。当时，这里是著名的白瓷烧制中心，也是用煤烧瓷的窑场之一。考古发掘说明，“窑址遍布于涧磁村的东、北、西三个方向”，“窑址范围东西最长距离 1 400 米，南北为 1 000 米，总面积为 117 万平方米”，涧磁岭上仍“遗存有若干处破碎窑具、瓷片和炉渣的高大堆积，以及个别煤灰堆积”[78]。据光绪《重修曲阳县志》“土宜物产考”载：“白瓷，龙泉镇出，昔人所谓定磁是也。……宋以前瓷窑尚多，后以兵燹废”。又同书“山川古迹考”载：“涧磁岭……在龙泉镇之北，西去灵山镇十里，上多煤井，下为涧磁村。宋以上有瓷窑，今废。”考古发掘与地方志记载表明，曲阳涧磁岭在宋代瓷业兴旺，用煤作燃料，此地煤业发达，瓷煤业交相辉映。

宋代耀州窑窑址在今陕西铜川黄堡镇（铜川旧属耀州治，故瓷窑称为耀州窑）。耀州窑以烧制青瓷出名，窑址范围很大，当地传说过去有“十里窑场”之称。1959 年，考古工作者曾发掘了四座窑址，发现“火膛内堆积有煤渣和未烧过的煤块，窑门外亦堆有炉渣，厚约 0.5 米”，而且“火膛下部设有漏煤渣的炉坑”[79]。这就说明，当时烧窑的燃料是煤。铜川是我国著名的煤炭产区，不仅所产煤炭适用于烧瓷，而且瓷土亦取自该矿区，是煤系（石炭二叠系）中一种鸽青色及红黄色页岩。釉药为煤系中另一种页岩，甚至制作匣体、支圈、垫饼等窑具的耐火材料也取自矿区。由此可见烧瓷与煤矿的密切关系。

陕西铜川玉华窑，位于今铜川北 40 多公里的玉华村。古窑址周围“炉灰煤渣、匣钵、垫饼、瓷片等遗物的堆积层厚度约 1—2 米”[80]。足见当时玉华窑生产之兴旺。

在河南汤阴鹤壁产煤区，宋元瓷窑规模更是庞大，据考古发掘报告，该区宋元瓷窑遗址总面积达 84 万平方米，遗址内有成堆的烧窑燃料——煤炭[81]。

陕西旬邑县安仁村宋元瓷窑遗址的发掘报告亦充分说明，当时烧瓷是用煤作燃料。发掘的几个层位，煤渣堆积成层（图 2-2），

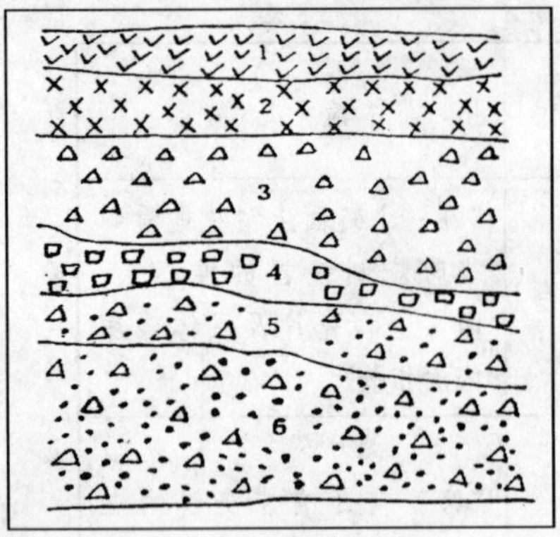

图 2－2 旬邑安仁古瓷窑址甲区 T_{15} 南壁剖面图（图片采自《考古与文物》1980 年第 3 期）

而且在一个窑址火膛中，清理发现了“留于炉齿上面的煤渣层 23 厘米”[82]。

二、煤窑与瓷窑的内在联系

有些学者认为宋代烧瓷用煤作燃料只限于北方，南方则烧柴草。这是一种推测，以为南方柴草多，用柴草烧瓷足够了。实际上，用煤烧瓷有优越性。所以，凡有煤出产的瓷窑区，在宋代，烧瓷的燃料多用煤炭。在 20 世纪七八十年代，四川考古工作者在重庆、巴县、彭县、广元等地发掘了几处宋代瓷窑遗址，都是用煤作燃料烧制瓷器的。例如，重庆市南岸区涂山湖两座宋代窑炉，“表面被煤渣、匣钵、瓷片所覆盖”，“两炉火膛内均填满了煤渣”[83]。笔者吴晓煜还曾亲眼见到重庆市博物馆陈丽琼等研究人员在重庆长江南岸区的小湾村发掘的一个宋代瓷窑遗址，附近还有古煤井遗迹。瓷窑遗址中瓷片、煤渣、烧土层层堆积，煤渣最厚处达 60 厘米。其煤样化验结果见表 2－2。

表 2－2　重庆南岸小湾窑址中煤化验结果①

项目	工业分析					元素分析	
	水分 (W^f)%	灰分 (A^g)%	挥发分 (V^r)%	黏结指数	发热量 (Q^fDW)	碳 (C^f)%	氢 (H^f)%
含量	10.31	9.87	33.63	2	5 847	62.42	4.34

经过调查和发掘的宋元古瓷窑中，用煤作燃料的绝不仅上述提及的十几处。有些瓷窑虽然烧煤，但发掘调查报告中没有论及，而有些烧煤遗址的发掘资料尚未发表，有些虽已发表但未为笔者所见。不过，我们仅从上述十几处瓷窑遗址资料中可以看出以下几方面的情况：

1. 烧煤的瓷窑都出现在产煤区内，有的是在我国著名产煤区。如山东淄博、陕西铜川、河南鹤壁、北京门头沟、辽宁抚顺、河北观台等。这不是偶然的巧合，它说明瓷窑的建设首先要考虑燃料的来源。

2. 烧煤的瓷窑分布非常广泛，包括北京、河南、河北、山东、陕西、安徽、四川、辽宁等省市。不仅中原有，边陲地区也有，不仅北方有，南方也有。说明宋代不仅瓷业发达，煤炭业也很发达，采煤、用煤已经非常普遍。

3. 一些较大规模的瓷窑，往往出现于较大规模的煤产地。如铜川黄堡十里窑场，曲阳 100 万平方米定窑遗址说明瓷业与煤业相互促进。前文已提过，瓷业与煤业的关系，不仅仅表现在燃料方面，而且表现在瓷土的来源上。瓷土，在我国的一些地方称为高岭土、高岭岩、黏土、坩子土。有的矿区人们依据瓷土的颜色、光

① 煤样共两块，重 82 克，系由吴晓煜同重庆博物馆秦晓同志共同采取，经四川南桐矿务局选煤厂化验室 1983 年 3 月 30 日化验。特此致谢。

泽、结晶状况等特点，还起了有趣的名字，如黑砂石、猪粪石、黄瓜石、鱼儿石等等。瓷土天然生成条件不同，所含的矿物成分有很大差异，因而决定瓷土质量的优劣，有的质量好，可供烧制细瓷，有的质量差，只能供制作粗瓷。瓷土从地层中（常常与一些煤系地层共生）开采出来后，需经粉碎、淘洗、配料、调和、成形、干燥、装窑、烧冶等数十道工序，才能制作成美观的瓷器。一个大的煤矿区，常常就是大瓷窑的瓷土供应地。例如，河北临城、内邱两县毗连地区的“邢窑”，是中国白瓷的重要发源地，这里盛产煤炭和瓷器。唐代制瓷所用的瓷土，就是从当地南程村、祁村一带中石炭统顶部的大青土和二叠纪山西组中下部 1 号煤层、2 号煤层的夹矸；河北曲阳的“定窑”，其制瓷的主要原料是本地套理和庞家洼一带中石炭统下部的白干土、青干土和上石炭统太原组 1 号煤层、3 号煤层的夹矸；陕西铜川耀州窑所用的瓷土，为石炭二叠纪石灰岩中所夹之页岩与煤系地层中之另一种页岩；山东淄博瓷窑多用本地出产的青土制胎，这种青土就是煤层的伴生物。所以，有煤矿的地方，常有瓷窑存在，当然不是凡有煤炭的地区都适于建造窑厂。

4. 用煤烧瓷，引起烧瓷工艺过程的变革，使瓷窑内部结构发生变化。考古发掘证实，烧制瓷器的燃料从柴草改为煤炭之后，瓷窑的火膛、烟道、炉条的位置和疏密程度均发生变化。旬邑县安仁村 Y1 窑和窑门外，砌了一条环底沟槽（宽 2.17 米，深 0.65 米），就是为了存煤用。王家广《耀州瓷、窑分析研究》一文指出：“烧煤比柴火焰短，局部发热量大，灰属酸性，易结焦。在控制火焰方面，用煤比用柴困难得多。远在八百多年前，科学并不发达，用煤火烧窑，全凭经验操作，实在是一件不容易的事”[84]。然而，烧煤比烧柴草炉温提高，有利于瓷器的烧制。张光明、毕思良撰《山东淄博窑地出土的油滴黑釉瓷器》一文说，“北宋中期以前的窑炉是以柴为燃料，北宋晚期始用煤作燃料。这种从柴窑向煤窑的转变，引起了窑炉结构、窑具使用、施釉、装烧等一系列变化。这一重大的技术突变，使炉温得到进一步提高和控制”[85]。当然，从烧柴到烧煤，工艺变革要有一个由低级到高级的发展过程。对这一点，考古工作者从河北磁县观台磁州窑遗址的发掘中，作了很好的说明。“观台窑址坐落在漳河岸边，距磁县县城约 40 公里。……第二期，以 T10 第 V11—V 层和 T7 第 V 层为代表。……从第二期开始用煤为燃料，这次发掘清理了一组瓷窑（Y2—Y6）正处于二期前、后段之间，从结构可以清楚地看出是早期烧煤的窑，这对于了解北方地区窑炉的变化以及制瓷技术的发展都是很有意义的”。窑炉“在炉栅下有大量的煤灰渣。在窑门处还有部分未烧过的煤末，证明这是以煤为燃料的窑炉。这种炉栅是不成熟的早期形态，每烧完一窑都要拆除清灰，尚未发现专门的炉条”。“Y3 是以煤为燃料的半倒式马蹄形馒头窑，从炉栅和进风口的原始状态可以看出，这种窑还处于不成熟的初创形态。”“Y8 也是一座以煤为燃料的半倒焰式马蹄形馒头窑，已相当成熟。其特点是装窑量大。从窑的结构和通风情况看，窑温也很高”[86]。

第五节　宋元时期煤炭工程技术体系的形成

中国古代煤炭工程技术，经历了漫长的历史发展过程，到宋元时期形成了一个以手工操作为基本特征的技术体系。

在新石器时代晚期，中国古人开始发现和利用煤炭。人们最初只是采集裸露于地表的露头煤，利用简单的原始工具在煤的露头挖些沟、坑拾取煤炭，这是采煤技术的萌芽。这时期的煤炭技术是同原始社会低下的生产力，简单的生活要求和茂盛的原始森林能够提供充足燃料这一社会大环境相适应的。这个时期的煤炭生产不具有工程性，谈不上有什么特殊的生产体系和技术特征，煤炭生产与其他生产劳动（如采石、挖洞），从使用的工具到采取的工艺过程都是很难区别的。但是，随着生产的发展，社会的进步，经过几千年的发展，到了宋元时期，煤炭生产体系逐步形成，煤炭生产已具有社会性、工程性以及同其他生产劳动相区别的技术特性。

我们从考古发掘、典籍记载资料中，从对古矿井实地考查中可以清楚地看到，古代煤炭工程技术体系是由下面八个部分组成的：

1. 进入煤层的方式；
2. 挖取煤炭的方法；
3. 运输煤炭的方式；
4. 地下巷道及采煤工作面的通风方式；
5. 地下巷道和采煤工作地点的排水方式；
6. 地下巷道和采煤工作地点的照明方式；
7. 煤炭工程的组织管理方式；
8. 煤炭加工方式。

由这些要素构成的古代煤炭工程技术体系，构成了古代社会的煤炭生产能力。按照煤炭生产的实际过程来看，一个完整的采煤工程技术体系，还应包含寻找煤炭的方式这一要素。但是宋元时期，尚无资料说明当时人们是怎样寻找煤层的，特别是从地表往地下打井时如何判断煤层位置的。也就是说宋元之前人们的煤田地质知识水平如何，没有文字资料可查。直到明清时期才有这方面的资料，我们将在第三章具体叙述古代找煤方法。

下面我们对宋元时期所形成的采煤工程技术体系，按其组成要素，分别叙述以下。

一、进入煤层的方式——矿井开拓

人们找到了煤层埋藏地点后，要想从含煤地层中把煤炭取出来，首先要找到一种合适的方式进入煤层。到宋元时期，古人在长期生产实践基础上已懂得了用三种方式进入煤层采取煤炭。一种是开挖露天坑，从煤层露头直接挖坑取煤，或者挖去浅层表土，见到煤层后再挖坑取煤。金代元好问《续夷坚志》中讲："皋州人贾合春，前鄘畤丞，兴定二年（公元1218年）丁丑十月，以戍役在渑池，此地出炭，炭穴显露，随取而足"[87]。"炭穴显露"，可视为挖成的露天坑，这是古代挖取煤炭最简单的方法。

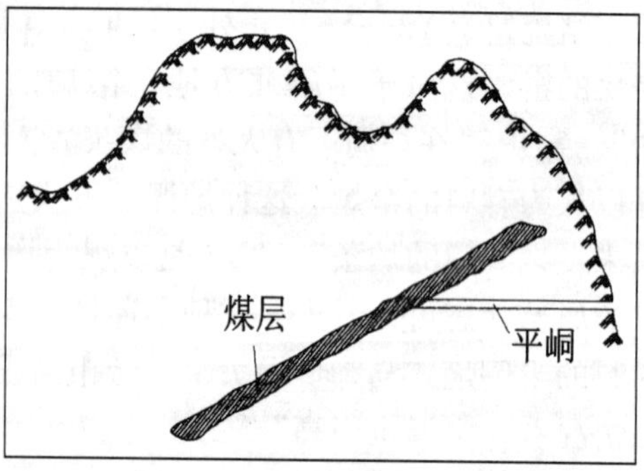

图2－3　平峒开拓

二是挖掘平峒进入煤层取煤，这是在山区常用的一种方式（图2-3①），开挖平峒可沿煤层露头挖掘，也可对着煤层层面方向挖掘，取最短的路径进入煤层。

三是开凿立井或斜井方式进入煤层，在平原地区多采用这种方式。（图2-4、2-5）如鹤壁古煤矿就是用立井开拓。

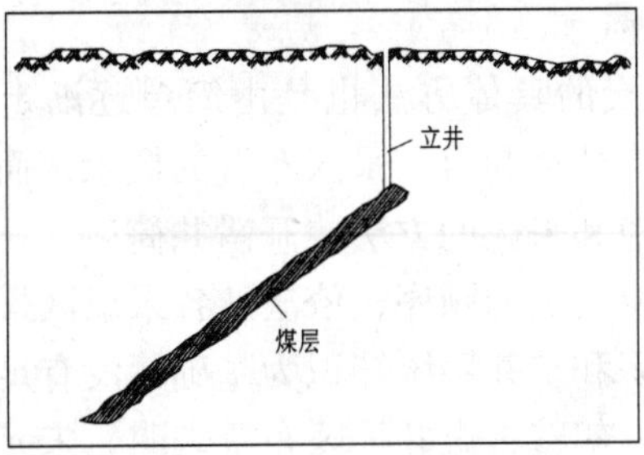

图2-4 立井开拓

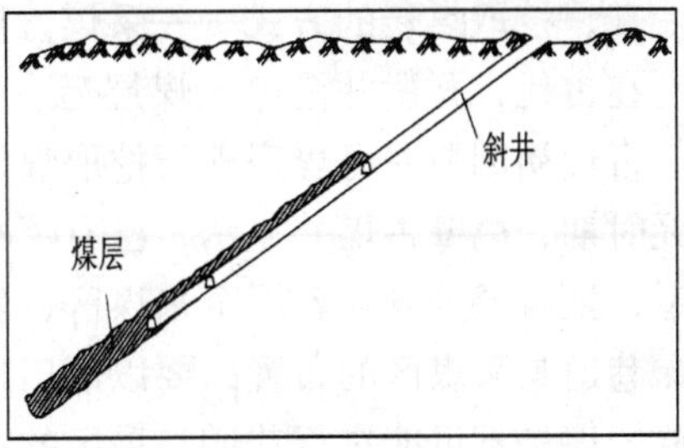

图2-5 斜井开拓

古矿井的形状、大小，大同小异，立井有方形（长方形）和圆形二种，断面积较小，一般都是1—3平方米左右。元代立井多为长方形，据传说是因元朝统治者为忌讳“破元”（元与圆同音），不允许开凿圆形井。《中国煤炭志·陕西卷》“大事记”记载：“元代在‘避讳破圆（元）’的忌讳下，铜川市新春沟所凿立井系方形，深120米，从上到下每隔30米缩小一次，呈倒宝塔状。”而从技术角度考察，古立井长方形较多的原因，是由于用木头支护井筒时便于施工，易于支护。当井筒开凿在不需支护的坚硬表土层时，常用圆形，既便于施工，又可以获得较大的利用面积。

古斜井、古平峒，断面均为梯形，便于用木头支护。斜井、平峒的断面积，通常为1.5—2平方米左右。如果平峒开凿在坚硬而不易坍塌的岩层中，其断面形状则不是很规则的。

古煤井的开凿，不论是立井、斜井还是平峒，完全靠手工挖、掘、凿、撬而成，所用的工具是镐、钎、锤、凿、锹和竹筐、箩筐等。立井开凿时，使用桔槔或辘轳提吊石土。古煤井的深度（指立井垂直深度）或长度（指平峒或斜井的长度），一般为数丈至十余丈（约几十米）。河南鹤壁北宋煤井遗址立井深度已达46米，井径2.5米[88]。

开凿井筒，是采煤工程的关键技术，井筒的位置要选择得当，井筒直径的大小应该选择适中。井筒太大既费人工又难维护，井筒太小不能满足生产要求，上下人员、运送煤炭都不方便，影响效率。宋元鹤壁古煤井，井筒位置选在几个采煤区的中间偏北一点（图2-6），直接开凿到煤层

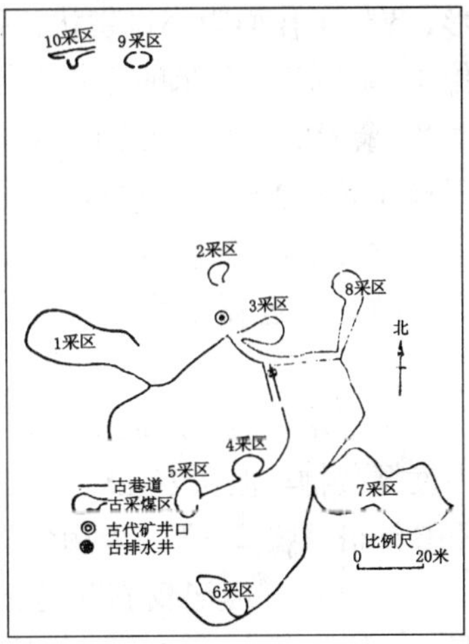

图2-6 鹤壁古煤矿采煤区示意图（本图采自《中国古代煤炭开发史》）

① 本编中的图，凡未注明出处者，均系作者根据历史资料和实地调查画出的草图，由陶世银绘制。

中间，其井底巷道上下“皆为厚6米的自然煤层”，井筒位置不仅选择得当（在井田中央），也很准确[89]。井筒直径2.5米已是相当大了，开凿46米深在古代来说也是非常深了。由此可见，宋元时期的凿井技术已相当高。而且维护井壁也必定有许多措施，否则难于保证安全生产。

二、挖取煤炭的方式——采煤方法

在古代，开凿井筒进入煤层后，挖取煤炭的具体方法也是由简单逐渐走向复杂。古代初期凿井见煤后即行挖取煤炭，没有什么巷道和采区布置的概念，而到了宋元时期，鹤壁古煤井显示，已有了布置巷道和采区的方法。开凿井筒后，要先挖巷道，把煤层分割成若干个采煤区，然后按照一定的顺序，依次从各采煤区采取煤炭。巷道与采煤区的布置，要以煤田地质知识和矿井系统知识为基础，没有足够的经验知识是不可能进行巷道与采区的布置的。鹤壁古煤井采区布置表明，宋元时期已有了这方面的知识。该古矿井的巷道有两种，一种是断面较大的主要巷道，即在井底南北两面所开凿的“相连的巷道”。这两条主巷道只残存了一部分，“南段长4米，北面一段长6米，顶高2.1米，宽2米”，这是主要运输巷道。另一种是通向各个采煤工作面的巷道，这种巷道断面较小，为梯形断面，高1米多，上宽1米，下宽1.4米，由于顶部压力不大，均无顶柱承托。这种巷道有4条，全长600米，自井口南面向东、西、南三面延伸，通向八个采煤区[90]。采煤区分布在井筒的四周，最远者距井口约100米，最近者距井口10米左右，各采煤工作面之间都保留一定的距离，工作面之间留有不采的煤柱，以减少工作面顶板压力，这是用房柱法回采的萌芽。

鹤壁古煤矿工作面形状以狭长的椭圆形及瓢、瓶形为多。如1号工作面为长瓶形，3号工作面为小口袋状，很不规则。其采空面积大小不一，采空面积最大者为位于井口东南40米的7号工作面，东西深50米，南北宽30米。位于井口正北偏西80余米的9号工作面，采空面积很小，南北宽仅2.5米，东西长仅7米。由于工作面间留有煤柱，顶板较为坚硬，因而工作面可以不用支护。

考古工作者经过考证后认为，鹤壁古煤矿采煤工作面是运用“跳格式”先内后外的方法进行采煤的，先突破一点，再向两帮掘挖，这样就形成瓶袋状的工作面。

至于采煤时所用的工具，直到宋元时期为止，没有见到古籍记载，也未见到考古发掘文物。但从宋元时期农业上所用的工具类推，宋元时期采煤所用的工具，离不开铁搭（图2-7）、铁锹（图2-8）、斧（图2-9）及镬（图2-10）。元代王祯《农书》详细记载了古代农业生产所用的各种工具。古代农业上大量应用的工具，如锹、搭、斧、镬等，其功能与采煤时所需功能近似，人们必定能很快转用于采煤。而且古代采煤多数情况下是一种农余手工业，采煤手工业工人就是农民，所以用功能相近的农具去采煤是很自然的事，据此，我们推测古代所用的采煤工具至少有前述四种工具。镬，本来是掘地的器具，在东周时代已出现，姜太公《六韬·农器篇》有“镬、臿、斧、锯”。用镬掘煤，自然是好器具。锹，古时又叫臿，或者叫削，用来开渠，用锹削煤，自然也可以。铁搭，其齿尖锐，微向里面弯曲，掘土像搭在齿上，所以叫铁搭。用铁搭掘地，入土爽利。用铁搭掘煤，自然也爽利。斧，古时很早就有，《周书》说："神农……作陶器，冶铁造斧头，削木作成耒耜、锄、耨，用来垦辟草莱荒地，然后才有五谷的兴起"[91]。采煤顶板、采煤巷道需要木头支护时，用斧劈木头接口，是非常必要的。在古代后期这些农用工具用于采煤时作了适当的改进。

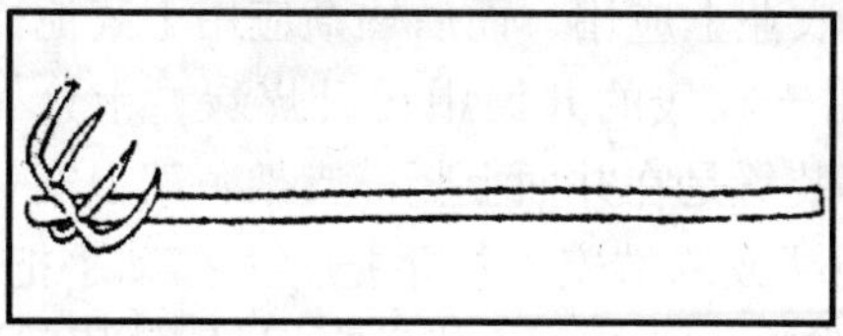

图2-7　铁搭

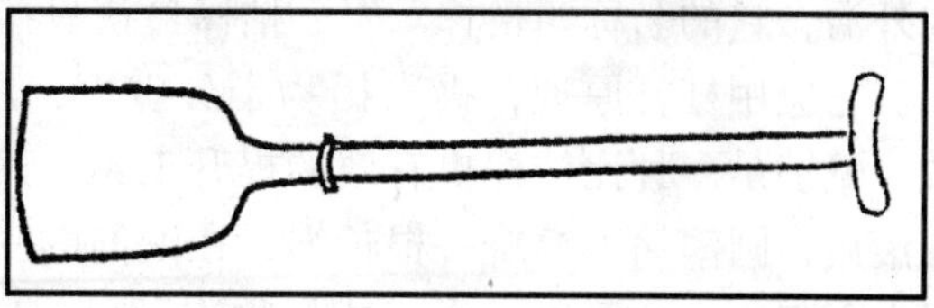

图2-8　铁锹

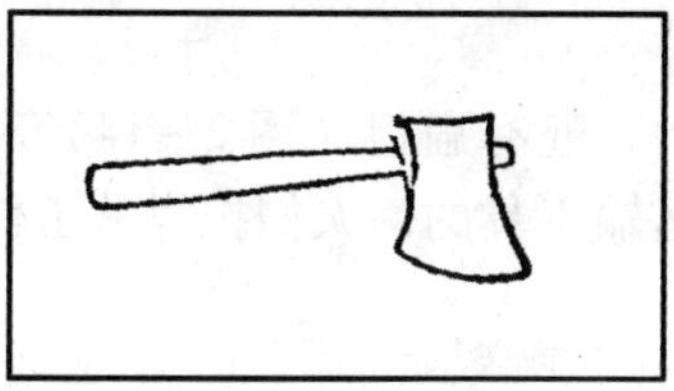

图2-9　斧

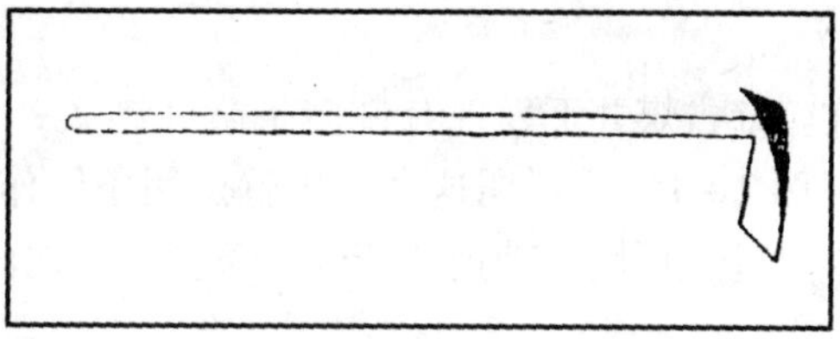

图2-10　镬

（图片采自王祯《农书》）

三、运输煤炭的方式——运输提升

运输煤炭，对于开凿井筒的地下采煤来说，有两个方面含义，一是从采煤工作面把煤运到井筒底部附近，二是把井筒底部的煤提升到地面。前者叫巷道运输，后者叫井筒提升。巷道运输，在宋元时期，靠人背、肩挑；井筒提升有两种方式，在井筒较浅的情况下，用桔槔（图2-11）或辘轳提升（图2-12），井筒较深时用辘轳提升。

图2-11　桔槔

图2-12　辘轳

（图片采自王祯《农书》）

桔槔是一种农用工具，可提水、提物，在春秋战国时已出现。《庄子》说：子贡……路过汉阴，见到一老丈正在治理菜畦，凿好台阶下到井边，抱着瓦瓮舀水上来灌溉，气吁吁用力很多，而功效却很小。子贡说："现下有一种机具，一天可以灌上百畦，……斫木作成机械，使前重后轻，提水像抽水一样，接连抽水有如沸汤的外溢，它的名称叫桔槔"[92]。桔槔最初只在农业上应用，而后逐渐应用于其他行业。它应用杠杆原理，提水提物十分省力，用于较浅的井筒中提升煤炭，十分有效。辘轳是一种比桔槔更有效的提升工具。其装置是在井面上竖一支架，架上安一圆滚筒，圆滚筒上缠绕一根长绳，在滚筒的一端或两端安上摇手把。人摇动手把，绳上下起落，便可以提水（或提物），既快又省力。辘轳，唐代已有记载。《唐韵》说：辘轳是圆转木。它初期主要用于提水，后来用途扩大，可用来提人，提重物。古代煤井装上辘轳，既提升煤炭，又用于提水（排水）、提人，是采煤工程的重要设施。

在鹤壁古煤井下发现有许多条筐（图2－13），还有扁担（图2－14）和1架辘轳（图2－15），说明这个煤矿就是用条筐作运输工具的，人们把煤从工作面挑到井口附近，再用辘轳把装着煤的条筐提到地面。

图2－13 条筐

图2－14 扁担（图片采自《鹤壁煤矿志》）

图2－15 鹤壁古煤井辘轳（图片采自《中国古代煤炭开发史》）

辘轳在古煤井中应用十分普遍，它具有简单方便，就地取材，适应性强的特点，辘轳提升深度可达百余尺。（清）乾隆《淄川县志》卷一载："淄之俗……间以攻炭为事。然井深或至百尺，辘轳以坠，若下天状。"

在辘轳基础上发展而来的绞车，后来在明清时普遍应用。绞车与辘轳原理基本相同，差别在于：辘轳是直接置于煤井口上，只能用人力摇动手把提煤，由于手把曲柄有一定限制，不能做得太大，故所省的人力有限，比较费力。而绞车可以远离井口放置，绞绳通过架设于井口上面的一根轴或一个小轮，上下滑动（或通过小轮滚动）提煤。为了节省人力，绞车也可以垂直地面放置（绞车轴与地面垂直），装上较大直径的滚筒，用马（或牛）拉动滚筒旋转，绞绳通过井口的滑动轴（或滑动轮）上下提升煤，十分方便、省力。这叫马（或牛）拉绞车，在清代，华北、西北（尤其是新疆）以及南方一些古煤窑，常用之。如果缺少牲口，马拉绞车也可改成人力绞车，在滚筒一边加装几个较长的手把，人推手把即可转动滚筒，就可较为省力地提煤。马（或牛）拉绞车到底始于何时，没有确切的资料记载，但据《天工开物》的有关记述，不会晚于明代中期（即十五世纪）。《天工开物》“燔石”“煤炭条”载：“井上悬桔槔 、辘轳诸具，制盘架牛，牛拽盘转，辘轳绞緪，汲水而上。”这里所说“制盘架牛，牛拽盘转”，即是牛拉绞緪车。“汲水而上”是指用牛拉绞车提水。提水、提煤、乃至提人，原理是一样的。

四、地下巷道及采煤工作面通风方式——矿井通风

矿井通风亦是煤炭开采中的重要技术环节。矿井通风的作用主要有两个方面，一是保证井下工作场所有足够的新鲜空气，再是防止井下有毒气体积聚伤人。这是人们在长期的煤炭生产实践中逐渐积累起来的知识。

最初古人在地面煤层露头挖拾一些煤炭，没有中毒气（煤层中生成的瓦斯）之虞。随着挖煤深度的增加，人们常常要深挖几十米井筒，挖掘几百米长的巷道去采煤，就会有中毒的危险，即使没有毒气（瓦斯），也会因通风不良而缺氧憋气，影响生产，妨碍健康。所以，通风问题是制约煤矿生产的重要因素之一，一项稍为大一点的采煤工程，一定要考虑通风问题，需要事先设计好通风的路径。

到了宋元时期，采煤工程已经考虑了通风问题。人们根据生产实践经验，采用两种自然通风方式来解决井下采煤的通风问题。一种是纯自然风流扩散法，井筒开到煤层后，在煤层中掘挖独条巷道，也即是挖一条巷道采煤，这时采煤和挖巷道（在煤层中挖煤巷）是合一的，风流能扩散到什么地方，就采到什么地方，一旦空气无法扩散到采煤工作面了，即停止采煤，另行开凿井筒。这是一种小规模生产的小工程。

另一种自然通风方法，是在巷道距提升井筒的另一远端，挖一个小通风井（或利用废旧小煤井作通风井），新鲜风流从井筒进入，经过巷道、采煤工作面再通过小通风井流出地面。这种情况下，通风小井标高一般高于进风的提升井筒。如果通风小井标高低于提升井筒，则风流从通风小井进入，从提升井筒流出。这种通风方法，后来到明清时期，是普遍采用的。尽管宋元时期没有见到典籍的有关记载，也无这一方面的考古发掘报告资料，但从技术发展的规律分析，明清的技术必定是继承与发展宋元技术的结果。再从鹤壁宋元时期古煤矿遗址的规模分析，具有十个采煤区，井深 40 余米，巷道长达 500 米以上的煤矿，不解决通风问题，是不可想象的，而解决的办法，在当时的生产力水平下不可能使用机械通风方法，只能是利用提煤井与出风井的高差解决自然通风问题。

五、地下巷道和采煤工作面的排水方式——矿井排水

古代早期采煤，是在地面或地表浅部挖取，不存在排水问题。有了水，不采煤便是了。但是随着生产的发展，开采深度的增加，矿井下面的地下水增多，而且井筒愈深，开挖工程愈大，所耗费的人力物力愈多，不能因为井下有了地下水就轻易丢弃旧井另开新井。所以，井下排水是采煤工程技术的另一个重要问题。能否在一定的时间内排除掉采煤过程中地下所涌出的水量，是决定能否在这个矿井继续进行采煤的决定性因素之一。排水方法也是由简单到复杂，由原始落后到文明先进发展的。

宋元之前，矿井下的排水方法，主要有三种。一种是人力排水法，完全靠人挑水，把流到采煤工作面的水，用水桶挑至地面。这是在用露天坑采煤的情况下常用的方法。另一种是辘轳提升排水法，把工作面和巷道中的水通过水沟流至专门的排水井，然后用盛水器具（水桶或其他容器）通过辘轳提至地面。较大规模的采煤工程，一般都用此法。比如，鹤壁宋元时期古煤井遗址中就有一个专门用于排水的水井，该井位于井筒东南20余米处，形状近似圆形，直径1米，井深5米（遗址发掘时，水井中尚有2米深的积水），各采煤区的水流至水井后，再用辘轳提至地面。

还有一种排水方法叫“拉龙”排水法。在斜井开拓条件下，用“水龙”排水。所谓“水龙”，有的地方又叫孔明车（因其奇巧，故附会于足智多谋的孔明身上，没有资料说明它是孔明发明的），就是现代所称的唧筒。《天工开物》记载这种排水工具的使用与制造：“井及泉后，择美竹长丈者，凿净其中节，留底不去，其喉下安消息，吸水入筒。”（所谓喉下安消息，即安一逆水阀）这种竹唧筒制作方便，南方可就地取材制作，使用相当广泛。在斜井开拓的条件下，从下山巷道到斜井均可使用水龙排水，煤井开得比较深时，许多条“水龙”连接在一起排水，形成一条“长龙”，其态势相当可观。“拉龙”一词大概就是由此而得。“拉龙”排水，方法简便，也较有效，能排除煤井较大的涌水，但是所占的劳力过多。关于水龙的发明者是谁，无据可查，水龙何时开始应用于煤矿，也无确凿的资料可查。但根据《东坡志林》记载唧筒制作方法来推断，水龙应用于煤矿不会晚于宋代。《东坡志林》卷四载：“以竹之差小者，出入井中，为桶无底而窍其上。悬熟皮数寸，出入水中，气自呼吸而启闭之，一筒致水数斗。”苏东坡这里讲的是四川盐井的唧筒。但四川盐井附近多有煤矿，而且用煤煮盐也较早，所以，宋代能用唧筒吸盐水，也不难用唧筒排除煤井积水。关于唧筒的制造，到了清代有了十分详细的记载。由清代云南巡抚吴其濬所撰，成书于道光二十四年（1844年）的《滇南矿厂图略》详细介绍了水龙（唧筒，又称竜）的制造与使用方法；“竜，或竹或木，长自八尺至一丈六尺，虚其中，径四五寸，另有棍，或木或铁，如其长。剪皮为垫，缀棍末，用于摄水上行。每竜每班用丁一名，换手一名。计竜一条，每日三班共用丁六名，每一竜为一闸。每闸视水多寡，排竜若干。深可五六十闸，横可十三四排，过此则难施。”古煤窑利用“水龙”排水非常普遍。

六、地下巷道和采煤工作面的照明方式——矿井照明

矿井下面采煤，需要灯光，矿灯成了采煤工人的眼睛。早期古代煤矿，开采的深度都不算很大，以采浅部（接近地表处）煤为主，因而瓦斯（可以使人窒息并能引起爆炸的一种气体）少，井下照明多是明火。鹤壁古煤井遗址考查发现，巷道两壁开凿了许多扁圆和近似 长方形的灯龛，“一般高10—17厘米，长13—28厘米，深10—21厘米”，用以放置矿灯。这样的灯龛在井口附近巷道和4条较长的巷道两壁都有发现，共100余个。灯具为瓷碗及瓷盘（图2－16），

图2－16　瓷碗、瓷盘（图片采自《鹤壁煤矿志》）

为燃油明火灯。遗址中同时发现的还有贮油的瓷瓶和瓷罐（图2－17）。用以随时给灯添油。灯龛的位置是按实际需要设置的，有的在巷道的两壁，有的在巷道的交叉处。在煤壁上设置灯龛，说得上是一种创造。

图2－17　瓷瓶、瓷罐
（图片采自《鹤壁煤矿志》）

七、煤炭工程的组织管理方式——矿井管理

煤炭开采工程，包含了采煤、掘进、运输、提升、通风、排水以及照明等工序和技术环节，在古代，这些工序全是靠人来完成的。如何对各工序和各技术环节进行管理和组织，直接影响到工程作用的发挥，生产效率的高低。工程规模愈大，愈需要科学的组织管理。到了宋元时期，煤炭工程已具有相当大的规模。仅就鹤壁古煤矿遗址提供的资料而言，一个煤矿有十个采煤工作面，从事煤炭生产的各工序的工人加在一起，当在100—150人左右。这么多人生产的一个煤矿，必定有一套较完整的管理办法和较科学的组织和分工。从遗址发掘出的文物看，除了生产用具外，还有生活用具和管理用品[93]。井下有一长方形石砚（图2－18），大概是管理者用来记工、记账和计量的笔砚。

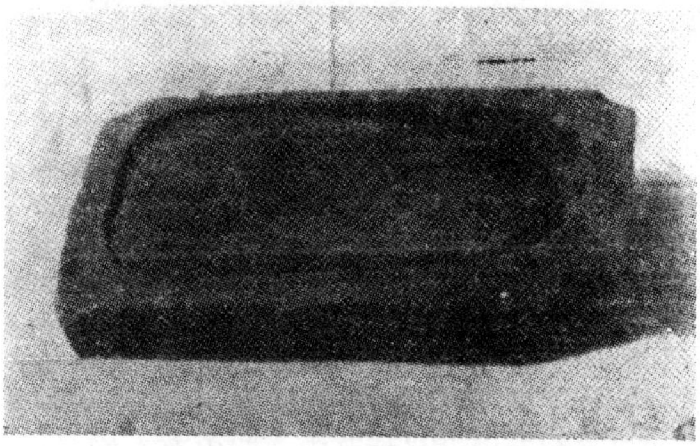

图2－18　石砚（照片采自《中国古代煤炭开发史》）

从管理的角度考察鹤壁古煤矿遗址，有一点也是值得令人思考的。在古巷道一边，发现有大型的壁龛，其长边与巷道走向平行，长宽大小正好可以容身，是矿工休息的地方。这说明，当时的管理者，为了提高劳动效能，十分重视劳动者必要而适当的休息，专门在井下开辟适当的休息处供矿工休息。我们分析，这种壁龛的设置，是与当时的劳动组织形式、工作制度相适应的。工人下井劳动，多为大班制，在井下工作几天不出地面，吃住都在井下。

以上分项叙述了采煤工程体系的各种组成要素的情况。综合起来看，宋元时期采煤工程技术已自成体系，具有规模性、社会性，形成了较高的生产能力，能够生产数量较大的、满足社会需要的煤炭产品。虽然没有资料具体说明当时一个煤矿的实际生产能力，但从鹤壁古煤矿的生产规模分析，一个矿以100—150人计算，每人每天平均生产0.1～0.2吨煤，那么该矿一年（300天计）可以生产煤炭3 000—9 000吨，这个数字在古代算是不小了。从另一个角度看，即从文人所记的，由于煤炭开采而引起的煤自燃现象看，当时的生产规模也是比较大的。北宋学者程颢和程颐曾记载："石炭穴中遗火，则连蔓不绝"，"山中时有火光，……必是此个火

（石炭穴遗火），时发于山间也”[94]。煤炭的自燃，要有一定的条件，必须在煤堆积到一定程度，煤自燃产生的热量不能散发，越积越多，就会引起自然发火。程颢所说“石炭穴中遗火”，“连蔓不绝”，可见开采石炭的规模是相当大的。

八、煤炭加工利用方式——煤炭加工

煤炭洗选加工是煤炭开采利用的一个技术环节。经过洗选的煤炭，可以降低灰分、硫分，增强火力，减少污染，尤其是炼焦用煤必须经过洗选，才能保证焦炭质量，进而保证所冶炼的金属质量。

我国在宋代发明了炼焦技术，并开始用焦炭冶铁（详见第二章第二节）。炼焦前煤的洗选用手工方法，先把大块的矸石拣去，再把块煤槌碎，然后把碎煤放入筛中或箩筐中在水中筛选，利用煤与矸石在水中的下沉速度不同，选出精煤，抛弃矸石等杂质。

至于制作煤饼、煤球供炊烟烤火，在宋元时期已是很普遍的事。

第六节　古代外国旅行家对中国煤炭的记述

一、唐代日本国僧人圆仁的记述

最早了解并积极传播中国煤炭业信息的外国人是日本国僧人圆仁（公元794—864年）。圆仁在唐代来中国留学，学习佛法，考察山川，了解风情，在华几十年，十分熟悉中国，他把在中国求法游历的实地见闻用中文写成日记体的《入唐求法巡礼行记》。书中关于煤炭方面的记述有下面一段：“太原府……出城西门，自西行三四里，到石山，名为晋山，遍山有石炭，近远诸州人尽来取烧。料理饭食，极有火势。见乃岩石燋化为炭，人云天火所烧也。窃惟未必然矣。此乃众生果报所感矣”[95]。

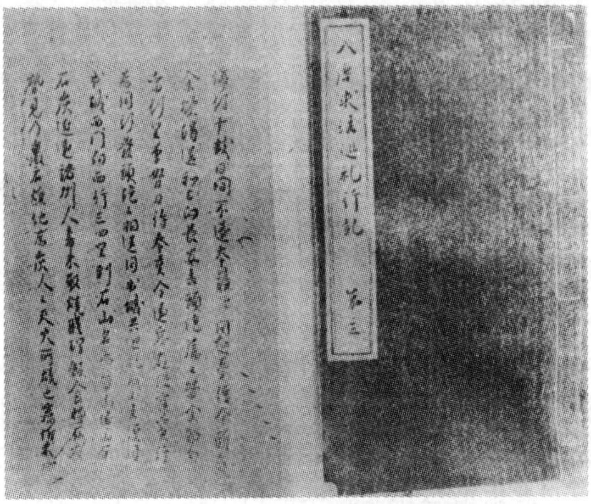

图2－19　《入唐求法巡礼行记》关于煤炭的记述

这段记载极为重要。按文中提到的具体位置是太原城西门外三四里的晋山。晋山一名，从“遍山有石炭”分析，并非专指哪一座山峰，而是指城西三四里以外的山区，大概即今风峪一带的山峪。据《太原县志》载：“风峪在县西五里许，……出石炭。”风峪附近各峪沟都是石炭产地，位于今太原西山煤田范围之内。这里煤炭储藏丰富，埋藏较浅，煤田浅部很早就被采空了。

“遍山有石炭”，说明圆仁实地见过满山遍野到处在开采石炭的情景，对石炭之多、开采之广印象十分深刻。太原西山兴旺的采煤业，吸引了远近各州县的人们

前来开采或购买煤炭。说明当时（唐代）太原周围很大一片地方已把煤炭作为主要的生活燃料，太原西山一带的煤炭开采规模和煤炭销售市场都比较大。圆仁所说“料理饮食，极有火势”，说明西山所产的煤，质量极好，火力极强，圆仁亲眼目睹。

至于圆仁所记石炭是“岩石燋化为炭，人云天火所烧”，这说明唐代人们对煤炭认识的局限性，当时人们并不清楚煤炭是如何生成的，从直观猜测以为是天火把岩石烧成炭，就像人们把木柴烧成炭一样。这样的认识并不奇怪，是历史条件限制所致。而圆仁不同意石炭是天火烧成的炭的说法，认为是“众生果报所感”，迷信思想更为浓厚，同样是不正确的。煤炭到底是怎样生成的，直到近现代，人们才从真正科学的意义上搞清楚，煤炭是若干亿年以前森林或柴草堆积物，被岩土覆盖缓慢炭化而成。

唐代是我国古代经济文化十分繁荣昌盛的时期，唐代与外国的经济文化交往也十分频繁，是中国历史上对外交往最密切的时期之一，尤其是中日两国人民的交往这时达到了一个高潮，许多日本使者、留学生和学问僧成批来到中国，有时一次多达数百人。圆仁便是在唐开成三年（公元 838 年）随日本遣唐使来中国学习佛法的一个僧人。他先住扬州，后游我国四大佛山之一、佛教圣地五台山（现今五台山还有“日本天台入唐求法沙门圆仁慈觉大师御研钻之灵迹”碑）。后又到长安青龙寺学法，先后在华时间几十年[96]。他从五台山去长安是经太原沿汾河南行的，途中不少是产煤区，他耳闻目睹，记述可信，在日本有较大的影响。圆仁回国后成为日本天台宗（佛教派别之一）的第五代座主，其“行记”在日本传播，对日本的经济文化都有影响，日本语至今仍称煤为石炭，与圆仁“行记”中关于石炭的记述可能有关。可以有把握地说，至迟在九世纪，中国煤炭知识已经传入日本。

二、元代意大利旅行家马可·波罗的记述

元世祖忽必烈，继承宋朝的封建经济文化制度，采煤业持续发展，元朝的强大，令西方人对中国产生崇敬与好奇，一些旅行家、文人学士纷纷来到中国考察或从业。在这些外国人中，有两位旅行家对中国煤炭行业的了解与宣传极为热情。一位是许多人们熟知的意大利旅行家马可·波罗（Marco Polo，1254—1324 年）。他在《马可·波罗游记》中，用一章篇幅专门介绍中国煤炭开采与应用的情况。他在中国才第一次见到煤炭，不知道煤炭叫什么名，就称之为“黑色石块”。他在书中这样记述道：“整个契丹省到处都发现有一种黑色石块，它挖自矿山，在地下呈脉状延伸，一经点燃效力和木炭一样。而它的火陷却比木炭更大更旺。甚至可以从夜晚燃烧到天明仍不会熄灭。这种石块，除非先将小块点燃，否则平时并不着火。若一旦着火，就会发出巨大的热量”[97]。

文中的“契丹”即指中国。这段朴实自然的描述，说明宋末元初中国煤炭生产和利用相当普遍，几乎到了“到处都有”的地步。对于中国用煤为什么这么普遍的原因，马可·波罗在其游记中也有记述：“诚然，这个国家并不缺少木材，但是如此众多的人口，炉灶也多，而且燃烧不止，加上人们又勤于沐浴，这样必然造成木材数量供不应求。每个人一星期至少洗三次热水浴。每逢冬季，只要是力所能及，甚至是一日一浴。凡身有职位或家庭富裕的人，家中都备有一个火炉，以供自己取暖之用。像这样大的燃料消耗，木材资源势难满足供应；然而这些黑色石块，却取之不尽，并且价格又十分低廉”[98]。这些分析是有道理的，尽管当时中国人不一定每人一星期至少洗三次热水澡，但中国人口多，需要大量的燃料是事实，用煤炭来取代紧张的木材是十分必要的。

由于马可·波罗到中国之前没有见到煤炭，到中国后见到人们烧煤很觉新奇，很感兴趣，还作了一番调查研究，把煤炭与木炭在火力、价格、资源、供求等方面进行了对比，得出前述的结论，说明我国元代煤炭业比较发达的社会背景。马可·波罗在元朝宫廷中供职，奔走于元世祖忽必烈左右，他的看法，在某种程度上反映出元政府对煤炭生产的态度。马可·波罗把中国用煤的见闻带回意大利，并通过他的“游记”介绍到欧洲和其他地区，对其他国家开发利用煤炭可能有促进作用。

三、元代摩洛哥旅行家伊本·拔都他的记述

元代另一位到中国来的旅行家是摩洛哥人伊本·拔都他（Ibn Battutah，公元1304—1377年）。他一生遍游埃及、叙利亚、巴勒斯坦、伊拉克、伊朗、东非、君士坦丁堡、阿富汗、孟加拉、印度和中国等地，在中国游历了许多地方。他返回摩洛哥后，奉国王苏丹之命，叙述旅游见闻和经过，由苏丹的秘书笔录成书。他对中国应用煤炭的记述，很有价值。他说：“中国及契丹之居民，不用木炭，而用一种异土，以作燃料。此种之土，乃天然之产。在地下时，其形如块，其色如吾国之土。用象转运远方。土人将土切成块形，与吾国切炭之法同，燃时亦与炭同，火力比炭尤烈。成灰后，以水和之，曝干，复可以再燃一次。至全变为灰烬而后已。从此土中，亦可以制瓷器，唯须另加矿物也”[99]。

伊本·拔都他的游记，在20世纪80年代中期才有中译本，远不如《马可·波罗游记》那样流行（《马可·波罗游记》在20世纪30年代已有中译本）。因此伊本·拔都他关于煤的记述，知道的人不很多。然而从煤炭开采角度看，他的记述有些地方比马可·波罗的记述更为深刻，更有意义。

第一，他同马可·波罗一样惊叹中国和煤之广，称中国的煤是一种奇异的土，与他们非洲的黑土块颜色相同。说明他来中国之前所到过的地方都没有煤炭。

第二，他看到了中国居民把煤加工成煤砖的情况：“将土切成块形”，“以水和之，曝干复可再燃一次”。

第三，记载了用煤及煤地层中的陶土烧制瓷器的情况。“从此土中亦可以制瓷器”，当然不是指用煤直接制作瓷器，而是指用含煤地层中与煤共生的瓷土，加上一些釉料（釉料是烧瓷时另加的矿物），再用煤作燃料进行烧制。这一记载表明，元代瓷器用煤矿中的瓷土为原料并用煤作燃料。当时伊本·拔都他还不明白瓷土与煤层的关系，瓷器原料既然取自煤矿，就同煤炭一样，都是一种可燃烧的“异土”。

至于伊本·拔都他所说“用象转运远方”，或许是指当时印度东南亚国家用象到中国来运过煤，或许是把骆驼运煤误写为象。

此外还有波斯学者拉施特·爱丁（Rashid eddin 1247—1318）的著作中也提到过中国用煤一事。他的名著《史记汇编》（意译）谈到中国时，提到“其国产石，可以代薪”[100]。

圆仁、马可·波罗、伊本·拔都他以及拉施特·爱丁等人的著作中，关于中国煤炭开采利用情况的记述，不仅从外国人的角度说明唐宋元时期煤炭开发利用的广泛性，而且从多个角度说明中国是世界上开发利用煤炭最早的国家，到了元代，中国开发利用煤炭的信息比较广泛地传入欧洲和非洲，这和中国四大发明的信息传入欧洲的时间是差不多的。

参考文献

〔1〕李延寿:《北史·王慧龙传附王劭传》，中华书局，1974年，第1292页。
〔2〕张玉书:《佩文斋咏物诗选》第二册，上海古籍出版社，1994年，第133页。
〔3〕李诩:《戒庵老人漫笔》卷七，中华书局，1982年，第279页。
〔4〕褚人颖:《坚瓠集》余集卷四，又见乾隆《长治县志》卷二十八，第三页。
〔5〕山西省文物管理委员会、山西省考古研究所:《山西长治唐代舍利馆的发现》，《考古》，1961年第5期，第286页。
〔6〕山西省煤矿管理局:《山西煤田地质》，煤炭工业出版社，1960年；西山矿务局矿史编写组:《西山煤矿史》。
〔7〕淄博矿物务局档案室存:《鲁大公司二十年史》油印本。
〔8〕参阅淄博矿务局矿史编写组调查访问资料。
〔9〕南京博物院、扬州博物馆、扬州师范学院:《扬州唐城遗址1975年考古工作简报》，《文物》，1977年第9期，第19页。
〔10〕《黄帝九鼎神丹经决》，见《正统道藏》洞神部众术类。《正统道藏》（原编者施博尔，改编者李殿魁），光文印书馆中华民国六十六年版，卷九，第二五一四三页。
〔11〕《太古土兑经》，见《正统道藏》洞神部众术类。上海涵芬楼影印本第六〇〇册卷上，第三页。
〔12〕柳宗元:《答崔黯书》，见彭大翼:《山堂肆考》微集第四册，上海古籍出版社，1992年，第661页。
〔13〕祁守华:《中国古代煤炭开采利用轶闻趣事》，煤炭工业出版社，1996年，第32页。
〔14〕朱翌:《猗觉寮杂记》卷上，第一七页。
〔15〕庄季裕:《鸡肋编》卷中，中华书局，1985年，第62页。
〔16〕元好问:《中州集》己集，中华书局，1959年，第300页。
〔17〕元好问:《续夷坚志》卷四，中华书局，1985年，第63、64页。
〔18〕《续资治通鉴长编》卷一六四，中华书局，1985年，第3955页。
〔19〕《宋史·陈尧佐传》，中华书局，1989年，第2473页。
〔20〕《宋史·李昉传》，中华书局，1989年，第339页。
〔21〕山西省文物管理委员会:《山西洪赵县坊堆村古遗址墓群清理简报》，《文物参考资料》，1955年第4期，第52页。
〔22〕参看畅文斋:《山西稷山县“五女坟”发掘简报》，《考古通讯》，1958年第7期，第34—35页。
〔23〕张博泉:《金代经济史略》，辽宁人民出版社，1981年，第50页。

〔24〕李锡经:《河北曲阳县修德寺遗址发掘记》,《考古通讯》,1955年第3期,第42页。
〔25〕朱弁:《曲洧旧闻》卷四,第三十页。
〔26〕《包拯集》,中华书局,1963年,第99页。
〔27〕谢维新:《古今合璧事类备要》外集,卷五十五,上海古籍出版社,1992年,第725页。
〔28〕文廷式:《绝常子枝语》卷三十一。
〔29〕佚名《异闻总录》卷一,中华书局,1985年,第11页。
〔30〕《东坡七集》卷十,光绪重刊明成化本,第十二页。
〔31〕乾隆朝《徐州府志》卷五,第八十五页。
〔32〕同治朝《徐州府志》卷十,第十二页。
〔33〕苏轼:《东坡奏议》卷二。
〔34〕《光绪顺天府志》卷十八,光绪十年至十二年刻本,第二页、第三页。
〔35〕《昭萍志略》卷十二。
〔36〕庄季裕:《鸡肋编》卷上。
〔37〕《闲闲老人滏水文集》卷五,中华书局,1985年,第63页。
〔38〕周密:《志雅堂杂钞》卷下。
〔39〕张锐:《鸡峰普济方》卷十五,上海科学技术出版社,1987年,第203页。
〔40〕张子和:《儒门事亲》卷十二,辽宁科学技术出版社,1997年,第102页。
〔41〕山西省考古研究所(扬富斗执笔):《山西稷山金墓发掘简报》,《文物》,1983年第1期,第55页。
〔42〕河北省文化局文物工作队:《观台窑址发掘报告》,《文物》,1959年第6期,第59—61页,又见于河北省文化局文物工作队:《河北省考古工作介绍》,《考古》,1962年第10期。
〔43〕见宋,无名氏撰《豹隐纪谈》卷七,上海涵芬楼印本,第十八页。
〔44〕沈括:《梦溪笔谈》卷二十四,第二页。
〔45〕参看(美)罗伯特·哈特威尔:《北宋时期中国铁煤工业的革命》,《中国史研究动态》,1981年第5期。
〔46〕参看(美)罗伯特·哈特威尔:《北宋时期中国铁煤工业的革命》,《中国史研究动态》,1981年第5期。
〔47〕《续资治通鉴长编》卷一六四,中华书局,1985年,第3956页。
〔48〕《续资治通鉴长编》卷二七九,中华书局,1985年,第6837页。
〔49〕《续资治通鉴长编》卷一〇六,中华书局,1985年,第2467页。
〔50〕《续资治通鉴长编》卷五〇四。
〔51〕《文献通考》卷十四,上海商务印书馆,一九三六年,影印清乾隆间武英殿刻本,第一四六页。
〔52〕清徐松:《宋会要辑稿》卷一五四三三,中华民国二十五年国立北平图

书馆影印本，第十五页。
〔53〕《宋史·食货志》，中华书局，1989 年，第 1407 页。
〔54〕《宋史·职官志》，中华书局，1989 年，第 1223 页。
〔55〕清徐松：《宋会要辑稿》卷一七五五三，中华民国二十五年国立北平图书馆影印本，第十页。
〔56〕《大元圣政国朝典章》卷二十二，中国广播电视出版社，1998 年，第 968 页。
〔57〕《大元圣政国朝典章》卷二十二，中国广播电视出版社，1998 年，第 968 页。
〔58〕《庚申外史》卷上。
〔59〕《元史·河渠志》，参阅陈高华《元大都》，北京出版社 1982 年，第 19 页。
〔60〕宋濂撰：《元史·食货志》卷九十四，第八页、第二十七至三十二页。
〔61〕《元一统志》，赵万里校辑本，中华书局，1956 年。
〔62〕《元史·食货志》，岳麓书社，1998 年，第 1375 页。
〔63〕邓文原：《皇太子赐大庆寿寺田碑》，《巴西文集》第一册，第五页。
〔64〕北京图书馆善本组辑录整理《析津志辑佚》，北京古籍出版社，1983 年。
〔65〕于敏忠等著：《日下旧闻考》卷三十八，北京古籍出版社，1985 年，第 604 页。
〔66〕《朴通事谚解》卷下，转引自陈高华《元大都》一书，北京出版社，1982 年。
〔67〕《朴通事谚解》卷下。
〔68〕中国科学院考古研究所，北京市文物管理处元大都考古队：《北京后英房元代居住遗址》，《考古》，1972 年第 6 期，第 10 页。
〔69〕《枣庄煤矿史》，山东人民出版社，1959 年，第 2 页。
〔70〕汪宇平：《准格尔旗大石砬沟的元代古城》，《文物参考资料》，1958 年第 4 期。
〔71〕内蒙古文物工作队盖山林：《内蒙古包头市郊麻池出土铜范》，《考古》，1965 年第 5 期，第 260 页。
〔72〕李志常：《长春真人西游记》卷上，引自张星烺编《中西交通史料》第五册，第 135—136 页，中华书局，1978 年；又参阅王国维《静庵文集》第三集《长春真人西游记校注》。
〔73〕《元史·丘处机传》，第二五五九至二五六〇页；陶宗仪：《南村辍耕录》，北京文化艺术出版社，第 137—139 页。
〔74〕宋汪元量：《水云集·湖州歌》，《石间水云诗钞合本》，上海有正书局铅印本第四页。
〔75〕《圭斋文集》卷四。
〔76〕《玉井樵唱》卷上。

〔77〕《草堂雅集》卷一。
〔78〕河北省文化局文物工作队：《河北曲阳县涧磁村定窑遗址调查与试掘》，《考古》，1965 年第 8 期，第 394—395 页。
〔79〕陕西考古所泾水队：《陕西铜川宋代窑址》，《考古》，1959 年第 12 期，第 671—672 页。
〔80〕铜川市、旬邑县文化馆、陕西省文管会：《陕西新发现两处古瓷窑遗址》，《文物》，1980 年第 1 期，第 63 页。
〔81〕河南省文化局文物工作队：《河南省鹤壁集古代瓷窑址发掘简报》，《文物》，1964 年第 8 期，第 1—2 页。
〔82〕咸阳地区文物管理委员会：《旬邑安仁古瓷窑址发掘简报》，《考古与文物》，1980 年第 3 期，第 42 页。
〔83〕重庆市博物馆陈丽琼：《宋代石炉栅馒头窑》，《河北陶瓷》，1982 年第 4 期。
〔84〕王家广：《耀州瓷、窑分析研究》，《考古》，1962 年第 6 期，第 314 页。
〔85〕张光明、毕思良：《山东淄博窑址出土的油滴黑釉瓷器》，《考古》，1988 年第 9 期，第 839 页。
〔86〕北京大学考古系、河北省文物研究所：《河北省磁县观台磁州窑遗址发掘简报》，《文物》，1990 年第 4 期，第 1—21 页。
〔87〕元好问：《续夷坚志》卷四，中华书局，1985 年，第 63、64 页。
〔88〕河南省文化局文物工作队：《河南鹤壁市古煤矿遗址调查简报》，《考古》，1960 年第 3 期，第 39 页；姚志国：《河南鹤壁古代采煤遗址浅见》，《华夏考古》，1999 年第 3 期。
〔89〕鹤壁煤矿史志编纂委员会：《鹤壁煤矿志》（内部发行），1995 年，第 49 页。
〔90〕河南省文化局文物工作队：《河南鹤壁市古煤矿遗址调查简报》，《考古》，1960 年第 3 期，第 39 页。
〔91〕王祯撰、缪启愉译注：《东鲁王氏农书译注》，上海古籍出版社，1994 年，第 264 页。
〔92〕王祯撰、缪启愉译注：《东鲁王氏农书译注》，上海古籍出版社，1994 年，第 350 页。
〔93〕河南省文化局文物工作队·《河南鹤壁市古煤矿遗址调查简报》，《考古》，1960 年第 3 期，第 39—40 页。
〔94〕《河南二程全书》，外书卷十。
〔95〕圆仁：《入唐求法巡礼行记》，日本大正十五年东京东洋文库影印观智院藏写本；又参阅白化文等修订校注：《入唐求法巡礼行记校注》第 323 页，花山文艺出版社，1992 年。
〔96〕张鹏一：《唐代日人来往长安考》，1937 年秦风周报社。
〔97〕〔98〕《马可·波罗游记》第 2 卷，第 124—125 页，福建科学技术出版社，1981 年。

〔99〕张星烺：《中西交通史料汇编》第二册，中华书局出版社，1978 年，第 72 页。
〔100〕张星烺：《中西交通史料汇编》第三册，中华书局出版社，1978 年，第 241 页。

第 三 章

中国古代煤炭工程技术体系的进一步完善

（明清）

明清时期，中国煤炭工程技术局部环节得到进一步完善，而整体水平没有根本性提高。清末，随着西方采矿技术的引进，近代煤矿的诞生，古代煤炭工程技术逐渐转入近代发展的轨道，煤炭开采与加工的一些关键技术环节，逐渐由手工操作转变为机器或半机器操作。然而，经过几千年发展的古代煤炭工程技术，有其自身的特长，有些传统技术，就是在近代煤矿诞生后甚至在现代化煤矿诞生后，仍然发挥着一定的作用。

明清时期煤炭工程技术的局部完善，是与当时的封建统治者采取发展煤炭生产的政策措施密切相关的。这一时期，实行过招商开采政策、采煤执照制度，萌发了一些资本主义因素，比较有利于煤炭生产的发展，有利于采煤技术的改进和提高。然而，封建的政治经济制度不可能让已经萌芽的资本主义因素进一步发展，因而在封建生产关系桎梏下的煤炭技术也不可能有更大的发展，始终不能跳出手工操作的范围。近代煤矿诞生后，煤炭生产与技术以前所未有的速度向前发展，显示出近代科学技术的力量，清朝的封建生产关系已不能适应先进生产力的发展，逐渐瓦解，在封建生产关系下发展、完善的以手工操作为特征的古代煤炭技术，随着封建生产关系的瓦解，进入以机器操作为主要特征的近现代发展时期。

第一节　明清时期的找煤方法

古人对煤的认识是随实践的发展而不断深化的。最初人们根据煤的表面特征把煤与其他岩石区别开来，这从煤的名称演变可追踪人们的认识线索。煤的名称，大致经历了石涅、石墨、石炭、煤（炭）这样一个演变过程。涅与墨都有黑的意思，炭为可燃之意，而且前三个名字前边都冠有石字，说明古人最初是把煤看成是可燃烧的黑色岩石，后来才认识到煤不是岩石，而是由远古时代的森林草木经长期地质作用炭化而成的一种物质。

煤的可燃性和煤精（雕刻煤）的可雕刻性等特征，促使人们去寻找、采掘和加工利用煤炭。

一、找煤方法

古代找煤方法，概括起来是四句话：一曰视石、二曰查苗、三曰辨植被、四是运用“煤系地层”知识找煤。

（一）“视石”找煤

视石，即通过观察岩石的颜色、形态、结构来判断地下是否有煤。乾隆朝《平定州志》卷五载：在平定州（今山西阳泉）“土人每视山上石脉，即知炭之有无”。古人把矿层视为脉（如同脉络），因此，把寻找煤层叫做脉炭。所谓视石脉炭，光绪《峄县志》卷七中讲得明白：“其始，相地，必审石何质，土何色”，即一方面看是什么岩层，另一方面看土石为何种颜色。至于何种岩层中有煤，这在清初成书的孙廷铨之《颜山杂记》卷四中有过重要的记述：“凡脉炭者，视其山石，数石则行，青石、砂石则否。”青石即石灰岩，颜色微绿，山东淄博地区老工人现仍称石灰岩为青石；砂石，即砂岩；数石则指页岩。“数石则行”，是说煤脉在数石（页岩）中夹行。根据实践经验，煤层顶底板多数为页岩，所以，有页岩的地方，往往有煤脉存在，这是符合煤层赋存规律的。“青石、砂石则否”，是说有石灰岩、砂岩的地方没有煤。在河南省密县也有“青石下边不找煤”的说法。认为青石、砂石下面没有煤。不过这种说法不一定绝对可靠。例如，山东淄博地区的找煤谚语却说：“青石山，熟石岭，不是炭就是硔（即块煤）”，把青石的存在看作是有煤的标志。

找煤，不仅要看岩石形态、颜色，还要看表土层的土色。明代《天工开物》卷十一“燔石”“煤炭”条载：“凡取煤经历久者，从土面能辨有无之色。”其意说有经验的人，对地下有无煤，可从地表土的颜色来辨别。例如，有的地区煤层距地表很近，使表土层变黑，所以地表为黑色，地下常有煤。有些地区在紫红色的岩石下面常有煤，因而把紫红色的岩石作为找煤的标志，山东枣庄地区就有“前有红石岭，后有煤炭岩”的顺口溜，这在枣庄地区已为现代煤田地质资料所证实。在云南宜良地区，找煤时则以地表有无火烧架（即一种紫色页岩）作为有无煤的标志。所以，视石找煤，是古人的一种重要找煤方法。

（二）“查苗”找煤

查苗，即查找煤苗。许多地方的煤层往往接近或直接出露于地表，这种现象古来称之为煤苗，“矿脉微露谓之苗”[1]有些地方则称为“烟口”。因为煤层露头使土成为黑色，所以找煤就从找露头（煤苗、烟口）开始。明末清初的科学家方以智（公元1611—1671年）在《物理小识》卷七中指出：“煤则各处产之……外记孛露，有土能燃可作炭用。”明清之交出版的《颜山杂记》卷四中记述“察其土有黑苗”。“外记”与“黑苗”意思相近。从露头开始，查找煤脉，是古代最简便、最有效而又最普遍的找煤方法，中国煤田分布广，在华北、西北、东北等地区，煤层露头较多，有的煤苗长达几里地，为古人找煤提供了便利条件。

（三）“辨植被”找煤

辨植被，即从煤炭与地表植被的关系中来辨别是否有煤。有些地区开采煤炭的经验告诉人们，含煤地层不生草木，因此，把地表有无草木或草木是否茂盛作为有无煤炭的一个标志。明代宋应星在《天工开物》“燔石”中，根据他的家乡江西地区的实践经验写道：“凡煤炭不生茂草盛木之乡”，“南方秃山无草木者，下即有煤。”光绪《寿阳县志》卷一也有“山无草木，下有石炭极佳”的记载。但这不能看作是普遍的规律，有些地方草木茂盛，地下也有煤。有的地方某种草木特别茂盛，其下便有煤，人们把这种草木作为找煤的指示植被。例如，山东新汶矿区，有经验的工人根据地面生长的荆棘类植物的倾斜方向、角度，结合观察石头的种类、颜色，就能知道地下有无煤及煤埋藏的深度。那些乡间找煤专家，经验丰富，找煤十分内行，正如《颜山杂记》卷四载：他们能够“因上而知下，因近而知远，往而获之。”

至于煤炭开采过程中，突遇地质条件变化，煤层消失，如何找煤，古人也有丰富的经验，如光绪朝《峄县志》卷七载：找煤“卒以阅历得之……至其开采，卒无一事能出其言外”；“尝其土与石之臭，而煤之佳恶深浅决焉。”有经验的煤师，从土石的颜色气味便可知煤质好坏、煤层深浅。

（四）运用“煤系地层”知识找煤

由于人们有了长期的煤炭开采经验的积累，具有煤系地层的概念和知识，明清时期的一些文献中已有用地层对比知识来辨认地下煤层的记载。《颜山杂记》卷四中有“测其石之层数”的话。“层数”即指层位。不同层位的煤，其煤层特性是不一样的。康熙《磁州志》卷十记载：“煤炭出州之西山一带，入穴取之，初得者为山青，次为大青，末为下架，下架之下，则无炭矣。”山青、大青、下架是从上至下各煤层的名称，这些名称一直沿用至今。清乾隆《博山志》，相当精确地记载了山东博山一带煤层的情况：“石炭出黑山中及附近处，其类不一，最上者为煅石炭，其次为小石炭、大石炭、灰石炭、黄石炭、青炉、札子之类，各适其用焉。”这里所说的煅石炭、小石炭、灰石炭等，是指不同的煤层名称，这些煤层都有其特定的层位赋存于煤系地层中。清李溶《自流井记》说：“凡凿井，须审地中之岩。”提及某自流井第一层为红岩，第二层为瓦灰岩，……第十层为煤炭岩。清《房山县志》卷五把北京西山一带倾角陡立的煤层称为槽，并记述长沟峪一带煤层的分布状况，有红煤槽、腰石槽、黑煤大槽等七层煤。四川《泸县志》卷三明确写道：“炭层炭质，随地各异，不能一致。”

有了煤系地层的知识，就能较好地解决煤炭开采过程中出现的煤层突然消失的问题。《颜山杂记》卷四中说：“脉正行而忽结，礌石阻其前，非曲凿旁达不可以通，谓之盘锢；脉乍大乍细，窠窠螺螺，若惑得之而骤竭，谓之鸡窝，二者皆井病也。”这是关于煤层断层和鸡窝煤的最早文字表述。有了煤系地层的知识，古人能更安全、更经济地开采煤炭。《房山县志》上记载了清雍正十三年（公元 1735 年）京西三家煤窑签订一份合同共做泄水工程的事。这是因为三家煤窑主认识到这三个煤窑的煤“原系一脉”，具有相同的煤层特征。

中国古代的煤层地质知识，先于西欧一个多世纪。在煤田分布较广、采煤业发展最快的英国，18 世纪初以前人们对地质学知之甚少，直到 1740 年才有一篇文章谈到有关对煤层露头的认识[2]。

二、中国古代关于煤种、煤质和煤炭共生矿物的认识

中国古代对煤种、煤质、煤田分布规律以及对煤层伴生矿物已有比较科学的认识。明代宋应星《天工开物》“燔石”中讲：“煤有三种：明煤、碎煤、末煤。明煤，……燕、齐、晋生之。……碎煤有两种，多生吴楚。”清初顾炎武也提到山西阳泉一带煤的质量最好，他说：“石炭，即煤也。……平定（今阳泉）所产尤然，全黑而光，极有火力”[3]。

古代对煤的共生矿物的认识和利用，当不晚于宋代。苏东坡在徐州做官时所寻找到的产煤地白土镇，当时就因出产瓷土而得名。在白土镇煤与瓷土共产于一地，不难使人联想二者之间的关系。我国不少地区自古流传着一句俗谚“有瓷窑就有煤窑”，实际是对煤与瓷土伴生现象的一种说明。直到现代，不少大煤矿周围有大的陶瓷工厂，不仅因为陶瓷厂要烧煤，而且瓷土可直接取自煤矿（一些煤层的顶底板是柔软的高岭土，质地优良，适以作陶瓷原料）。在元代，关于煤与瓷土伴生的现象已见于文字记载。例如，元代来华的摩洛哥旅行家伊本·拔都他，在其游记中写道：中国“居民……用一种异土，以作燃料。……从此土中亦可以制瓷器，唯须另加矿物也”[4]。这里所说的异土是指煤，土中用以制瓷器的原料就是瓷土。由伊本·拔都他的记述可知，元代人对煤的伴生矿物瓷土的认识和利用已经很普遍。到了明代，采煤烧瓷，采土制陶（烧瓷），煤土并用，煤窑、瓷窑共同发展，已相当普遍。据甘肃《永登县志》记载：明代洪武年间（公元 1368—1398 年），窑街有许多小煤窑，陶瓷业也相当兴旺，窑街就是因有许多煤窑和陶瓷窑而得名。

对煤的另一共生矿物白矾的认识和利用，不晚于明代。《颜山杂记》卷四载：“白矾者，夹炭石屑也，取以为矾。晶晶者冰，皑皑者雪也。当其为石，墨墨者铁也。取而变之，存乎冶也。”

与煤共生的另一矿物黄铁矿，在明代也有详细记载。黄铁矿是提取硫磺、皂矾（青矾）、红矾（即矾石）的原料，古书中称为铜炭。明代《天工开物》卷十一载：“其（煤井）底及四周石卵，土人名曰铜炭者，取出烧皂矾与硫磺。凡石卵单取硫磺者，其气薰甚，名曰臭煤，燕京房山、固安、湖广荆州等间有之。”又说：“凡皂、红、黄矾，皆出一种而成，变化其质。取煤炭外矿石俗名铜炭子（制炼）。”《颜山杂记》卷四称黄铁矿为铜碛：“以为矾，谓之铜碛，……碛弃于炭而宝于炭。”这里不仅指出煤层中伴生有黄铁矿，而且指出黄铁矿是采煤时的舍弃物，其利用价值高于炭。这种见解，可视为现代科学观点的萌芽。

三、对煤炭成因的认识

煤到底是何物质？它是怎样形成的？明代一些学者作了初步的探索，清代学者已有了接近科学真理的认识。明末孙廷铨《颜山杂记》卷四说：“（石）炭，山灰也，义从土，然土得水而泥，此不泥；宜从石，然石引火不燃，此则燃；宜从薪木，然木遇金而柔，此不柔。故一物而数德具焉者，炭为多。”这种认识比把煤看作是可燃烧的石头虽然进了一步，但仍囿于煤炭的一般特性的认识。明代的另一学者陈继儒则进一步研究了煤的内部结构，发现了煤的一些内部特征。他在《眉公杂著》一书中写道：“新安西王桥洞，其石皆土所成，取而破之，木叶之形交错其间，文理具在若雕刻者，不特一石为然，众石皆然。”这里指的是一种低变质煤，尚能看到内部的树叶纹理有一定韧性。人们从煤的树叶纹理就容易想到煤的成因。到了清代，学者檀萃明确地提出了古树木“阅千年化为煤”的观点。他说：“滇多地震，地裂尽开，两旁之木，震而倒下，旋即复合如平地，林木人居皆不见，阅千年化为煤”[5]。檀萃已经认识到煤是由古树木经地质作用演变而来的。他的观点，虽然在细节上缺乏具体论证，带有较多的猜测成分，但在整体上是正确的，符合现代科学观点。清代的另一学者赵翼考察了其家乡江南河底挖出的泥煤，断定煤是树木变化而成。他说："乡人以各河底皆有黑泥，亦掘之。至五六尺许，辄得泥如石炭者，然不可食，以作薪火乃终日不熄。其质非土非石，有大至数围，须用斧劈者；有碎叠成块，缝层层可揭者。细验之，则大者本巨木，层叠者则木叶所积，年久烂成块也。江南人惟沿村有树，河港之在野者罕所植，间有之，亦必取作器，小则伐为薪，其孰肯砍而弃诸河？意必洪荒以来，两岸本多树随山刊木时，始伐而投入，历千万年成此耳"[6]。赵翼对煤的成因的解释较古代其他学者更接近于科学真理。现代地质学所阐明的煤的成因是这样的：植物死亡后，在微生物参与下，受生物化学作用变成泥炭或腐泥，当泥炭或腐泥由于地壳下降而为其他沉积物覆盖时，在以温度和压力为主的作用下变为煤；从植物死亡到变化成煤是一个漫长的生物化学、地球化学、物理化学的作用过程，以地质年代计算，煤的生成年龄最短的也有六亿七千万年了（第三纪成煤），最长的已达三十五亿年（石炭纪成煤）。

古人在长期的生产实践中积累起来的找煤经验，到明清时期逐渐形成比较有条理的找煤技术知识，对煤炭生产起着指导作用，促进煤炭生产规模有较大的发展。

第二节　明代煤炭生产

一、明代各种社会因素对煤炭生产的影响

明代，中国开始出现资本主义萌芽，采煤业和其他产业都得到明显的发展。李时珍《本草纲目》卷九"石炭"条载："石炭，南北之诸山产处亦多。……今则人以代薪炊爨，锻炼铁石，大为民利"[7]。采煤业不仅在山西、河南、河北、山东、陕西等省有了长足进步，南方的安徽、四川、江西、云南等省也有不同程度的发展。煤炭产品成为市场上的重要商品，开始出现拥有巨资的煤业商人。他们长距离运输、销售煤炭，把煤炭生产与城乡用煤联系起来，有力地促进了煤业的发展。

明代煤炭业的普遍发展，除了有丰富的找煤知识作为技术前提外，还有着深刻的政治、经济背景。

第一，社会的基本安定与社会经济的发展，为煤炭生产与技术的发展提供了有利条件。明初，结束了连年动乱和战争之后，明王朝为巩固自己的政权，一方面加强了中央集权的专制统治，另一方面也吸取了历史的教训，采取了一些休养生息的政策，阶级矛盾得到一定程度的缓和。明代虽然也有几次内外战争，但总的来看，社会尚称安定，这就为煤炭业的发展提供了可能条件。

此外，明代社会经济有较大发展，商业资本活跃，给采煤业以很大的刺激。尤其是与燃料密切相关的冶金、陶瓷、盐业、砖瓦、石灰等手工业的发展，要求煤业的发展能与之相适应。这些都为煤炭业的发展提供了有利条件。

第二，城乡居民对煤炭需求量增大，是促进煤业发展的根本原因。由于人口增加，林木资源日益减少，居民越来越多地依赖煤炭作燃料取暖做饭，尤其是城镇居民。当时京城北京居民燃料以煤为主，煤炭一直处于紧缺状态。顾炎武《天下郡国利病书》曾引《大学衍义补》语："今京城百万之家，皆以石煤代薪。"学者吕坤对京师用煤表示忧虑，他说："今京师贫民不减百万，九门一闭，则煤米不通，

一日无煤米则烟火即绝”[8]。庞大的宫廷及内府各监局的用煤量很大，直接促使朝廷更加重视煤炭生产。有资料记载，弘治十七年（公元1504年）顺天府岁办浣衣局柴炭煤炸十万斤[9]。嘉靖元年（公元1522年）御用监岁坐派顺天府水和炭三十万斤[10]。嘉靖八年（公元1529年）“工部尚书刘麟等言：兵仗局军器合用水和炭、石灰共一百（零）四万斤，取之刑部囚输赎，已自足用，又岁派顺天等府办纳价银一千七百五十两[11]。司礼监修理经厂，三年一次，用水和炭十三万斤；内官监修理年例月例家火物料，每年一次，用水和炭十万斤，石炭八万斤，炸块二万七千斤；兵仗局兑换军器火器每年用水和炭约该银九百余两；御用物料，每年一次，水和炭一十五万斤，旧额三十万斤，隆庆二年（公元1568年）减”[12]。又嘉靖三十二年（公元1553年）内府铸钱用“炸块一十四万五千斤”[13]。以上仅是官方文件中透露出来的零星记录，实际用量还要多得多。另外，宫中灶厨、茶房也大量烧煤，魏忠贤时期“直房各具宽大茶厨房，双煤灶，仿善烹调内官答应，似面店酒铺，煤火烈焰，爆炸煎爍，互相召请”[14]。京师用煤量如此之大，足见煤炭之重要地位。

第三，明政府采取了一些对煤炭开采较为有力的措施。当时对煤炭的开采不像对其他金属矿那样管制很严，开采煤炭不需要十分严格与繁杂的手续，一般情况下都听民自行开采。明嘉靖九年（公元1530年）下令“凡山泽之利，除禁例并民业外，其空闲处，听民采取，及入官备振”[15]。明万历年间，神宗派大批矿监到各地开矿，搜刮矿税，在带来“矿税之祸”的同时，也使采矿合法化，采煤业从中得到发展。

在明代煤窑中，多数属民间经营开采，政府从中抽分或收取课税。少数属官窑，“自备官赀开挖，月进煤利以供造作”[16]。万历二十五年（公元1597年）二月，大臣梁桂“奏采煤利助工”，神宗驳斥说：“煤乃民间日用之需，若官督开取，必致价值倍增，京城家家户户何以安生？梁桂托言济工，计图占夺，姑不究。”因此，即使在采煤内监直接到北京西山开矿收税时期，那里仍然“官窑仅一二座，其余尽属民窑”[17]。民窑的增加，推动了煤业发展。

明代统治者把解决燃料问题看作是关系社会安定的大事，十分重视煤炭的开采，采取了一些有利于煤炭发展的措施。在税课方面，洪武二十六年（公元1393年）和永乐十三年（公元1415年）规定的煤炭抽分例，[18]执行起来时紧时松，有时干脆免去税课。正统年间英宗批准大同等处“军民自取石炭，免纳课钞”[19]。嘉靖二十四年（公元1545年）又批准煤炸“免抽分”[20]。万历三十三年（公元1605年），北京西山地区采煤内监“陈永寿进秋冬二季煤课银两”时，神宗决定：“念畿辅煤窑系小民日用营生，除官窑煤炸照旧内监开取供用，其余民窑税课，尽行停免”[21]。此外，皇帝还多次应地方官吏请求，下令免征一些地方所拖欠的科办煤炭。这些措施减轻了煤炭行业的一些压力，有利于煤炭的扩大生产。

对于受灾的煤窑，明朝廷有时也采取一些抚恤措施。如万历三十二年（公元1604年）七月，北京西山“煤户窑口尽为水淤，无力掏挖”，神宗批准大学士沈一贯等人抚恤受灾煤窑的建议，“谕户部，朕悯西山被灾窑户，令照京城下户一体给赏，即于见发大仆寺银十万两内，通融分。还着该部科及顺天府官会同给散，务令人沾实惠。水占窑口免征课银三个月"[22]。

第四，矿业技术的不断进步和完善，有利于煤炭生产的发展。明代的地质勘探、采煤掘进、煤炭运输，在技术上都有较大进步。在嘉靖以前一段时间，河南安阳一带煤窑井下延深已达到数十百丈[23]。说明当时的凿井技术、通风技术、排水技术、提升技术都比以前有了较大提高。

二、明代各地煤炭开发情况

首先，京师附近的煤田开发尤快。京西（西山地区）已成为当时最著名的产煤区。像浑河、大峪、门头沟、戒台寺、居庸关附近都有许多煤窑。有的煤窑开采过度，危及禅寺，引起纠纷，官司打到皇帝那里，皇帝晓谕解决纠纷。比如，明成化十五年（公元1479年）势要之家所开的煤窑"挖通（戒台寺）坛下，将说戒莲花石座并折难殿积渐坼动"，引起一场官司，打到宪宗皇帝那里。最后皇帝下了禁止侵犯禅寺利益的命令，了却此场官司。现"谕禁碑"拓片保存在北京图书馆（图3－1）。万历时期，京西煤业兴旺，由于采煤内监横征暴敛，引发"做煤之人，运煤之夫"，"黧面短衣之人，填街塞路"，朝廷上下一片惊恐[24]。明代运煤工人十分辛苦。北京西山的煤炭主要靠骆驼、驴骡等驮运进城销售，或由煤丁直接送到宫中听用。煤丁是专为宫廷运煤之人。《宛署杂记》载：皇家特务机构东厂有"柴、煤户二百四十丁"。此外，宫廷内府的一部分煤炭，还由刑部判罪的囚犯负责运送。明天顺五年（公元1461年）刑部都察院大理寺的赎罪则例中，明确规定"官员与有力之人"，可以运送一定数量的煤炭、砖、石等来赎罪。例如，徒一年者，可运"水和炭一千七百斤"赎罪[25]。

图3－1　成化皇帝的谕禁碑
（图片采自北京图书馆存拓片）

明代山西地区的煤炭大规模地进行了开采。据《明一统志》记载：山西的阳曲、太原、榆次、寿阳、清源、交城、静乐、霍州、吉州、临汾、洪洞、浮山、赵城、汾西、岳阳、翼城、河津、灵石、辽州、泽州、阳城等地都出产煤炭[26]。这一记载还不完全。其他文献记载出产煤炭的地区还有不少。如山西大同在明正统年间（公元1436—1449年），煤炭就供居民和军队烧用，天顺年间（公元1457—1464年），朝廷还赐予一些封王煤户[27]。又山西高平在明代"独煤甲于天下"。万历三十一年（公元1603年），高平县唐安镇一个煤窑还曾发生过一次瓦斯爆炸事故[28]。山西保德县在万历年间产煤繁盛，但煤炭税课多为污事侵用，以至知州于三十八年（公元1610年）立石垂戒[29]。山西临县"中脚山，在县东四十里，出炭"，"明嘉靖间（公元1522—1566年）知县张墀开凿利民"，后被水淹，"万历间知县常时芳夏竣之”[30]。明代灵石县回来峪一带煤业也很兴盛，当地枣洼寺中大约五百个和尚就依靠开采煤炭和铁矿生活[31]。又据《平定州志》记载，明万历以前，山西平定已普遍用石炭。当时平定有一种风俗，在上元之夕（正月十五日），家家户户烧石炭，“至夜炼之达旦，火焰焰然，光气上属，天为之赤……是谓之补天”[32]。此外山西的煤炭贩运也很活跃，有的煤商甚至从山西运煤到北京发卖[33]。

明代河南也是重要产煤区。《明一统志》载：河南府各州县俱出石炭。当时河南府辖一州十三县，即洛阳、偃师、巩县、孟津、登封、永宁、新安、渑池、嵩县、陕州、灵宝、关乡、卢氏。此外，如鲁山、汤阴等不少地区也产煤炭[34]。特别是安阳一带，有“取深数十百丈”的炭井，而且“炭有数品”，“入穴取之无穷”[35]。

明代，山东不少煤田也已开采，并成为当时的著名煤产地。如淄博、峄县、枣庄、泰安、莱芜，都盛产煤炭。淄博地区博山一带，不仅采煤，而且炼焦[36]。泰安、莱芜一带，因山上多产煤炭，“故又曰八宝山”[37]。峄县的煤业工人不仅集中，而且富于反抗精神，他们的斗争引起封建统治者的不安[38]。

这一时期河北产煤的地方有邯郸、峰峰、武安、蔚县、保安等地；安徽产煤的地方有宿县、淮南、宣城、贵池等地。淮北宿县符离集的煤炭于万历年间开采，淮南洛河山一带的煤炭于洪武年间开发，宣城一带的煤炭也于万历年间开采，“有身家者据为利薮，无籍之徒不招自集”，业煤者“指煤井为银窖”[39]。贵池馒头山一带的煤于万历年间开采，后被禁采[40]。含山县牛头山的煤则于“明正德中（公元1506—1521年）居民采以为业”[41]。

我国西北地区的煤炭，在明代也得到较普遍的开发。西北产煤首推陕西，据地方志记载，邠州、澄城、白水、商州、同官、三水等地在明代都出产煤炭，特别是韩城产煤极多。《韩城县志》载：韩城“龙门山煤炭极多，供秦晋两省之需。自龙门以下，舳舻衔尾不绝者，皆此物也”，“龙门之炭源源济济，陕以西咸需之，舸艓辐辏，利用弘远”[42]。足见黄河上运煤船艘之盛。顺治元年（公元1644年）正月，李自成起义军将领刘芳亮率军从韩城一带东渡黄河向山西挺进，就是靠运煤船只以济[43]。此外，甘肃的阿干、临洮，在明代也已开采煤炭。明万历十九年（公元1591年），甘肃靖虏卫（临洮）的煤窑还曾发生过一次井下火灾事故，大火将“人冲起数十丈，坠地手足俱碎”[44]。据分析，这不是一般的火灾事故，实是瓦斯爆炸引起的火灾事故，才可能将人冲起数十丈。由此也可推测该煤窑开采规模不小。

明代，东北、华中、华南、西南等区域的煤炭也已得到不同程度的开发。宋应星《天工开物》记载，产煤地区不仅有“燕、齐、秦、晋”还有“吴、楚”及江西的“袁郡、新喻”等地。李时珍《本草纲目》也说“楚之荆州、兴国州、江西之庐山、袁州、丰城皆产石炭”。唯东北区域的煤炭开采较少。

三、明代采煤业发展的三个阶段

明初到正德年间（公元1368—1521年），为第一阶段，属初步发展时期。这期间各地煤炭逐步开发，规模不很大，煤炭抽分比例很高，洪武二十六年（公元1393年）规定：煤炸十二分取二[45]，高达16%。禁矿之事多有发生，仅北京西山地区就曾于正统十二年（公元1447年）、成化元年（公元1465年）、成化十五年

（公元1479年）、成化二十一年（公元1485年）、正德元年（公元1506年），几次三番地宣布采煤禁令，甚至派都察院、锦衣卫前去巡察稽守[46]。

嘉靖至万历年间（公元1522—1620年），为采煤业迅速发展时期。这期间，放宽了对煤炭开采的管制，听民开采，而且免去高额抽分，采取了一些扶助采煤业的措施，煤炭开采进入高峰时期。这时期关于煤炭的记载，不论是官修文件还是野史笔记中，都比较多。

天启至崇祯年间（公元1621—1643年），采煤业一度衰落，这是因社会动乱不安，煤业受到冲击所致。

由于明代煤炭的普遍开采和应用，社会上对煤炭的需求日益上升，煤炭在人们心目中常与温暖和幸福联系在一起，并常常赋予煤炭以美好、高尚的品质。明代中叶著名的爱国主义者于谦写了一首《咏石炭》诗，借歌咏煤炭的品质和功用，抒发自己献身国家和人民的伟大襟怀。诗云：

凿开混沌得乌金，藏蓄阳和意最深。
爝火燃回春浩浩，洪炉照破夜沉沉。
鼎彝全赖生成力，铁石犹存死后心。
但愿苍生俱饱暖，不辞辛苦出山林[47]。

这首诗寓意深远，其所说煤炭的功用涉及取暖、炊爨、冶铁、炼钢等方面，表明煤炭在明代已与人们生活、社会生产密切相关。

第三节　清代煤炭生产

清代是我国封建社会的最后一个朝代。满族统治者入关以后，注意联合、利用汉族地主分子和汉族的有识之士，实现了以满族为首的各族地主阶级联合的封建统治。统一全国后，社会走向安定，经济得到发展，尤其是农业、手工业生产发展较快，人口迅速增长，到十八世纪后期，全国人口已增至三亿。

随着社会经济的发展，清代的煤炭生产，在明代的基础上又进一步得到发展，煤炭开采区域更广，煤窑生产规模更大，现今各主要煤田在清代几乎都进行了开采，只有少数隐伏煤田是近现代地质工作者新发现的。

清代的煤炭生产与加工业，在乾隆盛世达到了高峰，出现一片繁荣兴旺的景象。朝廷对煤业的管理采取了一些改革措施，促进煤业的发展。下面从清政府对煤炭业的态度、乾隆时期采煤业的兴旺、各地煤炭生产与加工利用的概况三个方面，分别加以叙述。

一、朝廷对煤炭生产的重视

清代煤炭已经成为社会生产、人民生活不可缺少的重要物资，历届皇帝都比较重视煤炭生产，尤其是康熙、雍正、乾隆、嘉庆皇帝更为重视，为煤炭下过不少旨谕。

清廷对煤炭生产的重视，首先从皇帝谕旨、大臣奏折、文人建议中表现出来。顺治元年（公元1644年）六月，战争硝烟未绝、百废待兴，御史曹溶向皇帝提出了六件应办的大事：“一定官制，一议国用，一戢官兵，一散土寇，一广收籴，一通煤运”[48]。通煤运是六件大事之一，与官制、军事、国用等并重，说明煤炭的重要，清代统治者一开始就注意到了煤炭生产。

煤是人民生活中离不开的燃料，煤在生活燃料构成中的比重越来越大，人们对煤的依赖程度越来越大，缺少煤，人民不安，社会不稳，清朝统治阶级对这一点看得很清楚。康熙三十二年（公元1693年），皇帝就明确指出“京城炊爨，均赖西山之煤”[49]。雍正十年（公元1732年）二月，皇帝因西宁一带军队需用煤供炊爨，而下令解决“煤价渐至昂贵”的问题[50]。清高宗弘历在数十次谕旨中都曾指出煤是人民生活所必需的燃料。

地方官吏比皇帝更接近实际，对煤的重要性及缺煤可能引起的后果认识更深，更为重视对煤炭的开采。比如，直隶总督孙嘉淦上奏开发热河一带的煤矿，向朝廷奏报：“口外地寒，居民稠密，柴薪稀少，亟应开采煤窑”[51]。两江总督德沛在乾隆七年（公元1742年）七月二十二日上奏朝廷力主采煤，他说：“臣细加考察，煤利实广，亟宜开采，则无业之民，有糊口之资，居常之户无薪桂之苦矣”[52]。甘肃巡抚元展成在乾隆五年（公元1740年）八月初六日上奏朝廷说：“臣查甘肃地处极边，大半童山荒碛，林木稀少，民间炊爨向多用煤，利益诚非浅鲜”[53]。奉天府尹吴应枚在乾隆四年（公元1739年）七月十六日上奏朝廷道：“查奉属生煤价廉用省，尤为兵民所利赖”[54]。这类奏折有很多，说明许多地方官吏关心煤炭，强烈呼吁开采煤炭。

煤在皇帝和地方官吏们的眼中，不仅是人民生活所必需的燃料，而且是发展手工业所必需的重要原料和燃料。仅就冶炼业而言，所需的煤炭量就十分可观。乾隆二年（公元1737年）二月初三，湖南巡抚高其倬在奏折中指出：“不但此数州（按：指湖南长沙府、衡州府、桂阳州等）县之民资（煤）以度日，而（且）江南之铸造铁器者亦多资之”[55]。吴其濬在《滇南矿厂图略》中记载用煤及焦炭冶炼铜、银的事实，广西的铅矿砂大多运到产煤地区进行冶炼。比如乾隆三十一年（公元1776年），把广西融县四顶山的白铅矿砂运往罗成县冷峒山冶炼，使冷铜山的炼炉大增，“冷峒厂陆续起炉四十四座，煤垅三十二处”[56]。贵州松桃大丰厂的铅矿甚至运到邻省四川秀山县厚薄湾产煤区“就煤煎炼”[57]。

此外，煮盐业用煤也日益增加。煮盐用煤作燃料始于明代，是四川井盐首先使用的。四川井盐已有1 000多年的历史。明清期间，四川产盐的州县已达50多个。明初洪武年间，年产盐额已达1 000多万斤，到嘉靖年间增至3 000多万斤。清乾隆年间，川盐销售地区大大扩大，除供本省146个州县外，还行销湖北、湖南、云南、贵州、甘肃等省的164个州县。而到清末川盐年产量“约七万万余斤”[58]。川盐用煤煎煮不迟于明朝嘉靖年间。嘉靖《四川总志》载钦差巡抚都御史潘鉴请求朝廷减免四川盐保的奏疏中提到：“昔年，近井皆柴木与石炭也，今皆突山赤土。所谓柴木与石炭者，不但在五六十里以外，且在深岩大箐之中。”说明嘉靖时期川盐已用煤作燃料。到了清代嘉庆、道光年间，川盐煎煮主要靠煤作燃料，四川煮盐，“炭灶十居七八，柴灶不过十居一二”[59]。《四川盐法志》说：“今产盐州县大约煤煮者居多”[60]。明《天工开物》和清《四川盐法志》里，载有一幅同样的《炭火煮盐图》（图3－2），从图的画面可以清晰地看到，盐场仓棚内满了一筐筐煤炭，灶房烟筒里冒出了一缕缕青烟，盐工忙于挑运卤水，灶夫忙于背运炭花，老幼妇孺正在筛选炭核。川盐产量大，用煤量自然多。据清嘉庆《犍为县志》卷十记载："盐之待煤而煮也如待薪，然前明惟铁山有之，产亦不广。迩者犍为（县）五通桥盐泉大旺，日需煤数十万斤，而三圣站下逮炭坝口，袤延百里，愈据愈旺，水运陆负，日活数万人，为利甚溥。"一个犍为县日需煤数十万斤，整个四川省该用多少煤！人不能离开盐，盐不能没有煤，盐煤均与人民生活相连，朝廷官吏自然不敢轻视煤炭生产。

图3－2 炭火煮盐图（图片采自《天工开物》）

清廷重视煤炭生产，还有另一因素，即清代在边远地区及要隘驻有重兵，从军需出发也不得不考虑煤炭开采。新疆的伊犁、哈密及陕、甘、青、古北口外等许多地方的煤炭之所以得到开采，重要原因是驻军需要用煤。乾隆二十六年（公元1761年）朝廷批准在新疆哈密一带"其各屯防处所，凡有产煤山场"，"一律察勘开采，俾远驻官兵，该处回民，日用充裕"[61]。又如新疆八旗牛录所办的煤车，仅乾隆庚戌年（公元1790年）就给驻兵"拉煤四万（零）八百车"[62]。

朝廷对煤炭的重视，还表现在放松对开采煤炭的限制。雍正十三年（公元1735年）六月十五日，两广总督鄂弥达、广东巡抚杨永斌奏请开发广东煤炭，陈述了"煤为民间日用炊爨之物，未便概为封禁"的道理，皇帝明确批示道："煤便于薪，乃日用所需，非矿厂可比，何须封禁"[63]。因此，许多地方都允许开发煤炭，但不准在采煤过程中开采硫磺、铅、金、银等其他矿产。这种区别对待的政策，对煤炭生产的发展十分有利。

为了便利民间采煤，在开采煤炭的手续上也逐步放宽。顺治十年（公元1653年），题准"煤窑事件听五城及州县管理"[64]。乾隆五年（公元1740年）批准了直隶总督孙嘉淦的奏折，改变了原来热河口外地区开煤窑要由工部签发采煤执照的办法，改由地方官吏给票[65]，不仅简化了手续，更重要的是下放了批准权限，有利于发展煤炭生产。

在封建社会中，风水之说，常常成为开采煤炭的障碍，但清代一些皇帝对此不很认真，这在一定程度上解除了采煤禁忌。

清代煤炭税收也较明代放宽，免掉煤税的事情在清代屡见不鲜。如顺治十年（公元1653年），题准“煤税累民，概予豁免”[66]。乾隆五年（公元1740年）二月，根据湖南、甘肃二省巡抚的请求，对煤炭“免其抽税”[67]。这些作法，并非皇帝偶尔乘兴之举，而是在看到煤税对采煤的不利影响后才作出的决定。

朝廷对采煤的重视，还表现在对开发煤炭所采取的某些扶助措施。康熙三十二年（公元1693年），为北京西山煤炭开采和运输的便利，决定“将于公寺（即今香山碧云寺）前山岭修平”，修好道路，并由工部和户部派遣官吏进行勘察，将所需钱粮，“总算具题”[68]。乾隆二十四年（公元1759年），由于甘肃肃州地方“边地商民工本缺乏”，开采煤炭资金不足，皇帝批准陕甘总督杨应琚提出的给予贷款的奏请，“于军需平余银内，酌借工本银二千两，给发肃州知州招商开采”，“俟采来石炭，售卖得价，分年扣还”[69]。嘉庆六年（公元1801年），为了进一步开发北京西山地区的煤炭，恢复乾隆年间修建的泄水长沟，以解各煤窑积水之虞，朝廷“借给帑 银五万两，交窑户承领兴修，以利民用。其所领之项，分作七年完缴”[70]。这些举措，推动了煤炭的开发，有的措施收到了十分理想的效果。如上面所引肃州煤商借银二千两开采煤炭一事，第一年只借了一千两，煤窑开得很顺利，第二年即收到了很好的效果，第二年“入春以来，该处所有石炭开采甚旺，煤亦渐多，商民售卖得价，即可源源采运，无须再借工本”，“大功告竣，军需已停，是以价值之平贱，较从前不啻倍蓰”，“良由煤炭出产旺盛”[71]。

由于朝廷及各级官府对煤炭开采的重视，因而清代采煤业普遍得到发展；尤其在乾隆年间（公元1736—1795年），出现了古代煤炭开采历史上的又一个高潮。

二、乾隆时期煤炭生产的繁荣

煤炭生产是关系国计民生的大事，它总是随着政治经济的脚步而前进，随着社会的兴衰而起伏。而煤炭技术自然随着煤炭生产的发展而进步，随着煤炭生产的衰落而停滞。也即是说，煤炭生产和技术的发展，有着深刻的政治经济原因。清代煤炭业的发展，同样遵循着这个一般的规律。

满人入关后虽然注意到了煤炭的开发问题，但起初的发展速度并不太快。康熙中期以后至乾隆时期，政治稳定，经济繁荣，人们要求加快开发煤炭的呼声日高，煤炭生产以前所未有的速度向前发展，煤炭在社会生活中的地位日益显著，尤其到乾隆年间煤炭生产与技术达到古代历史上的顶峰。到了乾隆晚期，政治开始腐败，贪污之风盛行，土地兼并严重，农民起义、民族起义事件日益增加，起义规模越来越大，至嘉庆、道光时期，清廷政治经济严重衰落，煤炭生产发展的势头有所减弱。

考察中国古代煤炭开发的历史，在封建社会中，各朝政府及各地官吏对煤炭开采存在的顾忌，乃至为之发出禁令的原因，主要有两方面，一是所谓开采煤炭“掘龙泉，挖地脉”，“有碍风水”；二是害怕煤窑聚集人多，必滋事生乱，危及封建秩序和封建统治。尤其是后者，统治阶级更为害怕。但开发煤炭的两大障碍，在乾隆时期都有所克服，改为采取解除矿禁、鼓励开采的政策。

对于风水问题，乾隆时期虽然也注意风水，但并不严格，特别是没有采纳那些虚张声势、夸大其词的意见，对那种所谓“葆神京亿万斯年之元气”而不准开矿的愚蠢之词，乾隆皇帝不仅痛加批驳训斥，而且把鼓吹者“交部严加议处”[72]，此事反映了这位皇帝对风水之说的明确态度。乾隆四年（公元1739年），直隶提督永常奏请开采热河三道沟等处煤矿，户部敏感地提出要察看是否有碍皇帝行宫，而乾隆却下旨：“行宫不过暂时巡幸之所，其有无妨碍不必议及”[73]。康熙三十一年（公元1692年），京西香峪村一带煤窑，有司曾以“逼近安亲王坟墓”为由，加以封禁[74]，乾隆年间，经工部衙门大学士史贻直等察勘，认为这些煤窑在“王坟山北，相隔十有余里，地非逼近”[75]，因而朝廷批准开采。总之由于这类原因而封禁煤窑的事件，在乾隆时期并不多。

对于所谓煤窑工人聚集滋事问题，乾隆皇帝及一些官吏也有较清醒的认识。如乾隆十年（公元1745年），御史和其衷认为，许多产煤地区的煤炭不能开采，其关键是一些地方官“唯恐生事，虽屡经有人奏请开采，而终阻抑未行”，和其衷认为这实在是“因噎废食之计”[76]。乾隆皇帝本人对这一问题的看法也较清醒。乾隆二十六年（公元1761年）他在一份上谕中指出，虽“多有产煤之处，而地方有司向虑聚众滋事，宁持封禁之意，未免因噎废食，不知兴利防弊，唯在董事者经理得宜，自足以弹压。如京师西山一带煤厂甚多，何未见生事耶?”[77]可见，“兴利防弊”、摈弃“因噎废食之计”，是乾隆年间处理这一类问题的主导思想。

在这种政治经济环境下，煤炭开采规模日益扩大。乾隆五年（公元1740年），发动了一次全国性的普查和开采煤炭的活动。是年年初，清高宗批准“各省产煤之处，无关城池龙脉、古昔陵墓、堤岸通衢者，悉弛其禁，该督抚酌量情形开采”[78]。这一决定是在批复大学士兼礼部尚书赵国麟二月六日请“广开煤炭”的奏折时宣布的，还晓谕全国各督抚执行。这一奏折，在中国煤炭开发史上有重要影响，现将全文引录如后：

> 为请广天地自然之利以裕民用事。窃照民生衣食之源，无事不上廑宸衷，凡可以遂民之生，利民之用者，多方筹划，逐一举行。而臣下一得之愚苟有裨益于民者亦悉蒙采纳。臣以为，民非水火不生活，百钱之米即需数十钱之薪，是薪米两者相表里而为养命之源者也。东南多山林材木之区，柴薪尚属易得，北方旱田，全借菽粟之秸为炊，苟或旱潦不齐，秫秸少收，其价即与五谷而并贵，是民间既艰于食，又艰于爨也。若煤固天地自然之利，有不尽之藏，资生民无穷之用。大江以北，所在多有，即臣籍泰安、莱芜、宁阳诸郡县悉皆产煤，此臣所素知者。特以上无明示，地方有司恐聚众滋扰，相沿禁采，遂使万民坐失其利。臣窃见京师百万户皆仰给于西山之煤，数百年于兹，未尝有匮乏之虞、聚众生事之处，何独不可行于各省乎? 臣请敕下直省督抚，行令各地方官察勘，凡产煤之处，无关城池龙脉及古昔帝王圣贤陵墓，并无碍堤岸通衢处所，悉听民间自行开采，以供炊爨，照例完税。地方官严加稽查，如有豪强霸占，地棍阻挠，悉置于法，将见煤禁一弛，费值少而取用宏，民之获利益永无穷矣。为此具折奏请，伏乞皇上睿鉴施行。谨奏[79]。

赵国麟这一颇有见识的奏疏，正合乾隆的想法。因此，他明确批示道：“大学士赵国麟此奏，著各省督抚酌量情形详议具奏。”赵国麟的建议和皇帝的谕旨，有以下几点值得注意：

第一，这是我国历史上第一次由皇帝下令，要求全国各省察勘产煤之处，了解煤炭赋存及开采情况，按照各地实际情况，详议开采办法，拿出具体措施，把调查结果和开发方案奏报朝廷。朝廷的态度，使许多想开发煤炭而怕招惹是非的地方官得到鼓励。

第二，朝廷公开宣布弛煤禁，“凡产煤之处，悉听民间开采”，这一政令，顺应了全国纷纷要求开采煤矿的形势，对各地的煤商是一个吸引，在全国引起了很大反响。

第三，朝廷对各地所普遍存在的“豪强霸占，地棍阻挠”现象断然加以制止，并且要地方官严加稽查。对阻挠开矿的恶行一律进行处理，“悉置于法”，使煤炭开发减少了不少阻力，得到一定程度的保护。

正是由于上述原因，当朝廷和赵国麟奏折全文发到各省后，得到了全国的普遍支持和响应。甘肃巡抚元展成认为，这样做“于民生大有裨益”[80]，两广总督马尔泰、广东巡抚王謩 也认为：“大学士赵国麟请广天地自然之利，开采煤山以佐柴薪之不足，诚属便民之举”[80]。各地行动迅速，层层勘察，逐级上报，煤炭资源情况搞得比较清楚。仅几个月的时间，各省就纷纷奏报煤炭开采的情况与具体办法。朝廷对各地的奏报，也认真地加以研究，及时地进行答复处理，基本上同意了各地拟定的开采措施。这样，由朝廷下达的开采煤炭的指令就在全国范围内普遍推开了。“百姓纷纷呈请”，商人踊跃认采，领贴输税，一些地方官吏也积极倡导，如陕西总督杨应琚就是其中一个，他于乾隆二十四年（公元1759年）奏请开采甘肃肃州煤炭，向朝廷申述“自应亟筹开采”的理由，并将工本银二千两借给煤商，收到很好的效果[80]。他还积极筹备开采新疆哈密煤矿，建议对产煤山场一律进行勘察，他还亲自往返产煤地区，检验煤块，核算成本。作为一个封疆大吏，能做到这一点实为难能可贵。又如直隶总督方观承、两广总督马尔泰、湖南巡抚高其倬等，都能顺应形势，反映人民群众开发煤炭的呼声，在开发煤炭中起到推动作用。

在乾隆年间，全国煤窑数量激增，煤炭产量大增，煤炭工人数量成倍增加。比如，当时北京西山是煤炭发展最快的地区之一。乾隆二十七年（公元1762年）各类煤窑数的不完全统计就达1 000多个（表3－1）煤炭产量也相当多。据乾隆二十八年（公元1763年）直隶总督方观承的奏折所言，仅房山一县产量就达94 900吨。

表3－1　乾隆二十七年西山煤窑数统计表

项别	旧有煤窑数	废闭煤窑数	停止未开煤窑数	在采煤窑数
近京西山	80	70	30	16
宛平县	450		330	117
房山县	220	50	80	140
合计	750	120	440	273

注：采自彭泽益《中国近代手工业史资料》第一卷。

乾隆年间，朝廷对北京西山煤矿十分关注，乾隆二十六年（公元1761年）十二月，皇帝命令工部和顺天府官员到京西“悉心察勘，煤旺可采之处，妥议规条，准令附近村民开采”[81]。二十年后，皇帝又下令步军统领衙门、顺天府及直隶总督派员“前往逐细踏看”，凡“西山一带产煤处所未经开采者”，“照例招商开采”[82]。西山煤窑发生困难时，官府也采取措施帮助解决。乾隆二十七年（公元1762年），西山地区煤窑泄水沟倾圮，需要重修一条长680余丈的新沟，大学士史贻直奏请将“帑银三万六千八百五十余两”，借给“商民修造”[83]，得到批准，付诸实施。又乾隆四十七年（公元1782年）西山过街塔等处煤窑因积水停采，朝廷借给帑银一万五千两，“交窑户承领开采，分作三年完缴”[84]。

乾隆年间全国其他地区的煤窑数量，也相当多。例如，乾隆四年（公元1739年）七月，东北白西湖（本溪）半岭等山有煤窑二十三座[85]。内蒙归化（今呼和浩特）一带有煤窑八十余座[85]。乾隆五年（公元1740年），江宁府的上元县有煤井数十处[80]。乾隆十年（公元1745年），河南陡州有煤窑十处，灵宝县有煤硐十座[86]。乾隆十年（公元1745年）湖南湘潭县黄家山一带有煤窑工人一千余人，搭篷百余处[80]。乾隆三十一年（公元1766年），广西罗成县冷峒山一带有煤垅三十二处[87]。乾隆四十七年（公元1782年），新疆伊犁一带有煤窑二十四座，至乾隆五十三年（公元1788年）增至三十六座[88]。乾隆年间部分省份煤窑数的不完全统计见表3－2。

表3－2　乾隆年间部分省份煤窑数

年代	合计	广东	广西	湖南	奉天	吉林	其他	年代	合计	广东	广西	湖南	奉天	吉林	其他	年代	合计	广东	广西	湖南	奉天	吉林	其他
乾隆4	2			2				27	13	11		2											
5	4			2			2	28	15	11		2			2	44	24	11	1	1	11		
6	3			2			1	29	16	11	1	2			2	46	23	11	1	1	9		1
7	2			2				30	15	12	1	2				47	24	11	1	1	9		2
8	3	1		2				31	16	13	1	2				48	26	11	1	1	11		2
9	5	3		2				33	17	13	2	2				49	24	11	1	1	9		2
10	6	4		2				34	18	13	2	2			1	50	22	11	1	1	8		1
12	7	5		2				35	18	14	2	2				51	24	11	1	1	8		3
15	11	9		2				37	19	13	2	2	2			52	23	11	1	1	7		3
16	12	10		2				38	17	12	1	2	2			53	24	11	1	1	7		4
17	13	11		2				39	18	12	1	2	3			54	22	11	1	1	7		2
22	14	12		2				40	29	11	1	1	15		1	55	21	11	1	1	6		2
24	15	13		2				41	28	11	1	1	15			56	20	11	1	1	5		2
25	14	12		2				42	29	11	1	1	16			58	19	11	1	1	5		1
26	14	11		2			1	43	27	11	1	1	11		3								

注：1）据清代矿课档案，历朝会典、事例、则例、各省方志及有关官司记载整理。

注：2）“其他”栏内包括四川、甘肃、直隶及山西。

注：3）此表所列数字，是很不完全的统计，但从中仍可看出乾隆年间煤矿的一些情况。

由表3－2可知，仅广东、广西、湖南、奉天、吉林等几个省的不完全统计，煤窑数就达1 315个，而这几个省份还不是我国的主要产煤区，若把主要产煤区（北京、河北、河南、陕西、山东几省）的煤窑数总计在内，全国煤窑数可能以万计。

三、清代主要产煤区的煤炭开采与利用

清代煤炭开采遍及全国，主要采煤地区有北京、山西、山东、河北、河南、陕西、甘肃、新疆、内蒙古、宁夏、青海、辽宁地区。

1. 北京地区的采煤简况。

清代都城北京的煤炭生产，虽有几次小的起伏，但总的趋势是向前发展的，满足了京城内宫和城市人民的需要，赵翼《檐曝杂记》称京师“有西山产煤足供炊爨，故老相传。烧不尽的西山煤，此尤天所以利物济人之具也”[90]。

清代，西山地区的煤炭勘察、开采，出现过几次高潮，都是在朝廷推动下形成的，即在康熙三十二年（公元1693年）、乾隆二十六年（公元1761年）、乾隆四十六年（公元1781年）、嘉庆六年（公元1801年），朝廷都对煤炭的开采下过谕旨，采取一些措施，使京西煤炭生产有较大幅度增长。到嘉庆年间西山新旧煤窑已达1 500余个（表3－3）。

表3－3　嘉庆六年（公元1801年）北京西山地区煤窑数统计表

地区	旧有煤窑数	暂停煤窑数	废闭煤窑数	现开煤窑数
京营	80	23	50	7
宛平县	424	132	224	68
房山县	274	21	143	110
合计	778	176	417	185

北京的煤炭开采，除西山地区外，还有怀柔地区、密云地区，不过这些地区产量很少。

由于西山盛产煤炭，利益颇丰，所以也经常出现为争开煤窑而贿赂官吏、钻营有司、互相殴斗、伪造窑契、侵吞霸占的现象，纠纷诉讼案件不断发生。此外，煤炭生产中的商业资本行为逐渐增多，合伙搭股经营煤窑、买卖转让煤窑权益、富商染指煤窑等现象较为普遍。关于这一点，历史学家邓拓在20世纪50年代初发现的大批京西煤窑合同、契约和文书，为我们提供了极为丰富的资料。

京西煤炭生产中，出现过一些极为恶劣、十分野蛮的经营行为，有些煤窑主设立锅伙，“哄诱良民入窑”，进窑之后不许离开，直至“驱使惨恶致毙”。徐继畬记载：窑主“于数百里外诓雇贫民入洞攻煤，夜则驱入锅伙。锅伙者宿食之地也，垒石为高墙，加以棘刺，人不能越，工钱悉抵两餐，无所余。有倔强或欲逃者，以巨挺毙之压巨石下，山水涨，尸骨冲入桑干河，泯无迹。又有水宫锅伙，窑洞有水，驱入淘之，夏日阴寒浸骨，死者相枕藉，生还者十无二三，尤为惨毒。”道光初年，西山煤窑主强骗贫民采煤，直至残害致死的一类案件甚多，轰动一时，引起朝廷注意[91]。

西山煤窑如此之多，是与北京宫廷内外用煤量多有较大关系的。据史料记载，仅房山县县官邱锦在乾隆十八年至二十年（公元1753—1755年）三年内，就向各窑户取用“煤一百二十五万五千九百斤”[92]。清代宫廷内府的用煤量比明代显著增大。顺治初年，规定内廷所用煤炭“招商发价备办”；雍正八年（公元1730年）设立煤炭监督，“并令内府支取煤炭红票，钤用印信”；康熙四十五年（公元1706年）内庭用煤每斤定价二厘三毫，乾隆十九年（公元1754年），“圆明园应用煤

炭"，"煤每斤酌给银二厘五毫"[93]。康熙二十五年（公元1686年）"冬季给内监月煤百斤"，"煤一斤折银一厘八毫"[94]。

清宫中的用煤量，资料很不完全。据乾隆年间一份《宫内用过红罗炭、黑炭、煤总册》载："乾隆五十年（公元1785年）十二月初一日起至三十日，宫中共用……煤二万八千四百二十斤"，"乾隆五十一年（公元1786年）正月初一日起至二十九日，宫内共用过煤二万零六百五十三斤"，"六月初一日起至二十九日"，用"煤一万九千七百十斤"……又乾隆五十年十二月初一日起至五十一年十一月二十九日，宫内通共用过"煤二十七万九千七百二十一斤"[95]。这一记载只是部分用煤数，但已足见宫中用煤量之大。

2. 山西地区的采煤简况

清代山西煤炭仍属大同、阳泉一带生产最多。乾隆年间，山西巡抚喀尔吉善曾两次奏请开采大同、朔平（今右玉）一带煤炭[96]。大同、怀仁的煤"出者极多"，广灵的"煨炭，精灵细碎，埋炉中日夜不灭"[97]，十分著名。而山西平定"土产以炭为最，……土人每视山上石脉即知炭之有无，有穿地至三四十丈者"。由于居民"用石炭为炊"，"酿家尤甚"，将煤渣倾倒河中，致使河道阻塞，每至夏季造成水患，乾隆九年、乾隆二十一年、乾隆二十七年（公元1744年、1756年、1762年），曾多次发生灾害。嘉庆年间，平定的一个煤窑内就有工人及驴骡四五十口遭受水淹[98]。凤台县（今晋城县）为了解决煤窑水患，康熙年间曾开凿泄水煤渠，乾隆年间又有人集资修浚，乾隆三十二年至三十四年（公元1767—1769年），因使用煤渠和开挖煤窑纠纷成讼[99]。

山西保德县"石炭颇饶"，"穷民舍生深窟，往往有不免者"，[100]乾隆五年（公元1740年）二月，因典窑挖煤，曾酿成人命案[101]。

河曲县石炭开采极盛，"砍炭者持镢入窑，伐以猛力，铁石相击之声日夜不绝"，煤窑"极深可至数里"[102]。赵城一带"万山攒簇，多采煤为业，贫者往赁役焉"[103]。翼城的煤炭"有香臭软硬之殊"[104]。

孝义县"产炭颇盛，……山中多穿山为穴，深或数丈及数十丈，取者携灯鞠躬而入"，其煤"东南可鬻至百里内，西北可鬻至二百里内"，运煤"大小车辆络绎不绝"[105]。

五台县炭窑很多，为县民"生计之所资"，乾隆年间县令曾革除任意征取煤炭者，并勒石立碑。当地居民"梢暇以驮炭为业"，从产煤区驮炭贩卖，销往崞县、定襄、忻州一带，十分艰苦。徐松龛曾写《驮炭道》一诗记之。诗曰："驮炭道，十八盘，羊肠蟠绕出云端。寒风塞口不得语，启光千丈光团栾。窑盘已见人如蚁，烧得干粮饮滚水"[106]。

3. 山东煤炭开采简况

清代山东煤业十分兴旺，开采地域很广，开采技术也走在全国前列。乾隆五年（公元1740年）朝廷批准赵国麟请开煤矿疏之后，山东各地积极响应。山东省巡抚朱定元认识到山东省"生齿日繁，……必须煤炭接济"，积极奏报开采省内各地煤矿。他在奏折中讲："济南府属之章邱、淄川，泰安府属之泰安、新泰、莱芜、肥城，兖州府属之宁阳、滕县、峄县（今枣庄）、泗水，沂州府属之兰山（今临沂）、剡城、费县、蒙阴、莒州，青州府属之益都、临朐、博山，登州府属之莱阳、海阳等州县，俱有煤可采”[107]。

清代文人王培荀记述了山东煤炭生产运输的一些状况，对我们了解山东采煤十分有益。他说：“石炭，淄、博、滕、潍四邑为多”，“井甚深，潍县以骡马掣绳出炭，淄则以人转车，班分昼夜，刻不停息。井底凿洞，一洞旁分数洞，随凿随运”，“其为价也，砟低而碳（块者）昂，礁（焦炭）昂于碳”[108]。

清代淄博一带采煤技术和加工利用技术比较发达，已能从炼焦中提取煤的副产品。乾隆《淄川县志》卷一记载：“淄之俗……以攻炭为事，然井深或至百尺，辘轳而坠，若下天状，螬行蝼屈。”博山“井深不过五六十尺，即横开有里许远。……尤善烧枯煤（焦炭）”[109]。

山东峄县枣庄一带“煤矿最盛，岭阜处处有之”，乾隆嘉庆时“漕运数千艘，连樯北上，载煤斛数百万石，由是矿业大兴”，许多人因开煤获益，成为巨富，甚至“与王侯埒富”[110]。

4．河北煤炭生产简况

清代河北地区的煤炭生产见之记载的主要有唐山、井陉、热河、宣化、磁县、蔚县、曲阳及邯郸、峰峰等地。

热河地区因地处口外，军队驻防，人口增长较快，清政府对这一带的煤炭开采较为重视，地方官吏也积极主持其事。在乾隆四年（公元1739年）、乾隆六年（公元1741年）、乾隆二十六年（公元1761年）、乾隆三十一年（公元1766年）、乾隆四十年（公元1775年）、乾隆四十一年（公元1776年）、乾隆四十三年（公元1778年）、乾隆五十三年（公元1783年）、乾隆五十七年（公元1792年）及嘉庆五年（公元1800年）、嘉庆二十三年（公元1818年）历届直隶总督都曾报请朝廷，要求开采热河地区的煤炭，得到了批准[111]，所以本地区煤窑发展较快。

丰润（包括唐山）和秦皇岛附近的柳江矿区煤窑很多，炼焦也很兴盛。《丰润县志》记载：“丰（润）人呼碟（煤）为水火炭，唐山及陡河等处产之。……穴土三四十丈，……食其利而成富室者众矣”[112]。

宣化一带煤窑在康熙、雍正年间多为豪强所侵霸。康熙三十七年（公元1698年），宣化旗民因争夺菜马坡煤窑，“遂起大狱”[115]。乾隆年间，宣化不少贫民以“刨采煤炭”为“常年生计”[116]。

井陉矿区“炭井入地二三十丈不等，掏取之辈……幽居经月而不出，奔走长夜以无眠”，当地居民“向靠驮煤营生”。

磁州煤质优良，开采亦早，采深已达几十丈。康熙《磁州志》载：磁州西山煤“入穴取之深数十丈”，主要煤层有山青、大青、下架三层，采出的煤可用以炼焦，煤井中的水也可以用来炼矾[118]。

河北曲阳县居民多“以煤井资生，童子十二三即赴厂佣工，日可得百钱”，煤炭为“一邑养命之源”[119]。

此外，河北蔚县、怀来、保安、万全、隆化等处的煤炭，也都有不同程度的开采。

5．河南地区煤炭开采简况

河南煤炭生产主要集中在中西部。据乾隆十年（公元1745年）正月二十八日河南巡抚硕色奏报，河南的巩县、宜阳、登封、新安、渑池、孟津、裕州等地都出产煤炭，另陕州有煤窑十处，灵宝县有煤洞十处，汝州有煤窑八处[121]。据乾隆《巩县志》载："开窑凿井千百为群，受雇者皆四方贫瘠，深挖试掏，日无宁咎。其间病死、压死者间有之，有尸亲妄行挟诈，狱讼之繁，其一端也"[122]。

密县也是如此。康熙《密县志》载："煤，密（县）产也，冈阜之间则有之，其开凿者积日累月，非数十丈不得"[123]。居民历来"开采土煤，以供炊爨"，而窑主"诓诱外地贫民……恐乘间四散，因此设立人圈……大肆殴逼"，十分凶残。地方官杨炳堃曾于道光初年"出示严禁"。道光四年（公元1824年）经查点，在煤矿总共雇用的4 259名工人中，一半为异方之人[124]。

此外，河南的武陟、修武、洛阳、登封、禹县、林县、叶县（今平顶山矿区）、新安、渑池、宝丰、偃师、济源、安阳、宜阳等地，当时都有煤炭开采。因开煤窑而争斗成讼的事也时有发生[125]。

6. 陕西、甘肃、新疆的采煤简况

清代，陕西省煤矿主要在渭河以北。据乾隆五年（公元1740年）六月陕西巡抚张楷的奏报，经各府州调查产煤的地方有：西安府的同官（今铜川），延安府的肤施（今延安）、安定、靖边，凤翔府的凤翔县，榆林府的榆林、怀远、神木、府谷、葭州（今佳县），同州府的澄城、郃阳（今合阳）、白水、蒲城、朝城、直隶商州并雒南县，直隶邠州并淳化县，直隶乾州的永寿县，直隶鄜州并所属之中都县，直隶绥德州并所属之米脂县都出产煤炭，"一向听民自行开采"[126]。又据卢坤《秦疆治略》记载："同官县有炭窑四座，务佣工者众"。"（白水县）西南乡有煤井四十眼，挖煤搅炭人工约计三五百人"，"陇州有煤炭厂七座"，"（邠州）拜家河地方向产煤炭，该州有炭井数眼，所雇人夫多系外来客民"，"（汉阴）有炭窑、灰窑数处"，此外三水、汧阳、清涧、紫阳、绥德、周至、富平等地都出煤炭。白水县煤井"深三四百尺，取之足供炊爨，兼资贩易"[127]。"（永寿县石炭产区）延亘数十里，掘深数十丈"[128]。富平县的煤炭"数县赖之，贫民借以营生"[129]。

延安地区，清代前期就已利用煤精（当地称煤根石）雕刻手工艺品和生活日用品，产品"细润光滑，琢为素珠及器玩等物，颇佳"[130]。

甘肃地区煤炭产地较多，乾隆五年（公元1740年），出产煤炭的地方有：兰州府属之皋兰、靖远，平凉府属之华亭、固原，甘州府属之张掖、山丹，凉州府属之武威、永昌、古浪，庆阳府属之宁州，兰州府属之狄道州（今临洮），肃州并高台县，以及安西县[131]。乾隆二十四年（公元1759年），为开采肃州鸳鸯池一带的煤炭，政府曾借给窑商白银二千两（实际上只借了一千两）作为开矿资本，收效甚好。又兰州附近之阿干山（今阿干镇煤矿），"俗名煤炭山，环山产煤，一县所赖"[132]。

清代新疆地区的煤炭生产主要集中在哈密、伊犁、乌鲁木齐一带，而煤窑的开采大多与驻军有关。哈密的煤炭开发很早，到乾隆年间，经由陕甘总督杨应琚报请朝廷，于乾隆二十六年（公元1761年）得到批准，正式开采[133]。伊犁地区煤炭开发也很早，据伊犁将军伊勒图于乾隆四十七年（公元1782年）奏报，崆郭罗鄂博（今温泉县以西）一带有煤窑二十四座，其中"长年挖取者十六座"，"惟冬春堪以挖者八座”，“每年征收银三百二十四两零”。至乾隆五十年（公元1785年），煤窑增至三十六座。乾隆五十三年（公元1788年），又坍塌二座[134]。又塔尔巴哈台（今塔城以北）也有煤窑，从乾隆四十六年（公元1781年）起，委派在此挖煤，供兵民烧用[135]。乌鲁木齐地区煤炭蕴藏较富，有北山煤、西山煤之分，“城门晓启，则煤户联车入城”，清人纪昀曾有诗记之。诗曰：“击破云根石窦开，朝朝煤户到城来。北山更比西山好，须辨寒炉一夜灰”[136]。另外，喀什噶尔一带，嘉庆年间也“产煤甚旺”[137]。

7. 内蒙古、宁夏、青海采煤简况

蒙古族人民很早就开采煤炭，清廷理藩院于雍正二年（公元1724年）和乾隆四年（公元1739年）都曾批复了“归化城（今呼和浩特市）开采煤窑之例”。据乾隆六年（公元1741年）统计，共有“煤窑八十余座，尽行开采”。当时清政府曾“令两翼开采均分，或令蒙古开采之处，应令都统酌办”[138]。乾隆十九年（公元1754年）四月，其属地也曾因争开煤窑酿成命案[139]。乾隆四十年（公元1775年），察哈尔一带所属平顶山“煤苗显露”，经察哈尔都统常青等勘察，认为“可得窑二十八座”，当时还规定“每窑一座每年征课银六两，每煤百斤定价钱二十文，以十六文给予民人做为工本，其余四文作为煤税”[140]。

今宁夏回族自治区的石炭井矿区和石咀山矿区，清代乾隆时已开煤窑。据乾隆五年（公元1740年）八月甘肃巡抚元展成奏：“宁夏府属之灵川（今灵武）及中卫、平罗二县……俱旧有煤洞，历来听民采取，以资日用。”石炭井的得名，即来自于石炭开采。石咀山的煤曾通过黄河贩运。清代文人徐保字有咏石咀山的诗，中有“煤洞云开野火红”句[141]。

青海的煤炭开采约在清初，雍正十年（公元1732年）二月朝廷宽免西宁一带的煤税。当时，西宁“附近汉、土蕃、回民人采取贩卖，以为生计，每驮（煤）纳税钱三十文”，驻军“率皆用煤以供炊爨”[142]。乾隆五年（公元1740年）的一个奏折中也称：“西宁府之西宁县、大通卫（今大通煤矿）俱旧有煤洞”[143]。

8. 东北地区的采煤简况

东北地区的煤炭开采可追溯到新石器时代，但文字记载较少。明清时期，东北地区采煤之盛首推辽宁。辽宁煤炭产地主要集中于辽阳、锦州、本溪、抚顺、复县、阜新等地。辽宁开采煤炭，每煤窑“各给印票一张，旗地由奉天将军衙门给发，民地由奉天府衙门给发”[143]。辽阳曾是后金都城，那一带很早已采煤。清代档案中存有一些反映乾隆、嘉庆时期辽阳一带封禁煤窑的资料。嘉庆年间，在今辽阳市烟台煤矿界地，有八家领取了采煤执照，故该地有“八家窑”之称[144]。本溪矿区也是清代著名煤炭产地。乾隆四年（公元1739年）七月，奉天府尹吴应枚奏称：“北西湖（今本溪）半岭等山开设煤窑二十三座，……运贩附近各处”[145]。乾隆五年（公元1740年），兵部左侍郎舒赫德奏称：“查奉天所属各地方山内……谋利之徒总以出煤为辞，就中偷取铅斤、硫磺，……今请奉天城东南自西湖地方供应陵寝煤斤，从前开过煤窑，不于例禁外，其余虽有煤斤，永行禁止”[146]。

在锦州地区的锦县、宁远（今兴城县）、义州（今义县），地方官曾于乾隆五年（公元1740年）和十年（公元1745年）奏请开采煤炭。据乾隆三十九年（公元1774年）十二月有司勘察，锦属“各处产煤山场共计十二处”[147]。嘉庆初年，地方政府曾对在沙锅屯（今南票）和义州二沟屯领照开煤者进行查核，并将结果连同矿区绘图报告朝廷[148]。又乾隆三十九年（公元1774年），盛京将军请求开采本溪南部鹞子峪、复县五虎嘴煤窑，得到了批准[149]。

清代，吉林一些地区的煤矿已得到开发。乾隆四十五年（公元1780年），吉林将军和龙武曾奏请开采吉林煤炭。至嘉庆年间，将军富俊奏报“吉林界内缸窑、胡家屯等六处，均有煤苗显露”[150]，并一再奏请朝廷批准开采。今辽源和通化矿区，在清代也已开采。

黑龙江地区有的煤矿在清代也已开采，但很少见于文献记载。

9. 安徽、江苏、浙江、江西、福建、台湾地区的采煤简况

安徽是南方产煤较多的省份。主要产煤区是淮南、淮北、宣城、宁国、贵池等地。

两淮地区的煤炭，明代已开采，清代仍因其旧。据地方志记载，淮南舜耕山煤炭开发“旁郡邑资之者甚众，舟车载运，百里不绝”[151]。乾隆四年（公元1739年）舜耕山一煤窑发生瓦斯火灾事故。乾隆十年（公元1745年），两江总督尹继善、安徽巡抚魏定国曾奏请开采淮南与淮北的煤矿，并规定“于采煤之处，各设窝头，照依保甲之法，以十人为一牌，十牌立一甲，互相稽查”[152]。贵池县自明代以来，煤窑屡禁屡开。宁国县煤窑在嘉庆六年（公元1801年）曾发生透水事故，淹毙二十余人。

江苏省的煤炭开采，清代主要在徐州及江宁上元（今南京）一带。徐州的煤炭，乾隆年间曾作为贡品进贡。乾隆朝《江南府志》载：徐州府“石炭，郡邑遍产”。江宁上元一带煤窑也很多。清代地方志载：“国初迄今二百年来，时有莠民挖煤烧灰”，“煤井、灰窑多在焉”。顺治年间，工科右给事中徐惺有请禁挖煤疏称：“地棍私充牙行，串引营兵，……盗挖煤场”[153]。乾隆七年（公元1742年）七月，两江总督德沛奏称：“查上元江宁地方近山处所，据地即可得煤，钢铁冶炉咸资其利，地方居民赖以谋生”[154]。

浙江煤炭开采集中在长兴一带。据乾隆《长兴县志》记载：煤炭经批准听民开采，“上以输国课，下以济民用”，“煤井深有百余丈，远至二三里”。地方官为保证煤窑安全，曾出示命令，要求各煤窑加强煤井支护，注意照明，不准外来游民挖取煤炭。

江西省煤炭开采到清代已较普遍。乾隆五年（公元1740年），江西巡抚岳濬奏称，全省当时有二十五县在开采煤炭，“俱系民间自行开采”。这些地方是：南昌府的新建县，瑞州府的高安、上高、新昌（今宜丰）三县，袁州府的宜春、分宜、萍乡、万载四县，临江府属之清江、新喻、新 淦 、峡口四县，吉安府的庐陵（今吉安市）、万安、安福、永新四县，抚州府的临川、崇仁二县，广信府的上饶、铅山二县，饶州府的栾（乐）平、浮梁二县，南安府的崇义县，赣州府的雩都（今于都）、信丰二县以及广丰县[155]。清代江西的煤炭贩运也很发达。乾隆三十九年（公元1774年），分宜县因争开煤窑，发生殴斗，造成二人身亡、多人受伤的惨剧。乾隆四十年（公元1775年）在安福县香炉山，由于山左、山右两个煤窑挖

通，因而纷纷殴斗，亦酿成人命案[155]。

福建地区清代产煤较少，主要受资源条件限制。《漳州府志》载："山中间有生煤者"，但无很大的开采价值。

台湾煤炭蕴藏比较丰富，堪称宝岛之瑰宝。台湾人民很早就开采和利用煤炭，有据可查至迟于明代开始采煤。明代采煤的煤洞，被当地人民称为仙洞。到清代，采煤继续进行。但乾隆年间由于当地乡民称采掘"有伤龙脉"，"请官禁止"，使得台湾煤业一度受到阻碍，但煤炭是人民生活之必需燃料，禁而不止，私掘煤炭的现象不断发生。于是"道光十五年（公元1835年）淡水同知娄云再示禁，十七年（公元1837年）同知曹谨复禁"[156]。

10．湖、广地区采煤简况

湖北煤炭主要产于黄石、大冶等地。今黄石矿区内尚有一块石碑，记述了某煤窑在嘉庆年间发生的水灾事故，死亡二十余人[157]。又鹤峰县煤山地区"穷民多以挖煤为生"，嘉庆二年（公元1815年），一煤窑内有兄弟三人因一氧化碳中毒而丧生[158]。

湖南地区的煤矿也有不少已开发。乾隆二年（公元1737年）二月，湖南巡抚高其倬奏称：湖南衡州府属之耒阳、衡山二县，长沙府属之湘潭、湘乡、安化（今益阳）三县及桂阳州（今郴州地方），山皆产煤，民间开挖运贩，以供炊爨之用。不但此数州县之民资以度日，湖南全省各州县之民亦多半资以为薪火，湖北武汉一带亦多资以为用[159]。这些地方中煤业之盛，以湘潭为最，称为煤垅。乾隆十年（公元1745年），聚集在湘潭挖煤的外来游民不下千人，搭棚百余处，任意开挖。这些煤工斗争性极强，甚至痛打前来弹压的官府衙役，引起朝廷关注[160]。此外，乾隆四十一年（公元1776年），在湘潭因购买煤炭，发生斗争，打死人命[161]。湘乡、安化二县煤矿内多产硫磺，在乾隆、嘉庆年间曾多次封禁。郴州煤炭开采也很兴盛，"贩通芜湖南京"[162]。耒阳的煤炭在清代也已开采，该地煤炭"有块炭、灰炭两种，……出煤之所，开挖入有深二三里者，故其地多伤墓之讼"[160]。

广东地区的煤炭，在清代基本上得到了开发。乾隆五年（公元1740年）十一月，两广总督马尔泰、广东巡抚王謩奏称："广州府属之南海、番禺、三水、龙门、花县，韶州府属之曲江、仁化，惠州府属之归善（含惠阳）、博罗、河源，连州（今连县）并所属之阳山，嘉应州属之兴宁、镇平（今蕉岭），共十四州县俱有煤山堪供开采"，请求"召殷实良民承商开采……召募土著民人供役"，并由"地方官确勘山之大小，煤之硗腻，随其厚薄，以定每年纳饷之数"[163]。

曲江县，在雍正八年（公元1730年）即听商人开采和储售煤炭，凡承采之商每年缴纳税银二百余两，"而煤斤所出日广，商人获利日多，纷纷告争，自愿增税承采"。至雍正十三年（公元1735年）每年增至"三千两税银"[164]。乾隆四年（公元1739年），韶州知府袁安煜贪污煤税银数千两，侵占煤商工本，曾被告发至朝廷[165]。又据广东巡抚苏昌题奏，乾隆十六年（公元1751年）南海县每商可纳煤饷银一百二十两，花县可纳一百两，河源县可纳八十两，番禺等州仅可纳银数十两。而南海、河源等县煤商，则因缴纳不起高额税银，被弄得倾家荡产，妻儿离散[166]。又嘉应州商民黄温和于乾隆二十六年（公元1761年）承开煤窑，每年认纳煤银五十两。花县商民于乾隆三十三年（公元1768年）认采中洞煤山，每年纳煤税银六十两。[167]广东的煤窑，一般采完即报请封闭。如乾隆三十三年（公元1768年）平远县、乾隆三十四年（公元1769年）阳山县、乾隆三十五年（公元1770年）乐昌县等处煤窑，就是在开采完毕后报请封闭的[169]。

广西地区的煤炭，在清代有所开发。广西生产的煤炭除供炊爨之外，主要用于铅矿冶炼。例如，乾隆三十一年（公元1766年），融县的铅矿都要运到罗成县冷峒山煤厂"就煤煎炼"。当时冷峒山共有煤垅（窑）三十二处[170]。乾隆三十七年（公元1772年），户部又议复广西巡抚叔宝的奏请，将融县四顶山铜矿运赴本县马矾厂一带煤矿冶炼。当时马巩厂有烧炉二十三架，煤垅十二处[171]。

11．西南地区煤炭生产简况

清代，西南地区的煤矿也得到了广泛的开发。

云南地区的煤矿，明代开始采掘，到清代有较大发展。乾隆五年（公元1740年），云南总督庆复、云南巡抚张允随奏报："查得滇省地方崇山峻岭，……柴薪稀少……历来产煤处所均听民自行开采。其中稍远城市，民苗杂居，纳粮荒山出产土煤者，附近民夷男妇开挖煤洞，采取煤斤以供炊。……至若僻菁丛山，离城市一二百里者，民间挖煤百斤，市值五六十文"[172]。云南煤炭以昆明、皮琅（今一平浪）、蒙自县、大姚县为多。康熙《云南通志》卷三十记载："木煤（褐煤）出昆明山中，土人掘地数丈得之。状类梁柱榱栋，或如大树，皆条理有文（纹）。烧之，火陷异于他煤。"《蒙自县志》载："新出煤厂，一在白石岩，一在米拉甸。俱灰煤，'土人'用以烧石灰"[173]。此外，师宗县、大姚县、陆良、曲靖、沾益、寻甸、永善、巧家、鲁甸、大关路南等县的煤矿，在清代均得到不同程度的开采。尤其是皮琅（今一平浪）"矿质丰富，……以煤供冶铁或煎盐，年产达500万斤。以驴、马驮运，销往牟定、永元井等处"[174]。

贵阳附近煤窑不少，在乾隆年间即有以"煤炭窑"命名的地方，说明采煤历史久远。而且当地在清代已用煤炼焦[176]。又贵州"安南（今晴隆县）至新兴所沿路多煤山"[177]。此外，贵州的兴义、仁怀、平远等地，在清代都有开采和利用煤炭的记载[178]。

四川地区的煤炭储藏量较多，开发也较早，煤炭除用于居民炊爨外，多用于煮盐与炼铅。据记载，威远、荣县一带的煤，主要运往自贡盐厂煮盐。"舟行贡井，初止编木而泭。乾隆年间，盐业滋炽，始行舟。道、咸间，运石炭至八百余舟"[179]。足见运煤船只来往之繁盛。乾隆四十二年（公元1777年）贵州的铅砂也运到四川秀山县设炉煎炼[180]。据县志记载，秀山县"产煤最盛"，煤炭用于油业"岁用至千万斤"[181]。四川邻水县也有许多煤窑，仅县志舆地图上所标煤厂即达72处之多[182]。此外，四川昭化、灌县、永川、江北、泸州等地在清代均有产煤的记载，泸州某地曾因租佃煤窑引起纠纷，造成打死人命案[183]。

第四节　明清煤炭开采技术

我国古代的煤炭开采，宋元时期达到手工操作技术的顶峰，明清时期，只在部分技术环节上有所完善和发展。

一、矿井开拓

明清时期矿井开拓方式仍是平峒、立井和斜井，平峒开拓见于山地丘陵地区，立井开拓多见于平川地区，斜井开拓在丘陵平川都不少见。与宋元时期相比，明清时期的主要变化是井筒扩大、加深，主要的通风运输巷道加长了。这是社会对煤炭需求增加和矿井运输条件变化带来的结果。明清时期，为了加大煤井产量，用牲畜在井下运煤已相当普遍。例如，明嘉靖二十七年（公元1548年）前后，河南鲁山县梁洼和宝丰县张八桥一带，开办有马拉煤窑，巷深（长）一百余米，有骡马三百多条。可见当时的生产规模已不小。

明代嘉靖元年（公元1522年）崔铣所撰《彰德府志》卷八记载："安阳县龙山出石炭，入穴取之无穷，取深数十百丈"[184]。（清）乾隆朝《白水县志》卷一载："煤炭，凿井三四百尺取之，足供炊爨。"（清）康熙朝《磁州志》卷十载："煤炭出州之西山一带，入穴取之，深数十丈。"（清）光绪朝《续修井陉县志》卷一载："炭井入地二三十丈不等"。（清）乾隆朝《丰润县志》卷六载："河北唐山一带煤井穴土三四十丈。"（清）《长兴县志》卷十载：清末浙江长兴一带煤井最深者达百余丈（约300余米）。

矿井开拓技术必须保证井筒位置的正确选择，尤其是主井（用于进风及提煤的井筒）位置的正确选择。并保证主井凿得直，支护坚固。这在《颜山杂记》卷四中有了明确的记述："凡攻炭，必有井干，虽深百尺而不挠。""视其井之干，欲其确尔而坚也。否则削入其隧"[185]。这里所说的"井干"即主井。所谓"确尔而坚也"，是指一要做到准确无误，开井必须能见到煤层，二要做到坚固牢靠，保证安全，否则必然削垮。为了做到准确而坚实，按照《颜山杂记》的记载，最重要的是选择井筒位置时，要避开含水地层（"避其沁水之潦"）和地质断层及鸡窝煤，而在选好了井位凿井的时候，要记好煤岩的层位（"测石之层数"）。

井筒开凿到煤层后，就要布置和挖掘采煤巷道。早期采煤，开凿井筒见煤即采煤，采煤与掘进合一，尚不知布置巷道。偶遇岩石冒落，堵塞通道，即停止工作，另开新井筒。随着生产实践经验的积累，人们逐渐懂得布置巷道进行采煤，可以减少开挖井筒的工作量，提高工作成效。明清时期，有不少根据煤层走向挖掘通风运输巷道、布置上下山采煤技术的记载。例如，《颜山杂记》卷四载：凿井见煤后，"旁行其隧"，"凡井得炭而支行，其行隧也，如上山，左者登，右必降；左者降，右必登。降者下堿，登者上堿。循山旁行而不得平，一足高，一足下，谓之反堿"[186]。"堿"是指在上下山时为便于行走、运输而设置的台阶。煤层通常有一定倾角（近水平煤层较少），为便于开采，就要挖掘上下山，然后再挖掘运输平巷和通风平巷，布置好工作面进行回采。

明代还懂得沿煤层开巷过断层的方法，《颜山杂记》卷四中说："脉正行而忽结"（遇到了断层）或"窠窠螺螺"（遇到了鸡窝煤现象），采取"曲凿旁达"的办法，绕过断层或鸡窝，就可继续找到煤。

除竖井开凿外，还有两种开凿方式。一种是沿煤层露头向里凿平峒或斜井，如李时珍《本草纲目》卷九中说，"土人皆凿山为穴，横入十余丈取之。"另一种是露天开凿，即从煤层露头直接挖坑取煤。

二、采煤方法

现代意义的采煤方法，应包含巷道布置与回采工艺两方面的要素。这两方面要素结合方式的变化，构成了各种各样的采煤方法。在古代，巷道布置非常简单，凿井见煤后，再开两条上山或下山，即完成了巷道布置的准备工作，然后沿煤层走向挖掘运输、通风巷道，既是掘进，也是采煤，采掘合一。到了明清时期，开始出现房柱法和残柱法，把运输巷道和通风巷道之间的煤再分成若干小块进行采掘，直到顶板垮落为止。受通风条件的局限，古代采掘范围较小，运输、通风巷道长度一般在几丈至几十丈之间，少数煤巷也有长达二三里至十数里者。例如，明《顺天府志》卷十一载：“煤炭，出鎚七十里大峪山，有黑煤洞三十余所。土人恒采取为业，尝操鎚凿穴道，篝火裸身而入，蛇行鼠伏，至深入十数里始得之，乃负载而出。”清乾隆《长兴县志》卷十记载，长兴一带的煤井，巷深长达二三里。

图3－3　《本草纲目》中的采煤图

古代对回采工作面的叫法，各地差异较大，有的地方叫膛子，有的地方叫煤窝，有的称为茬口。古代回采工作全部是手工，所用工具有凿、锤、镐、钎、耙 、筐等，生产效率较低，挖煤工人通常在井下连续工作16至24小时（在立井开拓条件下，上下井很费时，故工人下井一般要工作24小时），可以挖煤二至五百斤不等。有的挖煤工人上“大班”，在井下工作几个月，食住都在井下。古代，把回采工作面落煤叫攻煤、伐煤、凿煤。为了提高落煤效率，工人多利用煤层节理先在下部掏槽，然后凿打上部使之剥落，《颜山杂记》卷四载：“凿煤井，攻山出石，其理自然而解”，指的就是掏槽剥落法，无论是凿井还是采煤，方法基本相同。明李时珍《木草纲日》“金石部”中附有一张采煤图（图3－3），图中人一手操凿，一手凿打煤层，甚为形象。有一些地区回采落煤，先把煤层底部掏空（称为刨根），预留一些煤柱临时支护顶板（称为留马腿），然后捅倒煤柱（砍倒马腿），使煤落下。当煤质较硬时，应用此法落煤，效果较好。

图3－4　《天工开物》中的采煤图

三、运输提升

古代煤窑，从回采工作面到运输巷道，多系人背、肩拖。拖筐为长方形或船形，用竹编或木制，有的拖筐下还装有木条或铁条，有的则安上小轮，以减少摩擦力。有的煤窑巷道中还铺上木板，以便于拖筐运煤。明清时期，在井巷中用骡马驮煤或拉煤，已不是个别现象。

提升，对于用立井和斜井开拓的煤窑都存在这个问题。明代《天工开物》中的“南方挖煤图”，井口有一辘轳，一人在旁摇手把，将煤筐吊入井下（图3－4）。

四、矿井排水

古代早期只能用肩挑、手戽来排除矿井积水，排水能力很小，往往需占用许多劳力。在井筒提升使用了辘轳、绞车之后，用牛皮包、木桶等容器来提水是很普遍的事。直到清末，凡立井排水，都只能是利用绞车，牛皮包（或木桶）间断地进行，限制了排水能力。采煤深度加大、地下涌水量增加时，常因排水不及而弃废井筒。在有的地区，采用下泄水于窑外的方法排水，既省工又非常有效。例如，京西煤窑曾联合建造泄水沟排水。清雍正十三年（公元 1735 年），京西上椹子海窑、巧利窑、沙果树窑三家联合共同建造了一条泄水沟，用于排泄煤窑水，这是因山就势、因地制宜进行煤窑排水的好方法。据考，京西门头沟曾经有一条煤窑排水石沟，长六百八十丈有余，后由于淤塞，清嘉庆六年（公元 1801 年）政府借给窑户白银五万两，以重修泄水道。这表明当时清政府重视煤炭生产，关注煤窑排水。

煤炭开采中防水、排水的重要性，以透水事故造成的人员死亡之多而给人们以深刻的认识。乾隆五十九年（公元 1794 年）河南宝丰县大营镇清凉寺大坡头擂鼓台煤窑，发生老空（指已采的煤洞穴）透水事故，井下 129 人中有 128 人遇难，生还者仅 1 人[187]。清同治七年（公元 1868 年），河南登封县上龙窝村莱园地煤窑发生透水事故，井下 80 人，多数遇难，生还者仅四五人。同治九年（公元 1870 年）河南登封县缸窑村煤窑发生透水事故，井下近百人全部遇难[188]。这些事例仅是有限记载的极小部分，已足以令人胆寒。不解决防水、排水的技术问题，煤炭生产要进一步发展是不可能的。在古代，人们对排水的技术应用，只限于前面所讲，这是由古代中国整体技术水平所制约的。关于防水的方法，在古代只限于观察预兆、迅速撤离，尚缺乏其他有效的技术措施。根据老窑工的经验，如果井下采煤工作面出现煤发湿、煤壁有红锈水、采空区老鼠搬家等异常现象，预示煤窑要发生透水事故，人员必须迅速撤离上井，不能继续采煤[189]。

五、矿井通风

矿井通风是人们出于对煤井中含有有毒气体的认识而采取的一项技术措施。古人对矿井中瓦斯等有毒气体的认识，首见于明《天工开物》“燔石”篇：“初见煤端时，毒气灼人。”到了清代，关于煤井有毒气体的记载较多。清光绪《风台县志》卷四记载：“炭室矿洞矿工遗矢其中，岁久结毒亦能杀人，闻……其气香甜，即顷刻昏仆死。”这里所指的毒气可能是沼气或二氧化碳。清刘嶽云《矿政辑要》讲得很清楚：“地中度怪至多，有冷烟气中人即死”，“煤矿最多此气，亟宜防避”。

明清时期对矿井中通风是否良好，已经有了明确的经验判断，其方法是根据矿灯火焰的高低来辨别。《颜山杂记》卷四载：“凡行隧者，前其手必灯，而后之。”其意是说，在巷道中行走，必须一手在前拿灯，看看发生什么变化，然后再前进。《颜山杂记》还载：“冬气既藏，灯则炎长，夏气强阳，灯则闭光。”意思是说冬天冷空气容易进入井下，故风量足，火焰长，夏天相反，空气不易进入井下，故风量不足，火焰变短，灯变暗。联系《颜山杂记》中的这两段话，可以清楚知道，在矿井巷道中行走，要用灯来测定巷道中的空气是否充足，有无问题。用老煤窑工人的话来说，井下通风不良，就会“弊气”、“煞气”、“闷亮”。

如何使矿井下面有足够的新鲜风流，把有毒的气体排出井外，明清仍然主要采取自然通风方法和人工通风方法。《天工开物》“燔石”篇记载的竹筒排毒气法，是一种自然通风方法。该书说：“……毒气灼人，有将巨竹凿去中节，尖锐其末，插入炭中，其毒烟气从竹中透上，人从其下施镬拾取者。”（图3－4）这里讲的是在用不深的立井开采煤炭时，可以插一根凿去中节的竹子，就可形成一种自然风流，新鲜空气从立井进入井底采煤工作面，然后与工作面散发的有毒气体混合，再经竹筒排出井外。这是一种单井筒自然通风方法。这种方法在盛产竹子的南方用得较多。在北方，单井筒自然通风方法在有的地区（如山西大同地区）叫表风法。表风法的具体作法是：在方形井筒的一角，用片石砌成一个三角形的回风道，回风道要高出井口若干尺，高出井口的上段砌成方形，好似烟囱，称之为“嘓咀”。于是新鲜风流从井口进入井下，经过采煤工作面，再由表墙隔出的回风道经嘓咀排出。根据这种通风原理，随着回采工作面的推进，在采煤巷道中也可砌一条回风道，就可保证回采工作面有足够的新鲜空气，不过这种单井筒自然通风法有很大的局限性，回风道不可能砌得太长，自然风流较小，严重的限制着回采工作向纵深推进。

古人在生产实践中较早认识到单井筒通风法的局限性，继而发明双井自然通风法。双井通风法可追溯到南北朝时期（见第一章第三节），而文字记载最早见于明代。明代《颜山杂记》卷四载：“是故凿井必两，行隧必双，令气交通以达其阳，攻坚致远，功不可量。以为气井之谓也。”这里所说的“气井”，即风井。“行隧必双”，说明其中一条巷道用于通风。只要有了两个井筒、两条巷道，加上其他一些通风设施（如风门、风帘等），就可形成一个自然通风系统。至于出风井应该高于进风井（出风井高于进风井时才能形成风流），古人也早已懂得。《滇南矿厂图略》引《矿厂采煤篇》说：“打峒，略如采煤之法。……峒中气候极热，群裸而入，入深苦闷，掘风峒以疏之。”《边州见闻录》亦讲到“上置风穴”。这两部清代著作的有关记述，说明云南金属采矿通过开风峒来疏导风流的做法，是从采煤业中学来的，又说明风峒（风穴）应该开挖在高处，高于进风口。古代有关双井筒自然通风的经验总结，是十分宝贵的，它为近现代采矿通风学打下了坚实的基础，一直指导着传统采矿方法中通风技术的实践，直到现在，一些地方小煤矿仍然采用这种传统的双井双巷自然通风方法。

古代煤井通风除采取自然通风方法以外，还采取人工通风方法即应用风车、风柜、风扇、牛皮囊等工具，用人力把新鲜空气送到煤井下面。这种方法在煤井不太深时是很有效的。中国的鼓风器具起源很早，至迟在战国时期就已出现皮制的鼓风器具——橐，以后各朝代不断改进、发展，制造出许多种类的鼓风器具。元代见于文字记载而广泛应用于农业、冶铸业的水排（鼓风器具的一种），其结构之精巧，真令人赞叹不已。限于煤层赋存条件（多为缺水之山地），水排未能应用于煤井通风，然而，其他古代的鼓风器具差不多都在采煤中得到了应用。至明清时期，古煤矿中已出现风筒与鼓风器具连接起来使用的通风技术。通过风筒可以把新鲜空气送到较远的采掘场地，使鼓风器具效果大增。风筒的制造，简单方便，大都就地取材，有用荆笆编制（外面涂泥）的荆笆风筒；有用竹子制作的竹风筒；也有用布制作的布风筒，等等。

为了提高自然通风的效果，清代一些地区的煤窑在出风井设置火炉或吊挂火锅，使井口气温升高、空气变轻，加大与进风口的气压差，从而加快井内的风流速度。这种加温通风的方法，直到近现代一些机器生产的小煤矿仍在使用。近代徐州利国驿煤矿的创始人胡恩燮曾写道："将来井既亦深，仍多设火炉在井内，升其炭气，引入空气，自无气机闭塞之变"[190]。胡恩燮于1882年创建利国驿煤矿，显然他在筹建计划中所考虑的通风技术，完全是沿用古代煤窑的通风技术。

六、矿井照明

矿井采煤是地下作业，必须有照明才能进行正常生产。古人早期用燃烧竹签、松树脂、柏树条作为井下照明的措施，后发展为点菜油灯、茶油灯照明。古煤矿在长时期中都是明火照明。但随着开采深度的增加，煤井内的瓦斯涌出量增加，明火引起的瓦斯爆炸是不言而喻的，在血的教训中，古人逐渐认识到煤井瓦斯爆炸的危险，为避其害，把井下明火照明逐步改为加灯罩点灯照明。古人何时开始采用加罩点灯措施，目前所能见到的是明代李时珍《本草纲目》采煤图立柱上挂的吊灯已经有罩，以此推测，至迟在明代，人们已懂得煤井下照明应注意防火、防爆。

虽然明代已出现加罩的矿灯，清代乃至近现代的一些小煤窑仍然用明火灯照明，形成各地各具特色的矿灯，如猫儿灯、猴儿灯、夜壶灯、油葫芦、鸭嘴灯、瓢灯、瓦灯、蛤蟆灯、狼狈灯、油鳌灯等等，这些灯的燃料为菜油、茶油或蓖麻油。使用矿灯的方法也是多种多样，有的用布条、绳子把灯缠裹在头上，有的手提，有的嘴衔，有的挂在背筐上，有的插在（或放置）井壁上。这些方法的选用，与当地的煤层贮存条件和人们的风俗习惯有关。有裹头巾习惯的地方，自然把矿灯缠裹在头上。四川《犍为县志》第六册记载：采煤"皆头顶灯壶，藉光工作。"《滇海虞衡志》记载：采矿"以巾束首，挂灯于其上"。宋代鹤壁古煤井巷道两壁凿有一些灯龛，专供放置油灯（为小瓷盘、瓷碗）之用，说明当时的照明是固定式的。

需要指出一点，中国古代加罩的油灯只能减少引燃瓦斯爆炸的危险，并不能避免引燃瓦斯爆炸。只有近代发明的一种矿用安全灯（用一种细铁丝编织成的灯罩罩住灯火）才可以避免引燃瓦斯爆炸。这种安全灯罩，可以迅速散发热量，使照明灯不会达到引燃瓦斯爆炸的发火点。

第五节 明清煤炭加工与对煤炭性能认识的深化

一、炼焦与制煤砖

中国至迟在宋代已发明炼焦技术。与炼焦密切联系的煤炭洗选技术，也不会晚于宋代。目前能见到的最早记载是明代："崇祯四年（公元1631年）宝丰一带煤窑采用竹筛淘洗筛选煤炭，然后炼焦，并按焦炭颜色鉴定其质量，呈青灰色者为上等，灰黑色者为劣炭"[191]。到晚清时期，用竹筛在水池中筛洗煤炭相当普遍，凡著名的产焦地区必有选煤池，有的地方因地制宜，把选煤池设在小河边，借河水之冲力筛分煤炭，效果极佳。

用煤炼焦，是我国古代煤炭加工利用的重大技术成果。唐代出现炼焦雏形，宋代炼焦技术渐趋成熟。明天顺元年（公元1457年）才有各地向朝廷交纳焦炭的记载。明方以智《物理小识》卷七记载了炼焦冶铁的大概情况："煤则各处产之，臭者烧熔而闭之。成石，再凿而入炉，曰礁。可五日不绝火。煎煮矿石，殊为省力。"明末孙廷铨《颜山杂记》卷四对焦炭性能有了较详细的描述："……或谓之砟，散无力也。炼而坚之，谓之礁。顽于石，重于金铁，绿焰而辛酷，不可爇也。……故礁出于炭而烈于炭。"清乾隆《彭县志》记述炼焦方法："火煅三四昼夜，以烟尽为度，遂结成块，性最坚，火最烈。"到了清光绪年间，土法炼焦非常普遍，在一些出产焦煤的矿区，土焦炉似蜂巢一般，成群而立。如本溪、唐山、六河沟、井陉、萍乡等矿区都盛产焦炭，其中尤以萍乡出产的焦炭闻名于世。萍乡的土法炼焦是在古代圆形炉炼焦基础上改进而来的，此法可以缩短炼焦时间，提高出焦率，降低焦炭灰分，炼出的焦炭，送到英国去化验，其质量与英国现代方法炼出的焦炭一样，可谓名扬中外。下面简要记述萍乡长方形炉炼焦方法：

宜在矿井附近高而干燥之处造炉，若在平地，需多开沟路，炉底亦宜较炉外地面略高，勿使蓄留湿气，炉呈长方形，底用砖铺平，四周筑土墙，墙脚深约一尺，墙高三尺，厚一尺四寸。炉宽八尺，炉长三五丈至八九丈均可。火门对称修筑，火门间距约三尺。火门形状，外方内圆，外大内小。外火门高一尺四寸，深七寸，宽一尺，门下距地面三寸。内火门在外火门内层土墙上，偏凿圆孔，孔径六寸，斜上通入炉中，上沿约与外火门相齐（图3－5）。炼焦程序是，先装末煤一尺三四寸，再用砖坯叠砌火路，使之四通八达，但每一相对火门的火路必须对直。而后，在每两相对火门炉中心的火路上面，用砖砌一方形烟囱，而靠两头横墙边亦砌一烟囱。

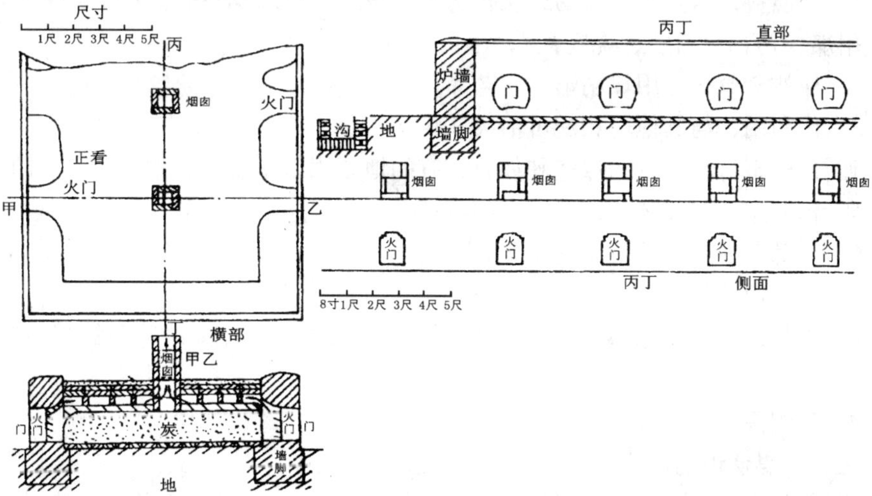

图3－5　萍乡平地炉（长方形炼焦炉）（图片采自《萍矿土法炼焦附图说》）

各烟囱下的火路成一直线。烟囱砌好后，用炉灰或洗矸石末铺盖三寸，使除火门烟囱外无漏风处。再后用煤泥炭饼、木炭引火。各火门之火力宜猛，不可间断。晴天约七八小时，阴雨天约十二小时，各烟囱便有红火冒出，此时各火门用砖封闭。当视烟囱已无烟，火色纯白时，便可拆卸烟囱、火路，随之覆盖细灰，勿使进风，约过十二小时，用水浇湿面灰，以熄余火，再过六小时即可取焦[192]。

焦炭的质量与炼焦用煤的选择有关。《山西通志》说：“内含油，燃之则融结为一。”康熙《磁州志》卷十载：煤“又分肥瘠，……肥者或炼为焦炭，备冶铸之用。”选择适宜炼焦的煤，炼成焦炭，用于冶炼铁和其他金属，是常用的加工利用方法。而把一般的煤（特别是把碎煤、末煤）加工成煤球、煤饼、煤砖等多种不同规格的型煤，更是普遍的事。型煤燃烧，通风好，火力旺，效率高，燃烧比较完全，用于烧制陶瓷、砖瓦、石灰以及冶炼金属效果都很好。所以《天工开物》记载：型煤广泛用于冶铁、熔铜、升朱、烧砖（图3－6），其中冶铁燃料十分之七是煤。人们在日常生活中，炊爨、烤火，也多用煤球、煤砖（尤其在城市）。例如，北京地区城镇居民多为烧煤球，《乡颐解言》载：“京师城内人家，多和黄土煤末中，为丸墼烧之。”

图3－6　《天工开物》中的煤炭烧砖窑

二、对煤的综合利用

煤炭不仅有燃烧性能，还有其他性能，煤炭中常夹杂的一些其他矿物成分，可以综合利用，古人在实践中已积累了许多宝贵的经验，到了明清时期成效已相当显著。根据古籍记载或考古发掘报告，古人对煤的利用不下九个方面：

1. 作燃料，这是最主要的；煤作为燃料又可分为生活用煤（炊爨取暖）、手工业用煤（铸铜、冶铁、烧陶瓷）；
2. 作雕刻原料，用煤精雕刻工艺品；
3. 作药用，与其他药相配可治某些疾病；
4. 作建筑材料，有的煤坚硬如石，有的地方用来垒墙、打地基，并可防潮；
5. 作墨用，制成墨水，写字、印刷；
6. 作随葬品，并保持墓地干燥；
7. 作农田肥料；
8. 作硫磺、皂矾原料。从含硫多的煤中提炼硫磺，含黄铁矿多的煤中提取皂矾；
9. 作煤焦油原料。

三、对煤认识的深化

人们对煤炭的多项应用，是建立在对煤炭多种属性的认识上的。明清时期主要表现在五个方面：

第一，对煤的燃烧性能认识的深化。早期，人们只知道煤可以燃烧，不知道怎样使煤烧得旺、烧得好。到明清时期人们已经知道哪些煤种烧得旺，用什么方法可使煤烧得旺。《颜山杂记》卷四讲：有的煤“其火文以柔”，只能用于“房闼围炉”；有的煤“其火武以刚”，适以“煅金冶陶”。《天工开物》卷十一也讲：“炎高者曰饭炭，用以炊烹，炎平者曰铁炭，用以冶锻”；又讲：铁炭“其火性内攻，焰不虚腾”，“与炊炭同形，而有分类也”。明代已能根据火焰高低、发热量大小把煤分为铁炭、饭炭、炊炭，把不同种类的煤用于不同的场合。到了清代，人们进一步根据燃烧时有无烟及烟的多少对煤分类。《山西通志》载："煤有劣炭，微烟；有肥炭，有烟，出平定者佳；有煨炭，无烟，出广昌广灵者精腻而细碎。"清同治《常宁县志》卷十四载："有煤炭、铁炭、烟炭数种。"清道光《霍州志》卷十也讲："肥炭烟多，……燃烟多者燃之难尽。"这些记载，虽没有像现代使用挥发分这个词，实际上已暗含根据煤中的挥发分多少进行分类的意思。现代煤岩学告诉我们：煤的工业分类主要有两个指标，一是煤的可燃基挥发分多少，二是表征煤的黏结性的胶质层厚度大小。根据这两个指标，将煤划分成褐煤、长焰煤、气煤、肥煤、焦煤、瘦煤、贫煤、无烟煤以及不黏结煤、弱黏结煤等十大类，在十大类煤中，除褐煤和无烟煤外，都是烟煤。

如何使煤烧得更旺？古人有三方面的经验，到明清时都有所记载。其经验之一，烧煤时掺一些水。《天工开物》讲："炎平者曰铁炭，用以冶锻，入炉前先以水沃湿。"这一经验沿用至今。煤燃烧正旺，喷洒一些水，会烧得更旺。把煤洒水，再送入炉膛，火势更旺。所以一些地方（如北京）古时称煤为水火炭。明李诩《戒庵老人漫笔》卷五"辨水火炭"条作如下解释："北京诸处多出石炭，俗称水火炭。炭之和水而烧也。"经验之二，在煤火中加入一点盐。清代文人宽夫在《日下七事诗》中讲：把盐撒入煤炉少许，可"引地炉煤火旺"。他解释说"盐中有硝，投煤炉内火辄旺"。经验之三，把碎屑的煤加上黏结剂，做成煤饼或煤球。《天工开物》讲："此煤碎如粉，泥糊作饼，不用鼓风通红，则自昼达夜。"这是由于煤饼（或其他型煤）块度、硬度加大，放置炉中彼此有一定空隙，便于通风，火势自然旺。把碎煤制成煤球，燃烧更好。清道光朝《乡言解颐》卷四载："煤球：煤末摸成方块，谓之软煤，不耐烧炼。买来稍掺黄土，和水以簸箕转丸，趁秋晒干备用，京师佣妪之能事也。火眼：煤炉旁通火眼，可以抵一半火力。"

第二，对煤的黏结性的认识的深化。至迟到明代，古人已认识到了煤的黏结性和可熔性。明代方以智在《物理小识》卷七载："煤则各处产之。臭者，烧镕而闭之。"这个"镕"字，是对烟煤的可熔性和黏结性的最恰当的概括。《山西通志》对烟煤的黏结性作了更具体的描述："炭硬而多烟，内含油，燃之则融结为一，作枯炭（即焦炭）最良。"古人把这类有黏结性的煤称为油煤、肥煤、肥炭、黏炭等，并认识到这类煤适合于炼焦。

第三，对煤中所含伴生矿物认识的深化。煤中含硫，古人早已发觉，至迟在宋代已把燃烧后有刺鼻臭味的煤称为臭煤。明方以智《物理小识》载："今山东颜神镇烧琉璃采诸石，以礁化之，即臭煤也。"明李时珍在《本草纲目》中明确指出煤中含有硫磺："（煤）有大块如石而光者，有疏散如炭末者，俱作硫磺气。"明确指出，煤之臭，硫磺气也。其实，早在宋代，已有煤燃烧后散发出硫磺气味的记载，谢维新《古今合璧事类备要》卷五五记述："丰城、平（萍）乡二县，皆产石炭于山间，掘黑色可燃、有火而无烟，作硫磺气，既销则成白灰。"这一认识，对煤的加工利用十分重要。清代早期人们开始从含硫较多的煤或煤矸石中提炼硫磺。雍正《泽州府志》卷五十一记载："其产（硫磺）陵川者，皆于臭煤石液中取出。"

第四，对煤气中毒认识的深化。与其他科技成果的应用一样，煤炭的开发利用，既有有利的一面，也有有害的一面，问题在于把有害的一面缩小到最低限度。煤的燃烧给人类的生产和生活提供了重要的能源，成为人类历史上不可缺少的物质基础。但是煤的不充分燃烧会产生有毒的气体一氧化碳，能致人死命，历史上无法统计究竟有多少人死于煤气中毒。清光绪《顺天府志》卷十一记载："京城火炕烧石炭，往往熏人中毒，多至死者，仪贞陈殿撰定先冬日偕其妾寝，至夜皆中煤晕，……急救乃苏。"中国古代对煤气中毒的认识可追溯到晋代。晋人陆云在《与兄书》中已谈到了煤气能使人中毒的现象：煤"然（燃）烟中人"。这是有关煤气中毒的最早记载。南宋后期宋慈的法医学专著《洗冤集录》有"意外诸毒"一节，有后人把煤气中毒补注其中，写道："中煤炭毒，土炕漏火气而臭秽者，人受熏蒸不觉自毙，其尸软而无伤，与夜卧梦魇不能复觉相似。"这里把煤气中毒的原因、过程与症状讲得比较清楚。李时珍在《本草纲目》中也指出了中煤气的严重后果："人有中煤气毒者，昏瞀至死。"中了煤气如何解救，古人也有一些办法。《养生杂记》讲："中煤炭毒，心口作呕，或即晕倒，急捣生萝卜汁灌之或清水亦可。"明代《本草汇言》讲："人有中石煤气者，昏瞀至死，惟灌冷水即解。"清道光《清涧县志》卷四记载一种偏方："茄兰，叶如兰草，……京师谓之撇蓝（苤蓝），能去煤毒。"为了预防煤气中毒，古人也懂得要加强室内通风，并想了一些加强通风的办法。清康熙朝《长子县志》卷二载："以煤作火炕，稍不慎则受其毒焉。故每临卧，必蓄水灶头及罅其卧室之纸窗，以御之。"北京地区为防煤气中毒，专门设置了风窗（风斗），煤气可通过风斗排出室外。

几千年来，随着人们生产实践的发展，对煤炭的认识愈来愈深刻，利用煤炭的范围也愈来愈广，煤炭成了人们生活中不可缺少的东西。因此，人们对煤炭的感情日益深厚，古代不少文学作品都写到煤，借以反映当时的社会生活。例如，吴承恩的《西游记》、蒲松龄的《聊斋志异》、吴敬梓的《儒林外史》、罗贯中的《平妖传》、李伯元的《官场现形记》，都有关于煤的记述。以煤赋诗的就更多了。

参考文献

〔1〕檀萃:《滇海虞衡志》卷二，第二页。

〔2〕*The history of the British coal industry*, Volume 2, W. FLINN Republished 1985, page 69—70。

〔3〕顾炎武:《天下郡国利病书》卷四十六，第十一页。

〔4〕张星烺:《中西交通史料汇编》第二册，中华书局出版社，1977 年，第 72 页。

〔5〕檀萃:《滇海虞衡志》卷十二，民国云南图书馆刊本，第六页。

〔6〕赵翼:《檐曝杂记》卷四。

〔7〕李时珍:《本草纲目》卷九“石炭”，民国十四年春锦章书局印行版。

〔8〕吕坤:《去伪斋集》卷一，清道光七年开封府署刊本，第十六页。

〔9〕《明孝宗实录》卷二一三，江苏国学图书馆传钞本，第十四页。煤炸是煤的又一名称，光绪《临榆县志》:“煤，俗呼炸子”;《广平府志》:“煤，凝为块者为炸子”。孙廷铨《颜山杂记》:“或谓之煤，或谓之炭，块者为之碶，或谓之砟”。顾炎武《天下郡国利病书》:“石炭即煤也，东北人谓之楂”。炸，炸块、札子、楂等，都是一个意思。

〔10〕《明世宗实录》卷十六，江苏国学图书馆传钞本，第五页。

〔11〕《明世宗实录》卷九十八。江苏国学图书馆传钞本，第二十九页。

〔12〕赵用贤等纂:《大明会典》卷二〇七。

〔13〕赵用贤等纂:《大明会典》卷一九四，明天启元年刻本，第十二页。

〔14〕刘若愚:《明宫史》卷五，清宣统二年上海国学扶轮社铅印本，第六页。

〔15〕《续文献通考》卷二十四，商务印书馆发行本，第三〇一一页。

〔16〕《定陵注略》卷五。

〔17〕《明神宗实录》卷三八一，顺天府尹许弘纲奏疏，江苏国学图书馆传钞本，第二页。

〔18〕《古今图书集成》食货典，卷二二三，清蒋延锡等奉敕撰，光绪十年图书集成印书局铜印本，第三页、五页。

〔19〕《明英宗实录》卷一五八，第十页、十一页。

〔20〕《续文献通考》卷二十四，陆纪昀等奉敕撰石印本，第三〇一一页。

〔21〕《明神宗实录》卷四一八，江苏国学图书馆传钞本，第七页。

〔22〕《明神宗实录》卷三九八，第六页。

〔23〕嘉靖朝《彰德府志》卷八，第三十三页。

〔24〕《明神宗实录》卷三八〇，江苏国学图书馆传钞本，第三至四页。

〔25〕《明英宗实录》卷三三五，江苏国学图书馆传钞本，第一至二页。

〔26〕《明一统志》卷一九、卷二十、卷二十一。

〔27〕《明英宗实录》卷二八七、二九四，江苏国学图书馆传钞本，第十页、

七页。
〔28〕顺治朝《高平县志》卷一、卷九。
〔29〕乾隆朝《保德州志》卷三。
〔30〕康熙朝《临县志》卷一，第二页，清王忠瀜纂修、黄宪臣编辑，嘉庆二十二年刊本。
〔31〕《灵石县志》卷十二。
〔32〕光绪朝《平定州志》卷十。
〔33〕杜纲：《娱目醒心编》卷三，乾隆四十七年刊本，第十三页。
〔34〕顾炎武：《天下郡国利病书》卷五十二（嘉靖《鲁山县志》卷二），成都龙万育燮堂订，敷文阁紧诊版，第十一页。
〔35〕嘉靖朝《彰德府志》卷八，明崔铣辑，上海古籍书店据天一阁藏明嘉靖刻本影印，第三十三页。
〔36〕孙廷铨：《颜山杂记》卷四。
〔37〕万历朝《泰安州志》卷一。
〔38〕清刘嶽云：《矿政辑要》，光绪二十九年教育世界社刻本，卷十二，第十四页，转引《兖州府志》。
〔39〕光绪《宣城县志》卷三十，“宁郡龙脉纪事”。
〔40〕光绪《贵池县志》卷三。
〔41〕顾祖禹：《读史方舆纪要》卷二十九，光绪二十六年广雅书局刊本，第二十八页。
〔42〕天启《同州志》卷五，万历《韩城县志》卷二。乾隆四十九年刊本，第十八页。
〔43〕此事在《潞安府志》、《长子县志》、《长治县志》、《韩城县志》中均有记载。
〔44〕道光《兰州府志》卷十二。
〔45〕《古今图书集成》食货典，卷二二三，清蒋廷锡等奉敕撰，光绪十年，图书集成印书局铜印本，第三页。
〔46〕《明英宗实录》卷一五二，《大明会典》卷一九四，北京图书馆存《谕禁碑》拓片，第八页；《明宪宗实录》卷二六三，江苏国学图书馆传钞本，第八页。
〔47〕雍正朝《山西通志》卷二二四《艺文》，第二十七页。
〔48〕引自赵承泽：《由明嘉靖后期至清顺治末中国的煤炭科学知识》，《科学史集刊》，1962 年第 4 辑，科学出版社 1962 年，第 83 页。
〔49〕《大清会典事例》卷九五一，清德宗敕撰，光绪十二年石印本，第九页。
〔50〕《皇朝文献通考》卷三十一，第六页。
〔51〕《清高宗实录》卷一一〇，第六页。
〔52〕引自赵承泽《由明嘉靖后期至清顺治末中国的煤炭科学知识》，《科学史集刊》，1962 年第 4 辑。
〔53〕〔54〕《朱批奏折》，转引自中国人民大学清史研究所与档案系中国政治

制度史教研室合编：《清代矿业》，中华书局，1983 年。本章所引《朱批奏折》以及《军机处录副奏折》、《刑科题本》、《户科选本》中的档案资料均引自该书。
〔55〕《军机处录副奏折》，第一七〇〇页。
〔56〕《清高宗实录》卷七六四，第五页。
〔57〕《清高宗实录》卷一〇三三，第二十一页。
〔58〕祁守华：《中国古代煤炭开采利用轶闻趣事》，煤炭工业出版社，1996 年，第 33—34 页。
〔59〕引自赵承泽《由明嘉靖后期至清顺治末中国的煤炭科学知识》，《科学史集刊》，1962 年第 4 辑，第 35 页。
〔60〕丁宝桢纂：《四川盐法志·井盐图说》卷二，第三十三页。
〔61〕《朱批奏折》，又见《大清会典事例》卷九五一。清德宗敕撰，光绪十二年石印本，第十一页。
〔62〕清永保：《伊犁事宜》，民国抄本《西域满营》，第三页。
〔63〕《朱批谕旨》第九函第五二册。
〔64〕〔66〕〔68〕〔70〕《大清会典事例》卷九五一，清德宗敕撰，光绪十二年石印本，第九页、第十三页。
〔65〕〔67〕《清高宗实录》卷一一〇，第七页。
〔69〕《军机处录副奏折》，又见《清高宗实录》卷五九三，第三十七页。
〔71〕《朱批奏折》，第〇〇〇六九五至〇〇〇六九六页。
〔72〕〔78〕《大清会典事例》卷八九五，第五至六页、第九页。
〔73〕《皇朝文献通考》卷三十一，第十一页。
〔74〕《刑科题本》，转见《清代的矿业》，中华书局 1983 年，第 402 页。
〔75〕《清代钞档》，引自彭泽益《中国近代手工业史资料》第一卷，三联书店，1957 年。本书中所用《清代钞档》的资料均引自该书。
〔76〕贺长龄：《皇朝经世文编》卷三十五，道光七年刊本，第三页。
〔77〕《清高宗实录》卷六四五，第十九页。
〔79〕《朱批奏折》，第〇〇〇一九五至〇〇〇一九七页。
〔80〕〔99〕《朱批奏折》，第〇〇〇二三四页、〇〇〇二四一页、〇〇〇六七四页。
〔81〕《清高宗实录》卷六五〇，第十至十一页。
〔82〕〔85〕《清高宗实录》卷一五六。
〔83〕《清代钞档》，第三二一页。
〔84〕《大清会典事例》卷九五一，清德宗敕撰，光绪十二年石印本，第十三页。
〔86〕《军机处录副奏折》，第一九八六页。
〔87〕《清高宗实录》卷七六四，第五页。
〔88〕《钦定新疆识略》卷九。
〔89〕清乾隆《彭县志》，转引《中国煤炭志·四川卷》，煤炭工业出版社

1997 年，第 3 页。
〔90〕赵翼：《檐曝杂记》卷六。
〔91〕清那彦成：《那文毅公刑部尚书奏议》卷五十五，道光十四年刻本。
〔92〕《清代钞档》，第三二一页。
〔93〕《大清会典事例》卷九五一，清德宗敕撰，光绪十二年石印本，第七页。
〔94〕俞正燮《癸巳存稿》卷十，光绪十年刊本，第二十五页。
〔95〕刘精义：《明清皇宫内府用煤的探讨》，“史苑”第一期。
〔96〕《清高宗实录》卷一四九，第五页，《朱批奏折》，第〇〇〇二六三页。
〔97〕乾隆朝《大同府志》卷七。
〔98〕《平定州志》卷五、卷二、卷三。
〔100〕乾隆朝《保德州志》卷三。
〔101〕《刑课题本》，转见《清代的矿业》，中华书局，1983 年，第 444 页。
〔102〕同治朝《河曲县志》卷五，同治十一年河曲县署刊本，第五十九页。
〔103〕道光朝《赵城县志》卷六。
〔104〕乾隆朝《翼城县志》卷二十二。
〔105〕乾隆朝《孝义县志》卷，第四册，光绪六年刊本，第五至六页。
〔106〕《五台新志》卷二，第六十至六十一页，光绪九年崇实书院刊本。
〔107〕《皇朝文献通考》卷三十一，光绪八年浙江书局刊本，第十三至十四页。
〔108〕王培荀《乡园归忆》卷三，第四九〇页。
〔109〕刘嶽云：《矿政辑略》卷十二。
〔110〕光绪朝《峄县志》卷七。
〔111〕《朱批奏折》第〇〇一〇一八页，《清高宗实录》卷一四四，第十三页，卷一〇五五，第二十四页，卷一〇五七，第十一页。
〔112〕乾隆朝《丰润县志》卷六。
〔113〕光绪朝《临榆县志》卷八。
〔114〕《刑科题本》。转见《清代的中华书局》，1983 年，第 443 页。
〔115〕康熙朝《宣化县志》卷十六。
〔116〕《清高宗实录》卷二六三，第十八页。
〔117〕雍正朝《井陉县志》卷三，第十二页；卷八，第五十七页。
〔118〕康熙朝《磁州志》卷十。
〔119〕光绪朝《曲阳县志》卷九、卷八。
〔120〕《朱批奏折》，第〇〇〇二二七—〇〇〇二三六页，《清高宗实录》卷一一九，第二十五页。
〔121〕《军机处录副奏折》，第一九八六页。
〔122〕乾隆朝《巩县志》卷七。
〔123〕康熙朝《密县志》卷一。
〔124〕杨炳堃：《杨中议公自订年谱》卷二。
〔125〕《刑科题本》，李钧《判语录存》卷四。

〔126〕《朱批奏折》，第〇〇〇二二四页。
〔127〕乾隆朝《白水县志》卷一。
〔128〕乾隆朝《永寿县志》卷四。
〔129〕乾隆朝《富平县志》卷三。
〔130〕雍正朝《陕西通志》卷四三。
〔131〕〔137〕《朱批奏折》，第〇〇〇二三四页。
〔132〕道光朝《兰州府志》卷二，第十五页。
〔133〕道光朝《哈密志》卷四二。
〔134〕《钦定新疆识略》卷九，《清高宗实录》卷一一七三，第十九页。
〔135〕《塔尔巴哈台事宜》卷四。
〔136〕纪昀《乌鲁木齐杂诗》，中华书局影印本，第十页。
〔138〕《清高宗实录》卷一五六，第六页。
〔139〕《刑科题本》，转见《清代的矿业》，中华书局，1983年，第449页。
〔140〕《朱批奏折》，第〇〇一〇一四页、〇〇〇二三四页。
〔141〕清徐保字编辑：《平罗纪略》卷八，北京中国书店精抄，第五十五页。
〔142〕《清朝文献通考》卷三十一，光绪八年浙江书局刊本，第五至六页。
〔143〕《朱批奏折》，第〇〇〇二三四页、〇〇〇一七二页。
〔144〕《辽阳县志》卷三十。
〔145〕《朱批奏折》，第〇〇〇一七九页。
〔146〕《清高宗实录》卷十五，第二十二页。
〔147〕《朱批奏折》，第〇〇〇九八四页。
〔148〕《军机处录副奏折》，第一三七五至一三七六页。
〔149〕《清高宗实录》卷九五四，第八页。
〔150〕《军机处录副奏折》，第一六五一页。
〔151〕嘉庆朝《凤台县志》卷二。
〔152〕《朱批奏折》，第〇〇〇四二七页。
〔153〕嘉庆朝《江宁府志》卷六，同治《上元江宁两县志》卷三。
〔154〕〔165〕《朱批奏折》，第〇〇〇二八八页。
〔155〕〔161〕《刑科题本》，第〇〇〇二三〇页。
〔156〕连横：《台湾通史》下册，商务印书馆，1983年，第351页。
〔157〕黄石矿务局矿史编写组存碑文拓片。
〔158〕道光朝《鹤峄县志》卷十四。
〔159〕《军机处录副奏折》，第一七〇〇页。
〔160〕《朱批奏折》，第〇〇〇四一九页。
〔162〕嘉庆朝《郴州府志》卷四十。
〔163〕《朱批奏折》，第〇〇〇二四二页。
〔164〕《朱批谕旨》第九函第五十二册。
〔166〕〔167〕《户科题本》，《清高宗实录》卷七八〇，第三十三页。
〔168〕《清代钞档》

〔169〕《清高宗实录》卷八二二、卷八四一，第九页，卷八五三，第十七页。
〔170〕《皇朝文献通考》卷三十，第三十七页，《清高宗实录》卷七六四，第五页，光绪八年浙江书局刊页。
〔171〕《清高宗实录》卷九〇六，第六至七页。
〔172〕《朱批奏折》，第〇〇〇二一八页。
〔173〕《蒙自县志》卷五。
〔174〕《中国煤炭志·云南卷》，煤炭工业出版社，1996 年，第 15 页。
〔175〕黄元治：《黔中杂纪》。
〔176〕姚华：《弗堂类稿》序记，道光《贵阳府志》，民国十九年中华书局聚珍版宋版印。
〔177〕许缵曾：《滇行纪程》，中华书局影印本，第十页。
〔178〕乾隆朝《平远州志》卷十四；咸丰《兴义州志》；光绪《增修仁怀厅志》卷八。
〔179〕道光朝《荣县志》卷五，第五页。
〔180〕《清高宗实录》卷一〇三三，第二十一页。
〔181〕光绪朝《秀山县志》卷十二。
〔182〕道光朝《邻水县志》卷二，第二十一页。
〔183〕《刑科题本》。转见《清代的矿业》，中华书局，1983 年，第 485 页。
〔184〕崔铣：《彰德府志》卷八。
〔185〕〔186〕《颜山杂记》卷四。
〔187〕《中国煤炭志·河南卷》，煤炭工业出版社，1996 年，第 12 页。
〔188〕《中国煤炭志·河南卷》，煤炭工业出版社，1996 年，第 14 页。
〔189〕《中国煤炭志·河南卷》，煤炭工业出版社，1996 年，第 15 页。
〔190〕《华丰煤矿史话》，山东人民出版社，1983 年，第 5—6 页。
〔191〕胡恩燮：《筹议利国矿务扎纪》，见胡光国《白下愚园集》，光绪二十年刊本。
〔192〕《中国煤炭志·河南卷》，煤炭工业出版社，1996 年，第 13 页。
〔193〕俞燮堃：《萍矿土法炼焦附图说》，一九〇七年活字本，第十一至十六页。

第四章
影响中国古代煤炭工程技术发展的若干因素

古代煤炭工程技术的发展，与煤炭生产的发展是紧密地结合在一起的，两者的发展受到社会需求、政府政策、文化环境和管理体制等社会经济、政治、思想文化等的严重制约和影响，是不可能孤立发展的。而且组成煤炭工程技术体系的各个技术环节之间，彼此联系、相互制约、相互影响，某一技术环节的改进，会带动其他技术环节的进步，某一技术环节的滞后，会拖整个技术体系前进的后腿。然而，某一技术环节的改进，往往又与其他相关行业技术进步联系着，或者某一技术环节的改进是受其他行业技术发展的影响。这些技术之间的相互关联性，都是通过实践着的人们的思想反映出来的。所以，考察煤炭工程技术进步的影响因素，涉及的范围很广，下面仅就我们目前所能搜集到的资料，做一些历史的叙述与分析。

中国古代科学技术长期领先于世界，为什么到了近代开始落后了？换句话说，中国古代科学技术长期领先于世界，而为什么近代科学技术革命没有在中国产生？这个多年来困扰科技史界的所谓李约瑟难题，在煤炭工程技术领域，同样表现得十分突出。中国古代煤炭工程技术，确实长期遥遥领先于世界，在中世纪的中后期，即中国宋元时期，中国已相当普遍地深入地下几十米甚至几百米采取煤炭的时候，作为欧洲文艺复兴发源地的意大利，许多人尚不知煤为何物。可见中国古代的煤炭工程技术，的的确确遥遥领先于欧洲。然而，到了明清时期，中国古代煤炭生产，一方面以前所未有的规模和速度向前发展；另一方面又不能跳出传统的发展模式，仍然囿于手工操作，技术上没有革命性的突破，没有产生质的飞跃。到了清代中晚期，随着近代科学技术革命在欧洲发生，特别是近代第一次产业革命在欧洲发生，可以明显地看出，长期领先于世界的中国古代煤炭工程技术，开始落后于欧洲，并且差距呈加速度趋势扩大。

突破中国古代煤炭工程技术体系的革命力量，的的确确不是从中国内部产生的，而是在19世纪中后期，从欧洲的英国、德国转移过来的。本章的几节内容，除了说明中国古代煤炭工程技术思想的演变外，还要具体说明为什么中国古代煤炭工程技术到了明清，发展到了顶峰而不能产生突破性的飞跃，相反，开始落后于欧洲了。我们清楚，单凭煤炭工程技术领域的一些史料和问题分析，是不可能回答李约瑟难题的，但是可以从一个侧面提供解决李约瑟难题的研究资料。

第一节　古代煤炭工程技术思想的演变

一项技术的产生、发展，受到多种因素的制约和影响，有技术内部各种矛盾因素，也有技术外部环境因素。煤炭工程技术，是由找煤技术、凿井技术、采煤技术、支护技术、运煤技术、提煤技术、排水技术、通风技术、地下照明技术以及煤炭加工利用技术等环节构成的体系（或称为系统）。每一个技术环节（或称为要素）在系统中所占的位置及发挥的作用，是随系统发展阶段的变化而变化的，每一个技术环节变革对技术系统整体所产生的影响大小也是随系统发展阶段的变化而变化的，导致每一个技术环节变化的原因在技术系统发展的不同阶段也是不同的。

一、古代煤炭工程技术体系各环节位置、作用的演变

在煤炭工程技术处于萌芽阶段，尤其在新石器时代晚期至汉代初期，找煤技术、凿井技术、采煤技术是主导环节（主导要素），其他技术环节都是次要的，甚至有的技术环节尚未出现。在这一阶段，古人寻找到煤层之后，以挖掘露天坑或沿煤层挖掘较短的斜井或平峒采煤为主，所以寻找煤炭、寻找适宜的工具，能比较省力地把煤破碎取出，成为这一阶段的主要问题，而提升、通风、排水、照明等技术环节尚未提到日程。隋唐至宋元，煤炭工程技术体系逐渐形成，凿井、采煤、支护、运输、提升、通风、排水、照明以及煤炭加工利用技术等技术环节都已出现，并且相互制约影响，其中提升技术上升为主导技术，制约着煤炭工程技术体系整体功能的发挥，成为煤炭生产力水平高低的标志性技术。此外，通风、排水技术的重要作用也逐渐显示出来。因为随着开采深度的增加，煤窑内空气不足、涌水量增加，不解决空气流通问题，不排除煤窑积水，便不能继续采煤，便不能保证采煤者的安全。

明清时期，尤其到了清末，古代煤炭工程技术体系臻于完善，这时的主要技术环节不仅有提升技术，而且有通风技术、排水技术。此外，运输技术、照明技术、煤炭加工技术，也对煤炭工程技术系统整体功能的发挥产生一定影响。运输工具的改进，直接影响着煤炭生产效率和成本，影响煤炭产品在市场中的竞争力。明火照明常引发瓦斯爆炸，人们不能不去考虑照明灯具的改进。煤炭洗选的优劣、型煤技术的好坏、炼焦技术的高低，都直接影响着煤炭生产的数量、质量和效益，从而影响煤炭工程系统整体功能的发挥。

所以，古人考虑改进煤炭技术，在不同发展阶段上，有着不同的侧重点和技术难点。而每一个侧重点和技术难点的解决，对煤炭工程技术体系形成与发展的影响是不一样的。

二、古代煤炭工程技术体系各环节的变革对系统整体的影响

在古代煤炭工程技术体系中，找煤技术、凿井技术、采煤技术、支护技术、运输技术、提升技术、排水技术、通风技术以及煤炭加工技术的变革，都对系统的发展产生或大或小的影响，而其中对系统整体影响最为显著的是找煤技术、凿井技术、提升技术、通风技术、排水技术和炼焦技术。这几个技术环节，影响到古代煤炭工程技术体系的完善和突破，尤其是提升、通风、排水技术的根本性变革，成了

区别古代煤炭技术与近代煤炭技术的主要标志。

1．找煤技术对古代煤炭工程技术体系的影响

找煤是采煤的前提，只有先找到了煤，才谈得上用什么方法去采煤，只有找到了储量较大的煤田，才能形成较大规模的开采工程。

找煤技术要解决的问题，不仅要说明哪里有煤，而且要说明煤的储量有多少，是什么品种的煤，煤层赋存情况如何（煤层倾角、厚度、走向、围岩性质、地质构造等情况如何），这些因素直接影响着开拓与采煤方法。

我国先秦（战国末期）时期，人们已掌握了一些找煤方法，能大概推断出什么地方有煤。《山海经》中说："女床之山，其阳多赤铜，其阴多石涅"，"风雨之山，其上多白金，其下多石涅"，是人们根据采煤实践所获得的感性认识而作出的经验性判断，符合部分地区的情况，但不具有普遍的规律性。这种找煤方法与早期零星拾取、简单挖掘的开采方法是相一致的。

由先秦至宋元明清时期，人们在长期的生产实践基础上，积累了丰富的找煤经验，能从煤层外露特征、煤层与植被关系、煤层与岩层关系等方面去寻找煤炭。这些经验知识经过学者概括总结，形成了古代找煤的理论与方法。比如《天工开物》、《颜山杂记》、《物理小识》以及一些地方志，都记载有古代的找煤方法，其中《颜山杂记》的记述尤其详细，对煤炭生产起着有益的指导作用。但是这些记述基本上停留在经验层次上，尚未达到规律性认识。例如，《颜山杂记》卷四所说"脉正行而忽结，礓石阻其前，非曲凿旁达不可以通，谓之盘锢"。只讲了煤层断层的存在，未说明断层造成煤层位移的规律性以及如何根据煤层位移规律性去寻找煤。所以古代煤窑一旦碰到断层，一般是废弃旧井，另开新井，或者绕过断层，"曲凿旁达"。古代煤炭工程规模较小，其原因除受提升、通风、排水等技术因素制约外，也受到找煤技术的重要影响。到了近现代，找煤技术对煤炭工程的影响就更加突出，如果找煤技术环节不能提供关于煤田储量、煤炭品种、煤层地质构造的精确资料，就无法建设现代化煤矿。

2．凿井技术对古代煤炭工程技术体系的影响

凿井技术由凿井方式、凿井工具、凿井工艺所组成。新石器时代晚期，古人挖坑取炭，逐渐形成露天炭坑和水平炭穴（平峒）。露天炭坑的演变、发展，形成了后来的露天采煤工程技术体系。水平炭穴的演变、发展，形成了后来的地下采煤工程技术体系。由于受煤层地质条件的限制和古代生产工具水平的制约，露天采煤工程技术体系在古代并未形成自己的特色，从所用的采煤工具到采煤、装煤、运煤方法，都和地下采煤工程相差无几，生产规模也很小。而地下采煤工程技术体系，由于凿井方式和工艺过程的不同，演变成为平峒开拓工程体系、立井开拓工程体系和斜井开拓工程体系。所以，凿井技术成为划分煤炭工程技术体系类型的重要标准。

3．提升技术对煤炭工程技术体系的影响

提升技术由提升工具、提升动力、提升程序所组成。古代提升工具有桔槔、辘轳、绞车，提升动力分人力和畜力，提升程序分单向提升和双向提升。提升工具、提升动力、提升程序的每一次变革，都提高了工程技术体系的整体功能，提高了煤炭生产力水平。从有文字记载时起至清代晚期，古代煤炭工程技术体系中，技术环

节变革最为明显、变革力度最大的是提升技术，它是古代煤炭工程技术体系性质、水平的重要标志。宋元以前，以辘轳提升为主，宋元之后，特别是到了清代中晚期，辘轳、绞车并用。清代晚期畜力绞车相当普遍。然而古代煤炭提升技术始终未能在动力上突破人力与畜力的禁锢，因而古代煤炭技术只能停留在手工操作阶段。正是在提升技术环节上，使得清代中国古代煤炭工程技术与同时期的西方近代煤炭工程技术区别开来，显出落后的差距。

4. 通风技术对煤炭工程技术体系的影响

通风技术，由通风系统、通风工具组成。通风系统的合理性，依赖于通风原理的科学性。通风工具的选择、配置，既有赖于通风系统的合理设计，又有赖于通风机具的性能和所用的动力。迟至宋元时期，古代煤矿已有了比较科学的自然通风系统，到了清代，有了人力通风机械和其他加强井下风流的措施。但是，直到19世纪80年代，我国的通风技术仍然停留在自然通风与人力通风的水平上，与同时期西方采用蒸汽通风机通风方法相比较，我国已显得落后和逊色，严重制约着煤炭开采的深度与广度。

5. 排水技术对煤炭工程技术体系的影响

排水技术，由排水工具和排水系统构成。在煤炭生产规模较小的古代早期，开采系统简单，排水方法就是肩挑、人抬，或者挖排水沟自然流出（在平峒开拓的条件下）。到了宋元时期，生产规模扩大，工程系统比较复杂，有了专门的排水井和专用的排水工具（辘轳、水桶等）。明清时期，尤其到了19世纪下半叶，辘轳、绞车、水桶、牛皮包、唧筒、木制水车都成了排水工具，在一定程度上解决了古代煤窑排水问题。然而随着煤井深度的加大，地下涌水量增加，有些矿区，排水成为首要的问题，需要安排大部分煤矿工人去排水，严重影响生产效率，并限制着采煤深度。排水技术成为制约古代煤炭工程技术体系进一步发展的严重障碍。

6. 炼焦技术对煤炭工程技术体系的影响

炼焦技术，是煤炭加工的重要方法之一。原煤经过烧炼后得到的焦炭，是古代冶炼金属、炊爨烤火的上佳燃料。自宋代发明炼焦技术之后，煤炭身价倍增，社会用煤量急剧增加，凡生产焦煤的煤窑生产规模迅速扩大，炼焦成为煤炭生产发展的新的增长点。由炼焦引发的煤炭加工利用思路，也影响后人去寻找煤炭深加工的方法。炼焦技术是由古代以开采为主、功能单一的煤炭工程技术体系转变为近现代开采与加工并重、功能多样的煤炭工程技术体系的关键技术环节。在古代炼焦技术的基础上，发展为近现代的煤炭干馏技术、煤炭气化技术、煤炭液化技术。随着社会经济的发展，社会整体科技水平的提高，尤其是现代全球性的可持续发展问题的提出，煤炭加工利用技术能否解决烧煤的污染问题，将是决定煤炭工程技术体系发展的关键，决定煤炭是否应该继续用做燃料的大问题。

考察古代煤炭工程技术体系的发展变化，联系现代煤炭技术发展的现状，可以看到这样的现象：古代，采煤（广义的采煤）技术在煤炭工程技术体系的发展变化中起着主导作用；近代，采煤技术与加工利用技术在煤炭工程技术体系中都起重要作用；现代，煤炭加工利用技术在煤炭工程技术体系中起着越来越重要的作用，在不久的将来，将变为主导作用。

三、引起古代煤炭工程技术变革的若干原因

工程技术变革，有技术系统内各种关联因素引发的内因，有技术系统外各种外在条件引发的外因。企图弄清文字记载资料不多的古代煤炭工程技术体系中各个技术环节的变化原因，是十分困难的。我们只能从现存古籍和考古发掘资料中，看到煤炭工程技术体系中的某些技术环节发展变化的线索和梗概。总体来看，中国古代煤炭工程技术的产生、发展，受中国古代农业技术的影响较大，煤炭工程中所采用的某些工具、方法，有些是从农业中直接转移过来的，有些是受农业技术启发而改进的。但古代煤炭工程中某些主导技术的变革，主要是由煤炭工程技术体系内一些矛盾引起的，在社会用煤需求的影响下，人们经过艰苦劳动而完成的。

1．农业技术对煤炭技术的影响

我国是以农为本的文明古国，古代农业科技成就辉煌，农业技术对其他产业的影响很大，对中国古代煤炭工程技术的影响尤为明显，具体表现如下：

第一，煤炭工程中最初的挖煤工具是由农业工具直接转移过来的。前文说过，古代挖煤用的铁锹、铁搭、镢头（镢头后来演化为刨煤的镐），是农业上翻耕土地、兴修水利的工具。农民在农余去挖煤，把这些工具带到了煤窑。

第二，煤炭工程中最初开挖露天煤坑、开凿井峒的技术方法，是从农田水利工程中开挖水渠、开凿水井的技术方法转移过来的。再经过长期的实践、改进，逐步形成后来专门的特殊的凿井、开巷工艺。

第三，煤炭工程中的重要工具——提升工具，最初也是从农业工程中转移过来的。前文说过，古代煤窑用作提升煤炭、排除积水的桔槔、辘轳，是从农业转移过来的。经过实践改进，由辘轳发展为人力绞车、蒸汽绞车（近代）、电动绞车（现代）。

第四，煤炭工程中的运输工具，最初是由农业中转移过来的。如古代的挑筐、水桶、扁担，是农业工具拿到煤窑上应用的。明清时期在煤窑中应用的木矿车，是在煤炭生产实践基础上经过改进的运煤工具，但仍保留着农业上应用的独轮车、平板车的痕迹。

第五，古代煤炭工程中的手摇风车、手摇（或脚踏）水车也是农业工具的转移应用。手摇风车很早用于农业，元代王祯《农书》“农器图谱集之九”中载：“《集韵》云：飏，风飞也。扬谷器。其制：中置簨轴，列穿四扇或六扇，用薄板，或湖竹为之。复有立扇、卧扇之别。各带掉轴，或手转，足蹑，扇即随转。凡舂辗之际，以糠米贮之高槛，槛底通作扁缝下泻，均细如簏，即将机轴掉转扇之。糠粞既去，乃得净米。”清代中后期手摇风车被移用于煤矿。

综观中国古代前期古人的煤炭技术思想，以直观、模仿为主，把农业上应用的技术方法直接应用到采煤工程上。到了古代中后期，古人开始应用逻辑推理方法改进煤炭技术，改进生产工具，突出表现在提升工具的不断改进上。

2．古代煤炭工程技术体系的关键环节——提升技术的变革

技术系统内的各种矛盾，在生产实践中不断暴露和不断解决，技术便向前发展。在古代煤炭工程技术体系中，提升技术的变革表现得最为突出。

制约和影响提升技术的因素主要有四个：一是材料，二是结构，三是动力，四

是应用环境。只要其中的一个因素发生变化，都可能引起提升技术的变革。

古代煤窑用的第一代提升工具是桔槔。它由木料或竹料制作的支架、起吊长杆构成，利用杠杆原理起吊煤炭，把煤从井下提到地面，虽然省力，但提升煤炭的间歇时间过长，提升煤炭的高度（井深）过小。这种从农业转移过来的提升技术，如果没有创新改进，便无法适应煤炭生产的发展要求。随着煤炭开采深度的加大，辘轳提升取代了桔槔提升。古人选用辘轳作为第二代提升工具，也只是技术的简单转移。辘轳是从农业工程中转移到煤炭工程中来的技术。早期的辘轳也是木料制成的，但它的结构与桔槔完全不同，它由圆形长毂、横轴、摇手把、支架与绳索组成，绳索缠绕在长毂上，绳端系上吊筐（或吊桶），手摇圆形长毂，绳索上下运动提升煤炭（或水），比用桔槔提煤，提升高度加大，提升效率增加。但是木质长毂和手把容易损坏，不够安全。靠人力摇动圆形长毂的这种结构，长毂直径不能太大，用人也不能太多，限制了辘轳的提升深度和提升能力。随着生产实践的发展，煤炭开采深度的增加，人们研究出人力绞车取代辘轳提升。

绞车是古代煤窑的第三代提升工具。它克服了辘轳的一些缺点，提高了提升深度和提升能力，延长了使用寿命，提高了安全性。绞车较之辘轳有两点作了改进。一是结构有所改进：绞车的圆形长毂（即滚筒）不是架设在井口的支架上，而是安置在离井口一定距离的地面上，人摇动滚筒比较方便，并可以适当多加人力，适当加大长毂直径，还可以改用畜力来拖动绞车（叫马拉绞车）。应用绞车提升时，原来用于支撑辘轳的井口支架上装一个导轮（绞车绳索在导轮上滑动，导轮起着改变绳索运动方向和支撑绳索压力的作用）。正是在这一点上使绞车与辘轳区别开来。绞车比辘轳有所改进的第二点是材料的改进。为了克服木质辘轳易坏的缺点，绞车木滚筒通常用铁条或铁皮箍起来，使之变得坚实牢靠。引起辘轳变革的原因主要是应用环境的改变。辘轳在农业上应用，主要是提水灌溉，相对于提升煤炭来说，使用的次数少，也不要求有很大的提升速度和提升能力。但在煤窑中应用辘轳，提升频繁，长年使用，容易暴露辘轳固有材质与结构的弱点，不能很好适应煤炭生产发展的要求。所以人们针对辘轳在生产实践中暴露出来的弱点，加以改进，把辘轳改变为绞车，以适应煤炭生产环境的要求。随着科技的进步，动力的革命，应用于提升煤炭的绞车也不断更新换代。如果把以人力（或畜力）作动力的绞车称为煤炭工程的第三代提升工具，那么以蒸汽为动力的蒸汽绞车就属于煤炭工程的第四代提升工具。第四代煤炭提升工具的出现，是由蒸汽机革命带来的结果。蒸汽提升机即蒸汽绞车是古代煤炭工程技术体系转变为近现代煤炭工程技术体系的标志性技术之一。蒸汽绞车在中国煤炭工程中应用，是从19世纪70年代末开始的，由于蒸汽机的强大驱动力，使提升绞车能力增大了几十倍。电力革命发生后，电动绞车又很快在煤炭工程中出现，这是煤炭工程中的第五代提升工具。蒸汽和电力绞车的提升速度和效率，不能与人畜力绞车同日而语，它们都属于近现代煤炭工程技术体系的技术范畴，这已是后话。由煤炭提升工具的变革可以看出，一项技术的进步，主要取决于材料、动力、结构等技术要素的变化以及这些要素与生产实践之间出现的矛盾的解决。

第二节 明清两种矛盾的矿业政策对煤炭工程技术发展的影响

明清时期，中国人口明显增加，由元末的五千多万人，增加到清代中期的三亿一千多万人；农业、手工业有了很大发展，以钢铁为主的铸冶业和以砖瓦、石灰为主要材料的建筑业都得到极大发展。尤其是明代开始萌发资本主义经济，涌现出一大批商人，煤炭作为重要商品在市场上流通的范围不断扩大，在市场上流通的速度不断加快，城乡人民尤其是城市居民需求煤炭炊爨的心理日益强烈，而政府为扩大利源，维护封建统治，先后颁布了不少政令、措施，鼓励、扶植煤炭生产，这是一方面。另一方面，封建统治者又不愿看到大量煤利落入私商手中，课以重税，抽取煤利，对一些能获厚利的煤窑则实行官营。还有，煤窑是穷苦人民最集中的地方，煤窑工人被迫起来反抗剥削和压迫的事例经常发生，影响社会安定，甚至威胁封建政治统治。因此，封建统治者（特别是一些地方官吏）有时候又反对开采煤矿，明令禁止采煤，或以种种借口，阻碍煤炭工程的进行。再有，长期形成的封建迷信思想，也常常影响煤炭工程的进行，封建统治者常以“风水”、“龙脉”为由，宣布某地区为禁止采煤区，普通百姓中也有由“风水”问题反对采煤的。所以明清政府对煤炭开采的政策，既有鼓励一面，又有抑制一面，这是封建社会的基本矛盾在煤炭工程技术领域中的反映。

一、招商承办政策的实施

随着社会对煤炭需求量的大幅度增加，原来的煤炭生产方式已不能满足社会需要，明清政府开始调整煤炭生产政策，鼓励煤炭生产。其主要的措施是实行“招商承办”政策，煤矿由矿商承办开采。

招商承办政策，在清初开始实行，但其酝酿过程可追溯到明代嘉靖、万历年间。

明嘉靖九年（公元1530年）皇帝朱批：“凡山泽之利，除禁例并民业外，其空闲处，听民采取，及入官备振”[1]。规定矿业一般由民间自采，政府只负责收税。明万历年间，这一政策已在一些煤矿中推行。明神宗认为，煤乃民间日用之需，若官督开取，必致价值倍增，京城家家户户何以安生？所以他主张实行民间自行开采的政策。

清初，“鉴于明代竞言矿利，中使四出，暴政病民。于是听民采取，输税于官，皆有常率”[2]。清代第一任云贵总督蔡毓荣，在《筹滇十疏》中力主矿业废除官办，改为商办，“听民开采而官收其税”[3]。雍正十三年（公元1735年），两广总督鄂弥达、广东巡抚杨永斌主张煤觔“听商人在县议纳虚粮开采售卖”[4]。乾隆四年（公元1739年）奉天府府尹吴应权奏请“采煤之法，召募诚实有力商人出本雇民开采”[5]。雍、乾时期，一些地方官纷纷奏请招商开采煤炭，得到朝廷批准。于是，这一政策在煤矿行业中得到了较普遍的推行，显示出它的力量。

首先，这一政策调动了民间开办煤矿的积极性。许多商人，为谋取矿利，纷纷携资前往报请开矿，认充开采。例如，广东出现了商人争相请办煤矿的形势。雍正年间，广东“煤觔 所出日广，商人获利日多，纷纷告争，自愿增税承采”[6]。商人争相报采，甚至愿意增加煤税，既是受政策的召唤，又是为煤利所吸引。雍正十三年（公元1735年）商人查复兴承办曲江县煤场，自愿每年认拿税银三千两[7]。乾隆年间商人肖天裕等三人认开曲江煤场；张古兴、林玉英、林巨旺等商人承开嘉应、平远二州等处煤山；彭奕才、曹仁兴等认开南海县煤山；商人符觉伦承开河源县煤山；商人黄温和承开嘉应州属冰洪坑等处煤山[8]。花县中洞煤山也被商人承开[10]。广东商人纷纷请开煤矿的情形，在其他煤炭产区也有出现。

煤商不仅积极承办煤窑，开采煤炭，而且积极承办与煤窑生产有关的大型工程。例如，乾隆二十七年（公元1762年），北京西山地区的煤窑泄水工程就是交商承办的，由宛平县商民赵邦庆等"动帑兴修"[11]。到了嘉庆六年（公元1801年）这条排水沟已经倾塞，其修复工程仍是交商承办。《钦定大清会典事例》卷九五一载："清嘉庆六年奏准，宛平县之门头沟各煤窑，旧有泄水石沟，长六百八十丈有奇，倾圮淤塞，难以开采，借给帑银五万两交窑户承领兴修，以利民用。其所领之项，分作七年完缴"[12]。

不过，清政府实行招商承办的政策表现出时紧时松的特点，当煤炭需求量加大，煤炭供应不足，燃料发生困难时，发动商民招商承办，以解困境。如乾隆二十六年（公元1761年），"煤价渐为昂贵，著工部步军统领顺天府等各衙门，会同悉心察勘，煤旺可采之处，妥议条规，准令附近邨民开采，以利民用"[13]。乾隆四十六年（公元1781年），因"煤价较前昂贵"，下令"现在西山一带产煤处所尚有未经试采者……照例招商开采"[14]。至嘉庆六年（公元1801年）五月，"煤价渐高"，清政府又是搬出老办法，"饬令该二县（宛平、房山）出于晓谕，诏令各商迅速开采，以期煤广价平"[15]。不仅如此，有些民窑被没收入官，成为官窑后，也继续招商开采。如乾隆三十四年（公元1769年），宛平县如意煤窑被"刑部奏明入官"后，仍旧"招商开采"[16]。

值得注意的是，清代招商承办的煤场，并非都是官山，有些是私人山场，同样也招商认采。譬如，据直隶总督周元理于乾隆四十年（公元1775年）四月奏报：热河"民人霍天运认采白马川庄头杨汉州山场内煤窑一处，又民人马锡贵认采彭家沟庄头朱铭山场内煤窑一处，又民人潘延龄认采门子哨荒山内煤窑一处，均勘明并无违碍，该区试采半年，煤旺窑成，该庄头情愿租给，应请准其认充，给帖纳税开采"[17]。

煤炭开采，由商民承办，带有资本主义萌芽性质，鼓励了商人开矿获利的积极性，有些商人远往外地经营煤窑，促进了煤业的发展。例如，有的徽州煤商到广东去认采煤窑。所以，招商承办政策的实施，使民办煤窑数量激增。据乾隆二十七年（公元1762年）统计，北京西山仅宛平县属煤窑就有450余座[18]。"在热河附近备案开采的煤窑也有十九处之多"[19]。

其次，招商承办政策，促进了商品经济的发展，提高了煤炭在商品市场中的地位，煤的流通领域更广了，煤的应用区域更广了，煤与广大人民生产和生活的联系更密切了。有资料说明，自明末至清，在各种矿物产品中，煤的商品率是最高的，煤比任何其他矿产更为普遍地进入市场。例如，北京西山地区的煤炭，绝大多数投入北京市场，供京城人民炊爨与手工业生产之需。因此煤炭产量与市场煤价，有直接关系。煤炭生产形势不好，京城煤价就上涨，所以朝廷一直关注煤炭生产形势。不仅北京，山东、山西、河南、河北、陕西、四川、辽宁、湖南、广东等省，也都如此。煤价与煤的生产紧密联系着，说明清代煤炭商品化的程度已经很高，只要运输方便，煤炭便投放市场。如四川秀山县所产的煤，大部分向外县贩运，“县人烧之，千之一也”[20]。陕西韩城的煤炭，一方面由水路运出，一方面人背骡驮，行销范围很广，“由韩而郃（今合阳）、而朝（今朝邑）、而同华（今大荔、华县），自河达渭以及长安（今西安）周至之西，载以易粟，岁以为常”[21]。山东峄县在乾隆嘉庆时期，煤炭买卖兴盛，“商贾辐辏”[22]。

由于招商承办，煤炭靠市场供应，明清时期出现了一些挟有巨资的煤炭商人。不少人因贩卖煤炭而发家。如明代山西有煤商押运十几船煤到北京贩卖，获利十余万两[23]。

招商承包开采煤炭，促进了煤炭的买卖，有利于采煤业的发展，有助于煤炭业中的资本主义萌芽。不过，明清时期封建的经济政治制度仍占统治地位，商品市场的发展是很有限的，煤业的资本主义萌芽不可能有过快的发展，多数煤窑，生产量小，主要是当地自产自销。贩销煤炭的商人多数是小本经营，人挑畜驮，随运随卖，销售量不大。交通不便的地区，不过是零担买卖而已。

第三，招商承办政策的实行，加速了资本的集中。一方面，通过商品交换，社会上一部分资金集中到煤窑主或煤业商人手中；另一方面，在煤业内部，有的窑主或煤商，或由于经营不善，或由于意外灾害事故，导致破产，顺利发展的煤业主则资本越来越雄厚。据清光绪《峄县志》卷七记载，在乾隆、嘉庆年间，许多显贵大族皆由煤炭起家。“方乾、嘉时，县当午道，商贾辐辏，炭窑时有增置，而漕运数千艘，连樯北上，载煤舫数百石，由是矿业大兴，而县诸大族，若梁氏、崔氏、宋氏，以炭故皆起家，与王侯埒富”[24]。清乾隆《丰润县志》卷六也载：“食其（煤）利而成富室者众矣。”不过煤业主中真正可“与王侯埒富”的并不多，较普遍的是中小型的煤商富户。

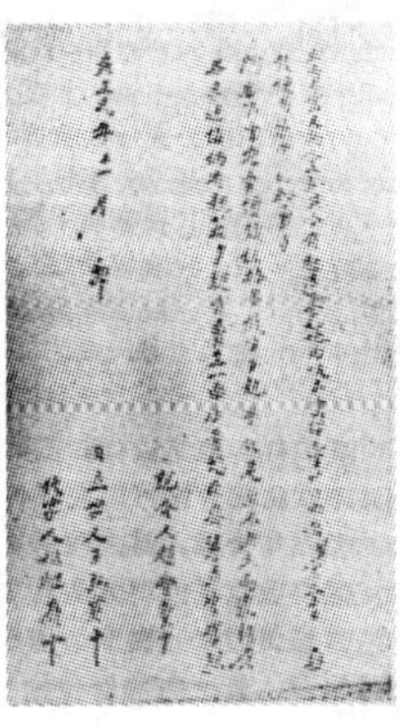

图4－1 雍正二年王弘英卖窑合同（图片采自《历史研究》1956年第10期）

有些煤商通过购买煤窑权益股份不断扩大投资范围。史学家邓拓曾在京西地区搜集到一批煤窑合同，其中一部分反映了煤窑权益集中的现象。如雍正二年（公元1734年）十一月初十日的一张卖窑文约上写道：“立卖窑文约人王弘英，今有祖遗李七地内坑子窑，按一百廿日，内有英窑三十日。为无钱使用，凭中人说和（合），卖与阎名下，言定价钱五十吊钱，当日亲手收足，并不欠少。两家情愿，各无反悔。……恐后无凭，立字存照”[25]。（图4－1）合同中的阎家，是门头沟地区比较有名的世代窑主[26]。除上述一例外，阎家还陆续收买了不少煤窑权益，如乾隆十二年（公元1747年）七月，从马恒达、万仲良手中收买了安家坟窑业五日；乾隆二十八年（公元1763年）正月，从刘柏恒手中，同年三月及乾隆三十八年（公元1773年）十一月，从李成德手中，乾隆四十七年（公元1782年）八月，从安世裕手中接连收买了一批煤窑的权益股份[27]。

这是资本主义萌芽之初的资本兼并现象。一般而论，资本的兼并、集中，有利于改进生产技术，扩大再生产。那么，煤窑权益股份集中于大煤商，按理应该促进煤炭技术的改进。但是，由于明清资本主义萌芽非常脆弱，不可能形成比较发育的市场经济，地区间、行业间生产要素的重新配置（尤其是技术要素的转移）受到重重阻碍，特别是清代道光之前闭关锁国，中国处于完全自我封闭状态，与国际交往甚少，对西方发生的科技革命和产业革命几乎一无所知，根本不了解蒸汽机革命的强大力量，自然只有沿用传统的手工生产技术来进行煤炭生产。煤炭工程技术的发展，只是规模的扩展、工艺的改良而已。在封建的自然经济为主的体制下，煤炭工程技术的小改、小革已经能够满足社会的需求，同样的道理，其他手工业行业的小改、小革也能满足社会的需求。欧洲的蒸汽机革命不可能在中国发生，原因就在这里。

二、禁矿政令的不时颁布

明清时期，在中央和地方统治集团内部，一直存在着鼓励开矿与禁止开矿两种意见的争论。一部分掌权者主张并鼓励开采煤矿，制订一些有利于煤炭生产发展的政策；另一部分人则主张禁止开采煤矿，不时在自己权力范围内颁布一些禁止开采煤炭的政令，或上奏皇帝，力主禁止采矿。两种主张、两种政策，从根本上说，都是从维护封建统治的目的出发，但两种政策的实施后果却不同，禁矿政策严重阻碍采煤业的发展，阻碍工程技术的改进，这是影响工程技术发展的一个重要因素，值得分析研究。

根据有关史料记载，就煤炭行业而言，主张禁矿的主要理由有二：一为妨碍“风水”、“龙脉”说，是封建迷信思想的反映，涉及文化背景问题；二为防患“安全事端”说，是封建统治者害怕煤窑工人的心态，涉及政治观点问题。

自古以来，封建统治者为了维护其统治，极力宣扬皇权神授思想，皇帝乃上天之子，乃黄龙转世，“天子”出生于风水宝地、龙脉之乡，“天子”及其亲属皆有“风水”和神龙保佑，才有享不尽的荣华富贵。这种迷信思想不仅在封建统治阶级中根深蒂固，而且深深影响到平民百姓，这是阻碍科学技术发展、阻碍人们接受新技术的重要原因之一。这在明清矿业政令中，尤其在晚清矿业政令中，表现得十分突出。明清统治者和乡绅认为，龙脉是一邑或一地兴旺之所系，开采煤窑要掘重泉、伤地脉，破坏风水，破坏龙脉，去吉趋凶，去福招祸。因此，必须禁止挖煤。至今，有些矿区还存有当年的禁矿碑碣，碑文大都有“全地气完整”、“保龙脉畅旺”、“维一邑生命之源”等字样。明清地方志中大量记载着有关封禁煤窑的事件。如安徽宣城横山一带的煤窑，屡被封禁，理由就是挖了龙脉，不利全邑。康熙四十三年（公元1704年）县令薛某曾主持“捐买（禁）碑二十八座，使十里之内，处处有碑”，有人还为此写了一篇《宁郡龙脉纪事》[28]。又如，山东蓬莱有一块清代《禁开煤窑告示碑》，碑文云：本县“米珠薪桂、火食颇艰”，但因“风水攸关”、“各绅士纷纷呈禀批饬示禁”，强行将煤窑封闭，并宣布“自示之后，如有不法棍徒仍蹈前辙者，本县定行按律究办，决不姑宽，勿谓言之不早也”[29]。

如果煤层附近有皇帝陵寝，煤窑被禁采更是常事。北京西山地区是明代皇帝陵寝所在地，西山煤窑被禁大都与此有关。明正德元年（公元1506年），北京浑河山采煤场被禁，理由是“与皇陵京师相近，恐伤风水”[30]（表4－1）。

从表4－1可见，明代从朝廷到地方官吏，因风水、龙脉理由宣布某地区禁止采煤，是比较常见的。

表4－1 明代北京和安徽禁矿情况举例表

序号	年月	地点	禁矿单位或禁矿人	简况
1	正统十二年（1447年）	北京芦沟河东	朝廷	有伐山凿石之禁，太师英国公张辅纵家奴即其地辟煤窑，都察院请罪辅，上特宥之
2	成化元年（1465年）	北京浑河、大峪口	朝廷	令都察院申明煤窑禁约，锦衣卫时差人巡视，敢有私自开掘者，重罪不宥
3	成化十五年（1479年）	北京西山戒坛寺周围	明宪宗	皇帝立碑谕：不准恃强势要，私开煤窑，煤窑不许似前挖掘，敢有不遵朕命……悉如法罪之不宥
4	成化二十一年（1485年）	北京西山	朝廷	近来军民人等往往投托内外势要，开窑取煤，巡视者畏其声势，莫敢谁何，宜严加禁约
5	正德元年（1506年）	北京浑河	朝廷	山场与皇陵相近，恐伤风水，申严禁约，不许勋戚势要之家，凿石取煤
6	万历十三年（1585年）	安徽宣城横山	太守寥县令陈	勒碑禁止采煤
7	万历年间（1573—1620年）	安徽贵池馒头山	巡抚赵	禁止挖煤
8	万历三十七年（1609年）	北京西山过街塔		王顺聚众盗开煤窑，其地盖天寿龙脉，奉旨发禁
9	天启二年（1622年）	安徽淮北符离集	知州祁承	把三千煤徒尽行解散。使各还故乡，一意禁山，毋令再窥利，杜后日之忧
10	崇祯十年（1637年）	安徽贵池馒头山	知县田瑞龙	立碑永禁

注：根据《明实录》、《大明会典》及有关地方志和档案资料编制。

在力倡风水之说的人中，有的人是为取得皇帝或上司好感纯属夸大其词、张扬其事的。如康熙二十八年（公元1689年）五月，刑部奏请将在爨岭沟所开煤窑予以封禁，其理由是此地距陵寝仅十三里，有碍风水。又如，北京西山香峪村煤窑，自康熙年间以来，朝廷一再以逼近安亲王坟为由，严为封禁。直到乾隆年间，经工部查勘，认为以风水之说禁采，纯属无稽之谈，因为煤窑距王坟十余里，风马牛不相及[31]。在力主风水之说的人中，有的人自己未必相信风水之说，只是为了趋炎附势，讨好皇帝或上司。这种人在历史上，有的附势升迁，官越做越大，对社会的危害越来越大，但也有因拍马屁拍错地方，被马踢了一脚，丢了官。如乾隆五十二年（公元1787年），孟生蕙奏请停开昌平县矿产，理由是为了“安畿辅数百里内之坤舆”[1]（坤舆，即大地）。说得煞有介事，连乾隆皇帝见了，都大发雷霆，训斥说：“措语更属荒诞。京城外西山北山一带开采煤座及凿取石块，自元朝以来迄今数百余年，从未闻以关系风水，没有例禁”[1]。（乾隆所说的是有道理的，但不符合事实，西山禁矿常有其事）结果，“原折著掷还”、“孟生蕙著交部严加议处”[32]。这个孟生惠不过是为了讨好皇帝，以求赏赐，结果自讨没趣，落了个受训斥和查办的下场。

为解决所谓“风水”问题，清代曾有人主张制定一个开窑界限。如两江总督德沛，曾于乾隆七年（公元1742年）七月二十二日提出，“凡近城池及古昔帝王圣贤陵墓者，去二十里外，有碍民舍坟茔堤岸通衢者，去五里外，其余地方悉听本地民人开采赴地方官报名领照”的办法[33]。但由于划地过宽，并未引起朝廷重视。

因“风水”而禁矿，是封建文化桎梏煤炭生产发展的一个表现，因“风水”而反对应用先进技术的事例是封建文化桎梏煤炭工程技术发展的又一个表现。如，清代晚期，唐山开平煤矿于1881年修筑了一条长7.5公里的运煤铁路（是中国的第一条铁路），遭到当地绅民反对，原因是铁路（主要指火车的汽笛声）破坏“风水”，影响“龙脉”，造好的铁路不叫铁路叫“马路”，不敢用火车头拉煤，仍用马拉煤。

禁矿的另一原因是所谓治安问题。力主禁矿的统治者认为，煤窑“聚众藏奸”、“良莠混杂”、“滋事生非”，会危及封建秩序、动摇封建统治。明万历时，内阁辅臣曾对北京西山煤窑的情况发出过这样的议论：“煤利至微，煤户至苦，而其人又至多，皆无赖之徒，穷困之辈……一旦揭竿而起，辇毂之下皆成胡越，岂可不念！”[34]清嘉庆四年（公元1799年）皇帝断言：“西山煤窑最易藏奸”[35]。山东峄县的地方官也认为：“游手黠民，簧鼓其说……聚四方不逞之徒于荒埤广野间，府盗薮逃，椎埋劫杀，往往见告，缓之则作奸乱法，急之则铤而走险”[36]。清代，随着煤窑开采区域和开采规模的扩大，统治者对煤窑“聚集滋事”的忧虑亦越来越大，一些朝廷大臣及封疆大吏越来越以此为禁开煤矿的理由。乾隆五年（公元1740年），虽然朝廷下令废除煤禁，鼓励开采煤炭。但却遭到一些地方官的消极阻抑，如，河南巡抚雅尔图以下面的理由反对开采煤窑：“伏查开采煤窑定在山野。利之所在，人必争趋，不但聚众藏奸，且一切争夺、打降、刨人坟墓诸事，势所难免，虽竭力稽查禁约，而人众难防，必致滋扰地方。……难保无积盗巨奸混迹其内，深山旷野之中，倘州县一时照料不到，将见命盗之案益复繁多，殊非妥便……”[37]有些地方官则因惧怕滋事影响自己的官位而力主封禁。乾隆十年（公元1745年），主张开发煤炭的御史和其衷指出，封禁煤窑的原因是“向来地方官员自愿考成（只注意自己的考核升迁），唯恐生事，虽屡经有人奏请开采，而终阻抑未行”，此乃“因噎废食之计”[38]。

由于顾虑煤窑工人聚集生乱，许多地方官宁可让人民蒙受薪柴紧缺之苦，也不准开办煤窑。已开办的则强行封闭，这种事例层出不穷。如明代天启初年，宿州知州祁承爜在处理煤窑工人斗争事件时，采取的上策就是“群逞之流，多方解散……一意禁山，毋令再窥利。如此则既弥目前之衅，且杜日后之忧”[39]。乾隆四年（公元1739年）三月初六日，直隶提督永常奏请开设热河古北口外煤窑，“以济兵民艰窘事”。但是朝廷议复却认为“口外界连蒙古，一经开采煤窑，势必聚众多人，奸良莫辨，致生事端，驳复未准”，但事后经查，其地“实与蒙古远不相涉”[40]。嘉庆年间，吉林将军富俊等请开煤窑，朝廷开始也以“近边聚众，流民潜踪滋事，防查难周”而驳回[41]。有的地方官为了防止生事，甚至带领兵弁，武力驱赶煤窑工人，强制封闭煤窑。如乾隆十年（公元1745年）四月，为驱赶湖南湘潭县挖煤游民，长沙知府等带兵前往，将所谓“首犯”捉拿捕获，穷民驱逐解散，将煤窑工人居住的“各处蓬厂尽行拆毁”、“所挖煤垅将土石尽行堆砌，永远封禁”[42]。

禁开煤矿，违反历史发展规律，与民意相悖，所以累禁不止，禁了又开，开了又禁，乃至“私采”、“盗挖”事件屡见不鲜。如乾隆三十九年（公元1774年），盛京（今辽宁）高朴等奏称：锦州等地一些煤窑封禁后，由于“烧柴渐缺，日用维艰，往往无知旗民”“乘夜私挖，经地方官访闻惩禁，久久费查拿”，“致烦案牍”[43]。老百姓不听禁令，夜间私挖，而官府拿不胜拿，查也查不过来，颇能说明问题。又如湖南湘乡、安化二县煤窑，乾隆二年（公元1737年）准行开采，至七年（公元1742年）封禁，十一年（公元1746年）年弛禁，至十六年（公元1751年）又封禁，三十五年（公元1770年）又弛禁，“时开时禁”[44]。安徽宣城的煤窑明清两代也多次闭、开，人们称之为“主闭主开，首鼠两端”[45]。北京西山地区煤窑在明代的正统十二年（公元1447年）、成化元年（公元1465年）、成化十五年（公元1479年）、成化二十一年（公元1485年）、正德元年（公元1506年），也曾一而再，再而三地宣布禁采，但始终未能封禁，说明禁矿之令不得人心，不合民意。

封禁煤窑，影响人民生活，弛禁开采又带来许多麻烦，影响治安，这使明清的矿业政策陷于进退维谷的矛盾之中。怎样解决这个矛盾，明代似乎未找到办法，清代前期有了一点办法，就是采取兴利防弊的方针。清代一些主张开发煤炭的官吏，大都提出了防范煤窑工人滋事的措施，概括起来，主要措施就是立法，并主张立法要严。如乾隆四年（公元1739年）七月十六日，奉天府府尹吴应枚在奏折中就明确指出：“立法严而奸匪无纷扰之虞”[46]，乾隆明确提出了兴利防弊的方针，“兴利防弊，唯在董事者经理得宜，自足以弹压。”他谕令地方官，开煤窑必须“酌议规条”，要将“一切经理事宜悉心妥议具奏”[47]。

在兴利防弊思想指导下，清代统治者为防止煤窑工人“生乱”，煞费苦心制定了许多条规，各地在请开煤窑奏折中也无不写上防范措施。这些措施归纳起来大致有以下几个方面：

第一，委派官员（甚至带领兵弁），驻防矿区，随时稽查弹压。如乾隆二年（公元1737年），在开发湖南湘乡、安化煤山之前，湖南巡抚高其倬决定“于二县选委和县以上试用之员诚实勤慎者各一员，给以日费，并令酌带存公银两前往山洞，就近驻扎，严密稽查”[48]。乾隆四十年（公元1775年），在开采内蒙古察哈尔镶蓝旗德布色克地方煤窑之前，察哈尔都统常青等人决定“由归绥道派委附近巡检一员在彼巡察，该同知往来稽核，如日后煤旺人众，另请移驻专员，以资弹压。察哈尔都统亦派旗员一员，兵十名，设卡防守”[49]。广西融县马巩一带煤垅（包括铅矿），设书记、巡拦、巡役共十二名[50]。

第二，设立底簿（又称印簿、循环印簿，即工人登记表），稽查所雇工人。如河南密县一向“刊发册式”，“设立印簿，给发窑户，令将佣工人等姓名、籍贯、来去缘由”，“按旬开报，以凭稽查”。县令“不时携册密赴该窑逐加查点，如有年貌不对，姓名互异，人数不符者，将窑户、工头责处，以儆其余”[51]。北京西山的办法则是，“将每日雇募工人姓氏、年貌、籍贯逐日填注，按季送县查核”[52]。辽宁的做法是“饬地方旗民各官转发山主、商人，令其按季开造雇募人夫等花名细册，报明地方官申送将军及臣衙门（指奉天府）存案，仍不时委员查察，如有匪类纷争滋扰之处，即严拿惩究”[53]。各地所采取的具体办法稍有不同。

第三，在煤矿区也推行保甲制度。如安徽省在乾隆十年（公元1745年）规定：“仍于采煤之处，各设窝头，照依保甲之法，以十人为一牌，十牌立一甲长，互相稽查，一人为匪，同牌连坐，并遴委干员，不时稽查弹压，朔望按名查点”[54]。

第四，煤窑只准雇用本地人，不准雇用外地人做工。其目的是防止内外勾结。如山东省在乾隆五年（公元1740年）规定：产煤之处“凡有雇用人夫，必用本籍之人，取具地邻等各结，无许外方人等充冒，致生事端”[55]。河南也规定：“所有用工人等务在本处雇觅，按工给价，听其去留，不准预支工钱”，“倘敢故违定例，不遵旧章，仍与外人合伙开采，雇用游民工作者，一经查出，定将该窑户与具结人等严加究办”[56]。又辽宁“恐外省民人聚集煤窑”，“为流匪假托之地”，遂将外地民人一律设法遣散回籍，并要每个窑工取邻居保结，证明是本地人才能雇佣[57]。

第五，划定矿区活动界限。煤窑工人只准在界限内活动。如乾隆四十年（公元1775年），内蒙古察哈尔规定，煤窑范围在“离山一里以内之地”、“掘壕为界”、“严禁越界”[58]。

从上述五个方面的措施可以看出，封建统治者为防患煤窑工人的反抗，真可谓绞尽脑汁、煞费苦心，这表明清代阶级矛盾十分尖锐，人民生活困苦。明清特别是清代采取的许多“防弊”措施，是影响煤炭工程技术发展的一大障碍。但是，所言封禁政策并不是在整个时期中都占主导地位，只是在某些时候、在某些地区，以封禁为主。封禁政策与鼓励开矿政策，是社会阶级矛盾的产物。在阶级社会中，工程技术的发展，总是要受到阶级矛盾的制约和影响的。

第三节　税课对煤炭工程技术发展的影响

一、明清煤税政策

上一节说到明清煤业政策的矛盾性问题，其中主张开采煤炭的一方，并不是完全出于满足人民的需要，更多的是考虑到“收自然之利”，收取课税，充实政府银库。然而明清的课税政策，虽有鼓励开采的一面，而更多的时候是实行高额课税，或层层征收、重复征税，使煤业主苦不堪言。这种税收政策，既影响煤业主的积极性，也使业主没有更多的积累用于改善工艺，扩大再生产，必然在一定程度上影响技术的进步。

煤税，是明清政府的一项重要收入。从皇帝到地方官吏，对收取煤税都十分关注。如清雍正十三年（公元1735年）六月十五日，两广总督鄂弥达、广东巡抚杨永斌上奏朝廷说：在开采煤炭的过程中，要根据实际情况，逐渐增加政府的煤税收入，“期于公务有济，亦不致病商”，不能“徒令商人独专其利”，“致公事不济用”[59]。因此，大凡报请开采煤窑，都要清楚地写明：“照例领帖输税”，“按例缴纳税银”，“照当税之例领帖办税”之类的话。在朝廷批复或皇帝朱批中，也都要提出作价办税的问题。如乾隆三十九年（公元1774年）十二月，对请开内蒙古察哈尔地方煤窑奏折的谕旨中，明确提出“着察哈尔都统常青等”将“作价征税”办法，定议具奏。可见朝廷对煤税是抓得很紧的。

明清煤税，项目繁多，其征取方式主要有下面几项：

1．抽份。即规定一定的抽份比例收取煤税，这种办法从明初已开始实行。洪武二十六年（公元1393年）规定，“凡龙江大胜港俱设立抽份竹木局”，对竹木薪炭进行抽份。煤炭的抽份例为十二分取二[60]；永乐十三年（公元1415年），税率下降，煤炭抽份例为三十分取二[61]；嘉靖十四年（公元1535年），煤炭抽份又改为三十分取三，至嘉靖二十四年（公元1545年），“煤砟免抽份”[62]。清代，一些地方仍实行煤炭抽份。乾隆三十四年（公元1769年），对宛平县被刑部没收入官的如意煤窑，除去成本（人工、窑柱费）后，按十二股抽取二股计[63]。

2．固定税银。即按年或按月、按季收取固定的煤税。这种办法，既便于官吏掌握和征收煤税，又鼓励商民开办煤窑的积极性。不管生产多少煤，只固定收取一定的税银，余下的收益全归经营者所有，出煤越多，获利越大。收取固定煤税的办法，明代已开始实行，至清代，成为收取煤税的主要形式，在煤窑批准开采的同时，也就规定了缴纳煤税的办法和税额。

全国并没有统一的税银定额标准，大致根据出煤条件、煤窑规模，产煤多少及收益情况来征收。各地或同一地在不同时期，掌握收税额度不尽相同，甚至差别悬殊。例如，乾隆五年（公元1740年），广东巡抚王安国疏称，他那里煤炭税额自一二十两至一二百两不等[64]；广东煤商在曲江县开采煤窑，每年输银三千两[65]。乾隆四十年（公元1775年），内蒙古察哈尔的税额是“每窑一座每年征课银六两”[66]；嘉庆年间，宛平、房山二县煤窑，每座交纳课银六十两，吉林的一些煤窑则交十七两六钱八分[67]，乾隆十六年（公元1751年），广东开采煤窑的税银，南海县为一百二十两，花县为一百两，河源县为八十两，番禺等地仅为数十两至一百两，而曲江县高达三千两[68]。各地税银差额相当大。

煤窑生产条件不断变化，各地煤窑之间的条件差异也很大，有的煤窑产煤越来越旺，有的则每况愈下，因此，根据实际情况来制定或修改税额是必要的。乾隆五年（公元1740年）十一月初一日两广总督马尔泰提出一种较为可行的办法：“饬令该管地方官确勘山之大小，煤之硗腻，随其厚薄以定每年纳饷之数。如可纳数百金者则纳数百金，如仅可纳数十金者则纳数十金。”乾隆十六年（公元1751年）五月初一日，两广总督陈大受、广东巡抚苏昌奏报办理煤饷章程时也讲：“办理之法当视之产煤之衰旺，定课饷之多寡，报部之后，果其倍加旺盛，即应增纳饷银，如或出产衰微，亦应量减课额，倘煤尽山空，自当报部封闭，豁免应征银两”[69]。这些颇具见识之言，对后人也不无启迪。然而朝廷对出煤越来越多的煤窑更为注意，十分强调“出煤既多，利益日增”，不能“仍照旧额输税”[70]。而在煤窑生产衰退时，朝廷往往不准减税。

3. 以粮代税。部分省区对一些在民地上开采的煤窑，往往不收煤税，只按原来的定额纳粮，实际是以粮代税。如，山东省于乾隆五年（公元1740年）奏请“民间输粮之地，免其纳税”，不另征收煤税。这种办法在江南、江西、浙江、四川、云南等许多地方都曾施行过[71]。一些煤利不大的地区，地方官皆对此办法称便。

4. 抽取实物。清顺治六年（公元1649年）规定按四则收取税煤。上则纳税煤一千五百斤，中则千斤，下则五百斤，下下则二百五十斤[72]。

除上述煤税外，还有各级地方政府科派的煤炭税，煤炭运输中的关税、口税、桥税等，名目繁多。但征收煤税并不都是很严格的，免收或减收的情况也常有，特别是当煤炭生产不好，煤价昂贵，影响民心和社会安定时，统治者常放宽煤税，甚至免去煤税。如明代正统十二年（公元1447年），英宗曾下令大同军民自取石炭，免纳课钞。明万历三十二年（公元1604年），免支北京西山受灾煤窑三个月的税银。清顺治十年（公元1653年），批准免收煤税。清雍正十年（公元1732年）二月，皇帝决定将西宁一带“应征税钱宽免”，并命令“该督抚转饬有司，实心稽查，倘胥吏有照旧私收或借端需索者，务令查出治罪”[73]。对交通不便、难于销售、产量小、开封不定的边远山区煤矿有时也给予免税。

表4－2　明代煤税举例表

序　号	年　代	地　点	税例及征税简况
1	洪武二十六年（1393年）		凡龙江大胜港俱设立抽分竹木局，十二分取二：松木……煤炭
2	永乐十三年（1415年）		令竹木局照例抽分。三十分取二：石灰、石炭
3	正统十二年（1447年）	大同山西数处	漕运总兵并各处巡抚官工部左侍郎周忱等奏：大同山西数处，产有石炭，军民小户烧用，亦被巡拦抽分纳课，深为不便。上曰：军民自取石炭，免纳课钞
4	嘉靖十年（1531年）	卢沟桥	令煤砟已经卢沟桥抽分，给有小票，未曾过限者，通积等局不许重征
5	嘉靖十四年（1535年）		题准：煤砟每三十分抽取三分
6	嘉靖二十四年（1545年）		题准：煤砟免抽分
7	嘉靖三十一年（1552年）	大同	大同全灾……（令）以该镇煤税、盐税等银及预备仓粮赈济

表4-2（续）

序号	年代	地点	税例及征税简况
8	万历十九年（1591）年	京西三家店	汝安王妃讨三家店桥税，已经得旨，工部尚书曾同亨以三家店往来货物不过煤炭柴草之类，原无抽分明例，先经豪家索取，已行严禁，私税方革，官税复兴，事体人情无一可者，乞亟行停止
9	万历二十五年（1597年）	北京西山	内官监监官王朝奏开西山煤窑，每年变价五千两，年终解进。有旨：准开取，以济工用。如有附近势豪侵霸违抗的，着指名参处究问
10	万历二十六年（1598年）	北京西山	西山煤监王朝进内库银三千两，奉旨：以后府卫首领州县佐二以下都兵千把总等官，听你责委，如有疏虞，必罪不宥
11	万历二十七年（1599年）	北京	命皇庄地土、果树、煤窑，俱归上林苑监管业征收，欺隐者坐之。从御马监太监张隆之奏也
12	万历二十九年（1601年）		浙江矿监刘忠进银内库煤价银四百三十三两
13	万历三十年（1602年）	山西	内官奏：山西煤窑，每年变价五千两，有旨：开取
14	万历三十一年（1603年）正月	北京	辅臣等疏请撤采煤内监王朝，并停煤税。……辅臣言：煤利至微索……今言利者壅蔽圣聪，搜索太细，不顾叵测之虞。令王朝回监应役，其原管窑座照上林院监事例征税，解监进用
15	万历三十一年（1603年）二月	北京	内监陈永寿承王朝撤回后，仍令民窑三则征收，妄谓会议已定，行委县官照数催征，业得旨矣。顺天府尹许弘纲具疏执争：谓查勘官窑仅一二座，其余尽民窑。并未会议，何忍横征？请撤永寿并罢其法
16	万历三十二年（1604年）七月	北京	大学士沈一贯等恳请：西山被灾窑户当恤。谕户部：朕悯西山被灾窑户……水占窑口免征课银三月
17	万历三十三年（1605年）十一月	北京西山	内官监陈永寿进秋冬煤课银，帝曰：畿辅煤窑系小民日用营生，除官窑煤砟内监采用外，民窑税课，尽停免之
18	万历三十八年（1610年）	山西保德州	旧规：石炭每年纳税银一两八钱……三十八年知州胡椨尽行蠲除……立石垂戒，未几复旧辙，炭户苦之

表4-2（完）

序号	年代	地点	税例及征税简况
19	万历间	陕西韩城	龙门之炭，源源济济，陕以西咸需之。……顾时窘于税，何计以宽也
20	天启六年（1626年）四月	卢沟桥等处	卢沟桥竹木额供外宜查租制，原有五口子煤税，每年解银万两。……得旨：芦沟等五处煤税准免征

注：根据《明实录》、《大明会典》、《续文献通考》及地方志、档案资料汇制。

表4-3　清代煤炭课税举例表

序号	年代	地点	税例及征税简况
1	顺治元年	门头村下咀窑	月课
2	顺治六年	宛平房山	煤窑分为四则：上则税煤千五百年斤，中则千斤，下则五百斤，下下则二百五十斤
3	顺治十年		令：煤税累民，概予豁免
4	康熙六十一年	宣化采马坡各窑	每年共纳课银三千两
5	雍正十年	西宁北川口外	贩卖每驮税三十文，每年收银三千两，该年将煤税宽免
6	雍正八年至十三年	广东曲江县	八年承采商每年收银二百两，十三年改为三千两
7	乾隆五年	广东	税额自一二十两至一二百两不等
8	乾隆五年	湖南、甘肃	听民试采，免其抽税
9	乾隆五年	山东	输粮之地免其纳税，官地官山照当商之例，领帖纳税
10	乾隆五年	云南	税粮地界，不纳税
11	乾隆五年	甘肃	地瘠民贫，自行采挖，免议其税
12	乾隆五年	广东	根据山之大小，煤之硗腻，随其厚薄，以定纳饷之数
13	乾隆五年	房山、曲阳	有粮民地，无庸纳税
14	乾隆五年	怀来	粮地自行开采，官山照例纳税
15	乾隆七年	两江、江宁	无主官山，每年租银二两
16	乾隆十六年	广东南海	令五商各输饷银三千两
17	乾隆十六年	曲江	每年输银三千两
18	乾隆二十二年	广东阳春	每年输银五十两

表4－3（完）

序号	年　代	地　点	税例及征税简况
19	乾隆二十六年以前	广东嘉应	每年输银五十两
20	乾隆三十年	广东龙门	每年输银四十两

有关明清时期收纳煤税的方式、标准、差异，我们根据有关史料汇编了一个煤税举例表（表4－2、表4－3）。对明清煤税政策的综合分析可以看到，下述几种情况，对采煤业和煤炭工程技术的发展，都是很不利的。

一是煤税过高。如明初洪武年间制定的石炭抽份例为十二分取二，高达17%之多，系高额征税。清代有时也这样，如雍正十三年（公元1735年），商人查复兴承开广东曲江县煤山，认交饷银三千两，后因煤产不旺，无力按原数缴纳，广东巡抚报请朝廷酌减，但朝廷“议驳未准”。后又有彭有才等五人承开广东南海县煤山，各认交饷银四百两，报朝廷后同样被驳回，严令五人各交饷银三千两。这样不分青红皂白，高额征收煤税，必然压得煤商难以承税，无法好好开采。

二是层层征收煤税。煤炭从井口产出到运往市场卖出，并非一次交税即可，有的地区多次重复交纳，有所谓商税、牙税、关税、口税等。如明代嘉靖十年（公元1531年）下达的关于“煤砟已经卢沟桥抽分，给有小票，未曾过限者，通税局等不许重征”〔74〕的命令，可以从反面证明重复征税现象的普遍存在。又万历十九年（公元1591年）前后，汝安王妃奏讨三家店桥税，只因工部尚书的反对，才未实现〔75〕。在封建统治时期，有权势的官吏、皇亲等人，都可以巧立名目加税商民，商民之重负可想而知，这是很不利于商品经济发展的，自然会对生产与技术的发展带来重重阻力。

三是政府强行课派、无偿调用以及地方豪强的敲诈勒索。这些现象在明清是比较普遍的，只是大多不见于官方典籍，而在碑文石刻或地方志中有所记载，例如，山西五台县的“禁止征取煤炭碑”（存五台县文化馆），河北井陉县的“禁革四乡驼煤驴”、河北蔚县的“禁给官府运送煤炭碑”以及山西保德州地方污吏大肆侵吞煤税事件〔76〕都说明了这个问题。

二、煤税对煤炭生产技术发展的影响

煤税的高额课征、层层加派和豪强勒索，对煤炭生产发展的影响十分不利，一些地区的煤业，因此而衰落。例如，陕西韩城地区，明代煤炭开采原先十分兴旺，煤炭买卖市场也很活跃，煤炭行销秦晋两省，黄河上运煤船只往来如梭。然而，沉重的赋税使韩城的煤业无法继续发展，真是“时窘于税”〔77〕。

高额课征煤税，不仅直接影响煤炭生产发展，而且导致煤商破产，煤窑工人难于度日，激起人民的不满情绪，引起社会动荡不安，进一步影响社会生产和人民生活。如乾隆十九年（公元1754年）五月二十八日，广东巡抚鹤年奏报南海县、河源县煤商彭奕才、曹仁兴、符觉伦等无力措办煤饷一事，很有代表性地说明了这一问题。这三位煤商在乾隆初年申请承办煤窑，“各认饷银四百两，原非各商乐从，但当日事在创始，志图获利，勉力报效”。然而，“所开各山，垅小煤瘠，均以资本亏折，饷项未清，拮据难办，旋即告退。”但是朝廷不依不饶，严令逼索，“叠奉行追各商，均令仍照三千两之例重追。遵经屡年勒追”，终于弄得三人家破人亡。煤商曹仁兴仅开煤窑十个月，因无力纳税，被弄得“家产全无”，本人沦落他乡，“流丐无踪”；煤商彭奕才被逼索致病身亡，“家产全倾，妻儿离散”；煤商符觉伦被弄得“家产全无，久患癫狂病故”[78]。高税额造成无人承采，煤税当然无从征收，这与统治者的愿望适得其反。更有甚者，矿税成祸，引起人民反抗。明万历年间，采煤内监王朝，在北京西山矿区苛收煤税，大大超出了窑户、窑工以及烧煤者所能承受的程度，万历三十一年（公元1603年）终于激起煤业工人的不满情绪，人们走向北京街头，“黧面短衣之人，填街塞路，捧揭呼冤”。逼使神宗皇帝于万历三十三年（公元1605年）下令“除官窑煤砟内监采用外，民窑税课，尽停免之”[80]。

第四节 采煤执照制度实施的作用

一、明清的采煤执照制度

随着社会对煤炭需求的增加和招商承办政策的实行，煤炭与社会生产和人民生活的关系越来越密切，一些煤商所获煤利的丰厚，也令许多人对煤发生兴趣，于是私采、盗采煤炭之事常常发生，乱采、滥采现象日益严重。为了加强对煤窑生产的控制与管理，确保煤税收入、防患窑工闹事，明清政府逐步实行了采煤执照制度。

实行采煤执照制度，始于明代后期，至清代普遍实行。采煤执照，又叫煤照、煤票、窑照、印票、龙票、煤窑证。凡开采煤窑者，首先要向政府申请报批，政府同意后，发给采煤执照，可以从事煤炭的开采。对采煤者来说，执照是获准采煤的合法凭证。对官府来说，执照是核查煤窑，征收煤税的依据。实施采煤执照制度，目的是不准私自开采煤炭。

古代何时开始宣布不准私自开采煤窑已不可考。不准私自开采煤炭的文字记载，清代典籍较多，如康熙二十八年（公无1689年），刑部题：民人徐度忠私开煤窑，应充发。其总领以下各官，并降罚有差，所开之窑，永行禁止[81]。康熙六十一年（公元1722年）议准：宣化小西口一带煤窑“悉行禁止私采”[82]。乾隆三十九年（公元1774年）十二月，兵部侍郎向朝廷奏报“查出私窑”结果[83]。清政府还规定了具体的法律条文，对私开煤窑者按律治罪。对北京西山一带地方的规定是“私自私开窑卖煤者，问罪枷号一个月，发边卫充军”[84]。乾隆七年（公元1742年），两江总督德沛在奏折中也称：“倘有无照私开……按律治罪”[85]。

清代实行煤照的普遍性，表现在各省所报告的开采煤炭办法的奏折中，差不多都要提到每座煤窑发给执照一张之类的规定。乾隆五年（公元1740年）直隶总督孙如淦奏请“开采煤窑”称：由各地方官发给照票。乾隆三十六年（公元1761年），热河一带的办法是“每窑一座，召募殷实良民一人，取具地方官印各结，申送热河道，给予印票开采”[86]。乾隆七年（公元1742年）两江总督德沛奏报江苏江宁等地的办法是煤炭“悉听本地民人开采，赴地方官报名领照，无主官山每照一张……如系民产，应听业户自便，或自开或出赁，亦报明地方官存案，给照据”[87]。吉林省的办法“照奉天煤窑试采章程给票”办理[88]。

开采煤炭的窑商，不仅要在采煤执照上所指定的地点和范围内开采，而且，窑商更换要缴换新照；煤窑停闭也要上报官府，将煤窑执照缴回，否则要继续收税。清代档案中有不少因“煤尽山空，请求停采，把窑票缴回”的奏折。如乾隆四十年（公元1775年）“煤商高對，领票两张”，在锦州马鞍山开窑二座，四十七年（公元1782年）不出煤砟，“将原领窑票二张呈交前来”[89]。窑商若另开煤窑，也要“换给执照开采”，将原执照撤销[90]。

采煤执照制度在明代已开始实行，一份来自北京门头沟世代开窑的焦姓家谱中“七世”项下写道：“（焦）云桂，享年三十九岁，崇祯十六年为争煤窑证死于东厂狱中”[91]。煤窑证即采煤执照。为争煤窑证而进大狱，说明煤窑证对于窑主是至关重要的。

采煤执照的形式和具体内容，因地而异。邓拓曾搜集到一张乾隆四十九年（公元1784年）的执照，是直隶布政司发给北京门头沟窑商徐友松的，十分珍贵。该窑照全文如下：

窑　照

钦命直隶等处承宣布政使司伊为印发窑户执照事，案蒙前任总督部堂袁批，前司议详：宛平、房山二县已未开采煤窑，为数较多，且产煤山场但系西山一带，地方僻远，前设循环印簿，又经议停，则窑户之有无私开停闭，及各窑有无藏奸等情，均难随时查考；应请照依提督衙门规定章程给照之例，每座应发司照一张，给予认采各商收执。自赴所认窑口，加工开采，一俟煤旺窑成，即照例详请给帖输税。如各商内有年老事故顶替者，即行查明，缴换新照，以杜争执私开之弊，等因，详蒙批允行知遵照在案。今据宛平县将认开窑座详请给照前来，合行颁发。为此，给照本商收执，照依后开山场窑口界址，自备工本，赴窑开采。一俟煤旺窑成，即照例报明，领帖输税。该窑户仍照前议，自行互相稽查，如有窑夫聚集滋事，即赴县呈明究处；倘有窑户凌虐窑夫，短克工价等弊，许别窑户报县审明详究；若彼此容隐不报，别经发觉，即照知情不报例，加倍议罪。并即设立底簿，将每日雇募工人姓氏、年貌、籍贯，逐日填注，按季送县查核，造册过报查考。其报开窑座，如开采之后，有闭歇停止者，亦随时禀报本县，查验确实，详明停闭。倘该商有藐玩不遵者，一经查出，定行照例详革，究治不贷，须至照者。

计　开窑商徐友松，年四十九，身材中、面紫、微鬚，系顺天府宛平县人，认开门头沟村德意窑煤窑一座。

东　至　　为　界　　南　至

西　至　　为　界　　北　至

右照给窑商徐友松准此

直隶布政司　　布字　　拾　号

据此可知，窑照一般包含下列内容：

1. 窑商姓名、年龄、身材、面貌特征、籍贯。

2. 认开煤窑所在地点，煤窑名称，窑区范围。

3. 由认采商收执窑照，享有煤炭开采权，凭本窑照赴窑开采，绝不允许无照私开。

4. 规定窑商有以下责任、义务：俟煤旺窑成，必须报告政府主管部门，领取司帖，按规定纳税，不准偷漏；自行稽查，防止窑夫“聚集滋事”，亦不准凌虐窑夫；设立底簿（工人登记簿），将每日雇募工人姓氏、年貌、籍贯逐日填注，按季送县查核，造册呈报查考。

5. 开采后有闭歇停止者，随时到县禀报，经查验确实后，方准停闭，窑照缴回注销；各窑商有年老事故顶替者，也要报明政府，缴换新照。

各地、各时期的采煤执照，尽管其形式、措辞不尽一样，但基本内容不外以上几项。

二、贪官污吏借“采煤执照”勒索营私

由于开采煤炭要得到政府批准，要事先领取执照，而开煤窑一般又能较快获利，因而煤商为了取得执照，往往采取各种手段，甚至不惜以重金贿赂官员，暗通关节。乾隆五年（公元1740年）五月十五日，河南巡抚雅尔图向皇帝奏报安阳县民艾学曾等在京师谋开煤窑就是一例。艾学曾为开采河南安阳县水冶地方煤窑，“钻寻履亲王门上太监李姓谋干此事，议定谢银一千五百两”，事情未果，又“钻寻诚亲王嬷嬷之子赵七，亦议定给银一千五百两，赵七应允”，但还是未果，艾学曾再钻寻一在京候选知县陆碧（江苏举人、河南前抚臣尹会的亲戚），议定谢银三千两。此外，艾学曾还托兵部书办程五“与之说合”。后事发被查[92]。一些贪官污吏则借发放采煤执照之机，收礼受贿，敲诈勒索，大发横财。《清文宗实录》记载：“宛平县属西山一带，开采煤窑向在该县领取执照。乃有蠹役朱姓、梅姓，串通书吏平姓，勒索多费，以致煤户纷纷歇业。”此时，伪造窑照，用过期窑照招摇撞骗者亦有之。说明“谕帖文票”、“龙票”得之不易。

有鉴于此，一些官僚、缙绅等权贵，往往通过各种门路得到煤照，获取厚利。如辽宁烟台有吴姓者，因有军功，乾隆年间领得龙票一张，进行煤炭开采，获利甚大；辽宁复县五湖嘴的煤窑，由郑亲王家仆陈嘉璟、刘俊于乾隆三十七年（公元1772年），各自从户部领得龙票进行开采[93]。又如嘉庆八年六月二十二日，盛京（今辽宁省）将军晋昌奏报：“锦州镶黄旗闲散福捷，情愿领票在锦属松岭子界原奏山场名目以内沙锅屯东山坡开采煤咋……义州正蓝旗闲散玉璐，情愿领票在义州界夏蒙沟一脉相连之二沟屯北官山坡开采煤砟”[94]。由此可看出，到清代中晚期，在一些煤产量比较多的地区，龙票（采煤执照）成了权势与财富的象征，甚至龙票成为地域划分的标志。如，辽宁省的北票和南票这两个地名，就因龙票（煤照）而得名。龙票上规定矿区位置一南一北。在南者为南票，在北者为北票，久而久之，南票、北票成了地名。

采煤执照的出现，是我国矿业法规和煤炭资源管理上的一大进步，不仅大大方便了政府对煤窑的控制与管理，也使滥开煤窑、争讼斗殴事件大大减少，对保证煤窑生产环境的相对安定、促使窑主改进采煤工程，提高技术工艺水平是有积极意义的。这一制度的建立和实施，对于我们今天对小煤窑进行依法管理仍有借鉴作用。

第五节　明清煤窑管理对煤炭工程技术发展的影响

管理，一方面涉及自然关系方面的问题；另一方面涉及社会关系方面的问题。这两方面的关系直接或间接影响工程技术的发展。明清时期，煤窑管理，由过去的农余副业的个体农业劳动管理方式进入到手工业行业管理方式，出现了专门的管理组织、专门的管理人员和专门的管理章程。然而，总的来看，明清煤窑管理，虽然出现了某些资本主义的萌芽，但其主导思想、主要方法、主要手段仍是封建主义的。管理的封建性、落后性乃至野蛮性，严重影响煤窑工人积极性的发挥，影响煤窑主扩大投资、改进生产技术工艺的积极性，从而严重限制煤炭工程技术的发展。下面我们从明清煤窑的所有制性质、经营管理方式、用工方式、分配制度以及政府宏观管理等五个方面，来看明清煤窑管理对煤炭工程技术发展的影响作用。

一、明清煤窑所有制性质

古代煤炭生产，从经营角度考察，经历了三个阶段，即个体农业劳动方式阶段、手工工场阶段、联合经营阶段。

个体农业劳动方式阶段，是古代最早的小煤窑生产方式。它是一两人或几个人（多系一家人或亲戚），应用简单的工具（与一些农具无多大差别），在农余时间挖煤；不需要多少投资，也不需要专门的组织领导，挖取出来的煤炭，主要是供自己使用，或有少量剩余煤炭供本地村民使用。这种早期的、原始的煤窑生产，不存在雇主与雇工的剥削关系，像个体农业劳动一样，自产自用，产量很小，季节性很强，农隙为之，农忙则止，完全是农业的附属。

继之手工工场阶段。随着社会的发展，人民对煤炭的需求日益增加，个体农业劳动方式的煤窑生产已不能适应社会对煤炭的需求，因而逐渐发展到手工工场生产阶段。这一阶段的主要特征是：首先，煤窑生产投资大大增加，非一般地主、更非个体农户能力所及，而要由携带一定资本的煤商进行投资；其次，生产的目的主要是为满足市场的需求，供应手工业生产和村镇居民生活用煤，不只供应本地区，甚至远销外省区；再次，生产规模增大了，通常是有十几人、几十人乃至几百人在生产，虽然有的煤窑生产仍带有季节性，但已不是个体农业的附属。这种煤窑已有专门的管理者和专门从事煤炭生产的专业人员；第四，出现了雇主与雇工的剥削与被剥削的雇佣关系，阶级对立日趋明显。

再者煤窑联合经营阶段。联合经营是指几个煤窑主联合起来进行煤炭生产。这种情况多发生在煤窑群集、煤炭生产比较发达的地区。联合的目的：一是可以集中更多的资金用于扩大生产；二是解决某些技术难题，如排水问题、通风问题或运输问题；三是增强市场竞争的能力。

古代煤窑的三个发展阶段，到了明清，尤其是到了清代，都可以看到它们的具体形态。在清代，个体农业劳动方式的煤窑，仍然比较多，尤其是在边远山区，交通不方便的地区更是如此；手工工场式的煤窑在清代普遍存在，占主导地位；联合经营的煤窑，数量较少，仅在有些地区出现，它对煤炭工程技术的发展起着促进作用。邓拓对北京西山地区煤窑所做的调查很好地说明了联营煤窑的内在目的及其作用。他在文章中写道：顺治十三年（公元1656年），西山的樱桃园窑、天井窑、水沟窑、道儿窑、风口窑、常儿窑、风门窑、下坟窑、上坟窑、李家地窑、菜园窑、桥儿头窑、枣园窑、水泉窑等十四座煤窑“伙本落尾开做”，资本集中，对“落水之窑”可以有较多的资金排除积水，而对“落尾之窑”可以补充资金，接续开采。雍正十三年（公元1735年），上椹子海窑、巧利窑、沙果树窑订立合同，联合经营，因为“三窑原系一脉，巧利窑、上椹子海窑又于沙果树窑泄水，三窑非伙不能生利”，合同并议定“不许反悔，先悔者罚白米十石，仍不许开窑”。乾隆五十年（公元1785年），吉兴窑与平和窑联合经营，煤斤由平和窑拉出，共出工本，“赔赚均摊”[95]。前文（第三章第四节）中所说京西门头沟窑户联合修建排水沟一事，也是联营的一种方式。它对生产发展和技术进步都有重要作用。京西门头沟煤窑的联合生产，为近代门头沟煤矿使用蒸汽为动力的水泵排水，创造了很好的条件。

明清煤窑，从所有制角度来看，存在着三种所有制并存的情况。有封建官僚所有的官窑、个体农户所有的民窑、自由民（商人）所有的商窑。

官窑，是由官府或官吏控制经营的煤窑，营利所得全部归官府所有或官吏个人所有。官窑一般由政府或官吏派人经办，如明代太监也曾派人在北京西山经营煤窑。官窑中有一种军队开办的煤窑（多在边远要塞地区），由士兵开采，采出的煤炭供军队烧用。官窑的数量不太多，并有日益减少的趋势。但是有的官窑是官吏依仗权势，强占民山、强夺民利所得，影响恶劣，对煤炭生产与工程技术的发展起着一种破坏性的作用。例如，乾隆后期不可一世的大官僚和珅，利用权势在西山碧云寺一带开煤窑，滥采滥挖，弄得泉水枯竭，连皇帝都震怒了，令将主持煤窑的筆贴式某交刑部严审，但四个主审官慑于和珅的权势，其中两个借故而去，其中一个不发一言，审案结果可想而知[96]。

民窑，主要指个体农户自发开采的小规模煤窑，这种民窑沿用传统的简单采掘技术进行煤炭生产，没有跳出自给自足的自然经济范畴。

商窑，广义而言，也是民窑，这里所说的商窑，专指以满足市场需求而进行生产的煤窑。商窑通常是由煤商一人或数人投资而开办的煤窑，若是数人共同投资，其利润按投资股份的多少进行分配，带有近现代股份企业的性质，但只是股份制的萌芽，并没有一套经营管理的章程。股东中有的就是当地拥有煤矿地权的地主，地主以地皮折价入股分红。并不是拥有矿地的地主都必定参股分红，有的地主只与煤商议定类似地租性质的占地补偿钱，每年固定从煤商手中取得一定的款项，与煤窑生产销售好坏无关。商窑在明代开始出现，清代相当普遍，有的煤商拥有巨资，实力雄厚。商窑的出现，是中国资本主义萌芽在煤炭行业中的表现。商窑的产生和发展，推动了煤业生产和煤炭工程技术的发展，加快了一些煤炭开发较晚的地区的前进步伐，把一些先进的采煤技术和经验从一个地区带到另一个地区，加速了先进技术的扩散、转移，像前面（第三章第三节）已讲过徽商携巨资到广东承办煤窑的做法，就起到了这种作用。

大量的史料表明，明清中国的煤商（承办煤窑）虽然是资本主义萌芽的一种表现，它代表新的生产关系，对生产力（包括其中的科学技术）起着促进作用，确实使采煤业规模扩大了，使古代煤炭工程技术局部得到完善。但是，终因先天不足，后天环境恶劣，它一出现就受到了强大的封建生产关系的束缚，乃至受到强大的封建势力的摧残，它的发展是非常有限的，它的先进性的发挥也是非常有限的，它对技术发展的推动作用最终也未能突破手工操作的框框。所以，直到19世纪下半叶，中国的煤炭工程技术主体仍然是人畜绞车和人力拖筐再加“水龙”及手工刨煤。中国煤炭开采技术的新突破，发生在19世纪下半叶（确切地说是19世纪70年代末），从手工生产跃入近代机器生产的力量，不是中国土生土长的煤商，而是接受了西方商品经济熏陶，并具有近代科学技术意识的买办商人唐廷枢。唐廷枢（广东香山县人，任过上海海关总翻译、怡和洋行总买办、轮船招商局总办，被清政府授予福建候补道官衔），1876年受命于李鸿章，筹办开平煤矿，可以看成是中国古代煤矿与近现代煤矿之间承上启下的人物。正是他，起草并实施了中国煤矿业第一个明显具有资本主义性质的招商章程——《开平矿务局招商章程》，通过集股筹集开办煤矿的资本；也是他，成功地引进西方先进的采煤机器，建成了在中国具有示范作用的近代煤矿——开平煤矿。开平煤矿，采用蒸汽绞车提升，蒸汽水泵排水，机械通风机通风，解决了古代煤矿进一步发展的关键技术问题，使中国煤炭工程技术产生一个飞跃，进入了近代发展阶段[97]。

这里，我们可以看到一个历史事实，是腐朽而又顽固的明清封建生产关系束缚了中国古代早已发展起来的煤炭工程技术，是腐朽而又顽固的封建势力压抑了萌芽的资本主义因素，使中国禁锢于自给自足的自然经济而与世界商品市场隔绝，从而使中国古代煤炭工程技术缺少肥沃的市场经济土壤，得不到与西方近代科技同步发展的可能条件。可以认为，这是形成中国古代科技长期领先于世界而在近代开始落后的最重要的外部原因。

如果要研究近代中国科技落后的原因，从科技内部因素分析，能源动力因素，可能是制约技术突破的一个重要原因。近代西方第一次技术——产业革命是从动力革命开始的。1782年瓦特在对前人创造的蒸汽机进行了改进，而获得两项非常重要的专利之后，把改进后的蒸汽机宣布为大工业普遍应用的发动机，昭示西方近代第一次技术革命的到来，有力地推动着西方经济的发展，进一步推动西方科技的新的革命。仅仅过了一百年左右，在19世纪下半叶又发生了以电力为主导技术的第二次技术革命，这一次仍然是一场动力革命。这两次动力革命，使西方的经济、科技迅速发展，西方资本主义国家把古老的中国远远地甩在后面。瓦特之前的蒸汽机，最早是由法国人巴本于1690年发明的，巴本蒸汽机只是在实验室中试验过，并没有成功。17世纪末，英国的许多矿井遇到了严重的积水问题，靠畜力（马）转动辘轳来排除积水已不能解决问题，即使用许多匹马来转动辘轳排除了积水，煤炭生产成本很高，矿主也无利可图。为了解决这一生产难题，英国王家工程队的军事工程师塞维利（Thomas Savery，1650—1715年）对巴本蒸汽机进行了改进，用于抽取煤矿积水，取得初步成功，于1689年获得发明专利。其能提水60—80英尺，取名“矿工之友”，但要置于井筒中工作，热效率低，而且不太安全。1712年英国一位铁匠纽可门（Thomas Newcomen，1663—1729年）又对塞维利蒸汽机进行了改进，制造了一种更实用、效率更高的名叫“大气机”的蒸汽动力机，用于矿井抽水，可以安放在地面上，它对开发英国煤矿，奠定英国工业发展基础，起了关键作用。瓦特是在纽可门机基础上进行改进，把一种仅仅用于抽水的蒸汽机改制成为能普遍应用的动力机[99]。由此看来，从技术内部因素分析，促成蒸汽机的改进从而导致产生第一次技术革命的因素有二：第一，动力因素。英国煤矿业的发展，急需从根本上解决抽取矿井积水的问题，而抽取矿井积水的关键技术因素是动力问题；英国在煤矿业基础上发展其他产业的关键技术因素仍是动力问题；第二，信息因素。工程师塞维利能创造出“矿工之友”抽水机，用于抽取矿井积水，其前提是荷兰物理学家惠更斯的助手法国人巴本在实验室研制出了蒸汽机的雏形，而在蒸汽机中应用汽缸和活塞这一思想是来自科学家莱布尼兹。塞维利能够获得巴本蒸汽机的信息，是非常关键的，否则矿井积水问题再严重，塞维利也不可能在1698年把“矿工之友”用于矿井抽水。至于纽可门改进塞维利机，瓦特改进纽可门机，都有一个获得有关信息的前提。当时的英国已经有了一个获取信息的良好条件，专利制度已建立，商品市场比较发育，教育与科研也比较发达。

相比之下，明清时期，中国科技发展的内部条件（因素），与西方相比相差甚远。导致产生第一次技术革命的动力因素，在中国是处于另一种状态，矿井抽水问题是存在的，但没有像英国那样紧迫和突出，由于自然条件所决定，英国煤矿积水比中国更为严重，不解决积水问题，几乎难于继续生产煤炭。而中国煤炭储量丰富，分布面积广，一处矿井积水多，而排不出来无法开采时就换另外一处。中国人也多，靠拉“水龙”排水，基本上能满足手工生产煤炭的需要。导致产生第一次技术革命的信息因素，在17—18世纪时期的中国，不要说对国外的信息完全闭塞，不了解国外的科技进展，就是国内各地区之间也非常闭塞，尤其是中国传统文化中“重农抑商”、“八股取士”、“重义轻利”的思想，看不起商人，看不起工匠，文人多关注官场、考场、诗坛和道德法庭中发生的事情，有关政治、道德、艺术、风土民情方面的信息不少，有关市场经济、科学研究、技术工艺方面的信息十分贫乏。这就看出中西方差距所在，看出近代中国科技所以落后的原因之一。

二、经营管理方式

明清时期，煤窑主为了便于经营管理，设立简单的管理机构。管理机构的名称各地不完全相同，北京西山一带叫“官铺”或“作头馆”，东北地区叫“柜”。如乾隆五十一年（公元1786年），北京西山张希虎等人合开万顺窑的合同上就规定：“窑上设立官铺。”

煤窑管理机构的总负责人称为大作头、总管、井头、大掌柜、总把式、拿事等，统管全窑事务。煤窑的总负责人或者由窑主自己担任，或者雇佣对技术与管理较为熟练的人担任。在大作头（或大掌柜、井头）下面有一人专门负责带领工人在井下作业，处理具体技术问题，此人叫作头、巷爷、大师、把式、走窝长、洞头或班头等。在大作头下专门管理银钱账目的人叫账房。一般煤窑都由这三个人管理。有的煤窑分班采煤，就要设领班，较大的煤窑还按工种设立工头。煤窑的组织管理系统，可以简列下表：

窑主——大作头{巷爷——领班——工头——工人
　　　　　　　{账房

根据邓拓写的京西煤窑调查报告，较大的煤窑，管银钱物资的账本多达十三种：(1) 银钱大账；(2) 股份老账；(3) 大流水账；(4) 小流水账；(5) 花销账；(6) 卖煤账；(7) 上工账；(8) 衣煤土末账；(9) 锅伙账；(10) 花名册；(11) 银钱底子账；(12) 杂项底子账；(13) 道钱簿[100]。

煤窑井下的劳动分工比较明确。明代，“有用力而操槌凿者，有镳铲引煤而上者，有荷担而出之水次者”[101]。到清代，分工更细，有采凿工（采与凿分工不甚明显）、拖工（背煤、拉煤、担煤）、支护工、水工、提升工、修理工。山东博山地区有镬头（采凿）、筐头、拥车、石匠、使工夫（修理）、水夫、挂筐等名目，井下劳动分昼夜两班。煤窑工人数，到明清时期，少则几人，多则达数百人。明代安徽淮北煤窑每座“非得四十余人则不能回环举事”[102]。清代安徽煤窑“一井大者可容数百人，小者亦数十人”[103]。

三、用工方式

明清煤窑工人的来源有几种情况，最小的民窑，是农民在农闲时作为副业挖煤，自采自用。官窑、商窑的工人来源比较复杂，一大部分是失去土地的破产农民转移到煤窑做工的。如万历年间淮北因灾荒而破产的农民三千人涌入宿县白塔山一带，成为这里的挖煤工人[104]。乾隆初年，在湖南湘潭县挖煤的“外来游民聚集不下千人”[105]。道光年间，河南密县煤窑四千多雇工中，“半系外来民人前来寻工”[106]。窑工与窑主订立合同，形式上身份平等，来去自由，具有资本雇佣劳动性质。譬如，嘉庆七年（1802 年）五月，四川彭水县周大才雇徐尧挖煤，每月工钱一千文，规定“同坐共食，平等称呼”。嘉庆十四年（公元 1809 年）三月，四川荣县邓高升雇柯希湖等人挖煤，议明每月每人给工钱一千文，“同坐同食，并无主仆名分”。嘉庆十七年（公元 1812 年）十二月，甘肃肃州冯良贵雇李胖娃子挖煤，议定每月工钱四百文，也是“同坐共食，并无主仆名分”[107]。

明清煤窑中有相当一部分工人是被窑主强拉诓骗而来的。工人被诓骗来窑后，便没有人身自由，被用极其野蛮的方式驱赶着进行奴隶式的挖煤劳动。这类窑工的悲惨处境，听来令人发指。例如，道光年间，河南密县“不法匪徒诓诱外邑贫民，送入窑内”，“诚恐乘间四散，因此设立人圈严加防范，不许出入，情同囚禁”[108]。这种现象在其他省份也不同程度地存在，作为都城北京的西山煤窑，情况比河南密县有过之而无不及。据徐继畬所记：“宛平西山有门头沟，京城所有之煤，皆产于此。煤窑二百余所。开窑者皆遣人于数百里外诓雇贫民入洞攻煤，夜则驱入锅火，锅火者，宿食之地。垒石为高墙，加以棘刺，人不能越，工钱悉抵两餐，无所余。有倔强或逃者，以巨梃毙之，压巨石下。山水一涨，尸骨冲入桑乾河，泯无迹。又有水官锅火，窑洞有水，驱入淘之。夏月阴寒浸骨，死者相枕藉，生还者十

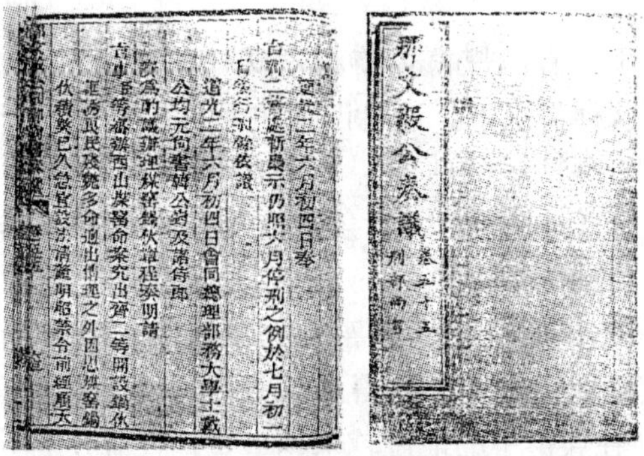

图 4-2　那文毅公刑部尚书奏议

无二三，尤为惨毒”[109]。徐继畬，嘉庆年间为州县官二十余年，他所揭露之情况应是事实。又据《那文毅公刑部尚书奏议》（图4-2）载：“查各锅火内所雇工作之人，向来多系诓诱入伙，并不问明来历。一遇有患病之人，辄行抬出丢弃，以致冻馁毙命。”甚至“殴打垂毙抬弃，以致多被大兽残食，殊为残惨。”这些情况说明，明清时期煤业资本的原始积累是建立在残酷掠夺和人身凌虐的基础上的，是矿工的血和肉铺砌了煤业资本的发展道路。

四、分配制度

明清时期，煤窑收入分配形式不一，视煤窑资本构成情况而异。如果地主（山主）不入煤窑股本，只是以租佃形式把窑场租给煤业主，那么地主只收取租金。租金或一次缴清，或分期交付。如乾隆三十九年（公元1774年），四川泸州“刘奇明佃于添俸山洞挖煤，岁议租钱一千二百文”，乾隆三十八年（公元1773年），江西分宜吴境一等人租黄、吴二姓的煤山挖煤，“出钱四千八百文……议定一年为满，吴境一等搭棚挖煤”[110]。煤窑收益多少，与山主无关。

如果地主（山主）以土地（租金）入股，则按比例参加煤窑的收益分配。如京西煤窑的分配办法是，规定参加分红的总额为若干日或若干分、若干股，地主占有其中若干日（或若干分、若干股），地主所得的收入按下面公式计算：

地主收入=地主所占日数×参加分配总金额÷总日数。

在这种情况下，地主的收入，与煤窑的经营好坏直接发生关系。

此外，地主还有一种收入，就是在煤窑合同中规定“衣煤土末俱归地主”，“扫场看铺俱随地主”[111]。衣煤，可能是指煤堆表面的一层煤①，也是一项不小的收益。如乾隆年间，门头沟安家坟窑衣煤账单所记：一年（春、秋）卖衣煤收入即达三百八十余千文[111]。属于地主的这项收入，又可以折价入股，参与煤窑收益分配。如，嘉庆二十五年（公元1820年）六月，京西地主张德贵等将六座煤窑的衣煤、土末收入折为十七股半，卖与王氏、路氏等人，“言明价银伍百两正（整）”[111]。

煤业主（京西又叫工本主），是煤窑的投资人。若有多人投资，煤窑收益分配按投资多寡（日数多少）来确定收入分配，计算公式与地主的收入计算公式一样。从这一意义上看，投资具有入股性质，煤窑亏损，业主可能工本尽弃，煤窑盈利时，投资多者收入多。

由于有的煤窑在停闭后换了新的工本主，有的煤窑主将权益转让给新煤窑主，因而出现新旧业主之间的收益分配问题。这种情况下，通常旧业主不再出资金，新业主则靠其新的投资拥有较大的权力和取得较多的收益。如乾隆十四年（公元1779年），京西焦之信等人的得意窑“自无工本开做”，“会到徐友松名下出工本开做”。该窑按一百二十日分配，地主占二十日，旧业主占二十日，徐友松（新业主）占八十日，其收入占全部所得的66.6%，而且“所有窑上办事人等，听其新业主裁”，“自开工以后，或行或止，听其新业主自便，不得乱议”[111]。

随着煤窑业的发展，煤业主（投资者）在煤窑中的地位越来越重要，收益分配所

① 衣煤所指不可考，中国社会科学院经济研究所方行认为，衣煤可能是指煤堆表面的一层煤。

占份额越来越高，地主（山主）在煤窑中的地位日益下降，其分配所得份额也日趋减少，这是随着商品经济发展，资本地位日益提高的表现。例如，上述徐友松接办得意窑的合同中就规定，一向全归地主的"衣煤土末"，要分给徐友松一半。

煤窑收益分配，除了地主、新旧工本主按一定比例分配之外，还有一项分配常常是不能公开写在合同上的，这就是封建权贵依势强占煤窑收益的部分。这部分收益分配正好说明占统治地位的封建生产关系是如何束缚煤炭生产力的发展的。让我们先看看"北京西山地区煤窑合同所反映的收益分配情况表"（表4-4），表中序号1萝卜窑、序号5冷窑的"其他"收益分配，就是封建官吏强占的部分。萝卜窑中的"户部王老爷20日"，这个王老爷既非地主，又未出工本，却占有一个煤窑三分之一的收益，这是清顺治二年（公元1645年）焦云登等人伙开萝卜窑的合同上写明的（图4-3）。康熙十四年（公元1675年）的"冷窑契约"上也有"太太府开窑八十日"字样，都是凭借权势强占煤窑收益的托词。

表4-4　北京西山地区煤窑合同所反映的收益分配情况表

序号	合同日期	窑名	总收益日数
1	顺治二年十一月十一日	萝卜窑	60日
2	顺治十年五月	宝平山窑	六大分
3	顺治十二年八月初三日	静吸寺大兴窑	45日
4	顺治十三年正月二十四日	风门窑等十四座煤窑	45日
5	康熙十四年十月初十日	冷窑	240日
6	康熙二十九年四月初一日	吉利窑	150日
7	康熙三十二年	上椹子海窑	500日
8	康熙三十九年三月十七日	水港窑	120日
9	雍正十三年三月十五日	上椹子海窑、巧利窑、沙果树窑	300日
10	乾隆七年三月十七日	吉祥窑	240日
11	乾隆九年十二月十五日	桃树窑、道下窑	120日
12	乾隆二十六年五月初四日	王家山场内所有煤窑	120日
13	乾隆四十四年九月初一日	得意窑	120日
14	乾隆四十七年六月十二日	胡炭窑	240日
15	乾隆五十一年十一月	万顺窑	140日
16	乾隆五十三年十一月实为三十三年	三合槽窑	50分
17	嘉庆元年四月初八日	戏台窑	940日
18	嘉庆元年十一月初九日	上坑子窑	240日
19	嘉庆二年二月初四日	上沆子窑	240日
20	嘉庆四年十月十七日	天德窑	290日
21	嘉庆五年十二月二十二日	开库窑	200日
22	嘉庆十四年十月初八日	西龙门洞山场煤窑	12股
23	嘉庆十五年三月初八日	东大窑、西二窑	240日
24	道光九年十二月初一日	姜家坟窑	240股
25	道光二十年十一月初九日	安家滩村煤窑一座	120日

表4-4（完）

序号	地主收益	旧业（工本）主收益	新业（工本）主收益	其他
1	10日		30日	户部王老爷20日
2	二分（连同旧业）		工本4分	扫场看铺归地主
3	5日	24日	16日	
4	5日		40日	场铺煤归地主
5	15日		余下为工本	太太府中80日
6	15日	15日	120日	
7	100日	200日	200日	衣煤土末归地主
8	70日（包括旧业）		50日	衣煤土末俱与地主
9	三家窑主均分，每家分100日			
10		120日	120日	
11	20日		100日	
12	20日	20日	80日	
13	20日	20日	80日	衣煤土末归地主一半，新业一半
14	30日	100日	110日	衣煤土末归地主
15	40日（包括工本）	20日	80日	
16	11.5分		38.8分	
17	140日	400日	400日	衣煤土末俱随地主
18	40日	100日	100日	衣煤土末俱随地主
19	40日	100日	100日	衣煤土末俱随地主
20	40日	50日	200日	衣煤土末俱随地主
21	10日，另送地分窑10日		180日	
22	2股		10股	
23	80日（包括1日）		160日	
24	40股	100股	100股	窑名改为衍灰窑。依煤分10股，新开业2股，窑停之日二股退还地主
25	20日	20日	80日	

注：据邓拓同志1956年在北京西山地区搜集的煤窑合同以及北京市文物处所藏煤窑合同编制。

从表4-4中可看到地主与新旧工本主收益分配比例的情况，在京西地区地主收入占总收益的九分之一至五分之一，绝大部分收益为工本主所占有，尤其是新工本主所占有。明清时期，煤窑规模一般都比较小，工本主要拿出一定数量的银元投入生产，在商品经济不发达的条件下，也非易事。通常工本主需筹足一千两银左右才能开办煤窑。如窑商徐友松于乾隆四十四年（公元1779年）为恢复一个旧窑生产，就需新出工本八百两银。甘肃肃州煤商为新开一个煤窑，在乾隆二十四年（公元1759年）借用了工本银一千两[112]。投资煤窑所得收益相差悬殊，视煤层埋藏条件优劣、煤炭销售好坏以及有无不测事故发生而变化。情况好，能获大利，情况不好，不仅不能获利，甚至亏空工本，造成家破人亡。像前文所说河南安阳县水冶地方商人为开办一个煤窑，拿三千两银贿赂官吏，说明该地煤窑收益不错，能获取的利润肯定会大大超过贿赂银数。然而，有时条件不好，开煤窑会招致破产。清代文人马国翰有过这样的记载："有炭苗然后出重资攻掘，井成炭多者利数倍。井不成或炭少而洊浸于地水者，家产多荡然"[113]。清康熙《密县志》卷一载：康熙年间密县"其开凿者积日累月，非数十丈不得，其或遇石遇水，有工费载余而顿弃者，贫民虽藉以为养，殷富因之以致败，顾非王孙程郑铁冶之为利者矣。"

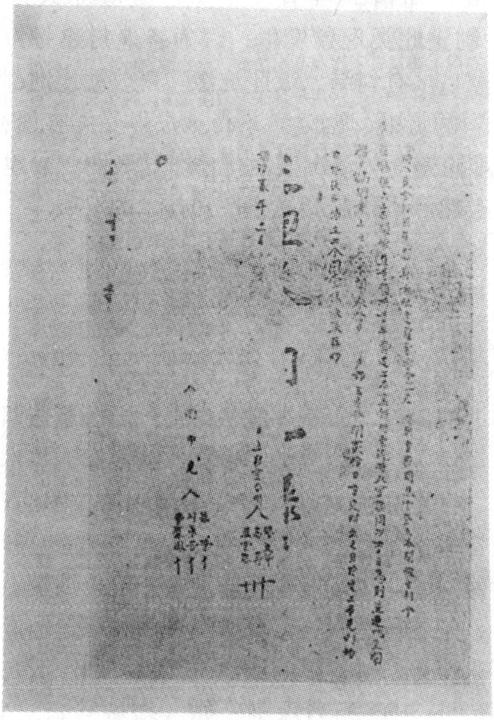

图4－3　顺治二年煤窑合同
（图片采自《历史研究》1956年第10期）

五、政府对煤业的宏观管理

明清时期，政府对煤业的管理主要通过制订税收政策、招商承办政策以及某些条规，没有一个专门的组织机构。关于税收政策，招商承办政策，前文已经阐明，这里不再重复。在此说一说清代官府制订的有关条规。

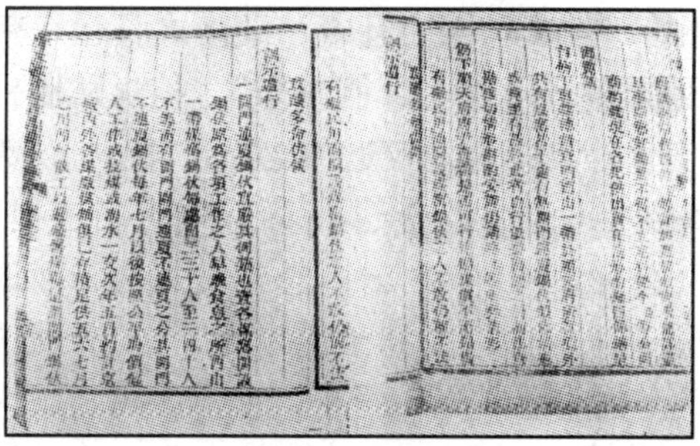

图4－4　煤窑锅伙章程

鉴于各地窑主诓骗窑工，草菅人命的现象多有发生，引起社会的不满，清朝廷曾命令禁止此类事情发生。如嘉庆四年（公元1799年）十二月，清仁宗谕示："西山煤窑……往往哄诱良人入窑，驱使惨恶致毙，殊有关系。著顺天府会同步军统领衙门派委妥员密为查访。如有此等棍徒即行查拿具奏，按律治罪"[114]。道光二年（公元1822年），经刑部议定，顺天府尹复议，朝廷批准，颁发了"煤窑锅伙章程"（图4－4），明令严禁开设关门锅伙，拆毁已设棘墙，派员严加稽查，如有违犯则按律治罪[115]。道光二年（公元1822年），河南密县县官杨炳堃制定"窑户工头简明条规"。明确规定"不许预兑本金银两交给工头雇觅工人。该工头得银在外任意荡费，勾通无赖之徒，引诱外州县年幼无知子弟，十数成人，赶赴窑场，入拨做工"；"不许在幽阴沟壑设立厂局，圈禁工人，名曰窝铺，实为圈所"；"禁窑户设立人圈，以杜民害"[116]。道光二年（公元1822年）清政府正式颁布如下律条："其有开设连夏锅伙，诓诱贫民，逼勒入窑，关禁不容脱身者，照凶恶棍徒例，分别首从科断。窑户知情纵容者，照知情藏匿罪人律治罪"[117]。但是这些条规并不能从根本上制止此类现象发生，因为各地封建势力盘根错节，窑主、工头与地方官吏、权贵豪强多有勾结，彼此沆瀣一气。就连刑部尚书那彦成等在奏请批准"煤窑锅火章程"的疏中，也对"不肖生员得受煤窑规礼，故行疏纵"，官员"积久生懈"、"耳目难周编"等情况表示忧虑。这表明，封建制度已腐朽不堪，无力管理煤窑积弊，这必然严重限制煤炭生产和技术的发展。

第六节　明清煤炭运输对煤炭工程技术发展的影响

一、煤炭运输的重要性

本节所说的煤炭运输，不是煤窑井下的运输，而是煤炭从煤窑产出后运往销售市场的运输。运输是否方便、畅通，对煤炭生产、销售影响极大，从而影响技术改进需求动力的大小。运输畅通，销售好，生产才能兴旺，生产中出现的技术问题，窑主才有兴趣、才有可能拿出资金去设法解决。反过来说，要想使煤窑生产兴旺，获得较大的盈利，必须设法解决煤炭运输问题。尽可能使运输通畅，运价低廉，以降低成本，降低煤价，增加市场竞争力，做到产销两旺，获取厚利。如果运输问题解决不好，就会形成恶性循环，导致煤窑停产。对运输问题的重要性，明末清初的煤业经营者已有所认识，到了清代晚期，认识已相当深刻。如《增城县志》载："煤之质重而值贱，转运不灵，无利可获。故营此业者，欲开富源，必先辟运道也"[118]。又如《房山县志》卷八载："欲货其煤，须通其路。"

清初煤业主和政府官吏，对运输的重要性也有所认识。如顺治初年，有的官员就把"通煤运"作为六项急迫事项之一奏报朝廷。乾隆二年（公元 1737 年），湖南巡抚高其倬曾向朝廷奏报，耒阳、衡山一带虽产煤，但离"湖南之长岳一带及湖北"等主要用煤的地方太远，"煤之运脚多费，煤之价值亦昂"，担煤从制钱三四十文涨到七八十文，他请求在湘乡、安化等离销售地较近的地方开煤窑，认为这样"其益颇大"。乾隆十年（公元 1745 年），河南巡抚也在奏折中明确地提出："搬运脚价，即关成本"[119]。乾隆五年（公元 1740 年）云南总督庆复与云南巡抚张允随指出，云南许多地方煤炭无法大量开采的原因是碍于运输问题："查得滇省地方崇山峻岭，舟楫不通……陆运维艰"，有些地方"山径崎岖非车牛可通，人工饭食跋涉挑运无利可谋，居民自爨之余势难远运"，"不能远地流通，有亏无利"[120]。

二、明清政府解决煤炭运输问题的措施

为了解决煤炭运输问题，明清政府及煤业主采取了一些措施，不同程度地促进了煤窑业的发展。

措施之一是调整煤窑生产布局，鼓励运输条件好的煤窑多产煤，减少运输条件差的煤窑生产。如乾隆二十七年（公元 1762 年）初，大学士史贻直在题奏中分析了宛平县煤窑生产与运输情况，提出调整生产布局建议。他说：宛平县正在开采的一百一十七座煤窑中，八十多座都在岭头风口庵西北一带，"小民越岭贩易，路既

遥远，驼运维艰”，“价值未免昂贵”。而门头沟一带煤窑至京城不过四五十里，运输较为方便。因此，要加强门头沟一带煤炭的开采，并集中解决这里开采中的一些问题。这样，运输近便了，可使“贩运者易于获利，由出产之地以至京师，价值均可平减”[121]。

措施之二是政府保证运煤车骡，政府的各种差务用车不得雇用煤车。如乾隆二十八年（公元1763年），直隶总督方观承在京西调查后认为，京西煤窑需解决的两大问题之一是煤炭运输问题：“煤斤自窑运厂，自厂运京，全仗车骡驮载，且京师夏秋所用之煤，悉赖冬春加紧存贮，如其脚力不裕，则载运自减。”因此，他建议“无论何项差务所用车骡，都不得在宛（平）、房（山）各煤窑雇用，违者官参役处。并出示晓谕，使各窑贩安心生理，源源运售，则京师铺卖，自可收煤多价贱之益”[122]。方观承确实抓到了问题的关键。

措施之三是开辟水运。如，陕西泾阳县的煤炭，原来只靠陆路贩运，往来甚难，煤价昂贵，居民烧煤困难。明崇祯年间，知县路振飞利用泾河组织运煤，“使吏同水夫洞河踏验”，自此之后，往来运煤非常方便，运费低廉，煤价也就落下来了，“在前每斗炭四分，今止二分五厘”，“其为利益尤倍平日”[123]。

措施之四是修整山路。如康熙三十二年（公元1693年）朝廷将京西于公寺（今香山碧云寺）前的山岭修平，主要目的是运输煤炭[124]。四川秀山县盛产煤炭，但山路崎岖，十分不便，嘉庆、道光年间，有位姓陈的煤窑主积极修整山路，便利运煤，加快了煤业的发展[125]。

古代的各种运输方式中，陆路的手车拉、牲畜驮、人肩挑背煤是最普遍的，正如《宝丰县志》所载：运煤的“繮属铃铎之声昼夜聒耳”[126]。凡是有条件的地方远途运输多靠水运，像黄河、渭河、滏阳河等都曾是古代繁忙运煤的河流。在明代，陕西韩城的煤炭，主要通过黄河运输，行销陕西、山西等地。黄河运煤船只“舸艘连尾上下浮于河”[127]。清代，广平府（今邯郸一带）的煤炭“由滏阳河舟运贩东北各州县”[128]。山东枣庄的煤炭多用船向北运销，“漕运数千艘，连樯北上，载煤斤数百石”[129]。清代晚期，唐廷枢创办开平煤矿时，专门修筑一条长七十里的胥芦运河（叫煤河）用于运煤，将煤水运经芦台到天津销售。唐廷枢采取水陆兼运的办法（另修有一条唐胥铁路），保证了开平煤运输的快捷，从而使开平煤很快占领了市场。这不失为创办近代企业的惊人之举。正是有了水路和铁路运输，才使开平煤矿有可能采用当时在世界上最先进的采煤机器。

参考文献

〔1〕《续文献通考》卷二十四，万有文库第二集，商务印书馆发行，第三〇一一页。
〔2〕《清史稿·食货志》，民国十六年铅印本，第十五页。
〔3〕《滇系》卷八之三，光绪十三年云南通志局刊本，第四十八页。
〔4〕《朱批谕旨》第九函第五十二册。
〔5〕〔6〕〔7〕《朱批奏折》，工业类矿务项，第一七二号，中国第一历史档案馆胶片。
〔8〕〔9〕《户科题本》，转引《清代的矿业》，中华书局1983年，第477页。
〔10〕《清高宗实录》卷七八〇，第三十三页。
〔11〕〔16〕《清代钞档》第三二二页及《大清会典事例》卷九五一，第十二页。
〔12〕〔13〕《大清会典事例》卷九五一，第十一页。
〔14〕《清高宗实录》卷一一四六，第二十五至二十六页。
〔15〕《朱批奏折》，第一四四一号。
〔17〕《朱批奏折》，第一〇一八号。
〔18〕《清代钞档》，转引《中国手工业史》，第322页。
〔19〕韦庆远、鲁素：《清代前期的商办矿业和资本主义萌芽》，见《清史论丛》第四辑，中华书局，1982年，第68页。
〔20〕清光绪《秀山县志》卷十二。
〔21〕清雍正《陕西通志》卷四十三。
〔22〕〔24〕清光绪《峄县志》卷七。
〔23〕杜纲：《娱目醒心编》，乾隆五十七年刊本，第十三、十六页。
〔25〕〔26〕〔27〕邓拓：《从万历到乾隆——关于中国资本主义萌芽时期的一个论证》，《历史研究》1956年第10期，第27页。
〔28〕清光绪《宣城县志》卷三十。
〔29〕清道光《蓬莱县志》卷十三。
〔30〕《大明会典》卷一九四。
〔31〕《清代钞档》第三二一页。
〔32〕《大清会典事例》卷八九五，第五一六页。
〔33〕《朱批奏折》，第二八八号。
〔34〕《明神宗实录》卷三八〇，第三页。
〔35〕清光绪《畿辅通志》卷四，第一三五页。
〔36〕《矿政辑略》卷十二，光绪八年刻本，民国二十三年上海商务印书馆影印。
〔37〕《朱批奏折》，第二〇七号。

〔38〕《皇朝经世文编》卷三十五，道光七年刊本，第三页。
〔39〕祁承㸁：《符离弭度纪事》，《澹生堂集·别集》。
〔40〕清道光《万全县志》卷三。
〔41〕《军机处录副奏折》，第一六六九页。
〔42〕〔43〕《朱批奏折》，第四一九号，九八五号。
〔44〕《军机处录副奏折》，《长沙府志》卷七，第一七〇二页。
〔45〕清光绪《宣城县志》卷三十。
〔46〕《朱批奏折》，第一七二号。
〔47〕《清高宗实录》卷六四五，第十九页。
〔48〕《军机处录副奏折》，第一七〇二页。
〔49〕《朱批奏折》，第一〇一五号。
〔50〕《清高宗实录》卷九〇六，第七页。
〔51〕〔56〕《杨中议公自订年谱》卷二。
〔52〕邓拓：《从万历到乾隆——关于中国资本主义萌芽时期的一个论证》，《历史研究》1956年第10期，第19页。
〔53〕《朱批奏折》，第一七二号。
〔54〕《朱批奏折》，第四二七号。
〔55〕《皇朝文献通考》卷三十一，光绪八年浙江书局刊本，第十四页。
〔57〕《清高宗实录》卷一二七，第二十五页。
〔58〕《朱批奏折》，第一〇一五号。
〔59〕《朱批谕旨》第九函第五十二册。
〔60〕《古今图书集成》食货典，卷二二三，第三页。
〔61〕《古今图书集成》食货典，卷二二三，第五页。
〔62〕《古今图书集成》食货典，卷二二四，第四页。
〔63〕《大清会典事例》卷九五一，第十二页。
〔64〕《清高宗实录》卷一一〇，第七页。
〔65〕〔70〕《朱批谕旨》第九函，第五十二册。
〔66〕《朱批奏折》，第一〇一四号。
〔67〕清光绪《吉林通志》卷四十三。
〔68〕《户科题本》，转引《清代的矿业》，中华书局1983年，第476页。
〔69〕《朱批奏折》，转引《清代的矿业》，中华书局1983年，第475页。
〔71〕《清高宗实录》卷一一〇，第七页。
〔72〕《大清会典事例》卷九五一，第九页。
〔73〕《清世宗实录》卷一一五，第二十二页。
〔74〕《古今图书集成》卷二二四，第三页。
〔75〕《明神宗实录》卷二三四，第十三页。
〔76〕清乾隆《保德州志》卷三。
〔77〕明万历《韩城县志》卷二，乾隆四十九年刊本。
〔78〕《户科题本》，转引《清代的矿业》，中华书局1983年，第477页。

〔80〕《明神宗实录》卷三八〇，第三页。
〔81〕《清圣祖实录》卷一四一。
〔82〕《大清会典事例》卷九五一，第十五页。
〔83〕《朱批奏折》，第九八三号。
〔84〕《刑科题本》，转引《清代的矿业》，中华书局 1983 年，第 402 页。
〔85〕〔86〕〔87〕《朱批奏折》，第二八九号，七一八号。
〔88〕《军机处录副奏折》，转引《清代的矿业》，中华书局 1983 年，第 491 页。
〔89〕《清代钞档》，第三二七页。
〔90〕《大清会典事例》卷二四七。光绪十二年石印本，第十九页。
〔91〕邓拓：《从万历到乾隆——关于中国资本主义萌芽时期的一个论证》，《历史研究》1956 年第 10 期，第 15 页。
〔92〕《朱批奏折》，第二二六号。
〔93〕《东北国营煤矿年鉴》（1948 年）。
〔94〕《军机处录副奏折》，第一三七五—一三七六页。
〔95〕邓拓：《从万历到乾隆——关于中国资本主义萌芽时期的一个论证》，《历史研究》1956 年第 10 期，第 23 页。
〔96〕清咸丰《同州府志》卷三十二。
〔97〕〔98〕《中国近代煤矿史》编写组：《中国近代煤矿史》，煤炭工业出版社，1990 年，第 26—31 页。
〔99〕《科学技术史讲义》，清华大学出版社，1984 年，第 93—98 页。
〔100〕邓拓：《从万历到乾隆——关于中国资本主义萌芽时期的一个论证》，《历史研究》1956 年第 10 期，第 22 页。
〔101〕〔102〕〔104〕祁承㸁：《府离弭度纪事》，《澹生堂集·别集》。
〔103〕清光绪《宣城县志》卷三十。
〔105〕《朱批奏折》，第四四九号。
〔106〕〔108〕《杨中义公自订年谱》卷二。
〔107〕清代《刑部钞档》，引自泽益：《中国近代工业史资料》第一卷，第 401 页。
〔109〕《松龛先生全集》卷首。
〔110〕《刑科题本》，转引《清代的矿业》，中华书局 1983 年，第 471、485 页。
〔111〕邓拓：《从万历到乾隆——关于中国资本主义萌芽时期的一个论证》，《历史研究》1956 年第 10 期，第 21 页。
〔112〕《朱批奏折》，第六七四号。
〔113〕马国翰：《对钟方伯济南风土利弊问》，见《皇朝经世文编补》卷二十八。
〔114〕清光绪《畿辅通志》卷四，第一三五页。
〔115〕《那文毅公刑部尚书奏议》卷五十五。

〔116〕《杨中议公自订年谱》卷二。
〔117〕《大清会典事例》卷八三五，第二十五页。
〔118〕清宣统《增城县志》卷九。
〔119〕《军机处录副奏折》，第一九八七页。
〔120〕《朱批奏折》，第二一八号。
〔121〕《清代钞档》，第三二一—三二二页。
〔122〕《方恪敏公奏议》卷八。
〔123〕《天下郡国利病书》卷五十七，第六页。
〔124〕《大清会典事例》卷九五一，第九页。
〔125〕清光绪《秀山县志》卷十二。
〔126〕清道光《宝丰县志》卷三。
〔127〕清雍正《陕西通志》卷四十三。
〔128〕清光绪《重修广平府志》卷十八。
〔129〕清光绪《峄县志》卷七。

第五章
保留至今的传统采煤技术

中国古代煤炭开发利用的历史长达五六千年，长期的生产实践，使中国人民积累了丰富的经验，形成了传统的煤炭开采与加工利用技术体系。在手工生产的社会经济条件下，人们利用这种技术，有效地进行煤炭生产，满足社会手工业生产与人民生活对煤炭的需要。即使在近现代机器大生产的社会经济条件下，传统采煤技术仍然起着重要的作用。例如，20世纪40年代，仅京西门头沟小煤窑就多达500余个。传统采煤技术，或者作为机器生产矿井中的一种辅助技术发挥着作用，或者作为近现代煤炭生产中地方小煤窑生产系统的主要因素发挥着主导技术的作用，尤其是在非正常的社会发展时期（如中国抗日战争时期），现代采煤机器难于发挥作用的时候，传统采煤技术则充分显示其灵活性、实用性和有效性，在煤炭生产中发挥着重大的作用。对此，清代末年，民国时期，中华人民共和国诞生后，都有学者进行过不同深度和广度的调查，有过客观的描述。特别引人注目的调查工作，是20世纪50年代后半期北京矿业学院采煤教研组的一些老师做的，当时以王刚老师为首的一批教学工作者，在调查研究的基础上，编纂了《京西小煤窑调查报告及对土法开采的探讨》一书，比较系统地叙述了传统采煤技术的应用情况，给后人留下了一笔有价值的历史资料①。笔者在20世纪80年代前半叶和90年代下半叶，也曾先后到北京西山、河南宜阳、陕西铜川、辽宁抚顺、云南宜良、江西萍乡、广东曲江以及新疆等地调查古煤矿遗址和沿用至今的传统采煤技术，搜集到许多传统采煤技术资料，现一并整理如下。

本章从找煤口诀、开拓方式、采煤方法、运输系统、通风系统、排水系统、煤炭洗选与土法炼焦等八个方面，阐述保留至今的中国传统煤炭技术。

第一节 传统找煤口诀

“传统找煤”是指人们口头常说的“土法找煤”。“土法”是相对“洋法”而言的。“洋法”在近代又叫“西法”，是指应用西方近现代科学技术所采用的方法。“土法”是近代19世纪中叶开始引进西方的地质采矿科学之后，对我们中国自古以来形成的土生土长的技术方法（即传统方法）的称谓。

“土法”的另一层含义是有一定的地区性，一地一种方法，一地一种说法。

① 本章多处应用该资料，特此说明，下文不再一一详注。

“土法”是人们丰富实践经验的概括总结，有的已上升到科学理论高度，有的仍停留在经验层次，此地适用，彼地不一定适用，但其中还是包含着一定的科学道理。我们对待“土法”，对待传统方法，重要的是要采取实事求是、科学分析的态度，注意因地制宜、结合实际加以应用。

本书第三章第一节中叙述了明清时期一些找煤的方法，其中谈到了视石找煤的口诀（如“青石山，熟石岭，不是炭就是硔”等），这就是“土法找煤”的一种，具有较大的区域性经验成分。实际上，在传统的找煤方法中，有的口诀，隐含着很科学的道理，具有普遍适用性。下文我们以京西一带的找煤口诀为例加以说明。

京西一带煤窑工人中流行着这样的口诀：“有灰就有煤”，“逢山必压，逢沟必开”，“近灰白锈远灰红锈”，“煤随山走”，“压得紧，开得快”，“正坡无煤沟边找”，“灰，软，砂，石，煤”，“灰下无煤”……这些口诀，不联系实际，是听不懂的，一结合实际，听工人解释，其内涵是很丰富、很科学的。

一、寻找煤层口诀

“有灰就有煤”，是说有石灰岩层，其邻近就有煤层。在我国华北地区，成煤时期为石炭二叠纪和侏罗纪，含煤地层位于沉积更早的奥陶纪石灰岩之上，同时，在煤系地层内亦间或有石灰岩存在，所以，在某些地区（如京西）煤层邻近必定有石灰岩，反过来说，找到了石灰岩层，其邻近就可能有煤层。

“灰下无煤”，是指在奥陶纪石灰岩下没有煤层存在，不必再向奥陶纪石灰岩下找煤了。

“逢山必压，逢沟必开”，意思是说，煤层在平原或在山岳地区，一般被冲积层和风化岩石所掩盖，不容易出现露头，但在山沟内，由于长年山洪冲刷，形成自然的剖面，煤的露头极易出现，因此，在山沟内便容易找到煤的露头。同时，煤伸（开）向山沟的两边，沟两边都可能有煤。“逢山必压，逢沟必开”恰当地指出了到山沟找煤的道理。

二、识别岩层口诀

“灰、软、砂、石、煤”，是煤窑工人识别岩层的口诀，意思是说，在奥陶纪石灰岩之上有一层较软的页岩，再上为砂岩，砂岩之上为一层特别墨黑的岩石，这层岩石之上为煤。煤窑工人们从已开采的煤窑地表层或井下巷道所穿过的岩层进行观察，搞清了含煤地层的关系，便可根据这种关系，在附近地区找煤，或合理布置开拓、采煤、提升等各种系统。

“煤随山向走”，意思是说煤是沉积岩层，其层理必与其他岩层相互平行，因此煤的“山向”一定随岩层的“山向”走。“山向”即岩层的“走向”。根据这种规律，只要对地表岩层走向倾斜作详细观察，便可确定煤的走向、倾斜方向，从而能正确地布置巷道和进行回采工作。

三、井下防水口诀

“近灰白锈，远灰红锈”，意思是流经石灰岩层的酸性地下水，溶解一部分石灰石，形成白色的碳酸钙，看起来很像“白锈”；流经非石灰岩层的地下水，经过煤层或其他非石灰岩层，溶解了一些物质，呈“红锈”色。在井下挖煤时，看见“白锈”，说明工作面离奥陶纪石灰岩很近，再往下便没有煤层存在了。在采到奥陶纪灰岩附近的煤层时应特别注意防水，因为奥陶纪灰岩储水很多。当井下挖煤时，看见了“红锈”，说明工作面离奥陶纪灰岩较远，再向上或向下还有煤层存在，工作面离奥陶纪灰岩较远，水不会大，可大胆采煤。这句口诀对确定岩层顺序、估计井下含水情况有重要意义。

四、识别断层口诀

“压得紧，开得快”，“压得不紧，开得慢”。这里的“压得紧”是指煤层突然没有了，实际上是碰上了断层；“开得快”是指碰上断层也不要紧，一定还会有煤层存在，而且相距不会太远。这是合乎现代地质学观点的。煤层受地壳运动影响，各种力相互作用的结果，往往出现断层，实际上煤并未消失，只要把岩层的“山向”观察清楚，很快便可找到煤层。相反，如果煤“压得不紧”，即煤层逐渐消失，那么煤层产生了尖灭现象，即使还有煤，也要沿煤层开较长的巷道才能再找到煤（“开得慢”）。这一口诀对于在井下找煤、开巷是很有意义的。

在尚未有现代勘探手段的条件下，煤窑工人凭着长期的实践经验积累，按着一代一代传下来的口诀，知道到什么地方去找煤，确定含煤地层的相互关系，确认煤层的走向和倾斜方向，判别煤的断层与尖灭现象，这的确是非常了不起的事情。

第二节 传统的煤窑开拓方式

我国煤田分布很广，煤层赋存情况多种多样，从煤层的倾斜角度看，有近水平煤层、缓倾斜煤层（倾角小于25度）、倾斜煤层（倾角25度—45度）和急倾斜煤层（倾角大于45度）；从煤层的厚度看，有薄煤层、厚煤层、中厚煤层和特厚煤层；从煤层埋藏的深度看，有浅层煤和深层煤。传统的煤窑开拓方式，可用于埋藏较浅的各种倾角、各种厚度的煤层。常见的传统煤窑开拓方式有4种：立井开拓、斜井开拓、平峒开拓、斜井平峒混合开拓。

一、立井开拓

立井开拓方式多用于平原地区，尤其是煤层倾角较小，用斜井开拓井筒过长时，用立井开拓较为合适。

立井开拓，通常要开掘两个立井，一个为主立井，断面稍大，可为长方形或六角形，用于提升煤炭和排水，一个为通风小井，断面较小，多为方形或圆形，用于通风和人员上下。其巷道布置如图5－1所示，主井和风井开掘至煤层后，再开掘

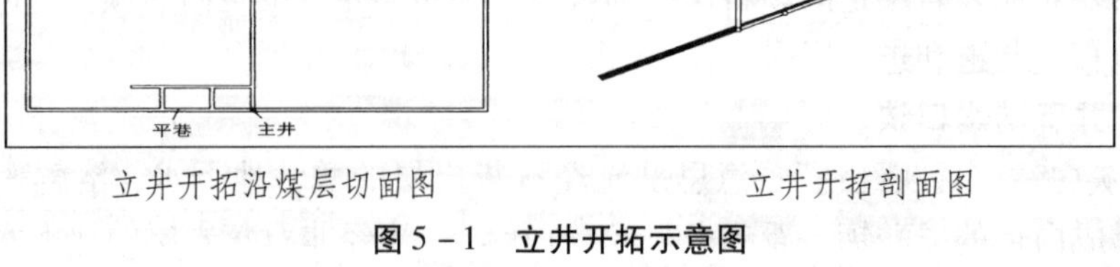

立井开拓沿煤层切面图　　　　立井开拓剖面图

图5－1　立井开拓示意图

上山和主要运输平巷及顺槽。平巷与顺槽齐头并进，每隔一定距离（15—20米），开一横贯连通，便于通风，当有一个或两个横贯连通时，便可开始回采工作。

传统的立井开拓方式，井筒断面大多采用长方形，挖掘工作比较容易，尤其是支护方法比较简单，支架一般用鸭嘴形搭接即可。但长方形断面的有效使用面积较小，一般断面尺寸为3×5平方尺或4×6平方尺，可以满足竹筐装煤提升的需要，煤炭生产量比较小。近代以来，一些较大规模生产的煤窑，采用多匹马拉绞车提升，提升容器改用木矿车缶笼，一次可装煤0.3—0.5吨，在这种情况下，立井断面采用多角形（一般为六角形，也有八角形），其有效利用空间大大多于长方形断面井筒。但是多角形断面井筒开掘要求较高，支护工作比较复杂，支护技术要求很高，要用规格一样的等边木支架来支护井筒，接榫要牢固，受力要均匀，否则，井筒难于支护，难于保证正常生产。

二、斜井开拓

在山区、丘陵地区或平原地区都可以用斜井开拓方式进入煤层。用斜井开拓急倾斜与缓倾斜煤层时，大同小异，在井筒位置的选择上可以有一些差别。

1. 用斜井开拓缓倾斜煤层

用斜井开拓缓倾斜煤层是各地小煤窑最常见的一种开拓方式。其系统如图5－2所示。在地形较复杂的情况下，井口位置应选在适宜的地点。为迅速可靠地到达煤层，缩短斜井长度，缩短运输距离，斜井与煤层成斜交方向进入，倾角为50度—60度。沿煤层顶板开掘一定距离后，沿煤层走向开掘平巷，一直向前掘进40—50米，与从地表沿煤层倾斜向下开挖的风眼相接，形成了从煤层到地面的两个出口，便于通风。然后与平巷相距20米处开一平行的平巷，两者齐头并进，每隔20米左右开一横贯联通，有一至两个横贯联通后，便可进行回采工作。

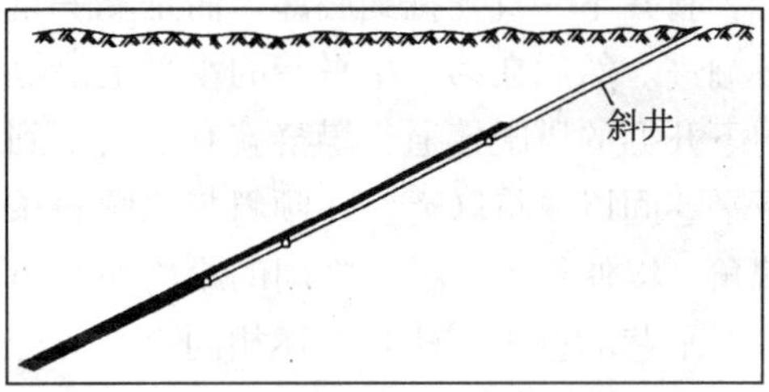

图5－2 斜井开拓缓倾斜煤层示意图

在岩石中掘进斜井，通常是用铁锤、铁钎（图5－3）人工打眼放炮。铁锤重8磅左右，铁钎截面为正六（或八）边形，钎头为一字形，直径为2—4厘米。打眼时，一人把钎子，一人用铁锤打，每打一次，把钎者提起钎一次，并转一角度，眼中岩粉用木棒（或小勺）掏出。在掘进中使用火药放炮始于何时，无资料可考，但是19世纪下半叶已比较普遍应用。打眼放炮所用的火药有黑火药或硝铵炸药，用火药引线或火雷管引爆。平巷掘进一般不打眼放炮，而用手镐刨煤。

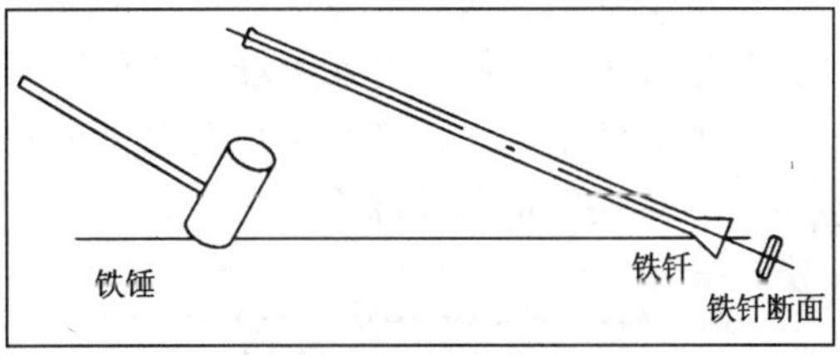

图5－3 铁锤 铁钎

风眼断面一般较小，以能满足通风要求为准。

开拓掘进初期，用土制的扇风器具，待与通风眼接通后，便可自然通风，不用扇风器具了。

开拓掘进时所挖出的矸石或煤炭，一般用人工背至地面，有时把矸石在窑下垒垛充填。

2. 用斜井开拓倾斜及急倾斜煤层

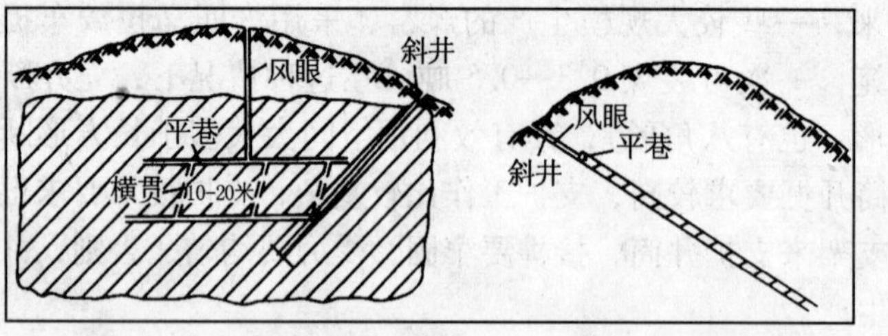

图5－4 斜井开拓倾斜及急倾斜煤层示意图
（说明：斜井、横贯均沿伪倾斜开掘）

这种开拓方式在山区、丘陵地区应用得较多。如京西斋堂一带小煤窑，普遍用此法。其开拓系统如图5－4。开拓掘进前，首先根据地形和煤层赋存情况选择适宜的井口位置。在图5－4中，斜井位置选择在山沟边，目的是为了减少在岩层内的掘进长度，并缩短运输距离。斜井以伪倾斜50度—60度沿煤层向下开掘。为了使挖煤工人背煤时有休息的地方，并利于煤窑排水工作的进行，斜井不一直开掘到底部，而是隔一定距离（约20米）开一小平巷，再继续向下掘进。然后在第一小平巷的水平上沿煤层走向开平巷，直至与从地表沿煤层倾斜向下开掘的风眼接通，煤窑就有了两个到地面的出口。为了掘进时通风的需要，上下平巷间以横贯联通。在倾斜与急倾斜条件下，横贯不与煤层走向垂直，而要有一偏角，以便行人。横贯之间的距离亦约20米。平巷之间的距离也是20米左右。斜井、平巷的掘进方法与上述相同。

三、平峒开拓

山区煤窑多用平峒开拓，既易以掘进，又便于运输、通风、排水。用平峒开拓，可以是单平峒、可以是多平峒，可以用于倾斜、急倾斜煤层，也可用于缓倾斜和近水平煤层。

1. 用平峒开拓倾斜和急倾斜煤层

用平峒开拓，视地形与煤层赋存情况，有的采用单平峒开拓方案，有的采用多平峒开拓方案，以便尽可能合理、经济地采挖煤炭。

单平峒开拓方案，又有两种情况，平峒既可以垂直煤层走向开掘（图5－5），也可以沿着煤层走向开掘。

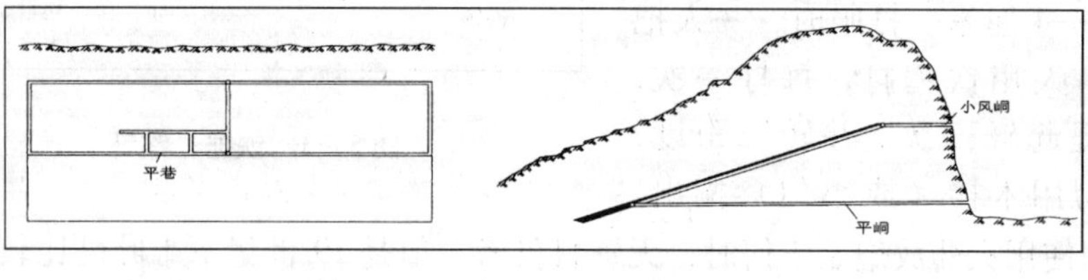

图5－5 单平峒开拓系统示意图

开掘平峒时首先要选好平峒的位置。平峒如果是垂直煤层走向开掘，在平峒到达煤层后，先沿煤层倾斜方向，上掘通风眼。通风眼在表土处可以是倾斜的（与煤层倾斜方向一致），也可以是水平的（图5－5中为水平小风峒），这要看哪一长度较短（取两者中较短者）。通风眼开好后，再同时开掘两条平巷（一作运输，一作通风），两平巷每向前掘进 20 米，开一横贯联通。当准备好了一两个横贯后，即可布置回采工作面进行回采。平峒如果是沿煤层走向开掘的，在平峒到达煤层后继续向前掘进，当开掘到距平峒口 40—50 米处，沿煤层倾斜方向，上掘通风眼，直至地面，即可通风。然后在平峒上方 10 米处开掘与平峒平行的平巷，平峒与平巷每隔 20 米用横贯联通。当准备好一两个横贯后即可布置回采工作面进行回采。

平峒掘进时，要保持一定的坡度，使平峒标高以上的水都可以从平峒流出地面，省去了排水设备与人工。

多平峒开拓方案如图 5－6 所示。

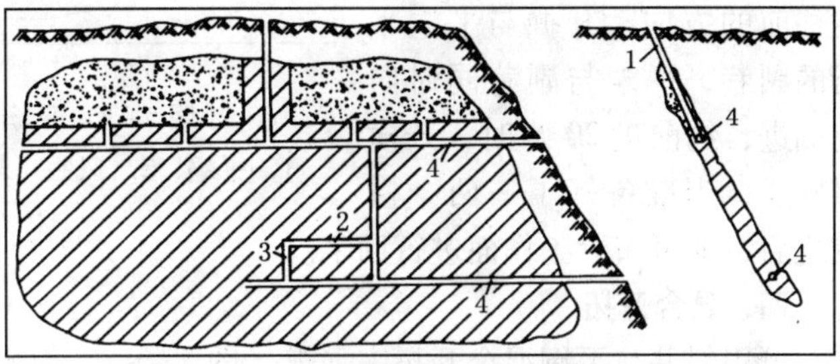

图 5－6　急倾斜煤层多平峒开拓方案示意图

1. 风眼；2. 平巷；3. 横贯；4. 平峒

由上述单平峒开拓方案可知，当开采平峒水平以下的煤层时，矿井水不能顺着平峒流出地面，采下的煤也必须用人工背至平峒处外运，这就产生了许多困难。为了克服这些困难，提高效率，可采用多平峒（两个以上平峒）开拓方案。最初，先开掘一个平峒，待第一个平峒以上的煤采完时，再在第一个平峒之下 50—60 米处，掘进第二个平峒，其风眼、平巷、横贯的布置方法，与第一个平峒相同。不过，在应用多平峒开拓煤层时，有一个明显的先决条件，即山沟较高，能有开第二个平峒的地方。

2. 用平峒开拓缓倾斜煤层

在地质条件合适的地方，缓倾斜煤层也可应用平峒开拓，其一般系统如图 5－7 所示。

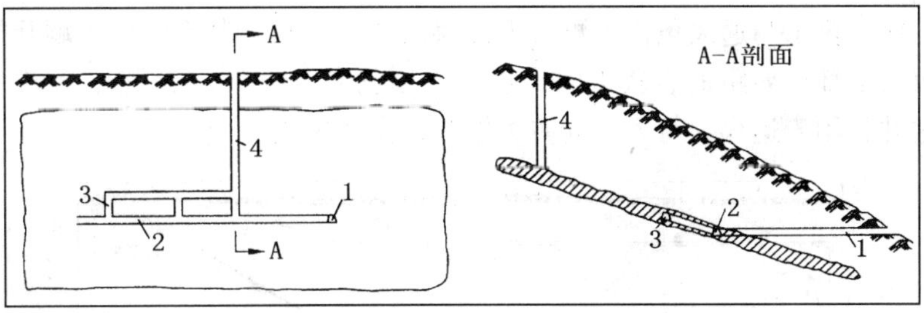

图 5－7　平峒开拓缓倾斜煤层示意图

1. 平峒　2. 平巷　3. 横贯　4. 风眼

开拓时首先选定平峒口位置，然后垂直煤层走向开掘平峒，到达煤层后，再沿煤层走向开平巷，在离平峒 40—50 米处，与从地表向下开掘的风眼联通，沿风眼向上约 20 米处再开掘一条平巷，两平巷同时掘进，每隔 20 米处用横贯联通，当有一两个横贯联通后，即可布置工作面进行回采。

3. 用平峒开拓水平煤层

当水平煤层赋存于高于地表的半山腰时，可用平峒开拓，其系统如图5－8所示。首先选好平峒口的位置，而后开掘平洞，距峒口40—50米时，向右（或左）开挖风道，与从地表向下开掘的风眼联通；然后在距平峒约20米处的风道内，向平峒往前的方向，开掘与平峒平行的副巷，平峒与副巷同时向前掘进，约前进20米时，开横贯联通，当准备好了一两个横贯之后，即可布置工作面进行回采。

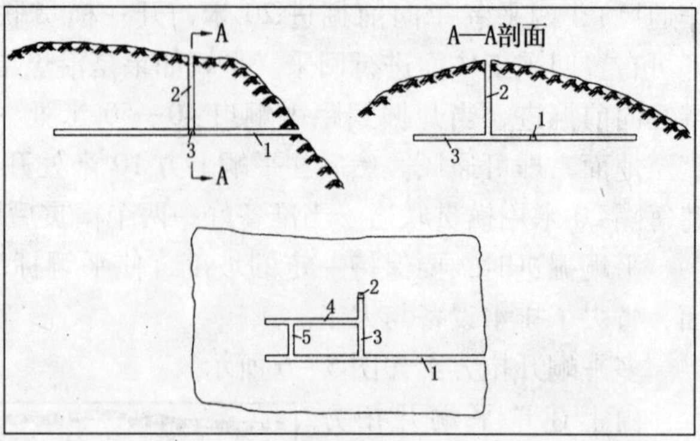

图5－8　平峒开拓水平煤层示意图

1. 平峒　2. 风眼　3. 风道　4. 副巷　5. 横贯

四、混合开拓

可用斜井与平峒混合开拓来采煤（图5－9），但不常用，在京西门头沟个别煤窑中采用过。斜井与平峒混合开拓的适用范围，与斜井、平峒单独开拓时的条件相同。

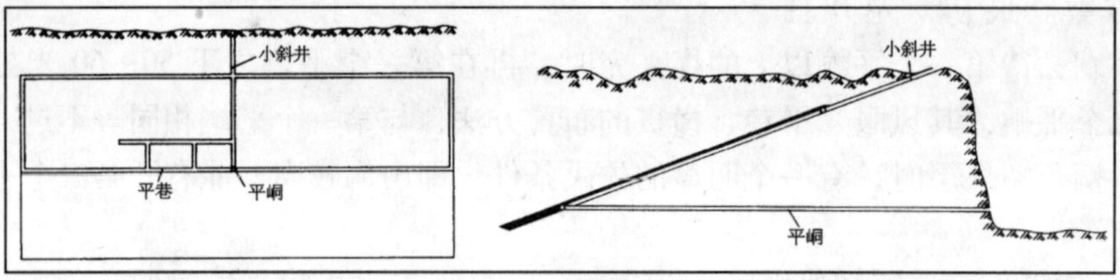

混合井开拓（1）平面图　　混合井开拓（1）剖面图

图5－9　斜井与平峒混合开拓示意图

通常先在煤层上部开一斜井（其系统同斜井开拓），当把上部煤快采完时，为了改善运输、排水与通风条件，再在下部煤层开一平峒（其系统同平峒开拓）。

当煤层上部边界距地表较近时，也可以用斜井与立井混合开拓（图5－10），斜井为主井，用于运煤、行人，立井为副井，作通风用。

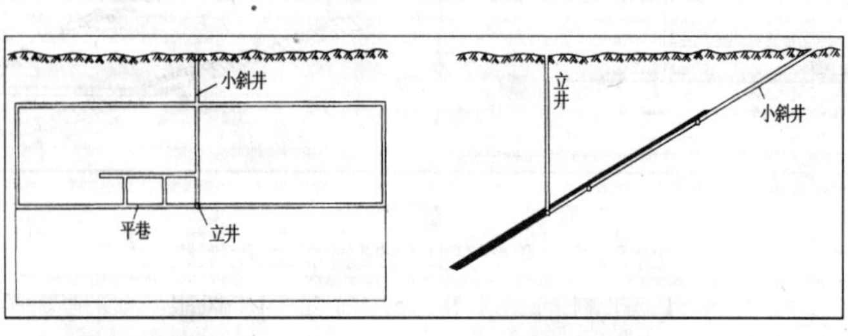

混合井开拓（2）平面图　　混合井开拓（2）剖面图

图5－10　斜井与立井混合开拓示意图

第三节 传统采煤方法

中国煤田种类繁多，有的大煤田含有各种倾角、各种厚度的煤层，所以，古代煤窑工人在生产实践中摸索总结出各种各样的适合于不同煤层赋存条件的采煤方法，世代延续相传。以京西煤田为例，直至20世纪中叶仍在应用的传统采煤方法，不少于6种，分述如下。

一、倾斜、缓倾斜残柱采煤法

这是最常用、最普遍的一种采煤方法。其巷道布置及准备工作是：沿煤层走向开掘平巷进入煤层后，再按适当距离（一般为10米左右）沿煤层倾斜方向开掘若干上山眼，沿煤层走向方向开掘若干顺槽眼，于是把计划开采的煤层分割成若干10米见方的煤柱（图5－11），准备工作即告完成。

残柱采煤法的回采工作分为三个步骤：首先，在10米见方的煤柱中，纵横各挖穿一至两个穿眼，将煤柱分割成更小的小煤垛（约3米见方）；其次，在穿眼内架设木棚子，在棚子背后用镐刨煤垛下部的煤，以减小煤垛的支撑力量；再次，待到一定时候，将棚子撤回，在顶板压力作用下，大部分煤就陷落下来，剩余未落的煤用长枪（或长钩）扎（或钩），使之下落。然后把落下的煤用长柄扒钩扒出，装筐后人工背出井口。回采煤柱顺序是从老空（采空）区向后退采。

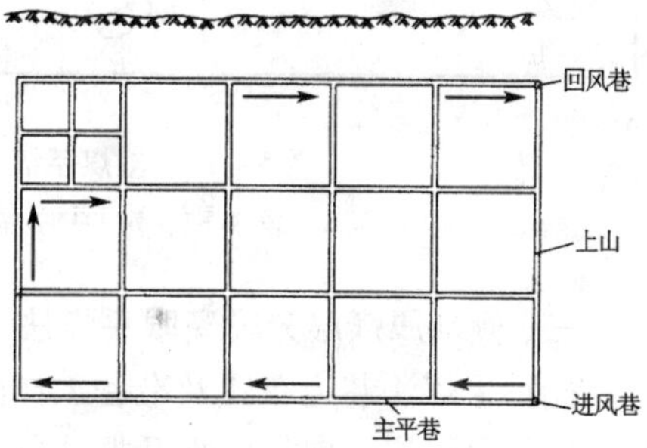

图5－11　残柱采煤法示意图

此法的通风如图5－11中的箭头所示，从井口进入的新鲜风流经平巷到上山眼、顺槽眼，再经煤垛（靠风流扩散）进入回风巷至出风井口排出地面。

残柱法适应性强，几乎是中厚以上的缓倾斜、倾斜煤层均可以用它来回采，生产效率也比较高。但是煤的损失较大，尤其在顶板条件不好时，损失更大，煤窑工人在煤垛下木棚背后扎煤、扒煤也不安全。

二、缓倾斜薄煤层分段采煤法

此法的特点是：开拓准备工作完成后，开若干顺槽，沿煤层走向把煤层分割成若干10米宽的小分段，而后自上而下一个分段一个分段地回采（图5－12）。图中是京西门头沟一个小煤窑的情况。该煤窑所采煤层为倾角10度—15度，厚度0.8米，其中含一层0.3米的页岩。其巷道布置及回采工作大致是：用平巷与斜井及出风眼连通后，开掘下山道（下山道两边各留10米宽的煤柱）；然后

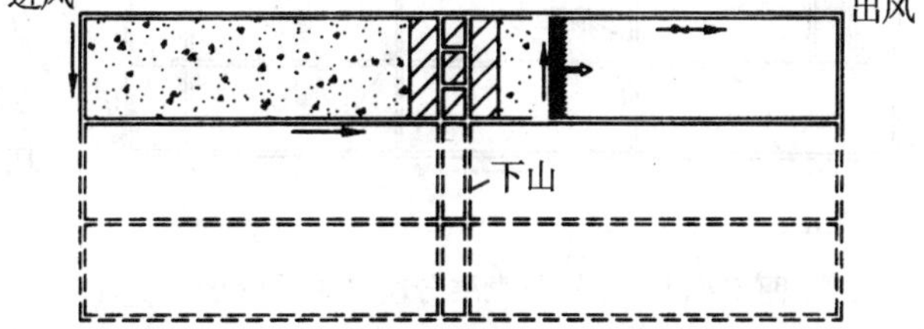

图5－12　缓倾斜煤层小分段采煤法示意图

在平巷下边留 10 米宽的煤柱，并开掘一顺槽，一直掘至边界与风眼连通；再后在距第一个顺槽 10 米处开掘第二条顺槽，第二条顺槽掘至 10 米即可开切眼进行前进式回采。回采用手镐刨煤，手镐有尖嘴镐和扁嘴镐两种（图 5－13）。落煤方法：当煤层中有夹石时，首先沿夹石与上部煤层交界处掏槽，增加自由面，待上部煤落下后再从夹石与下部煤层交界处掏槽，将夹石取下，并在采空区中沿下顺槽砌一矸石带，保证顺槽畅通，最后，将下部煤取出。煤采落下来后，要打一些点柱，支护顶板，并作为顶板来压的信号，采下的煤由背煤工用扁筐或布袋背出井口。

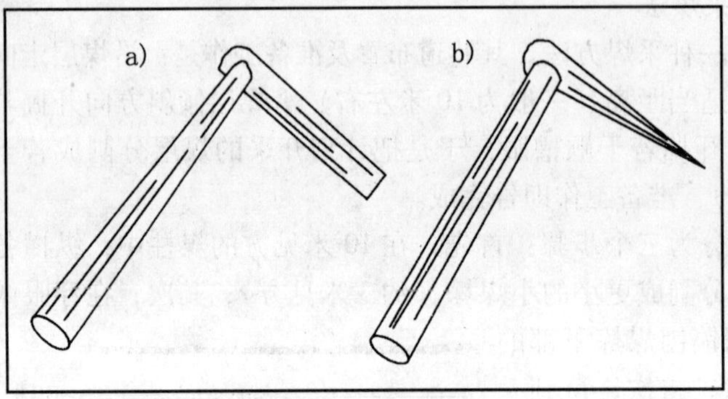

图 5－13　刨煤手镐
a. 扁嘴镐；b. 尖嘴镐

此法的通风如图 5－12 中箭头所示：新鲜风流由进风眼（主井）进入，经平巷进入工作面顺槽，由出风眼排出。

这种采煤方法适用于倾角不大并含有夹石的缓倾斜薄煤层。由于利用夹石砌了矸石带，顶板管理较好，工作安全，回采率高。其缺点是砌矸石带费工，生产效率较低。

三、倾斜厚煤层分段溜眼采煤法

此种采煤法巷道布置及准备工作的特点是：如图 5－14，当井筒及风眼与煤层联通后，沿煤层走向靠底板开掘几条（图中为五条）顺槽，将煤层划分为若干 10 米高的小分段（图中为 4 个小分段），两顺槽间每隔 20 米，开掘一溜煤眼连通，用以通风，顺槽一直挖至井田边界。为保证正常生产与通风，回采工作与掘进准备工作应相隔一个分段。

回采工作程序如下：在准备好的小分段中每隔 5 米掘一溜眼，与上下顺槽连通；采用后退式回采顺序，首先在靠井田边的溜眼中采煤，用手镐和长枪，把煤采落，再用耙子扒，使煤沿溜眼溜下，当此溜眼所采范围的煤基本上采完时，利用煤中夹石和垮落的矸石，在顺槽与溜眼交叉口砌一矸石垛，阻挡采空区矸石继续下滑，以保证下一分段回采时的安全与通风。

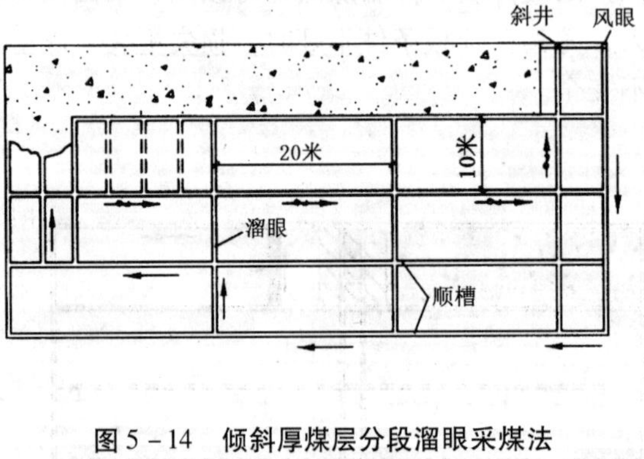

图 5－14　倾斜厚煤层分段溜眼采煤法

此法的通风，如图 5－14 中箭头所示，风由风眼经土扇风机压入，经第四顺槽、溜眼、顺槽回到主斜井出风。

此法的适用条件：煤层倾角 40 度左右、厚度 3 米左右为宜，煤层顶板岩石不宜太破碎，否则，煤层愈厚，丢失的煤愈多。此法的优点是生产效率较高，巷道系统较简单，缺点是安全性欠佳，煤的损失也较大。

四、倾斜及急倾斜厚煤层条带采煤法

煤层倾角40度—50度，煤层厚度3—4米的情况下，应用条带采煤法是比较适宜的。这种方法实际上是残柱采煤法的改进，在倾角较大、煤层较厚的条件下采煤，比较安全，减少装煤时间和装煤劳力。

条带采煤法的巷道布置与准备工作：井筒进入煤层并与风眼连通后，在煤层下部沿煤层走向靠底板开掘主平巷（图5－15），同时开掘与主平巷平行的顺槽，两巷相距10米，两巷齐头掘进，每隔10—20米用横贯连通，便于通风。在煤层上部，由风眼至井田边界开掘一顺槽（用于通风），当主平巷开掘至井田边界时，就以后退式顺序进行回采。回采的准备工作为沿主平巷每隔5米开掘一上山眼，作溜眼通风用，各上山眼均与回风顺槽相接。

回采工作：用后退回采方式（图5－15中为由左至右），逐条地采下由上山眼分割成的各条带煤。具体方法是，在回采第一条带前，在第一条带、第二条带中由上至下逐次地每隔一定距离（3—4米）开掘一横贯，连通上山眼。当第一条带中的各横贯已开好，第二条带中的第一个横贯也开好，就开始采第一条带最上部（由横贯切割出）的煤垛。依次从上至下采挖各煤垛，采完第一条带的煤垛，接着采第二条带的煤垛，如此类推。采煤垛的方法是，工人站在第一条带的横贯中，用手镐长枪先采煤垛的下部，最后用长枪扎穿邻近老空一边的垛脚，煤垛上部的煤靠煤的自重及顶板压力作用，自行垮落。采下的煤，沿上山眼溜至主平巷，装上木矿车或扁筐，再运出井口。

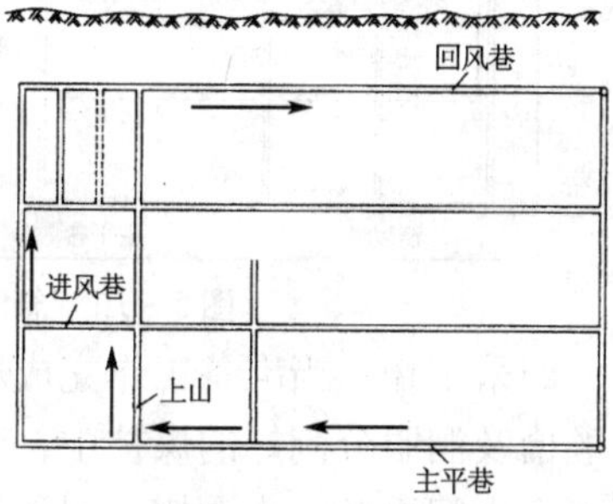

图5－15　倾斜及急倾斜厚煤层条带采煤法示意图

通风如图5－15中的箭头方向所示，新鲜风流从井筒（或平峒）进入主平巷，经上山眼至回采工作面再到回风顺槽，从风眼排出。

厚煤层条带采煤法，适宜在倾角40度—50度的煤层中应用，因为用于倾角较小的煤层时，失去了采落的煤自溜的主要优点，而用于倾角太大的煤层时，则大块的煤块迅速溜下乃至垂直落下，容易撞倒支架，造成事故。

在条件适宜的煤层中应用此法，具有产量大、生产效率高、比较安全、减轻劳动量的优点。其缺点是矸石混入煤中，影响煤的质量，顶板不好时，煤不能全部采出，损失较大。

五、倾斜及急倾斜厚煤层条带分层采煤法

当煤层倾角为40度—50度，而煤层厚度大于5—6米时，可以用此法开采。其巷道布置与上述不分层的条带采煤法基本相同，只是多开溜煤眼，既沿底板开溜煤眼（上山眼），又在煤层厚度中部开溜煤眼（上山眼），分别供底层及上层开采时溜煤用。

应用此法时，开采顺序按倾斜方向说仍是由上至下。在一个煤垛内则既可先采上一分层，后采下一分层，又可先采下一分层，后采上一分层。先采上一分层的缺点是顶板岩石落下后，下一分层较难开采，先采下一分层时，上一分层的巷道维护又较困难。总之，应用条带分层采煤法的问题比较多，一般小煤窑很少采用，仅在个别地区，煤层顶板很好时使用。

六、急倾斜煤层水平分层采煤法

此法常用于倾角大于60度—85度的厚煤层。其巷道布置及回采准备工作如图5－16所示，井筒进入煤层并与风眼连通后，沿走向开掘分层顺槽，顺槽间煤柱斜高3—9米不等，掘进时每隔一定距离用溜眼连通。但注意使上下两溜眼错开一定距离，以保证工人行走安全。各分层顺槽一直掘至井田边界。

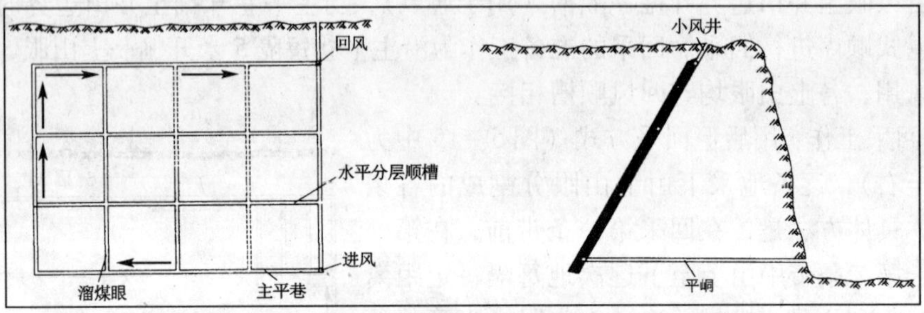

图5－16　急倾斜厚煤层水平分层采煤法示意图

回采工作：当准备工作完成后，按后退式顺序沿倾斜方向由上至下进行回采。在顺槽及溜眼分割好的煤柱中，则由下至上落煤。当两顺槽间的煤柱斜长过大时，还可在中间再开一小顺槽。回采煤柱时，先撤支柱，后用手镐、长枪落煤。通常煤层悬空后很易落下。煤落到顺槽后，人工装筐背出井口。在上一顺槽回采时，装完煤后，应在顺槽底部垂直煤层顶底板铺架密集支柱，为下一顺槽采煤时阻挡采空区岩石下溜，保证工人安全。如果顶底板岩石很破碎，在下一顺槽采煤时应留1米左右的煤皮作为护顶。

此法采煤时，通风如图5－16中箭头方向所示，新鲜风流从进风口进入至下顺槽，经溜眼、回采工作面，再沿上顺槽回到出风井排出。

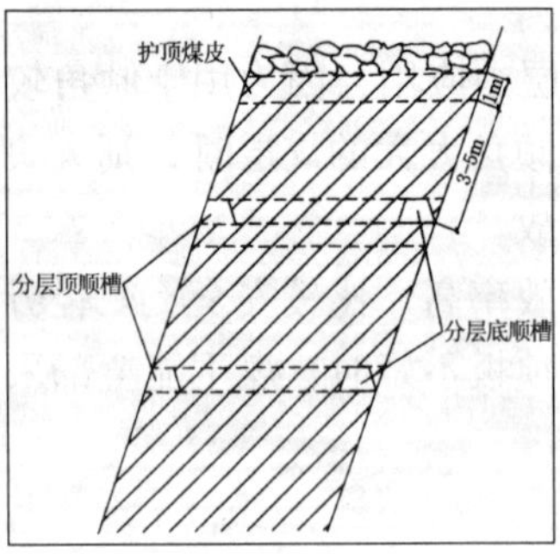

图5－17　急倾斜煤层分层顶底顺槽断面图

急倾斜水平分层采煤法，适用于厚煤层，如果煤层较薄时，回采率很高，也比较安全。如果煤层很厚时，水平分层顺槽可沿顶底板各开一条（图5－17），这时，在采完上一水平分层的煤后，不能用密集支柱方法护顶，而要留一米左右的煤皮护顶，其条件是顶底板要好。

上述各种传统采煤方法，有一个共同特点，就是把煤层先用顺槽、上山眼、溜眼、横贯等分割成一小块或一小条带，然后再用手镐、长枪、长钩、长扒等工具使煤落下，靠肩背、手拖或木推车，把煤运出地面。其分割煤块或条带的方法，随煤层倾角、厚度的变化而变化，方式多种多样，是劳动人民智慧的体现。

第四节　传统煤窑运输系统及方法

古代煤窑所使用的运输工具，全是手工工具，所以，传统意义上的煤窑运输系统都比较简单，没有因运输设施的需要而改变巷道系统布置的问题。运输系统的变化，主要表现在运输工具的变化。运输工具的变化，表现出技术从简单到复杂，工人体力劳动消耗逐渐减少，而生产效率逐渐提高的规律性。下面大体按照这一发展规律来阐述传统的煤窑运输工具与方法。

一、人工背挑方法

人工背挑是最简单、最原始、消耗体力最多的一种方法，但是它的适应性很强（尤其是背煤），应用很普遍，凡是用平峒、斜井开拓的系统甚至立井开拓系统都可以用人工背挑的方法，把煤从回采工作面一直运至地面。

图 5－18　背煤工具示意图

人工背挑运输所用的工具主要有背筐、挑筐、口袋、麻绳、簸子筐（南方叫钗箩或钗箕）。背筐、口袋、簸子筐如图 5－18 所示。把簸子筐安上绳子或竹皮即可作挑筐（图 5－19）。

图 5－19　挑筐及挑煤（图片采自《萍乡市地方煤炭工业志》）

背煤是重体力劳动，非常累人。为了节省体力、提高效率，在生产实践中，工人们总结了几个值得注意的方法：

第一，为了便于背煤时方便启动和方便倒卸煤，要在回采工作面内用矸石（或煤块）堆一高台，把背筐置于其上，装满后易于背起；而在井口卸煤处应放置一坚固木凳，把背筐或口袋先置于木凳上然后倒卸。

第二，为使背煤工人在背煤途中得到适当休息，应在运输巷道沿途每隔一定距离用矸石或块煤筑一高台，作为途中休息时放置背筐之地。

第三，为了保证背煤工人的安全，在斜井、立井中必需设置拉手条。

第四，为了便于背煤，平巷不宜过矮，以 1.6—1.7 米为宜。

背煤的效率较低，通常劳动一天，人均能背煤 100—200 斤，如果巷道距离较短，每人每个工作日可背煤 500—1 000 斤或更多一点。

二、人工拖运方法

在绳子一端系一拖筐（南方叫拖箕），人拉绳子拖运煤。可在平巷、平峒和斜井中使用，效果较好，比用人挑和人背煤前进了一步。拖筐用荆条或竹子编制而成，筐底装一橇板或船形拖底（图5－20）以减少阻力，提高拖运效果。

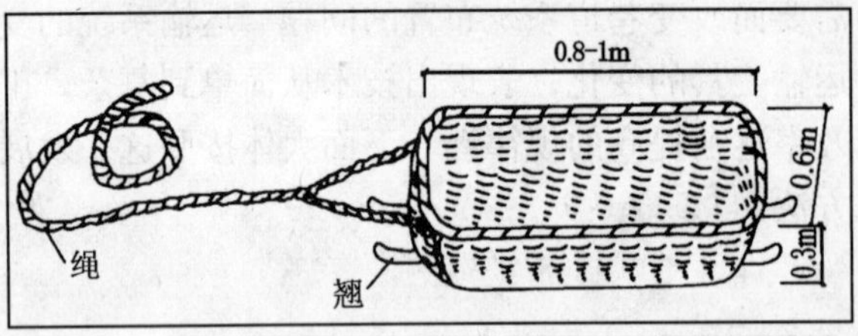

图5－20　拖筐示意图

制造拖筐、拖运方法，也有一些讲究，必须注意以下几点：

第一，为了减少摩擦阻力，橇板应制成刀刃形状，橇板前后稍微上弯。

第二，拉煤时，拉绳做一绳套，套于肩上与胯下，可以防止拖筐抬起，影响拖运。

第三，巷道应尽可能做得平整，以提高拖运效率。

第四，在斜井中使用拖筐运煤，井筒倾角应小于30度，否则煤易撒落，影响拖运效果。

应用拖筐拖煤，平均每天每工可拖煤一千斤左右，如果运输巷道的距离较短，每天每工可运煤两三千斤。不过，由于拖筐与巷道的摩擦严重，拖筐损坏率高，增加了运煤费用。人们在实践中，逐渐改进运输方法，为了减少摩擦力，提高运煤效率，带轮的运煤筐和带轮的运煤手推车应运而生。

三、人工推运方法

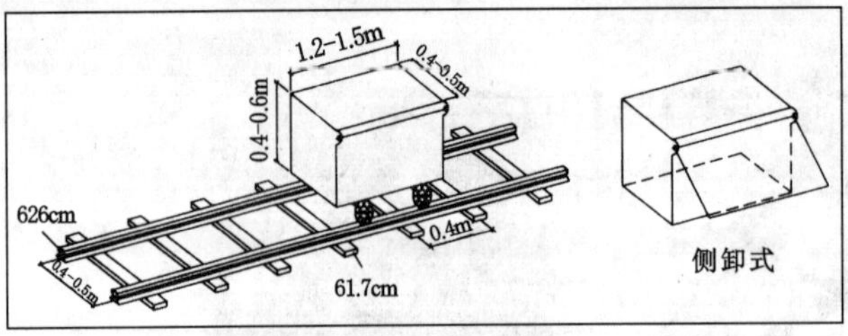

图5－21　木矿车

把拖筐底下的木橇改为木轮或铁轮，使之在轨道上运行，用人力推动，减小了摩擦，提高了运行速度，效果比拖筐好多了。有的地方，把筐改为木箱，再安上轮子，便成为传统的木矿车（图5－21）。木矿车可大可小，根据巷道宽窄而定，如京西门头沟煤窑平峒用的木矿车，能装500—1 000斤。为了卸煤方便，木矿车可制成侧卸式，即木矿车的两侧面能打开，方便卸煤。应用木矿车时，早期轨道为木制，规格为6×6平方厘米，木轨直接钉在枕木上，木轨长度1.2—1.6米，轨距0.4—0.6米（视巷道宽窄来选择），枕木规格为6×7平方厘米左右，枕木间距约0.4—0.5米。到了现代，小煤窑中用的轨道多为铁轨，鲜用木轨。

由于人工推筐或人工推木矿车，既省力，速度又较快，大大提高了运煤效率。在运输距离不太长的煤窑中，人工推车运煤，每天每工最多可达几吨至十几吨。

根据煤窑工人的实践经验，采用木矿车运煤时，需注意如下几点：

第一，为使木矿车更容易推动，木轨上最好钉铁皮。

第二，有条件时，用铁轨取代木轨。

第三，巷道尽可能开得平直，避免凹凸不平，避免过多的急转弯，以免造成木矿车运行中掉道。

第四，根据地面卸煤地点的地形、位置，矿车可采用侧卸式或前卸式。

四、自重溜运方法

在开采倾斜、急倾斜煤层上山部分的煤时，一般开掘有溜眼，用于运煤（煤靠自重顺巷道斜坡溜下），煤溜至主平巷装车外运。为了使煤容易自溜，并能控制下溜的速度与方向，减少煤的破碎程度，通常在溜眼中铺设一溜槽。溜槽用竹片制成为最佳，重量轻，光滑易溜。无竹或缺竹的地区也可用木板制成溜槽。溜槽的规格大致是：宽0.4—0.5米，长2—3米，高（槽帮）0.2米左右（图5-22）。

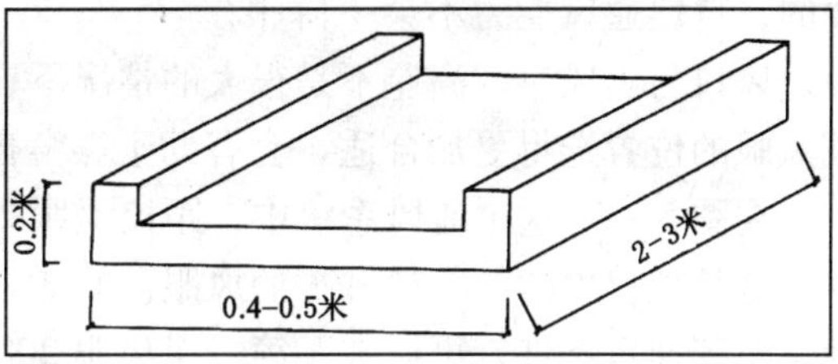

图5-22　溜槽

采用自重溜运法，大大减轻了体力劳动，运输效率极高，但倾角过大时，碎煤、粉煤多。

根据实践经验，采用自重溜运时，需注意两个问题：

第一，保证人员安全，正在溜煤的溜眼不许行人。

第二，在溜眼下部应设一个小煤仓储煤，便于调节主平巷均匀装车运输。

第五节　传统煤窑通风系统及方法

传统的煤窑通风方法，多数是自然通风，在通风口与出风口高差很小时，则用手工制造的人力扇风机（风车、风扇）通风。

一、自然通风方法

自然通风的原理，如第三章第四节中所述，是利用入风井与出风井的井口高差以及进风流与出风流的温度差所产生的自然风压差进行通风的。有的煤窑在选择主井口与风眼的位置时，还注意季节变化引起的大地风向的变化，选择适宜的井位，尽可能减小地面大地风向变化对矿井通风产生的不利影响。

传统的煤窑生产，受设备条件限制，多数煤窑只采浅部的煤，并且只采一层煤，煤窑内的回采工作面也较少，通常为1—2个回采工作面，所以煤窑巷道布置比较简单，通风系统也比较简单，大多数情况下都采用串联通风系统进行通风。

现以京西斋堂地区某煤窑为例，说明一般的煤窑通风系统及方法（图5-23所示）。

煤窑煤层走向为南东至北西，平峒口面对东南方向，平峒沿煤层露头进入煤层，再沿走向开掘主要平巷。风眼选在高出平峒口100米的高坡处，距平峒200米，风眼到达煤层后，开斜巷与主平巷连通，通风系统即形成。

由于出风口与进风口有了较大的高差，加之出入风流的温差（冬季温差大），煤窑形成了良好的自然通风。冬季时平峒为入风口，风眼为出风口，夏季时平峒为出风口，风眼为进风口。应该指出，该煤窑的两个出口，恰好开在东南和西北方向，当夏季多东南风时，平峒正好是出风口，因而受到了大地风力的正压力，就减弱了煤窑的自然通风能力。相反，在严寒的冬季，北京地区多刮西北风，这时风眼又为出风口（平峒口背靠北，面向东南），西北风造成的负压，也减弱了煤窑一部分自然通风能力。不过地面风力对煤窑自然通风的影响并不是主要的，自然通风能力不会下降很多。在进风口与出风口的高差不是很大的情况下，考虑到地面风力的影响，尽可能把平峒风眼的位置选得更加合适，会有助于煤窑自然通风。

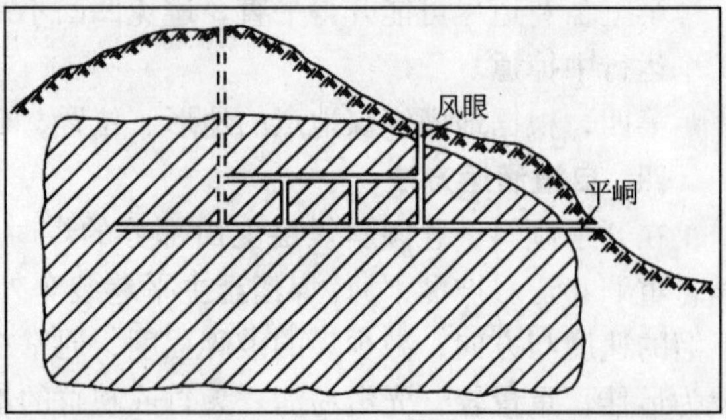

图 5－23　煤窑自然通风系统示意图

在图 5－23 这个通风系统中，距离风眼 200 米的坡顶下有两虚线表示的一条巷道，这是拟议中的一个待开掘的风眼。它表示为煤窑由东向西回采到一定距离后，为了改善通风条件，可以在距第一个风眼 200 米处再开一个风眼。

在一些产煤地区，由于开采历史悠久，小煤窑林立，废弃的旧窑很多，这对正在开采的煤窑通风影响非常复杂，如果利用旧煤窑进行自然通风（如利用旧煤窑作为风眼），会使正在生产的煤窑自然通风变得非常困难（漏风严重，自然通风效果不好）。

二、人力通风方法

在传统的通风技术中，当煤窑的进风口与出风口的高差很小时，难于有效地进行自然通风，此时，常采用手工制造的扇风机，进行人工扇风，以改善煤窑通风。人力扇风机在南北各地煤窑中，均有应用，其形状、大小虽各有差异，但基本原理是一样的，即通过摇动手把，带动风叶片（4—6 片）旋转运动，便可产生风力，在风机外壳（均是木制）的导向作用下，可向一定方向送风（图 5－24）。人力

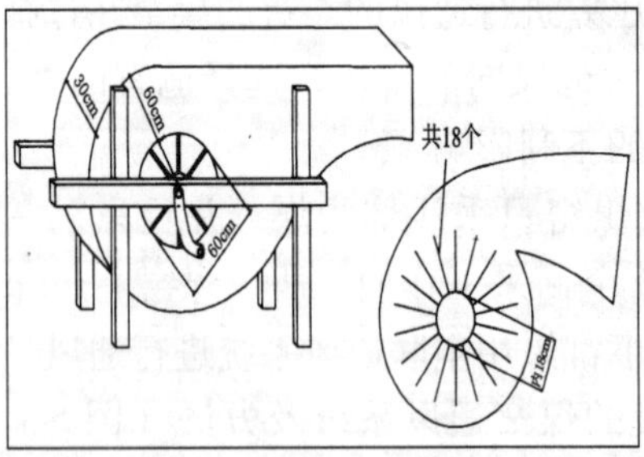

图 5－24　人力木风车
（木制人力扇风机）

图 5－25　在立井中使用人力扇风机
（图片采自《萍乡市地方煤炭工业志》）

扇风机可用手摇（图 5－25），也可以用脚踏。用脚踏时，需加一传动装置（图 5－26）。脚踩踏板，使曲轴转动，通过曲轴带动飞轮旋转，飞轮通过传动带带动滚动轴旋转，滚动轴带动被动轮（与扇风机叶片轮连接）旋转，扇风机即可扇风。

人力扇风机，结构科学，通风效果较好，在古代煤窑生产中应用较普遍，直到20世纪50年代，京西煤窑中仍在使用。但它是谁发明的，何时开始应用于煤窑通风，已无法考察。我们推测人力扇风机的出现，似不晚于元代。因为元代王祯《农书》中已记载了用于农业生产的“飏扇”。“飏扇”即是农村通常使用的“风扇车”（简称风车）（图5－27）。煤窑中使用的人力风扇机，原理与“风扇车”完全一样，外形略有改变。看看王祯《农书》的译注者缪启愉对“飏扇”的译注，对风扇车的原理就很清楚了。《集韵》“飏”〔引《说文》〕说：是随风飞扬。这是扬谷器。其形制：〔扇膛〕中央安设椑轴，轴周围辐列四叶或六叶扇片，用薄板或者糊竹篾制成。扇有竖扇、卧扇的分别。轴的一端都带着运转短把，或用手转，或用脚踏，扇就跟着转动。凡是舂、碾谷米的时候，把糠米倒入上面高斗中，斗底开条狭缝溜米，匀细像下筛孔，即刻转动短把扇它。糠粞既已扇去，便得到净米。又有抬到场上扇的，叫做扇车。凡是打落的禾麦之类，秕屑相杂，也须用这风扇车来扇。比起用杴抛扬，用箕簸扬，其功效高好多倍[3]。

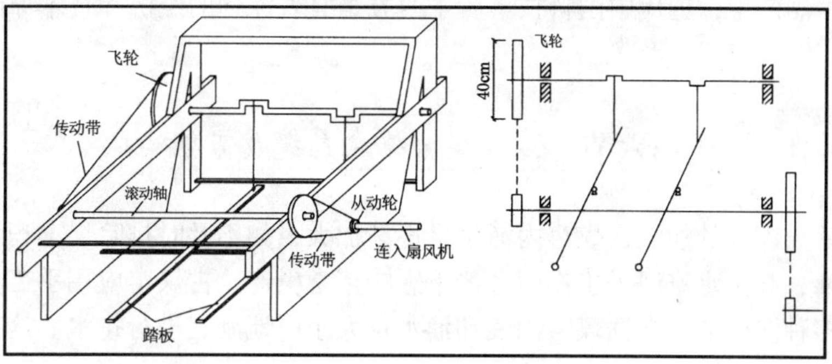

图5－26　脚踏扇风机传动装置示意图

（图片采自《京西小煤窑调查报告及对土法开采的探讨》）

图5－27　风扇车（图片采自王祯《农书》）

古代煤窑生产多是农余副业，煤窑工人都是农民，那么，应用于农业生产的工具，像飏扇，稍加改装外形，用于煤窑生产并非难事。所以，我们有理由推测，人力扇风机用于煤窑通风，不会晚于元代。至于人力扇风机用脚踏的装置，比较复杂，可能要晚些时候才有，或许到晚清时才出现。

从这里我们可以看到一种现象，中国是古老的农业大国，农业技术较发达，其他手工具生产紧随其后。手工业生产中的许多技术是由农业技术转移过来的，煤业生产技术如此，冶金手工业生产也是如此，冶金中“水排”的应用，就是从农业转移过来的一种重要鼓风技术，它对冶炼业发生过重大影响。由此，可进一步推论，只要中国古代农业仍然占据着统治地位，不能打破自给自足的封建农业经济，农业技术便不可能有更大的突破，以农业为依托的其他手工业要有大的突破也是不可能的。所以说，近代科学技术不可能在中国产生，近代第一次、第二次技术革命也不会在中国产生，近代中国科技落后于西方是有着深刻的经济和技术原因的。

第六节　传统煤窑排水系统及方法

随着采煤深度的加大，煤窑内涌水量逐渐加大，如不及时排除煤窑积水，会造成巷道淤塞，甚至水淹回采工作面，严重影响正常生产。古煤窑应用手工方法排除积水也是多种多样的，根据煤窑深浅和涌水量大小因地制宜进行排水。这些方法一直延续至近代。

一、扒坑掏水排水法

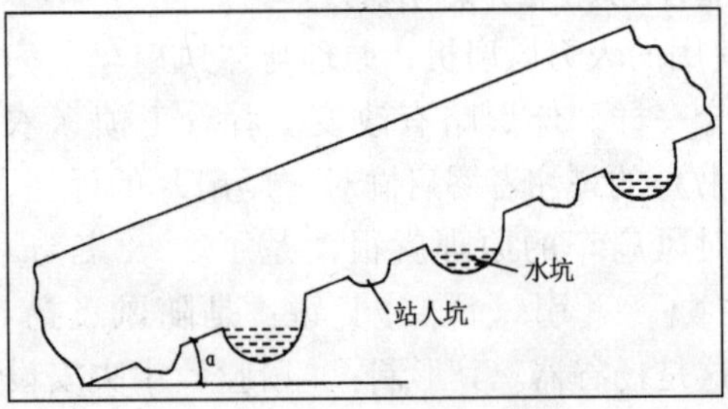

图 5－28　扒坑掏水示意图

当用小斜井（或下山）开采煤炭时，在斜井（或下山）巷道边每隔两米左右挖一小坑，称扒坑，在扒坑之间再挖一平台（图 5－28）。排水时每个扒坑间的小平台上站一人，用水瓢将下一个扒坑的水掏到上一个扒坑，沿斜井（或下山）各平台上的工人彼此协调一致，紧密配合把流至主平巷的煤窑水排至地面。

扒坑掏水简单实用，但井筒（斜井）不能过长，煤窑涌水量不能过大，否则，用人过多，效率太低，而且当涌水量过大时，根本不可能应用这种方法排除涌水。因为，排水工人再多，排水量也只等于一个人的排水量。

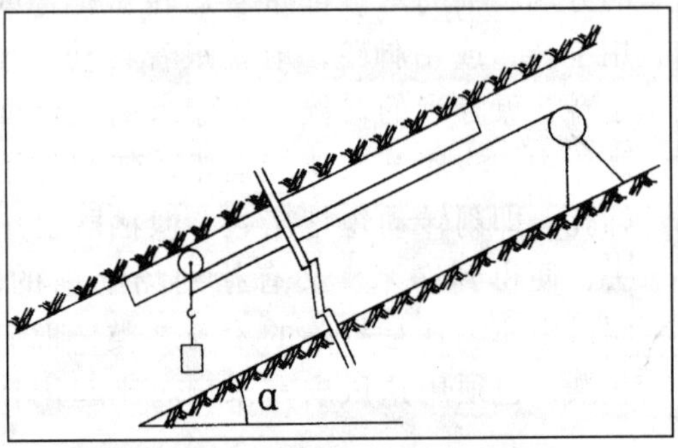

图 5－29　高线挂桶排水示意图

二、高线挂桶排水法

当斜井开拓时，沿斜井顶梁架设一固定高线，其上吊一活动滑轮，水桶挂在滑轮下面的钩子上，钩子与辘轳麻绳连结（图 5－29）。排水时，把井底的水掏入水桶，然后绞动辘轳，麻绳牵动滑轮（和水桶）沿高线上行直至地面，再把水倒入地面排水沟。这种方法节省人力，排水较有效。但由于是间断排水，效率仍较低，当井筒较长、涌水量较大时，也不能用此法排水。

三、拉龙排水法

拉龙排水，即是用唧筒抽水。唧筒用竹制或铁制（近现代有用铁管制作）（图

5－30），长约3米，筒内的拉杆下端安装一个活塞。排水时工人往复拉推“拉杆”，当“拉杆”下推时，活塞打开（扭向与推力相反的方向），水流进唧筒上部，而上拉“拉杆”时，活塞关闭，唧筒上部的水被拉出筒外。为了防止唧筒入口处被堵塞，将插入水中的筒端扩大（戴上罩），其上留有小孔进水。井筒较长时，要设置多个唧筒，一段一段抽水（接力拉龙），把水排至地面。

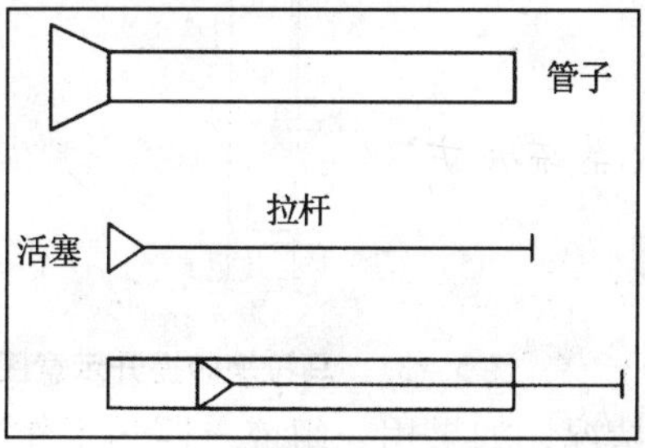

图5－30　拉龙（唧筒）示意图

图5－31　立井拉龙（抽水）

拉龙排水法，南方产竹地区应用较广（图5－31，照片采自《萍乡市地方煤炭工业志》），北方缺少粗大的竹子，需用铁管制作唧筒，制作较难，搬运不方便，故北方用拉龙排水法比较少。当井筒过深时，需用多部唧筒抽水，用人多，效率低，不太适用。

四、压泵排水法

此法是拉龙排水法的发展，其原理与唧筒相同，但应用了杠杆原理，把手拉改为手压，节省了体力，提高了效率，是一种比较好的排水方法。但井筒过深时，也不太适宜应用此法。

五、立井吊桶排水法

当用立井开拓时，常用吊桶（或牛皮包）排水，用辘轳或人力绞车作动力，在绞绳一端或两端（双向提升时用之）系上吊桶（或牛皮包），人工装满水后绞动至地面排出。实际上排水与提升煤炭是一个系统，省人力，可排除较深的煤窑积水。

为了节省人力，明清之后，不少煤窑改用马拉绞车提水（及提煤），有的地区称马拉绞车为马拉磨车（图5－32）。马拉绞车的工作原理如图5－33所示：图中甲为井架，乙为定盘（或转轮），丙、丁为辘轳，辘轳上缠有绳索，长能及井底，绳端拴一水桶（或牛皮包）。另有一麻绳绕在定盘（或转轮）乙上，麻绳两端分别与辘轳丙、丁上的绳索连结，连结处各有铁圈，两圈各驾四匹马，两组马（己和庚）相向而行，牵动辘轳丙、丁转动，从而带动绳索一端的水桶上下运动（图5－33）。己、庚箭头所示的马拉动方向，表示丙辘轳的绳索提水桶上升，丁辘轳绳索提空水桶下降，当马走到了尽头，丙、丁两处的水桶分别提至地面和放至井底，完成一次排水程序，然后两组马（己与庚）的拉动方向互换，则丁辘轳一端盛满水的水桶上升，丙辘轳一端的空桶下降，如此循环往复，进行排水。当井下积水基本上排除之后，把水桶换成竹筐，就可以提煤。

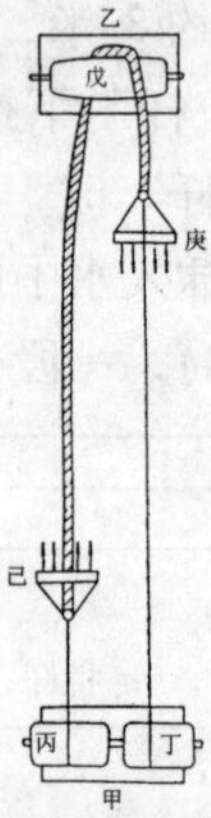

图 5－32　马拉绞车（照片采自《中国近代煤矿史》）　　图 5－33　马拉辘轳提升示意图

上述马拉绞车原理是在用两组马工作时的情况，如果用一组或一匹马工作时，就变成马拉磨车，马往返牵动转盘运转，转盘牵动辘轳运转，从而上下提升水桶，进行排水。

第七节　传统的煤炭洗选方法

煤炭洗选是煤炭加工利用技术的一个重要环节，它对提高煤炭质量、提高经济效益有重要作用，它又是炼焦前的必经环节。我国在宋代已有焦炭，表明至迟在宋代，煤炭洗选已在煤炭行业中占有一席之地。长期的洗选实践，积累了丰富的经验，在手工操作条件下，用简易设备，用人力、水力进行洗选，取得了很好的效果，满足了社会需求。这种传统的洗选方法一直延续至今。

一、手选法

这是手工煤窑应用最普遍的一种选煤方法，它有两层含义：一是在回采工作面或地面堆煤场，用手工把混杂于煤中的矸石拣出来。手拣矸石，可以满足一般民用煤的要求，对炼焦用煤则不能满足要求；另一层含义是把煤分成若干等级，再运到市场销售，例如，有的地区把煤分成大块、中块、小块、碎块和末煤 5 级。

二、传统水洗法

水洗法的基本原理是根据煤和矸石的比重不同，借助水力把煤和矸石分开，达到选煤的目的。这种方法简单实用，效果很好，可以把混杂于煤中的非常细小的矸石颗粒分选出来，满足炼焦用煤的需要。

比较简单的人工水洗法是应用箩筐、竹筛在水池中人工淘选，效率低，产量小，只适用于煤的少量洗选。在简单的水洗法基础上发展到较大规模的人工水洗法选煤，能满足较大规模的炼焦生产需求。有的地方把手选与水选方法结合起来，效果良好，日选煤量也相当可观。其基本操作程序与操作方法如下：原煤出井后，先行手选，拾出大块矸石；后用青㭎木将大块煤槌碎，再行过筛；过筛后的煤运至洗煤池洗选。洗煤池是根据煤与渣（细矸石）的比重不同而设置的。煤、水混合后，由高差二尺之水沟冲下，犹如小瀑布般急流直下，流至第一洗煤池，煤渣翻滚，水流外溢，此时工人在池中用耙子不停地搂搅，并把所搂到的煤渣搂至水头下面，使之反复冲洗，比重大的矸石渣逐渐下沉池底，比重较轻的煤和极细的矸石渣上浮流至第二洗煤池。对第一池中的矸石渣，应适时掏出（隔一段时间掏一次渣），使第一池中不过多的存留矸石渣，否则矸石渣也会流至第二洗煤池。在第二洗煤池中的煤、渣混合体，百分之九十以上为纯净煤，百分之十为矸石渣。在第二池中仍需一人用铁铲不停地搅动，而另一人站在第三池中持一长约4米的长柄推板，水每向下流一次，即向上推一次，推至第二池中央为止。如此不停地工作，使石渣亦沉淀于第二池的最深底部，其上部为纯净煤。还有一部分纯净煤则被水冲至第三池中沉淀。每隔一定时间，将第二池中上部的纯净煤铲出，将第二池中底部的煤、渣混合物铲起重洗。第二洗煤池可分为二个小池，轮换洗选，提高效率。对第三洗煤池的纯净煤，一旦沉淀，铲出即可。应用这种水洗方法，每八小时可选纯净煤20—30吨，每工效率可达2.5吨[4]。

第八节 传统炼焦方法

炼焦在我国有七八百年的历史，炼焦技术萌芽于唐代，成熟于宋代，到明清臻于完善，形成了自己的炼焦传统。清末土法炼焦质量与洋法炼焦质量没有多少差别，土法炼焦甚至超过洋法炼焦质量（见第三章第五节）。所以，近代以来，尽管引进了西方的炼焦方法，而传统炼焦方法仍然应用不迭，在出产焦煤的矿区，大多数都还在用土法炼焦炉炼焦。在20世纪前半叶，六河沟煤矿、井陉煤矿、本溪湖煤矿、开滦煤矿、萍乡煤矿、天府煤矿、枣庄煤矿、淄博煤矿等矿区，都采用传统炼焦方法大量生产焦炭，成为近代中国著名的焦炭产地[5]。直至20世纪80年代，笔者在淄博矿区、天府矿区等地仍见到了土法炼焦的壮观景象，淄博的圆形焦炉犹如蜂房一般一个挨一个，天府的长方形焦炉犹如棋盘一般错落有序，白昼青烟缭绕，夜晚火光熊熊，令人叹为观止。

传统炼焦方法可分为两种：一种是圆形炉炼焦法；另一种是长方形炉炼焦法。大体上说，北方矿区多用圆形炉炼焦，南方矿区多用长方形炉炼焦。两者在本质上没有区别，只有炉形上的差异。

一、长方形炉炼焦法

关于长方形炉炼焦法，以萍乡煤矿的长方炉为代表，前文第三章第五节已作了叙述，这里不再重复。本节只叙述圆形炉炼焦法的焦炉结构与炼焦程序。

二、圆形炉炼焦法

圆形焦炉结构如下：焦炉呈圆形，掘地为池，池径约十六尺，池深约二尺，池底平坦，池中央有一穴，名为风道，与地下进风和行人沟相通，此沟深4—5尺，从池外一侧挖至中央；池上部与地面相平处，周围用砖砌成矮墙，墙高约三尺，周围墙脚下，每隔一定距离留一小孔，周围共有九个小孔（若池径增加，小孔数增加），名叫通风眼（有的地方叫火眼）。圆形焦炉结构并不是固定不变的，有的地区不砌矮墙，有的地区池径小，有的地区池径大，可凭经验与需要自定。

圆形焦炉炼焦的程序如下：先以柴草少许堆积于池底中央风道中，将块煤围着中央风道堆砌至约二尺高，而后将洗选后的末煤装入炉中，亦至二尺高，与块煤平。再用砖砌筑烟道（或称火眼），使中央风道与四周通风眼连接。然后再填末煤，直至高过矮墙，使之成覆碗形（图5－34）。最后点燃柴草，引燃块煤，渐及末煤。点火后，每日穿木履踏压一次，至第十一二日，用木槌槌压，每日二次，约计四日，待火焰渐长，即可闭塞四周风眼，使火焰由顶上煤隙中取道而出，待某处煤烧透结焦即覆以灰土，如此逐渐至全部煤烧透之时，倾水入池，以熄其火，再覆盖灰土，约一昼夜后即可取焦。全部炼焦时间为两星期左右。炼焦程序并不是一成不变的，有的地区是点火引燃块煤后，再填末煤；有的地区则在末煤上面堆压粗石，以防止外围煤崩坏。图5－34是20世纪上半叶本溪湖煤矿的圆形炼焦炉照片[6]，照片显示，当时本溪湖煤矿的炼焦炉是没有砌矮墙的。

图5－34　本溪湖煤矿土法圆形炼焦炉（1926年照片）
（图片采自虞和寅：《奉天本溪湖煤铁公司报告》）

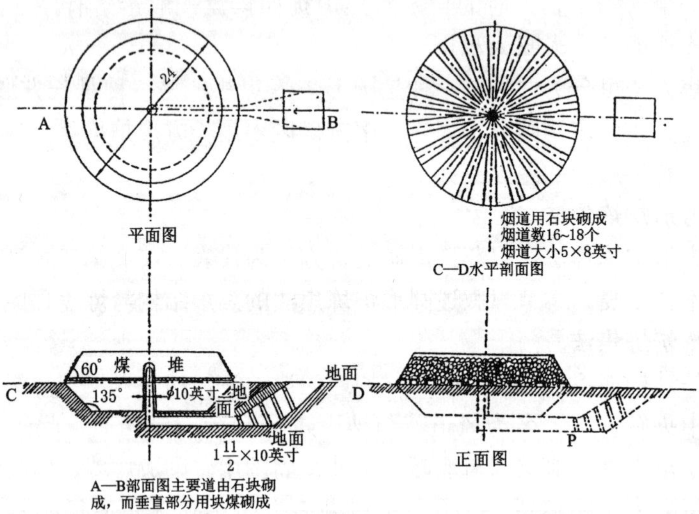

图5－35　本溪湖煤矿土法炼焦炉结构图
（图片采自虞和寅：《奉天本溪湖煤铁公司报告》）

圆形炼焦炉的炉径可大可小，所装末煤数量因而相差悬殊，少者四五吨，多者40吨。圆形炼焦炉的结构可参看图5－35本溪湖煤矿土法炼焦炉结构图。

各地圆形炼焦炉炼焦所用的时间有差异，炼焦的出焦率也略有差异，但出焦率一般都在60%以上。

参考文献

〔1〕北京矿业学院采煤教研组：《京西小煤窑调查报告及对土法开采的探讨》，煤炭工业出版社，1958 年，第 5 页。

〔2〕《萍乡市地方煤炭工业志》，南昌市：江西人民出版社，1992 年，插页 12。

〔3〕元王祯撰，缪启愉译注：《东鲁王氏农书译注》，上海古籍出版社，1954 年，第 305—306 页。

〔4〕王元桢：《渠江矿业公司洗煤炼焦工程概况》，《矿冶》复刊号第一期。

〔5〕颜琅：《中国十大矿厂调查记》，商务印书馆印行，民国五年。

〔6〕虞和寅：《奉天本溪湖煤铁公司报告》，民国十五年，农商部矿政司印行。

第 六 章
中外古代煤炭技术比较研究

为了了解中国古代煤炭工程技术在世界煤炭工程技术发展史中的地位，既看到中国古代煤炭工程技术曾长期领先于世界，对人类文明产生过积极影响的事实，又看到中国古代煤炭技术在17—18世纪开始落后于西方并迅速同西方拉大差距的事实，有必要对中外古代煤炭技术做一对比。中国的资料，取自本书煤炭篇前述各章相关部分。外国的资料，主要取自英文版ANCIENT MINING（《古代采矿》）和THE HISTORY OF THE BRITISH COAL INDUSTRY VOLUME 2（《英国煤炭工业史》第2卷）。《古代采矿》是由英国学者罗伯特（Robert）主编，英国采矿冶金研究院1993年出版的一部学术专著，该书在综合世界采矿史资料基础上，着重记述了有文字记载起至中世纪初为止，西欧、中东、西南亚和北非国家的采矿历史，阐述了这些国家和地区开发利用煤炭和其他矿物的起始时间。可以认为该书是一部比较权威的著作。《英国煤炭工业史》是英国W·富林·米迦勒（Michael W. Flinn）教授所撰，由牛津大学出版社出版（1 984年版）。该书记述了1 700—1 830年期间，英国煤炭工业发展的情况，对英国1 700年之前的煤炭开采技术也有许多记述。作为第一次工业革命发祥地的英国，煤炭的开发与利用，在其工业发展史上占有极其重要的地位，蒸汽机的发明和改进直接与煤炭开采技术（矿井排水与煤炭提升）有关。英国的煤炭开采技术在西方世界出现较早，也较先进，对世界煤炭开采技术产生过重大的影响。所取的《古代采矿》与《英国煤炭工业史》（第2卷）这两部专著，是其代表作。所谓中外比较，主要是中国同英国的比较。

第一节　关于中外煤炭开发利用的起始时间比较

新石器时代晚期（距今约6 800年前），中国人开始应用煤精雕刻工艺品，这是沈阳新乐遗址考古发掘所证实的历史事实。沈阳新乐遗址中出土的煤雕制品有圆泡形、耳珰形及圆珠形等装饰品。与煤雕制品同时出土的还有碎煤精、煤雕半成品及煤块。经化验证实，沈阳新乐遗址的煤雕原料取自抚顺煤田。说明抚顺煤田在距今六七千年前已得到开发。

中国西周时期（公元前11世纪—公元前771年），有更多的煤精被用来雕刻工艺品。陕西省沣西张家坡、宝鸡竹园沟、宝鸡茹家庄发掘出的西周古墓中有大量的煤雕制品（圆环、块等装饰物多达200余件）。经化验，这些煤雕制品原料取自陕西铜川煤田。说明陕西煤田在2 700年前已经得到开发。

从战国（公元前475—公元前221年）到南北朝（公元420—589年），煤雕工艺制品愈来愈多，考古发掘出来的煤雕制品多达十几种，除圆珠、玦、耳珰、发簪等饰物外，还有狮、虎、猪、羊、蛤蟆以及印章、玩具、供品盒等。出土煤雕工艺品的地方有辽宁、河南、新疆、四川、陕西、甘肃等六省区的二十余处。说明煤炭开发具有相当的普遍性。

最早记载中国煤炭分布的文字史料见于《山海经》。中国先秦时期（约公元前442年—公元前220年）成书的《山海经》记载了中国古代煤炭分布的概况。该书的《西山经·西次二经》载："女床之山，其阳多赤铜，其阴多石涅"；《中山经·中次九经》载："岷山之首，曰女儿之山，其上多石涅"；"又东一百五十里，曰风雨之山，其上多白金，其下多石涅"。经考证，石涅即煤炭。《山海经》所记石涅分布地区，即今四川双流通江、南江、巴中地区，陕西华阴地区。

文字最早记载中国煤炭开采的史料，见于西汉成书的《史记》。《史记·外戚世家》载："窦皇后，兄窦长君，弟曰窦广国，字少君。少君年四五岁，家贫，为人所略卖，其家不知其处。传十余家，至宜阳，为其主人山作炭。寒，卧岸下百余人。岸崩，尽压杀卧者，少君独得脱，不死……从其家之长安。"（详见本卷煤炭篇第一章第四节）

据《古代采矿》研究，外国采煤的最早时间首推西亚伊朗地区的亚述人（Assyrian），大约在公元前648年，伊朗的劣质煤、铁、铅等矿产得到开发。在亚述人统治之前，伊朗的煤未曾开发。这是《古代采矿》所提供的关于西欧、中东、西南亚和北非地区开采煤炭最早的时间。比中国开采利用煤炭的时间大约晚四千年。国外步伊朗之后较早开发煤炭的国家是英国。《古代采矿》记载，古罗马时期（约公元前2世纪至公元4世纪），英国煤矿在古罗马人占领英国的中后期得到开发。古罗马人占领英国时开采煤矿的证据在哥文特（Gwent）的 Craig - Y - Pare；兰卡郡（Lancashire）的沃内思（Werneth）；瓦尔（Wall）的本威尔（Benwell）和西维施德（Sewingshields）[1]等地区可以找到。

古罗马人进入英国后开始采煤，形成了不少原始的矿坑和粗糙的平峒。

英国的露头煤被古罗马人或者是以后的各个时代的矿工们挖掘过。但英国至今仍遗存很多浅层煤。似乎古罗马人仅仅在占领英国的中后期挖掘煤炭，而在古罗马人之后的很长一段时间并没有采煤。

古时候英国的铁矿石从霍尔金（Halkym）运到 Pentre，在那里被熔化和铸造，然后运往德沃（Deva）。有一次，因小船在 Pentre 附近翻覆，船内之物被淤泥覆盖，直到19世纪才被发现，船中有生铁锭和烛煤，从沉没到被发现，大约1 800年[1]。

第二节 中外古代找煤知识与方法的比较

中国在明代已经总结出一套比较系统的找煤方法，这些经验性的知识在若干古籍中均有记载。明代宋应星《天工开物》记载："凡取煤经历久者，从土面能辨有无之色。"因为距煤层较近的表土层常变黑，故可把黑色作为找煤的标志。《天工开物》还记载了人们从煤田与植被关系去找煤的经验知识："凡煤炭不生茂草盛木之乡"，"南方秃山无草木者，下即有煤"。中国南方的山，通常草木茂盛，若是不生草木的秃山，其下可能就有煤。这符合南方地区的一般情况，尤其是符合宋应星家乡江西地区的实际。明末清初科学家方以智（1611—1671 年）在《物理小识》一书中记载了根据煤层露头找煤的方法："外记孛露，有土能燃。"明末清初孙廷铨《颜山杂记》载："凡脉炭者，视其山石，数石则行，青石、砂石则否。"意思是说煤层常常在页岩中赋存（数石指页岩），有页岩的地区常有煤，而有青石（指石灰石）、砂石的地区一般没有煤。这一经验总结，符合中国许多煤田的实际情况，尤其符合山东地区的情况。山西《寿阳县志》也有"山无草木，下有石炭极佳"的记载。

山东《峄县志》记载了有经验的采煤工人从土石的颜色气味去找煤的方法："尝其土与石之臭而煤之佳恶深浅决焉。"

明末清初人们已懂得用地层对比知识来找煤。康熙《磁州志》记载："煤炭出州之西一带，入穴取之，初得者为山青，次为大青，末为下架，下架之下，则无炭矣。"山青、大青、下架是从上至下各煤层的名称，这些名称一直沿用至今。乾隆《博山志》精确地记载了山东博山一带各煤层的位置："石炭出黑山中及附近处，其类不一，最上者为煅石炭，其次为小石炭、大石炭、灰石炭、黄石炭、青炉、札子之类，各适其用焉。"

明末清初（约 16 世纪末至 17 世纪初），中国人不仅懂得根据地面的岩层颜色、种类去找煤，而且知道在地下碰到断层和鸡窝煤如何去找煤。《颜山杂记》载："脉正行而忽结，礌石阻其前，非曲凿旁达不可以通，谓之盘锢；脉乍大乍细，窠窠螺螺，若惑得之而骤竭，谓之鸡窝，二者皆井病也。"盘锢即断层，鸡窝指鸡窝煤。盘锢、鸡窝的名称在一些地区一直沿用至今（详见本卷煤炭篇第三章第三节）。

《英国煤炭工业史》第 2 卷说：18 世纪初英国人对地质学几乎一无所知，人们对地质方面的兴趣，囿于一般绅士的业余爱好。英国早期有关煤层地质知识的经验描述，最初见于 1740 年约翰·克勒克（John Clerk）爵士的文章。该文大意说：观察从南到北流过岩层的河流，可以观察到各种煤层（水平的或倾斜的煤层）的露头，在狭窄的海湾和所有流经岩层的河流中，在一些偶然的拐弯处、堤沟处等，都可能有此类含煤地层。例如，几乎所有的位于铬锡安、法大、斯特灵和克来克曼伦郡的煤层都可能在海湾的浅滩处寻找到；观察山地的深谷和斜坡，特别是在中大雨过后观察，不仅可能发现煤层和石灰岩，而且可能发现夹杂于其间的金属矿和其他矿脉。这种简单的全凭经验的观察，直到 1830 年左右仍被推荐为一种找煤的主导方法[2]。

到了 18 世纪后期，随着英国工农业的发展，英国的地质研究工作开始走向专业化。到 1806 年，英国人爱德华·马丁（Edward Martin）出版了有关煤岩知识的第一部煤岩学专著。1816 年，英国地质之父威廉·史密斯（William Smith）根据萨默塞特（Somerset）煤田的资料，绘制并出版了《岩层描绘》一书[2]。这表明英国的地质学知识、找矿方法从 18 世纪后期至 19 世纪初已经步入近代科学范畴，开始超越中国，以后中英两国差距越拉越大。

尽管深井钻井技术在中国古代盐井开采中已很早应用，并处于世界领先地位，但用钻井技术找煤却落后于英国。在18世纪初，英国人开始用钻井方法找煤。1713年英国一位业余地质学者瑞伍德·托玛斯·罗宾逊（Revd Thomas Ropinson），受人之托雇佣一位钻孔工，用钻孔方法发现了一个四英寸厚的煤层。1776年7月，在英国切斯特大道附近，用钻孔法发现了在深处的一层厚5英尺8英寸的煤层[2]。而此时的中国仍然停留于凭经验找煤的阶段。有历史资料可查的中国用钻井法找煤的最早时间是在19世纪70年代中后期。1876年1月，清朝洋务派首领、直隶总督李鸿章委派直隶后补道盛宣怀会同湖北黄德道李明墀试开采湖北广济、兴国煤铁矿，同年2月盛宣怀聘请英国矿师马立师（Samuel John Morris），用手钻打眼方法在广济县试探煤苗历时半年多，打眼深320尺仍未见煤，心中无数，不敢再钻[3]。1877年春英国矿师郭师敦（Andrew White Crokston）和另外两名工匠在湖北省广济、兴国、大冶、荆门、当阳等地用手工钻井方法寻找煤铁矿，在荆门所属三里冈、窝子沟打钻几孔，钻孔深三十五尺至三百九十九尺不等，共计钻深一千八百三十三尺八寸，探到了层厚十八英寸至二十四英寸、储量二百万吨的煤层。此外，还探明储量丰富、品位极高的大冶铁矿[4]。为什么用钻井法找煤在中国比较晚？究其原因，中国煤田分布广、煤储量丰富，只在地层浅部凭经验找煤已可满足开采要求。

钻孔法找煤的技术工艺，在英国完整的记载始见于19世纪早期。钻孔工艺大致如下：在钻孔上方固定一木质三脚架，其上悬系着绳索、滑轮和钻杆。钻杆长4至9英尺不等，两钻杆之间用螺钉连接。在钻杆最下端安装一钻头，用螺丝固定。在钻杆的最上端，安装一个用手工转动的、有四个把柄的转动手把。利用新伐树干的反弹力，设法使钻杆垂直上下运动，靠钻杆的自重和树干的弹力构成垂直压力，通过钻头破碎岩石或煤层，进行钻孔。实际操作时，二人负责提起或放下钻杆，另二人握住转动手把，一圈一圈地缓慢走动，旋转钻杆。钻凿下来的岩粉或煤粉，用一勺斗装于钻杆底端（置换钻头），进行掏取。用此手工方法钻孔缓慢而单调。

19世纪20年代，爱尔兰人James Ryan发明了能够一块一块地取出固体岩心的钻孔方法。在英国萨默塞特（Somerset）试钻489英尺深，发现了Rad Stock煤田[2]。

第三节 关于古代中外采煤方法的比较

古代中国的采煤方法没有统一的名称，通常凿井见煤后再开两条上山或下山，然后沿煤层走向挖掘运输、通风巷道，既是掘进，也是采煤，采掘合一。直至煤层顶板垮落为止。这一点与国外古代采煤情景是一样的。明末成书的《颜山杂记》对古代采煤方法有着形象的记载，详见本书第三章第四节。

早在宋代（距今约一千年）中国已能根据煤田埋藏情况布置采区采煤。20世纪50年代河南省文化局文物工作队在考古发掘中发现了一个宋元时期（公元960—1368年）的古煤矿遗址。这个位于河南鹤壁市的古煤矿遗址，包括一个立井筒，四条巷道，一口排水井，十个采煤区（工作面），以及排水、运煤、照明、提升等生产工具和许多生活用具。井筒直径2.5米，井筒深46米。巷道有两种：一种是断面较大的主要巷道，宽2米，高2.1米；另一种是通向各采区的巷道，上宽1米，下宽1.4米，高1米多，最长的巷道为500米。采煤区分布在井底的四周，距井筒最远者约100米，最近者10米左右，各工作面之间保留有煤柱。工作面形状以椭圆形、瓢形、瓶形为多。采空区面积大小不一，最大者东西深50米，南北宽30米。采区的回采方法，是“跳格式”的先内后外逐步后撤的方法（详见本卷煤炭篇第二章第五节）。宋元时期鹤壁古煤矿的开采规模如此之大是同时期的外国古煤矿所无法相比的。与此相适应煤矿开采的深度也达到了当时世界的顶峰。明代嘉靖时崔铣撰《彰德府志》就有煤矿采深几百米的记载：“安阳县龙山出石炭，入穴取之无穷，取深数十百丈。”清乾隆朝《白水县志》也有“煤炭，凿井三四百尺取之”的记载。晚清《长兴县志》记载说：浙江长兴一带煤井最深者达百余丈（约300余米）。

英国开采煤炭的时间较早，开采方法较为多样，自17至19世纪发展也比较快。《英国煤炭工业史》第2卷中所述，英国在18世纪前开采的是浅部煤层，常用“钟形”开采法，偶尔也用露天开采方法。钟形法是开凿一立井至煤层，从井底开始进行辐射式采煤，直到四周顶板有塌下来的危险时停止开采。用此法采煤最终形成一个“钟形”矿井，井下采空区多为圆形，少数为椭圆形。钟形法采深一般不超过20英尺（折合约6米），井底半径一般在16—20英尺之间。当一个矿井不能再使用时，便废弃，在其附近重新开凿一个新矿井。开挖新矿井的岩石碎屑用来充填旧矿井。由此可知，在18世纪之前，英国的采煤方法与中国古代采煤方法基本上是一样的，差距只在开采规模、开采深度和工艺水平上。中国在一千年前的宋代，煤井深度有的已达40多米，到明代有记载的煤井深度已达“数十百丈”。

十八九世纪，随着工业革命的进行，用煤量迅速增加，英国煤矿开采深度随之加大，井筒深度、井筒断面都比18世纪前大了许多，以适应采煤、通风、排水的要求。例如，英国兰开夏郡（Lancashire）的矿井，井筒断面有圆型和椭圆形两种。圆形井筒直径很少超过7.5英尺，椭圆形井筒直径一般在7.5—5.5英尺之间。英国南威尔士（South Wales）的矿井直径很少超过9英尺，而英国东北部煤矿在1706年左右圆形井筒直径一般为12英尺，到1830年上升到15英尺（约折合4.5米）。由此看出，英国采煤业在十八九世纪得到了迅速发展，采煤技术有了许多重大突破，自此之后，英国采煤技术超越了中国，井筒断面比中国的几乎大了一倍，井筒的平均深度也比中国的深，即是说，中国的采煤技术仍停留在16世纪前的水平，而英国已迈向了近现代发展阶段，中外采煤技术由此出现了极大的反差。18世纪上半叶，英国北Stahord郡最深的煤矿不超过120英尺，绝大部分在48—60英尺。18世纪中期，英国有记载的超过250英尺深的煤矿位于苏格兰约克郡（Scotland Yorkshire）、南威尔士（South Wales）、德比郡（Derbyshire）、兰开夏郡（Lancashire）和斯塔德福郡（Staffordshire）。至18世纪下半叶，英国klebburn的一些矿井深度已超过750英尺（约折合228.5米）。至19世纪早期英国一些煤田的井筒深度已接近800英尺，到1834年英国Mankwear Month煤田的矿井最深达1 578英尺

（约折合480米）。关于井筒的形状，在英格兰主要是圆形和椭圆形。在苏格兰，由于地层相当干燥，常用正方形矿井。

18世纪到19世纪早期，英国开凿煤井的工具设备仍处于原始状态。矿井提煤工具是吊桶、大筐或长车[5]。

19世纪20年代（英）德海姆（Durham）的Hotton煤矿，可能是英国当时最大的煤矿，其井下巷道长度，从立井到北面的采煤区约700码，到西面为1 200码，到南面采煤区为600码，到东面采煤区为1828.82米。

18世纪前，英国煤矿多采用房柱式采煤法，18世纪开始出现长壁采煤法。到19世纪随着提升、运输、通风、排水费用的升高，长壁采煤法的应用愈来愈普遍。应用房柱式采煤法时，煤柱有正方形，也有长方形。煤柱尺寸，深部采煤时为宽15英尺左右，长60—120英尺左右，浅部采煤时为12—15英尺。英国的房柱法与中国的残柱法本质上是一样的，差异在煤柱尺寸。但是英国在18世纪使用的长壁采煤法（生产效率较高，比较安全），直到20世纪二三十年代中国才从西欧引入。

19世纪早期，英国约克郡煤矿开始出现盘区开采法。它是介于房柱式开采法与长壁式开采法之间的折衷方法。

18世纪末19世纪初，英国煤矿回采掘进主要靠手工操作，所用的工具主要有镐、楔、撬棍等。每个采煤工负责一部分采段。在房柱式开采时，负责一个煤房，在长壁开采时，负责工作面的一部分[6]。当时中外煤矿使用的采煤工具，都是锹、镐、楔、棍一类手工工具，没有本质上的不同。到19世纪末，西方出现风镐、蒸汽动力截煤机，采煤工作开始使用机器，迈出了机械化采煤的第一步，而中国仍然停留在手镐刨煤的水平上。

中外将火药用于开采煤矿的最早时间比较。火药是中国在公元7世纪发明的，是中国四大发明之一。何时始用火药采煤，目前仍无法探明。有资料可查的中国煤矿使用火药的最早时间大约是19世纪70年代末。那时中国开平煤矿引进英国技术、聘任英国矿师建设新式煤矿，应用打眼放炮的方法掘进井筒和通风运输巷道。开平煤矿的建矿计划书载："拟开井筒深400尺，阔9.6尺，井壁用九寸砖围砌；用12寸黑药炮8 000个；用12寸黄焰药炮24个"[7]。我们不排除在这之前中国其他煤矿使用过火药，只是没有发现证据。中国是火药发明国，为什么迟迟没有用于地下开巷采煤，直到19世纪70年代末才在英国矿师的帮助下用火药开凿井筒和巷道？究其原因，与采矿业的整体水平有关。使用火药开巷采煤，必须解决好安全问题，药量多少、如何引爆、人员撤离爆破现场的速度以及通风技术措施等，都影响着火药爆破的安全问题，其中任何一个因素解决不好都将酿成大祸，轻则毁坏设施、伤害人员，重则矿毁人亡。在提升技术、通风技术、支护技术尚未达到一定高度的条件下，即这几个技术环节尚不能提供足够的安全保证条件下，是不能用火药来开巷采煤的。英国自18世纪发生工业革命以后，蒸汽绞车、蒸汽通风机、蒸汽抽水机乃至压力风动凿孔机，很快应用于煤矿，煤矿整体技术水平有了极大提高，在这种条件下，使用火药开巷采煤便是水到渠成的事。

十二三世纪，中国火药传入欧洲，但英国用火药开采煤矿却迟至17世纪以后。《英国煤炭工业史》第2卷中是这样记述火药在英国煤矿中的应用的：很难确切知道英国采煤史上何时第一次用火药，某一权威机构认为在英国采矿史上第一次使用火药是在 1689 年 Cornish 锡矿开采中，而另一机构认为最早应用火药于采矿是在 1630 年左右斯塔福德郡（Staffordshire）Eston 的铜矿开采中。据说 1710 年在英国 Nesth 附近，Humphrey Mackqorth 已经用火药来爆破矿井中的一个工作面。不管信息来源如何，英国使用火药爆破岩层、建造平面，是在 18 世纪初开始的。而英国 Lambton 的 Murtong 煤矿于 1814—1819 年间开始使用火药来采煤（在回采工作面用火药落煤）。回采工作过程的艰巨和体力劳动本身的艰辛成为煤矿寻找机械化出路的一种持续动力。早已用于凿井、掘进巷道的火药是走向机械化的一种诱惑。但使用火药明显的危险性在于毒气的存在，同时火药还会使爆落下来的煤过于粉碎，不适用于商业目的。这是火药没有较早和较普遍应用于采煤的原因[8]。

第四节　关于古代中外矿井运输工具的比较

中国明清之前，煤矿井下巷道运输多为人力拖、背。明代开始出现畜力运输。明嘉靖二十七年（公元 1548 年）前后，河南鲁山县和宝丰县，有 300 多条骡马在煤井下拉煤。清嘉庆年间（公元 1796—1820 年）山西阳泉一个煤井内有不下十余口驴骡在井下运煤。井巷运煤所用的拖筐为长方形或船形，用竹编制或木制。清代有的拖筐下还装有木条或铁条，有的还装上小轮。装有小轮的拖筐是在铺有木板的巷道中运行的。

外国矿井运输与中国大同小异，早期都是靠人力。直至十八九世纪，英国煤矿井下巷道运输仍然主要靠人力和畜力。在以人为动力进行运输的地方，推煤工在巷道中蹲行或爬行（巷道高度不足一人高），在以马为动力进行运输的地方，巷道高度就高得多。

在 18 世纪早期，英国煤矿地下运输普遍使用大筐（篮子）或木箱（又称板筐），偶尔也使用手推车。一个篮形的大筐可装 2—6 英担的煤，矿工把大筐放在木橇上并在粗糙不平的巷道中拖动木橇运输。在用手推车时，巷道用木板铺垫平整。在英国的某些大煤矿，在 17 世纪末至 18 世纪初已开始使用木轨运输。1698 年英国 Neath 煤矿地下运输已使用包有铁边的木矿车在木轨道上运输。到 18 世纪中，已有若干大矿使用木矿车运输。这一点比中国先进。中国煤矿使用木轨道和木矿车运输，是在 19 世纪末或 20 世纪初的事。

外国煤矿以铸铁轨代替木轨作矿井巷道运输，是英国 John Curr 于 1778 年到 1787 年间担任 Norflk 公爵煤田煤师时发明的。到 19 世纪的前几十年，英国煤矿已广泛应用马拉木矿车铁轨运输，一匹马一次可拉 10—14 个矿车。英国较早用马在煤井下拉煤是在 1774 年，位于 Northum Berland 的 Harfley 煤矿使用了 31 匹马作为地下运输工具[9]。

第五节　关于古代中外煤矿提升工具的比较

中国古代煤矿早期用桔槔提升煤炭。桔槔最早出现于中国春秋战国时期（公元前770—221年)。唐代以后普遍应用辘轳。宋元时期的鹤壁古煤井，用辘轳提煤的煤井可深达46米。明清时应用畜力绞车提升相当普遍。

辘轳经过改进成为人力绞车，人力绞车再经改进成为畜力绞车。从《天工开物》中的记载看，畜力绞车的出现不会晚于明代（即15世纪），而人力绞车出现的时间就更早。

英国煤矿在18世纪前三分之二的时间里都用马作为提升动力。马绞盘（绞车）几乎是这一时期英国煤矿的必备之物。它由一个木制滚筒、一个滑轮、一根绳索、一个提升容器及马匹组成，马匹分批工作，可以使矿井昼夜提升煤炭。在英国南威尔士（South Wales）的Londore煤矿，用十二匹马轮批拉动绞车提煤，24小时能从300英尺的井底提升80吨的煤炭。

在18世纪后半期，一种叫作“平衡式提升机”的装置，已被英国煤矿广泛使用。这种装置用装满水的水桶重量作为反作用力，使载煤筐得以提升。

在18世纪，英国煤矿已开始使用蒸汽排水机（抽水机），它预示煤炭提升也可以用蒸汽动力机。蒸汽提升机的应用是在瓦特（Watt）发明蒸汽机20年后出现的。蒸汽机的发明起因于对早期的Neacomen机的改进。以横杆连结的互动式Neacomen机适于抽水，而要使抽水机变成提升机，则要把平动形式转变成旋转运动。把平动的纽可门（Neacomen）机转变为卷扬机旋转力的尝试是在18世纪80年代才成功的。最早关于这种尝试的记载是在位于Nirthum - Berland海岸Hartlep的Delavals煤矿，在这儿，1763年约瑟夫·欧克斯利（Joseph Oxley）用一个60英寸圆筒制造了一台动力机作为提升工具。1765年又造了第二台。这种动力机是如何把互动形式转变为旋转运动的，并不为人们所知，但它的效能不好，矿工们不愿在立井中使用它。1768年瓦特（Watt）参观了Hartley煤矿，看到一台动力机缓慢而无规律地旋转，他把这归于缺少飞轮。1769年瓦特发明了分离式压缩圆筒（汽缸），使蒸汽机的效能提高了，但对解决旋转问题无丝毫帮助。但老型或新型的动力机在煤矿提升中继续试行。1780年Pickard发明了曲柄，1781年瓦特（Watt）提出关于行星轮系的观点，这就打通了煤矿提升中普遍采用蒸汽机的道路。在此后20年内英国煤矿提升中广泛采用了蒸汽机作为动力。1800年英国煤矿中至少使用着130台蒸汽提升机。蒸汽机的发明导致发生第一次产业革命，使西方经济以前所未有的速度向前发展，蒸汽提升机的应用导致煤矿技术发生革命性的变化，煤矿业得以迅速发展，煤矿技术开始全面超越中国，从这时起，中国古代煤矿技术便日益落后于西方。

18世纪早期，英国煤矿提升中使用麻绳，而到18世纪晚期，铁链（一根或多根铁链联在一起）取代了麻绳应用于煤矿提升[10]。

第六节　关于古代中外煤矿通风排水技术的比较

中国古代煤矿主要采用自然通风的方法，直到19世纪末才有极少数煤矿引进西方的通风机通风。不过在古代晚期，应用人力通风机械作辅助性的矿井通风手段相当普遍。《天工开物》记述了用竹筒进行自然通风的方法：煤井，“……毒气灼人，有将巨竹凿去中节，尖锐其末，插入炭中，其毒烟气从竹中透上，人从其下施镢拾取者。”这是用单立井开采煤炭时所用的自然通风方法。

单井筒通风有很大的局限性，故古代很早就有了双井通风的实践。双井通风可追溯到南北朝时期（公元420—589年）《水经注》所记的“风穴”。关于双井通风的文字记载则见于明代。明末成书的《颜山杂记》写道：“是故凿井必两，行隧必双，令气交通以达其阳。攻坚致远，功不可量。以为气井之谓也。”用双井通风时，出风井应高于进风井。《滇南矿厂图略》和《边州见闻录》中已有明确的记载。

关于古代外国矿井通风的情况，由于缺乏资料，这里不作叙述。

中国古代煤矿，早期都用肩挑、手戽来排除煤井积水，需占用许多劳力。在井筒提升使用了辘轳、绞车之后，普遍采用牛皮包、木桶等容器来排水。《天工开物》有了关于牛拉绞车提水的记载。古代煤窑还常用“水龙”（唧筒）排水，人们俗称“拉龙”。《天工开物》记载了“水龙”的制造方法：“井及泉后，择美竹长丈者，凿净其中节，留底不去，其喉下安消息，吸水入筒。”据考，“水龙”应用于煤矿不会晚于宋代。制作“水龙”的材料初为竹子，到了清代有竹、有木。《滇南矿厂图略》详细记载了水龙（唧筒，又叫竜）的制造方法：“竜，或竹或木，长自八尺至一丈六尺，虚其中，径四五寸。另有棍，或木或铁，如其长。剪皮为垫，缀棍末，用于摄水上行。”

清代煤窑也有采用泄水沟排水的。清雍正十三年（公元1735年），京西上椹子海窑、巧利窑、沙果树窑三家联合共同建造了一条泄水沟，用于排泄煤窑水，京西门头沟曾修建一条煤窑排水石沟，长六百八十丈有余，后由于淤塞，清嘉庆六年（公元1801年）政府借给窑户白银五万两，重修泄水道。

在17世纪末，英国皇家工程队的军事工程师塞维利（Thomas Savery，1650—1715）改进了法国人巴本（Denis Papin，1647—1712）于1690年发明的活塞式蒸汽机，在煤矿中用来排除矿井积水（称为蒸汽泵）。“塞维利的蒸汽泵在结构上去掉了巴本活塞式蒸汽机的活塞，直接依靠真空把水吸上来，再用压力蒸汽把水挤出去。它的特点是把蒸汽压力和大气压力的利用结合起来，塞维利机有一个凝汽器，上面装有三根导管：一根与汽锅相通，一根与井水相通，还有一根通向凝汽器外。工作原理是：先打开通向井水阀门使蒸汽进入凝汽器，冷却产生真空，关闭阀门；再打开通向井水的阀门把水吸入凝汽器，装满后，关闭该阀门；最后打开通向凝汽器外的导管阀门，用蒸汽将水压到外面。他还安装了两个凝汽器交替工作循环往复，去抽出矿井中的水。1698年他取得这项发明的专利。塞维利机在一些矿井上得到应用，但用于排除深井积水时遇到了困难……每部塞维利机只能提水60—80英尺，燃料消耗也很大。虽取得‘矿工之友’的雅名，但没有具备在矿山普遍推广的条件”[1]。

1712年英国铁匠纽可门（Thomas Newcoman，1663—1729）又改进了塞维利蒸汽机，用于煤矿抽水。纽可门综合了巴本的汽缸活塞和塞维利形成真空的凝汽器装置的优点，制成了名叫“大气机”的抽水机器。巴本的活塞蒸汽机，直接利用大气压做功，它只要求蒸汽为一个大气压，发动机和锅炉两者的结构简单，当时手工工匠就能制造。

巴本的这一设计思想被纽可门继承下来了。同时纽可门机的活塞运动，是继承了塞维利获得真空的方法，依靠汽缸内蒸汽冷却，推动活塞运动，纽可门机结构上的特点是它依靠一根平衡横梁与水泵相连。平衡梁一端同活塞相连，另一端与抽水机相连。活塞在气缸中上下运动，平衡梁便带动水泵抽水。这样，纽可门机具有明显的优点：第一，这种装置可以安放在地面上，而不必像塞维利机那样，安装在井下面，很容易被水淹没；第二，避免了塞维利机用较大的压力的蒸汽来排水，使汽缸有爆炸的危险；第三，效率有所提高。例如，安装在英国杜德米堡煤矿的纽可门机，每分钟 12 冲程，每冲程能将 45.5 升水提高 46.6 米，即功率为 5.5 马力；而同样的塞维利机功率只有 1 马力。纽可门机很快在英国许多矿井得到推广[11]。18 世纪 70 年代英国格拉斯哥大学的仪器修理工瓦特（Watt，1736—1819）又从根本上改进了纽可门机，使之成为普遍适用的蒸汽动力机，既可用于煤矿抽水（蒸汽泵抽水），又可用于煤矿提煤（蒸汽绞车提煤，详见前述矿井提升），还可作为其他工业生产的动力机。自此之后，英国煤矿普遍应用蒸汽泵排水，排水效率很高[12]。由此可见，自 17 世纪英国出现蒸汽抽水机之后，中国古代煤矿的排水方法明显落后于英国了。

第七节 关于古代中外煤炭洗选与炼焦技术的比较

中国至迟在宋代发明炼焦技术。山西考古研究所在山西稷山县马村清理发掘了一批金代（公元 1127—1279 年）砖墓，其中两个墓的墓主床下堆满了煤炭和焦炭，说明宋代已掌握了炼焦技术，而且焦炭的应用已有一定的普遍性。与炼焦密切联系着的煤炭洗选，也不会晚于宋代。但这方面的文字记载，在明代才见到。《赵城县志》载：“崇祯四年（公元 1631 年）宝丰一带煤窑采用竹筛淘洗筛选煤炭，然后炼焦，并按焦炭颜色鉴定其质量，呈青灰色者为上等，灰黑色者为劣炭。”手工洗选煤炭是中国古代炼焦前的必要环节，洗煤所用的工具有竹筛、箩筐、簸箕等。至于非炼焦煤的筛选，主要是在井下或井上用手把矸石拣出，或者将煤炭按商业价值分成若干等级。关于炼焦，中国唐代已出现雏形，宋代（公元 960—1279 年）已经成熟。

中国明代有了关于炼焦的文字记载。明天顺元年（公元 1457 年）记载了关于各地向朝廷交纳焦炭的情况。《物理小识》关于炼焦冶铁的记载如下：“煤则各处产之，臭者烧熔而闭之。成石，再凿入炉，曰礁。可五日不绝火。煎煮矿石，殊为省力。”《颜山杂记》对焦炭性能有了较详细的描述：煤“炼而坚之，谓之礁。顽于石，重于金铁，绿焰而辛酷，不可爇也……故礁出于炭而烈于炭”。

清代后期，萍乡人俞燮堃把传统的古代圆形炼焦炉改为长方形炼焦炉，缩短了炼焦的时间，提高了出焦率，炼出的焦炭质量完全可以和英国用现代方法炼出的焦炭质量相比。

根据《英国煤炭工业史》第 2 卷记载，英国古代煤炭筛选主要是手拣，与中国古代选煤方法是一样的，不过开始对煤炭筛选的时间比中国要晚得多。因为在英国 18 世纪前 45 年，运到地面的煤不经筛选便可卖给消费者。自 18 世纪 70 年代起，出于市场竞争的压力，才开始在提供不混有小煤块的大块煤上花费工夫，对从地下采出的煤炭进行筛选。英国早期筛选煤炭，有的在井下，有的在地面。地下筛选可以节约劳力，但需要较大的空间。地面筛选要把无用的矸石和碎煤先运到地面，然后进行筛选，这样便浪费了劳力和燃料。英国18世纪至19世纪早期，筛选煤的方法就是手拣，用手工从煤中拣出矸石与废渣。用手工筛选后的小碎块煤也弃之不用，造成很大的浪费。随着工业的发展，燃烧方法的改进，在19世纪20年代之后，英国煤矿采出的小煤块也逐渐得到了应用[13]。

至于古代外国炼焦，没有见到资料，也许像英国这样的最早进行工业革命的国家，在18世纪之前没有出现炼焦技术，只是在工业革命一段时间之后，才研究出现代意义上的炼焦方法，而现代炼焦技术出现于19世纪中后期。

到此为止，作为中国古代煤炭工程技术发展的历史叙述，可以结束了。但作为写史者，言犹未尽。历史是一面镜子，又是一位老师。中国古代煤炭工程技术史告诉人们：煤炭作为传统能源，在社会发展历史中起着重要的作用，无数矿工和技术人员为开采煤炭献出了青春乃至生命，是他们用劳动汗水乃至血肉身躯换来社会的光明和进步，每一个活着的现代人都不应该忘记这一点。

古代煤炭工程技术史告诉人们：技术是变化着的历史，没有好与坏、错与对之分，只有先进与落后、适用与不适用之别；技术进步是社会需要、资源条件、管理政策和技术内在矛盾诸因素相互作用的结果。资源优势（古代主要指自然资源）可以成为促进技术进步的有利因素，也可以成为阻碍技术进步的不利因素，对它应当用系统的辩证的观点去看待和处理。

我们编撰中国古代金属矿和煤矿开采工程技术史的时间是20世纪末21世纪初，正处于现代科技革命进展迅速的时期。站在现代科技革命的高度来看传统能源技术，有很深的感触。正如20世纪科学巨匠爱因斯坦所说：科学是一把“双刃剑”，它可以造福人类，也可危害人类。我们回顾煤炭科技发展历史，再环视现在的生态环境，深深感到，煤炭科技的发展，尤其是蒸汽机发明引起的第一次能源技术革命，使人类物质文明大大提高了，然而随着煤炭和其他石化能源消耗量成百倍、千倍增加，环境污染、生态破坏的趋势急剧增加，人类生活受到威胁。如何面对现实和今后的发展？历史的经验必须吸取。今后开发利用煤炭，应纳入生态环境体系，重点开发利用洁净煤，把开发利用煤炭的负面效应降至最低程度，同时要关注开发利用新能源，如研究开发利用太阳能、风能、海水能、氢能、核聚变能、生物能等等，使能源开发利用纳入可持续发展轨道。

我们赞颂前人开发利用煤炭为推进社会发展所作的贡献，我们期望后人开发利用的新能源给人类生存发展营造一个良好的生态环境。

参考文献

〔1〕Robert shepherd: *Ancient Mining*, Page 241, 376, 377, Printed in Great Britain at the University Press , Cambridge.

〔2〕Michael W. flinn: The History Of The British Coal Industry, Volume 2, Page 69—74, Published in the United States, by Oxford University Press, New York.

〔3〕《盛宣怀档案资料选集之二》，上海人民出版社，1981 年，第 111 页。

〔4〕《盛宣怀档案资料选集之二》，上海人民出版社，1981 年，第 170—124 页，第 244 页，第 273 页。

〔5〕参阅文献同〔2〕，第 73—74 页。

〔6〕参阅文献同〔2〕，第 81—83 页，第 89—91 页。

〔7〕中国近代煤矿史编写组:《中国近代煤矿史》，煤炭工业出版社，1990 年，第 30 页。

〔8〕参阅文献同〔2〕，第 74—75 页，第 92 页。

〔9〕参阅文献同〔2〕，第 95 页，97 页。

〔10〕参阅文献同〔2〕，第 82 页，第 99 页，第 100 页，第 101 页，第 102 页，第 104 页。

〔11〕清华大学自然辩证法教研究室编:《科学技术史讲义》，清华大学出版社，1982 年，第 93—94 页。

〔12〕参阅文献同〔2〕，第 103—104 页。

〔13〕参阅文献同〔2〕，第 106—107 页。

后 记

《中国古代金属矿和煤矿开采工程技术史·煤矿编》的资料搜集和编撰工作可追溯到20世纪80年代初，那时由煤炭工业部高扬文部长提议组织的煤炭工业部煤矿史编写组（共6人，我们两人是其中的成员），对中国古代和近代煤炭开采历史进行了调研，并编撰了《中国古代煤炭开发史》、《中国近代煤矿史》。20世纪90年代中期，我们应中国科学院自然科学史研究所的邀请，参加"中国古代工程技术史大系"编撰工作，负责编写《中国古代金属矿和煤矿开采工程技术史》之"煤矿编"的写作。我们在以往工作的基础上，又作了大量的调研和资料核实工作，经过几个春秋，撰写完稿。在书稿编撰过程中，调研及资料搜集工作，得到了中国矿业大学彭苏萍教授和杨仁树教授、安徽省煤炭工业设计院左人辛高级工程师、广东省曲江矿务局施信高级工程师、江西省煤炭工业厅黄言忠高级工程师和胡尘白高级经济师的大力支持帮助；书稿第五章插图绘制工作得到安徽省煤炭工业设计院陶世银工程师鼎力帮助；书稿资料核对和文字打印工作得到武秀清、王梅、王艳霞、刘晓君、胡飒、霍恒仁、李蕾、付新新、温英杰等的帮助；吴昌盛、刘洁莹帮助翻译了部分外文资料，在此一并致谢。

在采矿遗址的发掘研究和《中国古代金属矿和煤矿工程技术史·金属矿编》书稿编撰过程中，承蒙国家文物局黄景略先生、湖北省文化厅胡美洲先生、中国自然科学研究所华觉明、何堂坤、张柏春先生、安徽省考古研究所杨立新先生、江西省考古研究所让诗中、彭适凡先生、考古研究所王明哲先生、北京科技大学李延祥先生、大冶有色金属公司铜绿山矿杨永光先生以及湖北省黄石市博物馆、广州市番禺博物馆的支持和帮助。金属矿编初稿写成后，承蒙自然科学史研究所何堂坤先生、中国矿业大学李进尧先生、中国社会学院考古研究所黄展岳先生、中国军事科学院王兆春先生的认真审阅，提出宝贵的修改意见，在此编撰者表示衷心感谢。

作 者

组织者的话

《中国古代工程技术史大系》（简称“大系”）是1995年由中国科学院自然科学史研究所开始策划，1997年正式开始运作的，是中国科学院“九五”立项的重大课题。参加编撰的单位有：中国科学院、中国军事科学院、中国国家博物馆、中国水利水电科学研究院、中国制浆造纸研究院、中国钱币博物馆、中国科技大学、中国矿业大学北京研究生院、中国美术学院、清华大学、南京农业大学、西北农业大学、浙江理工大学、长江水利委员会、云南省轻工设计院、湖北省文物考古研究所、吉林省博物馆、福建省造纸总公司、福州纸业公司、广州市番禺博物馆、四川省自贡市盐业博物馆、河北省铅安市党校文史教研室等有关科研单位和高等院校。“大系”最初设计为10个学科，即采矿、冶铸、机械、建筑、纺织、陶瓷、水利、兵器、日用化工、造纸印刷，大体涵盖了中国古代工程技术的一些主要部门。

“大系”的内容包括三大方面，即：（1）工程技术史，（2）传统技术，（3）技术与社会的关系和技术思想。“大系”的目的，一是增进我们对我国古代工程技术发展状况及其杰出成就的了解，二是使今人能在历史的经验和教训中得到一些有益的启迪和借鉴，并为现代生产和科研服务。《中国古代工程技术史大系》之“大”有两层含义，一方面是言其包含的学科稍多，更为重要的是望其“有容”也。《尚书·君陈》：“有容，德乃大。”

“工程”、“技术”这两个词汇都是产生较早的。“工程”原泛指一切工作、工事和有关程式。《新唐书》卷一二六“魏知古传”：“会造金仙、玉真观，虽盛夏，工程严促。”此指一般工作。《元史》卷一九0“韩性传”：“所著有读书工程，国子监以颁示郡邑校官，为学者式。”此当指某种程式。《红楼梦》卷十七：“园内工程，俱已告竣。”此指与建筑、装修有关的工事。“技术”原指技巧、技艺和方术。《说文解字》：“技，巧也。”《玉篇》：“技，技艺也。”《礼记》卷十三“王制”篇说“技”包括祝、史、射、御、医、卜、百工七个方面。《汉书》卷三十“艺文志·方技”说到过“技术”一词：“汉兴有仓公，今其技术晻昧。”这显然是指医术、技艺。历千百年后，虽然这两个词汇的含义都有了一些发展和变化，但大体上依然承袭了原有的含义。本丛书中的“工程”，多数是“工事”和“程式”的意思，“技术”则较接近于“百工”的技艺和技巧。

“大系”内容的时间范围是从原始社会到1840年，但“传统技术”不受此限，因它指的是古代早已产生，至今仍在沿用，并发挥积极作用的生产技术。

“大系”采用各卷主编负责制，在整个学术活动中，皆遵从“百花齐放、百家争鸣”的方针。

用现代科学的观点来研究我国古代工程技术史之事约始于民国初年。当时，各门现代科学技术皆已传入我国，我国的第一批产业也已出现，第一批具有现代科学知识的工程技术队伍亦开始形成，便为工程技术史研究打下了良好的基础。从民国初年至20世纪末，我国古代工程技术史研究大约经历了四个阶段，即萌芽期，约相当于民国初年至20世纪20年代；初步发展期，约相当于20世纪三四十年代；健步发展期，20世纪50年代至70年代初期；蓬勃发展期，约相当于20世纪70年代中、后期至90年代。我国古代工程技术史研究能取得今日之成果，一方面得益于先人创造的光辉业绩，另一方面则是由于近百年来几代中、外学者，其中包括科技史工作者和考古工作者等的共同探索和努力。

“大系”在策划、立项和编撰过程中，得到了上述参与单位和山西教育出版社的许多支持，本书顾问及科技史界有关学者都给予了许多帮助。其中尤其是我国科技史研究的老前辈、中国科学院院士钱临照先生，以及中国科学院院士席泽宗、雷天觉、汪闻韶、中国工程院院士韩德馨诸位先生，山西教育出版社历任社长总编任兆文、王宇鸿、左执中，责任编辑王佩琼诸位先生，给予了许多支持和帮助。对所有这些支持和帮助，我们将永远铭记，并表示衷心的谢意。

《中国古代工程技术史大系》编委会

2003年10月

图书在版编目(CIP)数据

中国古代金属矿和煤矿开采工程技术史/李进尧,吴晓煜,卢本珊著.—太原:山西教育出版社,2007.7

ISBN 978-7-5440-2798-4

Ⅰ.中… Ⅱ.①李…②吴…③卢… Ⅲ.①金属矿开采—技术史—中国—古代 ②煤矿开采—技术史—中国—古代 Ⅳ.TD85-092 TD82-092

中国版本图书馆 CIP 数据核字(2007)第 098425 号

山西出版集团·山西教育出版社出版发行
(太原市水西门街馒头巷 7 号)
山西出版集团·山西新华印业有限公司新华印刷分公司印刷
新华书店经销
2007 年 7 月第 1 版 2007 年 7 月山西第 1 次印刷
开本:787×1092 毫米 1/16 印张:27
字数:584 千字 印数:1—5000 册
定价:106.00 元